Carl Schuchhardt / Alteuropa

Die Steingräber bei Grundoldendorf (Stade) im ursprünglichen Zustande. Zeichnung von A. Bollacher

Carl Schuchhardt

Alteuropa

Die Entwicklung seiner Kulturen und Völker

Fünfte Auflage

Walter de Gruyter & Co. Berlin

vormals G. J. Göschen'sche Verlagshandlung · J. Guttentag Verlagsbuchhandlung · Georg Reimer · Karl J. Trübner · Veit & Comp.

1944

Mit 51 Tafeln und 217 Textabbildungen

Archiv-Nr. 41 18 44

Druck von Walter de Gruyter & Co., Berlin W 35

Printed in Germany

Die beiden Namen

Robert Koldewey

und

Johannes Boehlau

sollen unverändert auch vor diesem neuen Buche stehen. Koldewey ist mir so nahe wie nur irgendein Lebender, mit seinem leuchtenden auffordernden Auge, mit seiner Mahnung, seiner Zustimmung. Und Boehlau hat uns weitreichende Aufklärung geschaffen über viele Dinge, um die ich mich hier redlich bemüht habe. Sie beide gehören zu den seltenen Leuten, die zu strengem wissenschaftlichen Sinn eine aufbauende Phantasie besitzen. Sie sind meine ältesten, immer bewährten wissenschaftlichen Freunde.

Vorwort zur ersten Auflage

Als ich 1908 die Leitung der Vorgeschichtlichen Abteilung bei den Berliner Museen übernahm, fiel mein erster Blick auf einen Schrank mit früher spanischer Keramik, deren Pokale und Näpfe verlangend nach Troja und Mykene hinüberschielten. Aber wie sollten die zwei zueinander kommen? Trotzdem haben mich jene Pokale und Näpfe nicht mehr losgelassen.

Im Jahre 1910 bin ich in England der Stonehenge-Frage nachgegangen und habe gesehen, wie dort in der beginnenden Metallzeit monumentale Rundplätze mit eingeschachteten Gräbern und darauf- oder danebengesetzten Steinpfeilern an der Tagesordnung waren, — die Vorbilder für das Gräberrund von Mykene! Es war klar, daß dann auch die gleichzeitigen großen Kuppelgräber mit langem Zugang, die es in Spanien und Irland gibt, nicht barbarische Nachahmungen, sondern Vorläufer der berühmten mykenischen Tholosbauten sind.

1912 hat eine Automobilreise durch Frankreich und 1913 eine durch Italien mich in vielen entlegenen Museen mit der ältesten Kultur dieser Länder vertraut gemacht. Besonders die Keramik zeigte mir Westeuropa als einen einheitlichen alten Kulturkreis, in dem mannigfach die Wurzeln liegen für das, was bald darauf im östlichen Mittelmeere auftritt und zu hoher Blüte kommt. Die große Kultur der Diluvialzeit in Frankreich und Spanien erklärt diese allgemeine westliche Vorstufe. Auch in sie durfte ich an Ort und Stelle einen Blick tun, als im Herbst 1912 ein hochverehrter Freund uns eine zweimonatliche Grabung in den Hauserschen Fundstätten bei Les Eyzies ausrüstete. Seit der Erwerbung der beiden Menschenskelette aus jener Gegend (1910) war ja die Paläolithforschung in der Berliner Sammlung an hervorragende Stelle gerückt.

Im Herbst 1913 konnte ich am Schluß der italienischen Reise noch Malta, Kreta, Athen aufsuchen und über Volc, Salonik, Belgrad nach Hause fahren. Das brachte manchen neuen Zug in das mir im ganzen schon feststehende Bild. In Malta ging mir die Bedeutung des mittelländischen Hofhauses auf und der Ursprung von Kretas Kulturstempel, dem Kamaresstile.

Gegenüber diesem mittelländischen Kulturstrome hob sich immer deutlicher ein nordischer ab. Schon in Hannover hatte ich Respekt bekommen vor nnserer norddeutschen Steinzeit mit ihren Megalithgräbern als regelrechten Architekturgebilden und ihrer Keramik mit einem ausgesprochenen Korbflechtstil in der Verzierung. 1911 verfolgte ich auf einer Reise durch Österreich-Ungarn die Ausbreitung dieses Stils gegen Südosten hin und seinen Kampf mit der dort einheimischen Bandkeramik, die mit ihren reinen Kürbisformen und einfachen Spiralornamenten wieder einen neuen Kulturherd darstellt und auch ihrerseits sich weit nach der unteren Donau hinschiebt. Ich sah, wie die Bandkeramik fortgelebt hat bis in die Hallstatt- und Latène-Zeit, und der Gegensatz zwischen den beiden großen Kreisen der Germanen und Donauvölker schien damit bis in die Steinzeit zurückzureichen.

Die Grabungen auf der Römerschanze bei Potsdam (1908—1911) warfen mich in den Strudel der ostgermanischen Fragen. Ich erkannte in ihrer „Lausitzer Keramik" ein gut Teil meiner norddeutschen Korbflechtelemente wieder und plädierte für germanisch. Außerdem lieferte mir die Schanze ein großes Haus vom Typus des trojanisch-mykenischen Megaron und wies damit wieder auf die gegen Südosten gerichtete Entwicklung. Der Krieg brachte schließlich noch einige erwünschte Erkundungen in Polen und in Rumänien bis zum Schwarzen Meere hin.

In breitem Strome können wir nunmehr die verschiedenen Stilarten der Steinzeit von Mittel- und Süddeutschland nach dem Balkan wandern sehen. Mit ihnen zieht das rechteckige Haus, und der Zug geschieht in schwerer Rüstung: Burgen bezeichnen seinen Weg. Nicht bloß friedliche Durchdringung: Eroberung ist die Losung gewesen. So wird Troja am Hellespont erreicht, so durch Thessalien und Böotien Mykene und Tiryns. Auf der Burg von Tiryns liegt unter dem von Schliemann freigelegten Megaron-Palaste ein riesiges Rundhaus als Denkmal der alten Mittelmeerkultur. Die Mischung der nordischen Elemente mit dem alten Mittelmeergute schafft die mykenische Kultur. Damit beginnt für das Mittelmeer eine neue Ära. In Italien kommt der nordische Zustrom erst über die Straße von Valona herüber nach Apulien und Sizilien, dann auch über die Alpen in die Po- und Tiberlandschaft. In die Westländer: Frankreich und Spanien, ist er erst erheblich später, zur Hallstattzeit, gelangt.

In diesen gleichmäßig vom selben Zentrum ausgehenden Strömungen, die nach und nach ganz Europa überfluteten, haben wir, das leuchtet wohl ein, die Indogermanisierung unseres Erdteils zu erblicken. Mein Buch bemüht sich, den Gang der Entwicklung rein aus den Kultur- und Stilerscheinungen abzulesen. In ihnen findet die alte, auf sprachlicher Grundlage stehende Konstruktion einer indogermanischen Urheimat in Zentralasien oder Südrußland keinerlei Stütze, ebensowenig wie die Auffassung skandinavischer Archäologen von einem südlichen Ursprung unserer nordischen Kultur. Ich habe mich aber wohl gehütet, die Ergebnisse vorwegzunehmen und allzufrüh von Iberern, Germanen, Kelten zu sprechen. In neun Zehnteln des Buches hat allein das archäologische Material das Wort, und erst, wo es in die historische Zeit ausmündet, fallen ihm wie von selbst die Völkernamen zu. Es geht ihm wie einem Forschungsreisenden, der in Zentralafrika oder in Brasilien lange an unbekannten Wasserläufen dahinzieht und erst, wenn er an ihre Mündung gelangt, erkennt, welchen Flusses Quellen er entdeckt hat.

Das Buch behandelt zum ersten Male die beiden großen Kulturströmungen, die Lebensadern von Alteuropa, gleichwertig nebeneinander; nur aus dem Gegensatze der beiden läßt sich das in der geschichtlichen Zeit Gewordene verstehen. Es geht aber nicht darauf aus, jede Kultur in der ganzen Breite ihrer Erscheinung darzustellen, sondern hält sich an die keimtragenden und stammbildenden Elemente; denn Entwicklung will es schildern, nicht Zustand.

Wenn die Hauptgedanken des Buches Anerkennung finden, werden verschiedene Gebiete durch Umstellung ihrer Gesichtspunkte Nutzen daraus ziehen und auch von sich aus wieder der archäologischen Betrachtung helfen können. Möchte alles so sachlich genommen werden wie es, glaub' ich, gewonnen und vorgetragen ist.

Im August 1918 C. Schuchhardt

Vorwort zur dritten Auflage

Die Veränderungen, die seit der 2. Auflage von 1926 nötig waren, liegen weniger in der ersten als in der zweiten Hälfte des Buches. Die Indogermanisierung ließ sich hier in ihren verschiedenen Zügen und Völkern klarer darstellen als früher: für die Germanen, für die Illyrier und die Griechen. Meine These von 1928, daß durch die Einwanderung der Thüringer mit Schnurkeramik und Einzelgräbern der Norden indogermanisiert worden sei, hat weithin Anklang gefunden. Schnur- und Magalithkeramik zusammen haben dann an der Ostsee sich vorgeschoben und die Oder und Weichsel hinaufdringend die Bandkeramik in Ostdeutschland überwunden. Wenn ich in der Bandkeramik die Illyrier sehe wegen ihrer augenfälligen Verwandtschaft mit aller späteren illyrischen Kultur, so wird auch das hoffentlich bald anerkannt werden. Diese Illyrier haben dann aber stark mitgewirkt bei der ersten Indogermanisierung Griechenlands: ihr Spiralstil herrscht in Mykene, und die Mykenier haben wohl infolge ihres starken illyrischen Einschlags sich so rasch in das Altmittelländische eingelebt.

Erst der zweite indogermanische Zug nach Griechenland, die „dorische Wanderung", hat das eigentlich Nordische dort zur Geltung gebracht, derart, daß wir über manche unserer Verhältnisse uns in Griechenland die deutlichere Auskunft holen können. Denn während wir bei uns nur auf die stummen Denkmäler angewiesen sind, auf ihre Bauart, ihre Verzierung, ihre Beigaben, gibt es in Griechenland in der „nordischen Periode", wie ich sie jetzt genannt habe, schon den Dichter, der die Denkmäler deutet, der die Gefühle der Menschen schildert, die sie geschaffen haben. Manchmal sind das Denkmäler, die dort heute nirgend mehr erhalten sind, weil die Periode, in der sie entstehen konnten, zu kurz war und die großen nachfolgenden Kulturen zu sehr aufgeräumt haben. Aber auch in diesen Fällen erkennen wir unser nordisches Gut und lernen kennen das alte nordische Blut.

So spricht Homer von der holzversteiften Umwehrung der Burg des Phäakenkönigs und von dem achäischen Schiffslager vor Troja, als ob es eine germanische Volksburg wäre; er läßt das zweigeschossige Floß, das Odysseus sich bei der Kalypso baut, so entstehen, daß uns damit die Schiffszeichnungen auf unsern nordischen Felsbildern erst verständlich werden; er schildert die Bestattung des Patroklos und des Hektor, als wenn es sich um unsre Thüringischen Einzelgräber handelte; er kennt keinen Totenkult am Grabe und führt uns das Jenseits vor als ein Schattenreich, aus dem es keine Rückkehr der Seele an das Sonnenlicht gibt.

Das ist Gewinn genug, um auch für die deutsche Vorgeschichte den gelegentlichen Blick auf das alte Mittelmeer anzuraten.

Am Schluß des Buches konnte auch für die Rassen ein klareres Bild als früher gegeben werden.

Zu danken habe ich wieder Herrn Studienrat Dr. Engelbert Hertel für das Mitlesen der Korrekturen und die Anfertigung des Registers, sowie der verehrten Verlagsanstalt für weites Entgegenkommen trotz des niedrigen Verkaufspreises, den das Buch jetzt haben soll.

Berlin-Lichterfelde, 6. Januar 1935 — C. Schuchhardt

Vorwort zur vierten Auflage

Jede neue Auflage dieses Buches hab ich zu verbessern und mit unserer fortschreitenden Erkenntnis in Schritt zu halten gesucht, und so ist es auch bei dieser vierten wieder geschehen. Das Paläolithikum hat in Norddeutschland wie in Ägypten neues Licht bekommen. Die Erfindung der Töpferei im Mesolithikum Schleswig-Holsteins ist wahrscheinlich geworden. Nach den 30-jährigen Ausgrabungen von Vintscha bei Belgrad ist der illyrische Charakter der Bandkeramik nicht mehr zu bezweifeln. Makedonien und Thessalien erweisen sich immer mehr als der Mutterschoß erst der mykenischen und dann der „dorischen" Kultur. Nach alledem konnte auch am Schluß von der gesamteuropäischen Entwicklung ein neues Bild entworfen werden.

Möge das Buch, das vielen ein Freund geworden ist, so noch eine Weile weiter deutschen Lesern erzählen von den ersten großen Wirkungen der germanischen Kraft in Europa und von den Bemühungen deutscher Wissenschaft um Echtheit und Wahrheit.

Berlin-Lichterfelde, 4. Mai 1941 C. Schuchhardt

Vorwort zur fünften Auflage

Carl Schuchhardt hat diese neue Auflage seines berühmten Buches nicht mehr erlebt, der Tod hat ihm die Feder aus der rastlosen Hand genommen. Diese fünfte Auflage ist der unveränderte Nachdruck der vierten.

Berlin 1944 Walter de Gruyter & Co.

Inhalt

Sechstes Buch. Der nordische Kreis

Siebentes Buch. Der Donaukreis

Achtes Buch. Der nordische Zug zum Balkan

Neuntes Buch. Die Bronzezeit (etwa 1800—800 v. Chr.) in Nord- und Mitteleuropa

Zehntes Buch. Die Lausitzer Kultur

Elftes Buch. Griechenland nebst Troja

Zwölftes Buch. Die Eisenzeit

Dreizehntes Buch. Gesamtbild

Verzeichnis der Tafeln

Einleitung

Die Vorgeschichte arbeitet mit ganz anderem Material und anderen Mitteln als die Geschichte. Sie beschäftigt sich mit den Zeiten, die noch keine schriftliche Überlieferung haben, und muß deshalb versuchen, die scheinbar stummen Denkmäler, die Bodenfunde, zum Reden zu bringen. Dazu gehört nicht bloß Verstand, sondern auch Auge.

Manche Rückschlüsse aus der Überlieferung lassen sich freilich auch für jene frühen Perioden machen. Berg- und Fluß- und Ländernamen, die sich aus ihnen erhalten haben, decken Beziehungen auf, über die die Überlieferung an sich schweigt. Wenn die Nachbarinsel von Ithaka bei Homer Same heißt und weit östlich an der kleinasiatischen Küste eine Insel Samos liegt und nördlich am Thrakischen Gestade ein Samothrake, so läßt diese Gleichnamigkeit eine alte Volksverwandtschaft von der Adria bis nach der östlichen und nördlichen Ägäis hin erkennen. Und wenn gar das alte und das heutige Deutsch mit dem Lateinischen und Griechischen, mit dem Slawischen und Thrakischen und sogar dem entfernten Persischen und Indischen (Sanskrit) die gleiche sprachliche Grundlage hat, während andere alte Sprachen, wie das Baskisch-Iberische, das Etruskische, das Kretische fremd und unverständlich bei Seite stehen, so zeigt sich auch darin ganz sicher alter Zusammenhang und alte Trennung.

In der Zeit des Aufblühens der vergleichenden Sprachforschung vor hundert Jahren ist man jenem Zusammenhange eifrig nachgegangen und hat sich auch ein Bild zu machen gesucht, wie er entstanden sei.

Das imposante Alter der vedischen Hymnen, die mehrere hundert Jahre vor Homer liegen und über tausend Jahre vor unseren ersten germanischen Texten, sprach für den Ausgangspunkt im fernen Osten, und hinzu kam wohl, bewußt oder unbewußt, die Kindheitserinnerung an den babylonischen Turm und das Paradies im indischen Vierstromlande. So nahm man die Urheimat dieser sprachverwandten Völker in Zentralasien an; von da sollten sie in Etappen auf schmalem Wege nach Europa gewandert sein, erst die Griechen und Italiker, dann die Kelten und Germanen, schließlich die Thraker und die Slawen. Und man nannte sie insgesamt die Indogermanen, weil ihr Zusammenhang von Indien bis Germanien reichte.

Diese Theorie der Sprachforscher hat das ganze 19. Jahrhundert beherrscht und ist auch heute noch nicht völlig überwunden. Inzwischen ist aber ein ganz neues Gebiet hinzugekommen, um uns über solch alte Zusammenhänge Aufschluß zu geben: das sind die archäologischen Ausgrabungen. In Dänemark und Norddeutschland hat der erste Zweifel an der Einwanderung der Germanen aus einer fernen Urheimat sich geregt, als aus den ältesten Gräbern des Landes, den großen Steingräbern des 3. Jahrtausends v. Chr., immer schon dieselben hohen Langschädel auftraten, wie die Leute sie dort heute noch auf ihren Hälsen tragen. Und auch die Kulturentwicklung ist nach den Etappen der steinzeitlichen Landnahme eine so regelrechte, ohne Sprung und ohne Lücke, daß kein Punkt zu erspähen ist, der etwa einen Wechsel der Bevölkerung verriete. Allmählich ist die Spatenforschung in ganz Europa zu einer tiefgreifenden Wissenschaft geworden. Das in Italien, Griechenland und dem Norden Begonnene ist längst in Frankreich, England, Spanien fortgesetzt worden, ebenso in Mitteleuropa, an der Donau entlang, in den Balkanländern und im Kaukasus; ja auch in Vorderasien sind einige wichtige Stichproben gemacht. Es tritt uns damit in all diesen Ländern die Kultur der Menschen mit ihrem Haus- und Grabbau, ihrem Gerät und Schmuck, in den Gräbern oft auch ihre körperliche Beschaffenheit bis in die frühe Zeit von 2000 und 2500 v. Chr. hinauf in vollem Bilde entgegen. Das gibt uns für die alten Völkerbewegungen ein Erkennungsmittel von viel höherer Zuverlässigkeit in die Hand, als es die Sprachen sein können. Denn in den Bodenfunden liegen die verschiedenen Zeitschichten klar übereinander, wir können sehen, wann eine Bewegung in dieser oder jener Richtung sich abgespielt hat und wie weit sie über die Länder gegangen ist. Zuweilen wird es nur eine Kulturwanderung sein, wenn etwa ein einzelnes Ausstattungsstück, wie ein Helm oder ein Schwert oder eine goldene Schale sich weithin verbreitet, — dann hat der Handel ein solches Stück in Mode gebracht und bei ruhigen seßhaften Völkern ausgestreut. Wenn aber das ganze Inventar eines Volkslebens sich auf die Wanderschaft begibt: Haus- und Grabbau, die Idole, die Tongefäße mit ihren Verzierungen, die Waffen und Schmucksachen, und durch Länder ziehen, in denen dies alles bisher ganz anders war, — dann haben wir nicht eine einfache Kultur-, sondern eine Volkswanderung vor uns.

Man darf also der Archäologie nicht das Recht absprechen, aus Kulturbeobachtungen politische und historische Schlüsse zu ziehen, Schlüsse auf Volksgemeinschaft und Volksbewegung.

Sehr erwünscht ist es natürlich, zu einem Kulturinventar auch die Körperbeschaffenheit seiner Inhaber kennen zu lernen. Aber man soll sich von diesem Moment nicht zu viel erhoffen, denn selten wird sich für eine geschlossene Kultur auch ein geschlossener Menschentypus ergeben. Läßt sich für einen solchen einmal die Urheimat erkennen, wie für die extremen Langköpfe Thüringen, für die rundköpfige „alpine Rasse" die Alpen, so wird man dort noch lange Zeit, vielleicht bis heute ihre Spuren finden können, auch wenn inzwischen andere sich dazwischen geschoben und vielleicht sogar die Herrschaft ergriffen haben. Splittern sich aber von einer solchen Menschenart Teile ab und begeben sich auf die Wanderschaft, um neue Siedlungsgebiete zu suchen, so werden sich, je weiter sie kommen, um so mehr andere Elemente ihnen anschließen, und wo sie sich schließlich niederlassen, wird ein vielstämmiges Gemisch ankommen, in dem die ersten im besten Falle noch die Führung haben. Die nach eigenem Willen und durch gemeinsames Schicksal zusammengeschlossene Gemeinschaft wird aber je länger je mehr zu einer einheitlichen Kultur und einheitlichen Sprache gelangen, und hieran wird man sie am besten erkennen und ihren Weg verfolgen können.

Unter diesem Gesichtspunkte ergibt sich nun, daß die indogermanische Sprachgemeinschaft keineswegs durch eine Bewegung von Indien nach Germanien, sondern umgekehrt durch eine solche von Germanien nach Indien zustande gekommen ist. Nordeuropa hat bekanntlich bis zu den mitteldeutschen Gebirgszügen von Harz und Erzgebirge noch lange unter dem Eise gelegen, als im Süden schon eine vielfältige Kultur erwachsen war. Nach dem etappenweisen Abschmelzen des Eises hat es dann von den angrenzenden Ländern im Westen und Süden seine Besiedlung erhalten. In den rauhen und schwierigen Verhältnissen des Neulandes aber sind diese Ankömmlinge zu einem besonders harten und findigen Menschenschlage geworden. Als die Bevölkerung stark gewachsen war, strebten viele nach weiterem Raum und leichterem Leben, und es entwickelten sich immer mehr Wanderzüge nach dem lockenden Osten und Süden. Von der Steinzeit um 3000 v. Chr. an sind Jahrhunderte lang diese Züge gegangen. An der Topfware und an den Werkzeugen können wir erkennen, wie die norddeutsche Megalithkultur mit der Thüringischen im Bunde durch Polen, Galizien und Südrußland über den Kaukasus bis nach Asien hinein, und anderseits durch Süddeutschland und die Donauländer auf den Balkan und nach Griechenland gegangen sind. Es ist keine Frage, daß die Angleichung der Sprachen dieser Länder an das Germanische jenen Zügen zu verdanken ist, denn von einer ähnlichen Einwirkung Asiens auf Europa ist nichts zu bemerken.

Bei der Ausbreitung der nord- und mitteleuropäischen Kultur gegen Osten wird das erobernde Herrenvolk sich nur dünn über die weiten längst besiedelten Gebiete gelegt haben — etwa wie Alexander der Große mit einem kleinen Eliteheer, mit ein paar tausend Offizieren und Geheimräten das riesige Perserreich beherrscht und verwaltet hat. Wie verkehrt wäre es also, etwa die Spur der indogermanischen Wanderung nach dem Leitfossil nordischer Schädel absuchen zu wollen! Nach der Kultur, die das Volk in breitem Strome hinterlassen hat, geht es aber sehr wohl.

Je weiter wir in der Zeit zurückgehen ins graue Altertum, je spärlicher wird das anthropologische Material, das sprachliche versagt ganz, die Herrschaft übernimmt völlig das archäologische. Deshalb ist in diesem Buche wenig von den beiden Nachbargebieten die Rede, wir halten uns an die Kulturhinterlassenschaft der verschiedenen Zeiten und betrachten sie, so oft sich geschlossene Kreise ergeben, als die Ausprägung von Völkern und Staaten, deren Wirksamkeit für die Mitwelt und die Nachwelt sich dann vielfach wird erkennen lassen. Denn die Einwirkung der einen auf die anderen, die Entwicklung auf den Hauptlinien, die zu großen blühenden Kulturgebilden geführt haben und nun im plötzlichen Licht der Geschichte uns mit wohlbekannten Namen wie Germanen, Kelten, Griechen überraschen, sie sind es, die das Knochengerüst einer wirklichen Vorgeschichte bilden. Der bescheidenen, hilflosen Auffassung, daß Vorgeschichte nur die „Aufeinanderfolge von Kulturerscheinungen" sei, huldigen wir nicht. Wie die Geschichte, so soll auch die Vorgeschichte sich um die Entwicklung des einen aus dem andern bemühen, soll in den hunderterlei „Typen" der einzelnen Kreise den wegweisenden Trieb zu erkennen suchen und letzten Endes ein Bild der großen schaffenden Kräfte und ihres Erfolges darstellen. Es wird sich dann zeigen, daß die europäische Vorgeschichte eine ganz aktuelle Bedeutung hat, daß sie uns die Grundlage bietet zur Beurteilung der ganzen spätern Völkerverteilung und der Völkercharaktere bis heute hin.

Erstes Buch

Das Paläolithikum

Klima und Fundplätze

Wie alt ist das Menschengeschlecht? Kann es auf Zehntausende oder auf Hunderttausende oder gar auf Millionen Jahre zurückblicken?

Für die Antwort muß man sich klar sein, was unter „Mensch" verstanden werden soll, welche leibliche Gestalt und welche Betätigung im Unterschied gegen die Verhältnisse des voraufliegenden Tierreiches. Das einfachste Kennzeichen der ältesten uns zugänglichen Menschenformen ist das Fehlen der Reißzähne: die menschlichen Eckzähne liegen schon in der gleichen Ebene mit den Schneide- und Backenzähnen. Die Betätigung des Menschen aber verrät sich am ersten in der Herstellung von Werkzeugen und im Gebrauch des Feuers. Von den Werkzeugen sind natürlich nur die steinernen übrig, vom Feuer die Holzkohle.

Die körperlichen Reste des Menschen reichen bisher nur bis in die Mitte der Eiszeiten zurück, die primitivsten Werkzeuge dagegen, die sogenannten Eolithen (Steine der Morgenröte), sind, wie namhafte Forscher, die zugleich die Finder waren, versichern, bis in die Schichten der späten Tertiärzeit zurück zu verfolgen. Damit ergeben sich außerordentliche Zeiträume und eigenartige Klima- und Bodenverhältnisse für den ältesten Menschen.

Das Tertiär war eine üppige Wärmeperiode mit Palmen, Laubwäldern und riesigen Säugetieren, in der die Gebirge und Meere im wesentlichen ihre heutige Gestalt gewonnen haben. Max Verworn, der Physiologe, und Robert Bonnet, der Anatom, haben in Frankreich, besonders im Cantal, zahlreiche Eolithen aus dem Spättertiär, dem Pliozän, entnommen, und der Widerspruch, der sich gegen ihre Auffassung als menschliche Werkzeuge zunächst erhob, ist heute recht kleinlaut geworden [1]). Verworn war nach Frankreich gegangen, weil er dem Gerede vom hohen Alter des Menschengeschlechts nicht glaubte und durch eigene Grabung den Gegenbeweis erbringen wollte, und — er kam vollständig bekehrt zurück, es war aus dem Saulus ein Paulus geworden. Die Eolithen sind Steine, die man in der Natur zu Werkzeugen ausgesucht hatte, je nachdem sie an sich schon

[1]) H. Obermaier zuerst in „Der Mensch der Vorzeit", jetzt (1925) in Eberts Reallexikon unter „Eolithen".

eine brauchbare Schneide oder eine Kratzfläche oder eine Bohrspitze boten, welchen Stellen man dann nur wenig nachzuhelfen brauchte. Auffallend oft kehrt dabei eine künstlich hergestellte konkave Kratzfläche wieder, mit der man wohl Knochen

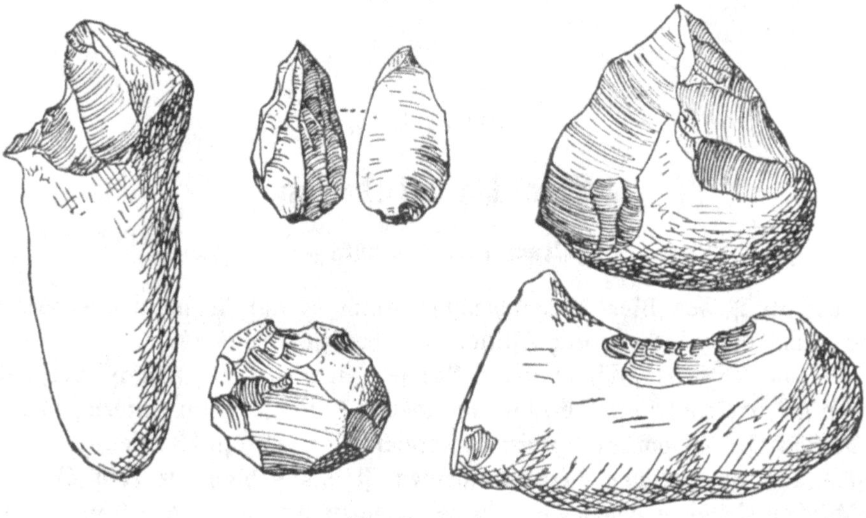

Abb. 1. Eolithen aus dem Eozän von Belle Assise C. Clermont (Oise). Nach Breuil. ³/₄.

oder Stäbe abschaben wollte (Abb. 1). Diese erste Absichtsform zeigt zielbewußten Intellekt; ob aber die Inhaber der Eolithe damit schon den vollen Namen „Mensch" verdienen, steht noch dahin.

Gegenüber diesem ersten nur angedeuteten Auftreten des Menschen zeigt ihn die folgende große Erdperiode, das quartäre Diluvium, die Eiszeit, schon in reicher Entwicklung und Betätigung in einer Umwelt, die durch starke Klimaschwankungen wiederholtem Wechsel unterworfen war.

Die Eiszeit ist, wie wir heute längst wissen, nicht eine einheitliche Kältezeit gewesen, sondern sie hat verschiedene Kältehöhepunkte mit dazwischenliegenden Wärmeperioden gehabt. Am klarsten ist diese Gliederung bisher am Nordfuße der Alpen erkannt worden. Dort haben Penck und Brückner vier Kälteperioden festgestellt und sie nach den Flüssen, an denen die einzelnen sich besonders deutlich aussprechen, Günz-, Mindel-, Riß- und Würmeiszeit genannt. An den Bergeshängen läßt sich am besten beobachten, wie weit etwa eine erste Eiszeit mit ihrem Gletscherschutt ins Tal vorgerückt war, wie dann eine zweite sich im oberen Teil über sie gelegt hat, eine dritte über beide hinausgeschritten und eine vierte wieder beträchtlich zurückgeblieben ist.

Auch in der norddeutschen Tiefebene lassen sich die Spuren mehrerer Kälteperioden unterscheiden. Die südschwedischen Gletscher haben ihren Fuß bis hierher erstreckt und sowohl auf ihrem Grunde durch die beständig wirkende Schiebung ein breiiges Material, den Geschiebemergel, als „Grundmoräne" erzeugt, wie auch an ihrem Rande den aus ihrem oberen Teil herabgleitenden Schutt als „Endmoräne" aufgehäuft. Vielfach hat man den Ursprungsort der so abgelagerten Gesteine bestimmt und ist immer auf die Gegend gekommen, die nördlich etwa durch die Linie Oslo—Stockholm begrenzt wird [1]). Hier müssen also die Spitzen der Eisberge gewesen sein, und in großem Bogen stand ihr Fuß von Jütland über Hamburg, Berlin bis Warschau oder zu anderer Zeit weiter vorgeschoben bis Leipzig oder weiter zurückgezogen am Rande der heutigen Ostsee. In langen geschwungenen Zügen sind in diesem Gebiete die Endmoränen ihre 100, 200, ja bis 300 m hoch noch heute erhalten, und an ihrer alten Außenseite ziehen sich die breiten Rinnen entlang, in denen das Schmelzwasser sich sammelte und gemäß der allgemeinen Senkung des norddeutschen Bodens nach Nordwesten abfloß. Von diesen „Urstromtälern" zieht das markanteste und bekannteste von Warschau die Weichsel hinunter bis Thorn, folgt dann der Netze und Warthe bis Küstrin, von hier der Oder bis Oderberg, weiter der Finow über Eberswalde und dem Havelluch bis Havelberg, schließlich der Elbe bis an die Nordsee. Dies selbe Urstromtal geht aber von der Weichsel gegen Nordosten weiter und erklärt die Gestaltung der Flußgebiete, die uns im Weltkriege so vertraut geworden sind: es zieht von Nowo Georgiewsk den Bug und Narew hinauf, verfolgt von Grodno nach Kowno den Njemen und hat sein letztes Stück in den Peipusseen.

Auf den Linien, die sich so stark abzeichnen, muß der Gletscherfuß längere Zeit gestanden haben. Als er nach Norden zurückschmolz, haben sich Rinnsale gebildet, die in nordsüdlicher Richtung in die alten Urstromtäler führen, wie die Drage, Küddow, Brahe, Drewenz, Wkra, und als die Entfernung zwischen altem und neuem Gletscherfuß noch größer wurde, hat das Wasser des Urstromtals hier und da eines der Rinnsale benutzt, um in ihm die Flußrichtung umzukehren und direkt zur Ostsee durchzubrechen. So ist die selbständige Oder bei Oderberg, die Weichsel bei Bromberg, der Njemen bei Kowno entstanden.

Das ganze norddeutsche Flachland mit seinen Erhebungen und seinen Flußläufen hat, wie man sieht, durch die Naturtätigkeit der Eiszeiten sein heutiges Gesicht erhalten. Diese Tätigkeit muß eine gewaltige gewesen sein. Der baltische Höhenrücken mit hausgroßen Blöcken in sich als einfache Endmoräne schwedischer Gletscher, die Verschwemmung riesiger Sandmassen, 20, 30 und noch mehr Meter dick, weit in die Ebene hinein, schließlich die mehrere Kilometer breiten Urstromtäler müssen durch viel größere Kräfte, als wir sie heute kennen — und wenn wir sie noch so lange in Wirksamkeit dächten —, gebildet sein. Es muß ein viel stärkerer Wechsel zwischen Kalt und Warm stattgefunden haben, so daß rasch massige Schmelzwasser niedergingen, die Berge von Geröll mit sich nahmen und Riesenfurchen bei ihrem Abfluß rissen. Da dies Spiel sich aber in jeder neuen Eiszeit auf derselben Ebene wiederholt hat, sind die Spuren der früheren von den späteren

[1]) Gesteinsproben gesammelt im Museum zu Altona.

ziemlich gründlich zerstört worden. Von den klaren vier Eiszeiten der Alpen haben sich in Norddeutschland bisher mit Mühe die letzten drei erkennen lassen. Die erste liegt anscheinend so tief verschüttet, daß man sie noch nicht sicher fassen konnte. Die letzte Vereisung ist weit schwächer aufgetreten als die früheren, sie hat nur bis zur Unterelbe und bis Leipzig gereicht, so daß das Land von da bis zu den Mittelgebirgen schon frei und besiedelbar war.

Das weitaus größte der vereisten Gebiete ist das nordische gewesen. Es hat ganz Skandinavien und Norddeutschland nebst dem größten Teile von Großbritannien und Rußland umfaßt. Seine Südgrenze verläuft etwa von London über den Harz und das Riesengebirge nach Lemberg. Als zweites Gebiet folgen die Alpen. Alle übrigen Vereisungen bilden daneben nur kleine Flecke, so im Westen Vogesen und Cantal, Pyrenäen, Sierra Morena und Sierra Nevada, im Osten Teile der Karpathen, das Rhodope-Gebirge und der Kaukasus. Frei vom Eise war also das südliche England etwa von der Themse ab, fast ganz Frankreich und Spanien, Italien, die Balkanhalbinsel nebst Ungarn, Galizien und Südrußland. In Mitteleuropa engt sich die eisfreie Zone auf das Rhein- und Donaugebiet nebst Thüringen und Böhmen zusammen (Abb. 2).

Zeigen sich die Klimaschwankungen innerhalb der Eiszeit durch die verschiedene Art und die verschiedene Ausdehnung der Ablagerungen deutlich an, so werden sie uns noch lebendiger durch die Reste von Flora und Fauna, die sich in den Ablagerungen eingebettet finden. Und naturgemäß hat sich der Charakter der kälteren Perioden schärfer ausgeprägt in dem von zwei Seiten her gekühlten Mitteldeutschland, der der wärmeren mehr in den weiten, immer eisfrei gebliebenen Westländern. Der Kältehochstand hat eine Tundralandschaft erzeugt mit Zwergbirke, Wollweide, Rosmarinheide, Riedgras, Renntierflechte, Wassermoos. Beim Übergang in eine Wärmeperiode wandelt sich die Tundra anscheinend zur Steppe, in der hohe Fichten oder Föhren wachsen. Die volle Wärme bringt einen Waldcharakter mit grauer Weide, Silberpappel, Hasel, Esche, Efeu, aber auch den südlicheren Bäumen wie Feige, Buchsbaum, Lorbeer [1]), kurz ein dalmatisches Klima mit 15—16^{0} Durchschnittstemperatur statt unserer heutigen 11^{0}. Eine besonders ergiebige Fundstelle für die interglaziale Flora ist die Höttinger Breccie bei Innsbruck; dort herrscht die Pontische Alpenrose, die heute nur in Südspanien und am Kaukasus vorkommt, und daneben der Buchsbaum. Ein gutes Bild geben auch die Einschlüsse der Tuffe bei Weimar, die die Blätter bieten von Eichen, Buchen, Pappeln, Linden, Weiden und Schilf.

Die Fauna der Kälteperiode wird charakterisiert durch den Lemming — eine Wühlmaus, die Wärme haßt —, den Eisfuchs, das Renntier, den Moschusochsen, das ist die Tierwelt der heutigen Zirkumpolarregion. Dazu kommt das Mammut (Elephas primigenius) und das sibirische wollhaarige Nashorn (Rhinoceros ticho-

---

[1]) So bei La Celle sous Morel a. d. Seine.

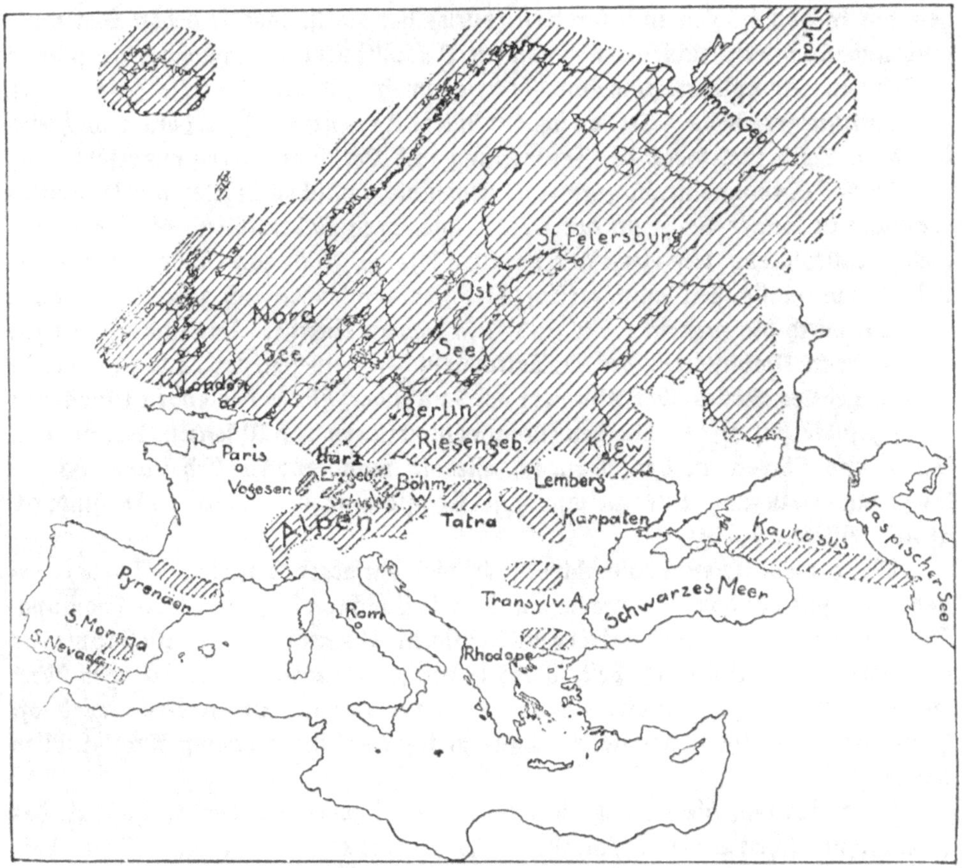

Abb. 2. Die Eiszeit in Europa. Nach Wahnschaffe

rhinus). Die Übergangszeit der Steppe hat Pferdespringer, Ziesel, Saiga-Antilope, Wildpferd, also Tiere, die weite Strecken rasch durchmessen können; daneben die in verschiedenen Breiten akklimatisierten: Höhlenbär, Höhlenlöwe, Edelhirsch, Riesenhirsch, Urstier (Bos primigenius).

In der warmen Zwischenzeit haben die führende Rolle die afrikanischen Dickhäuter: der Urelefant (Elephas antiquus), Rhinoceros Merckii und das Flußpferd (Hippopotamus major), Tiere des feuchten Waldes. Affen kommen nur in Südfrankreich und Spanien vor.

Die Spuren des Menschen finden sich sowohl in den kalten wie in den warmen Perioden des Diluviums. Sie bestehen hauptsächlich in Feuersteinwerkzeugen, die oft noch am Wohnplatze lagern, oft weithin verschwemmt sind; an den Wohnplätzen sind häufig die Felswände mit Tier- und Menschenfiguren verziert, und in günstigen Fällen haben sich menschliche Knochen, sei es verstreut, sei es als wohlerhaltene Bestattungen, gefunden. Am reichsten ist dies alles zutage getreten in den Höhlen und Grotten (abris) der Kalksteingebiete von Südfrankreich und Spanien; nicht als ob man im Paläolithikum ausschließlich an solchen natürlichen Schutzplätzen gewohnt hätte; vielmehr hat der glückliche Zufall tiefer Verschüttung gerade diese Stellen bis auf unsere Tage unberührt erhalten, während das freie Land viel mehr der Zerwühlung und Verschwemmung ausgesetzt war.

In der Dordogne in Südfrankreich liegen die klassischen Stätten der Paläolithforschung in langer Reihe an der Dézère und ihren Nebenflüssen, die sich in das weiche Kalkplateau tief eingesägt haben. Bis zu 70 m ragt die Felswand oft neben dem Flusse steil empor (Taf. II). In ihr finden sich zuweilen schmale Spalten, durch die man in weite und tiefe Höhlen eintritt. Das sind die großen palastartigen Wohnstätten des Paläolithmenschen gewesen, wo, wie in Font de Gaume bei Les Eyzies oder Altamira bei Santander, hinter den engen Eingängen weite Festsäle sich öffnen mit den Monumentalbildern von Wisenten, Renntieren, Bären und Löwen an den Wänden, alles in wundervoller Erhaltung, da der lange enge Eingang eine gleichmäßige Temperatur das ganze Jahr hindurch gewährleistete.

Die gewöhnlichen Wohnplätze sind viel einfacher gestaltet. In der anstehenden Felswand wechseln weiche und harte Schichten in horizontaler Lagerung. Die weichen hat der Fluß bei der allmählichen Absenkung seines Wasserspiegels der Reihe nach stark ausgehobelt, so daß in der Wand zwei, auch drei Etagen übereinander wie eingeschnittene Lauben entlang laufen. Die unterste wird oft heute noch zum Einbau der kleinen Bauernhäuser mit ihren Schuppen und Ställen benutzt.

Diese Grotten, die französisch abris heißen, sind es, die den Wohnschutt des Paläolithmenschen am ungestörtesten erhalten haben. Oft mehrere Meter hoch liegt in ihnen die Füllung. Deutlich heben sich die holzkohlegeschwärzten Kulturschichten ab, die Steinwerkzeuge, Tierknochen von den Mahlzeiten und gelegentlich noch wohlgebaute Feuerherde enthalten. Auf eine solche Kulturschicht folgt oft eine sogenannte sterile Schicht. In der Grotte begann die Felsdecke abzubröckeln, größere und kleinere Stücke fielen herab; die Menschen flohen und allerhand Tiere zogen ein. Das lesen wir aus diesen Zwischenschichten. Holzkohle und Werkzeuge fehlen, wilde Steinbrocken liegen durcheinander und zwischen ihnen Knochen von Raubtieren, wie Höhlenlöwe, Höhlenhyäne und Höhlenbär, die mit menschlicher Wohnung und Nahrung nichts zu tun haben. Dann kann aber eine neue Kulturschicht folgen. Der Mensch ist zurückgekehrt und hat nun wieder lange in der Höhle gehaust. Die Werkzeuge, die er in dieser neueren Zeit gebraucht, die Tiere, die er jetzt gegessen hat, wird man begierig mit denen der früheren vergleichen, ob sie nicht einen Fortschritt im Handwerk, einen Wechsel im Klima anzeigen.

So können an einem Wohnplatze eine ganze Reihe von Kulturschichten übereinander gelagert sein, und gerade, wenn sie durch sterile Schichten getrennt sind,

Abb. 3. Zeltzeichnungen an Höhlenwänden. Nach Obermaier.

wird die zeitliche Abfolge um so klarer, es haben dann nicht die Reste der verschiedenen Wohnperioden sich durcheinander geschoben.

Die Abris scheinen nicht die einzigen Wohnstätten der Paläolithiker gewesen zu sein. Sie müssen vielmehr im Spätpaläolithikum auch gelegentlich im Freien sich Hütten oder Zelte errichtet haben. Gefunden sind solche zwar noch nicht, aber in verschiedenen Höhlen sind sie an die Wand gezeichnet als zeltartige Gebilde mit einem Mittelpfeiler. Die Überdachung steigt entweder gleich vom Boden aus schräg an oder sie hebt sich erst ziemlich steil als Wand empor und knickt dann zum Dache um (Abb. 3). Da die Darstellung immer in dieser gleichen Art auftritt, ist sie wohl als der Durchschnitt durch eine Rundhütte aufzufassen. Wäre ein Langhaus, etwa ein rechteckiges, gemeint, so wäre es wohl auch einmal von der Langseite gezeichnet.

Die Periodenfolge

Die paläolithische Kultur hat am üppigsten in Westeuropa geblüht und ist dort auch am frühesten erforscht worden. Daher können wir nirgends eine so reich- und feingegliederte Stufenfolge erkennen wie in Frankreich. Die Gliederung beruht im wesentlichen auf den Werkzeugen, die aus Stein und Knochen gebildet sich erhalten haben, während, was die primitiven Menschen sonst besaßen, aus Holz, Leder, Strohgeflecht, vergangen ist. Aber sie wird unterstützt durch die Tierknochen, die mit dem Wechsel der Fauna auch einen Wechsel des Klimas anzeigen, einen Hauptregulator menschlicher Lebensweise.

Im großen unterscheiden wir ein Altpaläolithikum und ein Jungpaläolithikum, und diese Unterscheidung gilt für ganz Europa, während die französische Finesse von je drei Unterabteilungen jener Hauptperioden von dem übrigen Kontinent nirgend ganz erreicht wird. Im Altpaläolithikum herrscht fast bis zum Ende ein warmes Klima, im Jungpaläolithikum durchweg ein kaltes. Dieser grundlegende Gegensatz bestimmt gewiß vieles andere. Das Altpaläolithikum hat als Leitform der Werkzeuge einen Stein von der Gestalt und Größe der menschlichen Hand. Es sieht aus, als ob man die Hand, das natürliche Universalwerkzeug des Menschen, in den leistungsfähigeren Stein habe übersetzen wollen, ausgerüstet mit Stoßspitze und Längsschneide oder auch Kratzkante. Dieser „Faustkeil", der aber geschäftet ein tüchtiges Beil oder eine Hacke abgibt, ist im ganzen Jungpaläolithikum nicht mehr vorhanden. An seine Stelle sind als Leitformen große kräftige Messer getreten. Die Wärme der älteren Periode hatte einen Waldwuchs hervorgerufen, zu dessen Bändigung das Beil wohl nötig war, für die Steppe der neuen Zeit taugte das Messer. Im Altpaläolithikum gibt es auch nur Steingeräte, im Jungpaläolithikum ist viel aus Knochen gearbeitet, besonders feine Pfriemen und Nähnadeln, die auf Herstellung von Bekleidung deuten, einer Neubeschaffung, die die zunehmende Kühle anriet. Erst in dieser Zeit tritt nun auch allerhand Zierwerk an den Geräten auf — an den Knochengeräten ist es leicht anzubringen, der Feuerstein erlaubte es nicht — und an den Höhlenwänden entfaltet sich ein reicher künstlerischer Schmuck von Tier- und Menschendarstellungen. Diese neue Welt des Jungpaläolithikums ist ganz erst zu verstehen durch den Blick auf die körperlichen Reste des Menschen von vorher und jetzt. Eine neue Rasse ist mit dem Jungpaläolithikum zur Herrschaft gekommen, an die Stelle des Neandertalers, der die alte Zeit repräsentierte, ist der Aurignac-Mensch getreten.

Für die Periodenfolge des ganzen Paläolithikums wird die Entwicklung in Frankreich wohl immer oder doch noch lange das beste Bild geben. Auch in den Ländern, wo französische Perioden übersprungen oder durch andere Formen gefüllt sind, wird man auf die dortigen Stufen zu blicken haben, um sich zeitlich zu vergewissern, abgesehen davon, daß leise Verwandtschafts- oder Freundschaftsfäden auch über weite Landstrecken hinweg eine Verbindung aufrechtzuerhalten pflegen. Die französischen Perioden, drei für das Alt-, drei für das Jungpaläolithikum, werden nach den Fundorten benannt, an denen ihre Merkmale zuerst voll in die Erscheinung getreten sind. Das Altpaläolithikum bilden Chelléen, Acheuléen, Moustérien; das Jungpaäolithikum Aurignacien, Solutréen, Magdalénien [1]).

Im **Chelléen** (Taf. III 1) ist der Faustkeil meist spitz; wenige derbe Schläge haben ihn hergerichtet, so daß an der Basis gewöhnlich die Steinhaut stehengeblieben ist und die Seiten in unregelmäßigen Linien verlaufen. Mehrere Begleitformen wie Kratzer, Schaber, Stichel, in ähnlicher Weise behandelt, lassen sich beobachten.

Im **Acheuléen** (Taf. III 2) bekommt der Faustkeil eine mehr mandelförmige Gestalt und feinere Bearbeitung. Es wird sehr auf die Erzielung der bestimmten Form mit geraden Randlinien und scharfen Schneiden gesehen und der Stein daher über und über und auf beiden Seiten zu gleichmäßiger Wölbung beschlagen. Ist dadurch der Acheulkeil schon von Anfang an dünner und leichter als der des Chelléen, so wird er im jüngeren Abschnitt dieser Periode ganz zart und fein mit haarscharfer Schneide. Die Begleitformen haben sich ebenfalls entsprechend verfeinert. Das Hauptstück unter ihnen ist ein gut in der Hand

---

[1]) **Chelles** liegt östlich von Paris im Dep. Seine et Marne, **St. Acheul** ist eine Vorstadt von Amiens, **Le Moustier** ein Dorf im Vézère-Tale, 12 km aufwärts von Les Eyzies. — **Aurignac** liegt im Dep. Haute Garonne, **Solutré** im Dep. Saône et Loire, **St. Madeleine** im Vézère-Tale, 6 km oberhalb Les Eyzies.

Der „Roc de Tayac" an der Vézère bei Les Eyzies

Tafel III

1

2
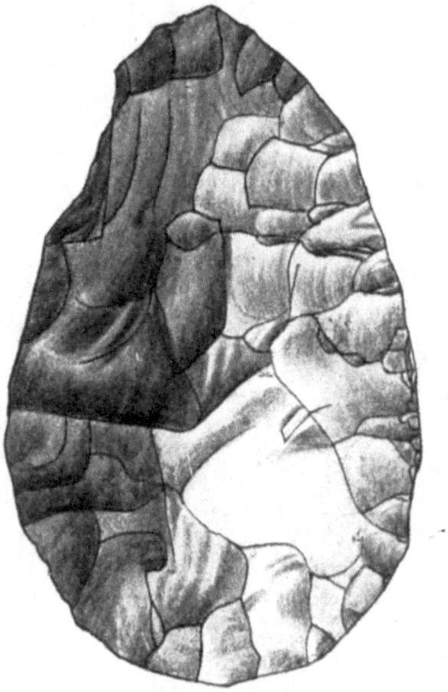

3
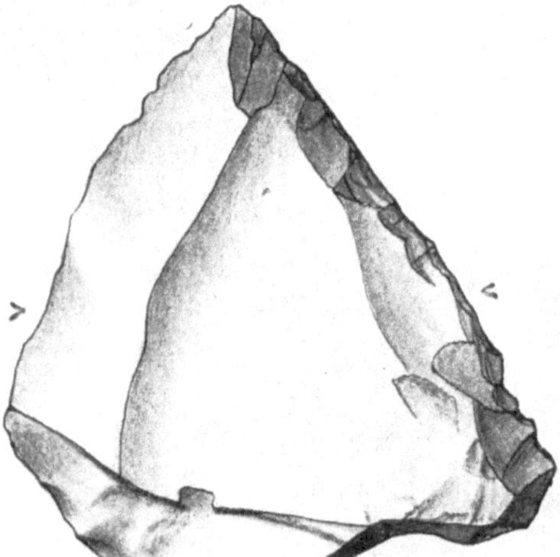

4
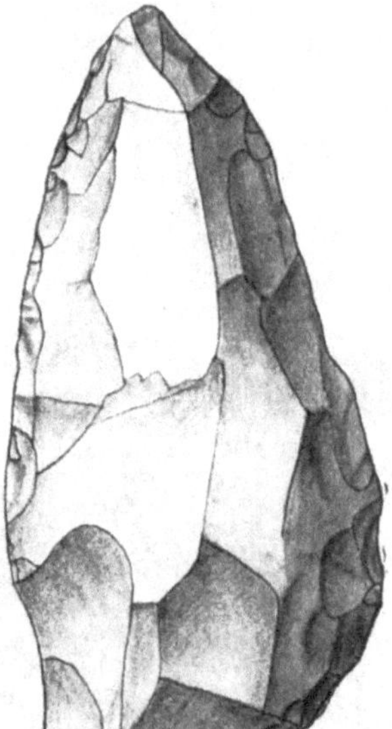

Chelléen, Acheuléen, Moustérien

1. Chelléen-Beil aus Venosa, Italien, 2. Acheul-Beil des Homo Mousteriensis, beide 1/2, 3. 4. Moustier-Spitze und Kratzer von Laussel 1/1. Alle Berl. Mus.

liegender Kratzer, wohl für Fellbearbeitung, von der Form eines Kammes mit rundlichem Rücken.

Das Moustérien (Taf. III 3, 4) gestaltet den Faustkeil beträchtlich kleiner und ungefähr dreieckig mit scharfer Spitze. Er ist auch nicht mehr auf beiden Seiten gleichmäßig gewölbt, sondern zeigt auf der einen infolge eines einzigen großen Abschlages einen glatten Rücken, auf der andern eine durch wenige Langschläge gegliederte Hochfläche. Damit entartet die ursprünglich so stolz herrschende Form des Faustkeils, um in der folgenden Periode völlig zu erlöschen. Unter den Begleitformen steht noch der Kratzer an erster Stelle; er ist mit gerader Schneide und dickem gebogenen Rücken ein sorgfältig bearbeitetes Instrument geworden. Daneben beginnen Bohrer und Pfriemen aufzutreten, die die zunehmende Lederbearbeitung anzeigen.

Mit dem Moustérien schließt das Altpaläolithikum. Das folgende Jungpaläolithikum kennt keinen Faustkeil mehr, das alte Universalwerkzeug hat sich in eine Reihe von Einzelformen gespalten, unter denen das Messer herrscht, und immer mehr tritt jetzt das Knochenmaterial mit in den Dienst.

Im Aurignacien überrascht uns als besonders schöne Neuheit eine große breite Messerklinge, flach auf der einen und in drei Langschlägen gewölbt auf der anderen Seite (Taf. IV 6). Daneben stehen verschiedene Formen von Kratzern und Schabern, besonders charakteristisch der „Hochschaber" oder „Kielkratzer", von der Form einer halben Wallnuß, aber meist beträchtlich größer, mit steilem Randbeschlag ringsumher (IV 1). Der steile Beschlag ist für das Aurignacien allgemein bezeichnend (Taf. IV 7). Zwischen Messer und Schaber stehen die „gekerbten Klingen" (à encoche), mit einer rundlichen Ausbuchtung an der Seite und steilem Randbeschlag ringsum. Wahrscheinlich sind sie zum Abschälen von Stöcken benutzt. Aus dem feineren Moustérien-Kratzer hat sich ein gebogenes Messer mit konvexem Rücken und konkaver Schneide entwickelt (IV 4), das gewöhnlich nach dem Abri Audi in Les Eyzies, wo es zuerst auffiel, benannt wird. Es ist offenbar so benutzt worden, daß der Zeigefinger sich auf den gewölbten Rücken legte, und zeigt sich bald für die rechte, bald für die linke Hand zugerichtet. Ein feineres Messer (IV 5), schmal, lang und spitz, mit plattgeschlagenem Rücken, heißt nach seinem ersten Fundort „Gravette-Spitze". „Stichel" (burins) nennt man Klingen, die eine scharfe, aber dicke Spitze haben, so daß sie wie ein scharfes Kap endigen (IV 2). Sie mußten zum Gravieren in hartem Material besonders geeignet sein. Als auffallendste Knochengeräte beginnen in dieser Periode die sogenannten „Kommandostäbe", große Stücke von Renntierstangen mit einem runden Loch in der Mitte der Verästung. Sie sind häufig schön verziert mit Flechtornamenten oder Tierfiguren und müssen somit besonders geachtete und wohlbewahrte Instrumente gewesen sein (Abb. 4). Die Vermutungen über ihren Gebrauch: als Keulen, Pfeilstrecker, Zelthalter, Schleudergriffe, Zepter oder Kommandostäbe befriedigen alle nicht recht. Am ehesten sind es wohl Tragstöcke ge-

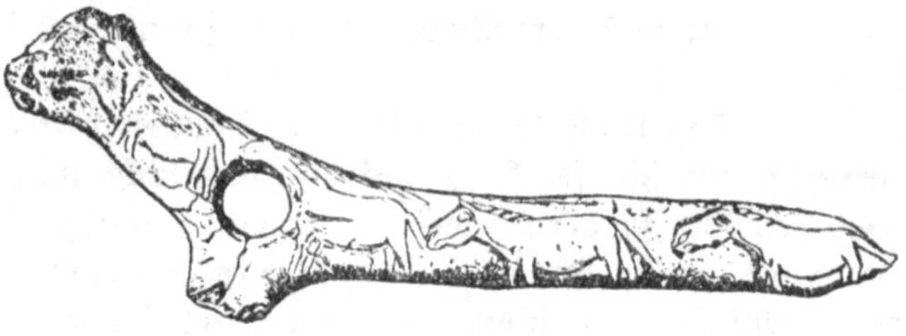

Abb. 4. Sog „Kommandostab" von La Madeleine. Nach Pfeiffer. Gr. 1/3.

wesen, an denen man eine Last, wie etwa die Jagdbeute, über die Schulter hängte. Daß man auch solche einfachen Gebrauchsgegenstände sich schön verzierte, zeigen die Wurfstangen zum Speerwerfen, die wir noch kennenlernen werden.

Das Solutréen hat als Leitform die „Lorbeerblattspitze" (Taf. V 1, 3, 4). die offenbar den Wurfspeer gekrönt hat. Sie ist bald derb gedrungen, bald zierlich schlank. Im weiteren Verlaufe der Periode tritt allmählich an ihre Stelle eine andere neue Form, die gestielte Spitze (pointe à cran, Taf. V 2), die einem kurzen Messer mit schmaler Angel gleicht und mit dieser Angel am Speerschaft befestigt war. Diese Stücke sind oft außerordentlich fein gearbeitet. Das Solutréen nimmt die zierliche Oberflächen- und Randbearbeitung wieder auf, die schon das Acheuléen erreicht hatte, die aber im Moustérien und Aurignacien durch eine großzügigere Schlagtechnik verdrängt worden war. Insbesondere steht dem Steilbeschlag des Aurignacien der Flachbeschlag des Solutréen gegenüber. Nur dünne Schuppen der Oberfläche werden schließlich abgehoben, so daß eine feingliedrige Ebene entsteht und das Werkzeug oft papierdünn wird. Eine ähnliche Technik ist nachher nur in den besten neolithischen Zeiten wieder erreicht worden, in Ägypten und im Norden.

Die Verarbeitung des Knochens zu Geräten zieht im Solutréen weitere Kreise. Es werden jetzt Pfriemen und Nadeln hergestellt, sogar richtige Nähnadeln mit Ösen, ferner Harpunen mit Widerhaken für die Fischjagd. Daneben tritt der Bergkristall in die Erscheinung sowohl in Rohstücken als Zierat, wie gelegentlich zu kleineren Lorbeerspitzen verarbeitet. Als Schmucksachen finden sich kleine Steinplättchen und Tierzähne, die als Anhänger getragen sind und deren Verwendung schon im Aurignacien begann (Taf. IV 8).

Im Magdalénien (Taf. V 5—9) flaut die Steinbearbeitung ab, offenbar weil das Knochenmaterial immer mehr in den Vordergrund getreten ist. Es gibt nur noch prismatische Messerklingen mit etwas Randbeschlag. An Knochengeräten finden sich nun aber alle die Formen zusammen, die in den letzten Perioden nach und nach aufgetreten waren: der Kommandostab, die Nadeln und Harpunen. Hinzu kommt die Wurfstange, von der der Speer geworfen wurde wie heute noch bei den Neuholländern, und die meist mit Tierfiguren eigenartig geschmückt ist (Abb. 11).

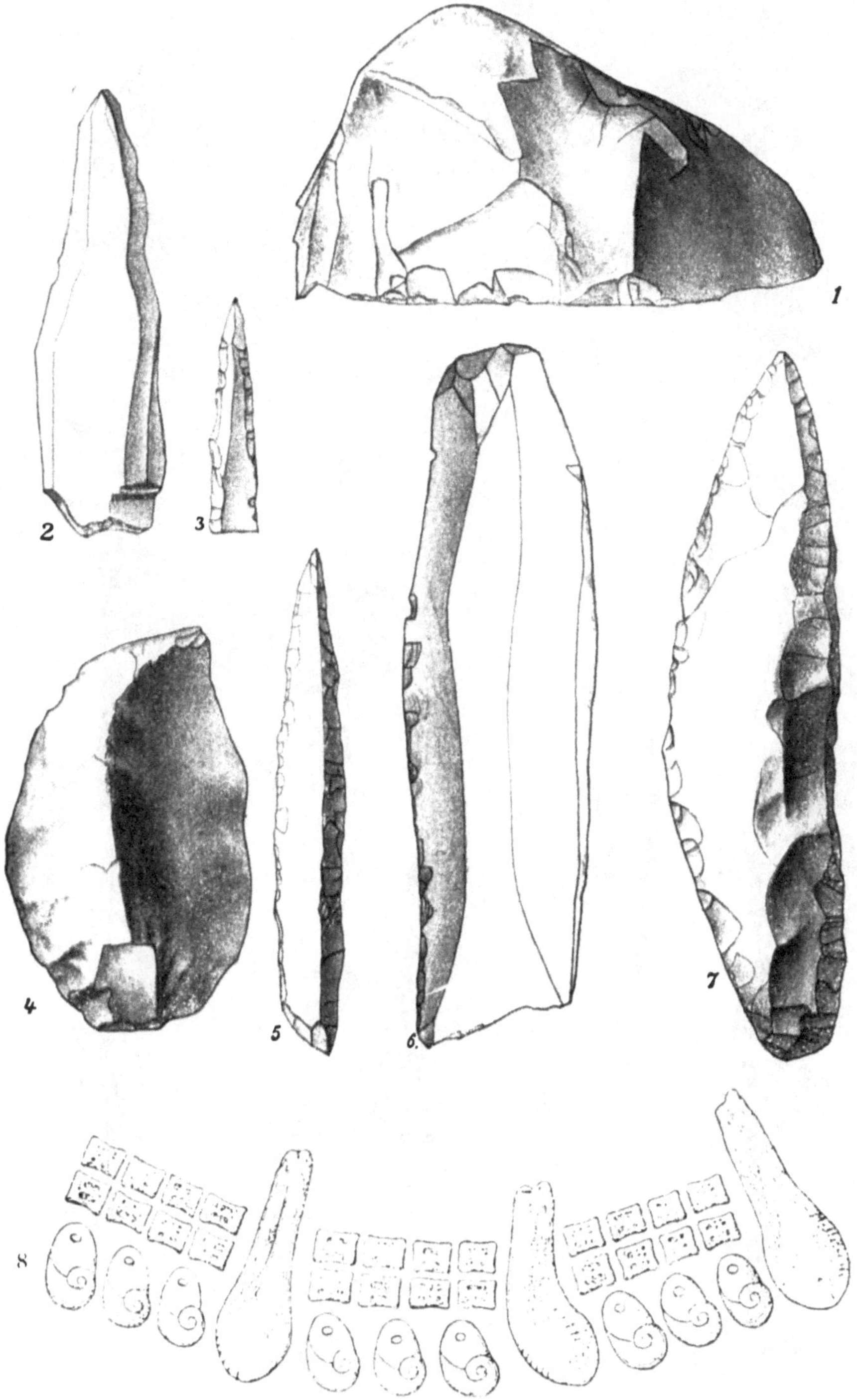

Aurignacien

1. 6. Laussel, 2. 4. Abri Audi, 3. 5. 7. Gorges d'Enfer; alles bei Les Eyzies.
8. Barma grande bei Mentone. 1—7. Berl. Mus., 8. Mentone. Alle $^1/_1$.

Tafel V

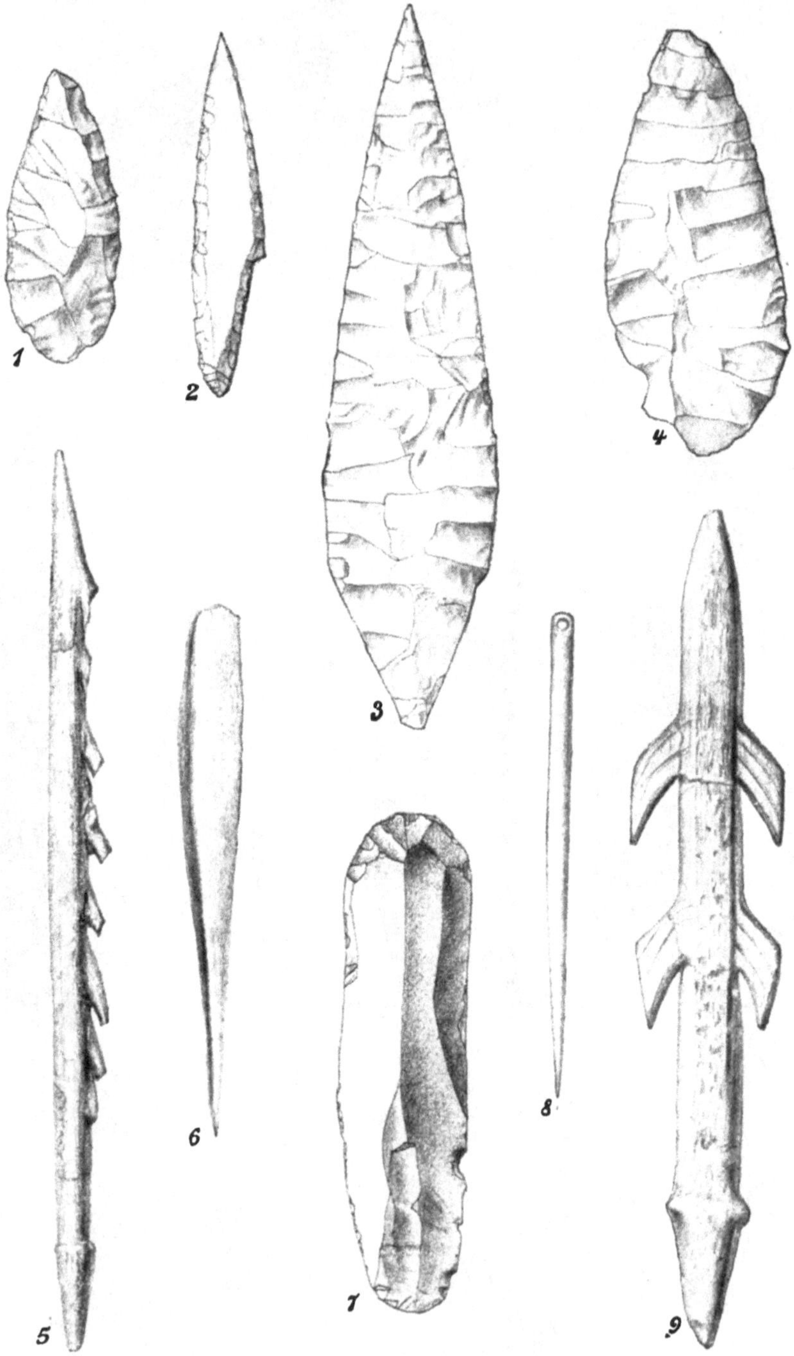

Solutréen (1—4) und Magdalénien (5—9)

1. 3. 4. Laugerie Intermédiaire, 2. Combe Capelle, 5—9 (außer 7 aus Knochen) Bruniquel. Alle 1/1.

Die Werkzeugformen dieser sechs Stufen geben uns den Maßstab und den Rahmen zur Beurteilung aller übrigen Verhältnisse und Geschehnisse im Paläolithikum. Wir erkennen mit ihrer Hilfe, wie weit die Kultur der verschiedenen Perioden sich in Europa ausgedehnt hat, wie diese Perioden sich zu den Kälte- und Wärmezeiten verhalten, in welcher Abfolge Menschenrassen und Tiergattungen aufgetreten sind, wann die feineren Kulturäußerungen des Menschen sich zeigen und wie sie sich fortentwickeln.

Aber, wie schon gesagt, diese sechs Stufen gelten vollständig nur für Frankreich und decken auch hier keineswegs immer das ganze Land.

Der Anfang, das Chelléen, ist bisher hauptsächlich im nördlichen Westeuropa zu erkennen, in Südengland und Belgien, in Frankreich an der Seine und der Somme, daneben sporadisch an der Charente und Gironde. In der Dordogne vermißt man es noch. In Deutschland sind seine Spuren in der Lindentaler Hyänenhöhle bei Gera aufgetreten, in Spanien und Italien an verschiedenen Stellen. Von da hat es sich aber an der ganzen Nordküste von Afrika entlanggezogen, ebenso wie auch das nachfolgende Acheuléen und Moustérien; die drei altpaläolithischen Kulturen folgen sich hier völlig wie in Spanien und Frankreich und treten uns besonders reich in Tunis, Ägypten und Syrien entgegen.

Für den Verkehr zwischen dem Nord- und Südrande des Mittelmeeres standen noch in der letzten Zwischeneiszeit die Landbrücken bei Gibraltar und von Tunis über Malta nach Sizilien zur Verfügung; das beweisen die in Europa gefundenen Knochen vom Elefanten und Nilpferde, Tieren, die nur zu Lande gekommen sein können[1]).

Das Acheuléen ist neben Südengland und Belgien über ganz Frankreich verbreitet, aber auch noch im Norden häufiger, weil dort mehr Feuerstein vorhanden ist. In Deutschland haben manche es immer schon für Fundstellen wie Hundisburg bei Neuhaldensleben und Markkleeberg bei Leipzig in Anspruch nehmen wollen. Diese Bestimmung erweist sich jetzt als richtig, denn südlich von Hannover sind in den Leineschottern kürzlich eine Reihe so unverkennbarer, großer und schöner Acheul-Keile gefunden, daß diese Kultur wohl als die erste nach Norddeutschland eingewanderte angesehen werden muß. Im oberen Rheintale bei Achenheim scheint ein Spätacheuléen vorzuliegen[2]). Im ganzen hat das deutsche Altpaläolithikum es nicht zu so ausgeprägten Formen gebracht wie das französische. Es hat sich meist mit einer geringen Zurichtung des Fundstückes begnügt, wohl weil es den Feuerstein nicht in so großen Stücken zur Verfügung hatte wie der französische Paläolithiker.

Das Moustérien beherrscht ganz Westeuropa. In der Dordogne bildet es gewöhnlich die Unterschicht der Wohnplätze, die etwa 21—25 m über dem heutigen

---

[1]) Al. Scharff: Grundzüge der Ägyptischen Vorgeschichte („Morgenland" Heft 12) 1927 S. 11—15.

[2]) Prähist. Ztschr. 1 Taf. XXXVI 2.

Flußspiegel liegen (La Micoque 20 m, Le Moustier 24 m und ähnlich La Rochette und La Ferrassie). In den Abris, die sich nur wenige Meter über den Fluß erheben wie Gorges d'Enfer bei Les Eyzies, Laugerie Haute, Intermédiaire und Basse finden sich Artefakte erst vom Aurignacien an. Auch im Rheingebiete kommt das Moustérien vor, in der Eifel (Karsteinhöhle) und im Emschertale bei Essen. In Mitteldeutschland findet es sich in den Tuffbrüchen von Taubach und Ehringsdorf bei Weimar (Abb. 5) sowie in den Grotten von Treis bei Gießen.

Das jüngere Paläolithikum ist in Frankreich erst nach und nach in seiner feinen Dreiteilung Aurignacien, Solutréen, Magdalénien erkannt worden, deren Formen dann auch in Deutschland, besonders im Sirgenstein bei Schelklingen

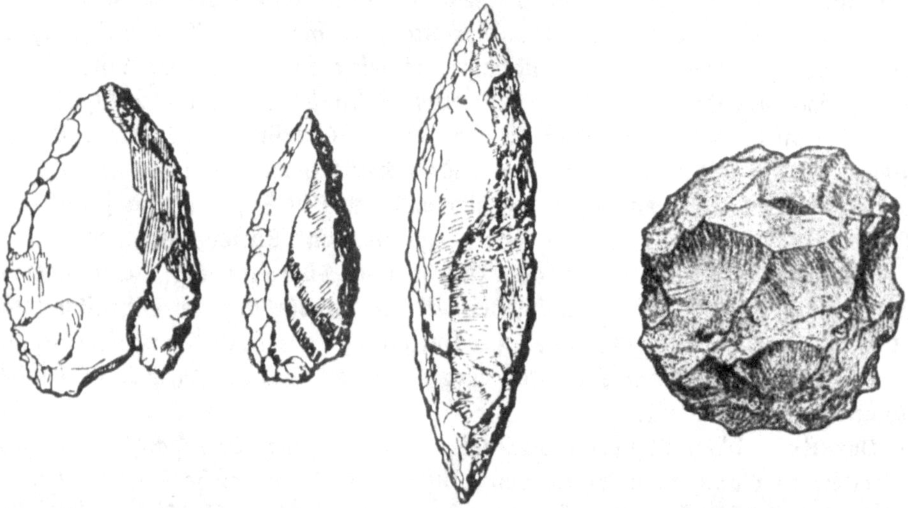

Abb. 5. Feuersteinwerkzeuge von Ehringsdorf b. Weimar. Nach Pfeiffer. Gr. 2/3.

und der Wildscheuer bei Steeden a. d. Lahn ebenso aufgetreten sind, das Magdalénien am schönsten im Keßlerloch bei Thaingen und dem benachbarten Petersfels b. Schaffhausen. Das Aurignacien als Zwischenstufe zwischen Moustérien und Solutréen haben erst Cartailhac und Breuil in den 1890er Jahren hinzugefügt. Es hat sich aber als besondere Kulturstufe durchaus bewährt, ja, nach verschiedenen Richtungen sogar hervorragend wichtig erwiesen. Gerade in der Periode des Aurignacien scheint der große Kulturherd von Frankreich und Spanien seine stärksten und weitesten Strahlen ausgesandt zu haben, so daß Gegenden davon befruchtet wurden, die nachher noch lange gerade von dieser Kultur gelebt haben. In Dänemark (Maglemose) und in der Lüneburger Heide stehen die Feuersteinwerkzeuge aus dem Übergange vom Paläo- zum Neolithikum im wesentlichen noch unter dem Einfluß des Aurignacien. Die breite, mit drei Schlägen hergestellte Klinge, die Nachklänge der Gravette-Spitze, auch der steile Randbeschlag der Schaber zeigen es deutlich. Dies späte Paläolithikum ist auch in mehreren Sied-

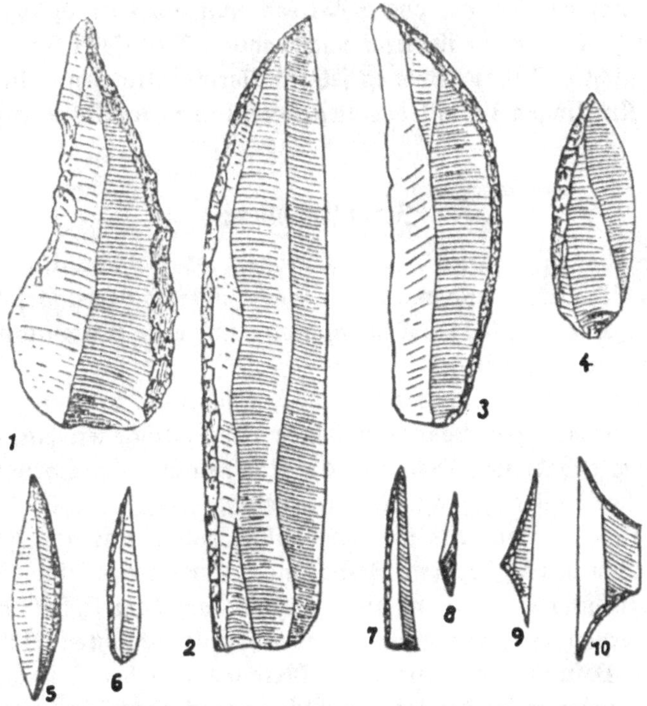

Abb. 6. Werkzeuge des Capsien aus Tunis.
Ältere Formen (obere Reihe) und jüngere (untere Reihe). Gr. $^{2}/_{3}$. Nach Ebert.

lungen bei Hamburg aufgetreten, darunter einer sehr lehrreichen Renntierjägerstation. Es war überraschend zu sehen, daß die menschliche Besiedlung sich schon bis hierher vorgeschoben hatte, als die letzte Eiszeit noch gar nicht zu Ende war.

Das Aurignacien spannt ein großes dichtes Netz von Frankreich bis zu den Balkanländern. Aber von nun an ist es auch mit der Führung, die Frankreich bis dahin hatte, vorbei. Im Süden, in Spanien, Italien und Nordafrika hat das Aurignacien eine etwas abweichende Form angenommen, die man Capsien nennt (von Capsien in Süd-Tunis) und die als Früh-, Hoch- und Endcapsien das ganze Jungpaläolithikum erfüllt, also auch ein Solutréen und Magdalénien nicht aufkommen läßt. Dieses Capsien, dessen Hauptformen unsere Abbildung 6 zeigt, ist ebenso wie schon das Altpaläolithikum an der Nordküste von Afrika bis nach Ägypten gegangen; diese Länder, bisher die getreuen Vasallen von Frankreich, folgen von nun an Spanien, indem sie mit dem Capsien das ganze Jungpaläolithikum erfüllen. Das Solutréen tritt anscheinend früher als in Frankreich schon in Ungarn und Mähren auf mit Lanzenspitzen, die an der Basis gerundet sind und damit noch an alte Acheul-Formen erinnern (Szelotahöhle bei Miskolcz)[1]). Ob

[1]) Prähist. Ztschr. 9, 1917, 18 ff. „Das Solutréen Ungarns" (E. Hillebrand).

darum, wie manche meinen, das Solutréen nun als eine östliche Fremdkultur in Frankreich zu betrachten ist, steht noch dahin. Jedenfalls hat es sich hier im Westen auch nicht voll verbreitet; es fehlt in Nordfrankreich und in England, und nach seinem Ausklingen nimmt das Magdalénien die alte Aurignac-Tradition wieder auf.

Zeitbestimmung

Wie verhalten sich nun die sechs Perioden des Paläolithikums zu den vier Eiszeiten des Diluviums, und wie sind sie nach Jahreszahlen ungefähr anzusetzen? Das ist die Frage, die der für seine Abstammung und erste Entwicklung interessierte Mensch immer wieder stellt.

Es ist jahrzehntelang darüber hin und her gestritten worden, denn die Frage liegt sehr schwierig. Frankreich mit seinen ausgesprochenen Kulturformen hat keine Vereisung gehabt und Deutschland mit seinen ausgesprochenen Vereisungsformen hat nicht die französische Kultur gehabt.

In den Alpen kommt das spärliche Paläolithikum mit den Resten der Eiszeiten ganz selten in unmittelbare Berührung. Nur für das Magdalénien hat sich dort eine Beziehung ergeben, nämlich, daß es nach dem Höhepunkt der letzten Eiszeit dem ersten erneuten Kälterückfall, dem sogenannten Bühlvorstoß, angehört. Nach Befunden bei Lyon, bei Mentone und bei Weimar hatte Penck ferner das Moustérien in die letzte Zwischeneiszeit verwiesen mit Ausdehnung zurück in die voraufgehende Riß-Eiszeit. In Frankreich und am Rhein sind Chelléen, Acheuléen und ein Teil des Moustérien begleitet von den Tieren der warmen Zone, dem Urelefanten (Elephas antiquus), dem Merckschen Rhinozeros (Rhinoceros Merckii) und dem Flußpferd (Hippopotamus major); vom Moustérien an beginnen die der kälteren, Mammut, Bison, Pferd, Renntier usw. In Nordfrankreich, an der Somme, macht sich die Kälteperiode schon etwas eher, gegen Ende des Acheuléen, bemerkbar; am Südfuß der Pyrenäen dauern die warmen Tiere aus bis ins Aurignacien. Von diesen Zeitpunkten an verschwinden sie aber endgültig. Vom Moustérien durch das Aurignacien und Solutréen bis zum Magdalénien ist in Westeuropa keine wesentliche Klimaschwankung mehr zu erkennen. Daher haben die französischen Forscher (Boule, Breuil, Obermaier) und allmählich auch mehrere süddeutsche (E. Koken, R. R. Schmidt) die Perioden vom Moustérien bis zum Magdalénien geschlossen in die letzte Eiszeit verlegt, oder zum Teil schon hinter ihren Höhepunkt in die Nacheiszeit, die voraufliegenden des Chelléen und Acheuléen aber in die letzte Zwischeneiszeit. Und dieser Standpunkt schien sich durch die fortschreitenden neuen Funde auch für Deutschland zu rechtfertigen. Bei Essen sind in den Emscherschottern der vorletzten Eiszeit eine Reihe von Spätacheul-Keilen gefunden, die von Kahrs darnach in das Ende jener Eiszeit gesetzt

[1]) Dr. Kahrs in der Prähist. Ztschr. 16, 1925. S. 95.

werden. In der Nähe von Münster i. Westf. liegen die Beobachtungen ebenso[1]). Besonders ausgiebig und deutlich aber ist die Aufklärung, die uns aus den neugefundenen Grotten bei Treis a. d. Lumda (nördlich Gießen) zuströmt. Nachdem ein Steinbruch die ersten angeschnitten hatte, lassen sich hier bereits ein Dutzend oder mehr tiefe Grotten erkennen, die nach Form und Inhalt sich mit den schönsten französischen messen können. Die geologische Lagerung ist diese: auf dem Buntsandstein liegt eine starke Schicht Sand mit großen Quarzitblöcken durchmischt, und darüber folgt die Basaltlava, die sich vom Vogelsberge her ergossen hat. Man nimmt an, daß die Lava den Sand, auf den sie sich legte, zum Teil zu Quarzitblöcken verglüht hat. Zwischen den Blöcken hat nun die letzte Eiszeit vielfach die sandigen Nester ausgewaschen, und die so entstandenen Grotten sind alsbald von den Menschen in Anspruch genommen worden. Sie öffnen sich alle gegen Süden. In ihrem Innern lagern zwei Kulturschichten übereinander, durch eine sterile Schicht voneinander geschieden. In der oberen finden sich spärliche Feuersteinwerkzeuge, in der unteren 40 cm starken, die eine nur 11—20 cm dicke weiße Sandschicht vom Felsboden trennt, aber Massen von Tierknochen und Quarzitwerkzeugen. Eben durch die Feststellung dieser Werkzeuge, die man früher nicht als solche erkannt hatte, ist jetzt die Bedeutung der ganzen Fundplätze erkannt worden. Die Knochen zeigen geschlossen eine arktische Fauna: Mammut, wollhaariges Nashorn, Wildpferd, Bison, Moschusochsen, Hirsch, Braunbär, Höhlenlöwen, Eisfuchs, Halsbandlemming. Die Werkzeuge sind gemäß der Technik, wie das Rohstück vom Quarzitblock abgeschlagen werden muß, nämlich durch Ablösen der muscheligen Schale, auffallend groß und flach; die Kratzer messen 20—25 cm. Die Formen stehen infolgedessen vielfach für sich allein, aber zuweilen nähern sie sich doch augenfällig den französischen Typen, und zwar immer dem Moustérien und Aurignacien. Gar nicht selten ist das handgroße Beil, auf der einen Seite ganz flach, auf der andern gewölbt, mit zwei oder drei langen Schlägen zugerichtet; ferner die dreieckige Spitze, wie oben Taf. III 3, oder die gebogenen und die schlanken Aurignacmesser, wie Taf. IV 4 und 6.

Nach dem Aufhören der Bewohnung sind die Höhlen durch Löß und Lehm zugeschwemmt. „Diese Einschwemmung hat nach einer längeren milden Zwischenphase der letzten Eiszeit stattgefunden; der untere Löß hatte sich im ersten Abschnitt der letzten Eiszeit gebildet und war in der folgenden milden Zwischenzeit zu Lehm verwittert." Die Felsterrasse über den Höhlen hatte sich auch erst in der letzten Zwischeneiszeit gebildet, Beweis: die auf ihr erhaltenen zwei Stufen des jüngeren Löß, die durch eine Wohnungszone voneinander getrennt sind. Mit Soergel ist anzunehmen, daß der gesamte jüngere Löß in der letzten Eiszeit entstanden ist „in trockenem Steppenklima mit Staubstürmen". „Die Quarzitkultur liegt an der Basis des jüngeren Löß." Dem allen entspricht auch die — ebenfalls erst kürzlich gefundene Aurignacstelle bei Mainz, die in der Verlehmungszone zwischen

[1]) Dr. Jul. Andree in der „Heimat", Heft 3, Dortmund 1925.

Löß I und II „am Ende der letzten Eiszeit" liegt [1]). Die erste der bei Treis freigelegten Höhlen unter einem großen Quarzitblock zeigt unsere Tafel VI.

Dies alles ist das Urteil des geologischen Instituts der Universität Gießen (unter Prof. Dr. Harrassowitz), dessen Assistent, der Priv.-Doz. Dr. Richter, der glückliche Entdecker und Erforscher der Treiser Höhlen ist [2]).

Hinzu kommt schließlich als merkwürdig übereinstimmend ein Urteil über den Osten Europas. R. R. Schmidt hat, unterstützt von der Rudolf Virchow-Stiftung, 1912 und 1914 zwei große Reisen durch das zentrale und südwestliche Rußland gemacht und in der Krim und im Kaukasus auch graben können. Sein Ergebnis ist kurz gefaßt: „Alle paläolithischen Kulturstufen vom Spätacheul an bis zur Madelènezeit, die lückenlos und stellenweise reich vertreten sind, liegen auf dem Gebiete der maximalen Vereisung. Ihr Alter ist damit feststehend und jünger als die Hauptvereisung (Riß-Eiszeit). Nirgendwo tritt dies deutlicher hervor als hier und bei den Funden des zentralen Rußland. Das kulturelle Gepräge der erwähnten paläolithischen Stationen zeigt eine erstaunliche Übereinstimmung mit dem altsteinzeitlichen Westen, nur die Kunst zeitigte eigenartige hochentwickelte Sonderformen [3])."

Damit haben nun wohl diejenigen Stimmen Recht bekommen, die von Frankreich ausgehend immer schon die Kulturen vom Moustérien an in die letzte Eiszeit und ihre Abschmelzperiode legen wollten. Albrecht Penck hat vor 30 Jahren für die letzten Eis- und Zwischeneiszeiten folgende Zahlen angegeben: die letzte Eiszeit (Würm-Eiszeit) habe zum Abschmelzen 20000 Jahre gebraucht und zum Aufbau vorher ebenfalls 20000 Jahre. Das voraufliegende letzte (Riß-Würm-) Interglazial sei auf 100000 Jahre zu schätzen, das vorletzte, das Mündel-Riß Interglazial aber „mehrere hunderttausend Jahre". Das Altpaläolithikum: Chelléen—Moustérien, meint er weiter, habe davon die drei Perioden Mündel-Riß-Interglazial, Riß-Eiszeit und Riß-Würm-Interglazial erfüllt, und das Jungpaläolithikum, vom Aurignacien bis Magdalénien, nur die letzte, die Würm-Eiszeit.

Demnach wäre das Altpaläolithikum auf etwa 500000 Jahre zu schätzen, und diese unendliche Zeit hätte der Faustkeil gebraucht für den geringen Fortschritt von der Chelles-Form zu der von St. Acheul und Le Moustier! Man steht fassungslos vor diesen Zahlen und sieht sich um nach Rat und Hilfe.

Da ist zunächst bemerkenswert, daß der „hochangesehene französische Geologe", wie Penck selbst ihn nennt, de Lapparent nach seinen Beobachtungen am Rhonegletscher das Abschmelzen der letzten Eiszeit auf nur 2400 Jahre angenommen hatte.

Es wurden auch immer schon Beobachtungen ins Feld geführt, die zeigten, wie rasch sich manche imposante Erscheinungen der Eiszeiten gebildet haben können,

---

[1]) Neeb, Prähist. Ztschr. XV, 1924, 1.

[2]) Heinr. Richter, Die altsteinzeitliche Höhlensiedlung von Treis a. d. Lumda. Frankfurt a. M. 1925.

[3]) Anthropol. Korrbl. 50, 1919, 27.

so die 17 m hohe Tuffwand von Ehringsdorf bei Weimar, die einheitlich in der letzten Zwischeneiszeit entstanden sein muß und von dem noch heute fließenden Kalkwasser des Berges in wenigen hundert — statt in 100000! — oder zur Not in ein paar tausend Jahren aufgebaut sein kann. Ähnlich liegt bei Glonn in Oberbayern über dem Neolithikum 5,60 m Tuff und auf ihm steht die mittelalterliche Kultur, so daß auch hier die 5,60 m starke Schicht in höchstens 3500 Jahren entstanden ist [1]).

Neuerdings haben wir durch den schwedischen Geologen De Geer für einen gewissen Teil der Abschmelzzeit ganz bestimmte Jahresanhalte gewonnen, die nun auch für das Ganze einen leidlichen Überschlag gestatten [2]). De Geer hat beobachtet, daß an der Ostküste Schwedens von Schonen bis gegen Upsala hinauf sich an den Wänden der Flußtäler erkennen läßt, was bei der Abschmelzung eines jeden Jahres abgesetzt worden ist, und dazu hat er in mehreren Landesteilen an der Erdoberfläche in schwachen Hügelstreifen die jeweiligen Jahresränder der sich zurückziehenden Gletscher aufgefunden. Er konnte damit den Rückzug des Eises wie das Wachstum eines Baumes nach Jahresringen ablesen und kam für die Strecke vom Südrande von Schonen bis zu seiner heutigen Grenze in Nordschweden auf rund 5000 Jahre; der frühere Rückzug von Leipzig bis Schonen habe 4000 Jahre gedauert. Das ganze Abschmelzen habe also 9000 Jahre erfordert (statt der 20000 von Penck). De Geer nimmt weiter an, daß mit dem völligen Abschluß der Eiszeit das Neolithikum um 3000 v. Chr. begonnen habe, so daß die Höhe der Würmeiszeit und der Beginn ihres Abschmelzens auf 12000 v. Chr. käme.

Damit erhalten wir für die Perioden vom Moustérien bis zum Magdalénien eine sehr erfreuliche Erleichterung. In die älteren Glazialperioden greifen die de Geerschen Beobachtungen leider nicht ein, aber hier darf man vielleicht hoffen, daß die weite Trennung des Acheuléen vom Moustérien, die durch die Versetzung des ersteren in die vorletzte Zwischeneiszeit herbeigeführt wurde, vermieden werden kann, — etwa durch folgende Erwägung. Bei Hamburg haben wir gesehen, wie bald schon eisfrei gewordene Gebiete besiedelt wurden. Die vorletzte Eiszeit war anscheinend die stärkste von allen. Sie hat infolgedessen auch lange zum Abschmelzen gebraucht und dabei gewiß Schwankungen gehabt. In einer solchen Schwankung, als es nach starker Wärme wieder kühler geworden war und man glauben konnte, daß es nun so bleiben werde; als von Norden nach Süden hin so viel Land freigeworden war, daß vielleicht nur noch Harz und Erzgebirge ihr weißes Gewand behalten hatten, da konnten die Siedler sich vom Norden her leicht schon bis auf 50 km Entfernung von diesen Gebirgen herangeschoben haben. Als dann bei neuer starker Erwärmung auch die Gebirge ihr

---

[1]) Anthropol Korrbl. 1921, 67 (Richarz).

[2]) De Geer, Geochronologie der letzten 12000 Jahre; Geolog. Rundschau 3, 1912, S. 457 bis 471.

Letztes zu Tale sandten, begruben die Wassermassen die voreiligen Siedlungen und schwemmten ihren Inhalt mit sich fort. So würde die alte Auffassung wieder zur Geltung kommen, daß das Spätacheuléen Norddeutschlands dem Ende der vorletzten Eiszeit angehöre, und es würde damit wieder dicht an das Moustérien heranrücken. Diese Auffassung wird von England her unterstützt. In England ist nach Obermayer (bei Ebert unter Großbritannien § 2) „das Chelléen und Acheuléen begleitet von einer interglazialen Wärmefauna, die später durch glaziale Arten abgelöst wird, und die dauern dann bis zur geologischen Gegenwart fort". Diese lange Kälteperiode vom Jungacheuléen abwärts muß also die letzte Eiszeit gewesen sein und die voraufgehende Wärmeperiode die letzte Zwischeneiszeit.

Die Menschenrassen

Unser Rückblick auf frühe Menschenformen hat sich in den letzten Jahren erfreulich vertieft. Der Pithekanthropos-Schädel von Java, den manche immer noch für einen Gibbon halten wollten, hat zwei Genossen aus der Nähe von Peking erhalten, die sich nun als deutliche Vorstufe für die bei uns sehr bekannte Neandertalrasse darstellen. Der Schädel ist hinten merkwürdig spitz, die Stirn flach und kurz, der Brauenwulst mächtig. Der Unterkiefer ist auch hier in beiden Fällen nicht mitgefunden; H. Weinert hat ihn mit Recht nach dem ältesten europäischen Stück, dem Kiefer von Mauer bei Heidelberg, ergänzt (Abb. 7).

Von dieser alten Rasse ist in Europa bisher kein Exemplar aufgetreten; hier beherrscht das erste Feld immer noch der nach seinem Fundort benannte Neandertaler. Im Jahre 1856 war im Neandertale bei Düsseldorf, und zwar in der kleinen Felsgrotte, das Schädeldach eines Menschenkopfes sowie verschiedene zugehörige Arm-, Bein- und Beckenknochen gefunden [1]). Der Schädel mit seiner fliehenden Stirn und den starken Augenbrauenwülsten, die ziemlich kurzen und sehr gebogenen Oberschenkelknochen machten erhebliches Aufsehen und riefen lebhaften Streit hervor. Die einen wollten in diesen Skelettresten eine frühe menschliche Rasse erkennen, während andere, besonders R. Virchow, in den Abweichungen vom heutigen Menschen nur individuelle oder pathologische Bildung sahen. Nachher sind in Spy in Belgien die Reste zweier Skelette von ganz denselben Eigentümlichkeiten zutage gekommen und um 1900 in einer Höhle von Krapina bei Agram ein Konglomerat von Menschenknochen, von denen die meisten ebenfalls zu der Neandertalart gehören. Auch ein Kiefer und ein Schädeldach von Ehringsdorf bei Weimar sind neandertalisch.

Durch diese übereinstimmenden Funde an weit auseinanderliegenden Stellen war schon bewiesen, daß es sich nicht um eine einmalige Bildung oder Mißbildung, sondern um eine ausgeprägte und verbreitete Menschenart oder Rasse handle.

[1]) Die Skelettreste befinden sich im Bonner Provinzialmuseum.

Höhle bei Treis a. d. Lumda bei Gießen. Nach H. Richter.

Tafel VII

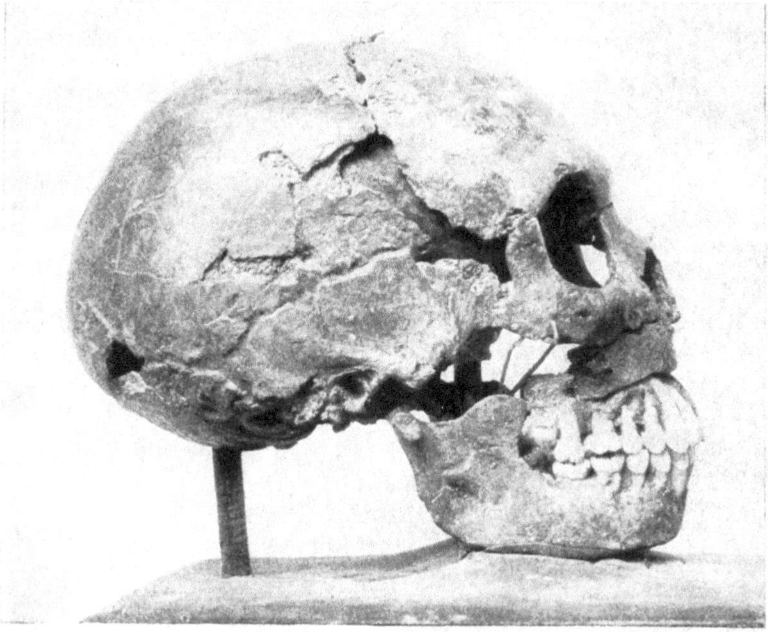

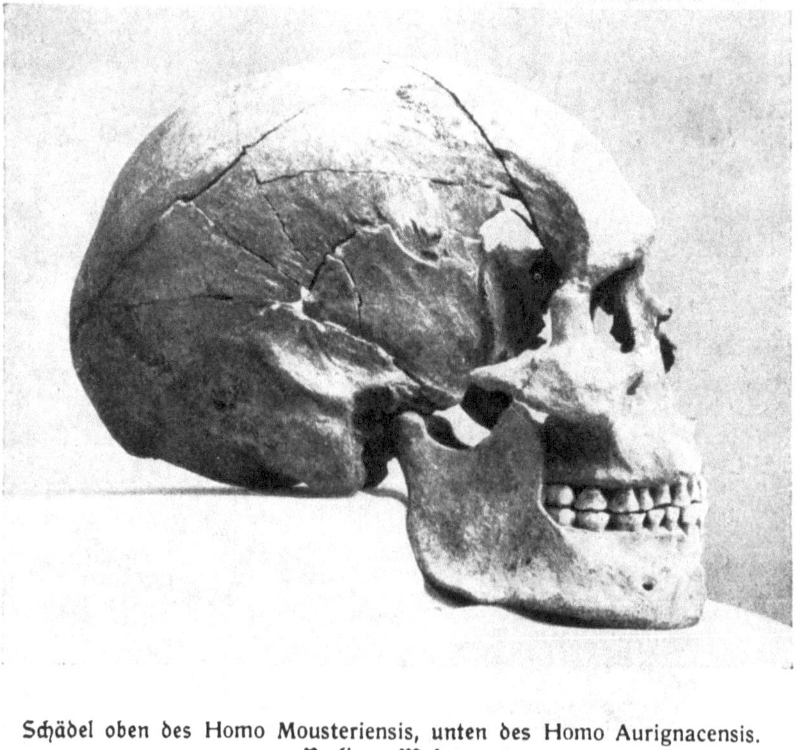

Schädel oben des Homo Mousteriensis, unten des Homo Aurignacensis.
Berliner Museum.

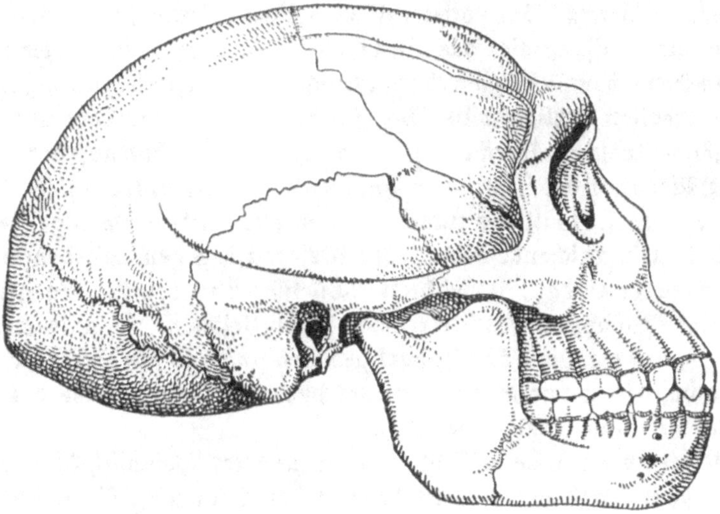

Abb. 7. Peking-Schädel. Nach H. Weinert.

Zwischendurch traten aber, ebenfalls in diluvialen Schichten, Reste einer der heutigen weit näherstehenden Menschenrasse auf, so in Cro Magnon (Les Eyzies), in Brünn, in Galley Hill (Südengland). Wie diese beiden sich zeitlich und räumlich zueinander verhielten, blieb vorläufig unklar. Erst die wohlbeobachteten Funde in Südfrankreich und Süddeutschland haben darüber allmählich Licht gebracht. Sie haben uns eine Reihe von Bestattungen geliefert vom Acheuléen an bis zum Ende des Paläolithikums. Nur im Acheuléen und Moustérien findet sich die Neandertalrasse, vom Aurignacien an herrscht die neue, die wir als den Vater des heutigen Europäers betrachten dürfen. Grundlegend sind für diese Erkenntnis die beiden Skelettfunde Otto Hausers in der Dordogne geworden, des sogenannten Homo Mousteriensis 1908 und des Homo Aurignacensis 1909. Für jedes war die Schichtlage durch die Begleitfunde genau bestimmbar, und sie traten als Nachbarn auf, beide an der Vezère, nur 40 km voneinander.

Der H. Mousteriensis lag in der unteren Höhle von Le Moustier, die sich 24 m über der heutigen Vezère befindet, „in Schlafstellung", sagt Klaatsch, der ihn gehoben hat, mit einem prachtvollen Acheulbeil (Taf. III 2) neben der rechten und einem ebenso schönen großen Kratzer neben der linken Hand. Das Skelett war stark vermodert, der Schädel durch das daraufgefallene Gestein seitlich verdrückt. Erst in langer Museumsarbeit hat er gehärtet und aus vielen Stücken wieder in seine alte Form gebracht werden können (Taf. VII 1). Nach der Beschaffenheit der Schädelnähte und der Weisheitszähne gehört er einem jugendlichen, etwa 15 Jahre alt gewordenen Individuum an. Die Augenbrauenwülste sind deshalb bei weitem noch nicht so stark entwickelt wie sonst bei den Neandertalern. Die „fliehende Stirn" ist aber dieselbe, und der Schädel auch stark nach hinten ausgebaut, fast birnenförmig. Im ganzen ist er dolichokephal. Zum ersten Male für die Neandertaler Rasse ist hier das Untergesicht erhalten, beide Kiefer mit einem prachtvollen Gebiß von 33 Zähnen, da ein Milchzahn infolge Erkrankung im vordern Unterkiefer erhalten geblieben ist. Die Zähne sind alle sehr stark und groß, die Weisheitszähne eben im Durchbrechen; der erste Molar hat auf der Oberfläche noch fünf Höcker statt der heute gewöhnlichen vier. Die auffallendste Eigentümlichkeit des Untergesichts ist das kurze und nicht wie heute vorspringende, sondern im Gegenteil zurückweichende Kinn. Der Kieferast dagegen, mit dem der Unterkiefer in den oberen einhakt, ist viel breiter und stärker als beim heutigen Menschen. An den übrigen Knochen dieses Skeletts sowie den Resten vom Neandertal und von Spy fällt auf, daß die Oberschenkel stark gebogen sind und fast runden Querschnitt haben, und daß Arme wie Beine sehr kurz sind. Die Körpergröße des Neandertalers wird auf etwa 1,60 m geschätzt.

Die Vertreter der andern Rasse sind im jüngeren Paläolithikum, vom Aurignacien bis zum Magdalénien gefunden: in den Grimaldi-Höhlen bei Mentone eine Reihe von schlanken Skeletten bis 1,87, ja 1,92 m groß, ein besonders schön erhaltenes 1909 in dem Hauserschen Abri von Combe Capelle bei Montferrand (Dordogne), 40 km südöstlich von Les Eyzies. Dies Skelett ist zugleich mit dem Homo Mousteriensis nach Berlin gekommen und bietet uns deshalb den besten Anhalt zum Vergleiche (Taf. VII 2). Der Kopf zeigt einen feinen Langschädel mit ziemlich steiler Stirn, mäßig großen viereckigen Augenhöhlen, ohne Brauenwülste, ein zierliches Gebiß und ziemlich großes, aber weder vor- noch rückspringendes, also „neutrales" Kinn. Die übrigen Knochen sind schlank und lang, schon ganz wie beim heutigen Europäer. Das Skelett von Combe Capelle ist bis zum letzten Finger- und Fußknöchelchen erhalten, so daß sich alle Einzelheiten genau studieren lassen [1]).

Zwischen dem Alt- und Jungpaläolithikum liegt der Schnitt, der die beiden Rassen, den Neandertaler- und den Cromagnon- oder Aurignac-Menschen, voneinander trennt.

Im Altpaläolithikum, dem Acheuléen und Moustérien, sind bisher alle Reste des Neandertalers zutage gekommen, keine der Cromagnon-Rasse; vom Aurignacien an findet sich aber kein reiner Neandertaler mehr, sondern alles ist Cromagnon oder Mischung.

Der Neandertaler verhält sich somit zu den Kulturperioden des Paläolithikums wie die Tiere der warmen Zone, der afrikanische Elefant und das Merckische Rhinozeros, er verschwindet im Moustérien und macht andern Platz, die die Vorstufe für den heutigen Zustand bilden.

Wie verhalten sich nun diese beiden Menschenrassen zueinander? Man hat den Neandertaler homo primigenius genannt und gemeint, er habe sich aus dem erst halbmenschenförmigen Pithekanthropos von Java entwickelt, um dann selbst

[1]) Klaatsch-Hauser, Prähist. Ztschr. I, 1909, 273—338.

der Vater des heutigen Europäers zu werden. Andere haben dagegen eingewandt, der Neandertaler habe schon eine zu hohe Stufe von Eigenartigkeit erreicht (z. B. in bezug auf die Augenbrauenwülste und die fliehende Stirn), als daß die Aurignac-Rasse aus ihm erwachsen wäre. Sie beruhe vielmehr auf ganz anderen Voraussetzungen. Auch bei den Affen gäbe es Arten mit niedriger Stirn und dicken Brauenwülsten und andere mit hoher und glatter Stirn und es sei nicht die eine die Mutter der andern.

Seit sich ergeben hat, wie nahe die beiden Menschenrassen aufeinanderstoßen, ist das Bedenken gegen die Ableitung der einen aus der andern größer geworden. Von neueren Anthropologen und Anatomen haben sich Bonnet, Kollmann, Klaatsch dagegen ausgesprochen. Klaatsch hat in dem Neandertaler Verwandtschaft mit dem afrikanischen Gorilla, in dem Aurignacensis Verwandtschaft mit dem asiatischen Orang Utan sehen wollen. Aber mehr als mit den verschiedenen Affenarten sind diese Menschenrassen doch zunächst unter sich verwandt. Sie werden zu betrachten sein als verschiedene Verzweigungen eines Astes, der an einem Stamme sitzt, aus dem weiter unten auch die Anthropoiden entsprossen waren.

Bestattungen

Als der Homo Mousteriensis 1908 gefunden wurde, konnte es noch zweifelhaft erscheinen, ob er als eine bestattete Leiche anzusehen sei, trotzdem Klaatsch und Hauser sehr lebhaft den Eindruck hatten. Weitere Funde haben diese Auffassung dann mehr und mehr bestätigt. In der Höhle von La Ferrassie (Dordogne) sind 1909 und 1910 in der Moustérien-Schicht zwei Skelette gefunden, die zwar sehr schlecht erhalten waren, aber doch die Bestattung deutlich erkennen ließen. Bei dem ersten waren Kopf und Schultern sorgfältig mit Steinplatten bedeckt, bei dem zweiten lag neben der rechten Hand eine schöne Steinspitze, bei beiden waren Arme und Beine eingebogen an den Körper gezogen. Über den Gräbern haben schon im Spätmoustérien die Höhlenleute ruhig weitergewohnt, wie zahlreiche Werkzeuge, Speiseabfälle und Brandreste beweisen. Eine nach diesen Erfahrungen vorgenommene Nachprüfung der alten Berichte über die Auffindung der Menschenknochen im Neandertale und bei Spy hat wahrscheinlich gemacht, daß es sich auch dort schon um regelrechte Höhlenbestattungen, nicht um zufällige Lagerung Verunglückter handelt.

Dasselbe ist der Fall bei den zahlreichen Skelettfunden aus dem Jungpaläolithikum. Zuweilen ist eine Bettung für die Leiche hergerichtet, Steine sind zu ihrem Schutz um sie herumgestellt, mit Werkzeugen sowohl wie Schmucksachen, besonders auch mit Rötel zur Körperfärbung hat man den Toten versehen. Und diese Bestattungen sind immer vorgenommen in Wohnhöhlen, in denen das Leben nachher ohne Anstand weiterging. Der Homo Aurignacensis, dessen Lagerung in vielen Photographien festgehalten ist, lag fast ganz ausgestreckt mit nur wenig geknickten Knien. Auf der Brust und zu den Seiten gab es viele Feuersteinwerkzeuge: die charakteristischen breiten Aurignacien-Messer und schmälere, spitz zulaufende Klingen. Den Kopf umgab ein Kranz von kleinen Muscheln (Helix nemoralis, Litorina litorea und Nassa reticulata); jede einzelne war durchbohrt; sie waren also auf ein Band aufgenäht gewesen und hatten einen Hals- oder Kopfschmuck gebildet. In der „Kindergrotte" bei Mentone lagen zu unterst eine alte Frau und ein Jüngling als ausgesprochene „Hocker" mit stark angezogenen Armen und Beinen. Die Frau trug am linken Arme zwei Armbänder aus Muscheln, der Jüngling auf dem Kopfe eine Haube mit vier Reihen Muscheln besetzt. In derselben Höhle lag 70 cm höher das größte aller bisher gefundenen Skelette, ein Mann von 1,94 m Länge. Sein Kopf war durch einen Steinüberbau geschützt; auf der Brust muß er ein großes Gehänge aus Muscheln gehabt haben. In der Grotte du Cavillon fand Rivière schon 1872 ein Männerskelett von 1,79 m Länge in einer Aurignac-Schicht; unter ihm gingen ältere Schichten tief hinab. Das Skelett ruhte auf einer hergerichteten Schicht Rötel; um den Schädel lagen viele Nassamuscheln und 22 Augenzähne vom Edelhirsch. In der Barma Grande fand L. Julien 1884 ein Skelett mit drei Feuersteinklingen; der Schädel war mit Rötel bedeckt. In derselben Höhle hoben Abbo und Derneau 1892 drei Skelette, einen Mann, eine Frau und ein etwa 15jähriges Kind. Alle drei waren in Gruben gebettet, unter ihnen und über sie hin war Rötel gestreut. Der Mann trug Kopf-, Hals- und Brustschmuck aus Hirschzähnen. An jedem Knie lagen zwei große durchbohrte Cypräa-Muscheln, bei der linken Hand eine große Feuersteinklinge. Die Frau hatte ähnlichen Schmuck und in der Hand eine 26 cm lange Klinge, das Kind außer Kopfschmuck ein Halsgehänge aus abwechselnd verteilten Fischwirbeln, Muscheln und Hirschzähnen (Taf. IV 8), in der Hand ein Knochengerät. 1894 fand sich in der Höhle ein fünftes Skelett ähnlich geschmückt, von drei Steinplatten überdeckt, und ein sechstes, das man in eine große, 60 cm dicke Brandschicht gebettet hatte, und zwar als sie noch glühte, denn der Körper zeigte sich stark geröstet. In der Höhle Bausso da Torre schließlich lagen zwei Skelette mit Halsschmuck, Armband und Schmuckbändern über den Knien. Unter den Leichen fanden sich anscheinende Haarreste von einem Tierfell. Die Knochen waren von Rötel gefärbt [1]).

So reiche Beobachtungen wie hier in den Aurignac-Schichten von Grimaldi sind in den folgenden Perioden bisher nicht gemacht, aber die vorliegenden reichen doch aus, um zu erkennen, daß die Haupteigentümlichkeiten, die Hockerlage, die Beigaben von Schmuck und Rötel, sich halten. In der Cromagnon-Höhle zu Les Eyzies fand Cartailhac im Magdalénien 5 Skelette mit 300 Muscheln und einer zweifach durchbohrten runden Elfenbeinplatte. In der Laugerie Basse und in Raymonden kam je eine ausgesprochene Hockerleiche zutage und in Hoteaux eine Leiche mit Ockerfärbung. Für den Übergang aber vom Paläolithikum zum Neolithikum

[1]) Obermaier, Mensch der Vorzeit 1912, 183 ff.

hat Deutschland neuerdings einige ähnliche Beispiele beigesteuert: bei Obercassel nächst Bonn (Verworn) und in Oberbayern (Birkner) mit Rötelbeigabe, besonders merkwürdig gestaltet in der Ofnet-Höhle bei Nördlingen. Hier stieß R. R. Schmidt bei seiner Untersuchung des ganzen Profils, das sich vom Aurignacien und Solutréen bis zum Magdalénien und Neolithikum hinauf erstreckt, oben zwischen den beiden letzten Schichten auf zwei Nester von Schädeln, die ganz in Rötel gebettet waren. In rundlichen Gruben lagen das eine Mal 27, das andere Mal 6 Schädel dicht aneinander gedrängt. An mehreren konnte man erkennen, daß sie gewaltsam vom Körper abgetrennt waren; an den Wirbeln, die hier und da noch am Schädel hafteten, waren die derben Schnitte zu sehen. Wir haben hier also eine Teilbestattung vor uns. Nur den Schädel hat man jedesmal in der Wohnhöhle beigesetzt, den übrigen Körper draußen begraben oder verbrannt, ein Verfahren, das auch in späteren Perioden des Altertums noch oft geübt worden ist [1]).

Überhaupt treten uns in den Bestattungen die ersten auffallenden Beziehungen des Paläolithikums zum späteren Altertum entgegen. Hals- und Armbänder, Kopf- und Brustgehänge sind die Hauptschmuckstücke der ersten Metallzeiten; wie lange sie vorher schon bestanden und von welchen Stoffen und Formen sie damals waren, blieb bisher ziemlich im Dunkeln. Die Rötelbeigabe ist nachher im ganzen südlichen Europa üblich geblieben und in ihrer Bedeutung durch Schillers Nadowessiers Totenklage allgemein bekannt geworden: „Farben, auch den Leib zu malen, steckt ihm in die Hand; daß er rötlich möge strahlen in der Seelen Land." Durchs ganze Mittelmeer, auch im Donaukreise, bis nach Südrußland hin bekommen die Toten die Farbe, um sich blühendes Aussehen zu erhalten. Im Völkergedanken ist die Farbe des Blutes immer die Farbe des Lebens gewesen, die in Körperbemalung, Kleidung, Wandschmuck, Fahne feierlich verwendet wird. Die Naturgötter, die strotzendes Leben verkörpern, Pan, die Satyrn, Priapus, Silenus, erscheinen rot. Der römische Triumphator muß sich mit Mennige bemalen, weil er für seinen Ehrentag die Erscheinungsform des höchsten Gottes ist. Den Toten werden ursprünglich Blutopfer gebracht durch Tier- und Menschenschlachtung — auch Odysseus läßt in der Unterwelt die Schatten Blut trinken, damit sie so viel Leben gewinnen, um reden zu können — nachher begnügt man sich, ihnen rotgefärbte Kleider mitzugeben [2]). Nicht unwahrscheinlich liegt hier die Wurzel der Sitte, daß die Mächtigen dieser Erde, der König wie der Kardinal, noch heute den Purpur tragen. Ist doch noch bei der Bestattung Leos XIII. über die Leiche eine rotseidene Decke gebreitet und der Sarg mit rotem Samt ausgeschlagen worden [3])!

Am überraschendsten ist wohl, daß die auffallende Sitte, die Leichen als „liegende Hocker" zu bestatten, schon weithin im Paläolithikum zu beobachten ist. Sie hat im späteren Altertum keineswegs, wie man vielfach gemeint hat, allge-

[1]) Obermaier, Mensch der Vorzeit 1912, 286 ff.
[2]) v. Duhn, „Rot und Tot", Archiv für Religionswissenschaft 1906.
[3]) Archiv für Religionswissenschaft 1906, 528.

meine Verbreitung. Sie herrscht in West- und Südeuropa und wiegt vor in Thüringen und an der Donau, fehlt aber völlig im nördlichen Kreise, in den Megalithgräbern Norddeutschlands und Skandinaviens. Die meisten Erklärungsversuche für die Hockerbestattung haben danebengegriffen: wie daß man den Menschen wieder so der Erde habe übergeben wollen, wie er einst im Mutterleibe gelegen habe, oder daß man durch Zusammenschnüren ihn am böswilligen Wiederkommen habe hindern wollen, oder daß man rein zur Arbeitsersparnis in Ländern mi felsigem Boden die Grube so klein als möglich gemacht habe. Die Hockerlage ist einfach eine Schlafstellung, wie man sie besonders dann annimmt, wenn der Körper Mühe hat, sich genügend warm zu erhalten. Das wird immer der Fall sein, wenn man auf der Erde schläft, wie es im Süden und Osten noch heute vielfach und im hohen Altertum gewiß allgemein üblich war. Die Stellung ändert sich, sobald man auf einem Gestell, in einem Bette schläft. „In Schlafstellung" schien Klaatsch und Hauser der Homo Mousteriensis zu liegen. Die Schlafstellung des Südens möchte ich die Hockerlage der Leichen nennen und glaube damit diese vielberedete und viel mißverstandene Bestattungsart am natürlichsten zu erklären.

Die Kunst

Die Kunst des Paläolithikums war für die Altertumsforscher eine große Überraschung. Noch 1871 hatte Alexander Conze seinen, man darf wohl sagen, berühmten Aufsatz „über die Anfänge der Kunst" geschrieben in dem Sinne, daß das Erste nur eine verzierende Anwendung technischer Motive des Wickelns, Flechtens, Webens gewesen sei, die man auf Tongefäße und dann auch auf Metalle übertragen habe, und daß erst auf einer fortgeschrittenen Stufe die Darstellung des Lebendigen aus der Tier- und Pflanzenwelt begonnen habe. Die paläolithischen Funde haben Conze nachher veranlaßt, seine These zu rektifizieren und zuzugeben, daß hier die älteste Kunst nahezu ausschließlich die lebendige, gewachsene Natur darstellt.

Aber heute sehen wir erst klar, warum sie es tut. Wenn im Paläolithikum aus Kürbisschalen gegessen und getrunken wird, Renntierstangen als Wurf- und Tragstäbe dienen, Muscheln, Fischwirbel und Hirschzähne zum Schmuckbehang verwendet werden, ist keine Veranlassung, diese Gegenstände so zu behandeln, als ob sie in Korb- oder Mattenflechterei hergestellt oder durch Umwickelung und Schäftung zusammengesetzt oder aus buntgewirkten Zeugstücken geschnitten wären. Denn in solchen Techniken hat man dergleichen Werkzeuge nie geschaffen. In späterer Zeit aber und speziell in der „geometrischen" Periode, die den archäologischen Horizont von 1871 begrenzte, gab es die Naturformen der Kürbisschale, der Renntierstange, der Muscheln und Wirbelknochen im Hausgebrauch schon lange nicht mehr. An ihre Stelle waren künstliche Gebilde, Surrogate getreten aus Leder, Korbflechterei, Weberei, weil man von dem Bezug aus der Ferne unabhängig ein wollte. Die Muster, die diese Techniken naturgemäß ergaben, erbten sich dann auch fort, als man für die Herstellung der Gebrauchsware die noch bequemeren Stoffe des Tons und der Metalle kennengelernt hatte. Erst dieses Stadium

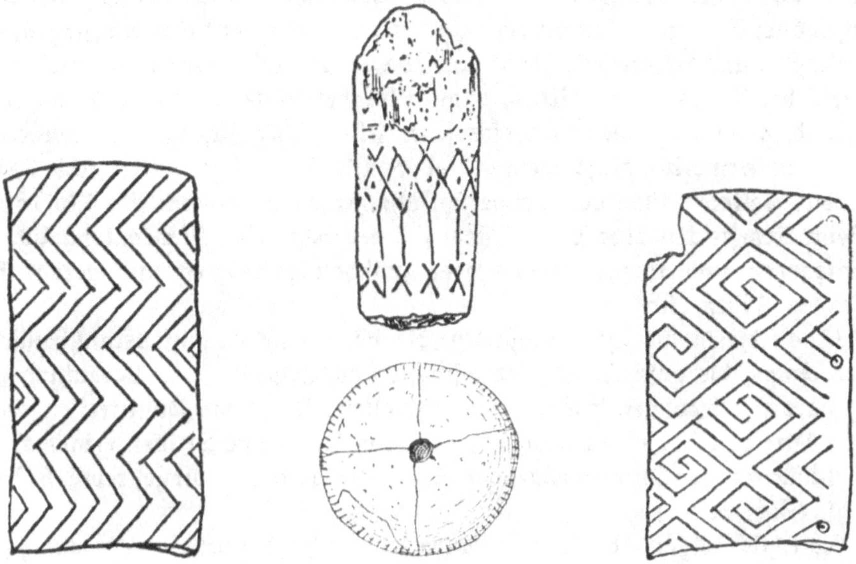

a d b

Abb. 8. Techni;che Ornamente aus oem Aurignacien und Magdalenien a, b Ukraine, nach Hoernes 1/1, c Laugerie Basse, nach Déchelette 1/1, d Brünn, nach Obermaier 3/5.

der Entwicklung erschien für Conze als der Anfang: Tongefäße mit aufgemalten und bronzene Schmucksachen mit eingravierten Flecht- und Webe- und Aufnähmustern. Er verfolgte sie eingehend am griechischen Material und erkannte ihre Verwandtschaft mit dem nordischen; und in diesem nordischen Material bedeutet der geometrische Stil in der Tat den Anfang der Kunst, denn hier hat die paläolithische Kultur kaum Fuß gefaßt, geschweige denn künstlerische Blüten getrieben.

Im südlichen Paläolithikum setzt die Kunst mit dem Aurignacien kraftvoll ein und betätigt sich weiter bis zum Ende. Sie zeigt sich zierlich schmückend auf den Knochenwerkzeugen und großartig darstellend an den Höhlenwänden.

Selten sind die Stücke, in denen sich ein technisches Ornament deutlich ausspricht, und sie gehören fast alle der Schlußzeit des Paläolithikums, dem Magdalénien, an. Sie sind uns besonders willkommen, denn sie allein bieten ein anschauliches Bild von den Handfertigkeiten, die sich in dieser Zeit schon entwickelt hatten, und die durch Werkzeuge wie Pfriemen, Nadeln, Flechtstäbe schon angezeigt wurden. Die verzierten Stücke sind natürlich alle aus Knochen, der Feuerstein läßt sich nicht gravieren. Die einfachsten Schmucklinien zeigt eine runde Knochenplatte (Abb. 8 d). Sie hat ringsum eine ausgesprochene Saumnaht.

Eine solche ist bei Leder nicht nötig und deutet also schon auf einen künstlich hergestellten Stoff, dessen Rand bei bloßem Beschneiden auszufransen drohte. In der Tat zeigen denn auch andere Stücke, daß man Mattengeflecht oder grobes Gewebe schon gekannt haben muß. Aus der Marsoulas-Grotte am Fuße der Pyrenäen, südlich Toulouse, stammt ein Stück, das bedeckt ist mit dichtem Zickzack, dem natürlichsten und beliebtesten Flecht- und Webemotiv aller Zeiten, und weit davon entfernt bei Mezine in der Ukraine sind Elfenbeinstücke, anscheinend von einem Armband, gefunden, von denen eins jenes selbe dichte Zickzack, das andere aber sogar Mäandermotive, die ja ebenfalls rein textiler Natur sind, bieten (Abb. 8a b)[1]). Ein paar weitere Stücke von Laugerie Basse zeigen bunte gewirkte Muster, wie sie beim Netzestricken oder beim Häkeln sich ergeben: eine Abwechslung zwischen langezogenen und kurzgehaltenen oder zwischen gekreuzten und gerade fortlaufenden Fäden (Abb. 8c).

Neben diesen wenigen Beispielen, die sicher eine Technik veranschaulichen, stehen einige, die anscheinend phantastische, nach Ursprung und Bedeutung nicht ganz klare Verzierungen tragen: eine geschlossene Reihe von Punktkreisen, die an die Buckelreihe auf einigen Knochenstücken von Troja und Sizilien erinnert; eine Mittellinie mit seitlich abzweigenden Spiralen; auch lose hingestreute Spiralen u. dgl. (Abb. 9c d e).

Schließlich folgen, ebenfalls in ganz geringer Zahl, Darstellungen von Pflanzen: an einem langen Stengel sitzen gegenständig oder wechselständig ganz schmale oder rundliche oder lanzettförmige Blätter, besonders bei der wechselständigen Staude von überraschend natürlicher Bildung (Abb. 9a b).

Sehr viel häufiger als mit den bisher besprochenen Ornamenten sind die Knochengeräte mit Tierfiguren oder auf kleinem Raume auch nur mit Tierköpfen geschmückt. Und eigentlich immer ist die Darstellung eine ganz naturalistische. Ein paar Pferdeköpfe sind vorhanden, bei denen die Gliederung und die Behaarung durch rahmenhafte Wulstlinien und bestimmte Strichmuster zum Ausdruck gebracht ist. Sonst herrscht überall völlige Freiheit. Die Tiergestalten sind zwanglos in den gegebenen Raum hineingesetzt. Meist stehen oder gehen sie ruhig eins hinter dem andern. Es sind durchweg Pferde, Bisons, Renntiere, Hirsche, gewöhnlich in Umrißlinien eingeritzt, zuweilen auch im Relief herausgearbeitet. Berühmt ist das sprechend lebendige grasende Renntier aus der Höhle von Thaingen am Oberrhein. Bei einer solchen Leistung hat die sichere Beobachtung des Jägerauges einem wohlgeübten Zeichner die Hand geführt. Man fühlt noch ganz frisch die künstlerische Freude mit, die so etwas geschaffen hat (Abb. 10).

Einen ganz eigenartig geschmückten Stab, wahrscheinlich Wurfstab, zeigt unsere Abb. 11 in drei Ansichten. Es ist ein Stück aus der Sammlung de Lastic im Berliner Museum. Da ist ein Pferd in Vorderansicht von oben bis unten darge-

[1]) M. Hoernes, Urgesch. d. bild. Kunst², S. 135 nach Th. Volkov.

Abb. 9. Verzierungen auf Knochen. Frankreich. Nach Déchelette: a, b $^{1}/_{1}$, c, d, e $^{4}/_{5}$.

stellt. Man erkennt deutlich den Kopf mit der hohen Mähne, den Ohren, Augen und dem Maul. Dann folgt weiter unten der große Brustmuskel und nun die Beine mit deutlichen Knien und Hufen. Welch glänzende und kühne Phantasie gehört dazu, um solch eine Darstellung überhaupt zu wagen!

Abb. 10. Renntier-Gravierung auf „Kommandostab" a. d. Keßler Loch. Nach Pfeiffer $^{1}/_{1}$

Es wächst aber unser Staunen über die Darstellungskraft dieser Urmenschen, wenn wir in Südfrankreich und Nordspanien ihre großen Wohnhöhlen betreten und die weiten Wände mit monumentalen Malereien bedeckt sehen. Combarelles und Font de Gaume bei Les Eyzies und Altamira bei Santander sind die klassischen Stätten. Es handelt sich in diesem Falle nicht um bloße Abris, offene Plätze unter Felsenschutz, sondern um wirkliche tiefe Höhlen. In Combarelles geht man in schmalem Gange sehr lange vorwärts, bis die Wandzeichnungen auftreten. Öfte muß man kriechen, weil der Fußboden noch nicht so tief wieder ausgehoben ist, wie er ursprünglich lag. Nur selten weitet sich der Raum zu wirklicher Wohnlichkeit. Schon in der Enge aber, wie besonders dann in der Weite, stellen die Wandzeichnungen sich ein, Bilder von Tieren aller Art. Combarelles zeichnet sich dadurch aus, daß hier Tiere, denen man

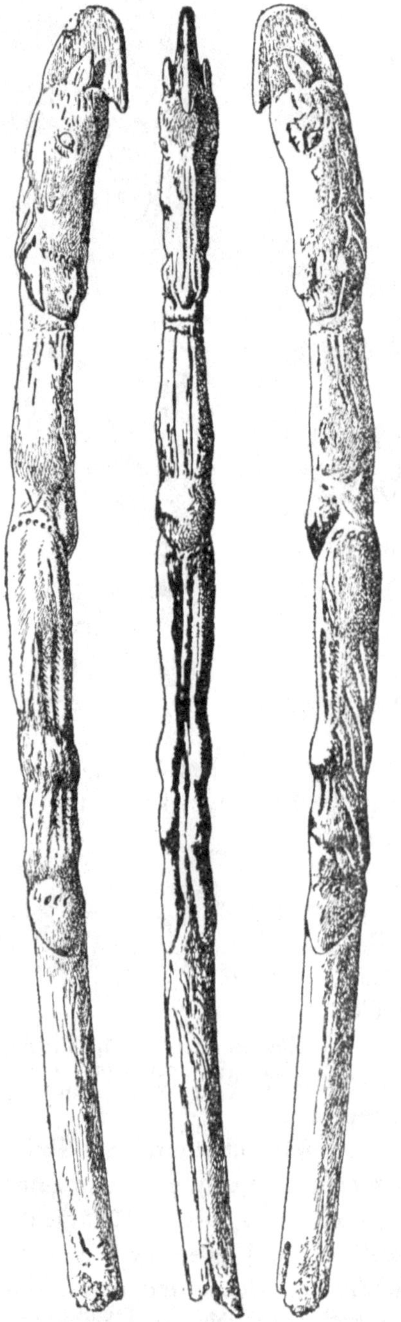

Abb. 11.
Wurfstock mit Pferd. Bruniquel. $^2/_3$.

sonst selten begegnet in prächtigster Form dargestellt sind.

Sehr bemerkenswert sind einige Bilder in den vom Grafen Begouen und seinen drei Söhnen bei Toulouse neu entdeckten Höhlen. Ein von vielen Pfeilen getroffener Bison zeigt den Jagdzauber der primitiven Paläolithiker (Abb. 12). Wenn sie das Tier im Bilde mit Pfeilen spickten, sollte es ihnen damit durch magische Gewalt in Wirklichkeit verfallen sein.

Eine männliche Figur mit aufgesetztem Hirschgeweih — Begouen's „Zauberer" — scheint entweder ein Beschleichen des Wildes oder einen kultischen Tanz darzustellen.

Allgemein bekannt, ja geradezu volkstümlich ist das Mammut geworden, wie es in seiner eigenartigen Langhaarigkeit, den großen Rüssel schlenkernd, daherstapft. Nicht minder lebendig ist der Bär in seinem Trotten mit schwerem Körper und hängendem Kopfe. Professor Verworn hat den guten Gedanken gehabt, von mehreren Zeichnungen in Combarelles Papierabklatsche zu machen, die nachher in Gips ausgegossen sind. Damit erhalten wir ganz zuverlässige Abbilder von einigen der schönsten Darstellungen, so von dem Kopf einer Höhlenlöwin, deren Gesichtsprofil und Auge den Charakter des Tieres aufs lebendigste veranschaulicht, und von seinem Pferdekopf, der in der Treffsicherheit einer Linien wie mit einer Rembrandtschen Rohrfeder gezeichnet erscheint.

In Font de Gaume kommt man ebenfalls eng hinein und muß noch über eine hohe Steinbarre sich mühsam weiterzwängen. Dann öffnet sich aber der Raum wie ein weiter Festsaal, und an den Wänden wandeln nun geradezu herdenweise, eins hinter dem andern, die großen Tiere, Bisons von 1—$1^1/_2$ m Länge. Diese Räume sind so weit vom Eingang und

Eber und Bison
Wandmalereien in der Höhle von Altamira bei Santander.
Nach Breuil-Cartailhac.

Tafel IX

1

2

3

4

Menschenreliefs von Laussel

1. in Berlin $^1/_5$, 2. 3. 4. bei Dr. Lalanne in Bordeaux $^2/_5$, $^1/_4$, $^1/_5$.

durch die Sperre dazwischen so abgeschlossen, daß das draußen wechselnde Wetter hier keinen Einfluß übt. Sommer und Winter herrscht die gleiche Temperatur und ziemlich der gleiche Feuchtigkeitsgrad. Daher sind die Bilder an den Wänden

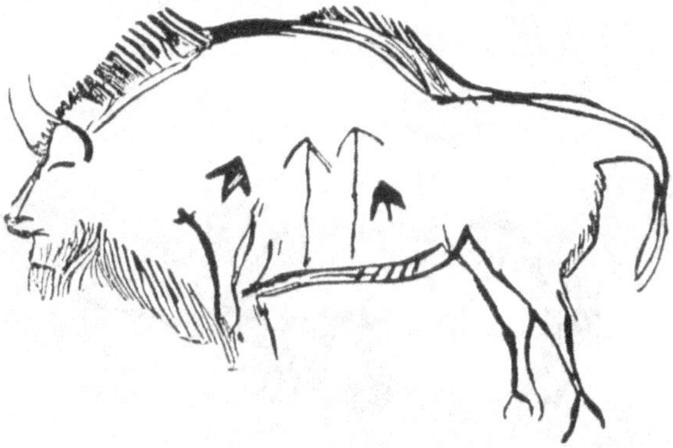

Abb. 12. Angeschossener Bison. Nach Begouen.

nicht bloß als Zeichnungen, sondern als farbige Malereien erhalten. Ihre Kontur ist eingeritzt und dann mit einer fingerbreiten schwarzen Linie nachgezogen, der ganze Körper aber mit Rötel gefärbt. Die Farben sind, wie Untersuchungen ergeben haben, offenbar mit Renntierfett angemengt. Die schönsten Bilder solcher Art sind in der Höhle von Altamira erhalten. Da sehen wir Bisons in den verschiedensten Betätigungen wundervoll beobachtet, wie sie stehen, wandeln, grasen oder auch liegen, den Kopf zwischen die Vorderbeine geneigt, so daß die Hörner weit nach vorn wegstehen, und die Hinterbeine unter den Leib gezogen: bei der verzwickten Stellung doch alles aufs natürlichste wiedergegeben. Als Beispiele zeigt unsere Tafel VIII einen springenden Eber und einen stehenden Bison aus der Altamira-Höhle.

Eine merkwürdig vorgeschrittene Gattung von Felsbildern ist seit kurzem in immer größerer Zahl im östlichen Spanien in der Capsien-Kultur, die dort das ganze Jungpaläolithikum ausfüllt, zutage getreten. Während die Tiere von Nordwestspanien und Südfrankreich fast immer einzeln und meist in ruhiger Behaglichkeit dargestellt sind, bekommen wir bei den Capsien-Leuten ganze Bilder voll lebhaftester Handlung vor Augen: eine Kampfszene, wo bogenschießende Männer in wildem Laufe gegen eine am Boden hockende Gruppe heranstürmen (Abb. 13), oder Jagden, bei denen die Männer auf Schweine oder Renntiere schießen (Abb. 14). Auch Szenen mit Frauen gibt es, die dann eigenartige, an spätere kretische Tracht erinnernde Zipfelröcke anhaben. Einmal ist ein Mann an Seilen hoch hinaufgeklettert, um den Honig aus einem Bienenneste zu nehmen, die Tierchen umsurren seinen Kopf. In der Hand hält er einen Korb mit großem Traghenkel, das Vorbild der späteren ersten Tongefäße (Abb. 15). Die Capsianer erscheinen in diesen Bildern als sehr sympathische Leute von beweglichem Geiste und kühner Unternehmungs- und Wagelust.

Am bedeutungsvollsten aber im ganzen Paläolithikum sind wohl die menschlichen Flach- und Rundbilder aus verschiedenen Gegenden, besonders Südfrank-

Abb. 13. Männerkampf. Capsien. Nach Pericot.

reichs, die Gestalten in gleichmäßig feierlicher Haltung darstellen und offenbar sehr ernst gemeint sind. Die Reliefs stammen alle aus dem großen und überaus reichen Abri von Laussel, 10 km östlich von Les Eyzies, die Statuetten haben die

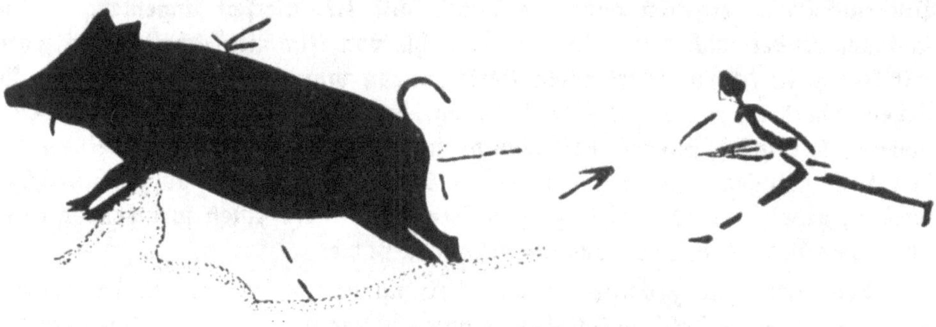

Abb. 14. Schweinsjagd. Capsien. Nach Obermaier.

verschiedensten Fundorte: Brassempouy (Landes), Laugerie Basse bei Les Eyzies, Mas d'Azil (Ariège), Mentone, Willendorf bei Krems an der Donau und Brünn in Mähren. Nur zwei von allen diesen Figuren sind männlich, alle anderen weiblich.

Die Grotte von Laussel hat vier Reliefs geliefert, drei weibliche und ein männliches. Sie befanden sich an abgebrochenen und heruntergefallenen Dachblöcken am Nordende der Grotte in einer ausgesprochenen Aurignac-Schicht, über die sich die Solutré-Besiedlung fortsetzt. Das erste Relief saß an einem sehr großen Block, von dem es abgemeißelt wurde, um in die Sammlung des Dr. Lalanne-Bordeaux gebracht zu werden. Das zweite befindet sich auf einem

Abb. 15. Der Honigsucher. Wandzeichnung der Araña-Höhle bei Bicorp in Spanien. Nach Ebert. Gr. $^1/_4$ und $^1/_1$.

kleinen Kalkstein mit lauter alten Brüchen ringsum; es ist in das Berliner Museum gelangt. Das dritte und vierte habe ich nicht selbst gesehen, sie sind wie das erste bei Dr. Lalanne. Unsere Taf. IX zeigt alle zusammen.

Die Frauen auf diesen Reliefs sind ganz gleichartig: völlig nackt, außerordentlich korpulent mit großen Hängebrüsten und Fettentwicklung besonders an den Hüften und Oberschenkeln. Auch ihre Haltung stimmt im wesentlichen überein. Sie stehen von vorn gesehen. Die erste (IX 4) hält in der halberhobenen Rechten ein Bisonhorn, offenbar als Trinkgefäß, und wendet den Kopf nach ihm hin, so daß er sich von der Seite zeigt und ein dick in den Nacken fallender

3*

Haarschopf eine einheitliche Linie vom Scheitel bis zum Rücken hervorruft. Die linke Hand legt sie auf den Bauch. Das zweite Relief (IX 1, Berlin) ist nicht ganz erhalten, sondern von den Knien abwärts weggebrochen. Der runde Kopf ist nach vorn gerichtet, der rechte Arm lang ausgestreckt mit einem stark gebogenen Gegenstande, vielleicht einem Steinbockshorn in der Hand. Der linke Arm war, wie die erhaltene Konturlinie anzeigt, im Ellenbogen scharf geknickt, so daß die Hand ungefähr in Gesichtshöhe erhoben war. Leib und Hüften sind außerordentlich gut modelliert, der Nabel durch eine trichterförmige Einbohrung bezeichnet. Dieser Stein ist vorn und zum Teil auf der Seite rot gefärbt; er ist beim Abbrechen oder Umfallen in eine dicke Rötelschicht gefallen, von der uns auch ein Kistchen voll mitgeschickt wurde. Das dritte Relief (IX 2), nur ein kleines Bruchstück, bietet doch wichtige Ergänzungen zu den beiden ersten. Der Kopf ist zur Linken gewendet, wo der Arm bis fast zur Gesichtshöhe erhoben ist. Das Haar ist in konzentrischen Kreisen geordnet, ganz wie bei der Willendorfer Figur und wie in altägyptischen Darstellungen. Das vierte und letzte Relief von Laussel (IX 3), eigentlich nur eine Umrißzeichnung, stellt einen ganz schlanken Mann dar, aufrecht stehend, die Arme erhoben, um den Leib mit einem breiten Bande gegürtet. Auch hier ergibt sich gleich eine Beziehung zu Ägypten: der breite Gürtel als einziges Bekleidungsstück kehrt dort auf ältesten Reliefs wieder (unten Abb. 70).

Die Rundfiguren, Statuetten von 4—11 cm Höhe, bald aus Stein, bald aus Elfenbein oder Roßzahn, sind ebenfalls fast alle weiblich. Die ersten wurden in Brassempouy gefunden. Es waren nur Bruchstücke und die damals auffallendsten unter ihnen, korpulente Weiber à la Laussel, sind nachher durch die Willendorferin glänzend überholt worden. Aber ein paar andere sind einzig und wichtig geblieben, so ein Frauenkopf mit reichem Haar, über der Stirn abgeschnitten, aber bei den Ohren lang und breit herunterhängend (Abb. 16), ganz wie im ältesten Ägypten und eine Männergestalt, von der oben geradesoviel erhalten ist, daß der Gürtel dicht unter der Brust unzweifelhaft wird (Taf. X 1).

Abb. 16. Elfenbeinkopf aus Brassempouy. Nach Obermaier. 1/1.

Die wichtigste von allen paläolithischen Figuren ist die von Willendorf (X 3). Sie ist bis auf die abgebrochenen Füße vollständig erhalten und aufs realistischste durchgeführt. Sie wurde 1909 in einer sicheren Aurignac-Schicht gefunden. In Kalkstein gearbeitet und mit Rötel überzogen, sehen wir ganz dieselbe Gestalt wie in den Reliefs von Laussel vor uns, mit den großen Hängebrüsten, den feisten Hüften und Schenkeln; nur wirkt das alles hier noch drastischer, weil es rundplastisch auftritt. Das Haar ist ebenso in konzentrische Kreise gelegt wie bei Relief IX 2 von Laussel, der Kopf ebenso geneigt wie bei Relief IX 4 von da, und die Linie über den Haarschopf zum Rücken infolgedessen auch dieselbe. Das Haar tritt so weit in die Stirn und der Kopf ist so stark geneigt, daß das Gesicht gar nicht angegeben ist. Die beiden

Arme sind hoch auf die Brust gelegt. Sie sind an den Handgelenken von mehreren Ringen umgeben, bei denen wir an die Muschelfunde von Grimaldi denken dürfen. Diese Armringe bilden die einzige Bekleidung der Willendorferin, wie der Gürtel die einzige der Männer dieser Periode.

Von Mentone ist eine kleine, nicht ganz 4 cm hohe Figur vorhanden, aus Steatit geschnitten und daher summarischer behandelt als die Willendorferin, aber in wesentlichen Eigenschaften mit ihr übereinstimmend (Taf. X 2). Sie hat dieselben starken Brüste, Bauch, Hüften wie jene und dieselbe auffallende Kopfneigung. Die Arme gehen seitwärts nieder und verschwinden bei den Hüften.

Man hat in diesen Figuren eine betonte und gesteigerte Darstellung der Geschlechtseigentümlichkeiten des Weibes sehen wollen, das Streben eines primitiven Sinnlichkeitsstandpunktes, sich ein allgemeines Idealbild der Weiblichkeit zu schaffen. Demgegenüber versichern erfahrene Ärzte, daß nur die getreue Wiedergabe einer Körpergestalt vorliegt, wie sie bei starker Fettbildung sich naturgemäß entwickelt. Nur die Frauen des Paläolithikums haben diese auffallende Fettleibigkeit, die Männer sind schlank; vielleicht haben jene ihre Tage bequem auf den Fellagern der Grotten verbracht, während die Männer durch gewohnheitsmäßige Jagdzüge ihren Körper geschmeidig hielten.

Auch aus der völligen Nacktheit der Gestalten hat man Schlüsse auf ihre Bedeutung ziehen wollen. „La Vénus impudique" nannten die Franzosen die erste größere Figur von Brassempouy, und die „Venus von Willendorf" heißt bei uns das Hauptstück aus dem deutschen Kreise. Wie aber, wenn im Aurignacien das Nacktgehen, wenigstens im Hause, noch allgemeine Sitte gewesen wäre? Fellkratzer gab es schon im Acheuléen und Moustérien. Leder wurde also damals schon bearbeitet. Aber die feineren Instrumente zum Zusammenfügen der Stücke, Pfriemen und Nadeln, und die Ornamentmotive, die auf die Techniken des Nähens, Flechtens und Häkelns schließen lassen, finden sich allgemein erst vom Aurignacien ab. Hier werden wir an eine beginnende Kleidung denken dürfen, mit der man dem kühler gewordenen Klima Rechnung trug. Aber von wirklichem Eise blieb ja das gesegnete Frankreich fast ganz verschont, und selbst in kalten Strichen pflegten primitive Völker, wie heute noch die Eskimos, zu Hause halb oder ganz nackt zu bleiben.

Einzeln betrachtet könnte nun die eine oder andere Figur erscheinen, als ob man sie wie die prächtigen Bisons und Renntiere rein zur Augenweide sich an die Wand gemeißelt habe. Überblickt man aber mehrere, so tritt alsbald hervor, daß sie keineswegs in einer einfachen alltäglichen Handlung begriffen sind, wie die schreitenden, grasenden, ruhenden Tiere, sondern daß sie in einem gehaltenen Wesen, in einer gewissen Feierlichkeit sich darstellen. Das gilt sowohl für die Reliefs an den Wänden wie für die kleinen Rundbilder. Die Empfindung für dies Besondere, Gehobene der Darstellung hat wohl auch mitgewirkt zu ihrer

Auffassung als höhere Wesen. Aber was drückt diese besondere Haltung aus? Über die beiden Männer ist kaum zu urteilen, da ihre Arme fehlen. Die Frauen aber bieten in ihrer Gesamtheit ein um so vollständigeres Bild. Sie stehen mit geschlossenen Füßen, neigen tief den Kopf, legen ergeben die Hände auf die Brust oder erheben die eine bis vors Gesicht und halten in der andern ein Trinkhorn. Das alles sind Züge, die im ganzen späteren Altertum die Betenden und Opfernden charakterisieren. Die demütige Neigung des Kopfes und das Hände-auf-die-Brust-Legen hat sich in vielen Gegenden bis heute als Zeichen der Unterwürfigkeit erhalten. Das Erheben der Hand vors Gesicht, wie es im ägyptischen, kretischen, hettitischen Kultus gebräuchlich ist, wird ein abgekürztes Sichverhüllenwollen bedeuten; vielleicht ist der letzte Rest davon in der heutigen türkischen Grußform zu erkennen, bei der die Hand in Etappen zur Brust, zum Kinn, zur Stirn heraufgeführt wird. All diese Gesten besagen ursprünglich, daß der bittend Auftretende sich klein und unwürdig fühlt, daß er sich verhüllen möchte, um nicht zu scharf angesehen und beurteilt zu werden, daß er um Nachsicht und Schonung wirbt. Das ist die Demut, die jede Religion vom Menschen verlangt, wenn er vor der Gottheit erscheinen soll. Noch Tacitus sagt (Germania 39), in den heiligen Hain der Semnonen dürfe niemand anders als gefesselt eintreten, zum Zeichen, wie klein er sich der Macht der Gottheit gegenüber fühle. Das Horn aber, das als gegebenes Trinkgefäß die Natur dem primitiven Menschen geboten hatte, und das damit auch das älteste Opfergefäß geworden ist, es ist, durch die Kulturüberlieferung geheiligt, auch später immer noch das bevorzugte Gefäß zum Gießen der Götterspende geblieben: im kretischen Kulte sind große spitze Kannen, die aus dem Horn hervorgegangen sind, üblich, bei den Griechen, Etruskern, Römern ist das Rhyton das feierliche Trink- und Gießgerät. Auf slawischen Grabsteinen hat der Verstorbene das Trinkhorn in der Hand und noch im deutschen Mittelalter ist es für den Minnetrunk vorgeschrieben.

Wende mir nicht ein, freundlicher Leser, ob es denn überhaupt gestattet sei, Verknüpfungspunkte zu finden zwischen dem so weit entlegenen Paläolithikum und dem historischen Altertum. Wir haben sie schon unabweisbar erkannt in der Bestattungsform der Hockerlage mit Rötelbeigabe, in verschiedenen Schmucksachen, in den ältesten technischen Ornamenten, in der Haartracht der Frauen und dem bloßen Gürtel der Männer. Wenn die Übereinstimmungen in so vielen Dingen tatsächlich vorhanden sind, hat man die Pflicht, sie aufzuzeigen; wie sie sich erklären, mag die Zukunft so oder so entscheiden.

Der tatsächliche Befund führt uns noch weiter. Der nach Berlin gelangte Stein mit dem Frauenrelief IX 1 von Laussel ist, wie ich schon sagte, in einer Rötelschicht gefunden, die seine ganze Oberseite gefärbt hat. In der Grotte kommt, wie auch sonst in den Wohnstätten, Rötel von Natur nicht vor. Er ist aber die ständige reichliche Beigabe von paläolithischen Bestattungen und besonders im Aurignacien ganz an der Tagesordnung. In den Grimaldi-Grotten tritt er immerfort auf; es ist eine Ausnahme, wenn er einmal fehlt. So wird in Laussel unser Frauenbild, und damit auch seine benachbarten, über einer Bestattungsstelle angebracht gewesen sein, und es liegt dann nahe, anzunehmen, daß diese Bilder die Verstorbenen dargestellt haben, die hier beigesetzt waren. Regelrecht ausgegraben ist Laussel noch nicht; gerade, wo die Reliefs gefunden sind, ist seitdem nicht weitergegangen. Vielleicht bringt eine künftige Untersuchung noch wirkliche Skelette zutage.

Die kleinen Rundfiguren aber, die ganz dieselbe zeremonielle Haltung zeigen, werden wir uns in der Grotte, etwa in Wandnischen, aufgestellt denken dürfen, so wie die Ahnenbilder in den späteren Kulturen. Eine von ihnen, eine stehende Figur aus Elfenbein, ist in Brünn in einem Aurignacien-Grabe gefunden, das Rötel und allerhand Schmucksachen enthielt [1]).

Wo man an ein Leben nach dem Tode glaubte — und das macht die sorgfältige Ausstattung der Gräber mit Schmucksachen und Geräten doch zweifellos —, da ist es natürlich, daß man einen Verstorbenen, der nun an die Pforten der Unterwelt pocht, in seiner ganzen Frömmigkeit und Gottwohlgefälligkeit darzustellen sucht. So ist es auch im späteren Altertum immerfort geschehen. In Ägypten kommt oft ein sogenanntes „Totenbuch" mit ins Grab, das in Schrift und Bild alle die Visiten aufführt, die der neue Ankömmling im Jenseits den verschiedenen Gottheiten abzustatten hat; und noch auf griechischen Grabstelen ist sehr häufig das Opfer dargestellt, das der Verstorbene bringen will; nur ist hier der Sachverhalt bis heute immer dahin verstanden, daß die so beschäftigten Personen berufsmäßige Priester und Priesterinnen gewesen seien.

Es ist eine erstaunliche ethische und religiöse Auffassung, die wir dem Paläolithikum zutrauen, aber die zweite Hälfte dieser merkwürdigen Periode verträgt wohl solche Belastung. Ein scharfer Schnitt trennt das ältere vom jüngeren Paläolithikum, äußerlich wie innerlich. Dort herrscht ein warmes Klima mit afrikanischen Tieren und der Neandertalrasse. Der Faustkeil ist das Universalinstrument; Knochenwerkzeuge, Schmucksachen, Ornamente gibt es noch nicht. Vom Aurignacien an steht in kühlerer Luft eine neue Tier- und Menschenwelt vor uns. Für die Werkzeuge kommen neue Stoffe und vielfältige neue Formen auf. Die Ornamentik zeigt, wie sie zum Nähen, Flechten, Häkeln verwendet werden. Mit Mützen, Brustgehängen, Kniebändern schmücken sich die Leute und nehmen Muscheln, Fischwirbel, Tierzähne zu ihrem Besatz. Wohlausgebaute Grotten sind die Wohnungen, ihre Wände mit Bildern anschaulich belebt. In den Grotten werden auch die Verstorbenen sorgsam als Schlafende gebettet und mit allem, was sie im Leben gebraucht haben, für das Jenseits ausgestattet. Reliefs oder Statuetten wahren ihr Gedächtnis in einer Haltung, die schon auf Beten und Opfern schließen läßt.

---

[1]) Mitt. Anthr. Ges. Wien 1892 S. 73 ff. (Makowsky).

Dies Kulturbild des jüngeren Paläolithikums wirkt keineswegs wie eine weitentfernte weltfremde Insel. Nicht wenige starke Brücken führen von ihm zu dem Festlande der neolithischen und späteren Kulturen in Nord- und besonders Südeuropa. Vieles, was in den durcheinandergeschobenen Verhältnissen der späteren Zeiten unklar geworden ist, kann aus dem einfachen ersten Entstehen im Paläolithikum seine Entwirrung und Deutung erwarten. Wie die körperliche Beschaffenheit des Menschen der Aurignac- und Cromagnon-Rasse nach der einhelligen Ansicht der Anthropologen die Vorstufe zu dem Europäer der späteren Perioden ist bis heute hin, so bildet auch seine Betätigung auf den wichtigsten Gebieten: in der Herrichtung und Verzierung von Stoffen, in der Darstellung von Tieren und Menschen, in der Bestattung, im Glauben an ein Jenseits und damit an höhere Mächte, nur den Anfang einer organischen Fortentwicklung. Wir werden bei vielen Erscheinungen der folgenden Zeiten an diese jüngere Phase des Paläolithikums zurückdenken müssen und sie immer mehr als eine Vorstufe zu der großen Kultur des Mittelmeeres empfinden.

1

2

3

Menschliche Statuetten

1. von Brassempouy $^1/_1$, 2. von Mentone $^1/_1$, 3. von Willendorf $^2/_3$.

Tafel XI

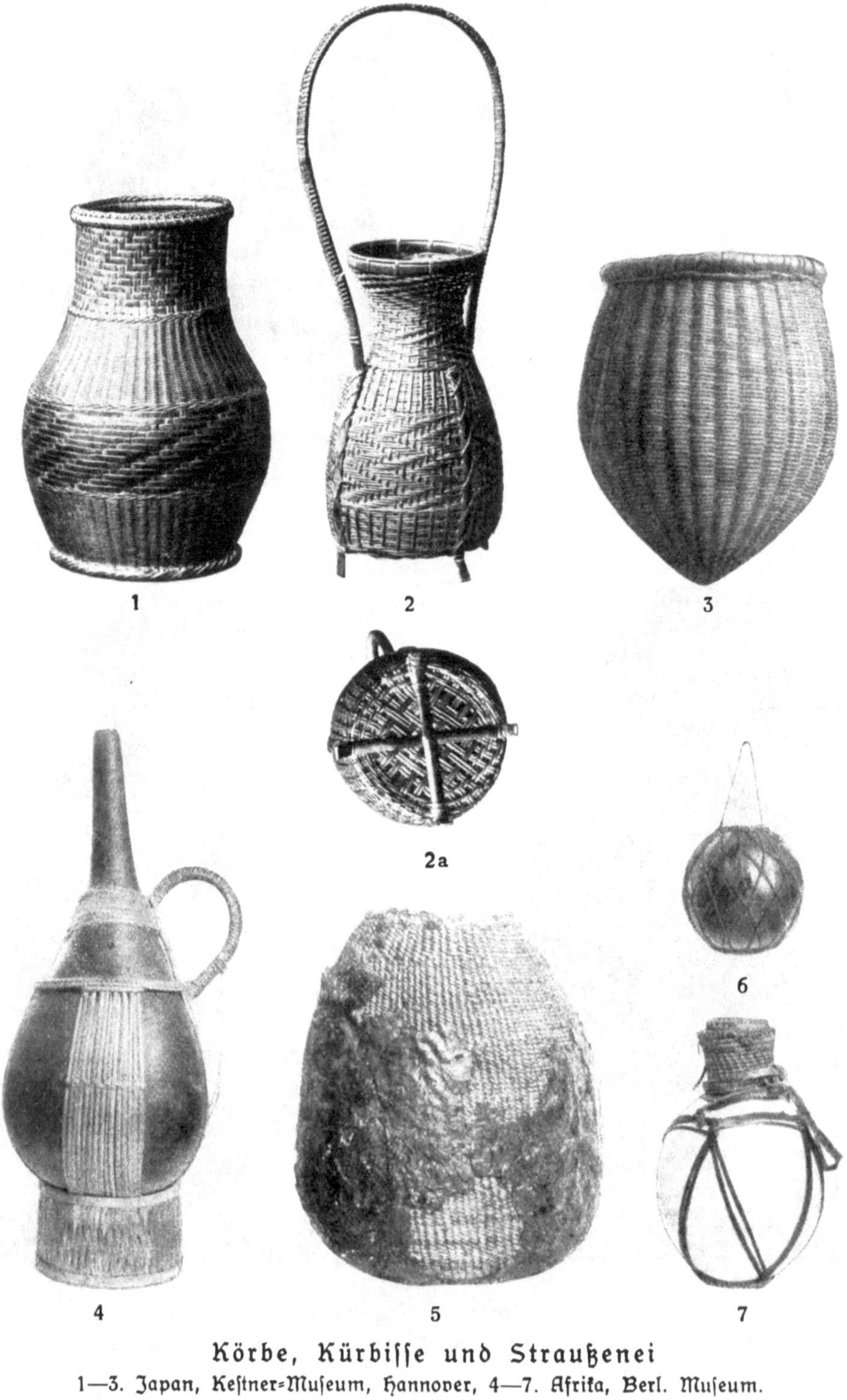

Körbe, Kürbisse und Straußenei

1—3. Japan, Kestner-Museum, Hannover, 4—7. Afrika, Berl. Museum.

Zweites Buch

Übergang zum Neolithikum

Das Mesolithikum

Die jüngere Steinzeit, das Neolithikum, rechnet man vom völligen Aufhören der letzten Eiszeit und dem Beginn des gleichmäßigeren Klimas an, das heute noch fortdauert. Markiert wird dieser Zeitpunkt hauptsächlich dadurch, daß das kälteliebende Renntier Süd- und Mitteleuropa verläßt und nach dem Norden abwandert. In Ägypten gewinnen wir einigen Anhalt zur zahlenmäßigen Bestimmung der neuen Periode. Sie liegt dort in der vordynastischen Zeit, im 4. und 5. Jahrtausend v. Chr., und es folgt dann gleich im 3. Jahrtausend die Metallzeit. In Europa, und besonders im nördlichen, treten die ersten Metalle, Kupfer und Gold, erst erheblich später auf, so daß hier die Steinzeit noch das halbe oder ganze 3. Jahrtausend v. Chr. erfüllt. In Gegenden, die weit vom Weltverkehr abliegen, setzen sich, wie immer, die altertümlichen Zustände länger fort.

Die letzte Eiszeit hat aber von ihrem Höhepunkt bis zu ihrem Ende nicht einen einheitlichen Abstieg genommen. Während des allgemeinen Zurückweichens des Eises sind mehrere Kälterückfälle erfolgt, die Penck und Brückner nach ihren Alpenbeobachtungen als Bühl-, Gschnitz- und Daun-Stadium bezeichnen. Im Bühl-Stadium liegt, nach allgemeiner Annahme, die Magdalénien-Kultur. In Norddeutschland haben die Schwankungen der weichenden Eiszeit sich hauptsächlich in den wechselnden Verhältnissen der Ostsee markiert. Sie ist erst weit offen gewesen, so daß auch der Bottnische Meerbusen im Norden in den Ozean ausmündete. Diese Frühzeit wird nach einer Muschel, die sich in ihren Ablagerungen findet, die Yoldia-Zeit genannt. Dann hat das Land sich gehoben und die Ostsee ist ein völliger Binnensee geworden. Dänemark war damals feste Landbrücke zwischen Deutschland und Schweden. Diese Periode heißt nach einer zweiten Muschel die Ancylus-Periode. Schließlich hat das Land sich wieder gesenkt und ist der heutige Zustand eingetreten, eingeleitet durch einen Abschnitt, den eine dritte Muschel die Litorina-Zeit getauft hat.

Montelius hat vor einigen Jahren erkannt[1]), daß die typischen Lorbeerblatt-

[1]) Antikvarisk Tidskrift för Sverige 20. 1918. S. a. Anthropol. Korrbl. 1920. 19 (N. Niklasson).

spitzen des Solutréen, zwar kleine aber gutgeformte Stücke mit feinem Randbeschlag, auch im Norden vorkommen, aber nur im südwestlichen Norwegen, im westlichen und südlichen Schweden und in Dänemark. Er erklärte sie für echte Solutré-Werkzeuge, gleichaltrig mit dieser Periode in Frankreich, und schloß, daß damals die südwestlichen Ränder von Norwegen und Schweden bereits eisfrei und für menschliche Siedlung zugänglich gewesen seien. Man traute dieser kühnen Neuheit zuerst nicht recht, weil man noch befangen war in der Auffassung der deutschen Geologen vom Solutréen mitten in der letzten Eiszeit und dem Moustérien in der vorletzten. Heute aber begrüßen wir die Feststellung als eine nordische Noahtaube und das erste bestätigende Licht auf unsere neue Zeitrechnung. Wenn nach de Geer das Eis um 10000 v. Chr. am Südrande von Schweden stand, so muß das dortige Solutréen also um 9000 oder 8000 v. Chr. fallen. Die Übereinstimmung der Werkzeugform mit Frankreich zeigt zugleich, wie von dorther offenbar die ersten Kolonisten in den eisfrei werdenden Norden gekommen sind. In der Tat stehen im Mesolithikum der Norden und der Westen miteinander in andauernder engster Beziehung, und der Ablauf der Kultur an beiden Stellen geht völlig parallel. Das möge hier eine kleine Tabelle gleich vorweg veranschaulichen.

Westen	Norden	Klima	Zeit
Solutréen	Lorbeerblattspitzen	Abschmelzzeit	9000—8000 v. Chr.
Magdalénien	Knochenharpunen	Yoldia-Zeit	8000—7000 „
Azilien u. Tardenoisien	Maglemose-Kultur	Ancylus-Zeit	7000—5000 „
Campignien	Kökenmöddinger	Litorina-Zeit	5000—4000 „
Neolithikum	Neolithikum	Nacheiszeit	4000—2000 „

Wenn schon in Skandinavien, so dürfen wir noch mehr in Norddeutschland Überreste aus den letzten Perioden des Paläolithikums erwarten.

Die Jütische Halbinsel verdankt ihre Gestalt der letzten Eiszeit. Durch ihre Mitte zieht deren Endmoräne und bildet das Rückgrat des Landes. Die Gegenden weiter westlich, ganz Hannover und Westfalen, sind also damals schon offenes Land gewesen und sind schon während der letzten Eiszeit allmählich besiedelt worden. Die Westfälischen Höhlen beginnen mit dem Moustérien und etwas entartete Aurignacien- und Magdalénien-Werkzeuge finden sich weithin.

Die Harpunen, Speerspitzen, Messer und Glätter, vielfach aus Renntierknochen, haben sich zahlreich in den Mooren zwischen Potsdam und Brandenburg gefunden und stammen anscheinend noch aus dem Magdalénien. Bei Ferneweder sind, als zu ihnen gehörig, Reihen von tiefen Gruben aufgetreten, die man als Tierfanggruben anspricht [1]). Die Harpunen mit ihren bald ein-, bald zweireihigen Widerhaken zeigen auf den ersten Blick ihre Verwandtschaft mit den französischen aus dem Magdalénien. Originell sind Speerspitzen, bei denen seitlich scharfschneidige Feuersteinstücke eingelegt sind (Abb. 17 n).

[1]) Nachr. üb. deutsche Alt.-Funde 1902, 28 ff. (E. Krause).

Gelegentlich findet sich auch ein sauberes Flechtmuster auf einem Messer oder Glätter angebracht (Abb. 17p), auch das an alte französische Übung erinnert.

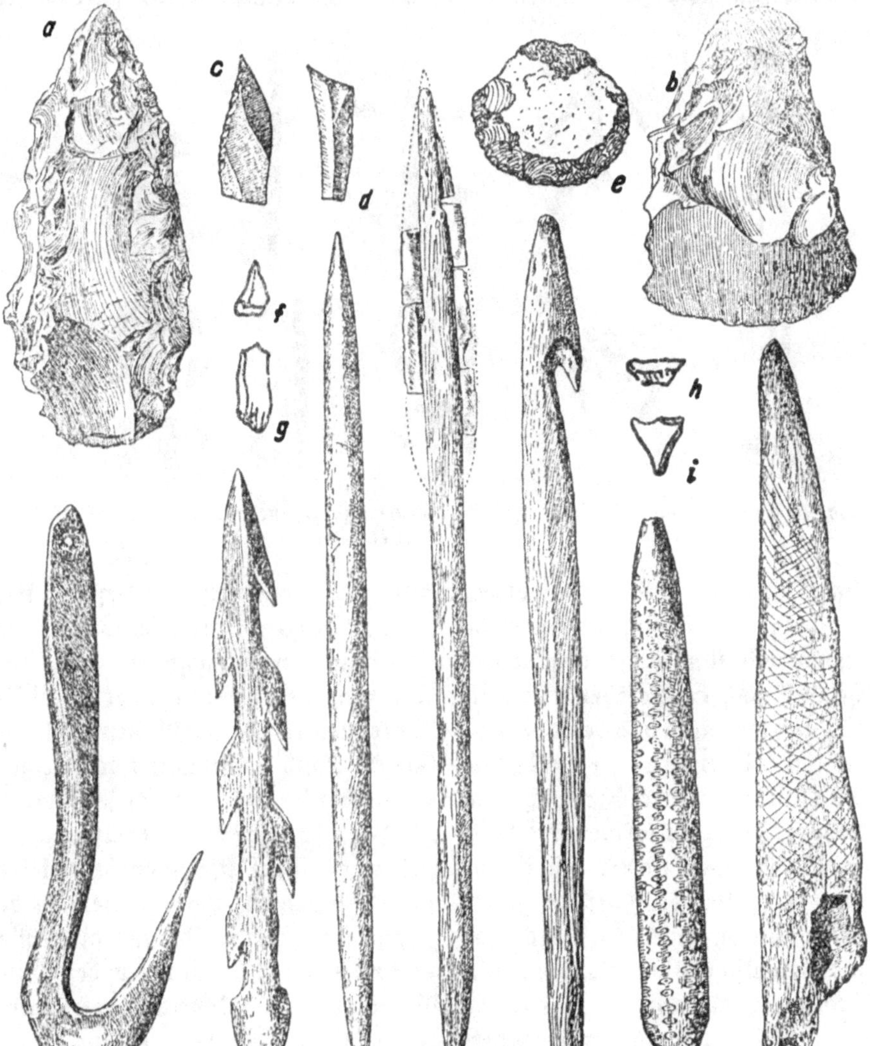

Abb. 17. Werkzeuge aus der Ancylus-Zeit, die untere Reihe aus Renntierknochen. Zumeist Museum Berlin, *ab* und *k—q* Gr. 1/2, *c—l* 1/1.

Das eigentliche Mesolithikum, die „mittlere Steinzeit", beginnt dann mit dem Azilien und Tardenoisien, ersteres nach Mas d'Azil im Département Ariège, letzteres nach Fère en Tardenois (Département Aisne) benannt. Beiden entspricht im Norden die Stufe von Maglemose auf Seeland und alle drei zusammen, das Azilien, Tardenoisien und Maglemose, nennen manche auswärtige Forscher Epipaläolithikum, weil sich in ihnen die paläolithische Tradition noch stark fortsetzt.

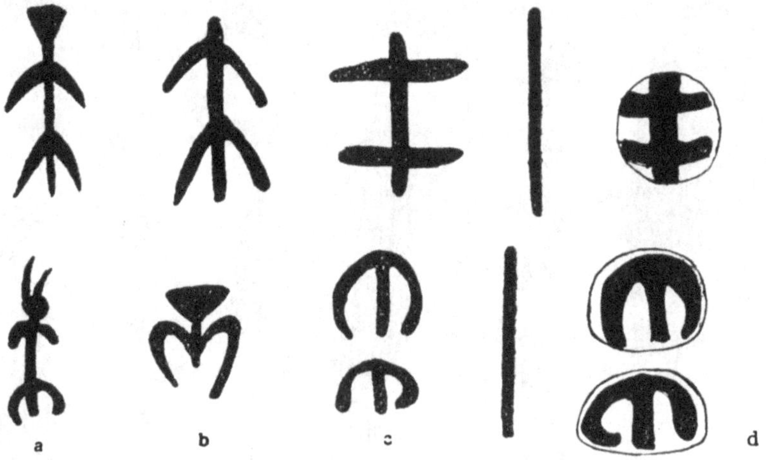

Abb. 18 Zeichen aus spanischen Höhlen (a—b) und Steine von Mas d'Azil (d). Nach Obermaier

Im Westen sind Siedlungen dieser Stufe noch kaum näher untersucht, man hat von ihr nur die Kleinfunde, aber die sind von großem Interesse, weil sie einmal zeigen, wie stark die Aurignac-Tradition immer noch nachwirkt: mit Steilretusche und auch Hochschabern, und zum anderen, weil sie in gleicher Form sich sehr weithin verbreiten und besonders die Eroberungskraft der westlichen Kultur — und wohl auch ihrer Träger — in das nordische Neuland hinein aufs klarste zeigen.

Die Mikrolithik, der Gebrauch ganz kleiner Geräte kommt in dieser Periode auf die Höhe. Die Hauptformen sind die in Abb. 17 cd. fg. dargestellten verschiedenen Spitzen, die in einen Schaft gesteckt zu Pfeilen oder auch Pfriemen benutzt sein müssen. Diese kleinen Formen gehen von Nordspanien, wo die Heimat der Azil-Kultur anzunehmen ist, durch ganz Frankreich hindurch bis an die Ostsee und in das deutsche Binnenland. Sie waren immer schon bekannt aus der Ofnet bei Nördlingen, der Wüsten Scheuer bei Meiningen, dem Dove-See bei Braunschweig und sind neuerdings besonders gut gesammelt in Prerow auf Darss, an der Mecklenburgischen Küste und im Friesacker Moore [1]).

Mit lebhaftem Interesse hat man immer die kleinen bemalten Kieselsteine von Mas d'Azil betrachtet; schienen sie doch die ersten Versuche einer beginnenden Schrift darzustellen. Ein M und ein E glaubte man schon deutlich vorgebildet zu sehen. Ein Überblick über die ähnlichen Zeichen, die des öfteren an spanischen Höhlenwänden erscheinen, zeigt aber, daß es sich immer um die Menschenfigur

[1]) Prähist. Ztschr. 15, 1924 (M. Schneider); ebenda 16, 1925 (Dr. Janssen).

handelt in dieser oder jener Verkümmerung (Abb. 18). Gewiß hat das auf den Steinchen eine gewisse Bedeutung gehabt, ist nicht einfache Spielerei gewesen. Vielleicht sind in diesen aufs Magische eingestellten Zeichen die Steine Amulette gewesen, die ihrem Träger irgendeine Gunst des Schicksals verschaffen sollten. An Schrift ist noch Jahrtausende nicht zu denken.

Sehr wichtige Aufklärungen verdanken wir in Dänemark dem Fundplatz Maglemose, der von Sarauw nach allen Richtungen hin vortrefflich untersucht und beschrieben ist[1]). Maglemose, das „Große Moor", liegt am Westrande von Seeland bei Mullerup. Der Wohnplatz war ein flacher See. Auf seinem Boden über einer Schicht Schneckenmudde, in der beginnenden Vertorfung, finden sich die Kulturreste in einer bis zu 1 m dicken Schicht. Ein eigentlicher Pfahlbau kann aber die Wohnstätte nicht gewesen sein, denn keinerlei Pfahlreste haben sich im Boden gefunden. Es muß vielmehr ein Floß als Unterlage der Behausung angenommen werden, wie es auch an einigen anderen Stellen als älteste Form der Seewohnung zu erschließen ist, so bei dem interglazialen Taubach bei Weimar, wo der Kalktuff, in dem die Artefakte lagern, Characeen-Sand ist, d. h. den Characeen, die in dem Teiche wuchsen, seine Entstehung verdankt; so bei dem reichen Fundplatze Kunda in Estland, den Harpunen als mesolithisch bestimmen; so bei manchen Anlagen am Meer, wie bei Abbeville, Flensburg, Kiel (Ellerbek) und einer im Kowatkensee in Ostpreußen.

Mit diesen Seesiedlungen wollte man sich natürlich gegen die wilden Tiere schützen. Der Mensch ist in diesen Zeiten noch ganz von ihnen umgeben. Er lebt rein von der Jagd. Das einzige zahme Tier, das in Maglemose auftritt, ist der Hund. Unter den andern Knochen überwiegen stark Reh, Hirsch, Elch, Wildschwein und Urstier, auch der Bär ist vorhanden. Der Elch wird nachher in den Kökenmöddingen schon selten und verschwindet dann gänzlich. Von Fischen war der Hecht erkennbar, von Vögeln mehrere Entenarten, der Höckerschwan u. a. Von Holzarten ist am häufigsten die Kiefer, daneben findet sich Hasel, Birke und Ulme, aber keine Spur der Eiche.

Aus dem schwimmenden Floß von Maglemose hat sich zunächst der Packbau entwickelt, indem man Holzwerk mit Reisig, Erde und Steinen auf den Seeboden gründete. Von dieser Bauart sind die Wasserwohnungen bei Wanwyl (Kanton Luzern) und bei Schussenried in Württemberg. Erst gegen Ende der jüngeren Steinzeit ist der eigentliche Pfahlbau aufgekommen, die ganz auf Pfählen ruhende Wohnung, wie die Masse der Siedlungen in den Seen am Nordfuße der Alpen und ebensolche im Norden: Pommern, Polen, sie zeigen.

Die Feuersteinwerkzeuge von Maglemose haben das Inventar von Mas d'Azil. Der kleine Rundschaber (Abb. 17e), der häufig auftritt, und die „querschneidige Pfeilspitze" stechen daraus besonders hervor. Es ist merkwürdig, wie

[1]) Prähist. Ztschr. III 1911. S. 52--104; VI, 1914, S. 1—28.

diese Geräte auch hier im Norden die alte Eigenart der Aurignac-Technik immer noch zur Schau tragen.

Mit der jüngeren Periode des Mesolithikums steht es nämlich wie mit der älteren: wir lernen ihre Leitformen in ihrer französischen Heimat in klassischer Ausprägung und Größe kennen, die mächtigen mottes de beurre von **Campigny**, 20 und 30 cm lang, gehören zu den größten Stücken, die es aus der Steinzeit gibt; aber die ganze Wohn- und Lebensweise der Menschen dieser Zeit und die wichtige neue Errungenschaft ihrer häuslichen Ausrüstung, die Erfindung von unermeßlicher Tragweite: die Töpferei tritt uns doch erst in unserem nordischen Kreise entgegen.

Aus dem Campignien, der Litorina-Zeit der Ostsee, stammen die berühmten Muschelhaufen, dänisch gewöhnlich **Kökenmöddinger**, „Küchenabfälle", genannt. Man hat sie ursprünglich für Strandbildungen gehalten und ihren wahren Charakter erst um 1850 erkannt. Es sind massenhafte Ansammlungen von eßbaren Muscheln und Schnecken, besonders Austern (Ostrea edulis) und Herzmuscheln (Cardium edule), daneben auch Miesmuscheln (Mytilus edulis) und zwei Arten Strandschnecken (Litorina litorea und Nassa reticulata), durchmischt mit Fischgräten und Knochen von Vögeln und Säugetieren. Unter diesen wiegen vor Hirsch, Reh, Wildschwein; es kommen auch Urochs, Bär, Wolf, Biber, Wildkatze vor. Sehr selten ist der Elch und ganz fehlt das Renntier. All diese Knochen sind von Menschenhand aufgeschlagen und öfter vom Hunde angenagt, der als einziges Haustier sich vielfach bemerkbar macht. In den Haufen liegen auch zahlreiche menschliche Werkzeuge aus Feuerstein, Knochen und Hirschhorn, sowie Scherben von Tongefäßen. Es ist also klar, daß sie nicht natürliche Bildungen, sondern eine menschliche Hinterlassenschaft darstellen. Sie sind oft sehr ausgedehnt, mehrere hundert Meter lang und 20—30 m breit. Ihre Dicke beträgt 1—2 m. So ziehen sie in der Nähe des Strandes entlang, oft in einer Bucht, wie am Kolind Sund, ihrer fünf oder sechs nicht weit voneinander. Sie machen ganz den Eindruck von Fischerlagern, an denen die Reste der oft wiederholten Mahlzeiten zurückgeblieben sind. Ursprünglich haben sie offenbar alle am Strande gelegen. Im nördlichen Dänemark sind sie jetzt stark von ihm abgerückt, bis zu $1^1/_2$ Meilen (Lille Vildemose in Nordost-Jütland), so sehr hat das Land sich hier seitdem gehoben. Weiter südlich aber liegen sie umgekehrt unter Wasser, denn hier hat das Land sich gesenkt. Von Holzkohle sind die Muschelhaufen gewöhnlich stark gefärbt. Zuweilen ist auch noch eine Steinpackung als Herdstelle erhalten. Von Wohnbau hat sich aber in Dänemark bisher nichts beobachten lassen. Dagegen sind ein paar Bestattungen gefunden, in Ertebölle und in Aamölle, jede mit gestrecktem Skelett, nicht etwa Hocker. In Aamölle war die Leiche auch von Steinen umstellt, es war also ein Hohlraum für sie gebildet worden [1]).

[1]) Madsen, S. Müller usw., Affaldsdynger fra Stenalderen, 1900, S. 78, 100.

Von besonderem Interesse sind die Werkzeuge und die hier zum erstenmal in Europa auftretende Keramik. Die Feuersteingeräte zeigen immer noch stark paläolithische Tradition. Der Spanschaber hat Steilbeschlag am Ende, ein schmales

Abb. 19. Keramik des Mesolithikums aus Schleswig-Holstein. Nach G. Schwantes. Etwa 1/4.

Messer hat flach geschlagenen Rücken (dos rebattu), der Bohrer ganz die alte Zuspitzung. Als neue und für die Muschelhaufen charakteristischste Form tritt ein kleines Beil auf, am Kopf schmal und an der Schneide breit, es wird „Spalter" genannt (Abb. 17 b); und daneben steht ein „Kernbeil" mit rundlichem Querschnitt (Abb. 17 a). Von Schleifen oder Glätten des Steins ist auch hier noch keine Rede. Es scheint, daß diese beiden Werkzeuge hier im Norden entstanden sind. Unter den Knochengeräten findet sich schon ein kleiner Kamm.

Die Tonscherben, wo sie sich zu größeren Flächen zusammensetzen ließen, haben immer hauptsächlich ein großes Gefäß ergeben, einen Kochtopf mit geschweiften Wandungen, verdicktem Rande, unten in eine Spitze endigend (Abb. 18acd). Dazu kam gelegentlich ein halbkugeliger Napf mit oder ohne ausgebogenen Rand (Abb. 18b). Die Gefäße sind ganz ohne Verzierung, außer daß der dicke Rand zuweilen außen einige Fingereindrücke hat. Auch Durchbohrungen zur Anbringung von Henkeln fehlen noch. Daß diese Gefäße den voraufgegangenen Korbgeflechten, wie der Capsien-Honigjäger eines trägt (Abb. 15), nachgebildet sind, leuchtet ohne weiteres ein, und daß sie maßgebend geblieben sind für einen im Neolithikum über weite Länderstrecken verbreiteten keramischen Stil, werden wir später sehen.

Auch die Muschelhaufen selbst sind keineswegs auf Dänemark und Schleswig-Holstein beschränkt. Sie haben sich ebenso an der Küste von Irland, Frankreich und Portugal gefunden, und bei Lissabon sind in ihnen eine Reihe von Bestattungen beobachtet, so tief angelegt, daß sie sicher zugehören. Die Leichen sind dort als „Hocker" gebettet mit gekrümmten Knien und gehobenen Armen. Beigaben haben sie nicht. Die Beerdigung der Leichen am Wohnplatze und ihre Hockerlage setzt wieder eine Tradition aus dem Paläolithikum fort und führt hinüber zu gewissen späteren Kulturen.

Grundlagen der Neolithischen Kulturkreise

Im Paläolithikum ist eine der erstaunlichsten Tatsachen die völlige Übereinstimmung des Stils der Willendorferin mit den Frauengestalten von Laussel. Von der Dordogne über Lyon am Nordfuße der Alpengletscher entlang bis ungefähr nach Wien haben bereits im Aurignacien sehr rege Beziehungen bestanden. Sie wurden durch die Elfenbeinfigur von Brünn auch bis dorthin weitergeführt und im Solutréen noch mehr donauabwärts bis nach Ungarn (Miskolcz) ausgesponnen. Im Mittelmeere fällt es auf, daß Länder, die später bedeutungsvoll hervortreten, sich an der paläolithischen Kultur noch gar nicht beteiligt haben. Italien und Sizilien haben es zwar getan, schon vom Chelléen an, aber die Baleraren bleiben auch im ganzen Neolithikum noch stumm, ebenso Sardinien und Korsika und vor allem ganz Griechenland, sowohl das Festland wie die Inseln. Man fragt lebhaft, wie ist das zu erklären? Gewiß nur dadurch, daß diese gebirgigen Inseln und Länder in jener Zeit, die ihnen ja keinerlei Vereisung brachte, noch dicht mit Urwald bedeckt gewesen sein müssen. Und an den Urwald ging der Mensch mit seinen unvollkommenen Werkzeugen ungern heran. In Mitteleuropa hat man mannigfach beobachtet, wie noch im Neolithikum und der Bronzezeit die Besiedlung den in Trockenzeiten entstehenden Waldblößen nachgegangen ist.

Und doch haben die westeuropäischen Formen des Paläolithikums Ägypten und Syrien erreicht. Schweinfurth hat schon vor 50 Jahren die schönsten Moustier-Formen bei Theben gesammelt und ebenso Jos. Bayer während des letzten Krieges in Syrien. Es sind das Oberflächenfunde, nicht durch geologische Lagerung bestimmt, und die Finder hatten den Eindruck, daß sie erheblich jünger sein können als die gleichgeformten Stücke in Spanien und Frankreich. Allmählich hat man in Tunis und Ägypten gesehen, daß die altpaläolithischen Formen des Chelléen, Acheuléen und Moustérien unverkennbar von Spanien und Frankreich bis Ägypten gegangen sind[1]). Die Ausbreitung dieser gleichartigen Kultur vom Westen nach dem Osten ist offenbar nicht im Inselmeere, sondern an der Nordküste von Afrika entlang erfolgt. Kurz vor dem Kriege brachte ein junger Reisender, Fromholz-Eberswalde, dieselben Steinwerkzeuge, auch Oberflächenfunde, aus dem Wüstenhinterlande von Tripolis.

Nordafrika ist noch im Mesolithikum ein wasserreiches, fruchtbares Land gewesen, und die von Leo Frobenius im Hinterlande von Algier, Marokko,

[1]) Al. Scharff: Grundzüge der ägypt. Vorgesch. 1927 S. 11.

Tripolis bis in die Libysche Wüste seit 1914 immer zahlreicher gefundenen Felszeichnungen erweitern das Kulturbild, das die Feuersteinwerkzeuge immer schon andeuteten [1]).

Wir erhalten somit einen großen südlichen Kulturkreis, der von Frankreich und Spanien einerseits nördlich der Alpen die Donau hinunter bis nach Ungarn und Südrußland reicht, anderseits das Mittelmeer einschließt bis nach Ägypten und Syrien hin. Beruht seine Feststellung auch noch auf lückenhafter Überlieferung, so stimmt sie doch zu dem, was nachher im Neolithikum und den frühen Metallzeiten sich reich und voll beobachten läßt.

Im Norden, wo erst mit dem Abschmelzen des Eises eine menschliche Besiedlung eintreten konnte, beginnt schon im Solutréen eine westeuropäische Einwirkung, die sich im Magdalénien fortsetzt und im Azilien sehr verstärkt. In mannigfachen Erscheinungen: den Formen der Werkzeuge und Tongefäße, Anklängen im Haus- und Grabbau, der Bildfreudigkeit des Westens werden wir sie auch im ersten Neolithikum weiterwirken sehen. Aber dann hört dieser weiche Westwind auf, an die Stelle der sanft geschwungenen Formen treten harte, straffe, die Häuser und Gräber werden rechteckig, keine Menschen- oder Tierfigur begegnet mehr, keine animalische oder pflanzliche Anspielung zeigt sich in der rein auf technische Motive gestellten Ornamentik.

Fragt man, wie diese Erscheinung, die längst allgemein aufgefallen ist, sich erklärt, so muß man den starken Unterschied ins Auge fassen, den das thüringische Paläolithikum gegen das westliche und südliche darstellt. In den allmählich doch zu stattlicher Menge gewachsenen Funden von Ehringsdorf bei Weimar ist keine Moustier-, keine Aurignac-, keine Solutrée-Form und ebenso steht es mit den noch viel reicheren Funden von Lichtenfels in Oberfranken [2]). Diese Kultur ist etwas für sich, ganz auf sich selbst gestellt, tantum sui similis. Und es ist bisher kein Fitzchen einer Menschen- oder Tierfigur in ihr zutage gekommen, auch keinerlei Zeichnung oder Gravierung, die eine westeuropäische Phantasie verriete.

Das wäre merkwürdig, wenn die ganze Besiedlung des nordischen Neulandes vom Westen gekommen wäre, wenn nicht auch das so viel näherliegende mitteldeutsche Paläolithikum sich an der Kolonisation beteiligt hätte. Hat dieses aber mitgewirkt, so wird man annehmen dürfen, daß seine nüchterne Geradheit dem neuen Stil im Norden zugrunde liegt. Ein enger Zusammenhang zwischen der neolithischen Kultur im Norden und in Thüringen ist immer schon erkannt und gewöhnlich durch eine Einwirkung des Nordens auf Thüringen erklärt worden. Damit bringt man aber die ins Paläolithikum zurückgehende Thüringer Kultur um ihr Erstgeburtsrecht.

---

[1]) Forschungen und Fortschritte 10, 1934 S. 139 f. und 161 f.

[2]) In der unveröffentlichten Privatsammlung von Dr. med. Roßbach in Lichtenfels sah ich um 1920 Tausende von Werkzeugen.

Ob die besondere Kultur Thüringens auch auf einer besonderen Rasse beruht, steht noch ganz dahin. Wir haben hier von Menschenresten noch nichts als ein Schädeldach und zwei Kiefer aus Ehringsdorf, und die gehören zur Neandertal rasse.

Auf jeden Fall sehen wir später, im Neolithikum, die nordische und die Thüringer Kultur teils verbündet, teils verschmolzen weit gegen Süden und Südosten ausgreifen, erobernd bis nach Kiew und auf die Balkanhalbinsel vordringen und so im Norden ein Gegenstück darstellen zu dem großen südlichen Westostverkehr.

Der Dualismus, der in der ganzen Folgezeit Europa in Nord und Süd spaltet, hat sich, wenn wir das thüringische Paläolithikum richtig verstehen, schon in der Eiszeit angebahnt.

Diejenige Gattung von Kulturrelikten, aus der sich all diese Verhältnisse am deutlichsten ablesen lassen, ist, so bald sie auftritt — die Keramik. Seine Töpfe macht sich das Volk jederzeit selbst. In diesem Alltagsgerät drückt es seine Eigenart unverhohlen aus, zeigt es sich gewissermaßen in Schlafrock und Pantoffeln, während es Schmuck und Waffen vielfach von auswärts bezieht und mit ihnen in fremdem Prunkgewande erscheint. Die Töpferei spricht die heimische Sprache der vorgeschichtlichen Völker, wie es in gleicher Reinheit sonst nur Hausbau und Grabbau tun. Aber sie geht uns weit hilfreicher zur Hand als diese Schöpfungen, weil sie immer da ist, uns überall begegnet, uns auf Schritt und Tritt verfolgt, während die anderen weit seltener auftreten, oft nur unter besonders günstigen Umständen sich finden lassen.

Der Ursprung der Töpferei

Die Kunst, Gefäße aus Ton herzustellen, ist, wie wir gesehen haben, dem Paläolithikum noch fremd gewesen. Noch in Maglemose fehlt sie. Erst in den Muschelhaufen, also in der Litorina-Zeit, dem französischen Campignien, tritt sie auf. Trotzdem muß das Paläolithikum schon Gefäße besessen haben: zum Trinken, zum Aufbewahren von Eßwaren oder von kleinen Geräten. Diese Gefäße müssen somit aus einem andern, aus einem vergänglichen Stoffe bestanden haben. Es läßt sich denken, daß nach der hohlen Hand die Muschel das älteste Trinkgerät war, als Pilgermuschel tritt es im Mittelalter wieder auf; daß die Kürbisflasche, bald so, bald so beschnitten, sich zur Aufbewahrung von Speise und Trank darbot, daß man allmählich auch dazu überging, aus Holz oder Leder oder Geflecht Gefäße herzustellen. In der Tat hat man dies alles getan. Wir wissen es weniger aus etwaigen tatsächlichen Überresten solch vergänglichen Materials als vielmehr daraus, daß die ältesten Tongefäße in ihrer Form und äußeren Behandlung, in Glättung oder Verzierung Gefäße aus anderem Material darzustellen suchen, also offenbar die voraufgegangenen als erstrebenswerte Muster nachahmen. Das ist etwas sehr Natürliches. Wir sehen es noch heute. Als das Leuchtgas erfunden war, verwandte man dafür zunächst Kronen mit dem alten Kerzenmotiv, als dann das elektrische Licht kam, trat es in den Formen der hergebrachten Gaskronen auf. Erst langsam reifte die Einsicht, daß man eine elektrische Birne einfach an einen Faden zu hängen brauche, sie als Blume gestalten, ein ganzes Bukett zusammenstellen könne usw. Es dauert immer eine Zeit, bis man für den neuen Stoff auch die für ihn geeignetsten neuen Formen findet.

Besonders wird man aber beim Übergang zu einem so billigen und gemeinen Ersatz wie dem Tongefäß immer gern den Anschein erwecken wollen, als ob das neue gebrechliche Stück das alte feste wäre.

Das Neolithikum an der Donau hat halbkugelige Tonschalen, verziert mit spielenden Linien, die weiß eingelassen sind — als ob man die gelbe Haut des Kürbis durchrissen hätte bis auf die weiße Unterlage. Am Rhein herrschen beutelige Gefäße, oben stärker oder schwächer zusammengeschnürt, gelblich oder braun gefärbt und glänzend poliert — wie aus Leder oder Beutelflechtung; im Norden finden wir Schalen und Näpfe von straffer Form und mit einer derben Verzierung, die nur auf Korbflechterei gedeutet werden kann.

Im ganzen liegt als erstes formgebendes Element überall der Flaschenkürbis zugrunde, der hartschalige, weißblühende (Lagenaria vulgaris), denn der heute allgemein verbreitete weiche gelbblühende ist erst von Amerika eingeführt. Aus dem Flaschenkürbis lassen sich ohne weiteres verschiedene nützliche Formen gewinnen (s. Taf. XI 4. 6). Schneidet man seinen unteren Teil ab, so erhält man eine flache gewölbte Schale, macht man den Schnitt bei der Schulter, so entsteht ein eiförmiger oder birnförmiger Napf, teilt man den Kürbis senkrecht, so ergibt sich links und rechts eine gestielte Kelle; benutzt man ihn gar ganz, so hat man die schönste Flasche. Aber gerade diese volle Form ist — wenigstens in Ton übersetzt — am wenigsten benutzt worden, nur die Kragenflasche des nördlichen Kreises spiegelt sie wieder.

Aus Holz wird man gewiß auch manches Eß- und Trinkgeschirr gehöhlt haben, Löffel, Schalen, Näpfe. Aber das Stück Holz, aus dem das Gefäß geschnitten werden soll, beeinflußt in weit geringerem Maße die Form als der Kürbis. Nur in einem Falle hat das Holz eine Ewigkeitsleistung vollbracht, in dem Schoppen: seine zylindrische Gestalt ist direkt aus dem Baumstamm erwachsen, und zwar im nördlichen Kreise, und hat sich eben dort fortgeerbt.

Auch Steingefäße, hat man gelegentlich gemeint, hätten Einfluß auf die Keramik geübt. Sehr alte ägyptische Steinnäpfe und Tonkrüge, die in Malerei Granit imitieren, haben auf den Gedanken geführt. In Wirklichkeit kann aber ein Steinblock noch weniger als ein Baumstück auf eine bestimmte aus ihm zu gewinnende Form hinwirken. Höchstens wird er bei seiner schwierigen Bearbeitung veranlassen, daß das Gefäß recht flach bleibt; und das ist denn auch geschehen. Wirklich originelle Formen, die dem Stein eigentümlich wären, gibt es nicht.

4*

Soll ich noch sprechen von einer Auffassung, die von aller Materie absieht und die Erfindung der Formen rein der gottgegebenen Phantasie des Menschen zuschreibt? Der Mensch, meint sie, habe die Kugelgestalt als die idealste empfunden und sie deshalb auch seinen ersten Gebrauchsgeräten zugrunde gelegt. Die Verzierung der Gefäße sei dann ebenfalls nach dem eingeborenen feinfühligen Sinn des Menschen für Gleichmaß und Gleichgewicht erfolgt. Reifen und Leisten, Zickzacklinien, Dreiecke, Rauten habe er je nach Stimmung so oder so auf der Fläche verteilt. Diese ästhetische Auffassung gibt sich nicht die Mühe zu fragen: was war zuerst und was wurde weiter? Sie hat auch nicht den Anspruch, originell zu sein, von heute oder gestern. Es war schon pythagoräische Lehre, daß die Kugelgestalt die vollendete, göttliche sei. Sonne und Mond führten auf solche Gedanken, und älteste Geräte und Bauanlagen brachte man damit in Beziehung. Aber das ist Phantasie, die auftritt, wo Tatsachenkenntnis fehlt. Das „Kunstwollen", meint man oft, habe alle Werke der Phantasie frei hervorgerufen, — als ob das Wollen und die Phantasie nicht auch immer von Erfahrung und Anschauung — wenn auch zehnmal unbewußt — bedingt und geleitet wäre! In aller rhythmischen Gliederung liegt architektonische Erfahrung, und man kann zweifelhaft sein, ob nicht auch der Rhythmus in der Musik, der dem Vogelgesange fehlt, erst aufgekommen ist, als der Mensch zu taktmäßiger Arbeit sang — „mahle, Mühle, mahle!" — und zum Schreiten und Tanzen spielte [1]).

Die ältesten Tongefäße sind nicht deshalb kugelig, weil man die Kugelgestalt für gottgewollt schön hielt, sondern weil der Flaschenkürbis als Vorbild vorhanden war, den man in natura immer schon als Gefäß benutzt hatte.

Der **Flaschenkürbis** ist gerade deshalb, weil seine Früchte schöne Gefäße abgeben, so reichlich angebaut worden; denn eßbar sind nur einzelne Arten von ihm. Er ist heimisch in den Tropen der alten Welt und kommt in Ägypten heute noch wild vor. In Kleinasien und dem Kaukasus wird er gezogen, ebenso in Süd- und Mittelspanien, in Südfrankreich und in Dalmatien. In der Flora Deutschlands und der Schweiz wird er nicht mehr aufgeführt. „Die Früchte reifen zwar noch in Deutschland, erlangen aber nicht die Härte, die zu ihrer Verarbeitung erforderlich ist" (Engler und Prantl). Damit ist die nördliche Grenze für das Vorkommen der Pflanze gegeben.

Der Flaschenkürbis wird noch heute in Südeuropa vielfach zu Gefäßen benutzt. Noch mehr in Afrika (Taf. XI), wo auch die Tongefäße noch direkt nach seinem Vorbilde hergestellt werden. Seine Gestalt wechselt vielfach und dementsprechend auch seine Verwendung als Gefäß, von der schönkugeligen Flasche mit langem Halse zur Birnen- und bis zur hängenden Gurkenform. Selten werden in das Gefäß verzierende Einritzungen gemacht, viel häufiger bestrebt sich die Umschnürung, die es tragbar machen will, zugleich Verzierung zu werden. Das Einfachste

---

[1]) Karl Bücher, Arbeit und Rhythmus. 3. Aufl. 1902.

zur Henkelschaffung ist, daß man ein paar Löcher am oberen Rande des Gefäßes durchbohrt und eine Schnur einknüpft. Oft hängt man das ganze Gefäß in ein Netz oder man befestigt durch horizontale Umschnürung am Fuß und an der Schulter einen geschwungenen Korbhenkel. Die Gestaltung des Henkels in der späteren Keramik spiegelt vielfach noch die Verhältnisse diese Kürbis-Frühzeit. Die Keramik hat lange gebraucht, bis sie einen haltbaren Tonhenkel an ihre Krüge zu kleben verstand. Auch sie hat zuerst Schnüre durch Randlöcher gezogen und die Schnüre dann mit zylindrischen oder auch anker- oder halbmondförmigen Traggriffen versehen.

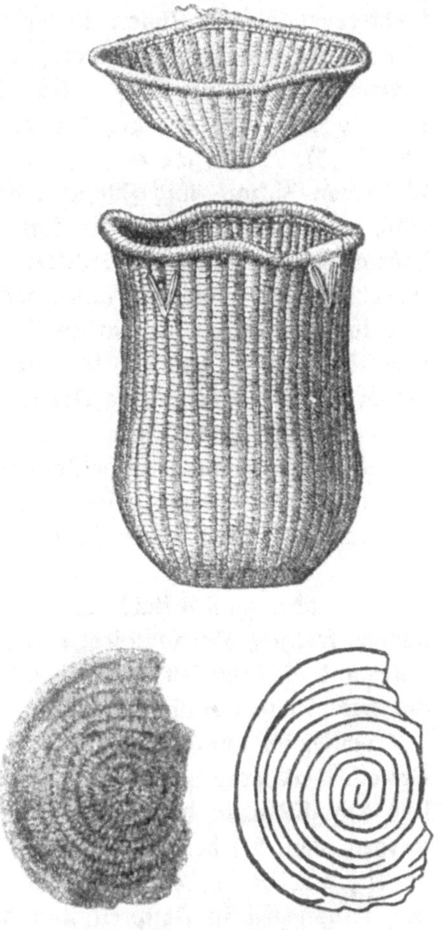

Abb. 20. Korbgeflechte der Frühbronzezeit aus Spanien. Nach Cartailhac.

Ähnliches ist geschehen, um das kugelige Gefäß standfest zu machen. Das spitze Ende des Kökenmöddinger-Topfes sollte gewiß in den Sand oder in die Asche des Herdes eingebohrt werden. Auch das große Vorratsgefäß späterer Zeiten, der Pithos, ist mit seiner unteren Zuspitzung immer noch darauf gerichtet, fest eingegraben an seinem Platze zu bleiben. Die beweglichen Näpfe und Krüge aber brauchen für ihren rundlichen Boden einen Untersatz. Er wird, wie noch heute für die Kürbisgefäße (Taf. XI 4), zumeist aus einem strohgeflochtenen Ring oder Zylinder bestanden haben, und wie bei den Henkeln geschah es, daß das ursprünglich freie Stück nach und nach mit dem Gefäße verwuchs. Die Geschichte der Untersätze bildet in der Keramik ein nicht genügend beachtetes lehrreiches Kapitel. Es ist vieles in diesen niederen Dienst zu stellen, was sich immer noch als „Becher", „Vase", „Trommel" in höheren Regionen aufspielt.

Die Flechtumhüllung und Ergänzung des Gefäßes wird dazu geführt haben, es gelegentlich ganz in F l e c h t e r e i herzustellen. Wie alt diese Technik ist, haben uns die paläolithischen Ziermotive und das Bild des Honigjägers mit der Henkeltasche (oben Abb. 8 u. 15) gezeigt. Die beutelige Form dieser Tasche hat sich denn auch für einige wirkliche Körbe in frühbronzezeitlichen Gräbern Spaniens gefunden (Abb. 20), und in Ton übersetzt ist sie nachher schier unsterblich geworden.

Der spanische Korb ist in Ringen aufgebaut und die zugehörigen Schalen ebenso von ihrer Mitte aus in einer Spiraldrehung des Tonwulstes. Ich glaube, daß auf diesem Wege das Ziermotiv der Spirale entstanden ist. Man muß einige gute, das heißt in natürlicher Technik zu gefälligem Ansehen gebrachte Korbflechtereien sich vor Augen stellen, um die große Abhängigkeit der keramischen Ornamentik mancher Kreise von jener uralten und durch alle Zeiten fortgeführten Hausindustrie zu erkennen. Arbeiten der primitiven Völker von Afrika und Amerika und auch die gehobeneren der Japaner geben gute Beispiele dafür (XI 1—3). Schon die einfache Schrägkreuzung aller Fäden zeigt, wie die verschiedenen Zickzack- und Fischgrätenmuster entstehen, bald horizontal, bald vertikal, je nachdem man den Überschlag der Fäden am Rande etwas anders handhabt als in der Mitte des Stückes. Bei ganzen Körben wird jedesmal oben ein tragender Ring angebracht aus einer Rute oder mehreren umeinander gedrehten. Von ihm aus gehen die starken Rippen nach unten zum Boden und werden in wechselnder Weise von den seitlichen Fäden übersponnen, so daß sie bald kräftig hervortreten und dann eine Vertikalstreifung der Fläche bewirken, bald zwischen großen Zickzack- oder Treppenmustern nur als Untergrund durchschimmern. In besonderer Weise wird für Henkel und Boden gesorgt. Der Henkel, hoch im Bogen den Korb überspannend, wird an oder in dessen Wandung weit hinuntergeführt, oft noch unter dem Boden durch; manchmal ist er von einem Faden dicht umsponnen. Der Boden erhält immer irgendeine Verstärkung. Entweder läßt man 4 oder 6 oder auch 8 starke Rippen, die schon in der Wandung herunterlaufen, sich hier kreuzen, oder man legt einen Standring oder auch einen ganzen Holzboden unter und näht ihn fest. Mir scheint, daß aus dieser Bodenstruktur das Ziermotiv des Hakenkreuzes entstanden ist mit seinen umknickend sich stemmenden Streben.

Schließlich kommt noch das Leder als Ersatzmaterial für Kürbisgefäße in Betracht. Lederne Schläuche zur Aufbewahrung von Flüssigkeiten oder von Käse sind dem südlichen Kreise bis heute sehr vertraut. Aber auch lederne Gefäße werden schon bei den alten Ägyptern und Juden erwähnt. Hebräisch bedeutet nebel sowohl den Lederschlauch wie den Tonkrug [2]). In den bemalten griechischen Holzsarkophagen in Ägypten sind die Reste von ledernen Lekythen gefunden. Die Athener haben einmal bei einer schweren Belagerung ihre Sandalen und Lederkannen gefressen [3]). Später erfahren wir von den irischen Missionaren, daß sie mit ledernen Gefäßen nach dem Kontinent gekommen sind. Behälter, die besonders viel aushalten sollen, werden heute noch aus Leder hergestellt, so Feldflaschen und Würfelbecher. Erhalten ist aus früher Zeit wenig dergleichen. Aber aus Ägyptens römischer Periode besitzt das Berliner Museum eine Kanne, die aus einem Stück Leder getrieben ist. Sie ist 34 cm hoch, von geschweifter

---

[1]) Cartailhac, L'Espagne usw. S. 77, Bull. Paletn. Ital. VII, Taf. 5.
[2]) Wellhausen, Israelitische und jüdische Geschichte. 1914, 82 Anm. 1.
[3]) Plutarch, Sulla 13: ὑποδήματα καὶ ληκύθους ἐφθάς.

Form, vorn mit einem Flechtmuster aus aufgeklebten dünnen Holzscheibchen verziert. Der Henkel ist eingezapft und mit Harz gedichtet. Wenn auch aus dem späteren Altertum stammend, bietet diese Kanne doch den wertvollen Beweis, daß man ein solches Gefäß aus einem Stück Leder herzustellen verstand. Ein hervorragender Berliner Ledertechniker hat mir gesagt, daß es gar nicht schwer sei, ein Gefäß aus Leder zu machen und daß die rundlichen oder geschweiften Becher und Kannen dafür das Gegebene seien. Man müsse das Werkstück aus den Hinterbacken des Pferdes oder der Kuh schneiden, wo das Leder am geschmeidigsten sei. Dann „schlage" man es über einen runden Stein, mache es naß und knete und ziehe es so lange, bis die gewünschte Form erreicht sei.

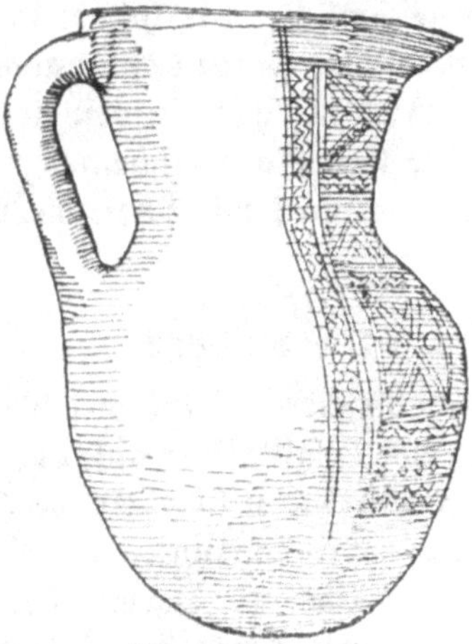

Abb. 21. Lederkanne römischer Zeit aus Ägypten. Museum Berlin.

Drittes Buch

Westeuropa

Die neolithische Kultur von Westeuropa steht naturgemäß auf den Schultern der paläolithischen, und viele von deren Eigentümlichkeiten setzen sich in der Tat ohne weiteres fort. Die Leichen werden in Höhlen bestattet, und zwar in Hockerlage, und mit Muschelketten geschmückt. Die Häuser sind rund und haben einen Mittelpfeiler, und nach ihrem Muster werden dann auch runde Grabanlagen geschaffen. Die Ornamentik bewegt sich ganz in den zierlichen Formsystemen der paläolithischen Textilkunst. Die Tongefäße erscheinen wie aus weichem Geflecht oder Leder hergestellt, in den Formen, wie schon die voraufgegangene Zeit sie geschaffen hatte.

Die Keramik

Es sieht fast so aus, als ob die Keramik im nordischen Kreise erfunden wäre, denn hier allein tritt sie schon im Mesolithikum auf, überall sonst erst im Neolithikum. Im begnadeten Westen und Süden spendete die Natur die fertigen Gefäßformen, die der Norden, durch seine Dürftigkeit erfinderisch gemacht, aus dem Erdenkloß nachzuschaffen suchte. Aber als Vorbild hat er dabei das im Westen schon Gängige benutzt, und das war außer der Naturform selbst offenbar ihre Übersetzung in Flecht- oder Lederbeutel.

Die spärlichen Stücke, die wir als älteste Tongefäße in den nordischen Muschelhaufen kennenlernten, erhalten bald darauf im Westen eine zahlreiche gleichartige Gesellschaft, verschieden an Größe und Gestalt, aber doch so einheitlich in der Anlage, daß wir zu sehen glauben, wie immer aus der einen Form die andere geworden ist und so eine geschlossene Reihe sich entwickelt hat. Das beste Material dazu bieten die reichen Funde aus Hockergräbern der neolithischen Burg auf dem Michelsberge bei Untergrombach (nächst Bruchsal); hinzu kommt die französische Dolmenkeramik und einiges Frühmetallzeitliche in Spanien.

Die Michelsberger (Taf. XII 1—7 und Abb. 16) gehören noch der reinen Steinzeit an und sind aus anderm Kulturkreise noch kaum beeinflußt. Die Formen sind rundlich und schmiegsam, wie aus einem weichen dehnbaren Stoffe hergestellt, der hier ausgezogen, dort eingeschnürt, und gelegentlich durch Einlagen versteift werden kann. Die Ornamentlosigkeit entspricht noch dem alten Kürbis

Westeuropäische Keramik

a—g. Michelsberg bei Bruchsal 1/9, 1—6. El Argar, Spanien 1/4.

Runde Feldhütte bei Montignac (Les Eyzies). Phot. Hilzheimer. 1912.

mit seiner glatten Oberfläche. Die Grundform bildet auch ein Abschnitt dieses Kürbis als rundlicher Napf, bald flacher, bald tiefer gehalten (Abb. 22a, b), zuweilen durch eine emporstehende Lasche als Kelle eingerichtet (Taf. XII 3).

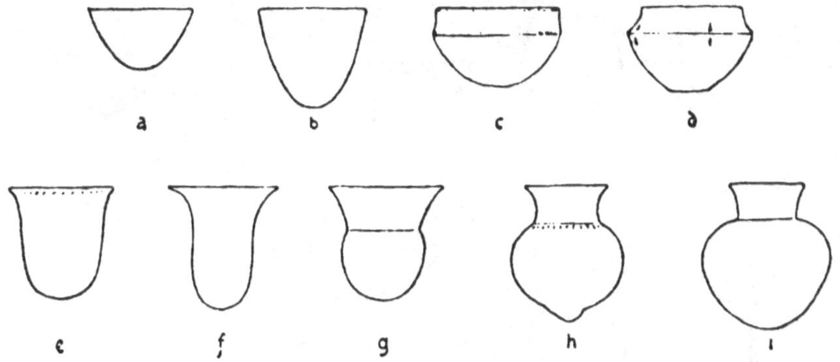

Abb. 22. Formenreihe der Michelsberger Keramik. Nach den Originalen im Karlsruher Museum.

Bei 22c (= XII b) ist eine breite Leiste um den oberen Rand gelegt und festgenäht; d hat einen Ring etwas tiefer sitzend erhalten, so daß der oberste Rand sich wieder enger zusammenzieht, um das Überschwappen der Flüssigkeit zu verhindern. e und f (= XII e, a) sind tiefe Becher oder Töpfe mit geschweift ausgezogenem Rande; bei e scheint ein Ring im umgeschlagenen Saume zu liegen. g, h, i sind an der Schulter eingeschnürt, g nur erst wenig, so daß die Mündung des Gefäßes weiter ist als der Bauch, h und i dann mit zunehmender Stärke. Bei h liegt ein Kranz kurzer Vertikalstriche an der Einschnürungsstelle, wie wenn es ein Hängezierat des Schnürbandes wäre. Zu beachten ist, daß noch keine dieser Gefäßformen einen Henkel oder einen Fuß und nur d eine Standfläche hat. Diese Eigentümlichkeiten verbleiben auch der Keramik der nächstfolgenden Zeit in Westeuropa.

Aus der reinen Steinzeit sind den Rhein hinunter bis Belgien Gefäße vorhanden, die sich ganz in die Formenreihe der Michelsberger einfügen. In Frankreich hat das steinzeitliche Camp de Chassey eine Fülle von Keramik geliefert, deren Haupttypen ich mir 1912 im Museum zu Autun skizziert habe (Abb. 23). Die Reihe beginnt mit dem einfachen Napf (1—7), es folgt der geschweifte Becher und Napf (8—11), dann der Napf oder die Schale mit breiter Randversteifung (12—16) oder dem Ring an der Schulter (17, 22—24), schließlich die geschnürten Gefäße (18—21). Diese Keramik findet sich in ganz Frankreich in der Stein- und ersten Metallzeit, nur daß allmählich der Glockenbecher (8—10) als beliebteste Form sich in den Vordergrund schiebt, die Standfläche sich mehr und mehr einbürgert und hier und da, besonders vom Glockenbecher eine in Zonen angeordnete feine Flechtverzierung aufgenommen wird. Eine Form erscheint neu gebildet, nämlich der Eimer (Situla), St. Nazaire (Abb. 23 unten Mitte). Genau betrachtet ist aber auch er nur aus dem Napf mit Schulterring entstanden durch Erweiterung nach unten und Schaffung der Standfläche.

Die steinzeitlichen Pfahlbauten der Westschweiz liefern eine ganz verwandte

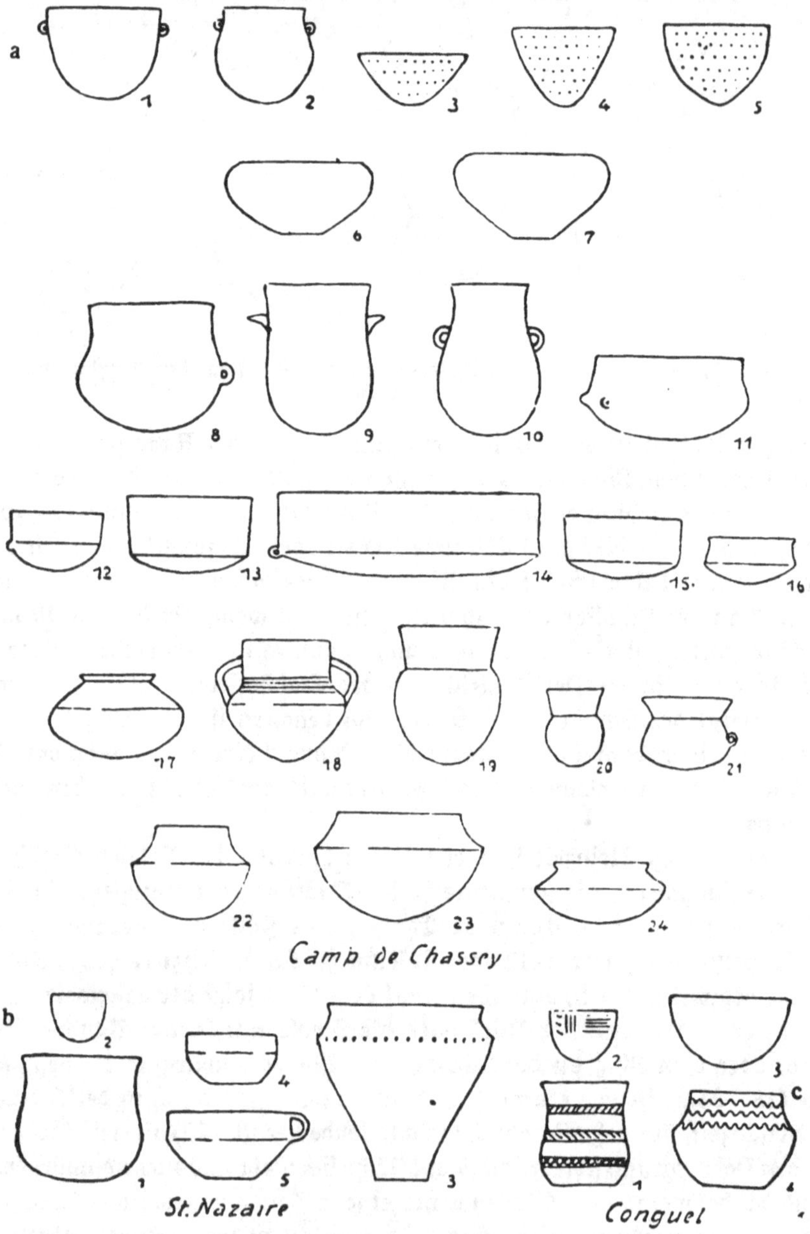

Sog. Dolmenkeramik in Frankreich.
Abb. 23. a Camp de Chassey, b St. Nazaire, c Conguel. Etwa $^1/_8$.

Keramik. Wir sehen die flachen und tiefen Beutelnäpfe, die geschweiften Becher, die Näpfe mit Schultereinlage und den tiefen Eimer.

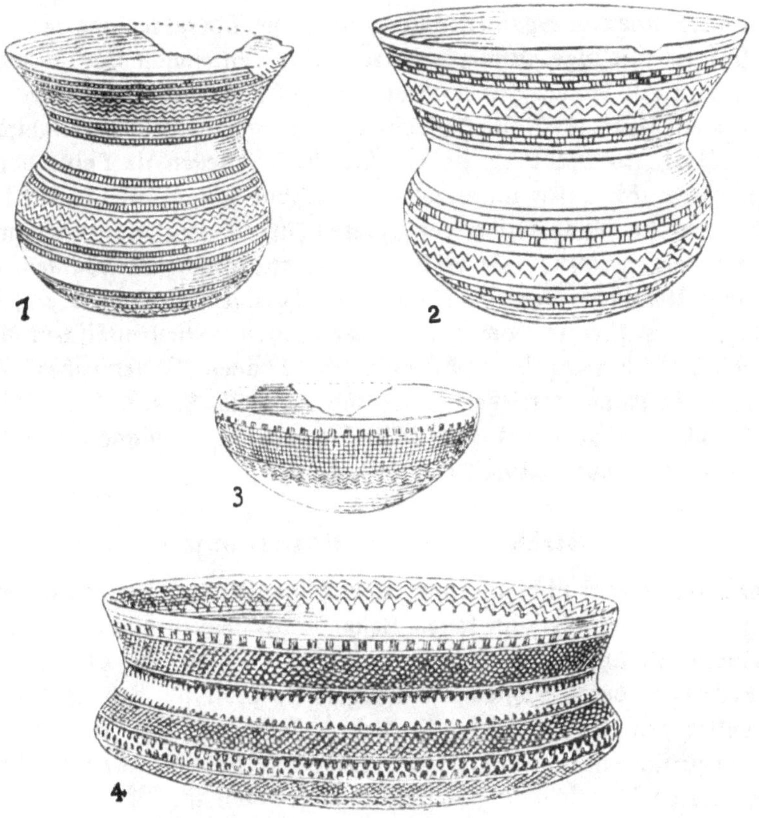

Abb. 24. Tongefäße von Ciempozuelos bei Madrid. 1/4.

In Spanien teilt sich der Michelsberger Stil in zwei Gruppen, eine ältere von Palmella und Ciempozuelos und eine jüngere, diesen Stil fortsetzend und mit Troja II gleichstehend, aus der Provinz Almeria (vgl. unten Abb. 58). Die Palmella-Gruppe hat eine feine Flechtverzierung übernommen und zeichnet sich besonders durch geschnürte hohe Vasen und geschnürte flache Näpfe aus (Abb. 24). Die Almeria-Gruppe dagegen ist ganz ornamentlos; in ihr fehlen die geschnürten Gefäße, und es treten besonders hervor der El Argar-Napf mit eingelegtem Reif und zum andern der Beutelnapf mit untergesetztem Hohlfuß (XII 1, 6 und 3, 5). Es finden sich zu den unzähligen fußlosen Beutelnäpfen isolierte konische Untersätze ohne Boden, oben und unten offen. Solche Ständer sind nachher mit dem Napf verwachsen und haben so einen kräftigen standfesten Pokal aus ihm gemacht. Hinzu tritt dann noch als selteneres Stück eine henkellose Tasse (Abb. 58 G 1). Diese drei Formen, der El Argar-Napf, wie ich ihn nennen möchte, der

Pokal und die Tasse, haben im Mittelmeere starke Nachfolge gefunden und begegnen in Ägypten und Nubien schon in der vordynastischen Zeit, im 4. Jahrtausend v. Chr. (unten Abb. 69).

Vielfach kommen in Spanien auch ganz große Vorratsgefäße vor. In der Steinzeit sind sie fast kugelförmig, offenbar durch den Flaschenkürbis beeinflußt, und haben gern ein breites Zierband aus Zickzacklinien um den Bauch. In der ersten Bronzezeit (Almeria-Kultur) gleichen sie einem oben geschnürten eiförmigen Sack (Taf. XII 4, Abb. 58 E 1); im obersten Teile pflegen sie kleine hornartige Zapfen zu haben, die einen umgelegten Tragestrick halten sollen. Vielfach sind diese großen Gefäße, die Vorbilder der späteren Pithoi, zur Bestattung von Hockerleichen verwendet worden. Sie erscheinen charakteristisch für Spanien, aber es ist doch auch in Urmitz bei Neuwied ein ganz gleichartiges Stück gefunden (Museum Bonn) als Beweis für die Homogenität der ganzen westeuropäischen Keramik.

In dieselbe Richtung gehören die bekannten schönen „Zonenbecher", die eine Hauptform Westeuropas fortsetzen (oben Abb. 22 e, 23. 8. 9. und St. Nazaire 1, Conguel 1), sich dabei aber weit über Mittel- und Süddeutschland bis nach Budapest hin verbreitet haben (Abb. 25).

Geräte aus Stein, Ton, Bronze

Unter den scheinbar nichtssagenden kleinen Geräten aus Feuerstein verlangen doch einige Beachtung, die zum festen Bestande der westeuropäischen Kultur gehören, während sie anderswo selten sind oder ganz fehlen. So die querschneidige Pfeilspitze, deren Schneide so meißelartig breit ist, daß sie den Namen Spitze eigentlich mit Unrecht führt. Sie steht neben der üblichen dreieckigen Form und läßt sich zurückverfolgen bis in die Periode der Muschelhaufen, wo sie an die Stelle der älteren längsschneidigen Pfeilspitze getreten ist.

Gerade mit Pfeilspitzen zusammen pflegt dann ein langrechteckiges Steinplättchen mit Löchern an den Schmalseiten gefunden zu werden. Es ist eine Arm- oder Daumenschutzplatte der Bogenschützen, ein Gerät, das die lange Erfahrung des alten westlichen Jägervolkes gezeitigt hatte (Abb. 25 b).

Das Steinbeil des Westens ist ein schön geschliffenes dreieckiges Stück, das mit seinem spitzen Nacken im Schafte steckte (Abb. 26 a). Es zeigt sich fast immer aus feinem grünlichen Stein: Serpentin, Jadeit oder gar Nephrit hergestellt. Das Schleifen der Steingeräte, das erst mit dem Neolithikum einsetzt, ist wohl auch kaum am Feuerstein erfunden, der mit seiner glasartigen Schärfe es am wenigsten braucht und mit seiner harten Muschelstruktur gar nicht dazu einlädt [1]). Auffallend erinnert das spitznackige Beil an die Formen des Altpaläolithikums, aber eine direkte

[1]) Das spitznackige Beil herrscht im Westen so sehr, daß es sich z. B. in dem reichen Museum zu Rennes zu anderen Formen wie 100 : 1 verhält. Besonders große und schöne solche Beile sind im Museum von Vannes. In Nantes (Musée Dobré) liegen zwei mit noch leidlich erhaltenem Schaftstabe. Der Stab ist im ganzen 53 cm lang; bei 43 cm ist das Beil eingelassen.

Beziehung ist ausgeschlossen, da in den dazwischenliegenden beträchtlichen Perioden des Aurignacien, Solutréen, Magdalénien nichts dergleichen vorhanden ist.

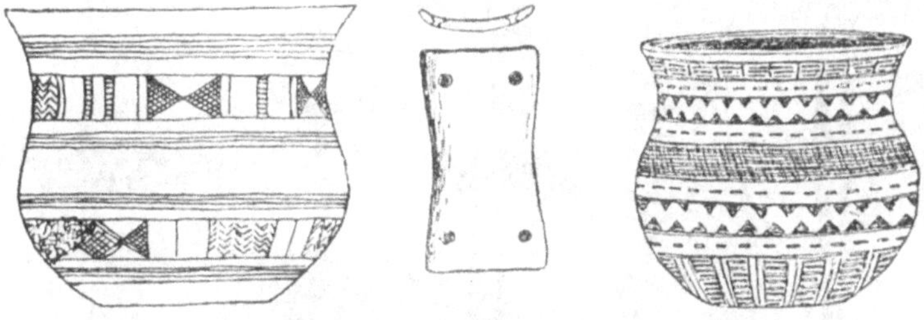

a b c

Abb. 25. Zonenbecher aus Mittel- und Süddeutschland.

In ein paar seltenen Fällen ist der ganze Schaft des Steinbeils mit erhalten. Es ist jedesmal ein etwa armlanger Holzstiel (Abb. 26 a). In dieser Gestalt ist das Gerät das Vorbild geworden für eines der markantesten Stücke der frühest metallzeitlichen westeuropäischen Kultur, nämlich den Dolchstab (Abb. 26g). Eine breite, langsam zur Spitze auslaufende Kupfer- oder Bronzeklinge ist mit drei Nieten in einem Kopfstück, wie einem Futteral, aus demselben Metall befestigt, das zugleich auf der rechtwinklig anstoßenden Seite den Holzstiel aufnimmt. Zuweilen ist statt des Holzstiels gleich ein Metallstiel angegossen. Dies Gerät, oder gleich besser gesagt, diese Waffe, ist in der Almeria-Kultur massenhaft gefunden, zuweilen mit so unverkennbarem spanischen Ursprungszeugnis wie silbernen Nieten an der Klinge. Silber ist in keinem Lande des Altertums so wohlfeil gewesen wie in Spanien. Aber auch für den großen und früherkannten Kupferreichtum des Landes legen die Dolchstäbe ein Zeugnis ab dadurch, daß gerade hier die Übersetzung des Steinbeils in Metall erfolgte. Es gibt in Spanien und Portugal flache dreieckige Feuersteinbeile — wie große Moustier-Spitzen geformt —, die ebenso geschäftet waren wie nachher die kupfernen Dolchstäbe und offenbar deren Vorbild gewesen sind [1]). Nach andern Ländern, wie Frankreich, Süd- und Norddeutschland, sind zunächst die spanischen Dolchstäbe exportiert. Dann sind sie dort nachgeahmt worden. Originale und Nachahmungen unterscheiden sich dadurch, daß in Spanien die Klinge als besonderes Stück in den Schaft eingezapft ist, während sie in der Fremde gleich mit dem Schaft zusammengegossen wurde [2]). Der Dolchstab stammt aus der allerersten Metallzeit. Damals dachte man noch nicht an ein Schwert. Das hatte kein Vorbild in der Steinzeit, da sich seine lange und schmale Form in Stein nicht herstellen läßt. Die einzige Handwaffe — abgesehen von Speer und Pfeil —, mit der man weiterreichen konnte als mit dem Dolche, war das langgestielte Beil, und dieses hat man in den metallenen Dolchstab

[1]) Hubert Schmidt in der Montelius-Festschrift 1913.
[2]) Hubert Schmidt, Prähist. Ztschr. I, 1909, „Der Bronzefund von Canena".

übersetzt. Als bald darauf das Schwert aufkam, erst kürzer, dann länger geformt, verschwand der Dolchstab.

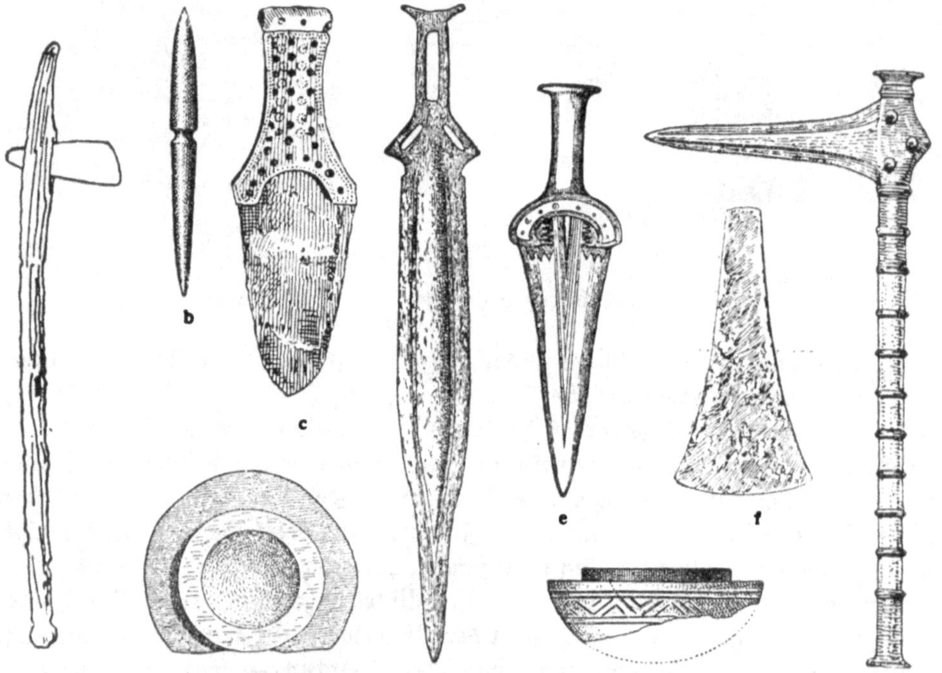

a h d i g

Abb. 26. Westeuropäische Waffen und Geräte.
a Steinbeil (St. Nazaire), b Knebel, c Dolch (England; Devizes), d e f Schwert, Dolch, Beil (Spanien), g Dolchstab (Schmöckwitz), h i Knopf (Spanien).

Die Dolche des Westens haben wie der Dolchstab eine auffällig breite Klinge, ganz im Gegensatz zu der schmalen, schlanken des Nordens. „Trianguläre Dolche" pflegt man sie zu nennen, weil sie oft geradezu dreieckig sind (Abb. 26c, e). Auch diese breite Klinge hat sich fortgeerbt in den kretischen und mykenischen Kreis. In Kreta hat man die Dolchklingen im Funde von Kumasa mit Recht immer schon als spanischen Import angesehen, weil er auch ein paar silberne Klingen enthält[1]).

In Westeuropa, und zwar in den Schweizer Pfahlbauten, kommen auch schon vor die vielfach als „Mondidole" bezeichneten Herdaufsätze aus Stein oder Ton: flachliegende dicke Stäbe mit hornartig aufgebogenen Enden. Sie sind in Wirklichkeit Feuerböcke, bestimmt, eine Hohllagerung des Brennholzes zu bewirken, und wurden als solche an profanen Wohnplätzen gebraucht, auch den Toten ins Grab mitgegeben. Eine Herdstelle mit tönernen Feuerböcken, die Schliz bei Heilbronn fand, gibt ein deutliches Bild (Abb. 27a). Da sie dann auch auf den Altar gestellt werden, wie besonders in Kreta, hat man ihnen eine symbolisch-religiöse

[1]) Mosso, Escursioni 1910, 214.

Bedeutung zuschreiben wollen. In der Lausitz und in Schlesien finden sich in der späteren Bronzezeit noch ähnliche Gebilde auf runde Tontafeln aufgeklebt [1]).

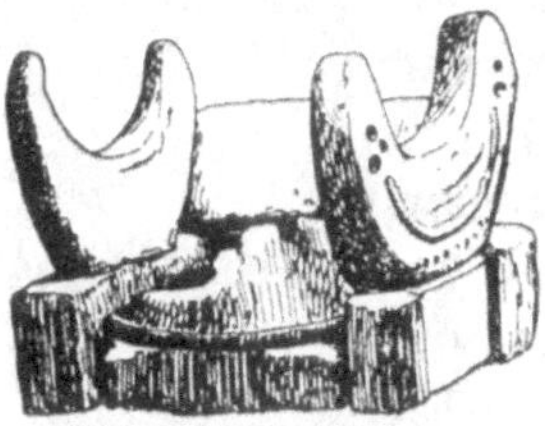

a

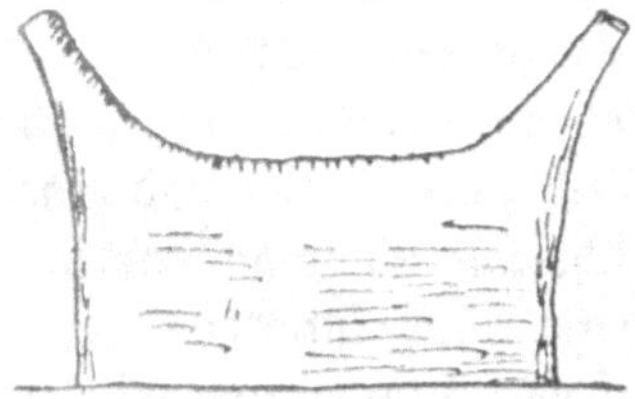

b

Abb. 27. Feuerböcke, a von Heilbronn, nach Schliz, b aus Spanien, nach Déchelette.

Die Beziehungen zwischen Westeuropa und dem östlichen Mittelmeere lassen sich bis in die alltäglichsten Kleinigkeiten verfolgen. Im Museum zu Devizes (Südengland) sah ich einen goldüberzogenen Holzknopf von derselben Form und mit fast derselben Verzierung, wie ein trojanischer sie hat. Auch in Spanien gibt es Knöpfe, die den trojanischen Stabknöpfen aus Bergkristall und Marmor völlig gleichen (Abb. 26h i). Halbmondförmige Wulste mit Löchern an beiden Enden entsprechen Tonstücken aus Troja und Phrygien und sind wahrscheinlich Traggriffe, ebenso wie die kleinen Knebel aus Knochen, von denen einer in Spanien und einer in Troja gefunden ist (Abb. 26b).

Wohnung
Pfahlbau, Haus, Burg

Was sich im ersten Beginn der Nacheiszeit, gewissermaßen noch am Fuße der Gletscher, im nordischen Maglemose entwickelt hatte, das Wohnen im See, ist keineswegs wie die in jenen selben nordischen Gegenden uns zuerst entgegentretende Keramik Gemeingut des westeuropäischen Kreises geworden: aus dem einfachen Grunde, weil in dem Hauptgebiet dieses Kreises, in Frankreich, Spanien und Südengland, die Seen fehlen. Nur der Nordwestfuß der Alpen, der nach seiner Keramik noch zu Westeuropa gehört, hat die Vorbedingungen für jene Wohnart, und hier finden wir sie denn auch stark entwickelt. Besonders im Bodensee, im Neuenburger-, Bieler-, Züricher- und Genfersee liegen viele und reiche Siedlungen. In den letzten 15 Jahren sind erst bei Schussenried am Rande des Federsees und dann am Bodensee bei Sipplingen durch ausgezeichnete Grabungen des Tübinger Urgeschichtsinstituts umfassende Bilder der Pfahlbausiedlungen gewonnen worden. Die Häuser haben gar nicht im Wasser, sondern am Ufer auf dem Lande gestanden. Der Bodenseespiegel hat sich seitdem sehr gehoben, der Federsee dagegen ist im 19. Jh. stark gesenkt worden, so daß hier die Grabungen

[1]) H. Seger in der Festschrift für Montelius 1913.

jetzt alle auf dem Lande vorgenommen werden konnten. Die älteste der erforschten Siedlungen ist Dullenried bei Buchau am Federsee. Nur hier sind die laten Rund- oder Ovalhütten der westlichen Kultur noch angetroffen, nur 3 : 4 oder 4 : 5 m weit mit Flechtwerkwänden und einem Schilfdache. Sonst herrscht überall schon das vom Norden her eingedrungene Haus langrechteckig mit Vorraum, wie es uns von Schussenried seit Jahrzehnten bekannt ist (Abb. 28).

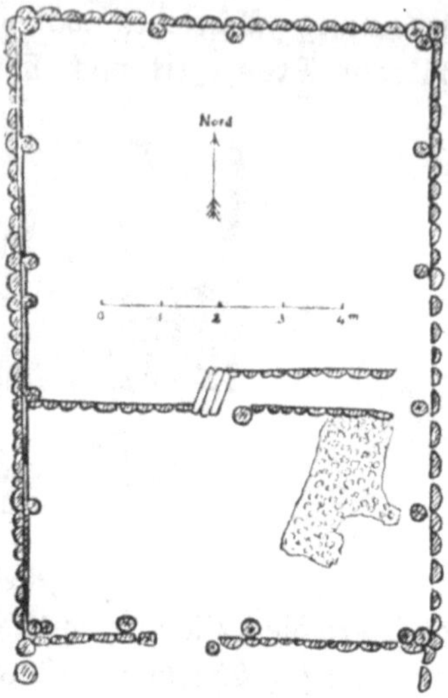

Abb. 28. Haus von Schussenried. 1 : 175.

Den ganzen Bebauungsplan und zwar in zwei Perioden haben wir kennen gelernt von der Wasserburg Buchau, die ursprünglich eine Insel, jetzt verlandet ist (Abb. 29). Die Insel lag dicht am Südwestufer des Sees, so hatte man sie nur im Nordosten gegen das offene Wasser durch eine starke Pallisade geschützt. Die zahlreichen Häuser der ersten Periode waren einfache Rechtecke, die der zweiten aber, deren man neun zählen konnte, waren Flügelbauten in Hufeisenform, wie unsre Schlösser des 18. Jh. Der Unterschied erklärt sich daraus, daß die Bewohner zuerst nur Viehzucht trieben, nachher aber Ackerbau und nun mehr Raum zum Lagern des Korns und Beherbergen der Leute brauchten. Diese Inselburg gehört schon der jüngeren Bronzezeit an (ca. 1100—1000 v. Chr.), die Holzhäuser sind aber noch ganz in der Technik der Steinzeit gebaut. Lange Stämme liegen dicht als Fußboden, die Wände bildeten Pfosten mit Flechtwerk, das Dach war aus Schilf.

Es ist nur natürlich, daß bei einem Floß oder einem Pfahlbau sich viereckige Formen entwickeln. Wie soll es bei der Verwendung von Langholz anders sein? Überall, wo Bauholz zur Verfügung steht, sehen wir dieselbe Erscheinung, im Orient wie im Okzident, in alter wie in neuer Zeit. Die wichtigsten Teile von Westeuropa waren aber für den Hausbau weit mehr auf Stein- als auf Holzmaterial angewiesen. So ist hier der rechteckige Hausgrundriß nicht zur Herrschaft gelangt; vielmehr tritt eine Vorliebe für die runde Anlage im Haus- wie im Grabbau auffällig hervor. Der Hausbau ist freilich in diesen wie in andern Ländern bisher von der grabenden Forschung stiefmütterlich behandelt. Überall, wo man rasch und bequem Funde machen will, wendet man sich an die Gräber. Nur durch einige Stichproben selbstloser Forschung haben wir Häuser kennengelernt. In Spanien, wo die Gebrüder Siret auf verschiedenen steinzeitlichen Burgen gegraben haben, zeigt sich, daß das viereckige Haus dem westlichen Kreise durchaus nicht fremd ist [1]). Auf der erheblich späteren Burg Sabroso in Portugal aber haben sich

[1]) Siret, Les premiers âges du bronce en Espagne, 1887, Taf. 3, 6, 13, 19, 57, 60, 64.

wohlerhaltene Rundhäuser gefunden. Die Grundrisse bestehen in einem Steinfundament von 3,50—5,27 m Durchmesser und haben in ihrem Mittelpunkte

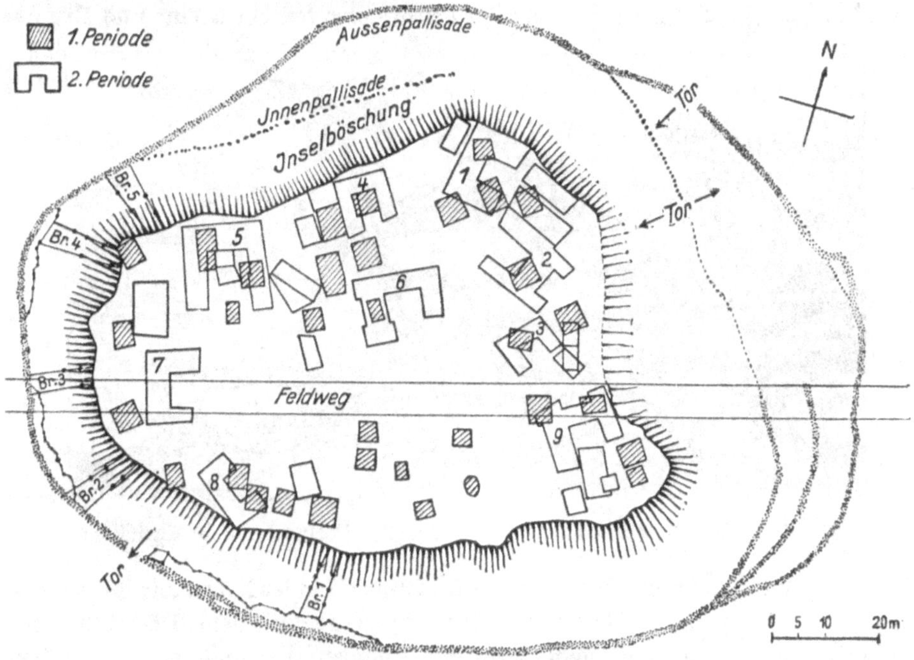

Abb. 29. Wasserburg Buchau. Nach Reinerth. 1 : 1250.

einen Sockelstein für einen Holzpfeiler (Abb. 30). Auf der benachbarten Burg von Biteiros herrschen dieselben Häuser, aber ohne Mittelpfeiler. In Frankreich finden sich auf allen neolithischen Befestigungen, wie St. Loup bei Vif (Isère), Camp de Chassey, Peu Richard usw. runde Häuser [1]), und in England ist es auf den britischen Burgen ebenso: auf dem Worlebury Camp bei Weston super Mare (bei Bristol) habe ich sie selber zu Dutzenden gesehen (1902); von Dartmoor bildet schon Montelius (1895) sie ab [2]).

Die Neigung für den Rundbau ist dem Westen bis auf den heutigen Tag verblieben. In entlegenen Gebirgsgegenden Frankreichs, wie in den Cevennen, bei Limogne, im Dézèretale, sieht man vielfach runde steinerne Schutzhütten in den Feldern, die in ganz prähistorischer Art gebaut sind (Taf. XIII). Sie haben einen lichten Durchmesser von etwa 2 m, eine fast 1 m dicke Wand und als Hauptsache ein kegelförmiges, ganz ohne Holzwerk hergestelltes Steindach. Dies Dach ist ein sogenanntes „falsches Gewölbe". Es ist nicht wie ein echtes durch Bogenspannung hergestellt, sondern durch Horizontalringe von aufeinandergelegten Steinplatten. Die Ringe werden nach oben zu enger, indem jeder über den unteren überragt.

[1]) Déchelette, Manuel I S. 348.
[2]) Archiv f. Anthr. 23 (1885) S. 460.

Den letzten deckt eine große Platte ab und schließt damit die Öffnung. Das ist derselbe Kuppelbau, der durch die Tholen der mykenischen Kultur so sehr bekanntgeworden ist. Im Westen sehen wir ihn bei Grabbauten der Stein- und Bronze-

Abb. 30. Rundhaus mit Mittelstütze. Sabroso, Portugal. Nach Cartailhac.

zeit noch vielfach erhalten. Aber auch für die runden Häuser haben wir ihn vorauszusetzen, ja mir scheint, daß der runde Grundriß gerade mit dem Wölbdach in ursächlichem Zusammenhange steht. Vorausgegangen ist gewiß das runde Zelt mit einer Stange in der Mitte, das bis ins Paläolithikum zurückzugehen scheint (oben Abb. 3), oder eine Schilfhütte, bei der die zusammengebogenen Rohre Wand und Dach zugleich abgeben [1]). Übersetzte man die flüchtigen Gebilde in Stein, so mußte man an dem runden Grundriß so lange festhalten, als man das Dach aus Ringen wölbte. Sobald man aber den oberen Abschluß änderte, Balken auflegte, um ein Obergeschoß oder ein Holzdach zu bauen, wurde der runde Grundriß lästig und hinderlich und wich alsbald einem viereckigen. So ist's nachher in Kreta geschehen.

Die Burg, der befestigte Wohnsitz oder wenigstens der Schutzplatz für Zeiten der Not, scheint im westeuropäischen Kreise aufgekommen zu sein. Im nördlichen fehlt sie in alter Zeit jedenfalls ganz, und der Donaukreis dürfte sie vom Westen übernommen und dann weiter verbreitet haben. In Spanien sind durch die Gebrüder Siret einige Burgen bekannt geworden, die, ihren Nekropolen benachbart, von ihnen mit aufgenommen und zum Teil auch ein wenig untersucht worden sind. Sie liegen wie die uns vertrauten Volksburgen späterer Zeit hoch auf isolierten Hügeln oder auf Bergecken, wo die Natur schon das Beste für den Schutz getan hat. Der Mensch hat dann durch Mauern aus großen Steinen nachgeholfen.

[1]) Solche Schilfhütten kann man noch heute in Oberitalien vielfach auf den Feldern sehen, bei Vicenza, Padua, Ferrara.

Die Burgen sind nicht groß, die ummauerten von Campos und Zapata sind 20 und 40 m lang, die Höhensiedlungen von Gatos und El Oficio, die keine Mauer haben, messen 60 und 80 m. Die Form wechselt, da die Mauer sich nach dem Rande

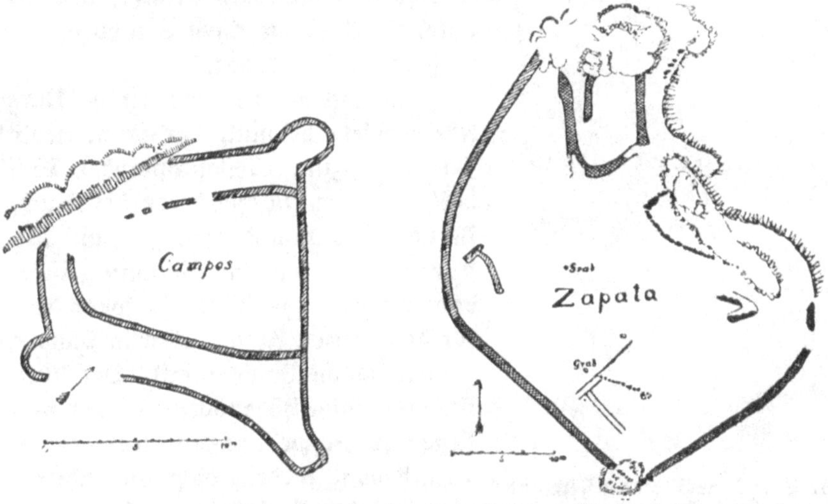

Abb. 31. Spanische Burgen der frühen Bronzezeit. Nach Siret. Ungefähr 1:450 und 1:750

der Hochfläche richtet. Der Grundriß von Campos aber (31 a) mit den zu rundlichen Bastionen ausspringenden Ecken gemahnt schon völlig an die Nuragenburgen von Sardinien (Abb. 50). Gebaut ist die Mauer aus kaum behauenen Steinblöcken mit Lehmverband. Die Häuser haben ebenfalls keine feste Form, sie kleben als verschobene Vierecke oder Ovale zumeist an der Burgmauer. Fast regelmäßig findet man Bestattungen in der Burg, so bei Ifre, bei Zapata, bei El Oficio[1]), und zwar lagen sie, wie sich mehrfach beobachten läßt, offenbar in den Kellern der Häuser.

In Frankreich sind eine Reihe von Burgen schon als steinzeitlich erkannt, aber ebenfalls noch nicht näher untersucht worden. Sie liegen, wie die spanischen, auf hohen, von der Natur geschützten Plätzen. Viele und große finden sich in der Franche Comté; sie haben dort 15, 25, 30 Hektar Fläche. Im benachbarten Juragebiet sind sie viel kleiner, oft unter 1 Hektar. Die Burgen in Frankreich haben nicht die Mauern aus großen Steinen wie die spanischen, sondern einfache Wälle, die aber auch zusammengefallene Mauern aus Steinen und Erde sein werden. Das Camp de Chassey, das so reiche Funde in das Museum von Autun geliefert hat, habe ich 1912 von Chaulney, südlich Dijon, aus besucht. Es bildet den Abschnitt einer breiten Höhenzunge; der Querwall sieht nicht anders aus als etwa bei den Burgen aus Cäsars Zeit in Bibracte oder Gergovia. Die Burg Peu Richard

[1]) Siret, Les premiers âges du bronce en Espagne pl. 17, 19, 57, 60.

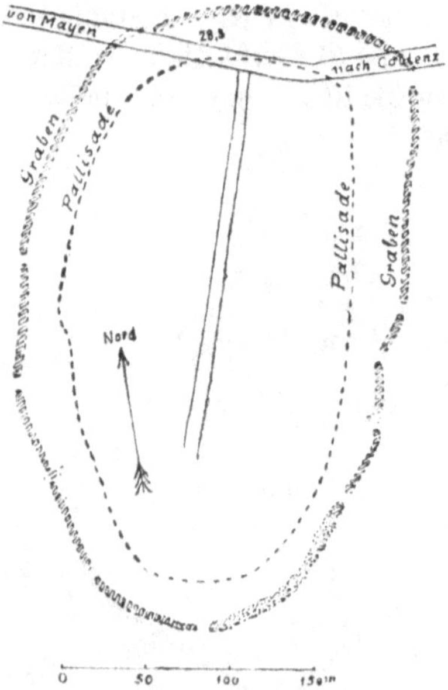

Abb. 32. Plan d. neolithischen Festung bei Mayen i. d. Eifel. Nach Lehner. 1:5000.

(Charente Inférieure) hat aber zwei stattliche Gräben und dazwischen eine 9—10 m breite Fläche, auf der der Grabenaushub aufgehäuft ist [1]) (vgl. Mayen und Urmitz); und die Burg Catenoy (Oise) hat einen 8 m hohen Wall mit großem Graben davor.

Am besten sind uns einige Burgen im Rheingebiete bekannt, das ja in neolithischer Zeit ganz zum Westeuropäischen Kreise gehört: auf dem Michelsberge bei Bruchsal, bei Mayen, Plaidt und Urmitz. Fast alle haben sie rein westeuropäische Keramik geliefert. Die vom Michelsberge bildet ja sogar das Muster für den ganzen Kreis. Nur in Plaidt herrscht donauländische Bandkeramik. Der Michelsberg ist eine richtige Höhenburg. Mayen und Plaidt liegen auf Schwellungen in welligem Gelände, Urmitz ganz niedrig dicht am Rhein. Dabei stimmen aber Michelsberg, Mayen und Plaidt im Grundriß auffällig und die ersteren auch in der Größe gut überein. Es sind Ovale, Michelsberg und Mayen von 360 m und 400 m, Plaidt nur von 140 m Länge. Urmitz dagegen ist ein enormer Halbkreis von 1275 m Länge und 840 m Breite. (S. Mayen in Abb. 32)

Die Gestalt von Wall und Graben ist bei diesen Burgen verschieden. Auf dem Michelsberge ist bisher nur ein Graben festgestellt, der eine obere Breite von 3,50 m und eine Sohlbreite von 2 m hat. Bei Mayen stand 25 m hinter dem Sohlgraben eine Pallisade, kenntlich an der Einsatzspur der Hölzer im Boden, einem Einschnitt von 0,60—1,30 m Breite. Der Graben ist sehr verschieden breit, oben von 3,50 bis 6,30 m, auf der Sohle von 1,40—3,40 m. Der Aushub aus dem Graben war nach beiden Seiten geworfen, so daß der Graben links und rechts von einem Walle flankiert war. Die zahlreichen Unterbrechungen des Grabens zeigen Tore an, die nach den Einsatzspuren im Boden durch Hölzer verrammelt werden konnten.

Bei Urmitz tritt eine Pallisade auf mit zwei Sohlgräben davor (Abb. 33). Zwischen ihr und dem ersten Graben liegen 6 m, zwischen den beiden Gräben 12 m Zwischenraum. Diese große Urmitzer Burg hat noch weit mehr Tore als die Mayener. Mit dem hunderttorigen Theben pflegte Löschcke sie zu vergleichen. Auf rund alle 100 m ist der äußere Graben unterbrochen, und der innere dazwischen noch ein- oder zweimal. Dieser Unterschied erklärt sich so: nur die Unterbrechungen im äußeren Graben bezeichnen ein wirkliches Tor; ihnen entspricht

[1]) Déchelette, Manuel I S. 370.

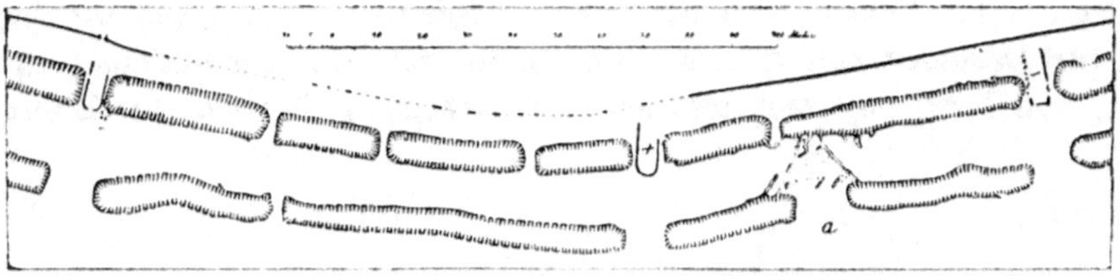

Abb. 33. Tore der neolithischen Festung bei Urmitz am Rhein. Nach Lehner. Ungefähr 1:2500.

auch immer eine Unterbrechung des inneren Grabens. Wo dieser innere Graben aber außerdem noch unterbrochen ist, soll damit nur ein Zugang geschaffen werden zum Aufstieg auf den Wall, der auf dem breiten Stege zwischen den beiden Gräben angeschüttet war. Bei den wirklichen Tordurchlässen sind auf der Brücke des hinteren Grabens in einer Reihe von Fällen lange hölzerne Torwangen — natürlich auch nur wieder nach den Einlässen im Boden — beobachtet worden. Sie engen den Weg stark ein und erleichtern damit seine Verteidigung.

Die vielen Tore erklären sich offenbar daraus, das diese alten Volks- und Fluchtburgen in erster Linie zur Bergung des Viehs, des wertvollsten Besitzes der Landbevölkerung, dienen sollten. Wenn der Feind plötzlich herannahte, mußte das Vieh rasch eingetrieben werden. Bei kleinen Burgen der späteren Zeit, die nur ein Tor hatten, hat man aus demselben Grunde dies eine Tor oft fünf mal so weit gemacht als sonst Tore zu sein pflegen. (Gehrdener Burg bei Hannover).

Der Befund innerhalb dieser Burgen war nicht der gleiche. Der Michelsberg wies viele runde tiefe Gruben auf, in denen Hausgerät und öfter auch Hockerleichen lagen. Nach der Analogie von andern Steinzeitplätzen können wir heute sagen, daß es sich um Kellergruben unter den Häusern handeln wird, in denen gleichzeitig auch bestattet wurde. Ähnliches haben wir schon in Spanien kennen gelernt und werden wir weiter sehen bei Frankfurt, an der Donau, in der Troas. Die Häuser selbst standen auf dem Michelsberge über flachen Mulden von 1,50 bis 5 m Durchmesser. Bei den Burgen von Mayen und Urmitz hat der Innenraum außerordentlich wenig Material geliefert. Sie sind also nie längere Zeit bewohnt gewesen, sondern nur als Refugien benutzt worden. Die kleinste der Befestigungen, Plaidt, hat einen einfachen Gutshof enthalten und bietet damit das Beispiel eines befestigten Herrensitzes, wie ihn auch die kleinen spanischen Burgen von Campos, Ifre, Zapata darstellen.

Höhlen- und Kuppelgräber

Die Höhlenbestattung des Paläolithikums setzt sich im Neolithikum unmittelbar fort. Ein schönes kugelförmiges Gefäß stammt von einer Bestattung in der Cueva de los Tayos, einer natürlichen Höhle in der spanischen Provinz Almeria; als Beigaben waren noch einige Steingeräte und Schmuckmuscheln vorhanden; von der Leiche war wenig übergeblieben. Besser war der Befund in

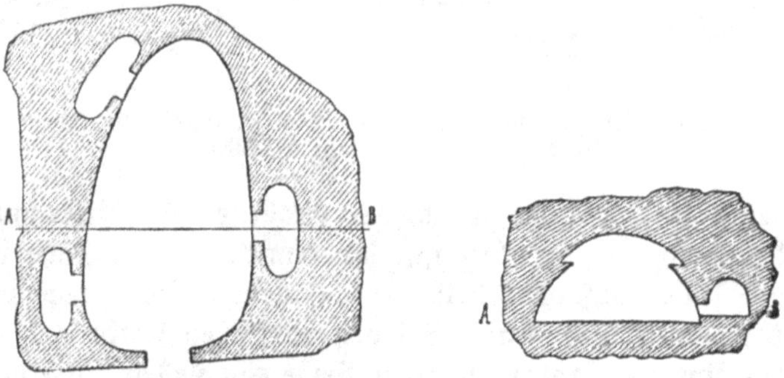

Abb. 34. Felsgrab von St. Vincent, Minorka. Grundriß und Durchschnitt. Nach Cartailhac. 1: 140.

einer kleinen, nur 1,25 m langen Höhle bei Zapata in derselben Gegend. Sie enthielt zwei Hockerleichen, deren eine einen Kupferdolch mit vier silbernen Nieten bei sich hatte.

In Frankreich kannte G. de Mortillet 1885 schon 117 Höhlen mit neolithischen Bestattungen, und seitdem sollen sie sich noch stark vermehrt haben. Sie sind seltener im Norden, häufiger in der Mitte und im Süden des Landes. Oft sind die Höhlen durch eine rohe Steinmauer geschlossen worden, vor der dann Herde mit reichlichen Speiseabfällen sich finden. Ob sie von Totenopfern stammen oder von den Wohnungen der Lebenden, bleibt zweifelhaft, denn vielfach ist in den Höhlen gewohnt und bestattet worden, bald eins nach dem andern, bald beides gleichzeitig, ganz wie im Paläolithikum. In der Höhle von Aurignac (Haute Garonne) lagen die neolithischen Skelette über den paläolithischen Wohnschichten. In der Höhle Homme Mort bei St. Pierre des Tripiers (Lozère) lagen sieben Herde mit vielem Gerät, Tonscherben und Tierknochen und gegen 50 Bestattungen mit einheitlich dolichokephalen Schädeln. In der Höhle Baumes Chaudes (bei St. Georges de Lévéjac, Lozère) hat man über 300 Skelette gezählt. Dicht bei Belfort enthielten die Höhlen von Cravanche zahlreiche neolithische Hockerleichen. Im Departement Gard ließ sich beobachten, daß die Art dieser Höhlenbestattung ohne wesentliche Änderung auch noch in die Bronzezeit hineinreicht.

Neben den natürlichen Höhlen hat man dann aber vielfach im Lande künstliche in dem weichen Kalkstein zu Bestattungszwecken ausgehauen. Was die Natur versagt oder nicht ausreichend geliefert hatte, schuf sich die Menschenhand. Und zwar in zweierlei Form. In hügeligem Gelände wurde ein Gang in den Berghang geschlagen, so weit, bis sich ein unterirdischer Raum oder mehrere aushöhlen ließen. In ebenem Gelände ging man auf einer Rampe in die Tiefe, wiederum so weit, bis mannshohe Räume mit natürlichen Felsdecken erzielt werden konnten. Im Prinzip sind beide Anlagen gleich, nur geht man das eine Mal einen ebenen Gang entlang zu der Grabkammer hin, das andere Mal

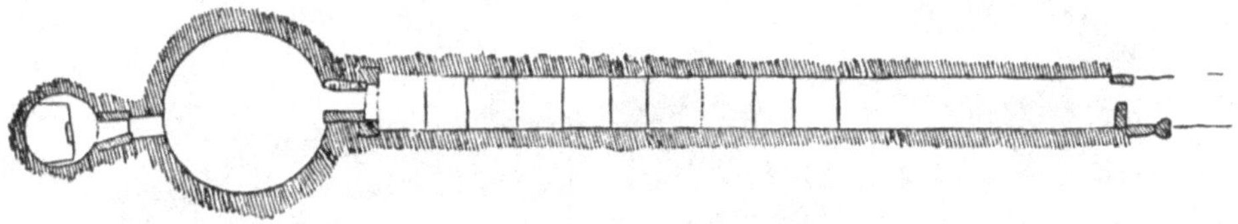

Abb. 35. Kuppelgrab von Romeral bei Antequera in Andalusien. Nach Ebert Reallex. VIII Taf. 22. 1:400.

muß man eine Treppe hinuntersteigen. Diese künstlichen Höhlen (grottes artificielles) gibt es vielfach in Spanien und in Frankreich. Bei Palmella, das zur Stufe der schon besprochenen, schön verzierten Keramik gehört, liegt ein durch Treppe zugängliches geräumiges Felsgrab; ähnliche, nur langgestreckt, sind bei Arles, ein rundes bei Primelin (Finisterre) [1]).

Unsere Abb. 34 zeigt ein auf ebenem Boden zugängliches Felsgrab bei St. Vincent auf Minorka. Der Hauptraum ist oval und hat ein paar kleine Nebenräume mit engem Zugang, die Decke ist gewölbt aus dem Felsen gehauen.

Ihre höchste Blüte hat die Kultur des Westens erreicht, als die Metalle entdeckt waren und nun Spanien als die Besitzerin der reichsten Kupfer- und Silbergruben begann die benachbarten Länder bis Mitteleuropa hinein mit Rohmaterial und Fertigfabrikaten zu versorgen. Drei Dinge sind es vor allem gewesen, die sich damals von Spanien aus weithin verbreitet haben: die großen Kuppelgräber, der Dolchstab und der Glockenbecher [2]). Die Kuppelgräber haben die Spanier schon zu einer Höhe gebracht, die nahe an die schönsten mykenischen herankommt. Und dabei lassen die Begleitfunde an Ciempozuelos-Keramik und schönen Kupferdolchen keinen Zweifel, daß es sich um die Zeit von 2000 bis 1800 v. Chr. handelt, daß sie also um Jahrhunderte den mykenischen Bauten voraufliegen. Das Grab von Romeral hat schon denselben langen Zugang in den Berg hinein, dasselbe tadellose Rund für den Kultraum und die feingeschnittene Grabkammer daneben (Abb. 35).

Wie diese Kultur sich zur See gegen Norden hin verbreitet hat, ist heute am deutlichsten noch in Irland zu erkennen, das sich als urtümliches Weideland erhalten und damit viel Altem und Ältestem Schutz geboten hat. Hier sind die einfachen Steinkreise von 10, 20 oder auch 30 m Durchmesser, die Vorläufer des monumentalen Stonehenge, noch überall anzutreffen (Taf. XIV 1), zuweilen ist auch das Steingrab in seiner Mitte zu erkennen und gelegentlich steht neben diesem auch noch hochragend der Menhir: so auf dem Gute Furneß bei Naes in

[1]) Matériaux XXII 1888, S. 162.
[2]) Zeitschr. f. Ethnologie 1913 (Hubert Schmidt).

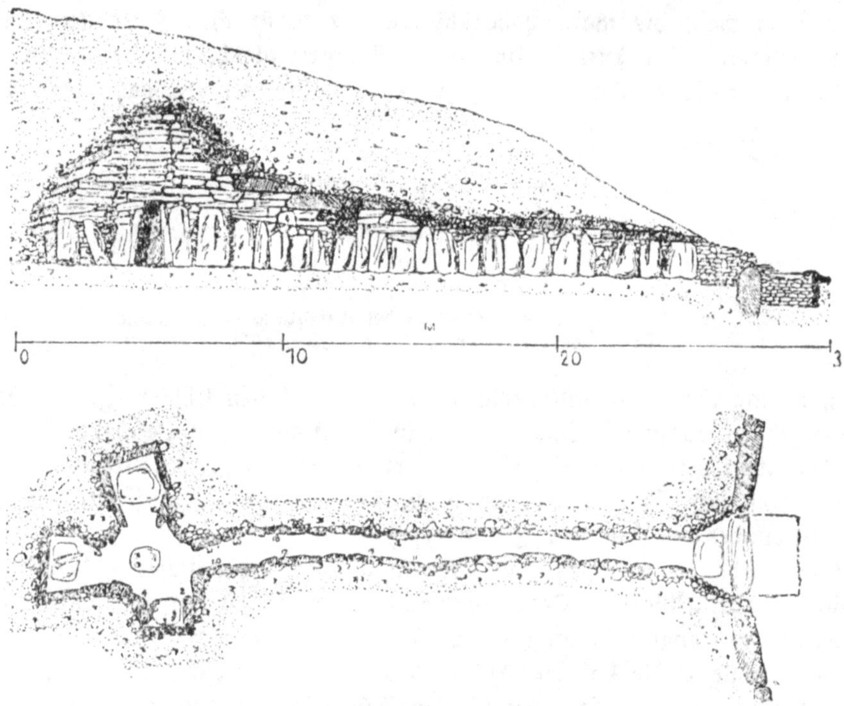

Abb. 36. Kuppelgrab mit langem Zugang. New Grange, Irland. Nach S. Müller. Ungefähr 1:300.

Killarney (südlich Dublin)[1]. Aber auch das Kuppelgrab ist in Irland vielfältig wohl erhalten, so in ganzen Gruppen bei Loch Crew in der Mitte des Landes und bei Carrow Keel unweit Sligo an der Nordwestküste. Das bekannteste und meistbesuchte ist das von New Grange nördlich Dublin (Abb. 36). Von den vollendeten Formen, die in Spanien erreicht waren, weichen diese provinziellen Nachahmungen erheblich ab, sie sind auch nach den Begleitfunden später als jene, erstrecken sich wohl bis in die Zeit von 1500 v. Chr. Aber durch ihre Urwüchsigkeit und auch Unberührtheit bis in unsere Tage bieten sie manche wertvolle Einzelheit. Bei New Grange führt der Gang lang und eng und niedrig in den Berg. Der Kultraum ist klein und unförmig, aber in seiner Mitte steht noch das große Steinbecken, in das der Opferguß fließen sollte (Taf. XIV 2), und daneben hat auch der Menhir noch gestanden, den man dann leider entfernt hat. Drei Grabnischen legen sich in Kleeblattform um diesen Raum, auch sie unförmig und niedrig zugewölbt. Diese Kleeblattform begegnet in Irland mehrfach; bei Carrow Keel ist sie sorgfältiger gestaltet (Abb. 37) und erinnert nun so sehr an die Formen der Maltabauten (unten Abb. 53), daß an einem Zusammenhang nicht zu

[1] Plan bei Ebert Reallex. unter „Diskusgrab".

a

b

a. Steinkreis bei Castletown Bere, Co. Cork Irland
b. Steinbecken im Kultraum von New Grange bei Dublin

Tafel XV

Riesen-Grabhügel St. Michel bei Carnac, Bretagne

Steingrab bei Keryaval, Bretagne

zweifeln ist. Der Einfluß, der von Spanien nach dem Norden gegangen ist, ist gleichzeitig auch nach dem Osten gegangen und hat dort über Malta Griechenland erreicht.

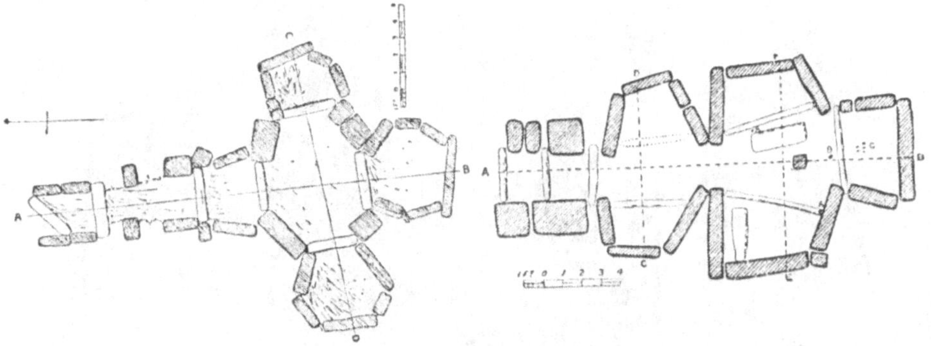

Abb. 37. Kleeblattform der Gräber von Carrow Keel in Irland. Nach Ebert Reallex. II Taf. 134. 136.

Nach verschiedenen Richtungen wichtige Felsgräber sind an der Marne in dem kleinen Tal Petit Morin 1872 von J. de Baye entdeckt worden. Bei dem Dorfe Courjeonnet liegt erst eine Gruppe von 3 Gräbern und dann noch eine von 10 Gräbern, bei dem Dorfe Croizard die dritte von 35 Gräbern. Ein Berghang ist jedesmal für die Anlagen ausgesucht. Ein offener ebener Gang führt hinein, dann folgt entweder erst ein Vorraum und dahinter die Grabkammer oder gleich die Grabkammer. Der Vorraum ist häufig; von den 3 Gräbern der ersten Gruppe haben ihn 2, von den 10 der zweiten 6. Vom Gang tritt man in den Vorraum durch eine ziemlich weite Tür, vom Vorraum in die Kammer durch eine engere, auch steigt man nun gewöhnlich einige Stufen hinunter, da der Fußboden der Kammer gegen 50 cm tiefer zu liegen pflegt als der des Vorraums und des Ganges. Von den Grabkammern mißt die kleinste 1,90: 2 m, die größte 3,60: 3,92 m. Ihre Höhe bewegt sich zwischen 1,10 und 1,70 m. Von den Gräbern hat de Baye eine ganze Anzahl unberührt vorgefunden. In den Kammern lagen dann die Leichen regelrecht in mehreren Lagen geschichtet, oft war auch die Vorkammer und zuweilen noch der Gang zu Bestattungen in Anspruch genommen. Sie lagen fast alle gestreckt, nur ein sicherer Hocker ist beobachtet. Die Beigaben an Muscheln, Pfeilspitzen — darunter viele längs- und querschneidige — und Beilen wiesen alle auf die Steinzeit. Kein Stück Metall hat sich irgendwo gezeigt. Tonscherben waren häufig, aber nur ein einziges ganzes Gefäß ist gefunden, ein roh gearbeiteter Eimer von geschweifter Form [1]). Der Fußboden und die Schwellen der Gräber sind stark abgenutzt; es muß hier lange Zeit viel Besuch zum Totenkult gekommen sein.

[1]) de Baye, L'Archéologie préhistorique 1880, S. 401.

Ist schon die Anlage dieser Gräber von großem Interesse, weil sie ersichtlich hervorgegangen sind aus den natürlichen Höhlen der älteren Steinzeit und anderseits hinüberleiten nach dem mittleren und östlichen Mittelmeere, wo sich

b a c

Abb. 38. Reliefs vor den Gräbern von Petit Morin, Marne. Nach Déchelette.

in Sardinien, Etrurien, Sizilien und Malta die Weiterentwicklung und in den mykenischen Tholosbauten die Vollendung des Typus darstellt, so überraschen uns noch mehr einige rohe, aber bei genauer Betrachtung beredte Bilder an den Wänden der Gräber. Ihrer drei sind vorhanden, und zwar jedesmal nicht in der Grabkammer selbst, sondern an einer Außenwand: zwei befinden sich neben der Tür der Kammer, das dritte neben der Tür der Vorkammer. Es sind wunderliche Gebilde, die unser Gefühl sich heftig sträubt als menschliche Gestalten anzuerkennen, und bei denen wir immer wieder fragen, wie man dazu gekommen sein soll, die Menschenfigur in solch einen Klumpen zu verwandeln. Aber die allgemeine Meinung der Gelehrten geht sogar dahin, daß hier noch etwas Höheres als ein Mensch dargestellt sei, nämlich eine Göttin, die „geschmückte weibliche Grabgottheit", die „Herrscherin im Totenreiche" [1]). So müssen wir der Frage doch ernsthaft nähertreten (Abb. 38).

Für die Darstellung ist jedesmal eine flache Nische, oben rundlich abschließend, in die Wand gehauen. Die Höhe beträgt nur 44—49 cm. Die Andeutungen des Menschlichen sind auf dem vertieften Grunde im Relief stehengelassen. Als Hauptstück davon zieht sich oben von der Mitte ein Zapfen herunter, der die Nase bedeuten soll, denn einmal sind zwei Augen neben ihn eingebohrt, und ein andermal ist ein kleiner Mund daruntergesetzt. Von der Schulter der Rundnische ziehen sich sodann halbkreisförmige Bänder herab, offenbar Halsbänder. Zweimal sind sie einfach und haben in der Mitte eine dicke längliche Perle, die bei 38 b gelbbraun angemalt ist, also vielleicht Bernstein bedeuten soll; das dritte Mal liegen die Bänder vierfach. Bei der Hauptdarstellung a hängt von der Mitte

[1]) Nach Broca, Bellucci, Déchelette: Hoernes, Urgesch. d. bild. Kst.[2] 1915, S. 220 ff.

ein T-förmiger Gegenstand herab, der sicher ein geschäftetes Steinbeil ist. Oben rechts ist das Beil durch scharfe Trennungslinie und schwarze Bemalung deutlich vom Stiele abgehoben. Bei der zweiten Skulptur b sind unter der Halskette

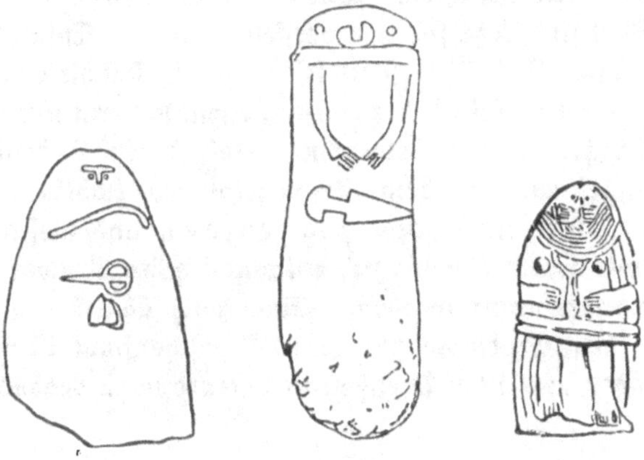

a b c

Abb. 39. Menhirfiguren. a Collorgues (Gard), b Fivizzano b. Genua, c St. Sernin (Aveyron).

zwei Brüste dargestellt. Damit ist diese Figur und nur sie als weiblich charakterisiert. Das Beil bei der ersten Figur ist so angebracht, als ob es am Gürtel hinge. An derselben Stelle sitzen (Abb. 39 b) bei zwei ganz ähnlichen Figuren aus Fivizzano bei Genua Dolche, und diese Figuren haben keine Brüste; ihre an derselben Stelle gefundene Schwesterfigur aber hat Brüste und keinen Dolch [1]). Und ebenso ist es in Südfrankreich. Eine männliche Figur aus Collorgues ist mit einem Bumerang gerüstet (Abb. 39 a), eine weibliche von St. Sernin nur in einen weiten Mantel gehüllt, (Abb. 39 c).

Die weiblichen Figuren in diesen Darstellungen sind also unbewaffnet, und die Bewaffnung deutet auf Männer. Folglich haben wir in der ersten Darstellung von Petit Morin, der mit dem Steinbeil, einen Mann zu erkennen, in der zweiten mit den Brüsten eine Frau, in der dritten mit den vier Halsketten, ohne Brüste und ohne Waffe, wieder eher einen Mann als eine Frau. Die einheitliche Deutung der Darstellungen auf eine weibliche Gottheit wird damit hinfällig, und das Natürliche, an das man vorurteilsfrei wohl auch zuerst denken würde, tritt in seine Rechte: daß nämlich vor der Tür des Grabes der oder die Verstorbene dargestellt sei, den die Besucher der Stätte hier verehren wollten. Wir sahen, daß schon in dem paläolithischen Abri von Laussel die menschlichen Darstellungen wahrscheinlich die Bilder der Verstorbenen an der Bestattungsstelle sind, wir werden weiterhin sehen, wie es im südlichen Kreise, in Malta, in Kreta, in Ägypten, in Griechenland alte und bleibende Sitte gewesen ist,

1) Hoernes, Urgesch. d. bild. Kst.² 1915, S. 219, 1—3.

einen Seelensitz oder ein Bild des Toten bei seinem Grabe anzubringen, und wie gerade die Vorkammer des Grabes zu seiner Verehrung bestimmt ist. Damit werden wir auch in Petit Morin die Reliefs als Darstellungen von Verstorbenen und nicht als Gottheiten auffassen. Warum sie aber in so merkwürdiger kompakter Form gebildet sind, läßt sich nur verstehen aus der Entwicklung des Grabkultus im Neolithikum. Es hat zuerst ein hoher Stein, Menhir genannt, am Grabe gestanden, nicht als rohes Abbild des Verstorbenen, sondern nur als Seelenthron, auf dem die im Luftraum sich bewegende Seele einen Ruhesitz finden sollte. Dann hat man angefangen, in dem Steine selbst das Abbild des Verstorbenen zu sehen und ihm einige menschliche Züge gegeben, und dieses Symbol des Verstorbenen, wie es am Menhir sich entwickelt hatte, ist dann auch im Relief vor den Gräbern angebracht worden. Eine ganz ähnliche Entwicklung vom Findlingsstein auf dem Grabhügel zur rohen Menschenfigur ist noch 3000 Jahre später bei den Slaven und alten Preußen in Osteuropa zu beobachten.

Dolmen

Waren die künstlichen Höhlen, wie bei Petit Morin, ersichtlich aus den natürlichen erwachsen und damit in direkter Abfolge mit dem Paläolithikum verbunden, so erscheinen die großen Steingräber, bei uns gewöhnlich „Megalithgräber" oder „Hünenbetten", in Frankreich mit keltischem Ausdruck „Dolmen" genannt, auf den ersten Blick als etwas Neues und Fremdes. In der Tat hat man sie zumeist als anderswo erfunden und nach Frankreich eingeführt betrachtet. Als eine der bezeichnendsten Ausprägungen nordischer Kultur, meinten die einen, seien die Dolmen über den Westen in das Mittelmeer gewandert. An der afrikanischen Küste entlang hätten sie Syrien und von da aus Indien, ja schließlich Ostasien erreicht. An diesem Dolmenwege könne man die Ausbreitung der Indogermanen von ihrer nordischen Heimat aus verfolgen. Andere aber wollten umgekehrt die Dolmen von Ägypten ausgehen lassen und sie über Tunis und Algier, Portugal und Frankreich nach dem Norden führen, und sie sahen in dem so angenommenen Wege den starken Beweis dafür, daß schon die erste nordische Betätigung von den alten Hochkulturen Ägyptens und Nordasiens aus angeregt worden sei (Montelius).

Die Megalithgräber sind im nordischen Kreise vielfach besser und reicher erhalten als sonst. Wir werden sie deshalb dort hauptsächlich zu behandeln haben. Das Wichtigste über ihre Art und ihre vermutliche Entstehung soll aber innerhalb des Rahmens der französischen Denkmäler hier schon gesagt werden.

Die Lehrmeinung, die man aufgestellt hat, die ältesten Dolmen seien kleine frei stehende Steinkammern gewesen, in einer zweiten Periode habe man sie bis zu den Deckplatten mit Erde überschüttet und erst in einer dritten die inzwischen stark gewachsene Kammer ganz unter einem Hügel verborgen, in den nun ein langer Gang zu ihr hineinführte („große Ganggräber") — diese Lehrmeinung ist nicht ganz richtig. Sie ist im Studierzimmer erdacht und findet in einer umfassenden Beobachtung an den draußen stehenden Denkmälern keine Stütze. Die Kammern haben vielmehr alle von Anfang an unter einem völlig deckenden Hügel gelegen. Bei der oft wiederholten Behauptung, ein kleiner Dolmen finde sich auf einem Hügel errichtet, in den seine Steine jetzt stark eingesunken seien, hat man übersehen, daß der Hügel eine künstliche Aufschüttung ist, die ursprünglich die Kammer verhüllte, um dann im Laufe der Zeiten allmählich auseinanderzufließen. Beweise dafür lassen sich bei jeder ordentlichen Ausgrabung erbringen. Wo immer eine bestimmte Landschaft bis auf die letzten Spuren ihrer Steingräber abgesucht wurde, hat sich ergeben, daß die Kammern ursprünglich alle von einem Hügel überdeckt gewesen sind [1]).

Dies Hügelmoment ist ausschlaggebend für die Bedeutung und Herkunft der Megalithgräber. Sie sind nichts anderes als die Nachahmung der „künstlichen Höhlen", und könnten somit „überkünstliche" genannt werden. In Gegenden, wo sowohl der leicht zu schneidende südfranzösische Kalkstein wie der leicht zu stechende norddeutsche Sand fehlte: in der granitenen Bretagne, ließ sich weder in den aufsteigenden Berg, noch in den flachen Boden ein Grab einschachten. Wollte man an der vorhandenen Tradition festhalten, so blieb nichts übrig, als einen künstlichen Hügel zu errichten und in ihn die hergebrachte Grabkammer einzubauen. So erklären sich die kleinen Dolmen wie die großen Ganggräber und was für Arten man etwa sonst noch unterscheiden will. Es sind oft ganz riesige Hügel aufgeworfen, bald aus Erde, bald aus Steinbrocken, wie das Gelände es hergab, nur um Grabkammern mit ihren Nebenräumen und Gängen darin anzulegen. So bildet bei Carnac in der Bretagne das Wahrzeichen der Gegend der Mont St. Michel, auf dem schon ein römischer Tempel stand und heute eine Kapelle mit allerhand Nebengebäuden thront. Er ist ein aus Steinmaterial aufgeworfener Hügel von etwa 50 m Länge und 10 m Höhe (Taf. XV 1). In seinem Innern ist ein großes Mittelgrab mit vielen kleinen Gräbern umher festgestellt. Die Wände der Gräber sind aus Steinen aufgemauert und die Decke ist in „falschem Gewölbe" durch Vorkragen von Steinplatten hergestellt. Die ganzen Grabungen sind unterirdisch, bergmännisch ausgeführt, und zu ihrer Besichtigung ist ein schleifenförmiger Stollen im Berge offen gehalten worden [2]).

Ähnliche Berge, die man nur mit Widerstreben als künstlich anerkennt, begegnen im westlichen Kreise öfter. In der Salisbury Plain, südlich von Stone-

[1]) Le Rouzic, Direktor des Museums in Carnac, Les monuments mégalithiques de Carnac etc. p. 25: „Tous ces monuments, dolmens, allées couvertes, étaient incontestablement recouverts de tumulus, et ne sont aujourd'hui que les charpentes de monuments détruits." Für Norddeutschland H. Müller-Brauel, Prähist. Ztschr. II, S. 214, für Nordafrika Leo Frobenius, Präh. Ztschr. VIII, S. 29.

[2]) Le Rouzic a. a. O.

henge, liegt der Tilbury Hill von ähnlichen Abmessungen wie der St. Michel bei Carnac, nur kegelförmiger gestaltet, auch entschieden ein Grabhügel. Das sehr bekannte Ganggrab bei New Grange in Irland hat einen Hügel von 115 m Durchmesser über sich, das auf der Insel Gavrinis an der Bretagneküste einen Hügel von 60 m Durchmesser und 9 m Höhe.

Die Megalithgräber, große und kleine, zeigen im wesentlichen eine einheitliche Bauart. Große Steine oder Steinplatten, hochkant gestellt, bilden die Wände (XV 2). Kleine Steine mit Lehm füllen die verbleibenden Lücken. Ein starker Unterschied liegt nur darin, daß die Kammer einmal rundlich gehalten und dann von einem falschen Gewölbe geschlossen ist, das andere Mal viereckig und von einer oder mehreren großen Platten flach überdeckt. Welcher von diesen beiden Typen der ältere sei, ist in Frankreich nicht auszumachen. Im Norden hat Montelius nach den Grabfunden beobachtet, daß die rundliche Form mit Zuwölbung der andern voraufgeht. Ist das richtig, so zeigt es wohl, daß man zuerst die westeuropäische Rundhütte — der auch die künstliche Höhle entspricht — dann das nord- und mitteleuropäische Rechteckhaus als Vorbild vor Augen hatte.

In Frankreich knüpfen die Dolmen noch in anderer Weise mannigfach an die alten Höhlen an. Des öftern findet sich vor der Grabkammer ein Vorraum, und es tragen die Wand- und wohl auch die Deckensteine der Gräber figürliche oder geometrische Darstellungen. Außer an den Eingangspfosten der Kammer ist einmal die Andeutung einer weiblichen Gestalt mit Augen, Nase, Brüsten und einer vierfachen großen Brustkette ganz in dem Stile der Menhirfiguren von Petit Morin angebracht. Ein paarmal ist an Wandsteinen im Grabe ein gestieltes Beil eingemeißelt, wohl als symbolische Beigabe für den dort bestatteten Toten. Sehr häufig ist ein ganzer Stein oder auch mehrere nebeneinander mit geometrischen Mustern überzogen. Man hat in ihnen zuweilen verzerrte menschliche Gestalten, zuweilen auch Schriftzeichen erkennen wollen. Beides ist müßig. Die Muster bestehen fast immer aus Motiven des Flechtens oder Webens oder des Benähens mit Schnüren. Sie sollen also Teppiche vorstellen, die man an der Wand hinter diesem oder jenem Toten aufgehängt hatte, in derselben Weise, wie die schönste steinzeitliche Grabkammer Thüringens, die von Göhlitzsch bei Merseburg, ihre Wände dicht mit farbigen Teppichmustern bedeckt und an einer Stelle auch den Bogen und Köcher des bestatteten Mannes angebracht hatte (Taf. XXVI. 2). In Irland sind dieselben Verhältnisse zu beobachten und auch in Spanien hat kürzlich (1934) Dr. G. Leisner die Teppichmuster festgestellt.

Bei manchen Steinkammern zeigt sich ein merkwürdiges, etwa kopfgroßes Loch rund und sauber durch den unteren Teil einer Wandplatte gemeißelt (XXV). Das „Seelenloch" hat man es genannt nach der im alten Volksglauben weitverbreiteten Anschauung, daß die Seele zuzeiten das Grab verlassen wolle, um sich in der Luft frei zu bewegen, um als Vogel in der Sonne zu sitzen und von den Früchten des Feldes zu picken. Besonders in Ägypten tritt uns dieser Glaube lebendig entgegen. Während das Loch im nördlichen Kreise selten ist, ist es im westlichen häufig. In Frankreich hat man es in der Oise-Gegend unter 30 Steingräbern 13 mal beobachtet. Da das Rheinland zur westeuropäischen Kultur gehört, ist es von da auch in angrenzende deutsche Teile gedrungen, ebenso wie der Menhir.

Der Menhir

In denselben Kreis des Seelenglaubens führt eine andere Eigentümlichkeit von Westeuropa, der Menhir. Es ist ein hochragender einzelner Stein, gewöhnlich 4—5 m hoch, oft aber beträchtlich höher. Er steht heute meist ganz allein oder liegt umgefallen am Boden. Die einzige Beziehung, die sich hier und da erkennen läßt, ist die zu den Dolmen. Besonders in der Bretagne zeigt sich das. Ausgrabungen, die Paul du Chatellier hier um viele Menhirs herum gemacht hat, haben jedesmal Asche mit Tierknochen, kleinen Geräten und Topfscherben geliefert. Er rechnet deshalb die Menhirs zu den Gräbern und besonders zum Totenkult. Andere möchten vielmehr religiöse Symbole, primitive Idole in ihnen sehen. Speziell an eine älteste Verkörperung des Merkur, des späteren gallischen Hauptgottes, hat man gedacht. Vorsichtige Leute wie Déchelette [1]) sagen: „la véritable destination des menhirs demeure problématique."

Einige Wanderungen in der Bretagne im Herbst 1912 haben mich zu Menhirverhältnissen geführt, die noch unbeachtet waren. Beim Dorfe Kerleskan, eine Stunde nordöstlich von Carnac, mündet eine der schönsten Steinalleen in einen großen Cromlech (Abb. 40). Neben dem Cromlech erstreckt sich, seine ganze rechte Seite deckend, ein langes Hünenbett, und am Kopfende dieses Hünenbettes steht ein $4^1/_2$ m hoher Menhir (XVI 1). Er steht genau in der Längsachse des Grabes und nur wenige Meter von seinem Fuße entfernt. Bei einem kleineren Grabe im Weichbilde von St. Pierre de Quibéron fand ich dasselbe Verhältnis. Im Garten eines kleinen Landhauses am Meere liegt ein ovales Hügelgrab, anscheinend unberührt, 15 m lang und 8 m breit; an seinem westlichen Ende, 12 m vom Grabfuße entfernt, steht ein derber Menhir von 3 m Höhe. Ein drittes und viertes Beispiel sah ich in Locmariaquer, dem Brennpunkt der schönsten Megalithdenkmäler von ganz Frankreich. Nordwestlich vom Orte birgt sich in hochgewachsenem Ginster ein 110 m langes Hünenbett, und an seinem südlichen Kopfende liegt, vom Blitze einst in fünf Stücke zerschmettert, der größte Menhir, den es überhaupt gibt. Er war $20^1/_2$ m lang. Seine Stücke liegen, wie sie gefallen sind. So läßt sich der alte Standpunkt des Riesen noch genau erkennen. Er befindet sich wieder in der Achse des Langgrabes, unmittelbar an dessen Fuße. Das Grab ist zum Teil ausgegraben. In seinem Innern haben sich zwei Kammern gefunden. Bei der vorderen war zu erkennen, daß ihr Eingang nach dem Menhir

[1]) Manuel I S. 438.

zu gerichtet ist. Südwestlich von Locmariaquer ragt der Grabhügel Mane er Hroek als weithin sichtbarer Kegelberg von 85 m Durchmesser und 9 m Höhe auf. Auch hier hat die Grabung die Kammer in der Mitte des Hügels auf dem alten ebenen Boden freigelegt. Man kann zu ihr hinuntersteigen und sieht, daß ihr Eingang gegen Südwesten gerichtet ist. In dieser Richtung liegt auch, 10 m vom Hügel entfernt, an der heutigen Straße hingestreckt, ein 9 m langer Menhir, der sicher zu dem Hügel gehört hat.

Diese Fälle zeigen wohl klar, um was es sich handelt. Der Menhir gehört schon ebenso zum Grabe, wie später in Griechenland die Stele. Wo die Tür des Grabes zu erkennen ist, richtet sie sich gegen den Menhir. Sollen wir ihm, nach der Erfahrung mit dem „Seelenloch", nicht dieselbe Bedeutung zutrauen, die die spätere Grabstele hat als ἕδος τῆς ψυχῆς, als Ruhesitz der im Luftraum sich bewegenden Seele?[1]) Man denke an die ragenden Steine des bemalten kretischen Sarkophages, auf denen Vögel sitzen, während vor ihnen geopfert wird (XX). Hier ist dem bloßen Steine das ursprünglich unsichtbar Gedachte schon lebendig hinzugefügt. Die Menge der Menschen wird auf die Dauer von einer rein geistigen Vorstellung nicht befriedigt, und je mehr ein Volk mit Phantasie begabt ist, gestaltend denkt und empfindet, um so mehr verlangt sein Auge nach dem Bilde. Ist es da verwunderlich, wenn man im Westen schon früh begann, dem Steine, vor dem man opferte, einige Züge des Verstorbenen zu verleihen? In Frankreich haben sich aus der Steinzeit etwa ein Dutzend „Menhirstatuen" gefunden, ungefähr mannsgroße Steine von abgerundeter Kegelform, die Augen und Nase, Halsbänder und zuweilen auch unbeholfene, in Relief angedeutete Arme und Beine haben. Ohne Zweifel sind diese Figuren die Vorbilder gewesen für die ganz gleichförmigen Reliefs in den Gräbern von Petit Morin (oben Abb. 38. 39), deren Umriß schon gar nicht anders zu erklären ist. Die Roheit solcher Darstellungen steht weit ab von der glänzenden Naturbeobachtung der kleinen Menschengestalten in den paläolithischen Höhlen. Sie ist verschuldet durch die Gebundenheit an die Form des Menhirsteines, den die fromme Überlieferung lange nicht aufgeben wollte.

Aristoteles berichtet von den Iberern, sie hätten die Gewohnheit, um die Gräber ihrer Edlen so viele „Obelisken" aufzustellen, als der Betreffende Feinde erlegt habe. Mit solchem Verfahren soll dem Verstorbenen offenbar derselbe Dienst erwiesen werden, den Achill dem Patroklos durch das Schlachten von zwölf Trojanern leistet. Die aufgestellten Steine sollen die Seelen der toten Feinde heranziehen und sie ihrem Überwinder für die Unterwelt dienstbar machen. Da die Iberer das Hauptvolk des europäischen Westens sind, dürfen wir die Notiz direkt zur Erklärung unserer Menhirs benutzen.

---

[1]) Vgl. Weicker, Der Seelenvogel S. 6 ff.

Menhir bei Kerlestan, Bretagne

Steinallee bei Erdeven, Bretagne

und St. Pierre, während Menec auf etwa 1 km und Kermario II und Kerleskan mit dem zugehörigen Petit Menec sogar auf mehr als 1½ km kommen. Je länger die Anlagen sind, um so deutlicher tritt hervor, wie die Linien bald in erkennbarer Absicht, bald launenhaft sich verziehen. Bei Kermario II machen sie von dem Gehöft La petite Métairie an eine leise Schwenkung, um den Windmühlenhügel bequemer zu ersteigen. Bei Menec liegt im ersten Teile ein starker Bogen, als ob man von der Straße, die hier in der Senke nicht weit von der heutigen gelaufen sein muß, nicht in allzu spitzem Winkel abzweigen wollte; und aus demselben Grunde, mit Rücksicht auf einen besseren Straßenanschluß, scheint die Allee von Kerleskan in ihrem Beginn den starken Bogen zu machen. An ihrem Ende schickt diese Allee ihre bis dahin näher zusammengehaltenen Linien strahlenförmig auseinander, damit sie die breite Front des Cromlechs voll erreichen (Abb. 40). Neben diesen Richtungsänderungen, die alle Reihen der Allee vornehmen, stehen andere, die bald diese, bald jene Reihe allein sich erlaubt, indem sie ohne ersichtlichen Grund sich der rechten oder linken Nachbarin anzuschmiegen sucht. Grabungen, die vielfach an einzelnen Steinen der Reihen gemacht sind und bei denen man Bestattungen oder Opfer zu finden gedachte, haben kaum je zu irgendwelchem Ergebnis geführt.

Der Cromlech (keltisch = krummer Stein, Rundstein) ist nur bei Menec, Kermario I, Kerleskan und St. Barbe deutlich oder in Teilen erhalten. Er hat jedesmal eine gerade Frontwand mit etwa halbkreisförmiger Fläche dahinter. Die Steine seiner Einhegung schließen immer dicht zusammen. Die Front des kleinsten Cromlechs Kermario I mißt 72 m, die der größten Kerleskan und Menec 90 und 150 m, so daß hier die Flächen $^1/_2$ und $2^1/_2$ Hektar groß sind. Bei Menec stehen mehrere Gehöfte in dem Cromlech.

Bei Kerleskan liegt rechts neben dem Cromlech, seine Schmalseite ganz begleitend, ein schönes, langes Hünenbett mit einem $4^1/_2$ m hohen kräftigen Menhir an seinem westlichen Kopfende. Unsere Abb. 40 gibt den Plan und Taf. (XVI 1) den Menhir. Ob an der andern Schmalseite des Cromlechs sich etwa auch ein solches Grab befand, ist nicht erkennbar, da hier heute ein großer Bauernhof unmittelbar anschließt. Bei Kermario II, wo der Cromlech zwar nicht erhalten, aber aus dem gleichzeitigen Aufhören aller Steinreihen mit sehr großen Blöcken sicher zu erschließen ist, liegt links neben ihm ein wohlerhaltenes Steingrab, und rechts im Felde soll ein anderes noch vor wenigen Jahrzehnten in Teilen vorhanden gewesen sein. Es ist nicht von der Hand zu weisen, daß diese Gräber zu dem Cromlech gehören. In den Cromlechs selbst soll, wie Le Rouzic versichert, nie eine Bestattung gefunden sein, wohl aber häufig Holzkohle, auch hier und da ein Steingerät.

Die langen Steinalleen laufen durch ein Gelände, in dem schon Gräber vorhanden waren. Sie schreiten mehrfach über solche Gräber hinweg. Am deutlichsten ist das im Beginn der Allee von Kermario II. Hier liegt ein flacher ovaler

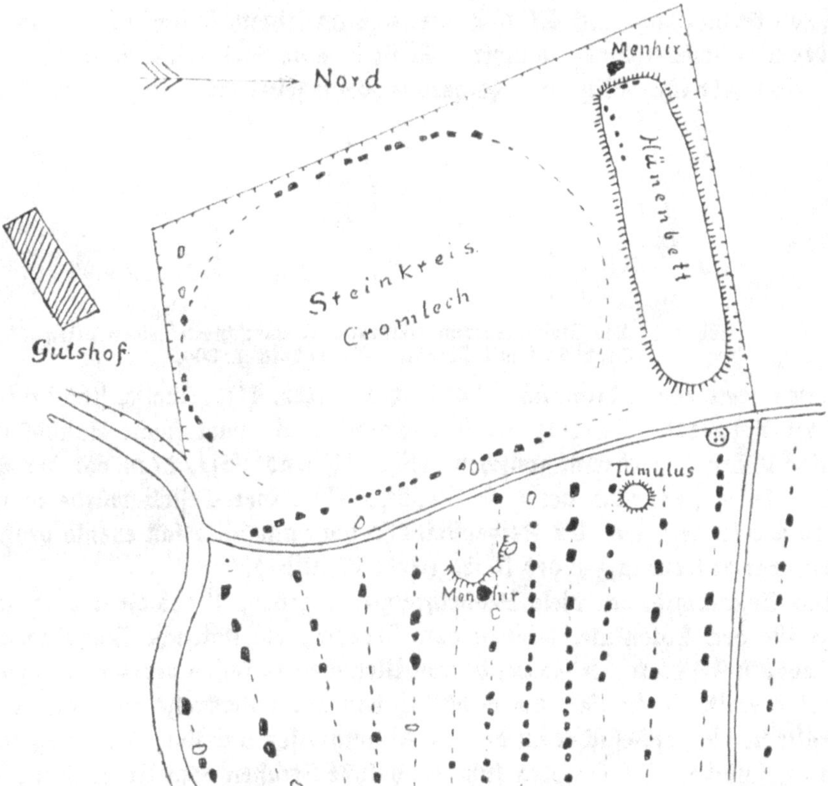

Abb. 40. Steinallee mit Cromlech und Langgrab bei Kerleskan, Bretagne. 1: 1600

Hügel von 36 m Länge und 27 m Breite, und an seinem östlichen Kopfende steht noch der 3 m hohe schlanke Menhir. Er ist in eine Steinreihe einbezogen, aber seine Größe hebt ihn völlig aus ihr heraus, denn seine Genossen, die im übrigen

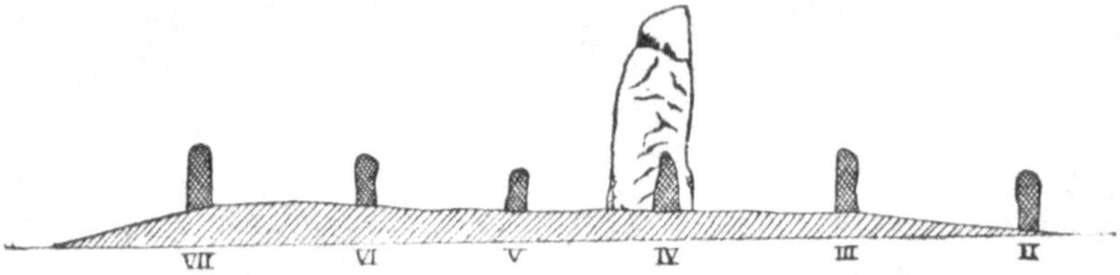

Abb. 41. Die Steinallee von Kermario II überschreitet einen alten Grabhügel mit Menhir. Querschnitt 1:200.

die Linie bilden, ragen kaum über 1 m hoch auf (Abb. 41). Ähnlich sind im letzten Teile der Kerleskan-Allee kurz vor dem Cromlech ein paar flache Rundhügel zu erkennen und neben einem, zwischen Reihe VII und VIII, 27 m vor der Front des Cromlechs, steht noch der dicke Menhir. An seiner Gestalt würde man ihn hier kaum erkennen, weil die Reihensteine so dicht am Ziele fast ebenso groß sind wie er; aber er steht außer der Reihe (Abb. 40 Mitte).

Das Gesamtbild, das diese Beobachtungen ergeben, ist das einer großartigen Anlage für den Totenkult. Neben den Gräbern, die stattliche Megalithbauten sind, liegt ein Festplatz, der Tausende von Menschen zu fassen vermag, und zu ihm führt eine breite Steinallee, die ersichtlich von der Landstraße ausgeht. Es ist, als wollte sie die Festbesucher an der Straße aufgreifen und ihnen den Weg weisen zu dem Festplatze. In Ägypten führen ähnliche Straßen vom Nil zu den abseits liegenden Grabpyramiden, um die zu Schiff Ankommenden in einer Empfangshalle aufzunehmen und dann auf gedecktem Wege zu geleiten. An der kleinasiatischen Küste wird in Naulochos der Ankömmling ähnlich empfangen und durch eine Statuenallee zum Apollotempel von Didyma geführt.

Ob bei den Alleen des Westens die einzelnen Steine etwa schon eine ähnliche individuelle Bedeutung gehabt haben wie die späteren Statuen, so daß entsprechend den „Obelisken", die die Iberer um die Gräber ihrer Vornehmen setzten, etwa ein Zurverfügungstellen von Scharen Toter oder Lebender ausgedrückt werden sollte, oder ob nur eine nüchterne Bezeichnung des Weges vorliegt, wobei etwa von Stein zu Stein noch Holzwerk lief oder Pflanzenwerk sich rankte, ist die lebhaft sich meldende Frage. Die gleichartigen „Geisterstraßen" der Chinesen haben den ausgesprochenen Zweck, daß ein großes Aufgebot hilfreicher Freunde die Widersacher von der geweihten Stätte fernhalten soll. Groß und mächtig tritt uns auf jeden Fall die allgemeine Bedeutung der Anlagen entgegen. Wo mit solchem Aufwand, in so monumentaler Form für das Gedächtnis der Toten gesorgt wird, da muß der Glaube an ein Fortleben nach dem Tode schon sehr tief gewurzelt sein, muß die Überzeugung von der wohltätigen Freude, die man dem Verklärten bereitet, alle Mühe und alle Opfer der riesigen Arbeit überragen.

Stonehenge

Einfachere Steinalleen, die zu rundlichen Plätzen mit Gräbern führen, gibt es auch in Südfrankreich und besonders zahlreich in Großbritannien. Bei ihnen

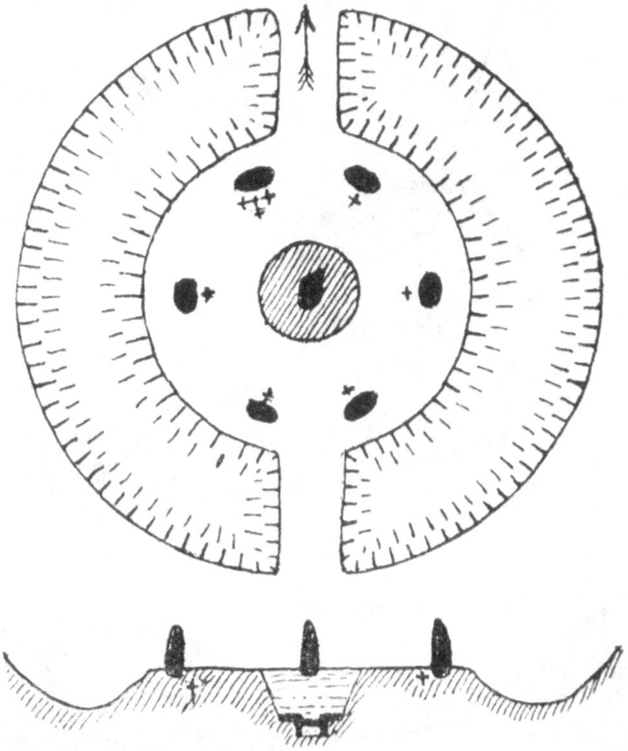

Abb. 42. Rundgrab von Crichie, Aberdeenshire. In der Mitte ein Schachtgrab, bei den Menhirs Brandgräber. 1:370.

ist aber fast immer auf dem runden Platze selbst bestattet worden. Von den Anlagen im Departement Gard am Nordfuße der Pyrenäen wird das ausdrücklich berichtet, in England und Schottland ist es durch vielfache Ausgrabungen erwiesen. Typisch ist das Gräberrund bei Criechie nahe Aberdeen (Abb. 42): in der Mitte liegt in tiefem Schachtgrabe eine Hockerleiche, umher ist an jedem der sechs Steine, die die runde Einhegung bilden, der Rest einer Brandbestattung gefunden. Große, von Wall und Graben eingehegte Runde, jedesmal mit Skelettbestattung in der Mitte, sind aus Cornwall und aus Mittelengland (Arbor Low in Derbyshire) veröffentlicht. Die beiden bekanntesten und markantesten liegen aber bei Salisbury: Stonehenge und Avebury, beide immer noch überall als unanfechtbare Sonnenheiligtümer angesehen. Stonehenge ist die schönst gebaute und besterhaltene Rundanlage, die es überhaupt gibt. Die äußerste Umhegung bildet

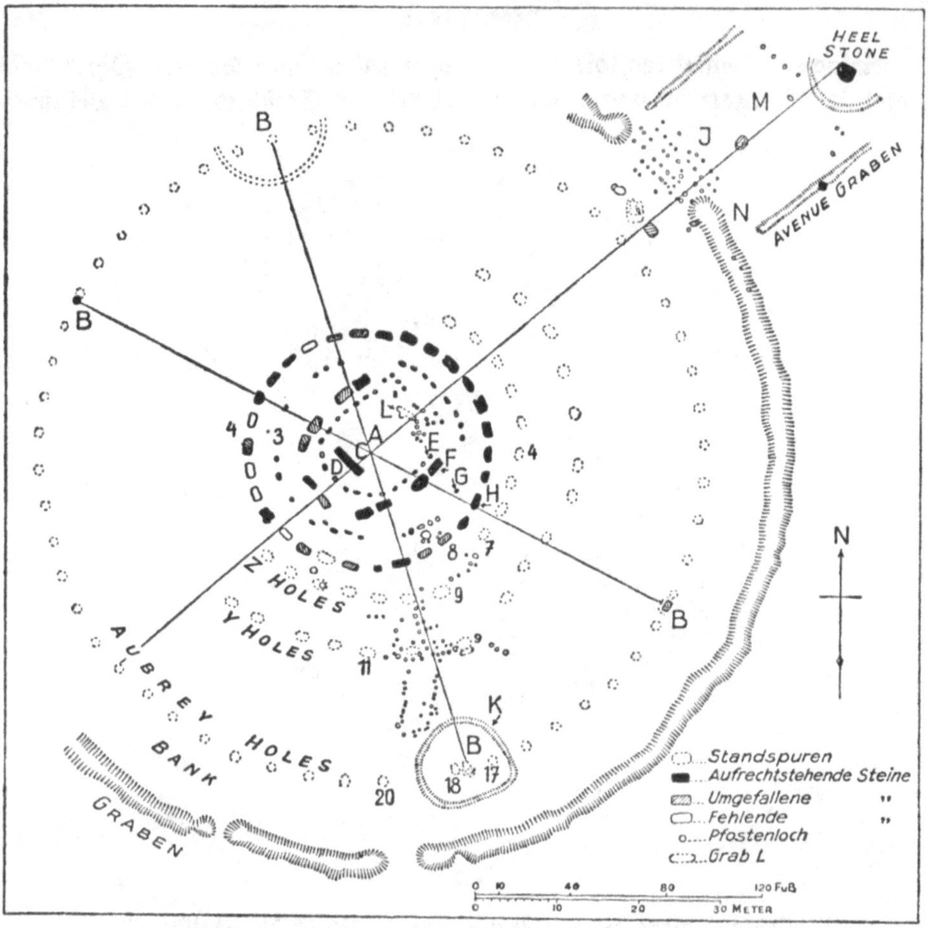

Abb. 43. Stonehenge bei Amesbury. Grundriß 1: 1175.

ein einfacher Wall mit Außengraben. Er umschließt einen Kreis von etwas über 90 m Durchmesser. Der erste Steinring folgt 30 m vom Wall entfernt und hat selbst also einen Durchmesser von 30 m = 100 Fuß (Abb. 43, 44). Er besteht aus 30 dicken Pfeilern, die mit Zwischenräumen von etwa 1 m gestellt sind und einen fortlaufenden Architrav tragen. Ihre wohlbehauene glatte Seite kehren sie nach dem Mittelpunkte des Kreises. Vor diesen Pfeilern entwickelt sich in 3 m Abstand ein Kreis von freistehenden, gleichmäßig nach oben sich verjüngenden Steinen. Ihrer mögen 45—50 gewesen sein. Nun folgen in Hufeisenform gestellt fünf riesige Trilithen, d. h. Gruppen von je zwei durch ein Auflager verbundenen großen Tragsteinen. Auch sie kehren wieder ihre glattbehauene Front nach der Mitte, und an dieser Front zieht sich nun noch eine Linie der kleineren kegelförmigen Steine ebenfalls in Hufeisenform entlang. Innerhalb des Hufeisens liegt ein schlanker, 5 m langer und nur 1 m breiter Stein — wohl zu beachten etwas schief! — am Boden, der allgemein als der „Altarstein" betrachtet wird.

Von hier aus soll der Priester den Sonnenaufgang am längsten Tage des Jahres beobachtet haben; denn gegen NO öffnet sich die Umwallung, von da zieht eine 20 m breite Straße, die Avenue, weithin den Hang hinunter und auf ihr steht 30 m vom Wall entfernt ein Stein aufrecht, der die genaue Richtung für den Sonnenaufgang anzeigen soll. Darauf gründet sich der Glaube, daß Stonehenge ein Sonnentempel sei.

Ich habe demgegenüber schon seit 1910 die Auffassung verfochten, daß es eine Grabanlage sei, ein in's Monumentalste gesteigertes Beispiel der häufigen runden Flachgräber wie Trichie, die die Engländer „Diskusgräber" nennen, die in Italien ihresgleichen haben in den durch tausend Jahre gehenden Circoli und in Griechenland enden mit dem berühmten Gräberrund von Mykene.

Das Gelände, auf dem Stonehenge erstand, ist offenbar früher schon benutzt gewesen, so wie bei Kerleskan und Kermario (oben Abb. 40, 41). Die beiden Hügel nördlich und südlich am Walle werden zwar als Gräber bezweifelt, weil sich keine Bestattungen darin fanden, aber um den „Sonnenstein" hat die Schürfung ein Gräbchen ergeben, wie es bei Anlage eines Grabhügels zu entstehen pflegt: hier ist also der Grabhügel eingeebnet, aber der zugehörige Menhir stehengeblieben. Vor dem „Altarstein" ist nach einem alten Bericht (R. Colt Hoare 1812) ein 6 Fuß tiefes Loch festgestellt: darin könnte der „Altarstein", der jetzt schief am Boden liegt, einst gestanden haben für ein in dem Trilithen-Hufeisen befindliches Grab.

Seit einigen Jahren werden nun sorgfältige Ausgrabungen in Stonehenge vorgenommen und haben schon überraschende Aufklärung gebracht [1]). In der Mitte zwischen den Enden des Hufeisens ist in der Tat ein Skelettgrab, leider ausgeraubt, gefunden, und von dem „Altarstein" sagen die Ausgräber, da er an einem Ende zugespitzt sei, könne er sehr wohl aufrecht gestanden haben und liege nun über seine Fundamentgrube hingestreckt.

Die großen Mitteleinfassungen sind aber erst in einer zweiten Periode von Stonehenge entstanden. Als Ältestes hat sich ein dicht am Walle entlanglaufender Pfostenkreis herausgestellt, die Aubrey Holes, von dem nur noch die Pfostenlöcher im Boden erhalten sind. Darin haben Holzpfosten gestanden und 23 von den 32 ausgegrabenen Löchern enthielten verbrannte Menschenknochen, die ursprünglich gegen die Pfosten gelegt waren und nach deren Verfaulen allmählich in die Gruben gerutscht sind.

Zwei weitere Kreise von Pfostenlöchern, Y und Z, die sich um die Mittelbauten ziehen, gehören einer dritten wahrscheinlich erst eisenzeitlichen Periode an und sind nie zur Ausführung gekommen, die Pfosten sind gar nicht in sie eingesetzt worden; hier und da sind die Löcher dann aber auch zu Bestattungen benutzt.

---

[1]) Kendrick im 21. Jahresbericht der Frankfurter Komm. des dtsch. Arch. Inst. 1931 S. 60—68.

Damit ist für Stonehenge die große Frage, ob Sonnentempel oder Grabanlage, endgültig gelöst: von einem Tempel kann nicht mehr die Rede sein.

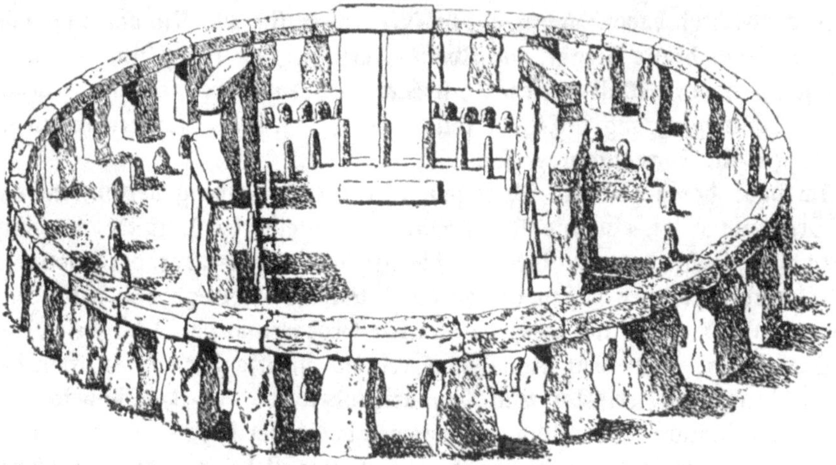

Abb. 44. Stonehenge. Ergänzte Ansicht von Browne 1834.

Sehr bemerkenswert ist aber, was draußen noch zu Stonehenge gehört. Die vom Denkmal gegen Nordosten abführende Feststraße ist heute noch 400 m weit erhalten. Nach alten Nachrichten soll sie sich bald darauf gegabelt haben, indem ein Zweig gegen Osten offenbar zur Siedlung führte, der andere gegen Norden zu einer Rennbahn, die dort, etwa 700 m von Stonehenge entfernt, in langer ostwestlicher Erstreckung zu erkennen ist. Sie ist von Wall und Graben eingehegt und bildet ein Rechteck von rund 3000 m Länge und 100 m Breite. An ihrem östlichen Ende liegt außen vor ihr ein großes Hünenbett, an ihrem westlichen Ende umgeht sie zwei runde Tumuli, von denen einer so liegt, als ob er die meta wäre. Die ganze Bahn ist sehr geschickt so angelegt, daß ihr Mittelteil durch eine schwache Senke zieht und die beiden Enden hoch liegen. Auf diese Weise kann man von allen Teilen der Bahn aus ihren ganzen Verlauf schön übersehen (Abb. 45).

Wie der andere Arm der Feststraße gegen Osten hin weitergelaufen ist, hat sich vor ein paar Jahren erst durch Fliegeraufnahmen erkennen lassen und ist dann von englischen Gelehrten, besonders Crawford, durch Grabungen erwiesen worden: er läuft in der Tat zu einer Siedlung mit Ringwall am Avon und hat somit, wie man in England jetzt selbst betont, keinen astronomischen, sondern einen rein profanen Zweck gehabt. Mit dem großen Bogen aber, den die alte Fahrstraße macht, um West-Amesbury zu erreichen, bestätigt sie nur, was wir schon in der Bretagne beobachtet hatten; sie sucht einen bequemen Weg! Die gerade Linie von Stonehenge nach West-Amesbury, die die heutige Fahrstraße läuft, führt von 340 Fuß Höhe zunächst in eine Senke von 274 Fuß, den Stonehenge Bottom, dann über

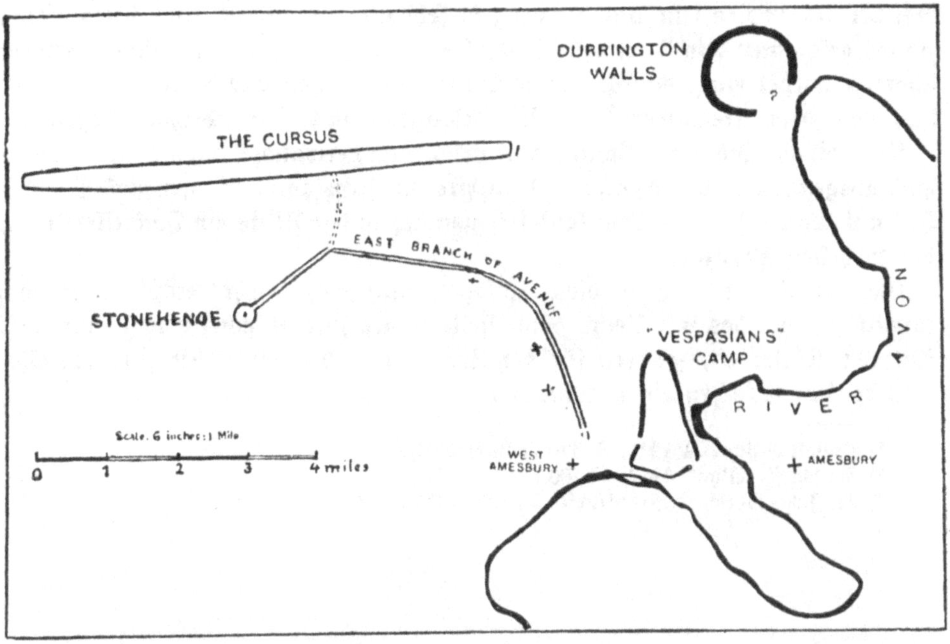

Abb. 45. Stonehenge mit Rennbahn und Siedlung. Nach Crawford. 1:18000.

eine Höhe von 300 Fuß nach West-Amesbury, das 340 Fuß hoch liegt. Mit dem nördlichen Bogen braucht die Avenue nicht so tief hintunter und nicht so hoch hinauf.

Zu welcher Periode der langbenutzten berühmten Grabanlage die Rennbahn gehört, sollte man nun auch durch eine Ausgrabung einmal feststellen. Man müßte ihren jetzt stark verschwemmten Graben streckenweise bis zu seiner alten Tiefe ausheben und auf die Funde achten, die der unterste Teil liefert. Fest- und Wettspiele dürfen wir nach Ausweis der Cromlechs in der Bretagne dem Grabkult der Bronzezeit durchaus zutrauen, und unter ihnen kann sich das Wagenrennen sehr wohl schon befunden haben. Der Streit- und Rennwagen kommt auf den nordischen Felszeichnungen vor, weiterhin auf den frühmykenischen Stelen; in Ägypten und Vorderasien geht er noch beträchtlich weiter zurück. Im Skythenlande erwähnt auch Herodot (IV 76) schon eine Rennbahn des Achilles.

Avebury, nach Anlage und Berühmtheit Stonehenge am nächsten stehend, hat in einem starken Ringwall zwei Steinkreise aus riesigen, hochgestellten Klötzen nebeneinander. Einen besonderen Mittelbau haben die Steinkreise nicht. Von dem Avebury-Rund geht eine Feststraße, gebildet aus zwei Reihen weitgestellter Steine, gegen Südosten zu der alten Siedlung von Kennett und Overton Hill.

Südwestlich von Avebury liegt bei Beckhampton der Rest eines weiten Kreises, bestehend aus zwei großen Steinen, die Long Stones genannt. Es sollen früher drei Steine gewesen sein, und als der jetzt fehlende umfiel, soll ein fossiles Skelett zutage gekommen sein [1]). Am 2. Dezember 1911 ist bei einer intensiven Schneeschmelze wieder einer von den Long Stones umgefallen und hat dabei dicht vor sich, nach dem Kreisinnern zu, ein Skelettgrab mit Zonenbecher freigelegt [2]).

Neuerdings sind zwei Stonehenge besonders verwandte Anlagen in Südengland ausgegraben: Woodhenge in Wiltshire mit sechs Pfostenkreisen und Overton Hill mit fünfen [3]). In jedem fand sich ziemlich in der Mitte ein Hockerskelett aus der frühesten Bronzezeit.

Die Engländer nennen diese Anlagen nun nicht mehr temple aber doch sanctuary, und das mit Recht, denn Heiligtümer sind es ganz gewiß, nur nicht für den Götterkult, sondern für den Ahnen- und Totenkult. Sie sind dasselbe, was bei den Griechen ein Heroon war.

---

[1]) Prähist. Ztschr. II 1910, S. 316 (Schuchhardt).
[2]) Zeitschrift „Man" 1912, S. 200.
[3]) 21. Jahresbericht d. Frankfurter Komm. 1931 S. 68—72.

Viertes Buch

Das alte Mittelmeer vorindogermanisch

Die dem Mittelmeere zugekehrte Seite von Spanien ist das Sprungbrett für die längere kulturelle Weltmeisterschaft der Iberer gewesen. Sie scheinen aus Afrika zu stammen, wo die mauretanischen Nekt-iberes sie verraten und wohl auch der Name der Berber, der „durch die bezeichnende libysche Reduplikation und die Abtrennung des hamitischen Artikels i" leicht aus dem Iberernamen werden konnte [1]). Sie dürften somit die Nachkommen der alten, beweglichen, kunstfreudigen Capsien-Leute gewesen sein, von denen die Felsbilder mit Jagd- und Kampfszenen stammen. In Spanien ist der Iberus-Fluß, der Ebro, nach ihnen benannt. Ihr Gebiet umfaßte aber rasch die ganze Ostküste, so daß auch die El-Argar-Kultur mit ihrem typisch westeuropäischen Lederstil und der ganze große Aufschwung Spaniens in der frühesten Metallzeit ihnen zuzuschreiben ist. Das innere Spanien scheinen die Iberer erst spät gewonnen zu haben, manche Teile erst nach den von Frankreich hereingeschlüpften Kelten. Wer vorher dort gewohnt hat, wissen wir nicht, auch nicht, wie weit etwa die Ligurer nach Spanien hinein anzunehmen sind. Sie hatten jedenfalls die Westalpen und Oberitalien inne und waren den Iberern nächstverwandt. Überhaupt lagert über den großen und kleinen Ländern des westlichen Mittelmeeres: den Balearen, Sardinien, Italien, Sizilien, Malta eine so auffallend gleichartige Kultur, daß man kaum ein Verlangen empfindet, die so eng verbundenen Völker durch zweifelhafte Namen voneinander zu unterscheiden. Alle die Eigentümlichkeiten, die wir in Frankreich und Spanien kennengelernt haben, setzen sich hier fort: der Haus- und Grabbau und der Kult, die Bildnerei und die Gerät- und Gefäßformen.

Wohlverstanden: diese alten Eigentümlichkeiten sind in den neuen Kulturen noch zu erkennen, sie haben aber von Land zu Land ihre Formen immer etwas gewandelt. Nach dem Capsien wird auch der Kulturstrom, der an der afrikanischen Küste von Spanien bis Ägypten lief, unterbrochen; das Zwischenland ist Wüste geworden, Ägypten ist isoliert und beginnt nun kraftvoll sein Eigenleben. Schon weit früher als Spanien, um 4000 v. Chr., gelangt es zur Herstellung von gebrannten Tongefäßen, und wenn diese völlig die „geschweifte Becher"-Form

[1]) Pokorny bei Ebert Reallex. VI S. 5.

der späteren spanischen haben, so hat das manche bewogen, gegenüber meinen Auffassungen an der alten ostwestlichen Kulturwanderung im Mittelmeer festzuhalten. Aber auch dieser Halt zerbricht. Wie wir gesehen haben, hat der Beutelkorb, den der Honigjäger der Capsien-Zeichnung in der Hand hält, durchaus die Form, die nachher für die ältesten Tongefäße auf dem ganzen Kulturwege durch Frankreich und das Rheinland bis nach Schleswig-Holstein und Dänemark maßgeblich geworden ist, und an diesem Süd-Nordwege ist nicht zu zweifeln, trotzdem die Keramik des nördlichen Endes die weitaus älteste in der Reihe ist. Es sind offenbar mit den Steinwerkzeugen des Mesolithikums die zugehörigen Gefäßformen in vergänglichem Material nach dem Norden gebracht worden und haben nachher dort durch die Erfindung der Keramik ihre Verewigung erfahren.

Wiederholt sich dieser Vorgang nicht genau zwischen Spanien und Ägypten? Im Nillande bis Nubien hinauf zeigen die seltenen Stücke der ältesten Keramik ganz die Beutel-, Trichter- und Tulpenformen von Spanien und dem Michelsberge, zu einer Zeit, die dem Beginn der westeuropäischen Keramik um rd. 1000 Jahre vorausliegt. Auch hier sind die Binsen- oder Ledergefäße zuerst am Ende ihres Wanderweges in Ton umgesetzt worden. Das scheint mir des Rätsels einfache Lösung.

Der Grabbau

Am einfachsten vollzieht sich im Mittelmeere die Fortentwicklung aus der westlichen Wurzel im Grabbau.

Wir sahen, wie sich im Westen aus den natürlichen Felshöhlen der Diluvialzeit, die zum Wohnen wie zum Bestatten benutzt wurden, die künstlichen Grotten entwickelt haben, einmal in das weiche Gestein geschnittene Rundgräber mit flachgewölbter Decke, zum andern aufgebaute solche Räume mit einer in „falschem Gewölbe" errichteten Kuppel, das Ganze von einem Hügel überdeckt. Von diesen Formen finden sich die in das Gestein geschnittenen Rundgräber mit einem als Rampe oder Treppe hinabsteigenden Zugang häufig in Italien — besonders Etrurien — und Sizilien. Es ist dies die Grabform, in der Orsi seine reichen Funde aus der frühesten Metallzeit gemacht hat (Castelluccio, Plemmirio, Pantalica usw.). Aber viel weiter östlich, auf Euböa, ist auch noch ein solches Grab gefunden [1]).

Ebenso sind die ähnlichen Rundgräber mit einem ebenen langen Zugange, dem Dromos, in Beispielen erhalten in Etrurien. Rundgräber mit falscher Gewölbedecke bieten ebenfalls Etrurien, weiterhin die Kykladen [2]), und ihre monumentale Form mit hoher Spitzdecke und von Quadermauern flankiertem Zugang sind die Tholosbauten in Mykene.

Es werden dann aber aus der einfachen einräumigen Form, wenn diese nicht mehr reicht, kompliziertere. Man legt mehrere rundliche Kammern in einer Achse

---

[1]) Dussaud, Les civilisations préhelléniques² (1914) S. 89.
[2]) Dussaud a. a. O. S. 86.

hintereinander, und die vorderen werden dabei zu Ovalen, weil nun ein Mittelgang in ihnen freibleiben mußte, durch den man zu den hinteren gelangen konnte. Nur die letzte Kammer behält ihre alte kreisförmige Gestalt. Gräber dieser Art

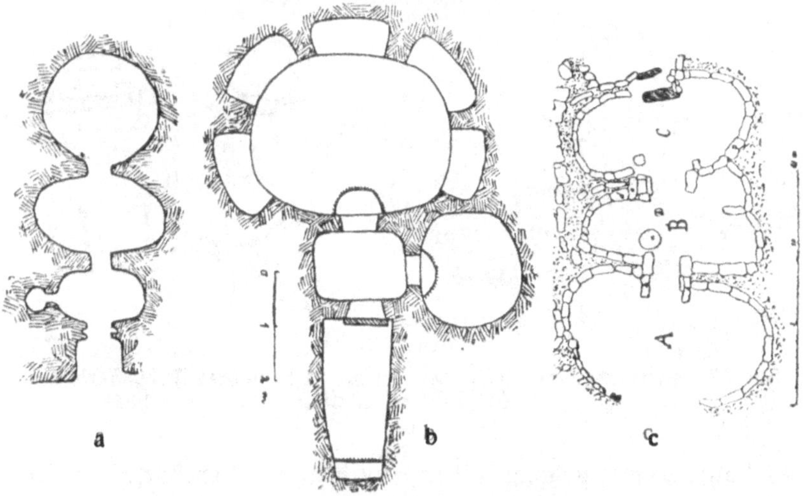

Abb. 46. Gräber und Häuser der frühen Bronzezeit.
a Sardinien, 1: 133, b Plemmirio bei Syrakus, 1: 150,
c Corradino auf Malta, 1: 500.

sind zahlreich auf Sardinien ausgegraben [1]) (Abb. 46 a), und man wird ihnen die großen Bauten auf Malta zurechnen müssen, die meist noch „Tempel" genannt werden und die ich nach der ersten Bekanntschaft mit ihnen für Paläste gehalten habe (Abb. 46c).

Außerordentlich häufig ist aber die Weiterbildung, bei der das alte einfache Rund nur der Hauptraum ist und an ihn sich kleinere, erst nur nischenartige, dann als besondere Zimmer gestaltete, jedes mit eigenem Zugange anhängen. Auch diese Art der Fortbildung sehen wir ja schon in Westeuropa beginnen. Das Minorka-Grab, oben Abb. 34, hat drei ovale Nischen, die große Gangtholos in Irland, Abb. 36 drei viereckige Nebenkammern. Unsere Abb. 46 b zeigt den sehr schön gestalteten Grundriß eines sizilischen Grabes (Plemmirio bei Syrakus), bei dem aus dem ovalen Hauptraume 5 Nischen symmetrisch wie Sprossen herauswachsen. Neben dem Vorraum hat sich rechts eine rundliche Kammer mit engem Eingang gelegt, zu dem Gegenstück links ist es nicht gekommen.

Am beliebtesten ist der Grabtypus geworden, den die Italiener „con atrio" nennen. Der Zugang führt in einen größeren viereckigen Raum, von dem kleine Eingänge zu ringsherum gelegten viereckigen Gräbern führen. Der Grundriß kann die verschiedensten Formen annehmen. Oft ist er sehr unsymmetrisch, sind da

[1]) Mon. dei Lincei 11 1901, 39—75 (Pinza).

kleinere, dort größere Anhängsel entstanden, oder auch nur auf der einen Seite welche und auf der anderen keine. Oft ist hübsch planmäßig mit der Anlage gleichmäßiger Räume vorgegangen, zu denen man durch die Seiten und auch aus den

a b

Abb. 47. Felsgräber mit Halle (con atrio). a S. Andrea Prin, Sardinien; b Hal Saflieni, Malta.

Ecken des Hauptraumes gelangt; oft ist man dem Zufallsbedürfnis nachgegangen und hat da, wo noch voller Felsen anstand, an eine Grabkammer eine zweite gehängt und an diese womöglich noch eine dritte (Abb. 47). Immer aber ist deutlich das Prinzip zu erkennen, daß, wie beim Atriumhause, um den Mittelraum als Versammlungshalle sich einzelne Gebrauchsräume im Kranze herumlegen. Die starke Übereinstimmung ist sehr wichtig, denn das Atrium-Wohnhaus läßt sich bei weitem nicht in so hohes Altertum zurückverfolgen wie das Atriumgrab.

An der Hand dieses originellen und im westlichen Mittelmeere verbreitetsten Typus können wir die kulturelle Zusammengehörigkeit der einzelnen Länder leicht erkennen. Auf Sardinien haben sich bei Anghelu Ruju über ein Dutzend Gräber dieser Art gefunden mit einer El Argar sehr nahestehenden Keramik [1]). Auf Sizilien geben die Nekropolen mit der aus derselben Zeit stammenden bemalten Keramik der sogenannten 1. Sikulischen Periode, wie Pantalica, Cassibile, Plemmirio, eine Fülle von Beispielen [2]). Auf Malta bietet das große zweigeschossige „Hypogäum" von Halsaflieni im ersten Geschoß eine Wirrnis von meist großen Räumen, im zweiten unteren eine regelrechte Gruppierung der Grabkammern um einen größeren Mittelraum (Abb. 47b). Der Raumschmuck und die Funde aus dieser wichtigen Nekropole werden uns weiterhin noch beschäftigen. Auf dem italischen Festlande hat sich die Grabform bei den Etruskern am längsten gehalten, überall begegnet sie dort noch, und das berühmte Grab der Volumnier bei Perugia zeigt sie ebenfalls. Sehr bemerkenswert! Denn über Malta östlich hinaus ist sie nicht mehr anzutreffen, weder auf Kreta, noch auf den griechischen Inseln oder an der

[1]) Mon. dei Lincei 21, 1911, 301 ff.
[2]) Mon. dei Lincei 9, 1899: Pantalica u. Cassibile; 11, 1901: Plemmirio.

kleinasiatischen Küste. Und die Etrusker sollen doch nach allgemeiner Meinung im 9. Jahrhundert von Lydien her eingewandert sein!? —

Die Nuragen auf Sardinien und die Talayots auf den Balearen, die früher für Gräber angesprochen wurden, sind keine solche, sondern Wohnungen, in denen zugleich zuweilen bestattet wurde. Dagegen sind die Navetas auf den Balearen, genannt nach ihrer schifförmigen Gestalt mit geradem Abschnitt an einer Schmalseite, in der Tat die zu den Talayots gehörigen Gräber.

Haus und Palast

Durch ganz Italien finden sich die runden „Hüttenböden" (fondi de capanne), ein wenig in den Boden eingesenkt, mit einem Lehmestrich versehen und mit den verbrannten Resten der Holz- und Lehmwände und des Reisigdaches bedeckt, als deutliche Zeichen der in der Steinzeit allgemein herrschenden einfachen Rundhütte. Bei allen ordentlichen Ausgrabungen sind sie gefunden, in Ligurien und der Emilia von Pigorini ebenso wie in Apulien um Bari von Maximilian Mayer. Sehr einfaches Steingerät und die natürlichsten Kürbisformen von Näpfen und Schalen und Bechern kennzeichnen die frühe Kultur.

Weit interessanter und monumentaler wird das Gebaren zu Beginn der Metallzeit in den Gegenden, die aus Stein bauen. Die regelmäßigen Rundhäuser, die wir bei Sabroso (Abb. 30) in Portugal angetroffen haben, mit einem Mittelpfeiler als Gewölbestütze, setzen sich fort in den Talayots auf den Balearen, die mehr oval geworden sind, aber die Mittelstütze oft vortrefflich erhalten zeigen, und zwar in recht eigener Art. Da nämlich das Dach gebildet wird durch Platten, die radial gelegt von den Wänden her alle auf die Mittelstütze greifen wollen, so strebte man dieser Stütze oben ein möglichst umfangreiches Auflager zu verschaffen. Man ließ die Stütze selbst schon nach oben anschwellen und legte dann eine große und dicke Steinplatte darauf. So konnten alle Wünsche der Dachsteine erfüllt werden. Damit erledigt sich aber auch die landesübliche Auffassung, die in dem häufig allein noch stehenden Pfeiler mit seiner aufliegenden Platte einen Opfertisch sehen will. Sie entspricht ganz den vielen Mißdeutungen der Dolmenreste, wo auch so häufig ein letztes Überbleibsel für das Ganze genommen und dann falsch verstanden wird [1]).

Ein Wichtiges lehren uns diese westeuropäischen Pfeiler gleich für den späteren kretisch-mykenischen Kreis, nämlich, wie sich die merkwürdige und vielumratene Form der dortigen Säule erklärt, die allem griechischen Verhältnis entgegen oben dicker ist als unten. Sehr einfach: sie ist eben aus jenen Pfeilern erwachsen, die

[1]) Bezzenberger, dem wir die beste Beschreibung dieser Balearenbauten verdanken (Ztschr. f. Ethn. 1907, 567—634), hatte an Ort und Stelle die Funktion des Pfeilers mit Auflagen ganz richtig erkannt, als er aber nachher zu Hause sich in die Literatur darüber vertiefte, ließ er sich durch die einhellig gegenteilige Auffassung irremachen und beugte sein Haupt vor dem Opfertisch.

sich, um ihr Gewölbe oder ihr Plattendach besser zu tragen, nach oben möglichst breit zu machen suchten. Man sehe nur, wie die Blöcke, aus denen man solche Pfeiler aufbaut, nach oben immer dicker werden, wie ein Monolith auf Majorka

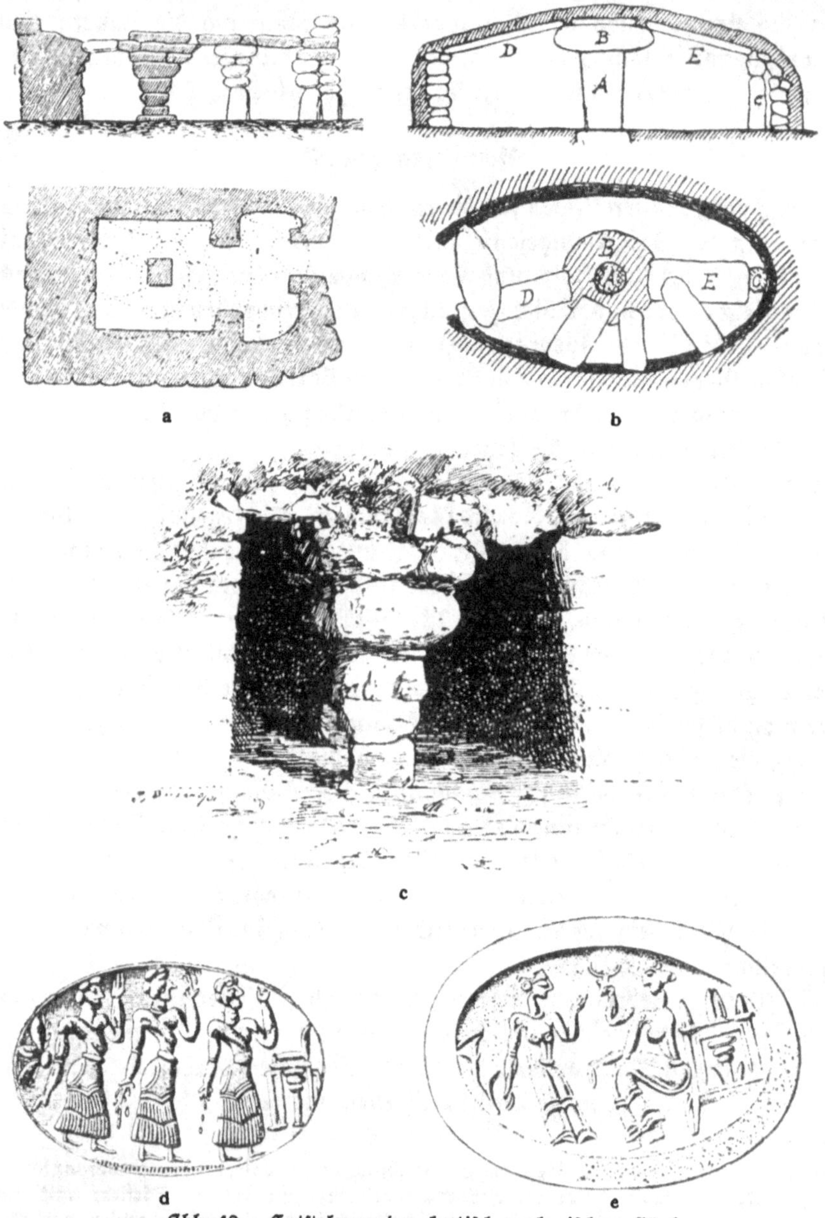

Abb. 48. Entstehung der kretisch-mykenischen Säule.
a, b, c Bauten auf den Balearen. Nach Evans JHSt. 1901 und (b) Bezzenberger, Ztschr. f. Ethn. 1907; d, e Goldringe aus Mykene. Nach Evans a. a. O.

schon ganz die nach oben anschwellende Säule ist und auch ein Kuchenkapitell wie eine Vorstufe des kretisch-mykenischen trägt (Abb. 48a, b, c), und wie mykenische Darstellungen in dem kurzen Pfeiler mit mehreren Auflagern noch deutlich die Entstehung aus dem alten Blockaufbau erkennen lassen (Abb. 48d, e). Auch im

Abb. 49. Portal des Sardinischen Nuragenbaus S. Vittoria di Serri. Rekonstruiert. Nach Taramelli.

nördlichen Afrika kommt bei bronzezeitlichen Anlagen diese alte Mittelmeerform des Baugliedes gelegentlich vor [1]).

In diesen Balearenbauten ist noch nie regelrecht gegraben worden; es sind deshalb keine Funde vorhanden, die Aufschluß geben könnten, ob wir sie als

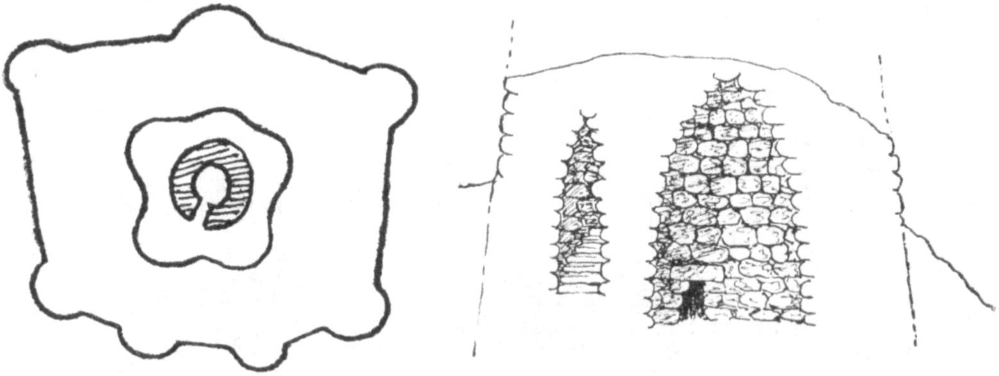

Abb. 50. a Nuragenburg Melas; b Durchschnitt durch einen Nurage. Nach Taramelli.

Gräber oder als Häuser zu betrachten haben. Mit den Nuragen steht es heute schon besser. Duncan Mackenzie, der sie in mehreren Kampagnen untersucht hat, ist zu dem bestimmten Ergebnis gekommen, daß sie Wohntürme darstellen [2]). Häufig lassen sich Gruppen von Felsgräbern als zu ihnen gehörig erkennen, öfter ist auch in den Nuragen selbst bestattet worden. Sie sind in solcher Masse auf Sardinien vorhanden — über 2000! — daß offenbar jeder ordentliche Gutshof seinen Nurage gehabt hat, so wie mittelalterliche Städte (S. Gimigniano, Regensburg) und westfälische Gutshöfe ihren Fluchtturm. Er spielte die Rolle des Bergfrieds auf den Burgen. Der Nurage hat kolossale Mauern und im Innern verhältnismäßig kleine und sehr spitz zugewölbte Rundräume (Abb. 50b). Der Nurage ist auf Sardinien dann aber für alles, was man besonders schützen wollte, so üblich geworden, daß man gelegentlich auch Brunnenhäuser in seinem Stile errichtete. So das schöne, auch in seiner Ornamentik — die an die Pithoi von Troja II anknüpft — interessante Bauwerk von S. Vittoria di Serri [3]) (Abb. 49).

Bei den Nuragen findet sich gelegentlich über dem Eingange schon das berühmte „Entlastungsdreieck" angewandt, wie in Mykene am Löwentore und an den Tholoseingängen: über den Türsturz ist ein großer dreieckiger Block gelegt, der den Schub des oberen Mauerwerks nach beiden Seiten ableitet (Abb. 52). Und aus den Nuragen stammen interessante Bronzefiguren, meist in anbetender Haltung, wie die zwei in Abb. 51. Der eine Mann trägt einen gehörnten Helm,

[1]) L. Frobenius, Der kleinafrikanische Grabbau, Prähist. Ztschr. VIII, 1916, Taf. 18b und 19a.
[2]) Papers of the British School at Rome 1910, 89—137.
[3]) Mon. dei Lincei 23, 1914, 313 ff. Der Bau überdeckt eine Heilquelle, bei der auch geopfert wurde.

Bogen und Köcher, der andere an langem Strickhenkel ein Gefäß — ganz wie das der Honigjägers (Abb. 15)! — aus dem er opfern will. Einen ähnlichen Helm tragen auf ägyptischen Denkmälern die Schardana-Krieger, die im 13. Jahr-

Abb. 51. Sarderfiguren, anbetend. Bronze. Nach Taramelli, 1/2.

hundert mit den Turscha (Etruskern) und Schekelesch (Sikulern) Einfälle in das Nilland gemacht haben und die nach den Nuragefiguren nun um so eher Sardinier und nicht etwa Leute von Sardes, wie man auch wohl gemeint hat, gewesen sein müssen.

Es gibt aber in Sardinien nicht bloß Nuragen, sondern auch Nurageburgen, Anlagen auf den Bergen, wo um den Wohnturm herum eine viereckige oder ovale dicke Ringmauer gezogen ist mit ausspringenden runden Bastionen an den Ecken (Abb. 50a). Das erinnert dann einerseits an eine spanische Burg, wie Abb. 31a, anderseits an Tiryns mit seinem alten großen Rundturm in der Unterschicht (Abb. 160). In solchem Falle pflegt in der Mitte der Burg nicht ein einzelner Rundbau zu stehen, sondern eine geballte Masse von ihnen, in verschiedener Weise gruppiert. Offenbar suchte man ein bestimmtes System für die Zusammenordnung zu finden, wenn für einen größeren Zweck einer, zwei oder drei dieser Rundbauten nicht mehr genügten.

Ein solches glücklich gefundenes System tritt uns in einem Hausmodell von Melos aus frühester Metallzeit entgegen (Taf. XVII). Kleinen Steinbüchsen, wohl zur Aufbewahrung von Schmuck bestimmt, hat man mehrfach auf den

Kykladen die Form von Rundhütten mit Kegeldach gegeben. Hier ist einmal eine geschaffen, die ein ganzes Konglomerat von Rundhütten darstellt. Der Deckel ist leider verloren; er wird die spitzwölbigen Dächer der einzelnen Rundlinge

Abb. 52. Entlastungsdreieck über einem Nuragen-Eingang. Nach E. Hoffmann.

ausgeprägt haben. Ihrer sieben zeigt die Dose in Hufeisenform um einen offenen Hof geordnet, je drei zur Linken und zur Rechten und den letzten im Hintergrunde. Vorn ist die offene Seite des Hofes durch eine gerade Wand mit einer überdachten Pforte darin abgeschlossen.

Dies kleine Hausmodell ist von außerordentlicher Wichtigkeit für die Entstehung des vornehmen Hauses, des Palastes im Mittelmeere. Die alte einfache Rundhütte hat man vervielfacht und in größerer Zahl symmetrisch um einen rechteckigen Hof gelegt. Im Laufe der Zeit sind dann die einzelnen Räume rechteckig geworden, und das Kegeldach ist einem flachen Dache gewichen, aber immer ist der Binnenhof geblieben, in dem gekocht und gewirtschaftet wurde, so daß man ihn noch im Atrium des Pompejanischen Hauses wiedererkennt. Das Melosmodell und die „Atriumgräber", die wir vorhin besprachen, wirken zusammen, um uns den ältesten Palasttypus im Mittelmeere sicherzustellen.

Wie in anderer Weise die Rundhütte sich fortentwickelt hat, haben uns besonders die Grabungen von Orchomenos gelehrt. Dort enthält die unterste Schicht noch reine Rundhäuser, von 5—6 m lichter Weite, auf einem Steinsockel mit Lehmziegeln aufgebaut und zugewölbt. In der folgenden Schicht herrschen aber Ovalbauten mit Hockergräbern, und erst die dritte Schicht bringt mit frühmykenischer Kultur rechteckige Häuser. Es ist die Frage, wie das Ovalhaus, das meist eine richtige Ellipse darstellt, entstanden ist, ob einfach durch Ausweitung des Rundhauses oder durch Kuppelung zweier Rundhäuser, die man dann durch Tangenten verband. Bei den ältesten und stattlichsten Beispielen wird rechts wie links noch der besondere Raum betont, und ich neige deshalb mehr dazu, an eine Kuppelung zweier Rundräume zu denken. Aber im Grunde ist es ein Streit um Kaisers Bart, ob man in eine Rundhütte einen Viereckraum hineingeschoben oder bei Verbindung zweier ihn in der Mitte von selbst entstanden denken will. Die Hauptsache ist, daß der Rundbau den ovalen gezeitigt hat ohne Einwirkung von östlichen oder nördlichen Rechtecksbauten (vgl. Abb. 46a und c).

Ein einfaches Ovalhaus ist bei Rini in Thessalien zutage getreten mit einer Innenteilung, die die beiden Apsiden abschneidet; ein Hockergrab liegt unmittelbar vor der Tür. Solche Ovalbauten haben sich in der letzten Zeit öfter in den Unterschichten griechischer Siedlungen und Kultstätten gefunden, so in Tiryns auf der Burg, in Olympia das „Haus des Oinomaos" in dem stattlichen Ausmaß von 10:18,5 m und daneben die Reste von weiteren Ovalhäusern; eines auch in Eretria unter dem Apollotempel.

Die Maltabauten

Die schönsten Oval- oder Apsidenbauten, die es gibt, sind auf der Insel Malta und ihrer kleinen Nachbarin Gozo erwachsen, und hoch über dem Streit, was sie gewesen sind, ob Gräber, Heiligtümer oder Paläste steht ihre Bedeutung als Bauten an sich, als architektonische Hochleistungen inmitten der bunten technischen Bemühungen des frühen Altertums. Bei der Ausgrabung der ersten vor fast hundert Jahren hielt man sie für Gräber, heute geht die allgemeine Meinung auf Heiligtümer; ich selbst habe eine Zeitlang an Paläste gedacht, möchte aber jetzt die alte Gräberdeutung wieder aufnehmen.

Noch mit aufrechten Wänden stehen die ältest bekannten: Gigantia auf Gozo, Hagiar Kim und Mnaidra auf Malta. Von den inzwischen hinzugefunden: Corrodino bei Valetta und Hal Tarxien auf Gozo sind nur die Grundrisse erhalten. Allen gemeinsam ist aber ein und derselbe große Plan: die Hintereinanderordnung von zwei oder drei Ovalen mit einem Halbrund als Apsis am Schluß. Bei der Gigantia ist dieser Plan gleich zweimal nebeneinander ausgeführt, und die beiden Baugruppen werden vorn durch eine gemeinsame mächtige Frontmauer zusammengeschlossen (Abb. 53). Die ganze Anlage ist in den sanften Abhang eines Kalksteinhügels hineingearbeitet, so daß ihre hinteren Teile 3—4 m tief in ihm liegen. Dieses Einschieben in den Berghang, das man, soviel ich sehe, bisher kaum beachtet hat, ist für die Zweckbestimmung der Bauten höchst bemerkenswert.

Hagiar Kim und Mnaidra liegen auf ebener Fläche, nahe der Südküste von Malta, im Angesichte der kleinen Insel Filfola. Bei ihnen bilden die Front riesige hochkant gestellte Steinplatten, je drei rechts und links vom Tore; weiter umher ist die Mauer ebenfalls wohl erhalten und weist Blöcke bis zu 6 m Länge auf.

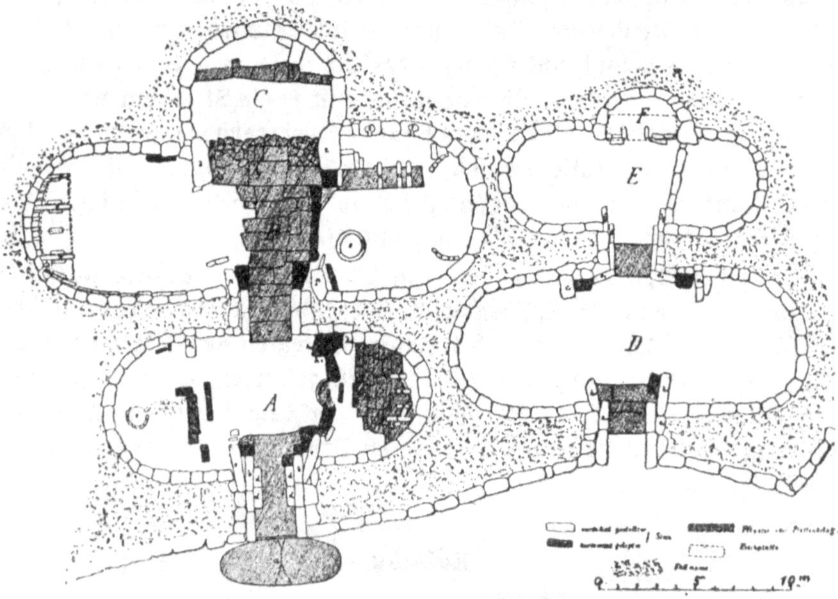

Abb. 53. Grundriß der Gigantia auf Gozo bei Malta, 1 : 400.

Die großen Ovalräume, 15—28 m lang und 6—10 m breit, machen den Eindruck, als ob sie im Grundriß nicht durch seitliches Auseinanderziehen aus *einem* Runde aufgebläht, sondern vielmehr aus zwei Runden zusammengekoppelt seien, unter Einfügung eines Zwischenstücks. Dadurch würden sie dem Melosmodell außerordentlich nahe kommen, und für diese Verwandtschaft spricht noch dazu, daß die Mitte der langen Ovale, das Zwischenstück, als besonderer quadratischer Raum hofartig eingesenkt ist: eine Stufe höher liegen links und rechts die rundlichen Teile. Diese Form könnte aus einer Vorstufe, wie sie im Melosmodell vorliegt, entstanden sein.

Die Räume sind alle ohne Frage zugewölbt gewesen. Auch das hat man früher vollständig verkannt, man hat sie für offene Einhegungen von heiligen Plätzen gehalten. Die vielfach bis zu fünf Schichten erhaltene Vorkragung beweist aber das Gewölbe aufs bestimmteste (Taf. XVIII 1).

In der Ausstattung der Räume fallen zunächst ins Auge die Stücke, die auf Bestattung und Verehrung deuten. In der Gigantia (Abb. 53) ist in Raum B links und in C jedesmal das hintere Stück der Rundung gradlinig abgeschnitten und in Grabnischen aufgeteilt, und in Raum B rechts sind in die Wandquadern

Hohlräume eingetieft, die Urnen aufnehmen konnten. In der Mnaidra ist eine Nische genau so gestaltet (Taf. XVIII 2), wie sie in der großen unterirdischen Grabanlage von Hal Saflieni in den Felsen geschnitten sind. Wir haben nur sehr mangelhafte Nachrichten über die schon 1840 und 1841 erfolgten Ausgrabungen der großen Apsidenbauten, aber einmal wird doch der Fund von Menschenknochen erwähnt [1]). Dafür sind nun 1916 bei Aufdeckung der neuen großen Gebäudegruppe von Hal Tarxien südlich Valetta eine große Menge von Bestattungen in den Räumen gefunden und von dem Entdecker, dem hochverdienten Verwalter der Malta-Altertümer Themistokles Zammit eingehend beschrieben. Es sind Brandgräber z. T. mit Urnen, von spärlichen Beigaben begleitet: ein wenig Schmuck, wie schwarze oder weiße Steinperlen, Muscheln (cyprea, pectunculus, trochus). Das Wertvollste sind die wahrscheinlich kupfernen Waffen und Geräte: 8 Dolche der kleinen langdreieckigen Form wie unten Abb. 138 e und 11 Flachbeile und Meißel von der allverbreiteten Form unten Abb. 138 b. Die Bestattungen stammen damit aus der frühsten Metallzeit, aus derselben Zeit also, in der auch ihr ganzes großes Gehäuse erbaut wurde. Kaum denkbar also, daß die Gebäude als Tempel errichtet und dann erst zu Gräbern entartet wären: sie sind von Anfang an zum Bestatten bestimmt gewesen, und mit dieser Bestimmung gehen die unbezweifelbaren Kultvorrichtungen völlig zusammen.

In den Gebäuden finden sich mehrfach neben den Türen tiefe Nischen, gebildet durch zwei hohe Steinplatten auf einem Sockel, dessen Mitte zuweilen stark ausgeschliffen ist. Hier haben etwa mannshohe Rundpfeiler als Menhire gestanden; Stücke von ihnen liegen noch mehrfach in den Räumen. In Mnaidra stehen vor zwei solchen Nischen auch noch die alten Opfertische aufrecht. Die Bedeutung ist also ganz klar: es handelt sich um den Totenkult vor dem Menhir als Seelenthron in der Nähe der Gräber, genau wie in den irischen Kuppelgräbern, nur daß dort das Steinbecken an Stelle des Opfertisches steht. In Irland findet sich ja auch schon auffällig oft die Kleeblattform des Grundrisses am Ende der Anlage (oben Abb. 37).

Die Zeitstellung der Maltabauten verschiebt sich stark gegen die frühere Annahme. Weil auf einem Fußboden sich eine phönikische Inschrift fand, sprach man immer von phönikischen Tempeln des 7. Jahrh. v. Chr. Die Keramik, die vor 25 Jahren bei einer Nachlese aus den alten Ruinen gehoben wurde, und die weitere, die inzwischen neuaufgegrabene geliefert haben, entspricht durchaus der von Hal Saflieni, und zwar der einfachen sog. Bahria-Art mit geometrischen Mustern und weißer Inkrustierung. Sie ist rund 2000 Jahre älter als jene phönikischer Zeit.

Nach alledem gehören die Maltabauten nach Bauart, Bestimmung und Zeit zusammen mit den Kuppelgräbern von Spanien und Irland. Sie dienten

[1]) Caruana: Report Malta 1882 S. 17.

der Bestattung und dem Totenkult, aber nicht dem Gottesdienst. Man hat durch die Kulteinrichtungen in den Anlagen sich ebenso wie bei Stonehenge verleiten lassen, sie für Tempel zu halten.

Für die Entwicklung der Architektur jener Frühzeit geben sie uns aber einige begrüßenswerte Fingerzeige. Der Orthostatenbau der Wände, den wir in Malta sich aus roheren Anfängen entwickeln sehen, steht in Kreta für die Paläste schon am Beginn der dortigen Entwicklung. Die Umfassungsmauer von Knossos entspricht den letzten Formen von Malta. Und ein anderes schlägt eine Brücke von Malta zu Homer. Die Außenmauer ist bei dem Mauerbau besonders gesichert. Schwere Blöcke sind vor ihren Fuß gelegt, um ein Ausweichen und Wegrutschen der vom Gewölbedache stark gedrückten Wand zu verhindern. Die vorgelagerten Steine bilden mit ihrer Oberfläche eine einheitliche Ebene, eine Bank gradezu, die gewiß auch häufig zum Sitzen benutzt wurde, zumal die Front dieses Gebäudeneubaus gebogen ist, wie für einen Versammlungsplatz vor ihr. Bei Homer tritt Nestor morgens aus seinem Palaste und setzt sich auf den geglätteten Stein vor der hohen Pforte nieder (Od. 3. 406 ff.). Hier scheint eine Erinnerung an frühe mittelländische Zustände vorzuliegen, die schon in mykenischer, geschweige denn in homerischer Zeit kaum mehr bestanden.

Der Säulenkult

Der westeuropäische Menhir hat im Mittelmeere stark fortgewirkt. Im südlichsten Zipfel von Italien, in der Provinz Lecce, waren immer schon Beispiele bekannt. Seit von Bari aus ordentlich beobachtet wird, sind auch in Apulien solche aufgetreten [1]). Bei seiner weiteren Verbreitung hat sich der Menhir aber aus dem wenig zugerichteten Naturstein zu der zivilisierteren Form des Obelisken, des Pfeilers oder der Säule herausgeputzt und ist vielfach kleiner, zuweilen sogar sehr klein geworden.

In den Nischen der Maltabauten haben kräftige, oben zugespitzte Säulen gestanden; eine von ihnen, die nur umgefallen war, ist jetzt an ihrem Platze wieder aufgerichtet, mit dem kleinen Altar davor. Ein verzierter Altarblock stand auch in Hagiar Kim vor der linken Nische im ersten Raume, neben der die sieben Kalksteinfiguren gefunden sind (Taf. XVIII 2).

Wie der Kult an solchen Stellen sich abspielte, zeigen anschaulich die Bilder auf dem bemalten Sarkophage von Triada. Auf zwei nebeneinander stehenden Obelisken sitzen Vögel, die Seelen der Verstorbenen; davor steht auf einem Sockel eine große Amphora. Es erscheint ein Zug von mehreren Personen, die teils in die Amphora gießen, teils weitere Eimer zu solchem Trankopfer tragen, teils Musik machen (Taf. XX).

Ein etruskisches Grabgemälde zeigt noch um 500 v. Chr. Ähnliches. Vor einem Altar erscheinen Männer und Frauen zum Teil mit verehrend erhobenen

---

1) M. Mayer, Molfetta und Matera 1924, S. 243.

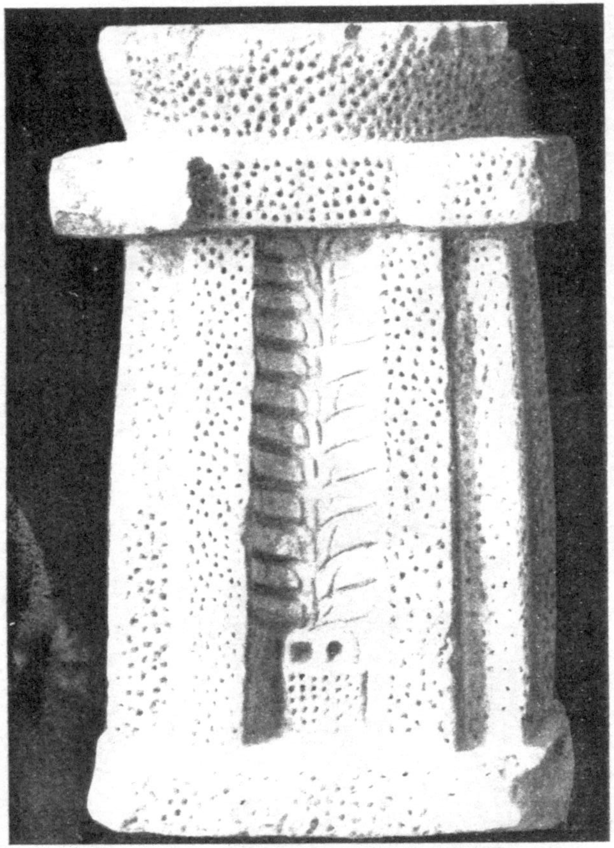

Malta

Altar aus Hagiar Kim.

Gewölbe-Ansatz in der Mnaidra.

Tafel XIX

Grabnischen und Kultnischen in der Mnaidra auf Malta.

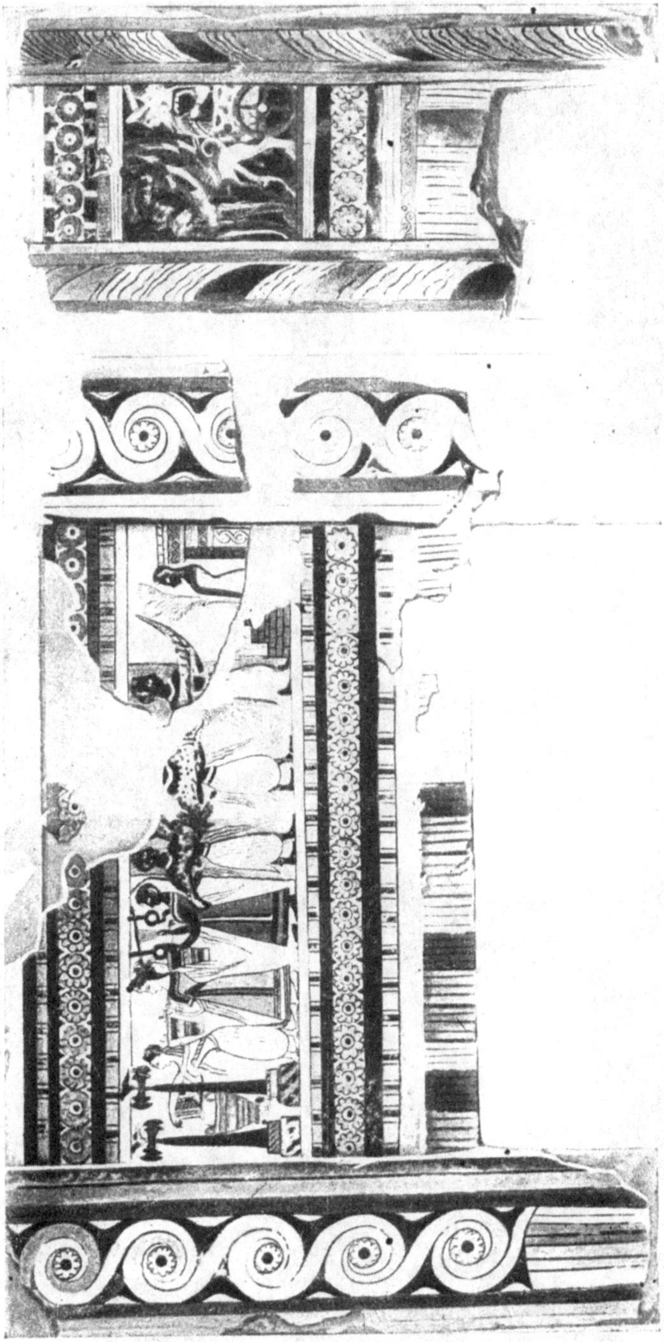

Bemalter Sarkophag von Hagia Triada auf Kreta.
Lang- und Schmalseite.

Tafel XXI

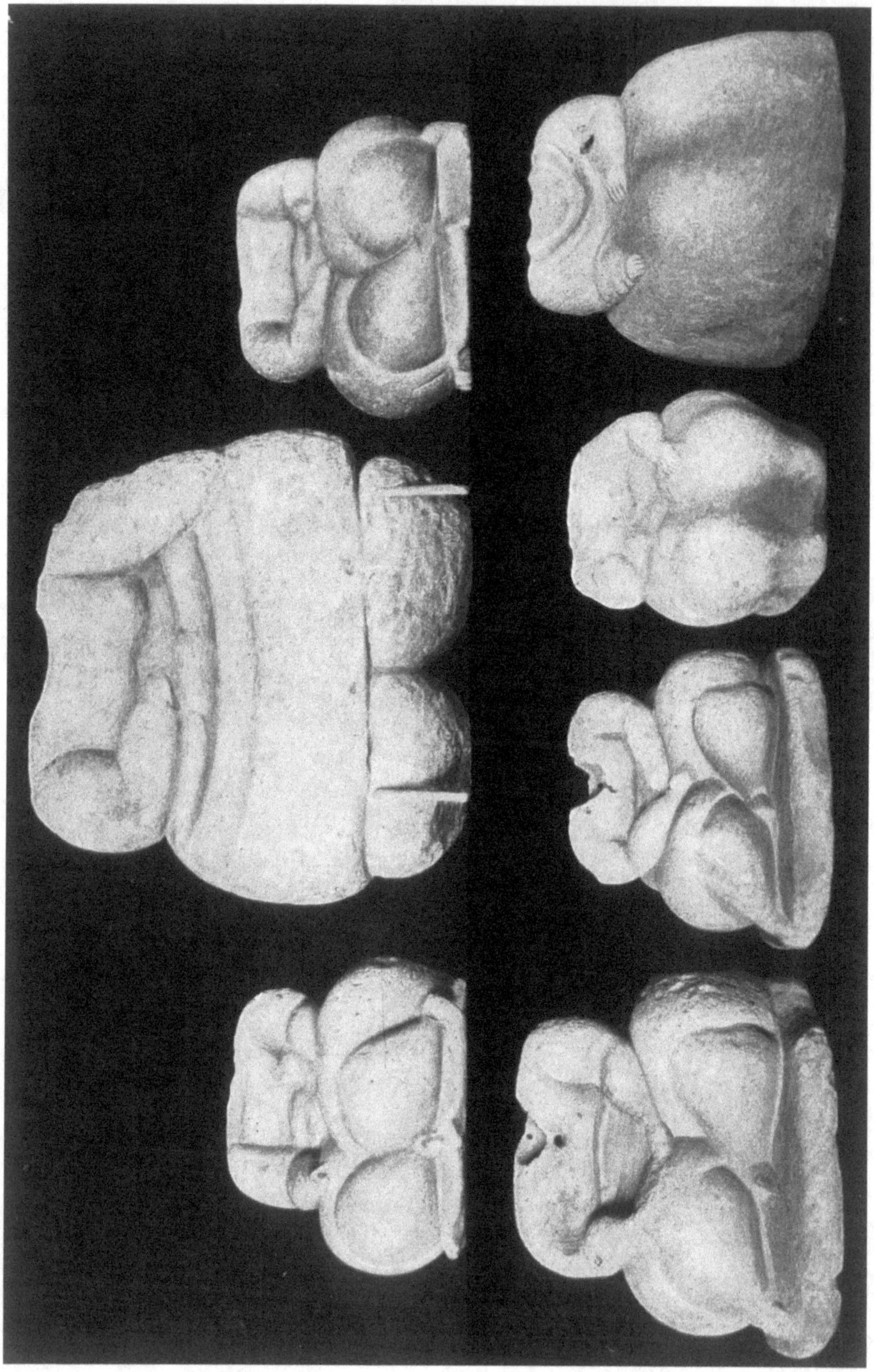

Kultfiguren (Ahnenbilder) von Hagiar Kim auf Malta. Etwa 1/8.

Händen. Auf dem Altar loht vorn das Opferfeuer, hinten steht eine Säule. Hinter der Säule steigt ein Bärtiger und ein Flügelwesen mit einer menschlichen Gestalt in die Luft empor; sie entführt die Seele der Verstorbenen (Taf. XXIII 1).

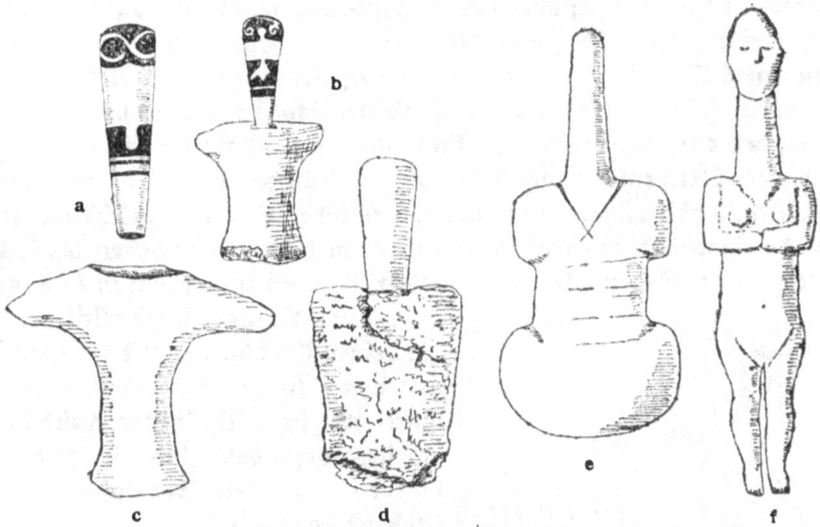

Abb. 54. a—d Thessalische Idole: Steinstifte mit Tonsockeln. Nach Wace-Thompson 1/4
e, f Kykladen-Idole aus Marmor, ca. 1/3.

Die Säulen, die des öfteren von Tieren flankiert werden, wie die über dem Löwentore von Mykene, stehen an Stelle einer Gottheit. Die Tiere sind deren Begleittiere, und die Säule steht genau so zwischen ihnen, wie nachher die menschengestaltige Gottheit (Abb. 183 b) [1]).

Bei Homer tritt auch einmal ein Götterstein auf. Als die Trojaner das Schiffslager der Griechen bestürmen, packt Hektor einen großen Stein, der am Tore steht, unten breit und oben spitz, den sonst zwei Männer nur eben tragen können, schwingt ihn gegen die Holzflügel und zerschmettert sie mit Gekrache (Ilias 12, 445 ff.). An Wegen und Toren haben sich bis späthin solche Steine erhalten, die dem Hermes oder Apollon heilig waren.

Sehr interessant ist nun aber zu sehen, wie Miniaturdarstellungen dieser Pfeiler als ganz kleine Seelenthrone entstehen. In Thessalien sind bei den englischen Ausgrabungen in der Kultur der steinzeitlichen bemalten Keramik kleine Steinstifte gefunden, 8—13 cm lang, schön geglättet und mit einigen Zieraten bemalt. Mit ihrem spitzeren unteren Teile stecken sie in einem Tonsockel (Abb. 54 a, d). Diese Stücke erklären das ganz ähnliche Gebilde auf einem „Inselstein" des thrakischen Kreises. Da gießt eine Frau aus einer großen Muschel ein Trankopfer auf einen Altar und neben dem Altar steht links ein Sockel mit

[1]) Beispiele in Fülle bei Evans, Mycenean tree and pillar cult, Journ. of Hellen. Studies 1901, S. 154—169.

einem Stift darauf, rechts ein Stern (Abb. 55). Und eine Erlösung bieten diese Dinge ferner für die Hunderte von Schliemannschen „Idolen" aus Troja, an deren Idolcharakter man früher immer nicht recht glauben mochte. Die meisten sind einfache, nach oben sich etwas verjüngende Steine, die also auf einem Sockel standen, einige zeigen die Form des Steins auf dem Sockel, und allmählich kommen dann Andeutungen von Menschengestalt: Augen und Nase und vielleicht auch Armstümpfe (Abb. 56). Diese kleinen Stücke sind vermutlich im Hause in Kultnischen aufgestellt gewesen. Von ihnen aus erklärt sich die nur langsam fortschreitende Vermenschlichung der Idole im Ägäischen Kreise. Es ist gegangen wie mit den Menhirfiguren in Frankreich, der rohe Stein hat zunächst nur einige menschliche Andeutungen erhalten und ist in manchen Einzelheiten bis späthin zu spüren. So verstehen wir die Kykladenweiber mit ihrem langen Halse (Abb. 54 e, f) und die kyprischen Brettidole. Auch die kleinen Tonbüsten mit erhobenen oder gekreuzten Armen auf einem Trommelsockel, wie sie z. B. in der Kultnische zu Knossos gefunden sind, stammen entschieden von den Sockelpfeilerchen ab (Abb. 57 rechts) [1]).

Abb. 55. Gemme aus der Idäischen Grotte auf Kreta.
Nach Evans. Dreifache Vergrößerung.

Ganz monumental tritt uns die Kultform im Osten, in Ägypten und Babylonien wieder vor Augen. Bei den deutschen Ausgrabungen in Abusir hat sich erst vor wenigen Jahren die älteste Gestalt des ägyptischen Tempels ergeben; es ist eine im Freien stehende große Pyramide, zu der ein Zugang mit Empfangstor hinführt (Abb. 71). Bezeichnenderweise ist es ein Sonnenkult, der an dieser Stelle herrschte. Denn die Sonnenverehrung hat den Menhirgedanken, den Höhenpfeiler- und Säulenkultus gezeitigt. Die Bergkuppe, die am Morgen den ersten und am Abend den letzten Sonnenstrahl empfängt, erscheint als die Wohnung der Gottheit auf Erden. So bezeugen es auch die Worterklärungen späterer Zeit. Die babylonischen Sikkurats heißen e-kur „Berghaus", ein Haus, das einen Berg bedeutet. Herodot sagt in seiner Beschreibung des babylonischen Turmes, daß ganz oben ein leeres Ruhebett für die Gottheit stehe, ein Götterbild sei aber nicht da. Man rechnete also mit dem unsichtbaren Erscheinen der Gottheit auf

[1]) F. A. van Scheltema (bei Ebert Reallex. VI, S. 29 f. unter „Idol") macht den gängigen Fehler, diese klare Entwicklung auf den Kopf zu stellen, indem er meint, die thessalischen Stifte hätten „ihre Vorstufen" unter den Kykladenfiguren und es habe „eine Rückbildung zu geometrischen, anikonischen Formen" stattgefunden!

diesem Gebäude. Die Irmensul der Sachsen schließlich ist die universalis columna quasi sustinens omnia[1]), die „Weltsäule, die das All trägt". In allen Fällen ist die natürliche oder künstliche Erhöhung nur der Thron der Gottheit, nicht ihr Sinn-

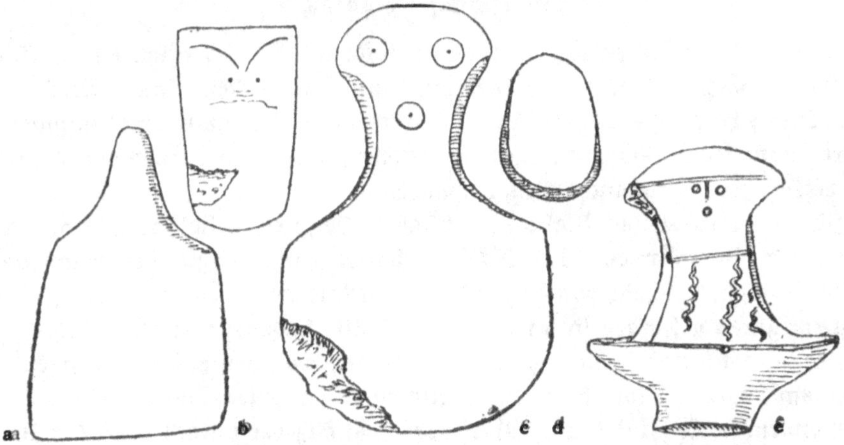

Abb. 56. Trojanische Idole aus Marmor (a—d) und Ton (e), 1/2.

bild. Wer will sich aber wundern, wenn im Laufe der Zeiten solch ein Steinkegel oder eine Säule beim Volke mißverstanden wurde, wenn aus dem Sitze der Gottheit ihr Inbegriff, ihre Erscheinungsform wurde. Die Berührung der Gottheit heiligt das rohe Material, und gerade, weil sie daneben nicht besonders erscheint, wird sie darin vermutet.

Am sprechendsten zeigt sich das bei den Juden. Als sie aus Ägypten auszogen, „zog der Herr vor ihnen her, des Tages in einer Wolkensäule . . . und des Nachts in einer Feuersäule" [2]), und nachher, als Moses die Stiftshütte errichtet hatte, kam, wenn er in die Hütte trat, „die Wolkensäule hernieder und stund in der Hütte Tür und redete mit Mose".

In Griechenland sind bis späthin in manchen Götterkulten die alten Steine erhalten geblieben, hier und da mit menschlichen Zügen versehen. Es dürfte das immer ein Zeichen sein, daß der betreffende Kult im alten Mittelmeere wurzelt, denn in Mittel- und Nordeuropa ist das Menhirwesen ursprünglich nicht zu Hause. In Betracht kommen die schon erwähnten Hermes und Apollo und weiter Artemis, Athena, Aphrodite, Hera, aber z. B. nicht Poseidon; Ares, Hephaistos und selten Zeus. Die lange Erhaltung der alten Form findet sich hauptsächlich am Rande der klassischen Kultur: in Sardes und Julia Gordus (Lydien), in Jasos (Karien), Tarsos (Kilikien), Perge (Pamphylien), Emesa (Syrien) [3]). Im eigentlichen Griechenland hat die Hochkultur des 5. und 4. Jahr-

[1]) Rudolf v. Fulda (um 850), Translatio S. Alexandri. Mon. Germ. II, S. 676.
[2]) 2. Mose 13, 21.
[3]) S. unten Abb. 189.

hunderts den bildlichen Kult allgemein gemacht, nur hier und da ist ein alter Rest erkennbar, wie im Omphalos des Apollo oder den Hermenpfeilern.

Menschliche Figuren

Eigenartig verhalten sich zum Säulenkulte die Menschenfiguren im Mittelmeerkreise. Einmal findet eine Verschmelzung statt, indem Säule, Pfeiler oder Stele (Brett) halbwegs menschliche Züge annehmen, das anderemal kommen die Figuren ganz frei, in höchst realistischer Bildung neben den Säulen vor, die ihrerseits völlig ihre unorganische Gestalt wahren.

Für beide Arten hat Malta die schönsten Beispiele geliefert. In den Kultnischen der Ovalräumen (Taf. XIX 1) standen regelmäßig die mannshohen Säulen. In dem Gebäude von Hagiar Kim aber sind neben einer Kultnische sieben Kalksteinfiguren gefunden in ungefähr ein Drittel Lebensgröße (Taf. XXI). Die meisten sind nackt und sitzen flach auf dem Boden, von den bekleideten sitzen zwei auf einem höheren Block, eine steht. Am interessantesten sind die nackten. Sie haben enorm starke Hüften und Oberschenkel, so daß der unterste Teil des Beines mit dem Fuße spitz zuzulaufen scheint. Sie sind in dieser Bildung einzig verwandt den paläolithischen Frauenfiguren von Laussel. Das Sitzen auf der flachen Erde oder auf einer niedrigen Platte entspricht offenbar einer Gewohnheit der Zeit. Im Knossos-Palaste sind solche Sitzplatten gefunden mit zweiteiliger Aushöhlung zur Anpassung des Körpers [1]). Ein Wandgemälderest aus demselben Palaste zeigt auch eine Schar von Damen, alle in derselben Weise sitzend, als Zuschauer irgendeiner Vorführung, und verschiedene Personen auf geschnittenen Steinen oder Ringen sitzen so, z. B. die Hauptperson auf dem großen Goldringe aus Mykene (Abb. 183 a). Da es daneben, in einem anderen Saale, der offenbar der Männerversammlung dienen soll, auch einen Thron und Wandbänke gibt, so pflegt man das Hocken für die Weiber, das Hochsitzen für die Männer in Anspruch zu nehmen. Wenn das richtig ist, würden wir in den hochsitzenden Figuren von Malta Männer zu erkennen haben, und da sie bekleidet sind, hätten in dieser Zeit, wenigstens im Hause, nur die Weiber sich nackt bewegt. Leider läßt sich von den Maltafiguren nach ihrer Körperbeschaffenheit nicht mit Sicherheit sagen, welche überhaupt männlich und welche weiblich sind (Taf. XXI).

Aus der großen Grabanlage von Hal Saflieni stammt der Torso einer kleinen Tonfigur mit starkem Leib und großen Hängebrüsten, wiederum eine Erinnerung an die Bildungen des längst voraufgegangenen Aurignacien. Aus demselben Grabe sind aber auch zwei fast ganz erhaltene kleine weibliche Tonfiguren vorhanden, die beide auf einem hohlen Brettgestell, einer Pritsche oder Molle, liegen und schlafen. Sie sind beide nur mit einem Rock bekleidet, während der Oberkörper nackt ist. Die eine liegt auf der rechten Seite, hat die rechte Hand unter

[1]) Evans, Brit. School Athens 1901, S. 33; Mosso, Escursioni, S. 115.

den Kopf gelegt und die Knie etwas in die Höhe gezogen (Taf. XXII). Die andere liegt flach und gerade ausgestreckt auf dem Bauche, so daß man sie völlig vom Rücken sieht; die Arme hat sie seitwärts ausgestreckt und dann im Ellenbogen rechtwinklig nach oben gebogen [1]).

War bei den lässig hockenden Personen von Hagiar Kim schon nicht daran zu denken, daß sie Göttergestalten darstellen sollen, so gewiß noch weniger bei den so ungeniert gelagerten von Hal Saflieni. Sie schlafen offenbar in höchst natürlicher, selbstgewählter Lage. Die auf der Seite Ruhende liegt auffallend ganz so, wie die vielen als „liegende Hocker" Bestatteten. Von Rössen bei Merseburg besitzt das Berliner Museum 26 solcher Skelette, die, ohne auseinandergenommen zu werden, mitsamt der Lehmschicht, in die sie gebettet waren, gehoben worden sind, sich also bis heute völlig in ihrer Grablage befinden. Von diesen 26 Toten liegen 20 genau wie die Frau von Hal Saflieni auf der rechten Seite, oft mit der rechten Hand unter dem Kopfe, die Knie hochgezogen. Aus dieser Übereinstimmung dürfen wir unbedingt folgern, daß die Rössener Skelette sich in einer natürlichen Schlafstellung befinden. Ob aber die kleinen Malteser Tonfiguren im Todesschlafe befindliche Personen sein sollen, steht noch dahin. Die auf dem Bauche liegende wäre nicht gerade eine würdige Darstellung einer verklärten Verstorbenen. H. Thiersch möchte deshalb in ihnen Gestalten sehen, die an geweihtem Orte die Nacht im Inkubationsschlafe verbringen, um über sorgenvolle Fragen Aufklärung zu erhalten. Der Gedanke ist fein und ansprechend, nur braucht, meine ich, das unterirdische Kammergewirr von Hal Saflieni deshalb nicht ein „Heiligtum", eine Götterstätte zu sein: an den Ahnengräbern woben die Geister, von denen der Lebende Hilfe hofft.

Die völlige Nacktheit der Hagiar-Kim-Figuren entspricht ebenso wie ihre Fettleibigkeit noch dem Zustande derer von Laussel. Die Tracht der Hal-Saflieni-Figuren, bei der der ganze Oberkörper nackt bleibt, begegnet auch im kretischen Kreise noch häufig, so auf dem großen Goldring aus Mykene (Abb. 182a) und auf Inselsteinen. In Rundfiguren, wie den Schlangenfrauen, und in Wandgemälden herrscht dagegen ein Mieder, das in einer uns höchst raffiniert erscheinenden Weise die Brust frei läßt. Schon damals brachte, wie heute, die Mode es mit sich, daß bald dieser, bald jener Teil weiblicher Schönheit herausgestellt werden sollte.

Auch diese Entwicklung sehen wir vom Westen nach dem Osten laufen: vom paläolithischen Südfrankreich über Malta und Kreta nach Mykene; und wir sehen sie verbunden mit einer zweiten Eigentümlichkeit, die auch ihre Wurzel in jenem Paläolithikum hat: der großen Fettleibigkeit der weiblichen Gestalten. Die starken Hüften und Oberschenkel haben auch die liegenden kleinen Maltafiguren, und es haben sie diese und jene weitere Figur von Kreta, von Sparta, von Thessalien. Mit Kreta und Mykene aber hört sie schon auf. Das Mieder

[1]) Hoernes, Urgesch. der bild. Kunst[2], S. 211.

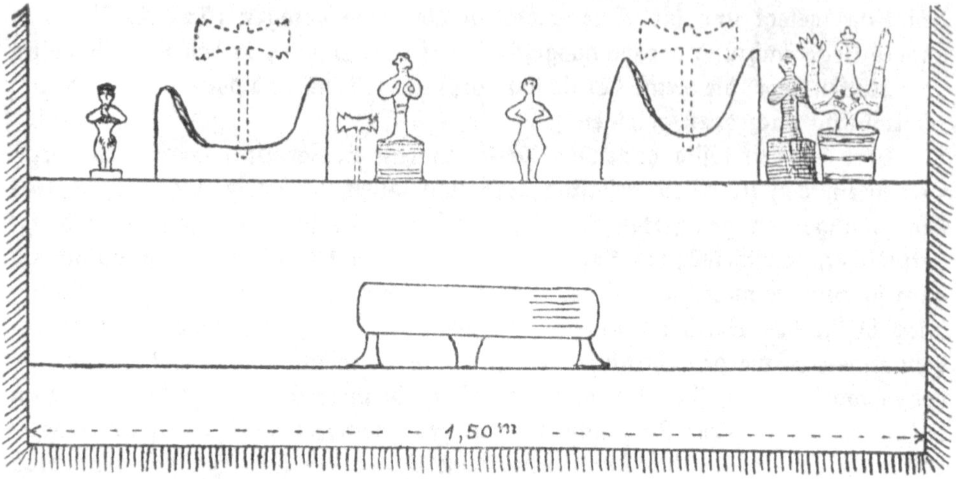

Abb. 57. Kultnische. Knossos.

mit seiner engen Schnürung bringt den Geschmack an einer anderen Linie auf; mit dem Schönheitsideal der gemästeten Frau ist es nun vorbei.

Bei all diesen Figuren, sowohl den aus Pfeilern erwachsenen wie den frei gestalteten, sehe ich keine Notwendigkeit, an Götter zu denken. Jedenfalls sollte man das immer erst tun, wenn die Auffassung als Bilder von Verstorbenen oder Ahnen nicht mehr möglich ist. Die kleinen Sockelbüsten z. B. (Abb. 57) sind in den kretischen Palästen in kleinen Hausnischen gefunden, und diese Nischen haben sicher vorzugsweise, wenn nicht ausschließlich, dem Ahnenkult gedient. Die alte Sitte des Bestattens im Hause gibt dafür die ausreichende Erklärung, dieselbe, die auch schon der alte Römer Varo gegeben hat, wenn er sagt, der Ahnenkult im Hause erkläre sich daraus, daß man früher im Hause bestattet habe. Es fragt sich aber überhaupt, ob nicht aller Kult im Hause nur ein Ahnenkult war und der Götterkult sich im Freien abspielte.

Die Keramik

Die Keramik des alten Mittelmeeres zeigt ein überraschend starkes Fortwirken der westeuropäischen Formen. Weitaus im Vordergrunde steht dabei die „Kielvase" (carèné, carenata), die diesen mangelhaft bezeichnenden Namen nun einmal trägt. Sie zeigt sich überall von der Steinzeit oder beginnenden Metallzeit an und hält sich vielfach durch sehr lange Zeit, in Italien bis weit in die Eisenzeit, in deutlich erkennbarer Form. Die anderen Stücke treten weit weniger häufig auf, aber zur Stelle sind sie alle: der geschweifte Becher und der Tulpenbecher, der Pokal und die kleine konische Tasse und der große eiförmige Pithos.

Je weiter nach Osten wir all diese Formen antreffen, um so mehr sehen wir sie fortentwickelt, mit allerhand praktischen neuen Zutaten ausgestattet. Zuerst ist es ein Standring oder ein höherer Hohlfuß, den sie sich zulegen, und dann ein

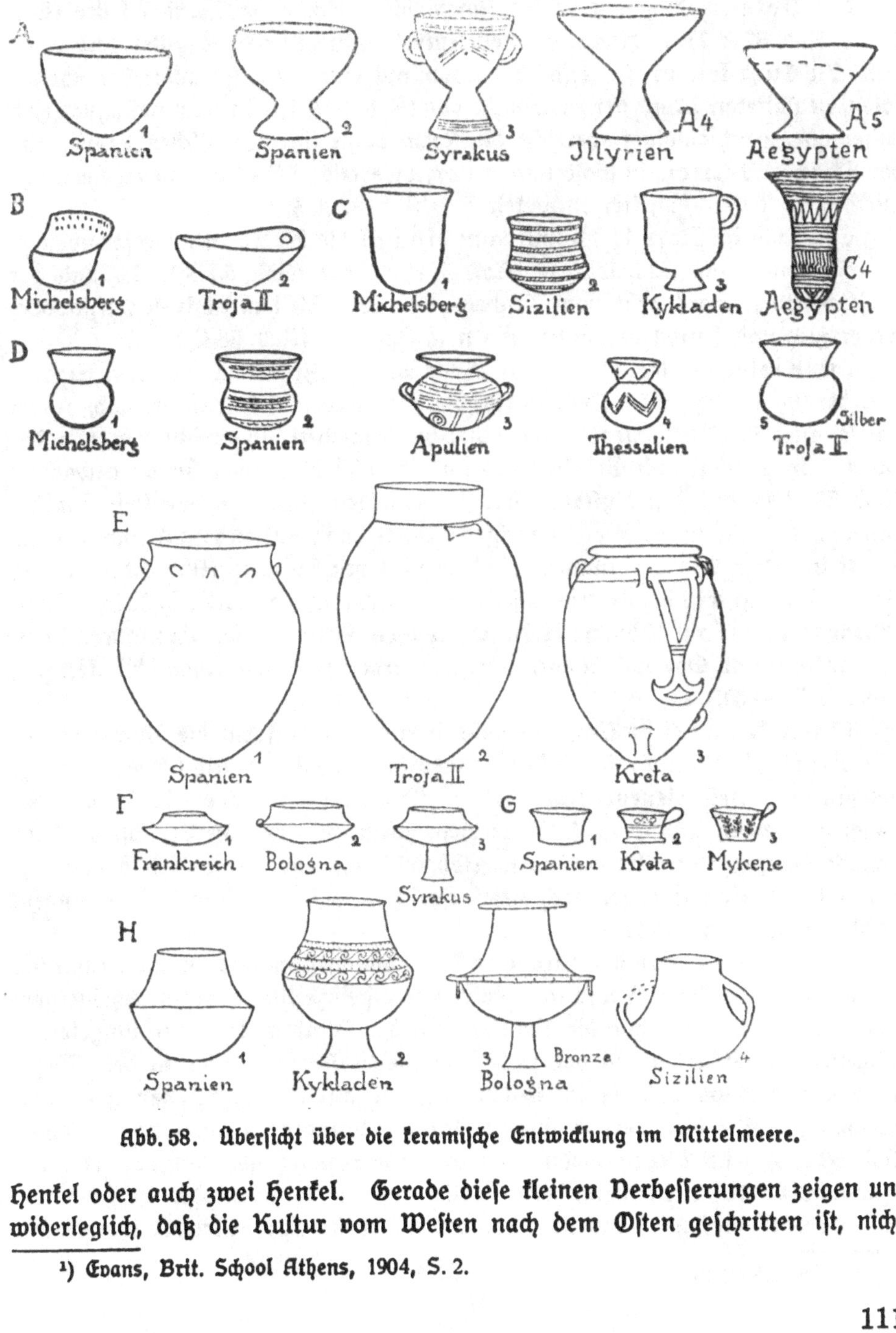

Abb. 58. Übersicht über die keramische Entwicklung im Mittelmeere.

Henkel oder auch zwei Henkel. Gerade diese kleinen Verbesserungen zeigen unwiderleglich, daß die Kultur vom Westen nach dem Osten geschritten ist, nicht

[1]) Evans, Brit. School Athens, 1904, S. 2.

umgekehrt. Im Donaukreise werden wir nachher ganz dieselbe Eigentümlichkeit der Sortentwicklung sehen und auch in derselben Richtung.

Der Pokal tritt genau in der Form, die er schon in Spanien hatte (Taf. XII 5, Abb. 82 A 2), in Kreta, auf den Kykladen, in Illyrien, Ägypten und Troja auf. In Troja kommt das erste Exemplar mit einem Henkel unter der schönen roten, geglätteten Ware der II. Schicht vor (Abb. 58A4). In mannigfachster Art, steifer oder geschmeidiger, herrscht die Form dann im mykenischen Kreise, von den Schachtgräbern an, in Gold und in Ton, während in Sizilien eine zweihenklige mit hohem steifen Fuß sich entwickelt hat (Abb. 82 A 3).

Ebenfalls in Troja II kommt dann einmal die Kelle in ausgesprochenem Lederstil wie vom Michelsberge (Taf. XII c) vor (Abb. 58 B 1, 2), und der „geschweifte Becher" geht vom Michelsberge über Sizilien nach den Kykladen, wo er Fuß und Henkel bekommt, und nach Ägypten (Abb. 58 C 1—4).

Die Kielvase, die es schon in Spanien und Frankreich in allen Stadien von der hohen schlanken Becherform bis zur flachen Schalenform gab, findet sich so auch im Mittelmeere, und zwar in denselben Abwandlungen wie der Pokal. In Sizilien und Griechenland sind ihr schließlich zwei Henkel gewachsen (Abb. 58 H 4), auf den Kykladen hat sie denselben etwas geschweiften Hohlfuß erhalten, den der in Spanien erwachsene Pokal schon aufwies; auf Syros ist sie so fast in jedem Grabe gefunden, dicht verziert mit Spiralen (Abb. 58 H 2). In Bronze übersetzt tritt sie als großes schlankes Stück, amphorenartig in der italischen Villanova-Kultur auf (Abb. 58 H 3). Die flachere Form des Gefäßes kommt schon in Frankreich und Oberitalien vor, in Sizilien erhält sie einen hohen schlanken Fuß (Abb. 58 F 1—3).

Weiter begegnen in Troja und als dortige Sonderform die Michelsberger „Trichterbecher", nun in Silber ausgeprägt, wohl als Mischkrüge auf der königlichen Tafel dienend (Taf. XL 1, Abb. 58 D 5). Die Zwischenglieder zwischen Spanien und Troja sind für diese Form spärlich. In Thessalien ist ein bemaltes Gefäß ihrer Art gefunden (Abb. 58 D 4), und in Apulien haben sehr viel später die Canosa-Vasen noch dieselbe geschnürte Form mit weitabsperrendem Halskragen (Abb. 58 D 3).

Der Pithos, der an den Siretschen Ausgrabungsstätten so oft zur Bestattung benutzt war (Abb. 58 E 1) und in gleicher Form steinzeitlich auch am Rheine vorkommt, nur hier noch ohne die Knubben auf der Schulter, die einen umgelegten Tragestrick halten sollen, ist der Vater der vielen Vorratsgefäße in den Magazinen von Knossos und Troja, denen auch die ältesten ägyptischen ganz entsprechen [1]). Ein besonders schönes Stück mit Kamares-Malerei von Phaistos (Abb. 58 E 3) zeigt die Knubben oben in derbe Schnurhenkel umgewandelt und ebensolche Henkel auch im untersten Teile angebracht, genau da, wo schon bei Michelsberger Gefäßen zuweilen Schnurösen sitzen. Die Malerei macht, wie

[1]) Mosso, Origini, S. 14.

nirgend sonst, die Bestimmung der Henkel klar. Ein breites Band zieht sich durch die oberen und fällt auf beiden Seiten zwischen zweien von ihnen herab. Hier ist es zusammengedreht und trägt an seinem Ende einen halbmondförmigen Griff. Damit ist deutlich gemacht, wie solch ein Pithos von zwei Leuten getragen werden konnte. Es gibt auch aus verschiedenen Funden halbmondförmige Gegenstände aus Ton und Stein und Knochen, an ihren Enden durchbohrt, die man nach jener kretischen Pithosmalerei nun als Traggriffe bestimmen kann.

Die Carenata-Vase hat wie keine andere Form des Altertums gewuchert. Auch nördlich der Alpen tritt sie auf: in den Pfahlbauten der Westschweiz, in der Aunjetitzer Kultur, und wo man ihr immer begegnet, kann man sicher sein, südlichen Einfluß vor sich zu haben. Auf dem gallischen oppidum Bibracte findet sie sich noch, und mit ganz gleicher „eingeglätteter" Verzierung sogar in den weimarischen Fürstengräbern der merowingischen Zeit.

Schließlich ist ein in der El Argar-Kultur nur spärlich auftretender kleiner Becher (Abb. 58 G 1), unten zylindrisch, aber oben ausschweifend, im Osten sehr zu Ehren gekommen. Er begegnet uns wieder unter dem Silbergerät in Troja, sodann in Kreta im Kamares-Stile, wo er schon, wie die vielen anderen Formen, einen Henkel erhalten hat (Abb. 58 G 2); schließlich wird er ganz gewöhnlich, in Gold wie in Ton, in Mykene (Abb. 58 G 3). Auch unter dem mykenischen Geschirr auf ägyptischen Darstellungen befindet er sich.

In diese Mittelmeerwelt von geschlossen westlichem Charakter bricht nun auf einmal wie eine Glutwelle ein ganz anderer Stil und überschwemmt den südöstlichen Teil von Italien: Apulien, Kalabrien und Sizilien mit einer hellgrundigen, braunrot bemalten Keramik. Es herrscht heute Einigkeit darüber, daß sie bei der Valona-Enge über die Adria gekommen ist aus den Balkan- und Donauländern. Die Formen erinnern an die dortige Bandkeramik und nordische Ausläufer (Schulteramphoren). Die Verzierung verwendet teils die von dort bekannte Spirale, teils die großzügigen Korbflechtmotive, wie sie Böhmen, Mähren und Laibach haben und die sich durchaus unterscheiden von den zierlichen feinmaschigen Streifen und Bändern, die oft um die spanischen, sardinischen, Altmalteser Töpfe gelegt sind (oben Abb. 24). Die Kultur der besterforschten Stätten von Molfetta und Matera bei Bari sind noch rein steinzeitlich, in Sizilien geht die „1. Sikulische Periode" dieser Vasenmalerei schon in die Metallzeit hinüber, sie entspricht Troja II. In Sizilien hat sich mit dieser Keramik ein rechteckiges Haus gefunden, das ganz herausfällt aus dem sonst herrschenden Kreise der Rundhütten. Es ist von Orsi schon 1907 bei Girgenti ausgegraben, mißt rund 6:4 m und hat nicht bloß an seinen vier äußeren Ecken Pfostenlöcher, sondern eine Reihe von solchen zur Abtrennung eines Vorraumes in etwa ein Drittel der Größe des Ganzen. Es ist das Haus, das wir als Typus des Nordens kennenlernen werden[1]).

[1]) Das Haus bei Ebert Reallex unter „Canaletto", die Keramik unten in Abb. 114.

In Malta sind nur einige Splitter dieser bemalten Keramik zu erkennen, nach Westitalien oder Sardinien ist sie gar nicht gelangt. In anderer Technik aber, nämlich der alten Ritzart, hat die neue Spiral- und Bogenbandverzierung

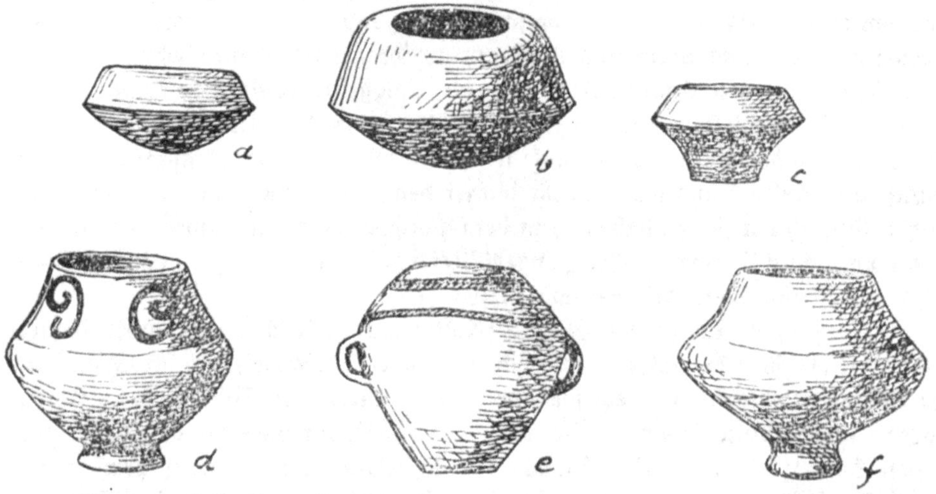

Abb. 59. Malta-Keramik. Mittelländische (a b c) und nordische Formen (d e f). Nach Zammit.

auf Malta sehr stark Fuß gefaßt und zu eigenartiger Entwicklung geführt, und dazu findet sich auch eine Amphorenform, die es bis dahin im ganzen Mittelmeere noch nicht gab. Es ist die Form mit stark ausladender gewölbter Schulter und abgesetztem hohen, nach oben konisch zulaufenden Halse. Auch nach unten verjüngt sich das Gefäß stark nach der schmalen Standfläche hin. Diese „Schulteramphore", wie ich sie nennen möchte, die jedem Prähistoriker als eine Hauptform der Hallstattzeit vertraut ist, hat sich schon in der Steinzeit aus dem nordischen Kreise heraus entwickelt und ist dann besonders an der unteren Donau in Serbien, Bulgarien, der Dobrudscha beimisch geworden. Im Mittelmeere zeigt sich ihre Form kaum je so klar wie in den wohlerhaltenen Malta-Exemplaren. M. Mayer hat sie aber auch aus einem großen Scherben für Matera erkennen können (Abb. 59 d f) [1]).

Die Schultervase spielt als nordisches Element eine ähnliche Rolle wie die Kielvase als west- und südeuropäisches. Sie zieht sich durch viele Perioden, und wo sie auftritt, zuweilen wie nach langem unterirdischen Laufe, kann man immer mit nordischem Einschlage rechnen. Als sie mir 1917 in Cernavoda in den Häusern mit bemalter Steinzeitkeramik entgegentrat, habe ich tagelang geglaubt, eine neue Gattung von Hallstattscherben vor mir zu haben, bis sich dann die volle Zusammengehörigkeit des Häuserinventars ergab.

[1]) M. Mayer, Molfetta und Matera 1924, S. 271, Abb. 72.

Abb. 60. Keramik von Latronico und Ripabianca. Nach Mon. Linc. 24.

Die besagte Ritzkeramik, in der auch Mäander sich zeigen — ganz wie an der Donau! — ist etwas später über die Adria gekommen als die bemalte Keramik, erst in der beginnenden Bronzezeit. Mehrfach konnten ihre Hütten nachgewiesen werden, die wieder im Gegensatz zu den altitalischen viereckig sind, kleine Räume von 4: 3 m, aus Holz und Lehm errichtet. Das Wichtigste an dem Auftreten dieser Spiralkeramik in Italien ist nun die Art ihrer Verbreitung. Sie ist zuerst beobachtet worden bei Matera in Apulien, dann kamen die Pertosa- und Zachito-Grotte am Golf von Salerno hinzu, nicht weit davon die Grotte von Latronico bei Lagonegro (Abb. 60). Zurück ging's östlich nach Coppa Nevigata und dem Vibrata-Tal (Abruzzen). „Allmählich hat sich der Fundbereich so ziemlich über das ganze östliche Küstengebiet, soweit es erforscht worden, ausgedehnt und scheint erst, den Rändern des Gebirges folgend, landeinwärts bei Bologna und Crespellano seine Grenze zu erreichen" [1]). Mit dem Bogen von Salerno südwestlich Neapel über die Abruzzen nach Bologna umkreist die Grenze gerade das etruskische Gebiet, das also von der neuen aus den Donauländern gekommenen Kultur nicht behelligt wird. Wieder ein Moment, wie mir scheint, das helfen kann, die spätere isolierte Stellung der Tusci in Italien zu erklären!

Daß im östlichen Mittelmeere aus demselben Donau-Balkangebiete einer oder mehrere große Zuströme gekommen sind, die man als die Indogermanisierung Griechenlands betrachten darf, ist eine oft behandelte und heute bereits im wesentlichen geklärte Sache. Der nordische Hausgrundriß mit dem Herdsaal

[1]) M. Mayer, Molfetta und Matera 1924, S. 272 f.

und der Vorhalle tritt schon in Troja I auf. Er erklärt sich dort durch den illyrisch-thrakischen Charakter, den die Keramik von Troja I aufweist, und der in Troja II von den einheimischen Elementen wieder überwunden wurde. Über Thessalien,

Abb. 61. Mit Spiralranken verzierter Sockelstein, rechte Hälfte. Gigantia auf Gozo. Nach Abklatsch ca. 1/8.

Orchomenos-Chaeronea läßt sich dann aber die Malerei der Tripolje-Keramik bis ins Mykenische verfolgen. Diese trojanisch-mykenisch-homerischen Verhältnisse werden wir fruchtbringend erst erörtern können, wenn wir den nord- und mitteleuropäischen Kreis behandelt haben.

Die Ornamentik

Was wir aus der Steinzeit und dem Übergange zur Bronzezeit im Mittelmeere kennenlernen, ist noch rein technisches Ornament, d. h. es ist aus Motiven des Flechtens, Webens, Benähens, Umschnürens hervorgegangen und denkt noch an keinerlei Pflanzen oder Tiere. So war ja schon die Verzierung der spanischen Ciempozuelos-Gefäße eine Nachahmung kleinmotiviger Weberei oder Mattenflechterei. Ihr sehr nahe steht die Ornamentik der Kykladen und die Bahria-Keramik von Malta, ebenso wie die steinzeitliche von Kreta. Auch die Spirale, die sich langsam in dies Gebiet vorschiebt, ist ja, aus dem Flechten und Aufnähen entstanden, noch durchaus technisches, lebloses Ornament. Dann folgt aber ein Umschwung. Wir sehen ihn in Malta sachte beginnen und auf Kreta in kräftiger Auswirkung eine neue Einheit schaffen, den Kamares-Stil. Die

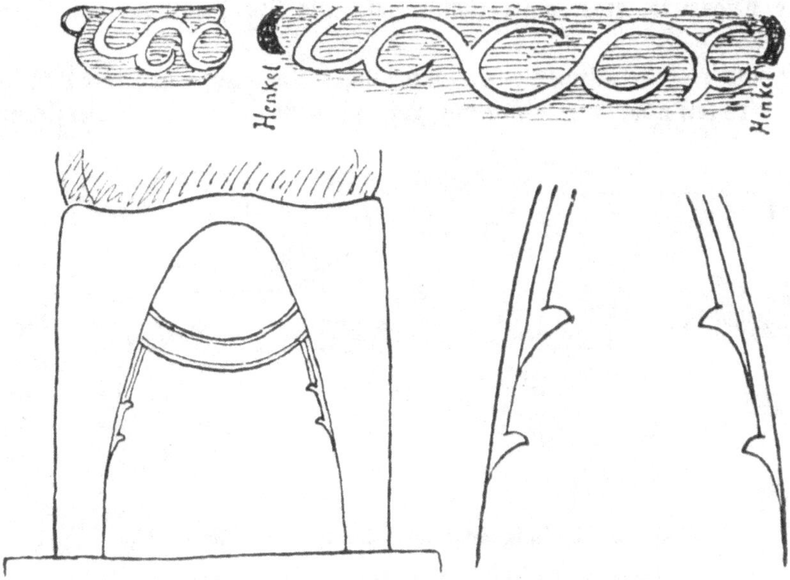

Abb. 62. a Napf aus Kreta, mittelminoisch.
b Steinthron in Knossos mit Sprossenranke.

Spirale und das Bogenband sind es einerseits, das Zickzack- und Fischgrätenmuster anderseits, die von der Umwandlung betroffen werden.

An der Stelle, wo in Hagiar Kim auf Malta die sieben Kalksteinfiguren gefunden sind, stand ein Altar neben einer Nische. An dem Altar steigt vorn in der Mitte ein Zierband auf, das aus der Fischgräte zu einer Ranke mit gegenständigen Blättern geworden ist (Taf. XVIII 2). Diese Ranke findet sich ebenso wieder in der Kamares-Malerei [1]) und nicht minder häufig im mykenischen Stile. Die Nische neben dem Altar ist an ihrer Rückwand mit zwei hängenden Spiralen geschmückt, die symmetrisch gegeneinander stehen. Sie sind in reiner Linie geführt, zwischen ihren Ausgangspunkten befindet sich aber ein eiförmiges Gebilde wie ein Tannen- oder Palmzapfen. Es scheint, daß sie aus ihm hervorwachsend gedacht sind und daß also doch schon eine vegetabilische Anknüpfung im Spiele war [2]).

In der Gigantia auf Gozo finden sich auf einem Sockelsteine zwei Reihen fortlaufender Spiralen übereinander (Fig. 61). Bei ihnen ist jedesmal in den zwischen den Rundteilen verbleibenden Zwickeln ein kleiner hakenförmiger Sproß angebracht, ein Zeichen, daß man mit dem Gedanken an eine keimende Ranke spielte. Auch hierfür gibt es auf Kreta ein Beispiel: an dem Throne im Knossospalaste, und zwar an der Front des Sitzes, haben die zum Spitzbogen aufsteigenden

[1]) Dussaud, Civilisations préhelléniques[2], S. 207.
[2]) Evans, Brit. School Athens 1903, 125.

Reliefstäbe beiderseits zwei ganz ebenso geformte Sprossen wie jene Spiralen (Abb. 62).

Öfter und weit deutlicher findet sich solches Ausblühen der alten Spiralen in den eingeritzten oder auch einfarbig (rot auf gelb) aufgemalten Verzierungen

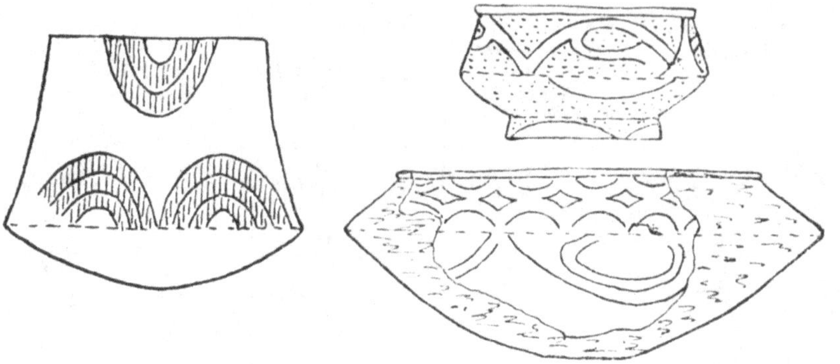

Abb. 63. Gefäße mit eingeritzten Bogenlinien, Malta, $^1/_5$.

der Tongefäße. Abb. 63 zeigt Gefäße, die noch mit einfachen Bogenlinien verziert sind. In ihrer Form spricht sich die alte „Kielvase" aus mit scharfem Knick in der Wandung, die herrschende Form der Malta-Keramik. Bei den Gefäßen a und b sehen wir noch rein geometrische Bogen- und Gittermuster, bei c zweigt aber von dem Bogen schon ein Ast ab: wir haben den Übergang zur Ranke.

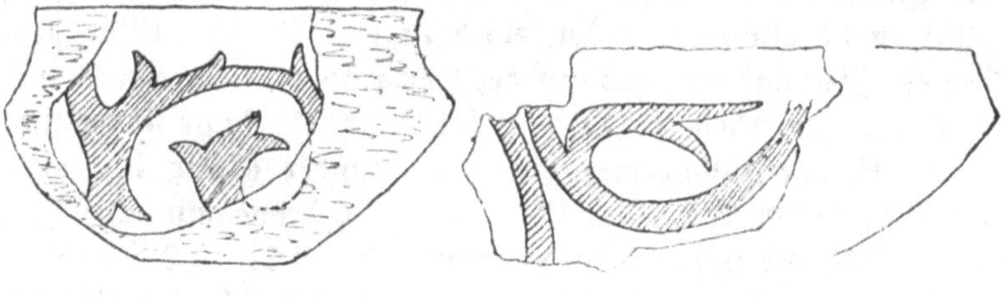

Abb. 64. Gefäße mit sprossenden Ranken. Malta. $^2/_3$.

In Abb. 64 gehen die Bogen- oder Spirallinien stark ins Pflanzliche über. Die Bänder lassen öfter die Bahn der Spirale nur noch schwach erkennen, sie endigen dünn und senden an verschiedenen Stellen lange Triebe aus [1]). Ganz eigenartig ist die Spiralverzierung angeordnet in dem Deckenmuster einer rechteckigen Grabkammer von Hal Saflieni, das ich 1913 dort kopiert habe (Abb. 65). Derbe Linien wachsen wie Bäume gerade empor, und von ihnen zweigen seitlich abwechselnd links und rechts erst kräftigere und nach oben zu zierlichere Spiralen ab. Zwischen ihnen sind öfter dicke runde Scheiben auf den Grund gemalt.

[1]) Annals of archaeology and anthropology III (Liverpool 1910), Taf. X f.

Man fragt sich, ob damit etwa Früchte, wie Äpfel, gemeint sein könnten. Sie scheinen aber nach ihrem anderweitigen Vorkommen in dieser Kultur nur zur Raumfüllung zu dienen.

Abb. 65. Deckenmalerei in Rot aus einer Grabkammer in Hal Saflieni, Malta, ca. 1 : 40.

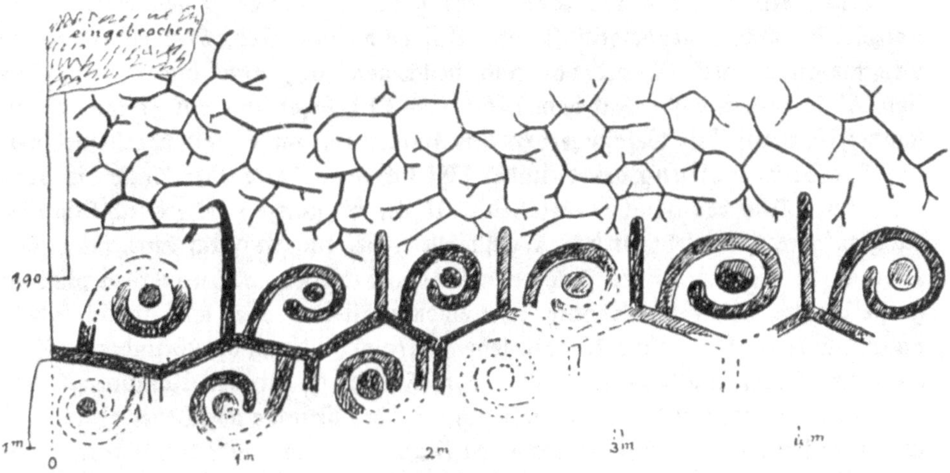

Abb. 66. Deckenmalerei in Rot aus einer Grabkammer in Hal Saflieni, Malta.

Die Deckenmalerei eines anderen Raumes in Hal Saflieni (Abb. 66) hat als untere Borte eine geknickt verlaufende Linie, von deren ausspringenden Ecken jedesmal Spiralen abgehen, die sich um große runde Punkte rollen. Dieser große Punkt ist „Das Auge der Spirale", dessen Entwicklung in der Bandkeramik und besonders der bemalten Keramik der Balkanländer wir nachher kennen lernen werden. Das Hauptmuster der Decke ist eine Art weiten Netzes, in dessen Maschen aber immer kurze Linien einspringen. Das Muster ist ziemlich genau das einer mykenischen Vase von H. Triada[1]), das wohl ein wirkliches Netz mit darin gefangenen Purpurschnecken sein soll, während die einspringenden kurzen Linien Fadenenden wären, die von den Knüpfstellen ausgehen.

Abb. 67. Verzierte Steinblöcke aus Malta. Nach Zammit.

Neue, erst während des Weltkrieges gemachte Funde zeigen diese Malta-Spiralik in noch vollendeterer Form. Auf dem Block Abb. 67 a schweben dem Ornamentiker zwei Bäume vor und bestätigen, daß auch die Deckenmalerei Abb. 65 so gemeint ist. Auf dem Block Abb. 67 b sehen wir ein Ziermotiv vollständig, das auf den Gefäßscherben uns immer nur in Teilen überliefert war.

Die Punktfüllung des Grundes läßt sich von Malta über Kreta bis Troja verfolgen. Wie bei manchen Gefäßen in Malta die ganze Fläche durch Schraffierung aufgerauht, belebt wird [2]), so geschieht es bei andern durch Eintiefen runder Punkte oder Eindrücken des Fingernagels [3]); bei wieder andern werden plastische große Punkte, wie flache Knöpfe, in Reihen gegliedert oder auch wild durcheinander aufgesetzt [4]). Solche Knöpfe sehen wir zur Füllung des Grundes zwischen anderem Zierat auf einigen Pithoi von Knossos [5]), in der Kamares-Malerei finden sie sich auf Bändern, um diese stofflich vom Grunde abzuheben [6]), in Troja auf einer kleinen Tonbüchse in derselben Malerei rot auf gelbem Tongrunde, wie sie in Kreta in diesem Stile herrscht. In Malta sind auch ganze Steinflächen der großen Palastbauten mit kleinen eingetieften Punkten bedeckt (vgl. oben Taf. XVIII 2, Altar); offenbar sollte auch hier durch Belebung der Fläche ein stofflicher, warmer Eindruck, wie etwa eines wolligen Knüpfteppichs hervorgerufen werden.

[1]) Mosso, Escursioni, S. 116.
[2]) Annals of archaeology and anthropology III (Liverpool 1910), Taf. II.
[3]) Ebd., Taf. I. [4]) Ebd., Taf. V f.
[5]) Evans, BSA 1904, S. 12. [6]) Evans, BSA 1902, S. 17—120; 1905, Tafel.

Wir begegnen derselben Erscheinung wieder bei den anscheinend kultischen „Schalensteinen" in Schleswig-Holstein.

Die Hal Saflieni-Keramik ist gelegentlich schon zur Darstellung von Tieren

Abb. 68. Kamaresgefäße aus Kreta. Nach Evans.

fortgeschritten; auf einer Schüssel sind einige Ochsen mit großen geschweiften Hörnern recht unbeholfen eingeritzt, im Stil ähnlich wie später auf Bronzegürteln des Kaukasus [1]).

Auf Kreta hat sich eine ganz ähnliche Entwicklung vollzogen, nur ist sie zu viel eindrucksvollerer Kunst gediehen. Die Kamares-Malerei, genannt nach der Örtlichkeit am Fuße des Ida, wo sie zuerst in größerer Menge gefunden ist, stellt diese Entwicklung dar. Ihr Wesen ist nichts anderes als das Lebendigwerden des linearen Ornaments. Das mag die kleine Reihe von Beispielen, die wir abbilden, veranschaulichen. Oben ist schon ein Pithos erwähnt, der in Form und Henkelverteilung dem mit aufgemalten Tragbändern (oben Abb. 58 E 3) ganz gleich ist (Abb. 68 b). Als Verzierung trägt er zwischen den oberen Henkeln große Kreise, in die je vier Bogen aus Doppellinien eingehängt sind. Bei einem andern oft abgebildeten Exemplar (Abb. 68 c) stehen als Hauptornamente ebenfalls große Kreise zwischen den Henkeln. Sie sind aber statt der vier Bogengruppen mit vier Spiralen gefüllt, die miteinander seitliche Verbindung haben. Von der oberen zur unteren läuft querüber noch eine geschwungene Verbindungslinie. In den Zwickeln zwischen den vier Spiralen wächst jedesmal ein zackiges Blatt, zu dem wohl der Palmfächer Pate gestanden hat, nach außen heraus. In die nach der Mitte zu noch verbleibenden Lücken sind kleine drei- oder vierzackige Sternchen eingestreut.

[1]) Annals (Liverpool 1910), Taf. XV. = Hoernes, Urgesch. d. bild. Kunst[2], S. 351.

Noch einen Schritt weiter führt uns das in seiner höchst reizvollen Verzierung geradezu berühmt gewordene Gefäß Abb. 68 a. Es ist ein zweihenkliger bauchiger Topf. Die Verzierung ist zwischen den Henkeln wieder einheitlich eingelegt, und man erkennt unschwer, daß ihr dieselben vier Spiralen, die wir eben betrachtet haben, zugrunde liegen; sie sind aber zu Kreisen geworden, die sich um ein sphärisches Viereck legen, und der obere Kreis ist durch den Gefäßausguß zerschnitten. In die Kreise sind je vier oder fünf Sternchen geworfen. In dem Mittelviereck haben die Sterne einen dicken Kometenschweif erhalten, mit dem sie nach links rotieren. In den äußeren Zwickeln zwischen den vier Kreisen aber entwickeln sich wieder Palmblätter, nur sind es hier je zwei, die aus einem halbrunden Polsterknoten hervorwachsen. Das Ganze ist in lebhafter weißer Farbe mit spärlicher Verwendung von Gelb und Rot auf schwärzlichen Grund gemalt.

So phantastisch diese Verzierung anmutet, so hat sie doch eine festere Struktur als das einfache Spiralgeschlinge auf dem vorigen Gefäße. Das kommt daher, daß sie von der Mitte aus entworfen ist in der Art, wie in flechtender oder häkelnder Handarbeit ein rundes Stück geschaffen wird.

In solchen Beispielen offenbart sich der Charakter des Kamares-Stiles. Er führt die überkommenen einfach-geometrischen Verzierungen in allerhand pflanzliche Andeutungen hinüber, geht aber nie so weit, das Pflanzliche wirklich naturgetreu darzustellen. Es sind niemals echte Palmwedel, die aus seinen Zwickeln wachsen, sondern immer nur Anklänge an sie, und was die Sternchen mit und ohne Schwänze etwa bedeuten könnten, ist dem Künstler ganz gleichgültig. Das Ganze ist ein Linienspiel, ein neckisches Spiel, das dem Beschauer etwas vorgaukelt, aber nichts zu greifen gibt. Es ist nichts Wirkliches dargestellt und nichts will etwas bedeuten. Alles ist Linie, Rhythmus, Farbe; es ist Musik, nicht Poesie. Dies ätherische Wesen begegnet sich mit vielem in der modernen Kunst und deshalb hat es in unserer Zeit so viel Anklang und begeisterte Bewunderung gefunden. Es hat eine Parallele im Rokokozierwerk, wo auch mit vielem gespielt und nichts handgreiflich gegeben wird. Und am verwandtesten wohl ist ihm die „Tierornamentik“ der Völkerwanderungszeit, die mit Köpfen und Füßen und Schwänzen allerhand Liniengeschlinge lebendig zu machen vorspiegelt und dann jedem Deutungsversuche doch gleich wieder ausweicht. Als Gegenstück zu dieser Tierornamentik kann man die Kamares-Malerei eine P f l a n z e n o r n a m e n t i k nennen.

Der Kamares-Stil ist Kreta eigentümlich. Er hat seine Vorstufen in Malta, aber Kreta hat ihn zur Vollendung gebracht. Nirgend im Norden, Osten oder Süden sind Anzeichen für seine Vorbereitung vorhanden. Wohl aber sind fertige Kamaresstücke nach verschiedenen Richtungen hin gewandert, und besonders wertvoll sind solche Funde in Ägypten geworden, weil sie hier zwischen fest datiertem einheimischen Materiale aufgetreten sind, nämlich in solchem der XII. Dynastie, d. i. der Zeit von 1900—1800 v. Chr.

Fünftes Buch

Ägypten und Etrurien

Die Ägypter

Die Ägypter sind ein hamitisches Volk mit semitischer Sprache. Die Sprache muß von Babylonien oder Ostarabien stammen. Es wird deshalb angenommen, daß in sehr früher vordynastischer Zeit unternehmende Kolonisten von dorther

Abb. 69. Ägyptische Keramik der Frühzeit. Nach Al. Scharff.

über Nubien eingedrungen sind und dem Nillande ihre Sprache aufgezwungen haben. Erhebliche Übereinstimmungen finden sich auch sonst zwischen der ägyptischen und der babylonischen Kultur: der Sonnenkult, eine Reihe gemeinsamer Gottheiten, die riesige Pyramide als Götter- und Menschengrab, der Glaube an eine Insel der Seligen. Aber auf der anderen Seite erinnert manches an die alte Kultur des westlichen Mittelmeeres und das ihr zugrunde liegende Paläolithikum. Das Land wird ja nicht menschenleer gewesen sein, als die arabischen Kolonisten ankamen; es könnte also von der Urbevölkerung her sich dieser oder jener Zug erhalten haben.

Freilich sind auf den Ägypten vorgelagerten Inseln und auf dem griechischen Festlande paläolithische Funde bisher nicht aufgetreten. Man hat sich gefragt, ob diese Landstriche in der frühen Zeit etwa tiefer gelegen hätten, vom Meere überdeckt gewesen wären. Aber in Malta und Sizilien treten die Geräte der älteren Steinzeit auf in einer Lage, daß man sieht, das Meer hat damals kaum anders gestanden als heute, und auch in Griechenland sind keine Anzeichen für eine starke Niveauveränderung vorhanden. Es ist also das Land schon dagewesen, aber es wird noch nicht bewohnt gewesen sein, weil es durch Urwald unzugänglich war.

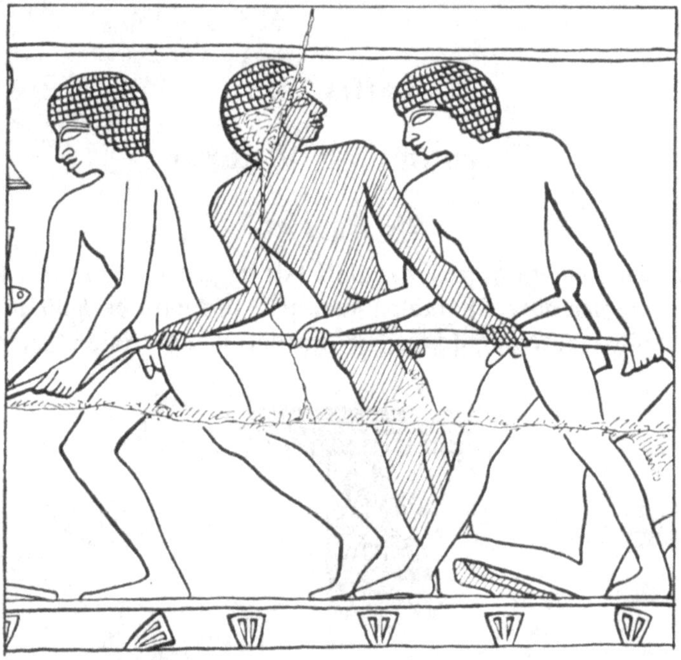

Abb. 70. Männer ein Netz ziehend. Nach L. Curtius.

Das Paläolithikum erstreckt sich im Mittelmeere über Sardinien nach Italien, Sizilien und Malta; schon auf Kreta versagt es. Dafür zieht es aber stark fühlbar am Nordsaume von Afrika hin und gelangt so nach Ägypten. In Nordafrika haben wir für jene Zeit mit ganz anderen Boden- und Himmelsverhältnissen zu rechnen als heute. Im Hinterlande von Algier und Tunis liegen auf der Oberfläche der jetzigen Wüste die schönsten Werkzeuge von Acheuléen- und Moustérien-Charakter. Es müssen in jenen Landstrichen damals noch die großen Flüsse lebendig gewesen sein, deren System mit der Mündung in den Busen von Tunis wir heute noch an den toten Adern erkennen können. Auch in neolithischer Zeit sehen wir immer noch die Kultur von Westeuropa an der afrikanischen Küste ausgebreitet. Leo Frobenius hat zahlreiche Felsbilder gefunden. Dolmen wie die französischen enthalten eine rein kürbisförmige Keramik[1]), und Steinhügel mit einer Kammer oder Kiste darin bergen Hockerbestattungen noch bis in die hellenistische Zeit hinein[2]) Bei den Kabylen sind noch heute Stengelbecher in religiösem Ge-

[1]) Museum Périgueux.
[2]) L. Frobenius, Prähist. Ztsch. VII, 1915, „Der kleinafrikanische Grabbau".

brauche[1]), und eine geometrisch bemalte Keramik haben die Leute, wie die altkyprische war[2]). Der breite afrikanische Nordrand erscheint geradezu als die Basis der ältesten Kultur des Mittelmeeres.

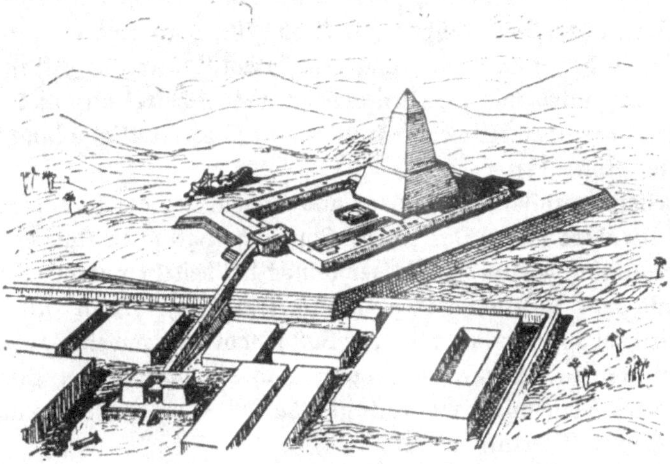

Abb. 71. Heiligtum von Abusir. Nach Borchardt.

So kann es nicht wundernehmen, wenn auch Ägypten eine paläolithische Kultur gehabt hat. Rohere Formen hatte schon Seton Karr von dort gebracht, feinere aus verschiedenen Perioden hat Georg Schweinfurth in den Nebentälern des Nil sowie im Hinterlande von Tunis in Menge gesammelt und selbst aufs sorgfältigste bestimmt und veröffentlicht[3]). Mit gewichtigen Äußerungen der Kultur knüpft dann auch in der frühen nachdiluvialen Zeit Ägypten an den Westen an. Es bestattet seine Leichen als liegende Hocker, in Felle eingenäht oder in Tonfässer gepfercht, und mit allen Lebensutensilien für das Jenseits ausgerüstet. Die älteste Keramik von Nubien und Ägypten (Abb. 69) zeigt durchaus die Formen von Westeuropa; wie schon gesagt wurde, braucht sie deshalb nicht als Keramik von dort gebracht zu sein, sondern ahmt nur die Gefäße aus vergänglichem Stoffe nach, die sie mit jenen Gegenden gemein hatte (vgl. oben Abb. 58). Die Keramik fehlt in Ägypten noch in den Muschelhaufen — im Gegensatz zu Norddeutschland. Nachher tritt sie ganz plötzlich auf und entfaltet sich in den Hockergräbern von 5000—3000 v. Chr. Man glaubt, daß in dieser Zeit die von Arabien einwandernden semitischen Stämme die Kunst des Töpfebackens mitgebracht haben. Daher findet sich die älteste Stilstufe auch im südlichsten Ägypten und Nubien, und hat nach dem dortigen Negada ihren Namen.

Die Häuser scheinen zwar in der Regel rechteckig zu sein, aber ein paar

[1]) L'Antropologie 1899, S. 49.
[2]) Revue d'Ethnogr. et de Sociologie II 1911, Taf. XVIIff.
[3]) Ztschr. f. Ethn. 1907, 137—181.

Modelle haben rundliche Grundrisse mit einer Halbkugel darüber. Die Weiber feist wie die Französinnen des Aurignacien, gehen nackt, und die Männer tun es ebenfalls oder haben als einzige Bekleidung einen breiten Bauch- oder Brustgürtel, der noch nichts verdecken, sondern die empfindlichen Weichteile offenbar nur gegen Stoß oder Hieb schützen soll (Abb. 70), ganz wie es mit den Bauch- und Brustgürteln der Männer im jüngeren Paläolithikum der Fall ist (Taf. IX 3, X 1). Das Haar wird wie im Aurignacien vom Scheitel aus in konzentrischen Ringen angeordnet oder fällt bei den Ohren in schwerer Masse lang herab (oben Taf. X 3 und Abb. 11).

Die Obelisken müssen nach Form und Bedeutung die Nachfolger der westeuropäichen Menhirs sein. Das älteste Sonnenheiligtum in Ägypten, das durch die deutschen Grabungen in Abusir gewonnen ist, besteht nur aus einem großen Obelisken mit dem Kultplatze rings herum (Abb. 71). Noch Plinius sagt, die Obelisken seien solis numini dicati, „der Sonnengottheit geweiht". Dem Menhirgedanken entsprechend werden wir dann auch die ägyptischen Pyramiden als Seelenthrone der Abgeschiedenen auffassen dürfen, ebenso wie es noch die Grabsteine im späteren Altertum waren.

Im Kultus sind die Menschen des Aurignacien, die in demütiger Haltung die eine Hand in Gesichtshöhe erhoben und mit der andern ein Opfer spendend dastehen, in Ägypten gang und gäbe geworden. Wie in Laussel offenbar Verstorbene in dieser Weise an den Höhlenwänden abgebildet sind, so haben sich in Ägypten ganze Totenbücher entwickelt, die darstellen, wie die ins Jenseits Gelangten den verschiedenen dort herrschenden Gottheiten ihre Aufwartung zu machen haben.

Die Steinalleen, die im Westen von gangbaren Straßen zu Kultplätzen und Gräbern führen (Abb. 40), sind in Ägypten zu gedeckten Gängen geworden, wie in Abusir[1]), oder zu Bilderalleen wie der mit den Widdersphinxen von Karnak[2]), die jedesmal vom Nil aus zu Grabpyramiden oder Tempeln geleiten.

Die Mastabas des alten Reiches erinnern in ihrer Form an die Hünenbetten des Westens und Nordens, in ihrer Einrichtung mit der Opferkammer vor dem Grabe an die künstlichen Höhlen Frankreichs (oben Abb. 38).

Solche Bauten werden nicht geschaffen, wenn nicht ein felsenfester Glaube vorhanden ist an die Wohltat, die man dem Verstorbenen damit erweist, ein Glaube, daß er die Wohltat voll genießen kann, da er fortlebt so frei und so empfänglich wie nur je zuvor hienieden. Der Glaube an ein seliges Jenseits ist dem Westen schon aus seiner paläolithischen Kultur zugewachsen, da er hier so verbreitet und so festgewurzelt ist wie nirgend sonst. Die Grundlage der ganzen altägyptischen Auffassung vom Tode bildet aber jener Glaube an die Verklärung des Toten, an die Befreiung seiner Seele aus dem engen Grabe: daß sie als Vogel

[1]) Breasted, Geschichte Ägyptens 1910, Abb. 34.
[2]) Ebd., Abb. 128.

herauskommen und in der Sonne sitzen darf, daß sie auffliegt zum Himmel und versetzt wird unter die Sterne, auf selige Inseln [1]). Es tritt uns dies alles in Ägypten so viel stärker und lebendiger entgegen als in Babylonien, daß man fragen möchte, ob nicht auch in diesem Punkte die Urbevölkerung schon vorbereitet war, als die semitischen Kolonisten vom Osten her eintrafen. Solcher Glaube wird nicht übernommen, er wurzelt tief und aus dem Urgrunde erwachsen.

In der späteren Zeit hat Ägypten ebenfalls zuweilen starken Anteil genommen an der Kultur des Mittelmeeres. Kamares-Scherben finden sich in der 12. Dynastie und mykenische zur Zeit Amenophis' IV. in Menge. Die Malereien in den Häusern von Amenophis' Königstadt, realistische Darstellungen von Pflanzen mit Tieren dazwischen, sind ganz wie die kretischen, und auch der Kunst, die am Hofe jenes feinsinnigen Königs erblühte, wird man vergeblich den Zusammenhang mit der gleichzeitigen kretischen absprechen. Sie zeigt so viel Empfindung, so viel feinen Nerv, wie die original-ägyptische weder vor- noch nachher je gehabt hat.

Hier und da treten nordische Schwertklingen auf; eine trägt die Königskartusche von Sethos II., gehört also in das Ende des 13. Jahrhunderts v. Chr. [2]). Zu Anfang des neuen Reiches können wir einen ganzen Streitwagen, den heute im Museum zu Florenz befindlichen, als Importstück aus nördlichen Gegenden, wahrscheinlich dem Kaukasus, feststellen. Seine Deichsel ist aus Ulme, die Räderfelgen aus Esche und die Speichen sind mit Birkenbast an die Nabe gebunden; ebenso das Deichselende mit solchem Bast umwickelt [3]). Das sind Beziehungen, die man alle noch nicht kannte, als man das Dogma von dem ganz auf sich selbst gestellten, aus sich selbst entwickelten Ägypten proklamierte, die heute aber viel Berücksichtigung gefunden haben und von den berufenen Stellen ständig vermehrt werden.

Ein sehr merkwürdiges Kulturstück Ägyptens, das von weittragendem Einfluß gewesen ist, hat sich in seiner Bedeutung uns erst neuerdings erschlossen. Es ist die Form der ältesten Burgen, die dort auftreten. In der Hieroglyphenschrift ist das Zeichen für „Burg" ein Rechteck mit einem kleinen Quadrat darin. Dieser Form entsprechen die Burgen, die die Pharaonen bei Vorschiebung ihrer Grenze gegen Nubien weit oben am oberen Nil bei Abusir in mehreren Exemplaren angelegt haben und die vor kurzem dort ausgegraben sind. Sie gehören in die sehr frühe Zeit der 2. Dynastie um 3200 v. Chr. Jede Anlage zeigt eine rechteckige Umfassung, die größte von 135 : 78 m, und darin einen kleinen starken Bau, zuweilen auch rechteckig, gewöhnlich aber quadratisch (Abb. 72). Das Ganze wirkt durchaus wie eine normannische Burg mit dem quadratischen Wohnturm, dem donjon im Innern. Und in der Tat sind jene ägyptischen Anlagen die Urväter der 4000 Jahre späteren mittelalterlichen Befestigungen. Sie haben sich

---

[1]) Erman, Die ägyptische Religion² (1909), S. 104—110.
[2]) Prähist. Ztschr. IV (1912), S. 233.
[3]) Prähist. Ztschr. IV (1912), S. 447 und Germania XVIII (1934) Heft 4 (Dittmann).

zunächst an der afrikanischen Nordküste ausgebreitet. Die Römer haben sie dort fast genau in der alten Form zur Sicherung ihrer Provinzen angelegt. Sie nennen sie turris und verwenden sie auch wie die Einheimischen zur Sicherung der Guts-

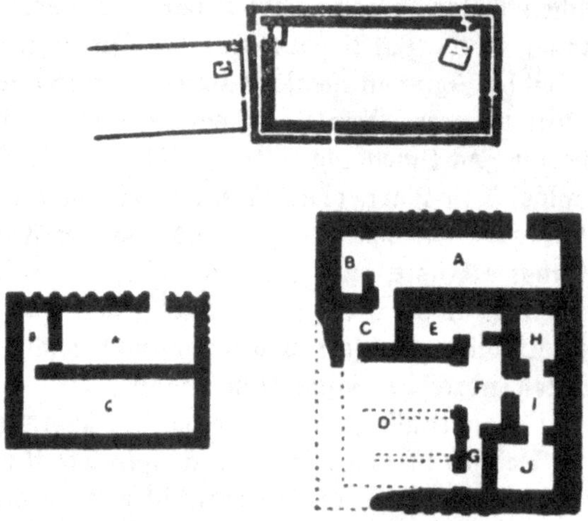

Abb. 72. Die Schlösser von Abydos. 1:5000 und 1:500.

höfe. Hannibal kommt von einer solchen turris aus dem Innern, als er das Schiff besteigen will, um den unaufhörlichen Nachstellungen der Römer zu entgehen. Die Griechen haben denselben Wohnturm schon vielfach verwendet, um Grenzen und Landgüter zu schützen. Xenophon spricht in der Anabasis von der τύρσις eines Landgutes in der Kaikosebene bei Pergamon, die Mittelpunkt eines kriegerischen Abenteuers ist. In einer τύρσις residiert nach Pindar auch Kronos als Herrscher im Jenseitsreiche auf den Inseln der Seligen. P. Kretschmer hat kürzlich festgestellt, daß τύρσις = turris der altmittelländische, „pelasgische" Name für „Burg" ist, während die indogermanische, die große Volksburg mit einem Namen genannt wurde, den die Griechen — als erstes Lehnwort — von den Germanen übernommen haben, nämlich mit πύργος = Burg. So nennt Homer das Schiffslager der Griechen vor Troja, das er dann völlig als eine germanische Volksburg mit holzgebauten Wällen beschreibt.

Die Römer haben den Wohnturm auch am Limes verwandt. Von ihnen haben die Franken ihn übernommen — Karls d. Gr. Königshöfe zeigen es stark — und von den Franken die Normannen. In Norddeutschland aber ist er besonders durch die Deutschordensritter und überhaupt durch die ganze Kolonisation des Ostens verbreitet worden. In der westpreußischen Marienburg ist der quadratische Block des Hochschlosses der zum schönsten Kunstbau entwickelte alte Wohnturm. Im altgermanischen Deutschland aber behält der Herrensitz die angestammte Form bei, das bezeugen die Wartburg, die Feste Koburg und viele hundert andere.

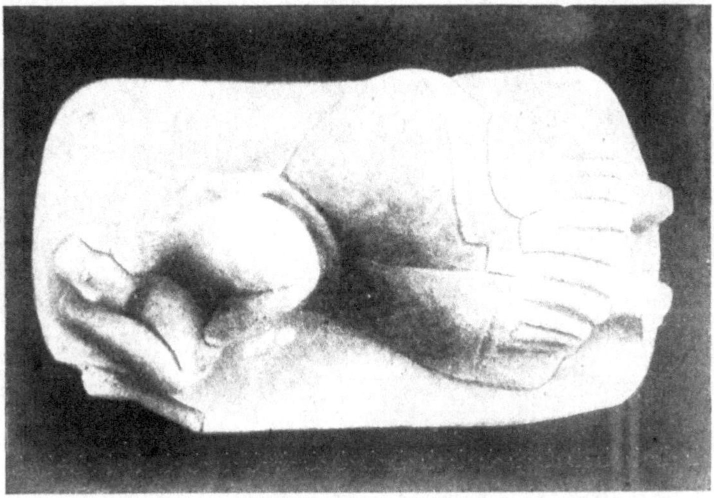

Schlafende Frau

Kleine Tonfigur aus der Grabanlage von Hal Saflieni, Malta. Etwa ²/₃.

Etruskisches Totenopfer. Tontafelbild aus Caere.
Nach Baumeister.

Der Ritt ins Jenseits. Relief von einer Aschenkiste.
Nach Micali.

So gehen bis ins Mittelalter hinein die beiden Linien des großen europäischen Dualismus neben- und durcheinander: das südliche „Schloß" und die nordische „Burg".

Die Etrusker

Über die Etrusker hat man sich wegen ihrer fremden Sprache und mancherlei wunderlichen Sitten von jeher den Kopf zerbrochen. Griechen und Römern galten sie als ein stammfremdes, barbarisches Volk, so wie die Karer den homerischen Griechen. Herodot behauptet (I 94), sie seien aus Lydien gekommen und zwar z. Z. von König Atys, dem Vater des Lydus, d. h. beträchtlich vor 1200 v. Chr., denn bis dahin nur herrschte die Lydus-Dynastie, und weiterhin folgten die Herakliden (Herod. I 7). Ein zweiter Sohn des Atys, Tyrrhenos, habe sie geführt, und nach ihm seien sie Tyrrhener genannt worden.

Diese frühe Zeitbestimmung Herodots soll man nicht übersehen; heute berufen sich manche auf ihn, die die Wanderung erst ins 9. oder gar ins 8. Jahrhundert setzen wollen.

Strabo faßt die ganze Überlieferung des Altertums zusammen, indem er das Pelasgertum, dem die Tyrrhener immer zugerechnet werden, näher bestimmt. Die Pelasger haben nach ihm (V 2, 4) „als Urvolk überall in Griechenland gesessen". Besonders hebt er Thessalien hervor mit dem „Pelasgikon argos", Lesbos, das Pelasgia geheißen habe, ferner Arkadien, die Argolis und Athen, schließlich Lemnos und Imbros. Aus deren Nachbarschaft sei ein Schwarm unter Tyrrhenos, des Atys' Sohne, nach Italien gefahren.

Im Widerspruch zu dieser allgemeinen Einwanderungstheorie erklärt Dionys von Halikarnaß (nach Hellanikos, dem Zeitgenossen des Herodot) die Etrusker für autochthon (I 28 ff.), und Livius (V 33, 11) läßt sie von den Alpenvölkern abstammen: Alpinis quoque ea gentibus haud dubie origo est, maxime Raetiis.

In neuerer Zeit hat mit der alten Herodot-Auffassung zuerst Niebuhr gebrochen. Er nahm an, daß die Etrusker vom Norden, von den Alpen her in ihr historisches Land eingewandert seien, denn in den Alpen finden sich etruskische Inschriften und bei Bologna viele Spuren von ihnen. Mommsen und Helbig haben diese These angenommen, und ihnen haben sich s. Z. Deecke, Martha, Ed. Meyer angeschlossen. Indes die Alpeninschriften erwiesen sich als sehr jung, erst aus dem 2. Jahrhundert v. Chr., und auch bei Bologna zeigte sich, daß die Etrusker in den dortigen Kulturschichten erst die letzte Stelle einnehmen. Auf Lemnos fand sich eine Inschrift in fremdartigem Alphabet und dem Etruskischen verwandter Sprache, auch eine gewisse frühe Keramik dieser Gegenden ähnelte der etruskischen; so kehrte man wieder zu Herodot zurück. Furtwängler (Die antiken Gemmen III 174) und Gustav Körte (bei Pauly-Wissowa „Etrusker") führten, und viele andere folgten. Furtwängler nahm das 10., Körte das 8. Jahrhundert für die

Einwanderung der Etrusker aus der östlichen Ägäis an. F. v. Duhn und G. Karo möchten die Zeit zwischen 850 und 800 ansetzen. Das letzte Glied dieser Gruppe, F. Schachermeyr, will zwei Einwandererwellen erkennen, die erste 1000—950 mit Bestattung, die zweite um 800 mit Verbrennung [1]).

Eine andersartige Auffassung als all diese vertrat schon vor 100 Jahren Otfried Müller in seinem bisher unübertroffenen Buche über die Etrusker. Er hielt sie für „ein Urvolk Italiens", das allerdings aus der Ägäis Zuwanderungen erfahren habe. Und heute ist v. Wilamowitz, soviel ich sehe als einziger, durch ganz anderes Material zu derselben Überzeugung geführt worden. Auf den Forschungen Wilhelm Schulzes [2]) fußend, betont er, daß das Etruskische stark auf die italischen Mundarten eingewirkt hat. „Die Orts- und Familiennamen zeigen in Italien weithin etruskisches Gepräge, auch wo wir gar nicht ahnen, wie Etrusker da hätten hinkommen können. Danach ist es gänzlich ausgeschlossen, daß dieses Volk erst im 8. Jahrhundert an der toskanischen Küste erschienen wäre" [3]). Und an anderer Stelle sagt er über die vielfachen Beziehungen Etruriens zur griechischen Kultur: „Nicht die Etrusker sind im 8. Jahrhundert an der Küste Italiens gelandet und haben sich dann ins Binnenland verbreitet, sondern die Hellenen sind gekommen, und die Etrusker haben ihre Kultur aufgenommen" [4]). Zu dem gleichen Ergebnis kommt soeben (1934) in einer umfassenden Arbeit über die etruskischen Gräber Åke Åkerström. Er meint: „daß die Etrusker etwa als eine ganze Nation in Etrurien eingedrungen seien, glaubt heute wohl niemand" [5]).

Soeben hat Paul Kretschmer erklärt, daß ihm für die Etrusker die kleinasiatische Herkunft zweifelhaft geworden sei und er sie sich wegen mancher Indogermanismen ihrer Sprache lieber als Urnachbarn der Bandkeramiker denken möchte [6]). Und nicht minder bemerkenswert ist die neueste Besprechung der Etruskerfrage durch L. Messerschmidt [7]), den Nachlaßverwalter von v. Duhns großer „Gräberkunde". Er betont, daß die Autochthonen-Theorie nicht zurückzustehen brauche hinter der Einwanderungs-Theorie. Die Unsicherheit der etruskischen Fernbeziehungen, sagt er, „zwingt uns, dieses Volk immer noch nur in engstem Zusammenhange mit dem übrigen Italien zu sehen, in dessen Gemeinschaft und vor dessen Kulturen die Etrusker für uns überhaupt erst sichtbar werden." Und weiterhin führt er an: „Dionys von Halikarnaß berichtet I 28, daß der Lyder Xanthos in seinen Lydiaka in der ersten Hälfte des 5. Jahrhunderts nichts über eine Einwanderung von Lydern nach Italien berichtet. Tyrrhenos

---

[1]) W. Schulze, Zur Geschichte lateinischer Eigennamen. Abh. d. Göttg. Ges. d. Wiss. V 2, 1904.

[2]) v. Wilamowitz, Staat und Gesellschaft der Griechen 1910, S. 11 u. 12.

[3]) F. Schachermeyr, Etruskische Frühgeschichte 1929, S. 159.

[4]) Lit. Central-Blatt, 1906, 262.

[5]) Å. Åkerström, Studien über die etruskischen Gräber, Upsala 1934, S. 190.

[6]) Glotta 28, 1940 S. 275.

[7]) Klio XXXII, 1940 S. 398.

als König wird ebensowenig genannt. Damit ist die Quelle der Erzählung Herodots I 94 von neuem fraglich geworden. L. A. Holland[1]) betrachtet die ausgeschmückte Sage als phokäische Zutat zu einer etruskisch-cäretanischen, an sich wahren Überlieferung: Hungersnot, Flucht, Niederlage seien Motive des eigenen phokäischen Zuges von Kleinasien über Korsika nach Marseille."

Die Frage ist nur im Rahmen der Vorgeschichte des ganzen Mittelmeeres, ja noch unter Hinzuziehung des donauländischen Kreises zu lösen, aber ich will gleich sagen, daß ich auf Grund dieses wiederum ganz andersartigen Materials ziemlich genau auf den Standpunkt von O. Müller und v. Wilamowitz gelange.

Im Mittelmeere besteht eine Urverwandtschaft von Spanien über Italien, Griechenland bis nach Südrußland und dem Kaukasus hin. Die Archäologie kann sie reichlich belegen und gibt damit den Griechen recht, wenn sie aus weitverbreiteter Volksüberlieferung ein einheitliches Urvolk, das sie Pelasger nannten, bis weit nach dem Westen hin annahmen. Aber auch sprachlich zeigen sich immer mehr Zusammenhänge. Es ist darauf hingewiesen, daß das etruskische Cortona dem kretischen Gortyn entspricht, daß Vertumnus, Clitumnus, Volumnius an Methymna und Lepethymnos auf Lesbos anklingen, daß der homerische Name Same für eine der Nachbarinseln von Ithaka in der Ägäis als Samos und Samothrake wiederkehrt. Mit dem etruskischen Zahlwort *huϑ* (= 4?) hat P. Kretschmer neuerdings den Namen der altattischen Tetrapolis Ὑττηνία erklärt.

Im Namen der Etrusker steckt der Stamm turs. Turskum numen sagen die Umbrer für etruscum nomen. Die Griechen haben Τυρσηνοί daraus gemacht und dabei an τύρσις, turris, gedacht, an Leute, die auf hohen Festen wohnen. Sich selbst nannten die Etrusker aber Rasena, wie Dionys (I 30) überliefert.

Es gibt nun einen historischen Hinweis, daß die Etrusker schon viele Jahrhunderte vor 800 in ihrem Lande gesessen haben. In ägyptischen Inschriften werden unter den Seevölkern, die im 13. Jahrhundert Einfälle ins Nilland machten, Turscha, Schardana und Schekelesch genannt. Das sind offenbar die nahe beieinander wohnenden Etrusker, Sardinier und Sikuler, wie verständigerweise auch zumeist angenommen ist (Max Müller, Ed. Meyer 1893, J. H. Breasted). In welche Verlegenheit man kommt, wenn man hiervon abgeht, zeigt der neueste Versuch[2]), der die Turscha für die Leute der nur einmal erwähnten Stadt Tyrrha in Lydien halten will, die Schardana für die von Sardes — was an Shakespeares „Küste von Böhmen" erinnert — und die Schekelesch für die des ebenfalls sehr binnenländischen Sagalassos in Pisidien, von dem Strabo und Ptolemäus schon nicht mehr wußten, wo es gelegen hatte. Die Schardana tragen auf ägyptischen Reliefs auch einen ähnlichen Hörnerhelm wie die kleinen Kriegerfiguren von Sardinien (oben Abb. 51a).

---

[1]) American Journ. of Archaeology 41, 1937 S. 377—382.

[2]) W. Weber in dem sonst ausgezeichneten Aufsatze: „Die Staaten des Mittelmeeres in der Frühzeit des Griechentums". 1925, 44 f.

Im übrigen müssen wir die Archäologie sprechen lassen.

In Italien dauert der Zustand der Steinzeit in vielen Gegenden lange fort, so daß die Rundhütten mit Kürbiskeramik, die Hockerbestattung noch in die Kupfer- und Bronzezeit reichen. In der Kupferzeit sind die Gräber in der Emilia flache Mulden, in Etrurien natürliche Höhlen, in Latium in den Fels gehauene Kammern.

In Süditalien — Apulien und Sizilien — ist schon in der Steinzeit eine Welle mit bemalter Keramik von der Balkanhalbinsel herübergekommen, die wir ohne Frage als indogermanisch anzusprechen haben. Ihre Ornamente sind rein textil. Aber bald darauf kommt die Spiralverzierung nach: auf Gefäße geritzt, an Decken gemalt, auf Steinblöcke gehauen (Malta).

In Norditalien macht sich von der frühesten Bronzezeit an ein Eindringen über die Ostalpen von der ungarischen Donau her (Dolja Dolina) bemerkbar, das Pfahlbauten bringt mit befestigten Siedlungen und eine nördlich beeinflußte Keramik. Die neue Bevölkerung rottet aber die alte nicht aus; deren Siedlungen bestehen weiter und enthalten z. T. die neue Keramik (mit Mondhenkeln), z. T. auch die geritzte mit Bogenbändern und Spiralen vom Balkan. Diese Voluten-keramik ist von Bologna über Imola nach Süden durch die Abruzzen bis Salerno und zurück nach Bari zu verfolgen (oben Abb. 60 und 63).

Nach Etrurien ist von alledem nichts gedrungen, nicht die bemalte Keramik des Südens, nicht die Spiralen oder Mondhenkel von der Donau. Es ist auf der gemeinitalischen Bronzestufe geblieben und zeichnet sich nur aus durch das Auftreten von großen kegelförmigen Zinnknöpfen mit V-Bohrung [1]), zu einer Zeit, wo Zinn nur erst in England, Frankreich und Spanien geholt wird. Es scheint also mehr als das übrige Italien einen Westhandel getrieben zu haben und war durch den Apennin so geschützt, daß es von den verschiedenen Nord- und Osteinflüssen nicht berührt wurde. Es blieb also altmittelländisch — „pelasgisch" würden die Griechen sagen —, während rings umher das Indogermanentum sich immer mehr ausbreitete.

Dann kommt aber die Villanova-Kultur. Sie hat sich nicht einfach bei den Pfahlbauleuten entwickelt, sondern ist durch immer neue Nachschübe von der Donau her zu erklären, denn sie hängt an neuen Fäden, die bis nach Südrußland und dem Kaukasus zurückreichen. Diese Villanova-Kultur — leicht zu erkennen an einer großen Kropfurne, an Schlangenfibeln, an kleinen konzentrischen Kreisen und der Neigung zur Tierornamentik [2]) — hat sich sehr weit in Italien verbreitet. Mit Recht nimmt heute nach Pigorini alle Welt an, daß in den Villanova-Leuten die „Italiker" zu erkennen sind, die die Indogermanisierung Italiens bei den Latinern, Osken, Messapiern vollendet haben. Der Villanova-Kultur gehören auch die vorromulischen Gräber auf dem römischen Forum an. Aber man darf nicht ihr allein die Indogermanisierung zuschreiben und die voraufgegangenen Einströmungen darüber vergessen.

---

[1]) Vom Monte Bradoni b. Volterra (Bull. Pal. Ital. 25. 301.) [2]) Siehe unten Abb. 198.

Diese Villanova-Kultur hat nun auch den größten Teil von Etrurien überschwemmt — mit Ausnahme des Gebirgslandes um den Monte Ammiata, den höchsten und, wie es scheint, altheiligen Berg der Etrusker (1700 m). Die Villanova-Leute bringen die Leichenverbrennung mit. Aber in Etrurien wird die Verbrennung unter dieser neuen Kultur doch keineswegs allgemein. Es gibt reich

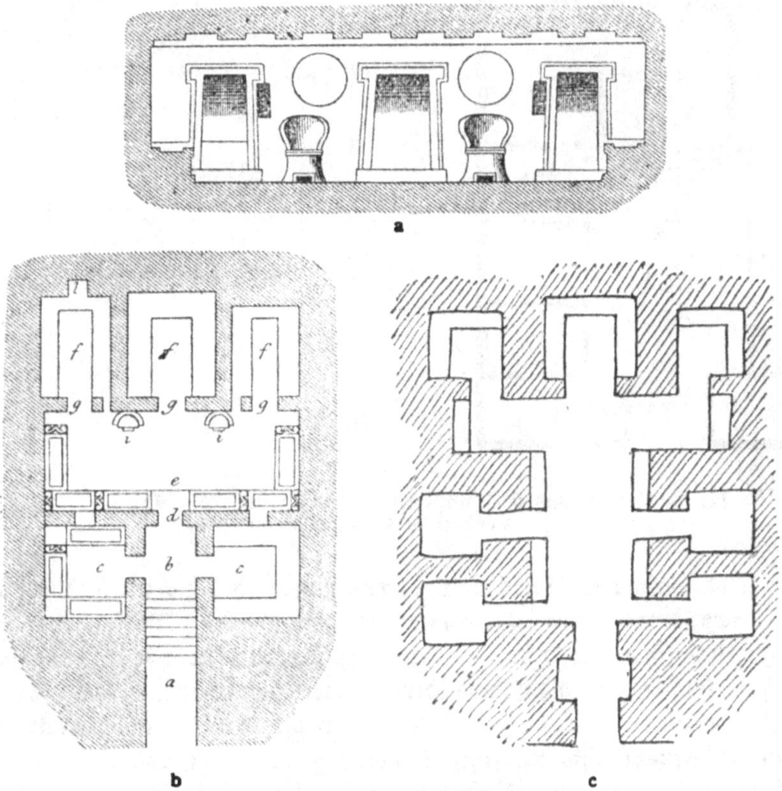

Abb. 73. Gräber. a, b Grab delle sedie in Caere.
c Volumniergrab bei Perugia.

ausgestattete Gräber, die man, wie v. Duhn sagt, für rein villanovisch halten würde, wenn nicht das eine Moment der Bestattung wäre. Auch finden sich in villanovischen Brandgräbern Gefäße mit eingeritzten etruskischen Inschriften oder über ihnen Kriegergestalten mit etruskischer Umschrift. Etrusker sind also die Inhaber von Brand- wie von Bestattungsgräbern; sie haben die fremde Kultur fast restlos angenommen. Die Villanova-Kultur ist aber nach 150 oder 200 Jahren, um 750 oder 700 v. Chr. in Italien erloschen, und es ist dann in Etrurien die eigentliche klassische etruskische Kultur aufgewachsen: mit der schwarzen reliefgeschmückten Buchero-Keramik, mit den vielräumigen Felsengräbern oder den einfacheren Gewölbegräbern, mit den reichen Malereien, die den Totenkult und die Freuden des Jenseits darstellen, mit den großen Sarkophagen und kleinen Aschenkisten, auf denen jedesmal der Verstorbene mit einer Opferschale in der Hand bequem gelagert ist, schließlich, was das Wichtigste ist, mit dem eigenartigen Haus und Tempel.

Weil diese Kultur in so starkem Gegensatze zu der voraufgegangenen villa-

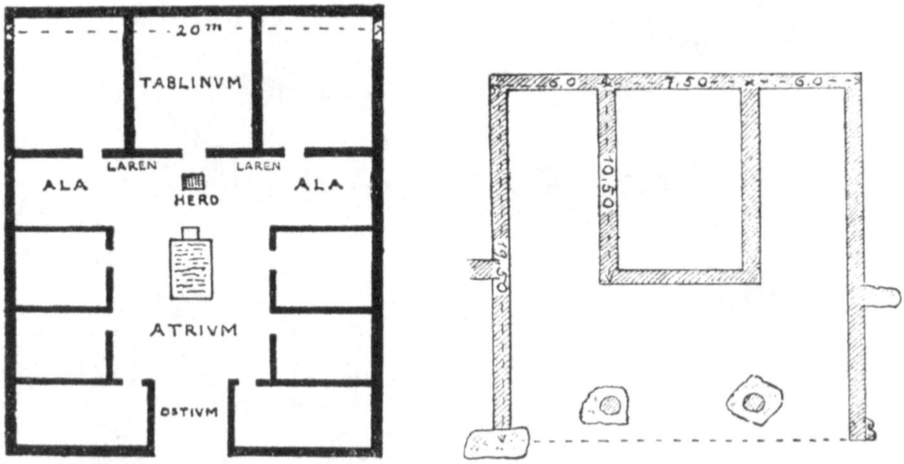

a b

Abb. 74. a Normalhaus in Pompeji (nach dem „Haus des Chirurgen").
b Etruskischer Tempel in Fiesole. Beide 1: 400.

novischen steht, hatten G. Körte u. a. angenommen, daß sie im 8. Jahrhundert von den einwandernden Etruskern ganz neu gebracht sei. Als sich aber immer mehr zeigte, daß schon zur Villanova-Zeit Etrusker, und zwar sehr vornehme, im Lande saßen, konnte man die Einwanderungsthese nur halten, indem man sagte: die Etrusker haben bei ihrer Ankunft sich der herrschenden Villanova-Kultur sofort vollständig anbequemt und nur ihre Bestattungsform hier und da beibehalten. Erst nach dem Abflauen jener Kultur haben sie ihr wahres Antlitz enthüllt.

Sehr viel einfacher ist die Annahme, daß die Etrusker hier zum ersten Male eine von außen hereingetragene Kulturmode mitmachten, ohne doch das Wesentliche ihrer angestammten Eigentümlichkeiten aufzugeben; denn was nun weiterhin in der klassischen Etrusker-Kultur auftritt, deutet gar nicht auf eine Einwanderung vom Osten, sondern vielmehr auf uralte Verwurzelung mit dem Westen. Und sie haben ja auch ihre alte Sprache behalten, sind also tatsächlich nicht indogermanisiert worden! Die Villanova-Kultur hat diese große Bekehrung bei ihnen nicht bewirken können.

Das Markanteste ist die Symphonie von Grab, Haus und Tempel. Das Atriumgrab (tomba con atrio) herrscht im klassischen Etrurien so sehr, wie man es aus den spärlich veröffentlichten Grundrissen gar nicht ahnt. Bei Chiusi, Perugia, Corneto, überall tritt es einem, oft in Prachtexemplaren, wie dem berühmten Volumniergrabe, entgegen (Abb. 73c). Diese große vornehme Grabform gibt es in der Ägäis und an der Küste von Kleinasien und Syrien gar nicht. Wir sehen dort nur das einfache Hockerschachtgrab oder einräumige Felsgrab und darauf die mykenische Tholos. In Westeuropa aber ist das Atriumgrab ganz allgemein, von Spanien bis nach Irland hinauf, in Sardinien, Sizilien und Malta die Menge!

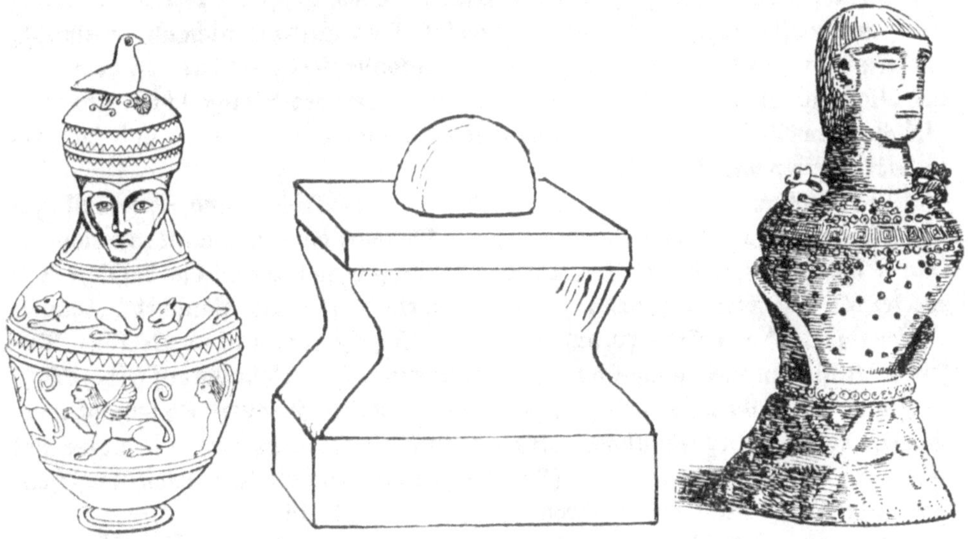

a b c

Abb. 75. Urne mit Vogel, Altar mit Stein, Urne in Menschenform auf Sessel. Nach Dennis, Museum Florenz, v. Duhn.

In Etrurien steht neben dem Grabe sodann das gleichdisponierte Haus (Abb. 74a). Die Mittelhalle, das Atrium, ist der Empfangsraum, um den sich die Wohnräume im Hufeisen lagern; und geradeaus in der Mitte ist der Hauptraum, das tablinum, vor dessen Eingang rechts und links sich die Ahnennischen befinden. Es ist dieselbe Stelle, an der schon in den Malta-Gräbern die Kultnischen angebracht waren, und an derselben Stelle stehen im etruskischen Felsengrabe, z. B. dem von Caere (Abb. 73a, b), die Sessel, auf denen die menschengestaltigen Urnen standen, das heißt: die Geister der Verstorbenen thronend gedacht wurden.

Das Atrium ist der alte offene Hof, um den sich beim Melos-Modell (Taf. XVII) die Rundhütten gruppieren. Das Impluvium hält immer noch das Dach ein Stück weit offen.

Der Name atrium ist keineswegs indogermanisch und von ater „schwarz" abzuleiten, weil der Raum die verräucherte Halle gewesen wäre, sondern er ist etruskisch, hat seine Schwester in der von Etruskern angelegten Kolonie Hatria an der Pomündung und dem Namen des großen Adriatischen Meeres. Auch in Velatri (Velletri) ist er zu erkennen. Vielleicht hat er „Hof" oder „Hafen" bedeutet.

Drittens der Tempel! Sein reinster Grundriß scheint jetzt in Fiesole oberhalb Florenz aufgedeckt zu sein (Abb. 74b): ein Quadrat mit zwei Säulen vorn zwischen den Anten und dem Kultraum in der Mitte des Hintergrundes — wieder dem Hauptraum im Hause, dem tablinum, entsprechend. Auf diesen quadratischen Tempel werden wir weiterhin noch verschiedentlich zurückkommen.

In dieselbe Richtung gehört das in Etrurien so sehr gepflegte Gewölbe. Koldewey hat mir oft gesagt, der Gewölbebau sei im Osten durchaus nicht alteinheimisch, sondern vom Westen eingeführt. In Etrurien konstruiert man das von dem Dach der alten Rundhütte her bekannte, durch Vorkragen der Steinschichten gebildete „falsche Gewölbe" auch über rechteckigen Grabkammern (Orvieto) und hält bis in späte Zeiten an ihm fest.

Die wichtigste Rolle aber spielt fortdauernd der Seelen- und Ahnenkult, zunächst in den einfachen bildlosen Formen des Westens, dann in Plastik und Malerei immer deutlicher werdend. Bei Carrara haben sich noch bis in die klassische Zeit regelrechte Menhirs gefunden [1]). Verkleinerte ragen als Säulchen, Knäufe, Pinienapfel auf den Gräbern auf; eine ganze Anzahl davon ist im Berliner Museum. Altärchen mit einem schwarzpolierten rundlichen Stein darauf (Abb. 75b), in Florenz und Orvieto mehrfach vorhanden, werden in einer Ahnennische gestanden haben. Vernehmlicher wird die Auffassung, wenn auf die Spitze der Graburne der Seelenvogel kommt (Abb. 75a), oder wenn die Urne selbst Menschengestalt erhält und auf einen Thron gesetzt wird (Abb. 75c).

Auf dem oben schon besprochenen Totenopfer von Caere (Taf. XXIII 1) steht auf dem hinteren Rande des Altars eine Säule mit Auflager, dahinter trägt ein Flügelwesen die Seele des Verstorbenen in die Lüfte, ganz ähnlich wie auf dem Harpyienmonument von Xanthos in Karien (unten Abb. 189).

Auf dem bekannten bemalten Sarkophage von Hagia Triada auf Kreta ist an den Schmalseiten jedesmal das verstorbene Ehepaar dargestellt, wie es auf einem zweispännigen Wagen ins Jenseits fährt (Taf. XX rechts). In Etrurien ist solches Fahren oder Reiten auf dem letzten Wege sehr gewöhnlich. Die Aschenkisten haben das Bild häufig, während es in Griechenland kaum nachweisbar ist. Bei den Etruskern geht in dieser Szene häufig der Todesdämon vorauf oder hinterher oder führt auch das Pferd am Zügel. Er trägt ein Doppelbeil, das aus Kreta bekannte alte Symbol der Herrscherwürde (Taf. XXIII 2). Ebenso werden in Etrurien öfter kleine bronzene Boote im Grabe gefunden, entsprechend der „Bootfahrt ins Jenseits", die auch der Darbringung eines solchen Fahrzeugs auf dem kretischen Sarkophage (Taf. XX) zugrunde liegt.

In Beziehung zum Seelenkult stehen die meisten der Bilder, die in Relief an den Sockeln der Grabsäulen oder in Malerei an den Wänden der Grabkammern angebracht sind. Sie sollen dem Verstorbenen zeigen, wie sehr man ihn bei seinem

[1]) Bull. Pal. It., 1909, Taf. 3.

Ableben geehrt hat, wie man auch ferner ihn durch regelmäßige Spenden versorgen wird, welche Freuden ihn im Jenseits mit Gelagen und Tanz und Gesang erwarten. Und auf dem Sarkophag und der Aschenkiste ist regelmäßig der oder die Verstorbene gelagert in ihrer fülligen Leiblichkeit und Behaglichkeit mit der Schale zum Trinken und Spenden in der Hand, — ein Bild der aufs Jenseits übertragenen, sehr materiellen etruskischen Auffassung.

Der etruskische Lar, der als Ahnherr verehrte Hausgeist, ist von den Römern übernommen und in vielen kleinen Bronzefigürchen erhalten. Er hat sein Gewand zum Opfern geschürzt und hält ein Trinkhorn in der erhobenen Hand, aus dem er selbst genießen und den Göttern spenden will. Diese Figuren standen in den Ahnennischen des Atriums. Die Laren als die Mittler zwischen Menschen und Göttern sind die Vorläufer und Urväter der Heiligen in der römisch-katholischen Kirche.

Es ist ja gewiß auffallend, daß uns all diese mit Westeuropa verknüpften Eigentümlichkeiten erst in der klassischen etruskischen Kultur begegnen, daß vor der Villanova-Zeit bei ihnen keinerlei Bauten wie auf Sardinien, den Balearen und Malta entstanden sind. Aber daraus folgt nicht, daß diese neuen Eigentümlichkeiten vom Osten gekommen sein müßten, denn dort gab es sie entweder nie oder schon lange nicht mehr. Die Etrusker müssen lange Zeit sehr einfach gelebt und aus vergänglichem Material gebaut haben. Erst als sie durch die Villanova-Leute angeregt worden waren, erwachte ihr Ehrgeiz. Es war das erstemal, daß eine höhere Kultur zu ihnen ins Land kam. Dabei behalten sie aber in den wichtigen nationalen Dingen, der Haus-, Grab- und Tempelanlage die alten Formen bei, in dem beweglichen Hausrat lassen sie sich vom Fremden beeinflussen: die großen Gefäßformen stammen größtenteils von den korinthischen, nur in den kleinen, wie den Stengelbechern und Pokalen, setzen sie die alte heimische Übung fort.

Wenn man heute durch Etrurien wandert, fällt einem auf, wie die Hälfte der Bevölkerung noch an die pingues et obesi Etrusci erinnert, mit ihrem schwammigen Körper, dem kurzen, dicken Hals und großen Rundkopf. Man sagt sich, daß sie der alpinen Rasse nahestehen, wenn sie auch braunere Haut und gebogenere Nasen haben. Und ganz dasselbe hat schon Livius gesagt (V 33. 11): die Etrusker stammten von den Alpenvölkern und seien besonders den Rätern verwandt, wenn das auch nur am Klang der Sprache — und auch hier nur schwach, da sie im Norden verbauert sei — sich bemerkbar mache. Man hat diesen Hinweis schon öfter verfolgt, auch den Namen Rasena, mit dem die Etrusker selbst sich nannten, in den Alpen gesucht, aber bisher vergeblich. Jetzt bringt der quadratische etruskische Tempel ein neues Moment. Derselbe Tempel mit dem Heiligsten in der Mitte oder im Hintergrunde findet sich vielfach bei den Kelten in Bayern und Württemberg und von da übertragen im Rheinland und in Frankreich [1]). Die

[1]) Wie derselbe slawische Tempel in Arkona auf Rügen damit zusammenhängt, s. unten im Kapitel „Slawen".

Etrusker werden wohl nach dem Norden, zum Alpenlande ihren alten körperlichen Zusammenhang haben. Aber die Völkerbewegung, die dem zugrunde liegt, hat sich vor aller historischen Zeit in den ersten Schiebungen nach dem Abschmelzen des Eises vollzogen.

So haben wir, meine ich, die Etrusker als den Rest eines alten Mittelmeervolkes zu betrachten, das bei aller Empfänglichkeit für fremde Einflüsse doch den Kern seines Wesens bewahrt und als einziges in Italien seine vorindogermanische Mittelmeersprache bis in die römische Zeit festgehalten hat.

Sechstes Buch

Der nordische Kreis

Anfänge

Norddeutschland und Skandinavien waren von den verschiedenen Eiszeiten heimgesucht, als in Westeuropa die paläolithische Kultur blühte. Nur wenige Spuren menschlichen Lebens während der Zwischeneiszeiten sind hier bisher aufgetreten, früher schon ein paar Feuersteinwerkzeuge von Acheulformen in Mecklenburg (Wustrow-Niehagen) und eine Hacke aus Rothirschgeweih bei Prenzlau, neuerdings mehrere sehr gute Acheul-Keile aus der Gegend von Hannover. Erst mit dem endgültigen Rückzuge der Gletscher sehen wir eine volle Kultur erblühen in Feuerstein- und Knochenwerkzeugen, den ersten Tongefäßen und allmählich auch Haus- und Grabbauten.

Woher sind die Siedler gekommen, die sich nun in die frei werdenden neuen Gebiete vorschoben? Wahrscheinlich doch aus den nächstangrenzenden südlichen Landstrichen, also in Nordwestdeutschland vom Niederrhein, dessen Gebiet nie vereist war, und weiter östlich aus den Harzgegenden, aus Thüringen und Sachsen. Diese naturgemäße Annahme wird bestätigt durch mannigfache Beziehungen, die sich gerade anfänglich zwischen den Kulturen südlich und nördlich der alten Eisgrenze kundgeben. Die Messer und Pfeilspitzen aus Feuerstein, die Harpunen, Angelhaken und „Kommandostäbe" (Kl.-Machnow) aus Knochen oder Horn setzen durchaus das westeuropäische Paläolithikum fort. So alte Keramik, wie die aus den Kökenmöddingern, kennen wir zwar aus Westeuropa bisher gar nicht, aber der Stil der dort nachher auftretenden, mit seinen geschweiften Formen und seiner Ornamentlosigkeit, der Michelsberger „Beutelstil", ist völlig der der Kökenmöddingertöpfe.

Merkwürdigerweise stehen gerade die ältesten Erscheinungen des Nordens, die unbedingt Beziehungen zum Westen haben, für unser heutiges Auge isoliert, so daß man zweifeln könnte, auf welchem Wege sie je mit Frankreich oder England verbunden gewesen sein sollen. Es ist aber zu bedenken, daß gleich nach der letzten Eiszeit starke Küstenveränderungen an der Nord- und Ostsee vor sich gegangen sind, daß zeitweise Schleswig-Holstein und Mecklenburg über Dänemark mit Schweden zusammengehangen und damals auch Holland sich weit über seinen heutigen Saum in die Nordsee vorgestreckt hat, und daß dann wieder eine Landsenkung erfolgt ist, die dem Meere zu seinem heutigen Herrschaftsbereiche verhalf. Zur Zeit jener großen Landausdehnung müssen schon die ersten Einwirkungen an der Küste entlang nach dem Norden gelangt sein, so daß die Zwischenglieder nun mit dem versunkenen Lande im Meere begraben liegen.

a

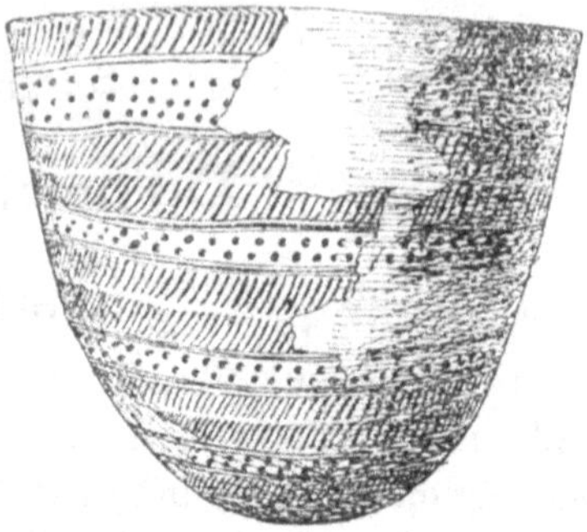
b

Abb. 76. a Amphora aus Rügen. Berliner Museum. 1/6. b Kübel aus Finnland. Nach Hackmann bei Ebert Reallexikon 1/8.

So wird sich eine eigenartige Kultur erklären, die im mittleren Norwegen und Schweden, in Finnland und in Ostpreußen auftritt, und die man die arktische Steinzeit nennt [1]). Sie führt Speerspitzen und gebogene Messer aus Schiefer und spitznackige Beile aus Grünstein. Die Speerspitzen sind häufig verziert mit Motiven, die schon im französischen Magdalénien beliebt waren; vor allem das Zickzackband kehrt immer wieder. In der Keramik herrscht der westeuropäische Ledernapf mit Zonenverzierung in sehr großem Format, hier „Kammkeramik" genannt, weil die Verzierung mit einem Kämmchen eingestochen ist, und daneben die oben eingeschnürte Amphora mit Schnurösen um den Unterteil (Abb. 76b a). Bei Wiskiauten (Crantz) am Kurischen Haff ist ein neolithisches Hockergrab gefunden mit der charakteristischen westlichen Armschutzplatte darin (Prussia-Museum). Gewiß dürfen auch die merkwürdigen Hufeisenhäuser von Meinsdorf b. Plön (unten Abb. 80) unter den westeuropäischen Einfluß gerechnet werden. Besonders auffällig sind, weil sonst im nordischen Kreise ganz unerhört, die häufigen Tier- und Menschendarstellungen. Renntiere sind in den Fels gemeißelt, Bären, Pferde, Elche aus Bernstein und Schiefer geschnitten. Von diesen auch im deutschen Osten auftretenden Bernsteinfiguren ist das große Pferd aus Woldenberg (Neumark) eines der besten Stücke und daneben der große Eber von Driesen (Abb. 77a b), beide im Berliner Museum. Es kommen auch primitive Menschenfiguren vor und noch die Vorstufen dazu, Formen wie die thessalischen und einfachsten tro-

[1]) Das hat zuerst Kossinna (Mannus I 1909) richtig erkannt, während man vorher diese Kultur den Lappen zuschreiben oder sie aus Rußland herleiten wollte.

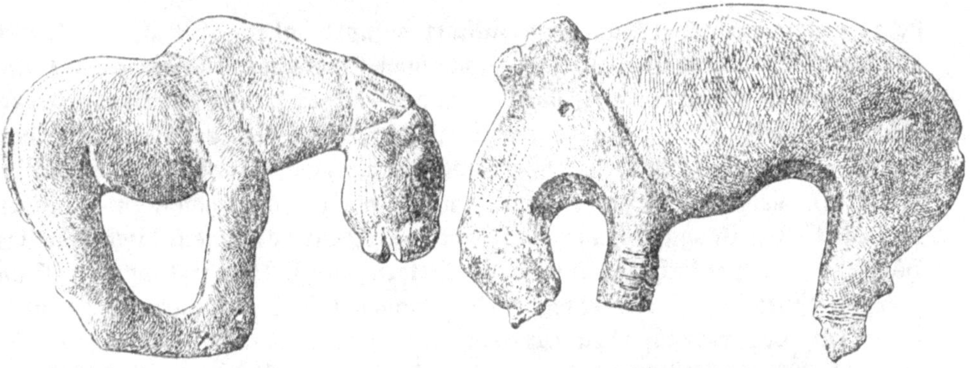

a b

Abb. 77. Bernstein-Tiere. a Pferd von Woldenberg (Neumark). b Eber von Driesen. Beide 1/2.

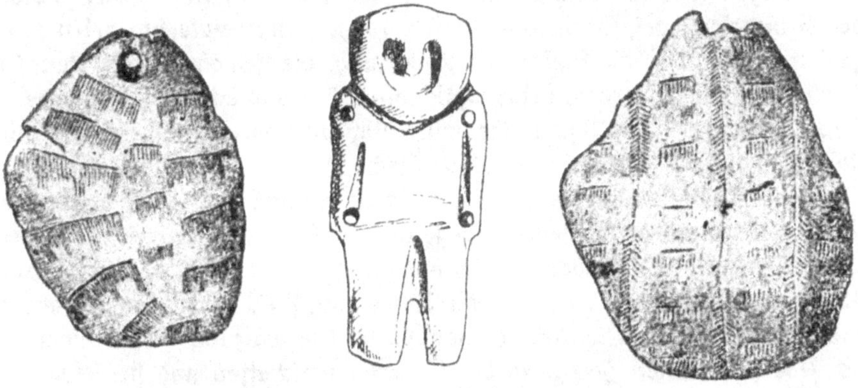

Abb. 78. Bernstein-Anhänger aus Ostpreußen. Nach La Baume. Gr. 1/1.

janischen Idole (oben Abb. 54—56); kleine Bernsteinanhänger von Ostpreußen haben das einfache Kammotiv als Verzierung (Abb. 78). Noch in der Bronzezeit hat im Norden diese alte westische Bildfreudigkeit fortgelebt in den vielen Felszeichnungen von Bohuslän, die sich mit Schiffahrt, Kriegstaten, Ackerbau beschäftigen.

Erst nach und nach macht sich der Norden selbständig, indem er sich auf die eigenartigen Bedingungen seiner Natur besinnt, und es ist dann eine bestimmte Grenze zwischen dem nordischen und dem westeuropäischen Kreise erkennbar. Sie läuft von der Zuidersee durch die Provinz Overijssel auf Münster zu und markiert sich sowohl in den Grabanlagen wie in den Geräten und der Keramik[1]).

Grabbau

Die großen Steingräber (Megalithgräber, Hünenbetten) des Nordens zeigen im ganzen einen einheitlichen Typus, wenn auch im einzelnen Zeit und Raum

[1]) Nils Åberg, Die Steinzeit in den Niederlanden 1916, S. 6.

sie zu dieser oder jener Sonderentwicklung geführt haben. Sie sind Aufbauten auf dem natürlichen Boden. Aus gespaltenen Findlingen sind die Wände einer rechteckigen Kammer errichtet, flache Decksteine aufgelegt und ein Hügel darübergeschüttet. Die älteren Gräber sind kleine Kammern, die zuerst nur eine, dann bis zu zehn Leichen bargen, ohne Zugang, mit einem runden Hügel darüber (Dolmen), die jüngeren große Kammern, die bis zu 100 Leichen enthalten und einen seitlichen Ausgang haben, das Ganze überdeckt von einem langrechteckigen Hügel von gelegentlich 100 und mehr Metern Länge (Langbetten oder Ganggräber). Zuweilen sind in einem solchen langen Hügel auch mehrere Kammern eingebaut, und wo sich etwa gar keine finden will, ist damit zu rechnen, daß sie aus Holz hergestellt war und vergangen ist. So fand ich es in deutlichen Spuren in dem Langbett von Tosterglope bei Hitzacker. Die alte Form und Bedeutung der Anlagen tritt am klarsten zutage in den schön erhaltenen vier Hünenbetten bei Grundoldendorf, Kreis Stade (Abb. 79a). Hier zeigte sich bei meiner Ausgrabung 1905, daß die Steine der Umhegung, die gewöhnlich als Bannkreis des Grabes aufgefaßt werden, ursprünglich als Stützwand den Hügel umgeben haben. Denn diejenigen von ihnen, die frühzeitig umgefallen sind, liegen mit ihrer flachen Frontseite auf der alten Bodenfläche (s. den Durchschnitt Abb. 79d). Was sich von der Hügelmasse über sie gelegt hat, ist erst nachher, als die ganze Stützwand sich lockerte, durch die Lücken herausgeflossen. Aus der Kammer führte ein Gang zu der Umhegung. Er war gebaut, wie die Kammer selbst, mit Trag- und Decksteinen und Pflaster. Wo er auf die Umhegung stieß, wurde er von einem ihrer Steine verschlossen. So konnte man durch Wegwälzung dieses einen Steines sich jederzeit ebenen Zutritt zu der Kammer verschaffen und sie leicht zu neuen Bestattungen benutzen. Zur Erklärung des langgestreckten Hügels aber ergaben sich bei Grundoldendorf ebenfalls wichtige neue Anhalte. Man hatte ihn bisher als bloßen Schutz der Grabkammer betrachtet. Dann wäre aber die langgestreckte Form von 50: 10 oder 12 m über nur einer Kammer, wie sie in Grundoldendorf viermal auftritt, nicht zu verstehen. Die Ausgrabung in diesem Hügel stieß nun, an verschiedenen Stellen, zweimal in Grab I und einmal in Grab II auf ein Pflaster von etwa 2:1 m Fläche, wie hergerichtet zur Bettung einer Leiche; die Vergrößerung von Grab I in Abb. 79b zeigt es. Ähnliches ist auch früher mehrfach in Dänemark (Nysted auf Laaland und Bundsö bei Als in Jütland)[1]) und beim Sieverner Bülzenbett beobachtet worden. Diese Pflaster, obgleich auf ihnen in der Regel gar nichts, nur hier und da ein Feuersteingerät gefunden wird, haben offenbar einfache Bestattungen getragen, und damit erklärt sich die ganze Form der Langgräber. Die Steinkammer war das Mausoleum für eine vornehme Familie, der übrige Hügel für die gewöhnlichen Sterblichen ihres Anhanges bestimmt. Von den Anlagen in Grundoldendorf reichte scheinbar jede

[1]) Aarböger 1881, S. 336 Abb. 24 (H. Petersen): auch einfaches Pflaster von 2:1 m, Aarb. 1939 S. 47 Abb. 24 (Th. Mathiassen).

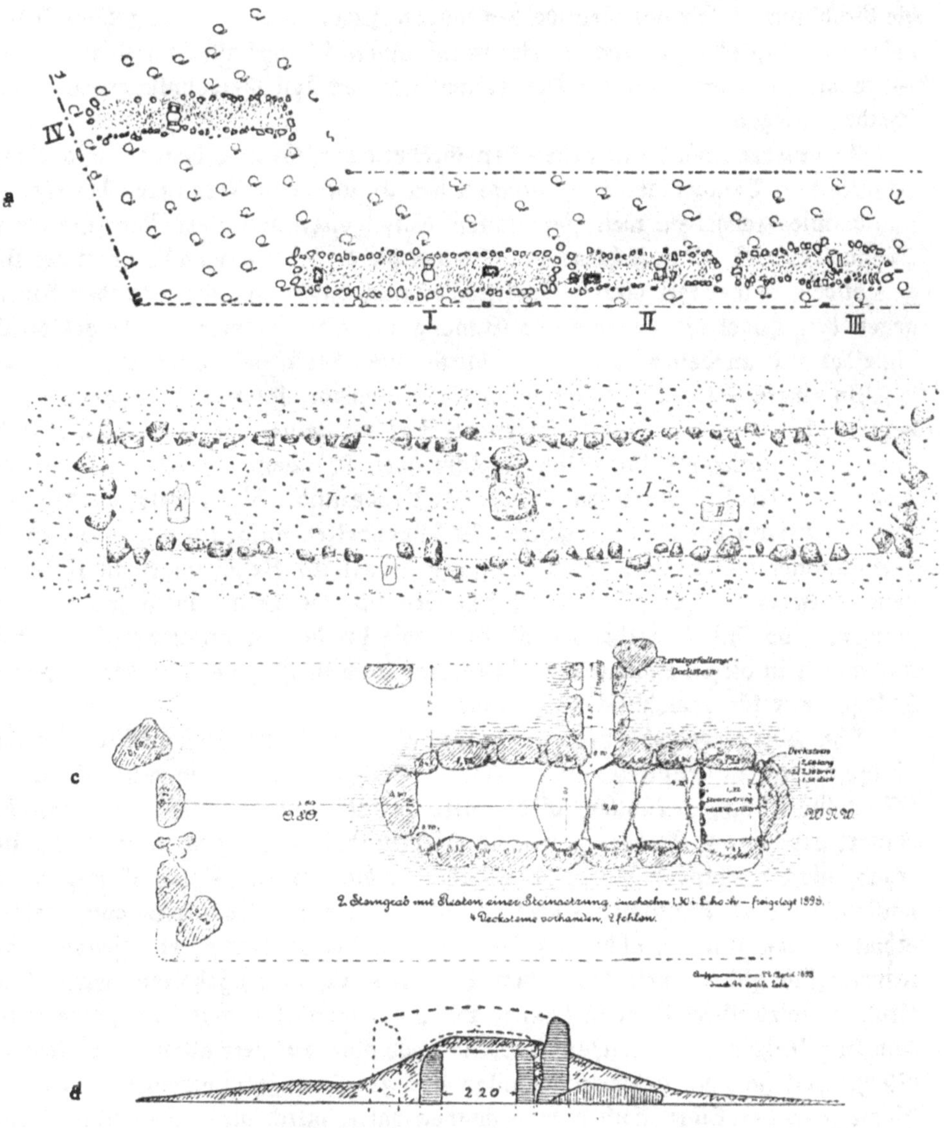

Abb. 79. a Plan der Steingräber bei Grundoldendorf, Kr. Stade. 1: 1700
b Plan von Grab I, 1: 60.
c Steingrab bei Fickmühlen b. Bederkesa, nach Dr. Bohls. 1: 200
d Durchschnitt durch Kammer und Hügel bei Daudiek. 1: 200.

für eine Generation. Die folgende legte ein neues Grabfeld in der Linie des ersten an und die dritte und vierte wieder eines. Der einfache Plan dieses Grabfeldes zeigt die Seßhaftigkeit eines vornehmen Geschlechts und, wie man weiter sagen möchte, eines Gutsherrn. Für sich und seine Familie baute er jedesmal die Grabkammer, für das Gesinde den langen Hügel, in dem die einzelnen Grüfte besonders eingeschachtet und am Boden mit einem Steinpflaster versehen wurden, — genau wie noch heute die Vornehmen sich von den Gewöhnlichen zu unterscheiden pflegen.

In unserer Abb. 79 ist neben den Gräbern von Grundoldendorf und einem Schnitte von Daudiek der Spezialplan eines Grabes von Sickmühlen bei Geestemünde wiedergegeben, weil hier manche Einzelheiten besser erhalten sind als in Grundoldendorf. Man sieht, wie die Steine, die den rechteckigen Rahmen des Hügels bilden, immer ihre glatten Spaltflächen nach außen und ihren runden Rücken gegen den Hügel kehren, wie der Eingang zur Grabkammer den Hügel durchschneidet und an dessen Front leicht durch einen Stein geschlossen werden kann.

In einem Falle, bei Tosterglope, Kreis Bleckede, fand ich, wie schon vorhin bemerkt, in einem sehr langen Hünenbett statt der steinernen die deutlichen Reste einer Holzkammer mit scharf sich abzeichnenden Wänden. Sie enthielt das vermoderte Skelett mit einem rundbauchigen Kruge und einigen Gefäßbruchstücken. In Mecklenburg hat Beltz im ganzen 14 Hünenbetten aufgegraben, in denen die Steinkammer fehlte, dafür aber der ganze Hügel für Bestattungen in Anspruch genommen war. „Der Inhalt ist sehr ärmlich, die Leiche meist spurlos vergangen. Wo Inhalt vorhanden ist, ist er wie bei den Steinkammern" [1]). Entweder war in diesen Anlagen das Hauptgrab auch in Holz gebaut oder sie waren Anlagen nur für gewöhnliche Sterbliche.

Von einem Hügel überdeckt waren die nordischen Steingräber sämtlich, ebenso wie die in Frankreich und in Nordafrika. Daß das von manchen Forschern (Montelius, Sophus Müller) bisher verkannt ist, kommt daher, daß man die Bauart der ganzen Anlage, so wie sie bei Grundoldendorf zum ersten Male sich ergab, nicht verstanden hatte. Man glaubte die kleinen „Dolmen" auf einem natürlichen oder künstlichen Hügel errichtet, der einen Bannkreis von Steinen erhalten habe, und sah nicht, daß dieser das Steingrab heute frei lassende Hügel ursprünglich höher, weil durch den Steinkreis zusammengehalten war. Eine Grabung wird überall zeigen können, wie anscheinend fehlende Kreissteine unter dem Hügelfuße noch vorhanden sind, und zwar platt auf dem alten Boden liegend (79 c), weil sie nach außen umgefallen sind zu einer Zeit, als hier noch ebene Fläche war, der Hügel noch nicht begonnen hatte, durch die entstehenden Steinlücken auseinanderzufließen. Die Erfahrungen von Leuten, die ein bestimmtes Gebiet kannten, wie Abraham Lissauer, Henry Petersen, Albert Voß, sind immer dahin gegangen, daß alle Grabbauten, auch die einfachen „Dolmen", überschüttet gewesen seien. Hans Müller-Brauel schreibt 1910 [2]), daß von den 56 Steingräbern, die er zwischen Elb- und Wesermündung in den Kreisen Zeven und Rotenburg kennt, 55 noch bis in die letzten Jahrzehnte nachweislich von

[1]) Beltz, Altertümer Mecklenburg-Schwerins 1910, S. 96.
[2]) Prähist. Ztschr. II, S. 214.

einem Hügel überdeckt waren und nur eins 1841 schon frei lag. Es wäre auch ganz unverständlich, wie man eine Kammer, die mit vieler Mühe aus großen Steinen errichtet und in ihren Wand- und Deckenlücken mit sorgfältigem Lehmmauerwerk gedichtet war, dann frei hätte stehen lassen, so daß Tiere mit Leichtigkeit sich hineinwühlen konnten. Aus Mangel an Überblick über den ganzen Bestand hat man vielfach die erhaltenen Bruchteile von Megalithgräbern für ganze Gräber gehalten; wo der Hügel fehlte, hat man frei stehende Kammern angenommen, wo auf zwei Wandsteinen noch ein Deckstein lag, einen Altar, wo nur ein einzelner Wandstein noch stand, einen Monolith.

Ein Bild der Grundoldendorfer Gräber, wie sie in dem heute noch stehenden schönen Walde einst ausgesehen haben werden, hat nach meinen Schilderungen Maler Bollacher entworfen (oben Taf. I).

Mit seiner wiedergewonnenen alten Form wird nun aber solch ein Hünenbett den Vorgängern der Dolmen im Westen, den künstlichen Grotten, sehr ähnlich; es wirkt wie ein Felsblock, in den die Grabhöhle hineingearbeitet ist [1]). Auf dem norddeutschen Sandboden, wo man es so leicht hatte, seine Toten in eine einfache Bodenausschachtung zu betten, und das tatsächlich auch in der Kökenmöddingerstufe, wie später vielfach, getan hat, kann der künstliche und beschwerliche Aufbau der Megalithgräber nicht wohl seinen Ursprung genommen haben, sondern er wird fremdem Vorbilde nachgeahmt sein.

Verbreitet sind die Megalithgräber im norddeutschen Flachlande, soweit die nordischen Geschiebeblöcke sich finden, von Holland im Westen bis zur Weichsel im Osten; besonders stark vertreten im Oldenburgischen und in der Altmark. Sodann finden sie sich in ganz Dänemark und in Südschweden, in Norwegen gar nicht.

Die Funde in den Gräbern haben in Dänemark den Hauptanhalt gegeben für die Erkenntnis, daß die „kleinen Stuben", die von einem Rundhügel überdeckt nur für eine oder ein paar Leichen bestimmt waren, die älteren sind und die „Ganggräber" mit großer Kammer und langem Hügel die jüngeren. In den kleinen Stuben werden bei jeder Leiche eine Steinaxt (Gebrauchsbeil), und zwar dünnackig und auf allen Seiten geschliffen (83a), ein Schlachtbeil (83 k, l) und von Gefäßen besonders die bauchige Flasche (Abb. 76 a) und die Kragenflasche (XXIV 2) gefunden. Erst in den jüngeren Gräbern, den „Riesenstuben", tritt die reicher in Tiefstich verzierte Keramik auf (XXIV 1, 3, 4—7) und eine Menge von Beigaben. In Deutschland fehlen die kleinen Steinkammern in manchen Gegenden, und es ist ein zeitlicher und kultureller Unterschied zwischen kleinen und großen Kammern nicht zu machen [2]). Sie enthalten in gleicher Weise Äxte, Keile, Meißel, Bernsteinschmuck und Tongefäße mit Essen und Trinken.

[1]) Soviel ich sehe, hat Holwerda jun. diesen Gedanken zuerst ausgesprochen (Die Niederlande in der Vorgeschichte Europas 1915, S. 6 ff.) und hauptsächlich aus ihm dann gefolgert, daß auch die Bevölkerung des steinzeitlichen Holland aus Frankreich stamme.

[2]) Vgl. z. B. Beltz, Altertümer Mecklenburgs, S. 95.

Leichenreste sind in Norddeutschland selten in den Gräbern gefunden, daher hat man hier so lange geschwankt, ob sie nicht Altäre oder Opfertische seien. Erst in Dänemark ist der Beweis, daß sie sämtlich Gräber sind, erbracht worden. Sie haben unverbrannte Leichen enthalten, die, wenn sie nicht durch besonders günstige Umstände geschützt sind, so vollständig vergehen, daß kaum ein Zahn übrigbleibt. In Dänemark sind aber Kammern geöffnet worden, in denen ganze Haufen von Skeletten sich fanden. Mehrfach war deutlich, wie man die Knochen der früher Bestatteten in die Ecken gekehrt hatte, um Raum für neue zu schaffen. So haben sich gelegentlich 70, ja 100 Leichen in den Kammern zählen lassen. Sie waren fast ausnahmslos in gestreckter Rückenlage beigesetzt — daher haben die Kammern auch immer die normale Breite von 1,70—2 m; nur in ganz vereinzelten Fällen sind in Dänemark hockende Skelette beobachtet.

Auf die Megalithgräber mit ihren beiden Formen, den kleinen Dolmen und den großen Ganggräbern, folgt fast überall eine einfachere Grabart: die große Steinkiste, die gewöhnlich in den Boden eingetieft ist und nur zuweilen noch einen flachen Hügel über sich hat. Sie ist wohl entstanden aus den einfachen Grüften, die es, wie oben erwähnt, in den Hügeln der Steingräber gab und die auch abseits solcher Steingräberhügel im flachen Boden neuerdings festgestellt sind [1]). Man braucht diese Grüfte nur mit Platten zu verkleiden und zu überdecken, um die Steinkiste zu erhalten, die nun auch von den Vornehmen den kostspieligen oberirdischen Mausoleen vorgezogen wird. Die Steinkiste ist niedriger und schmäler als die alte Kammer. Die größten haben 6—9 m Länge bei 1—1,50 m Breite und 0,75—1,50 m Höhe. In ihnen sind die Leichen oft ebenso gehäuft und beiseite geschoben wie in den Megalithkammern. Den Zugang verschaffte man sich dabei immer durch Abnehmen von Decksteinen. Öfter ist in dem Stein einer Schmalseite ein kopfgroßes rundes Loch angebracht, das man das Seelenloch nennt, weil es kaum eine andere Bedeutung haben kann, als daß dadurch die Seele bequem aus- und eingehen sollte. Diese Eigentümlichkeit findet sich aber nur im westlichen Teile der Megalithkultur, entsprechend ihrem Zusammenhange mit dem westeuropäischen Seelenglauben. Auch in den Steinkisten sind die Toten noch unverbrannt beigesetzt worden. Unter den Beigaben sind typisch Feuersteindolch und Speerspitze, die früher noch nicht vorkommen. Die Steinkisten haben ziemlich dieselbe Verbreitung wie die Ganggräber; außer in Skandinavien und Norddeutschland finden sie sich in Frankreich und England, im fernen Osten auch im Kaukasus und in Indien. Unsere Taf. XXV zeigt ein schönes Beispiel von Züschen westlich Fritzlar, das Böhlau 1898 veröffentlicht hat, mit einem „Seelenloch".

Eine ganz neue Grabform, der Hügel mit Einzelgrab, der sich schon in der letzten Zeit der Megalithgräber zwischen diese hineinschiebt, stammt aus dem

---

[1]) Durch Cassau bei Stade seit 1933.

Thüringischen Kulturkreise und wird in dessen Rahmen weiter unten nach seiner weitgreifenden Bedeutung gewürdigt werden.

Hausbau

Über den Hausbau der Steinzeit haben wir im Norden erst in den letzten Jahrzehnten einige Aufklärung bekommen. Die alte Auffassung, daß der

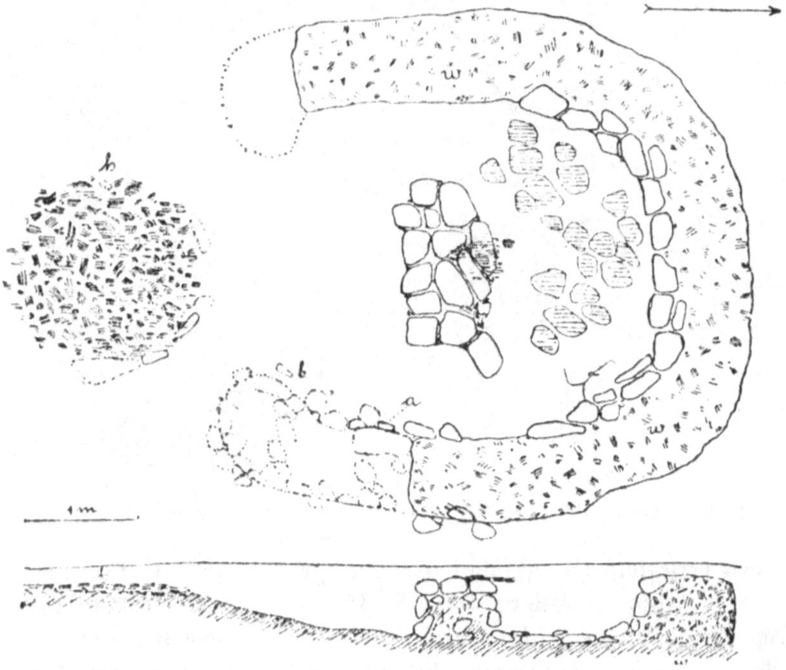

Abb. 80. Haus II von Meinsdorf bei Plön. Grundriß und Querschnitt 1:75. Nach Knorr.

Rundbau überall die älteste Form sei, hat dadurch eine interessante Beleuchtung erfahren. Wie die Wohnräume der mesolithischen Pfahlbauten im dänischen Maglemose ausgesehen haben oder die rein neolithischen Pfahlbauten im schwedischen Alvastra [1]), haben die Ausgrabungen leider nicht ergeben. Es haben sich aber bei Pfahlbauten noch nie andere als viereckige Grundrisse gefunden, wie das Langholz sie eben mit sich bringt, und so werden sie auch an diesen altnordischen Plätzen nicht anders gewesen sein.

Eine interessante Sonderstellung nehmen die Häuser ein, die 1907 in der Nähe von Plön bei Meinsdorf aufgedeckt sind. Ihrer vier kamen zutage, alle von gleicher Art. In Hufeisenform umzieht eine 1 m dicke Fundamentmauer einen Innenraum von 2—3 m lichter Weite. Vor der Öffnung des Hufeisens

[1]) Frödin, Mannus 1910, S. 109 ff.

liegt ein großer rundlicher Herd von 1—2 m Durchmesser. Die Mauer besteht aus Lehm und geschlagenem Feuerstein. Der Innenraum senkt sich vom Eingange aus bis zu etwa $^1/_2$ m. Der Fußboden ist mit kleinen Steinen belegt. In der Mitte oder weiter nach hinten liegt ein großer Stein oder ist ein Aufbau

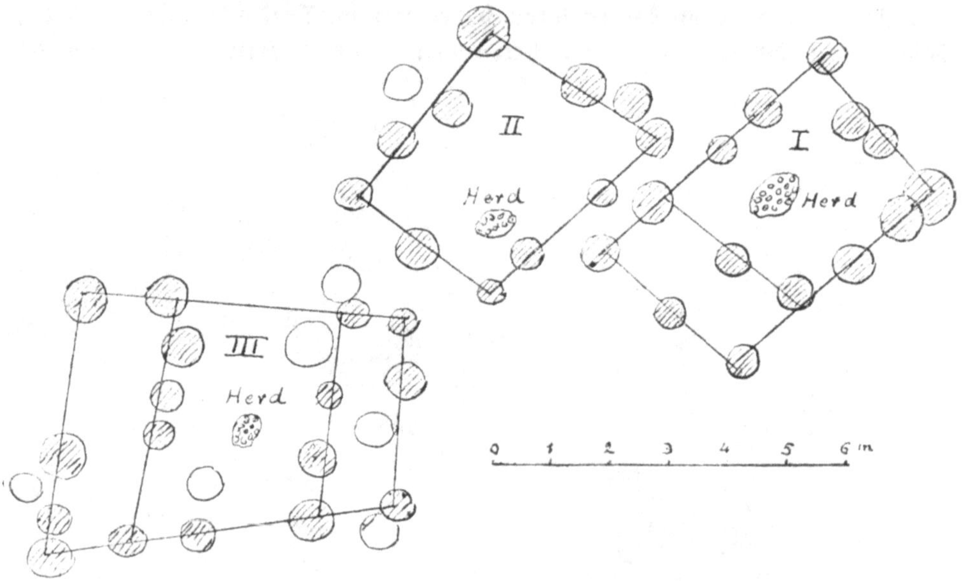

Abb. 81. Steinzeit-Häuser b. Neuruppin nach Dr. Weisker. 1 : 133.

von Steinen errichtet, der offenbar als Tisch gedient hat. Gefunden ist in den Häuschen nur wenig: einfach verzierte Tonscherben und Steingeräte, unter denen dünnackige Äxte auf die frühere neolithische Periode, die der Dolmen, weisen. Da die Fundplätze im Acker liegen, sind nur die Fundamentmauern bis zu $^1/_2$ m Höhe erhalten, alles Weitere ist wegrasiert.

Der Oberbau des Hauses ist also nicht gegeben. Daß er aber nur aus Flechtwerk oder Schilf bestanden habe, glaube ich nicht. Die enorme Stärke der Mauer von 1 m im Verhältnis zu dem nur 2—3 m messenden Innenraum spricht entschieden dafür, daß die Mauer ein Kuppeldach und in diesem Falle wohl aus Lehm getragen hat. Ganz dieselben Maßverhältnisse haben die heutigen runden Schutzhütten in Frankreich mit falschem Gewölbe (oben Taf. XIII). Häuser von gleichem halbrunden oder hufeisenförmigen Grundriß mit Halbkuppel in Lehm darüber gibt es auch in Ägypten im alten Reiche. Die Häuser von Meinsdorf stehen somit, wie so vieles andere zu Beginn des Neolithikums im Norden, unter dem Einflusse Westeuropas.

Auch der Herd vor der Haustür erscheint nicht nordisch, sondern der Sitte eines milderen Klimas entnommen. Für das nordische Haus ist gerade die Einbeziehung des Herdes unter das Dach besonders bemerkenswert.

Möglicherweise sind manche „Wohngruben", wie sie sich in Skandinavien gefunden haben, wie einige auch Holwerda auf der Huneschans am Uddeler Meere freigelegt hat, rundliche oder ovale Einbettungen, bei denen Wand-

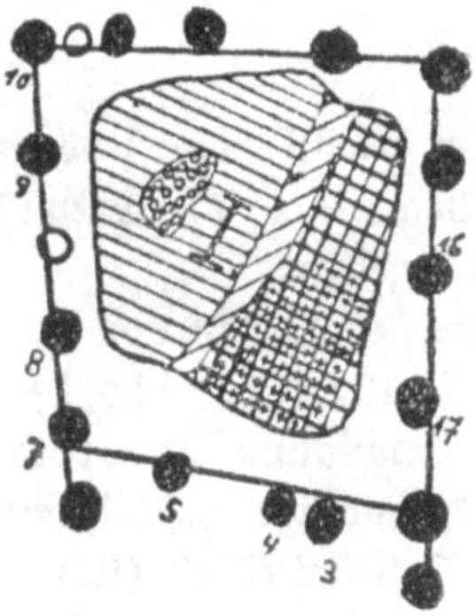

Abb. 82a. Vorhallenhaus von Dohnsen Kr. Hermannsburg. 1:100.

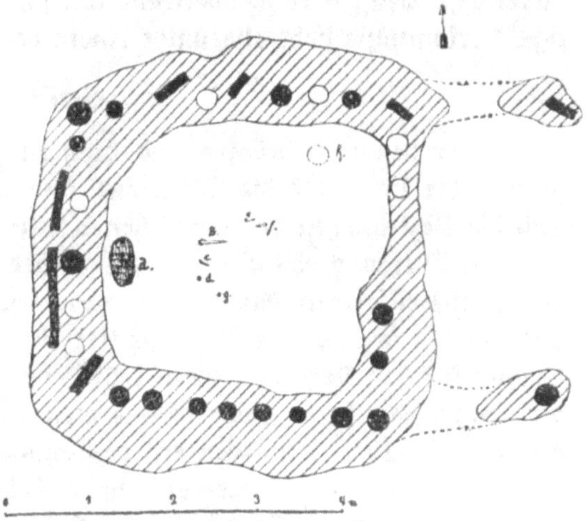

Abb. 82b. Totenhaus von Baven, Lüneburger Heide. Nach Piesker. 1:100.

spuren nicht beobachtet wurden, ähnlich überdacht gewesen. Was aber sonst an bestimmten Bauformen sich bisher gezeigt hat — es ist leider noch recht wenig—, stellt ein rechteckiges Pfostenhaus auf ebenem Boden dar mit dem Herde im Innern. Ein solches ist bei Trebus, Kreis Lebus [1]) sowie 1913 am Göttiner See bei Töplitz zutage gekommen. Das sind beidemal einräumige Gebäude mit eingeschlossenem Herde. Dann sind 1924 aber bei Neuruppin drei steinzeitliche Grundrisse freigelegt worden, von denen einer einräumig ist, der zweite die für das nordische Haus später so charakteristische Vorhalle und der dritte sogar eine Vor- und eine Hinterhalle besitzt (Abb. 81). Gebaut sind diese Häuser aus großen Pfosten, deren Standspuren sich im Boden erhalten, mit geflochtenen und mit Lehm verstrichenen Wänden. Als Dach haben wir uns einen hohen Giebel zu denken aus Schilf oder Stroh. In den letzten Jahren sind die rechteckigen Pfostenhäuser, hier und da mit Vorhalle, auch mitten in der Lüneburger Heide, in Dohnsen bei Hermannsburg (Abb. 82a) und am Steinhuder Meere bei Bückeburg (Dr. Reinerth) gefunden, und damit ist diese Hausform nun bis in die Heimat des Urgermanentums zurückverfolgt, wo sie wohl auch entstanden sein wird. In diesen Gegenden hat noch im Übergange von der Stein- zur Bronzezeit eine Weile die Sitte bestanden, dem Verstorbenen ein Holzhaus zu bauen, die Leiche darin zu verbrennen und die Reste dann mit einem Hügel zu überdecken. Im Bereiche von Harburg, Lüneburg und Kiel sind mehrere Beispiele dafür festgestellt, und das beste ist das von

[1]) Kiekebusch, Prähist. Ztschr. V (1913), S. 356.

Dr. Piesker in Baven bei Hermannsburg freigelegte mit seinen lückenlosen Pfostenreihen und der klaren Vorhalle (Abb. 82b). In der Schweiz bei Sarmenstorf (Aargau) hatte Reinerth schon 1927 ein rechteckiges Pfostenhaus in einem Grabhügel gefunden, bezeichnenderweise mit schnurkeramischen Scherben[1]). Das dortige Vorkommnis steht also unter einem vom Norden gekommenen Einfluß.

Geräte

Unter den aus Gräbern und Häusern gehobenen Kleinfunden sind es besonders die Beile und die Tongefäße, die uns über den Stand, die Entwicklung und die Beziehungen des nordischen Kreises Auskunft geben.

Im Übergang von Campigny und Ertebölle hatte der Westen wie der Norden zwei Beilformen, das Kernbeil (Picke) und den Spalter (Abb. 17 a, b). Die Picke ist für den Westen die Urmutter für die Folgeentwicklung geworden, der Spalter für den Norden. Aus der Picke hat sich das spitznackige, geschliffene und auf seinen Breitseiten hochgewölbte westeuropäische Beil entwickelt (Abb. 26 a), aus dem Spalter im Norden erst das dünnackige und dann das dicknackige Beil mit flachgeschliffener Breit- und meist behauner Schmalseite, von rein rechteckigem Querschnitt. In den kleinen Dolmen findet sich nur erst das dünnackige Beil, in den großen Ganggräbern herrscht das dicknackige (Abb. 83 a, b). Diese beiden Beilformen sind aus Feuerstein und waren ebenso wie das westeuropäische Spitzbeil geschäftet, indem sie durch das Loch eines Knochens oder Wurzelastes gesteckt wurden. Daneben treten von der Ganggräberzeit an durchlochte dicke Beile auf, die, weil man Feuerstein nicht bohren kann, aus anderem Gestein bestehen, Granit, Grauwacke, Grünstein u. dgl. (Abb. 83 g—l).

Sie haben zeitlich und landschaftlich die verschiedensten Formen entwickelt. Bald sind sie „Beilhämmer" (g) mit einer Schneide an der einen, einem glatten Ende an der anderen Seite, bald „doppelschneidig", bald haben sie eine „Bootform" (i), bald sind sie „nackengebogen", bald „Tüllenbeile" (h). Verfolgt man genau, wie die Formen sich entwickelt und verbreitet haben, so ergeben sich mannigfache Aufklärungen über die Kulturbewegung im nordischen Kreise. Die nackengebogene Art z. B. hat ihren Ausgangspunkt und Mittelpunkt im Hannoverschen gehabt und sich von da aus nach dem Norden und Nordosten verbreitet [2]).

In den kleinen und großen Megalithgräbern findet sich noch kein Dolch und keine Speerspitze. Sie kommen erst in den Steinkisten. Der Dolch ist mit dem Griff aus einem Stück gearbeitet, wobei wir uns zu denken haben, daß der Griff durch Lederumwicklung handlich gemacht wurde (c). Die Verzierung von späteren Bronzestücken beweist solche Vorrichtung. Die Speerspitze ähnelt dem alten Lorbeerblatt des Solutréen (d). Sie war mit ihrem derberen Ende an den Schaft gebunden, wie heute die Speerspitzen der Südsee-Insulaner. Abb. 83 e f

[1]) Anz. f. Schweiz. Alt.kunde XXXI 1929.
[2]) Nils Åberg, Prähist. Ztschr. 1916, S. 100 ff.

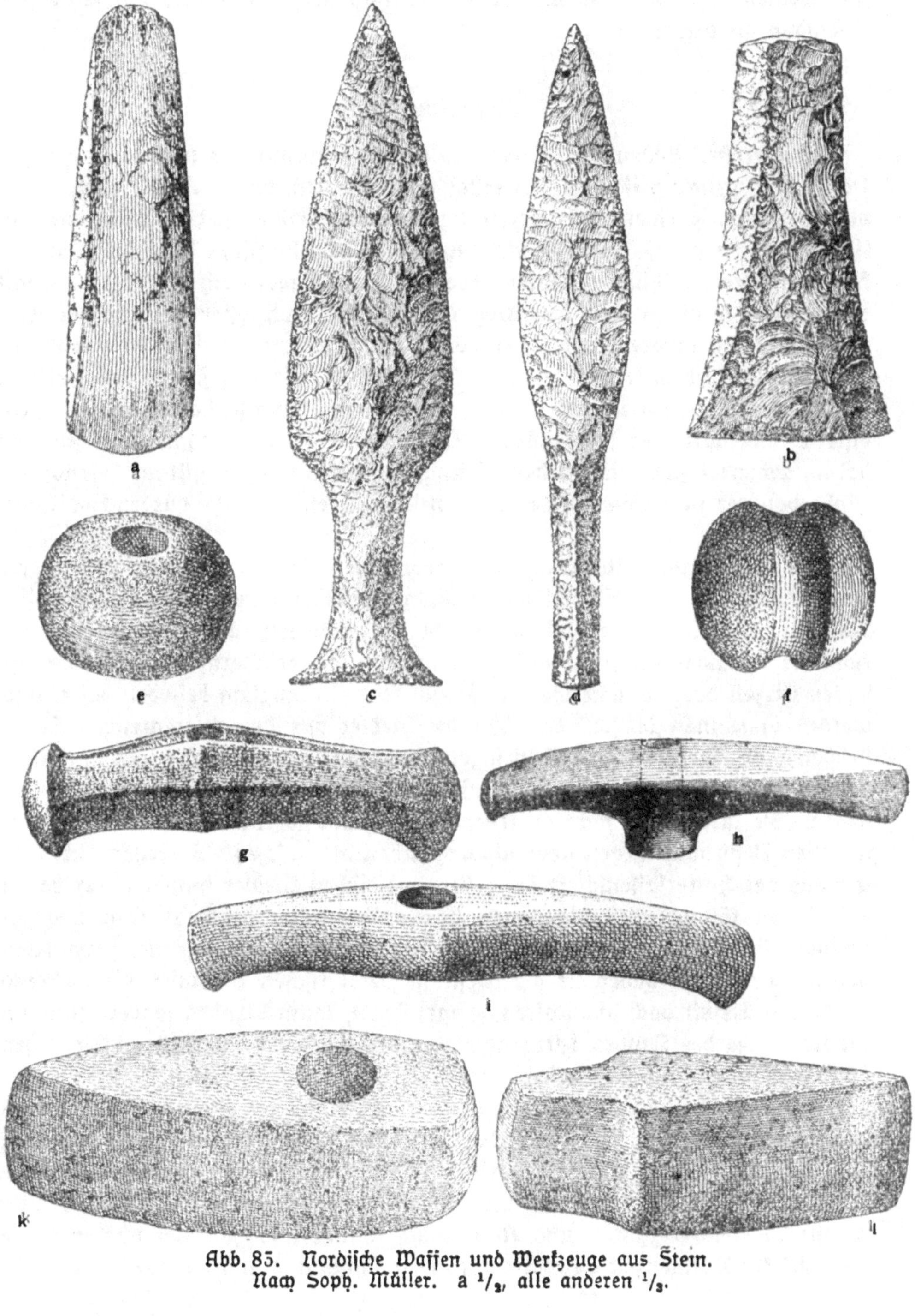

Abb. 85. Nordische Waffen und Werkzeuge aus Stein.
Nach Soph. Müller. a $^1/_2$, alle anderen $^1/_3$.

sind Keulenköpfe, der eine mit Loch zum Aufstecken, der andere mit Rille zum Anbinden an den Stiel.

Megalithkeramik

Von großer Bedeutung ist die neolithische Keramik des nordischen Kreises. Da sie ganz primitiv ist, uns aus erster Hand geboten wird, zeigt sie aufs klarste, wie überhaupt Formen und Verzierungen naturgemäß entstehen, und kann heutigen Ästhetikern, die solche Dinge auf göttlich-künstlerische Eingebung zurückführen möchten, nützlich zu denken geben. Sie zeigt aber auch dem Historiker mit ihrem festen kernigen Stile den Weg, den eine der wichtigsten europäischen Entwicklungen von unserem nordischen Kreise aus genommen hat. „In den Formsystemen, die wir Stile nennen, charakterisieren sich für uns Zeiten und Völker", hat Heinrich Wölfflin einmal gesagt. Das Wort gilt um so stärker von der Prähistorie, weil wir hier keine andere Charakteristik als die künstlerischen Formen haben, keinerlei schriftliche Überlieferung daneben, und es gilt in besonderem Maße von der neolithischen Keramik, weil sie ihren Stil sehr ausdrucksvoll entwickelt hat.

In dem weiten Megalithgebiete zeigt aber die Keramik von Anfang an einen Dualismus. Die Elbe bildet die Grenze zwischen einem nordöstlichen Teile: Schleswig-Holstein, Dänemark, Mecklenburg, Pommern, und einem westlichen: Hannover, Emsland und Holland. Wir müssen uns erinnern, daß schon vor der letzten Eiszeit das westliche Gebiet bis zur Elbe sich langsam besiedelt hatte, und werden annehmen dürfen, daß hier die Siedler aus den angrenzenden Landstrichen vom Rhein und aus Thüringen stammten. Als dann auch das ostelbische Gebiet frei wurde, scheinen die Westelbier sich kaum dorthin vorgeschoben zu haben. Sie litten wohl nicht an Übervölkerung und wollten ihren erfreulich entwickelten Besitz nicht gegen neue schwere Arbeit vertauschen. So erklärt sich, was wir aus der Hinterlassenschaft der ersten ostelbischen Siedler immer klarer haben entnehmen können, daß die neuen Einwanderer hier durchaus über See gekommen sind und auch zuerst überall die Küstenstriche in Anspruch genommen haben. Und zwar haben sie die Westküste der jütischen Halbinsel, die während der letzten Eiszeit doch schon offen gelegen hatte, kaum berührt, sondern sind um die Nordspitze des Landes herumgefahren, um sich an der Ostküste und auf den dänischen Inseln niederzulassen. Und hier sind nun die ältesten Formen der später so reichen Megalithkultur erwachsen. Hier sind die alten kleinen Dolmengräber in Menge erhalten, die es im Westen kaum gibt, hier ist die Keramik erfunden. Wie die Dolmen aber schon die Verknüpfung mit Westeuropa anzeigten, und wie die Keramik der Muschelhaufen die engste Verwandtschaft mit West- und Südeuropa bis nach Ägypten und Nubien hin aufwies, so hält sich nun auch die Keramik der Dolmenzeit durchaus auf dieser Linie, und auch die weiter folgende

1 2 3

4 5 6

7

8

Megalith- und Schnurkeramik

1-1—5. Aus dem Osnabrückschen, Berl. Mus. 6. Bersien Kr. Hümmling. 7. Aus dem Dungsoog auf Sylt. 8. Von der Museumsinsel Berlin. Alle $^1/_4$.

Steinkiste bei Züschen, Waldeck. Nach Boehlau.

aus den Ganggräbern und den Steinkisten, also bis zum Ende des Neolithikums, verläßt sie nicht. Immer bleibt die weiche, fließende Form erhalten, die nur durch Schnürung so oder so gewandelt wird.

Die Kultur im Westgebiete hat in der ersten Zeit der östlichen Muschelhaufen und Dolmen gewissermaßen noch geschlafen. Sie erwacht erst beim Aufkommen

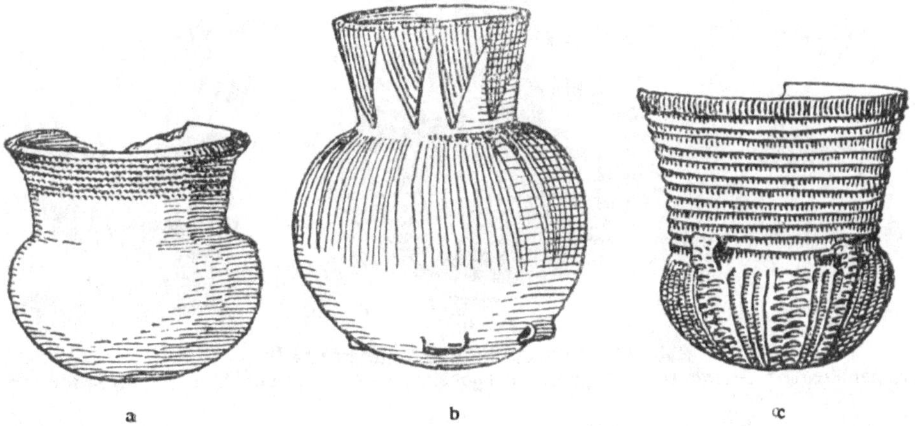

Abb. 84. Dolmenkeramik aus Dänemark. Nach Ebert.

der Ganggräber und beginnt nun auch eine Keramik zu schaffen, die sich aber von vornherein von der ostmegalithischen unterscheidet. Offenbar hat dieses Westgebiet bis dahin in einem mesolithischen Zustande fortgelebt mit Gefäßen aus Kürbisschale, Holz oder sehr festem, harten Korbgeflecht mit Holzboden und starken Spanten und Reifen. Und diese Formen mit ihren Korbflechtverzierungen haben sich dann in Ton unendlich lange fortgesetzt, sie haben dies und jenes mit den östlichen ausgetauscht, sind aber in allen Nachfolgekulturen der beiden noch deutlich zu erkennen.

Die Keramik der alten Dolmengräber zeigt einen ganz geschlossenen Stil, den „Beutelstil", wie ich ihn nennen möchte. Er wird auch von einem Beutel stammen, der bald schlaff hängend, bald lockerer oder fester geschnürt sein konnte. Der Beutel wird einem länglichen Kürbis nachgeahmt sein und aus Fasergeflecht bestanden haben, bis er in Ton übersetzt wurde. Dieser Stil betätigt sich nun in zwei Hauptformen, dem geschweiften Becher und der kugligen Flasche. Der Becher ist schwach geschnürt, so daß er einen hohen, gewöhnlich etwas ausgebogenen Rand hat, den „Trichterrand", nach dem auch der ganze Stil vielfach der „Trichterbecherstil" genannt wird (Abb. 84a c). Die Kugelflasche ist stärker geschnürt und hat meist einen hohen ziemlich steilen Rand (Ab. 84b). So einfach und einheitlich diese Formen sich erklären, so fügen sich wie selbstverständlich nun auch die Verzierungen an. Sie ahmen die Strukturlinien der einfachst hergestellten Körbchen der Naturvölker nach (oben Taf. XI und Abb. 20); die Becher zeigen meist nur am oberen Rande, ihrem hauptsächlich zu schützenden Teile, einige wagerechte Reihen von Schnureindrücken. In der Tat hat man in der ältesten Keramik den Gefäßhals zuweilen mit Schnüren umflochten oder mit einem Gewebe umwickelt; in Dänemark ist dafür ein Beispiel gefunden[1]). Seltener ist

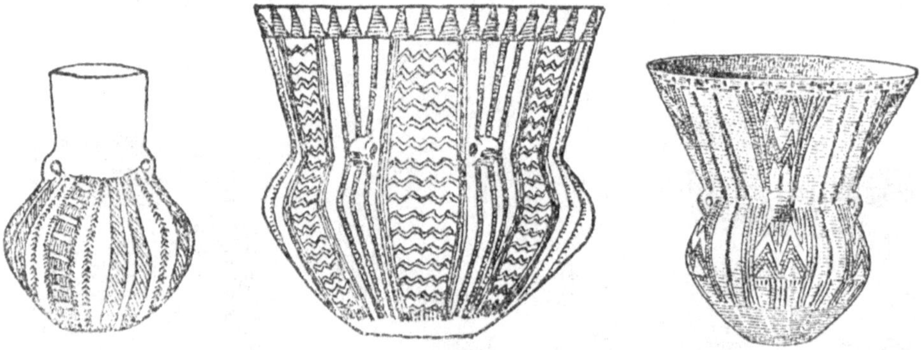

a b c

Abb. 85. Ostmegalithischer Trichterbecherstil.
a Breitenburg Kr. Steinburg. — b Flötz b. Magdeburg. — c Gingst auf Rügen. Nach Sprockhoff.

der ganze Hals des Bechers mit solchen wagerechten Linien überzogen und das Unterteil mit dicht gelegten senkrechten (Abb. 84c). Bei den Flaschen herrscht die senkrechte Linienführung von oben bis unten, aber auch hier wird der Hals oft besonders bedacht: durch gekreuzte Fäden entsteht als einfachstes Muster ein Zickzack, das sich dann auch in ausgesparten Feldern kundgeben kann (Abb. 84b).

Diese alte, hauptsächlich dänische Dolmenkeramik ist, wie man leicht sieht, aus dem Muschelhaufen-Topfe (oben Abb. 19) fortentwickelt, es ist auch meist noch keine Standfläche geschaffen, sondern es begegnen noch die alten Ösen um den Fuß (Abb. 84b) zum Durchziehen einer Schnur, die das Gefäß tragbar und aufhängbar machen soll; es ist nur die Verzierung hinzugekommen. Die Schnureindrücke dieser Verzierung aber, die jedermann sofort an die viel jüngere Thüringer „Schnurkeramik" erinnerte, hat hier dieselbe schwierige Frage hervorgerufen, wie sie für die Beziehung der Muschelhaufen-Töpfe zu der weit jüngeren Michelsberger Keramik so lange bestanden hat; denn an eine Übertragung von Dänemark nach Thüringen kann in so früher Zeit ebensowenig gedacht werden wie an die nach dem Rhein oder gar bis Spanien. Aber diese Schwierigkeit löst sich jetzt wohl ebenso, wie jene es getan hat: es ist in beiden Fällen in der Tat eine Beziehung, ja eine Übertragung vorhanden, aber es ist nicht die Keramik übertragen, sondern nur das Vorbild für ihre Form und ihre Verzierung in Gestalt des Flechtbeutels, wie er in Spanien in Bild und Wirklichkeit gefunden ist (oben Abb. 15. 20). Auch in Spanien selbst ist, als dort verhältnismäßig spät die Keramik

[1]) Abgebildet bei Schwantes, Vorgesch. v. Schleswig-Holstein 1939, S. 198 Abb. 214.

aufkam, in der ersten Nachahmezeit die Schnurverzierung sehr üblich gewesen[1]).

In den Ganggräbern des Ostgebietes setzt sich nun der Beutelstil der Muschelhaufen und der Dolmen unverkennbar fort. In Gingst auf Rügen sind die schönst geformten und schönst verzierten „Trichterbecher" gefunden, die es gibt (Abb. 85c). Zuweilen wird die Form ausgeweitet zu einer großen Terrine (Abb. 85b), und sehr häufig ist die kuglige Flasche mit hohem Halse (Abb. 85a). Daß die Schnürung immer noch wirklich geübt wird, zeigen die in der Kerbe angebrachten Ösen. Die Verzierung aber veranschaulicht die der beutligen Körbe wie oben Taf. XI 3 und Abb. 20: sie geht in Linien und Bändern lang von oben nach unten und flicht dabei gern das einfache Zickzackornament ein, das auch schon in den Dolmen vorkam (Abb. 84b).

Ganz anders tritt die westmegalithische Keramik demgegenüber (Taf. XXIV). Ihr reichstes Material haben die Grabungen des Grafen Münster-Langelage im Osnabrückschen schon zu Beginn des 19. Jahrhunderts[2]), sowie die neuerlichen von J. H. Holwerda in Holland zutage gefördert. Mit auffallend wenig Formen kommt diese Keramik aus; es herrscht durchaus die alte kugelige Kürbisform, die in Menge noch rein auftritt und dann ins Eckige abgewandelt wird. Dabei ist die Verzierung aber immer schon Korbflechterei. So laufen bei dem Stück XXIV 4 die Linien oben wagerecht, in der Mitte im Zickzack und unten senkrecht. Bei den Schnurösen ist angegeben, daß man sie befestigte, indem man ihre Enden mit auseinanderstrebenden Linien in der Wand verlaufen ließ. Dem Gefäß ist schon eine Bodenplatte angefügt, die bei dem Vorbilde wohl aus Holz war. Dem „Schulterbecher" (Taf. XXIV 3) war bei seinem mit Lehm gedichteten Flechtvorbilde in der Mitte ein Spannring eingelegt, — das beste Mittel, um ein Überschwappen der Flüssigkeit zu verhindern. Bei diesem Gefäß hat die Schulter immer ihre besondere Verzierung und zwar gern ein Zickzack, eins der wenigen Motive, die aus der Ostmegalithik übernommen sind. Unser Stück ist ein primitiver Schulterbecher, der sich noch mit den einfachsten Linien begnügt. Die Schale Taf. XXIV 5 hat ganz straffe Wandungen erhalten, vielleicht durch Vorbilder aus Holz, die wir gewiß auch anzunehmen haben; ihre Verzierung veranschaulicht aber aufs sorgfältigste die Flechtung. Taf. XXIV 6 stellt einen ebenfalls zu straffen Wandungen übergegangenen Trichterbecher dar; die Form ist, ebenso wie die des Kragenfläschchens Taf. XXIV 2, aus dem Ostgebiet übernommen, aber schon etwas umgemodelt. Eine seltene Form im Norden ist der große Eimer aus dem Denghoog auf Sylt,

---

[1]) Bosch-Gimpera bei Ebert Reallex. Bd. XI, S. 309 f.

[2]) Was davon an Originalen noch vorhanden ist, besitzt das Provinzialmuseum zu Hannover; weit mehr Stücke weisen aber die Zeichnungen des Grafen auf, die sich bei den Fundprotokollen in demselben Museum befinden. Dankenswerter Weise hat Gummel diese Zeichnungen fast alle in Eberts Reallexikon unter „Megalithgrab" (Bd. VIII Taf. 25—28) veröffentlicht.

also von der Grenze zwischen Ost- und Westmegalithik (Taf. XXIV 7). Vielleicht ist er der eckig gewordene alte Urbecher der Dolmen.

Die Technik, in der die Westmegalithik ihre Verzierungen anbringt, ist nicht mehr, wie im Osten, der Schnurabdruck oder die Ritzlinie, sondern regelmäßig der Tiefstich. Mit einem meist mehrspitzigen Hölzchen ist Stich neben Stich gemacht, und man erkennt häufig, daß die Spitzen des Hölzchens so gestellt sind, daß gleich durch einen Einstich der Eindruck von mehreren übereinander laufenden Fäden hervorgerufen werden sollte. Bei weniger sorgfältiger Behandlung ist auch ein einfacher „Furchenstich" angewendet, indem das Holz in fortlaufender Linie rasch weitergeführt wird. Bei gut erhaltenen Gefäßscherben ist die eingetiefte Verzierung mit einer weißlichen Masse, wie man durch chemische Untersuchung festgestellt hat, Knochenasche, gefüllt; diese Füllung ist wohl regelmäßig angewendet worden.

Die beiden Zweige der nordischen Keramik, die Ost- und die Westmegalithik, sind zunächst nach verschiedenen Richtungen erobernd ausgezogen und haben in den neuen Gebieten auch vielfach ihren Stil etwas gewandelt. Die Ostgruppe hat sich über Mecklenburg und Pommern ausgebreitet und in dem der Elbe nächstgelegenen Gebiete von Anhalt und Sachsen die Kultur der Kugelamphoren hervorgerufen. Die Westgruppe ist nach Süden vorgestoßen und hat zwischen Harz und Saale nacheinander den Walternienburg-Bernburger, den Havelländer und schließlich den Lausitzer Stil gezeitigt. In das alles mengt sich aber vom Süden her die Schnurkeramik, die breit nach dem Norden vorstößt, um dort mit der Megalithik einen Bund zu schließen fürs ganze folgende weitausgreifende Dasein

Die thüringische Schnurkeramik

Die nächste selbständige Nachbarin der nordischen Megalithkeramik ist die Thüringische Schnurkeramik. Sie wird so genannt, weil ihre Verzierungen vielfach mit Schnüren eingedrückt sind. Sie findet sich in Steinkisten- oder entsprechend in Holz hergerichteten Gräbern, die gewöhnlich mit Steinen umpackt und dann von einem Erdhügel überschichtet sind. Die Leichen liegen fast immer in Hockerstellung (vgl. Taf. XXXIV). Die Hauptformen der Keramik sind eine bauchige Amphora und ein geschweifter Becher (Abb. 86). Beide zeigen nur wenig Variationen nach Form und Verzierung. Die Amphora (XXIV 8) ist in der Regel gegen 20 cm hoch und an der weitesten Stelle ebenso breit, sie hat kurzen Hals, Standfläche und am Bauchknick zwei oder vier vertikale Henkel, die, kurz und dick, nur für das Durchziehen einer Schnur bestimmt sind. Die Verzierung beschränkt sich, ebenso wie bei den Bechern, auf die obere Hälfte des Gefäßes. Das pflegt sich regelmäßig zu finden bei keramischen Gattungen, die ursprünglich, weil sie unten rundlich abschlossen, in einen Untersatz gestellt wurden.

Die Verzierung der Becher besteht immer in ausgesprochenen Flechtmotiven und ahmt also die Struktur eines alten Vorbildes dieser Gefäße nach; bei den

Amphoren aber stellt sie eigentlich immer nur die Umschnürung des Gefäßes dar: starke Bänder werden um Hals und Bauch gelegt und haben mehrere Querverbindungen. Das war die Rüstung zum bequemen Bewegen und Tragen der schweren Gefäße.

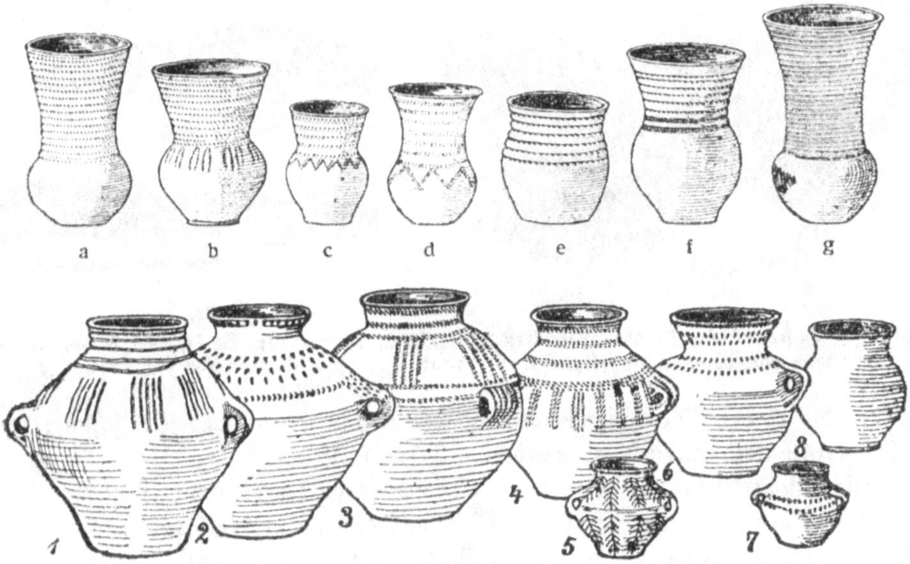

Abb. 86. Schnurbecher und -Amphoren in Weimar. Nach Pfeiffer.

Es gibt neben diesen beiden Hauptformen ein paar andere: zylindrische Becher oder besser gesagt Büchsen, und ovale Becken, beide mit Deckeln; aber diese Nebenformen bleiben immer ganz spärlich gegenüber den Amphoren und geschweiften Bechern. Eine sehr willkommene Zugabe ist, daß sich in Thüringen auch einmal ein Holzgefäß erhalten hat (Abb. 87a). Es ist eine Schale mit schwach gebogenen Wänden und 6 ansitzenden Standklötzen; sie scheint einem der halbkugeligen Näpfe der Bandkeramik, die ja stark nach Thüringen eingedrungen war, nachgebildet zu sein. Damit haben wir das Kissybion des braven Sauhirten der Odyssee leibhaftig vor Augen!

Die Schnurkeramik findet sich merkwürdigerweise nur in Gräbern; noch keinerlei Siedlungen mit ihr sind weder in Thüringen noch in Süddeutschland, wohin sie sich stark ausgebreitet hat, beobachtet worden. Es scheint, daß sie einem Jäger- und Fischervolke angehörte, das keine festgebauten Häuser besaß. Vergesellschaftet ist mit ihr ein „facettiertes Beil" mit Schneide auf der einen, Hammerplatte auf der anderen Seite, offenbar eine Waffe (Abb. 87 b). Dazu wird uns bei diesem Volke auch Bogen und Köcher vor Augen geführt. Ein großes Steinkistengrab bei Göhlitzsch, Kreis Merseburg, hat auf seinen Wandplatten reichen Schmuck im Stile der Schnur- und Rössener Gefäße, der entschieden einen

Stoffbehang vorstellen soll. Dabei ist auf einer Platte (Taf. XXVI b) links ein großer Köcher gezeichnet mit Pfeilen darin und dem Tragbande hoch im Bogen darüber; über der Mitte der Platte aber, horizontal fast ihre ganze Länge einnehmend, ein Bogen mit Sehne, und zwar im abgespannten, ausruhenden Zu-

a b

Abb. 87 a. Holznapf aus Stedten, Mansfelder Seekreis. Mus. Halle. Gr. 1/3. — b. Facettenbeile von Weimar und Apolda. Gr. etwa 1/3. Nach Götze-Höfer-Zschiesche

stande: die Enden sind aufgebogen und die Sehne ist infolgedessen schlaff; sobald man sie nach unten böge, würde die Sehne straff werden.

Die Schnurkeramik ist bisher immer das große Fragezeichen inmitten der sie umgebenden Kulturen gewesen. Man sah, daß sie in der Ornamentik starke Verwandtschaft mit der norddeutschen Megalithkeramik hat, daß sie in anderem aber auch erheblich von ihr abweicht, und woher sie dies andere habe, wurde nie ganz klar. Man meinte schließlich, daß sie ein Ableger der Megalithkeramik sei, unter einigen Einflüssen, unbestimmt woher.

Mir scheint, daß man heute, wo die frühen Perioden der Steinzeit sich uns mehr und mehr enthüllt haben, zu einem besseren Ergebnis gelangen kann. Gewiß beruht die Schnurornamentik ebenso auf Korbflechterei wie die megalithische, aber sie ist doch nicht einfach von ihr übernommen. Sie hat nicht jenen einfachen und derben Charakter. Man könnte sie statt Korbflechterei eher eine Mattenflechterei nennen, die mit zarteren Fäden arbeitet und den Aufbau des Ganzen nicht so stark betont. Die Wandplatten des Göhlitzscher Grabes, die ganz mit den Motiven der Schnurkeramik verziert sind, wollen doch entschieden einen Mattenbehang vortäuschen. In feiner Flechterei oder Weberei ist diese Ornamentik entstanden, und die Keramik hat sie dann, um ähnliche Konstruktion vorzutäuschen, übernommen.

Seit der „Urbecher" der dänischen Dolmen bekannt geworden ist, verlangt seine Schnurverzierung eine Erklärung dieser augenfälligen Beziehung zu Thüringen. Sie ist heute leicht zu geben. Wie die nordische älteste Keramik die Herkunft ihrer Träger aus dem Westen anzeigt, so tut es auch die Thüringische Keramik für die ersten Besiedler dieses Landes. Die ältesten Schädelstücke von Ehringsdorf sind neandertalisch, und die alte thüringische Keramik hat ihre deutlichen Gegenstücke in Spanien. Die Schnurverzierung gehört auch dort zum ältesten Bestande[1]), der geschweifte Becher geht dort noch tief in die Bronzezeit, und die Amphora, genau so kugelig wie die thüringische und auch gelegentlich mit derselben Umschnürung durch ein breites Mittelband und vielfältige Querbänder, bietet ein überraschendes Gegenstück (Abb. 88).

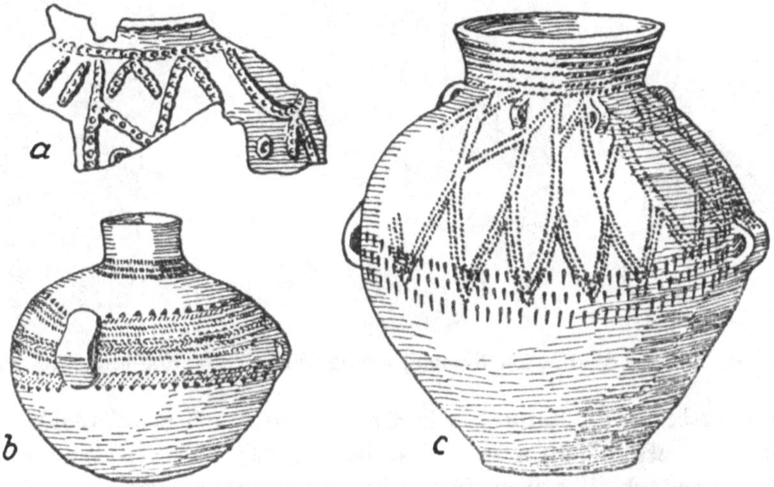

Abb. 88. Schnuramphoren, a, b aus Spanien, c aus Thüringen. Nach Bosch-Gimpera u. Größter.

Mit unserm ältesten Norden hat Thüringen außer der Schnurkeramik noch die weitere Ähnlichkeit, daß auch dort die beiden Formen des Bechers und der kugligen Flasche oder Amphora eigentlich alleinherrschend sind.

Die Schnurkeramik ist, wie schon gesagt, in Thüringen verbunden mit Hockerbestattungen, während sich die Wohnungen ihrer Besitzer bisher nicht erkennen lassen. Das bildet beides eine weitere Verknüpfung mit dem Paläolithikum. Die Hockerlage ist die Schlafstellung des Südens (s. oben S. 27 fg.) oder allgemein eines warmen Klimas, in dem man auf der Erde schläft, keine Bettstelle benutzt. Sie läßt sich bis ins Aurignacien, vielleicht sogar noch weiter zurückverfolgen, der Megalithkultur des Nordens ist sie aber durchaus fremd. Und die unbestimmte, im Freien nicht nachweisbare Wohnung ist ebenfalls eine Eigentümlichkeit der älteren Steinzeit, deren Völker von Jagd und Fischfang lebten, sich leichte Hütten bauten und die festen Häuser der späteren Ackerbauzeiten noch nicht kannten.

Als der Schnurkeramik Thüringen zu eng wurde, hat sie bei der ersten Wendung nach dem Norden, im Unstrutgebiete auf die Ausläufer der Ostmegalithik stoßend, unter deren Einfluß ihre Form und Verzierung etwas verändert: die Amphora hat ihren Bauch besser gerundet und ihren Hals höher und steil auf-

[1]) Bosch-Gimpera bei Ebert Reallex. XI, S. 309 f.

gereckt, und beide, Amphora wie Becher, haben die Zickzackverzierung mit der Aussparung von Bändern und Dreiecken aufgenommen (Abb. 89). Man hat diese Gefäßgattung bisher mehrfach als die älterthüringische ansehen wollen, irrt darin aber unbedingt. Diese Gattung kommt nur im Grenzgebiete vor und findet

Abb. 89. Jüngere Thüringische Keramik, a b von Halle, c von Kötschen. Nach Agde.

sich hier öfter bei Nachbestattungen in Grabhügeln der Megalithausläufer bernburgischen Stils. Es ist ganz unmöglich zu denken, daß, wenn dieser gezierte, man möchte sagen geckenhafte Stil zu Anfang dagewesen wäre, dann das weite eigentliche Thüringen nachher ganz einheitlich in eine höchst einfache, behäbige, ja vielfach plumpe Art verfallen konnte. Bei der weiteren Nordwanderung aber sehen wir den eleganten Stil sich im Lüneburgischen (bei Zeven) lebhaft weiterentwickeln.

Dies alles hatte ich mir bereits klargemacht, als ich dann einen Fund kennen lernte, der die Frage einfach entscheidet[1]: 1911 ist aufgedeckt und 1925 veröffentlicht ein Grab bei Peissen im Saalkreise, in dem sich zwei Bestattungen übereinander fanden (Taf. XXVII). Die untere enthielt neben einem schönen, echt thüringischen Langschädel einen Becher und eine Amphora alter Art. Der Becher hat die geschweifte Form mit bescheidenst eingestochener Horizontalverzierung; die sehr kurzhalsige und seitlich stark aufgeblähte Amphora ist ganz ornamentlos. In der oberen Bestattung aber, deren Skelett nur 30 cm unter Boden ganz verrottet war, stand ein Becher mit steilem hohen Halse und stark abgesetzter Schulter, der mit einem aus sorgfältiger Schraffierung ausgesparten langen Zickzackbande geschmückt war, und eine kuglige Amphora mit feinen Punktreihen um den Hals und einem Zickzackbande gleich darunter. Wenn auch die Amphora noch nicht sehr abweicht von der alten Art, so zeigt doch der Becher aufs deutlichste die Zugehörigkeit zur Unstrutgattung. Und bezeichnenderweise gehört er in diesem Grabe zur Nachbestattung! Die Amphora ist aber noch dadurch bemerkenswert, daß sie in der ersten, schon nordische Einflüsse verratenden Schicht des thessalischen Sesklo

[1]) Jahresschrift der sächsisch-thüring. Länder XI 1925. (G. Krüger†.)

a. Rundhütte vom Frauenberge bei Marburg. Nach G. Wolff.

b. Wandplatte der Steinkiste von Göhlitzsch bei Merseburg. Nach Photo.

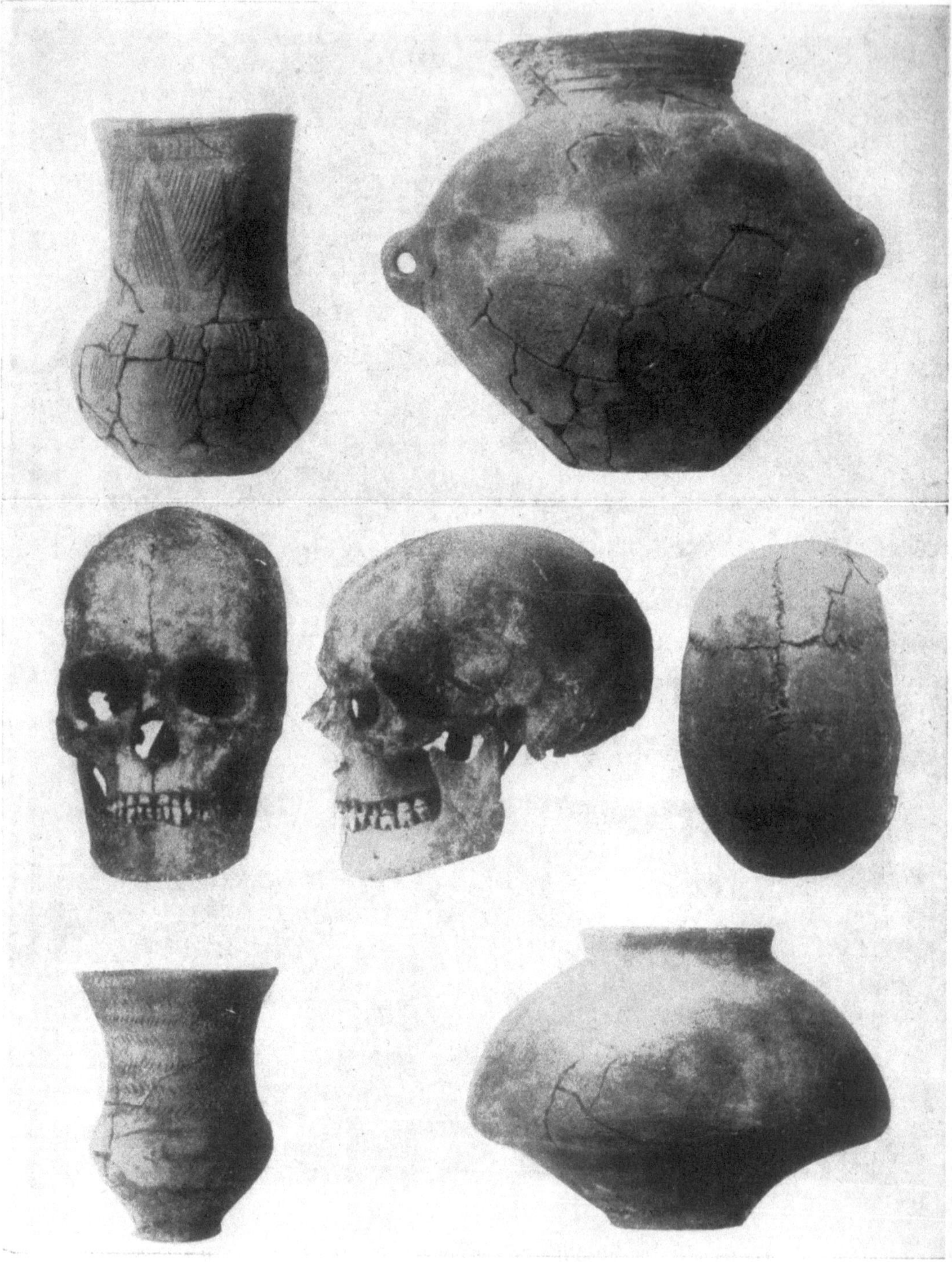

Doppelgrab aus Thüringen

1. Die obere Bestattung mit den jüngeren, 2 3. die untere mit den älteren Gefäßen. Nach Jahres=,=schrift Sachs=Thürg. XI (G. Krüger †)

uns wiederbegegnet (unten Taf. XXXI 1). Wenn die gezierte Keramik älter wäre als die gemein-thüringische, so würde die Auffassung von Kossinna und Åberg, nach der die ganze Schnurkeramik aus der Megalithkeramik erwachsen sein soll, einen Schein von Recht erhalten; deshalb ist der Nachweis, daß sie jünger ist, von erheblicher Bedeutung. Gewiß, die thüringische Keramik ist später aufgetreten als die nordische aus den Muschelhaufen und den Dolmen, aber die Formen, auf denen sie beruht, haben in vergänglichen Stoffen längst im Lande bestanden, schon zu Zeiten, wo der Norden noch gar nicht besiedelt war. Die jungen Gelehrten, wie Bicker[1]), die heute bemüht sind, die Wurzeln der thüringischen Kultur bis ins Mesolithikum zurück zu verfolgen, haben ganz recht; man möchte ihnen ein deutlicher sprechendes Material wünschen, als sie mit den kleinen Feuersteinwerkzeugen bislang zur Verfügung haben.

Wenn die schnurkeramischen Formen: Becher und Kugelflasche, Thüringen einerseits mit der nordischen Dolmenkeramik, andererseits mit der rheinischen und spanischen ältesten Keramik verbinden, so deshalb, weil Westeuropa bereits vor Erfindung der Töpferei bei der Besiedlung der deutschen Gebiete eine Rolle gespielt hat — das Auftreten der Neandertalrasse bei Weimar spricht ja da auch ein Wort mit —; dann ist aber die Schnurkeramik keineswegs erst den Keramiken von Dänemark oder dem Rheinlande nachgeahmt, sondern sie ist aus alter, längst im Boden gefestigter Wurzel erwachsen, und die thüringische Kultur als Ganzes steht damit durchaus gleichberechtigt als eine Urkultur neben der rheinischen, der nordischen und der donauländischen.

Beginn der Indogermanisierung

Mit der Schnurkeramik ist eine besondere Grabform verbunden: ein kleiner Rundhügel mit Einzelgrab; und wo dies Hügelgrab im Gefolge der Schnurkeramik auftritt, da darf man sicher sein, daß nicht bloß die Thüringer Kultur, sondern auch die Thüringer Leute gewandert sind. Das Grab ist durchweg so angelegt, daß man eine Grube aushob, um die Leiche von Bohlen umhegt oder in einem Baumsarge hineinzubetten; darüber folgte erst eine starke Packung von Feldsteinen und dann der Erdmantel, der — wenigstens im Gebiete der Megalithkultur — nicht geböscht zum Boden auslief, sondern von einem Stein- oder Pallisadenkranze abgestützt war, so daß das Ganze erschien als eine flache Trommel mit einem Kegeldach darüber.

Mit diesem Grabe hat die Schnurkeramik sich besonders nach drei Seiten hin auffallend stark ausgebreitet: nach Norden in den Megalithkreis, nach Südwesten zu den Pfahlbauern und nach dem Osten und Südosten über Polen, Böhmen, Ungarn nach dem Balkan und bis nach Griechenland und Kleinasien.

---

[1]) Mannus 28 1936, S. 410 ff.

Dr. Dittmann hat kürzlich 150 dieser Grabhügel in Nordwestdeutschland vom Rhein bis zur Elbe und von der Nordsee bis zum Main nach guten Fundprotokollen geprüft und eine übereinstimmende gleichmäßige Verbreitung ge-

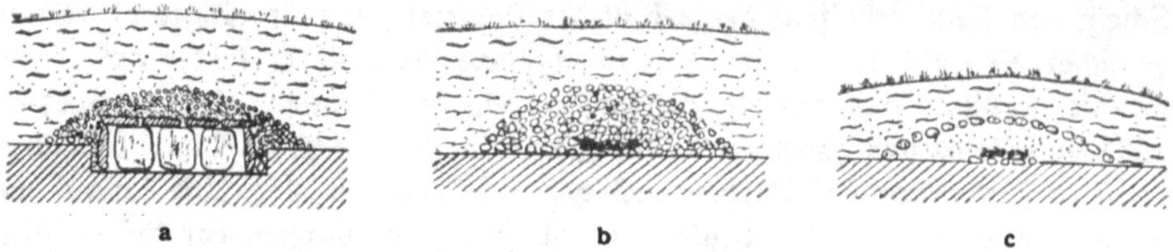

a b c

Abb. 90. Perioden des Einzelgrabes unter Hügel in Nordwestdeutschland. Nach Dittmann.

funden. Die ältere Form hat noch die Steinkammer, dann vereinfacht sich die Anlage mehr und mehr. Die Abb. 90 a entspricht Gräbern von Meckelstadt Kr. Lehe und Dirlammen Kr. Lauterbach in Oberhessen; Abb. 90 b solchen von Rehlingen Kr. Lüneburg und Haimbach Kr. Alsfeld (Oberhessen); Abb. 90 c solchen von Lichtenau und Pömbsen Kr. Büren und Schwarza Kr. Schleusingen [1]).

Was diese Ausbreitung zu bedeuten hat, erfahren wir zuerst und am deutlichsten im Norden. Schon 1889 konnte Johanna Mestorf von Kiel ihrem Freunde Rudolf Virchow 38 dieser Gräber melden, noch ohne ihre Fremdartigkeit zu verstehen. Nachher ergab sich bei Lüneburg, bei Zeven, in Schleswig-Holstein und Mecklenburg, in Holland und Dänemark immer deutlicher, daß es sich um eine große Thüringische Einwanderung in der letzten Steinzeit handelte und zwar um ein Sich-Einschieben meist friedlicher Art. Auf der jütischen Halbinsel sind die Megalithbauern in den Marschen an der Ost- und Westküste unbehelligt geblieben; die neuen Ankömmlinge haben sich als Jägervolk auf dem mittleren waldigen Geestrücken des Landes niedergelassen. In Mecklenburg zeigen die Gräber von Ostorf am Schweriner See die Vermischung der Thüringer mit den Megalithleuten: Jagdzeichen wie Pfeilspitzen und zahlreiche Tierzähne liegen zusammen mit Megalithkeramik und neben den breiten alten Schädeln die schmäleren neuen. Denn dieses ist von besonderer Wichtigkeit: Die Schnurkeramik ist mit den schmalsten Langköpfen verbunden, die es überhaupt in der Steinzeit gibt. Die Megalithkultur hatte keineswegs solche aufzuweisen, ihre Schädel haben die echte Cromagnonform mit breitem, fast viereckigen Gesicht und von mäßiger Länge; die Thüringischen haben das schmale, hohe Gesicht und den ausgebauten Hinterkopf, wie er heute als das Kennzeichen der echten nordischen Rasse gilt. Dieser Kopf ist offenbar erst durch die Thüringische Einwanderung in den Norden gebracht und hat sich dort in den bis dahin schwach besiedelten Gebieten der Lüneburger Heide und Schleswig-Holsteins besonders stark ausgebreitet. Bis heute ist dies Verhältnis zu erkennen: Westfalen ist schon während der letzten Eiszeit frei ge-

[1]) K. H. Dittmann, Unters. z. Gesch. d. ält. Bronzezeit Nordwestdeutschlands. Ungedruckte Hamburger Dissertation.

wesen und so vom Westen her schon stark in Anspruch genommen, während nachher Osthannover und Schleswig-Holstein, als sie siedlungsreif wurden, für das nahe Thüringen in erster Linie in Betracht kamen. Daher herrscht in Westfalen der Cromagnon-Typus so einheitlich, daß man ihn für Deutschland den „fälischen" genannt hat.

Nach dieser Thüringerinvasion hat Norddeutschland in der Folgezeit keinerlei Bevölkerungszuzug mehr erhalten. Es ist in seiner menschlichen Zusammensetzung nicht mehr verändert worden und hat sich auch in den Grundzügen seiner Kultur nur wenig von außen her beeinflussen lassen. Daraus ergibt sich, daß das, was viel später erst mit dem Namen „Germanen" bezeichnet wird, am Ende der Steinzeit schon fertig dasteht. Am nächsten standen die Megalithleute und die Thüringer einander von Hause aus in Deutschland und in Europa; es hat sicher Thüringen sich auch schon an der ersten Besiedlung des eisfrei gewordenen Nordlandes beteiligt. So werden wir einen guten Teil, wenn nicht den Hauptteil des Germanischen schon den reinen Megalithleuten zutrauen und ihnen den Namen der Urgermanen vergönnen dürfen.

In der antiken Literatur tritt der Germanenname ja erst im letzten Jahrhundert vor Chr. auf. Man hat lange Kelten und Germanen nicht unterscheiden können. Sallust nennt die Kimbern und Teutonen noch einfach Galli, und Strabo (7 p. 290) sagt, Germani bedeute γνήσιοι Γάλατες, die „stammechten Gallier". Er nimmt den Namen für das lateinische Adjektiv germanus „echt", wie es heute noch viele tun [1]). Bei Caesar tritt aber schon deutlich hervor (b. g. 1. 31, 2. 4), daß eine Reihe von linksrheinischen Stämmen den Namen führen, und nach Tacitus (Germ. 2) haben die Tungern, als sie dereinst den Rhein überschritten, ihn bereits gehabt. Es gibt nicht wenige germanische Namen vom Stamme Germ-: Germo, Germenulf, Germenburg, Germenberga, Garmangabis (suebische Göttin) [2]), und auch für das Illyrische hat Ed. Norden sie jetzt nachgewiesen: Germus, Germanus, Germullius, Germulla [3]). Aus solch einem Sippen- und Stammnamen muß der allgemeine Volksname entstanden sein.

Nun waren aber auch jene süddeutschen Kelten den Germanen nächstverwandt. Denn der zweite Zug, den die Thüringer unternommen hatten, galt den Pfahlbauern in Südwestdeutschland, mit denen sie sich nun ähnlich verschmolzen wie mit den Megalithleuten in Norddeutschland. Vorher hatte hier die alte westeuropäische Rundhütte geherrscht und die Michelsberger Keramik. Jetzt brachten die Schnurkeramiker ihre Kultur und sie brachten auch Leute mit, die von der Megalithkultur beeinflußt waren, die Rössener, und die nun das Vorhallenhaus einführten, das damit am Federsee wie am Bodensee heimisch wurde [4]). (oben Abb. 28.)

---

1) Gnomon 1934 S. 260 ff. (Felix Hartmann).
2) R. Much, Sitz.-B. der Wien. Akad. 195. 2 (1923).
3) Ed. Norden, Altgermanien 1934 S. 261 ff.
4) H. Reinerth: Das Pfahldorf Sipplingen am Bodensee 1932 S. 47 ff.

Der dritte große Zug der Thüringer, und auch dieser schon gemeinsam mit den Megalithleuten und ihrem Vorhallenhause, ging gegen Osten, und zwar sowohl nach Nordosten an die Ostsee und von da die Oder und Weichsel hinauf, wie auch südöstlich durch Böhmen, Mähren nach Ungarn und dem Balkan. Von ihm wird nachher noch ausführlich die Rede sein. Er hat im Nordosten die ungermanischen Bandkeramiker verdrängt und das Land bis zur Weichsel den Germanen erobert, und nach dem Südosten so stark gewirkt, daß noch bei Cherson und Odessa Schnurkeramik sich findet und Homer für Griechen und Trojaner kein anderes Grab kennt als das Einzelgrab unter dem Hügel.

Siebentes Buch

Der Donaukreis

Bandkeramik

Ein ganz anderer Stil als in West- und in Nordeuropa ist in Mitteleuropa zu Hause, oder, wie wir nach seiner weiten Erstreckung gegen Osten treffender sagen können, im Donaukreise. Gegenüber dem zu Anfang ornamentlosen Beutelstile des Westens und dem desto reicher verzierten Korbstile des Nordens herrscht an der Donau der reine Kürbisstil, d. h. die Form des Kürbisabschnittes ist in den Tongefäßen so echt wie nirgend sonst bewahrt, und die Verzierung ist ganz aus der Art erwachsen, wie man den Kürbis selbst behandelte, nämlich durch Einritzung, so daß die weiße Unterschicht hervortrat, die man nun beim Tongefäß durch Inkrustation nachahmte.

Die Keramik ist wieder das nächste Kriterium für die Kultur, und sie tritt hier derart bestimmend auf, daß wir sie an die Spitze der Betrachtung stellen müssen.

Bandkeramik nennt man die Töpferei dieses Kreises, weil sie nicht einfache Linien, sondern Bänder zur Verzierung verwendet. Sie zerfällt in zwei Gattungen. Die eine zeichnet in Ritzlinien spielende Spiral- und Mäandermuster auf die Fläche und heißt danach Spiral-Mäander-Keramik (Abb. 91 a, b, c), die andere punktiert oder ritzt in dichtgereihten Linien breite Bänder, denen die Umschnürung zugrunde liegt. Konnte man das immer schon vermuten, so hat es neuerdings Lehner an seinem schönen Materiale von Plaidt bewiesen[1]). Es gibt Töpfe, die am oberen Rande 3 Knöpfe haben und zwischenständig an der Bauchweite wieder 3 Knöpfe. Im Zickzack zieht sich dann vom oberen zum unteren Knopf und wieder zum folgenden oberen ein in Relief aufgelegtes Band, das die alte tatsächliche Umschnürung anzeigt, und einen Schritt weiter wird dies Band dann in Punktlinien dargestellt (Abb. 91 f). Diese Gattung wird Stichbandkeramik oder nach dem ersten Fundorte, an dem sie (bei Worms) geschlossen auftrat, Hinkelsteinkeramik genannt.

Die beiden Gattungen der Bandkeramik treten uns in ihren einfacheren und natürlicheren Formen und Verzierungen an der mittleren Donau, in Württemberg, Bayern und Österreich, einschließlich Mähren und Böhmen, entgegen und

---

[1]) Bonner Jahrb. 122 (1913), S. 284 f.

haben daher wohl hier ihre Heimat. Es ist auch mehrfach festgestellt, daß dort unter ihnen keine ältere Gattung liegt. Sie haben sich dann früh schon einerseits die Donau hinunter nach Pannonien, Serbien, der Herzegowina (Butmir), anderseits in Westdeutschland den Rhein hinunter und in Ostdeutschland die Oder und Weichsel hinunter verbreitet.

Die Spiralkeramik hat reineren Kürbisstil als die Hinkelsteiner. Sie verwendet zumeist die einfache halbkuglige Schale, daneben nur noch die Birn- oder Flaschenform, die sich beim höheren Abschneiden des Kürbis ergibt. Als Verzierung gehen Spirale und Mäander Hand in Hand. Der Mäander ist ja nichts anderes als die eckig gewordene Spirale; schon im Paläolithikum war das Verwandlungsspiel zwischen den beiden zu erkennen (oben Abb. 8. 9). Bei dem Stück in unserer Abb. 91 a ist eine Volute wie ein großes liegendes S auf jeder Seite des Gefäßes angebracht; ein kleiner Halbmond liegt zur Raumfüllung im Zwickel darüber. In Abb. 91c ist eine eingerollte Volute zum halben Mäander geworden, und im Zwickel liegt statt des Halbmonds ein Dreieck. Bei Abb. 91b teilen sich Spirale und Mäander das Gefäß und ziehen um die Mitte eine Grenzlinie. Bei allen drei Stücken ist das breite Band durch eine Mittellinie, zu der in anderen Fällen auch Schraffierungen treten, vom Grunde abgehoben. Weiter geht auf diesem Wege der Hinkelsteinstil mit seiner Linienfüllung des ganzen Bandes (91 f.). Von da war nur noch ein Schritt zu seiner Färbung.

Öfter befinden sich Knubben, auch vertikal durchbohrte, an der weitesten Stelle des Bauches zur Anbringung einer Schnur; so bei unserer Flasche in Abb. 91b, bei den einfachen Schalen hat man sich meist mit ein paar Bohrlöchern im Rande begnügt.

Die Hinkelsteinkeramik ist komplizierter. Wohl geht auch sie von der einfachen Halbkugelschale und Birnflasche aus, aber daneben steht ein beutliger Becher oder Napf (Abb. 91 f) und ein trichterförmiges Gefäß mit Fuß, das wohl auch ein Becher, vielleicht aber ein Untersatz ist (Abb. 91 d). Die Verzierung dieser Keramik zeigt sich am einfachsten und natürlichsten in Böhmen. Hier herrschen reine Umschnürungsmuster, und sie sind meist in Doppelreihen aus Strichelchen eingestochen. Bei ihrer Ausbreitung gegen Westen sind die Ziermotive entartet. Das große umlaufende Zickzackband hat sich zu Rhomben verdichtet (Abb. 91 g), das Zickzack hat Bogenschwung erhalten, aus seiner Spitze scheinen ein paar Zweige zu sprießen, und in seiner Senke wächst ein Bäumchen auf (Abb. 91 h i); es ist schon die Andeutung eines Lebendigwerdens, das uns später noch stark beschäftigen wird. Hier im Westen, wo bei Worms die verschiedenen bandkeramischen Gattungen am genauesten erforscht sind, lernen wir aber auch schwerwiegende Unterschiede zwischen ihren ganzen Kulturen kennen. Sie laufen darauf hinaus, daß die spiralkeramischen Gräber mehr süd-, die Hinkelsteiner mehr nordeuropäischen Charakter tragen. Die Spiralkeramik (in Flomborn) z. B. findet sich bei Hocker-

[1]) Köhl, Festschrift 1903, Taf. I a 4, 7, 9, 10, 12, 13.

bestattungen, die Hinkelsteiner bei gestreckten Skeletten. In den spiralkeramischen Gräbern ist häufig die Beigabe von Rötel, von der Cypraea-Muschel aus dem Indischen Ozean, gelegentlich auch von Elfenbeinnägeln, was alles in den Hinkelsteingräbern nicht beobachtet ist. Auch daß hier bei Worms Spiral- und Hinkelstein-

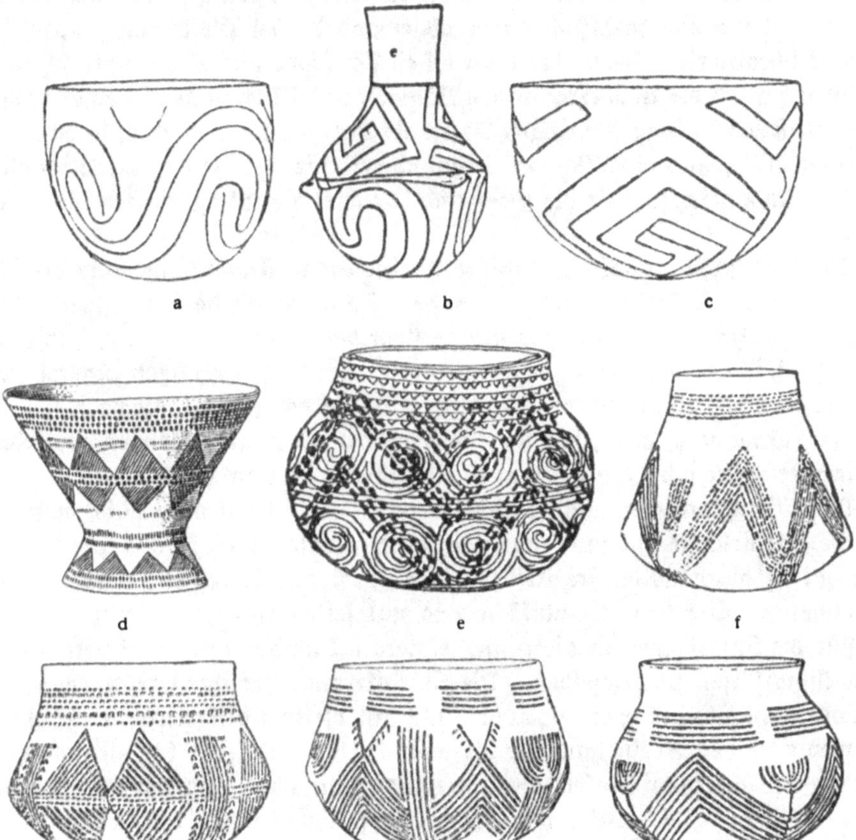

Abb. 91. Bandkeramik. a b c Flomborn bei Worms, d Hinkelstein b. Worms, e Böhmen, f Monsheim bei Worms, g h i Hinkelstein, k l m Erstein, Straßburg, Lingolsheim (Elsaß). Größe durchweg $^1/_4$.

keramik keineswegs, wie sonst häufig, miteinander gemischt, sondern durchaus getrennt vorkommen, zeigt, daß wir es mit verschiedenen Leuten zu tun haben.

Die Funde der letzten Jahrzehnte haben uns die beträchtliche Ausbreitung der beiden bandkeramischen Gattungen erkennen lassen. Sie sind den Rhein hinuntergegangen bis nach Köln und von da nach Belgien hinein. Die Spiralkeramik zeigt sich hier mehrfach etwas abgewandelt: bei Plaidt und Lüttich hat sie breite schraffierte Bänder, bei Köln lassen sich sogar vier Arten unterscheiden. Im Osten hat sich die Bandkeramik von Böhmen und Mähren aus in einer großen Welle durch Sachsen und Thüringen bis in die Harzgegend geworfen, so daß letzte Ausläufer östlich und südöstlich von Braunschweig die Grenze der Megalithkultur erreichen, anderseits sind sie die Oder und Weichsel hinuntergegangen bis an die Ostsee.

Die Hinkelsteinkeramik hat dann noch eine dritte Entwicklungsstufe erreicht, unter einiger Beeinflussung vom Norden her. So sehen wir sie in Großgartach bei Heilbronn, in Friedberg i. W. und in Eberstadt bei Gießen (Abb. 91 k, l, m). In Großgartach ist der Übergang gut zu verfolgen. Am Bauchknick sitzen zunächst noch die schraffierten Dreiecke vom Hinkelstein, dann bedeckt sich die Fläche mehr und mehr mit Ornament, das geschwungene Zickzack ist zu Bogengehängen geworden, und immer mehr wird alles Zierwerk eingestochen wie in Rössen.

Diese Großgartacher und hessische Keramik zeigt denn auch nicht mehr die einfache Kürbisschale und nur selten noch die Birnenform der Bandkeramik. Vielmehr hat sie durchaus die zweiteilige eckige Form des Hinkelstein angenommen; sie verwendet aber keine Standfläche und nur selten einen Standring.

Für die Spiral- wie für die Hinkelsteinkeramik können wir somit verschiedene Entwicklungsstufen unterscheiden. Die Spiralkeramik hat ihren reineren Zierstil in Süddeutschland, auf einer zweiten Stufe mit vielfach differenziertem Schmuck finden wir sie den Rhein hinunter bis nach Lüttich. Bei der Hinkelsteinkeramik erkennen wir sogar drei Stufen, die erste mit den einfachen eingestochenen Schnurlinien in Böhmen, die zweite mit eingekratzten Rhombenbändern bei Heilbronn und Worms, die dritte mit veränderten Gefäßformen und nördlich beeinflußten Verzierungen besonders in Großgartach und in Hessen. Innerhalb des deutschen und österreichischen Gebietes dürfte also der Südosten der Ausgangspunkt für die Verbreitung der Bandkeramik sein. Es ist denn auch in Schlesien wie in Böhmen und Mähren bei langjährigen Grabungen beobachtet, daß hier die Spiralkeramik die älteste aller vorkommenden Gattungen ist, daß schon die Hinkelsteinkeramik und erst recht die von der Donau gekommene Pfahlbau- und die vom Norden gekommene Tiefstichgattung stets über ihr liegen [1]). Ebenso liegt bei Heilbronn

[1]) Für Schlesien: Seger, Schlesiens Vorzeit in Bild und Schrift, Breslau 1915, S. 1—89. Für Mähren: Palliardi, Wiener Prähist. Ztschr. I (1914), S. 4. Die Reihenfolge ist: 1. Spiralkeramik, 2. Hinkelstein, 3. bemalte Keramik, 4. Pfahlbau mit nordischem Einschlag, 5. Schnurkeramik. Für Böhmen hat Buchtela dieselbe alte Grundlage der Spiralkeramik festgestellt: Vorgeschichte Böhmens 1899, S. 16 ff.

die Spiral- unter der Hinkelsteinkeramik II. Stils. Bei Worms dagegen ist die Reihenfolge: Hinkelstein II—Spiralkeramik—Rössen. Hier am Rhein hat als älteste die Michelsberger (Pfahlbau-) Keramik geherrscht, und es ist also als erste Welle vom Osten her die Hinkelsteinkeramik über sie gekommen, als zweite die Spiralkeramik. Das Weiterfluten nach Mitteldeutschland und dem unteren Rhein haben dann fast überall die beiden Gattungen gemeinsam vollzogen.

Ist damit die sehr frühe Verbreitung der Bandkeramik innerhalb des deutsch-österreichischen Rahmens festgestellt, so bleibt doch noch die Frage offen, ob von hier aus auch die Verbreitung nach dem weiten Südosten vor sich gegangen ist, oder nicht etwa umgekehrt, wie viele annehmen, die Bandkeramik ihre Urheimat an der unteren Donau gehabt habe und von da erst an die mittlere heraufgekommen sei. Diese Frage wird sich im Laufe unsrer weiteren Betrachtung von selbst klären.

Die Häuser

Über die Häuser der Bandkeramik hat lange Streit geherrscht, ob sie oval oder ganz unregelmäßig oder vielmehr rechteckig gewesen seien. Köhl-Worms behauptete, nur rundlich unregelmäßige Gruben zu finden, während Schliz bei Heilbronn rechteckige Grundrisse sogar gelegentlich mit Pfostenlöchern in den Ecken aufwies. Sie sind jedesmal mit ihrer ganzen Bodenfläche in die Erde senkrecht eingetieft und zuweilen in mehrere Räume geteilt. Der Herd befindet sich im Hause, um ihn sind an den Wänden öfter Lehmbänke ausgespart.

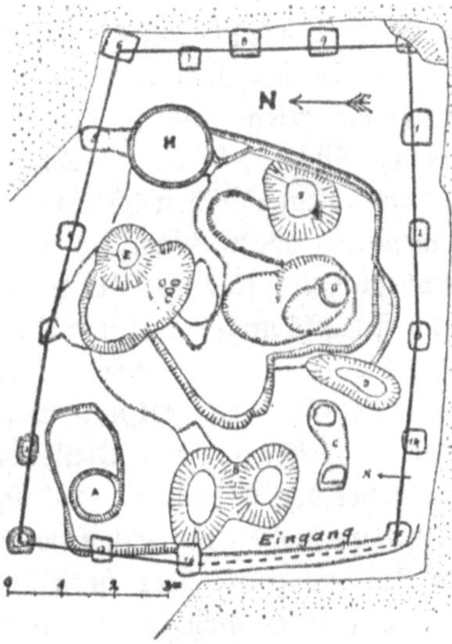

Abb. 92. Haus von Lißdorf bei Eckartsberga 1 : 200.

Der Streit ist heute entschieden. Am Frauenberg nächst Marburg (Taf. XXVI 1), in Herkesheim bei Nördlingen und besonders in Lindenthal bei Köln hat sich gezeigt, daß die bandkeramischen Häuser kleine runde oder ovale Gruben gewesen sind, von Stangen umstellt, die offenbar oben zu einem Zeltdache zusammengefaßt wurden. Wo eine rechteckige Form auftritt oder starke Pfosten verwendet werden, liegt schon nordischer Einfluß vor, wie er ja im nördlichen Thüringen leicht erklärlich ist.

In Herkesheim wie in Lindenthal sind in der Siedlung neben diesen kleinen rundlichen Häusern große rechteckige Bauten 6 m breit und 20, ja 30 m lang ge-

[1]) Anzeiger für Elsäss. Altertumskunde 1910, S. 78 ff. (Bersu.)

funden mit mächtigen Pfosten. Das waren aber klar ersichtlich Scheunen, in denen die Ernte, wie sie vom Felde kam, untergebracht wurde. In Köln-Lindenthal hat sich uns das ganze Bild einer bandkeramischen Siedlung, die auch von Wall und Graben umzogen war, entrollt. Wo die Scheunen stehen, haben ursprünglich nur ein paar Wächterhäuschen dazwischen gestanden, und die Siedlung lag weiter ab. Nachher erst breitete die Siedlung sich auch über dies Gelände aus, die großen Scheunen verschwanden dann, und an ihre Stelle traten kleine, aber ebenfalls rechteckige Speicher zur Aufnahme des schon gedroschenen Getreides. Der Verlauf dieser Entwicklung wird durch vier Perioden der Keramik bezeichnet und läßt sich auf 200—300 Jahre abschätzen, die ganze Dauer der Bandkeramik überhaupt taxiert Buttler daraufhin auf nicht mehr als 500 Jahre [1]).

In Lißdorf bei Eckartsberga habe ich 1911 zwei Häuser freilegen können, die innerhalb des nordischen Rahmens von Pfostenlöchern die große Zahl unregelmäßiger Gruben aufwiesen, wie sie auch sonst, bei Worms, bei Gießen, bei Göttingen, ganz gleichartig beobachtet sind. Sie haben offenbar als Vorratsräume unter dem hölzernen Fußboden gedient. Manche haben durchaus die Form, als ob ein großes Tongefäß in ihnen eingegraben gewesen wäre, ziemlich regelmäßig findet sich ein großes zylindrisches Loch wie für eine Wassertonne. In Lißdorf liegt es im Nordosten an der kühlsten Stelle des Hauses (Abb. 92 H). Bedenken wir, daß in der Lausitzer Kultur (Buch bei Berlin), sich Gefäße unter dem Boden noch gelegentlich in den Häusern gefunden haben und daß Wasserbecken, in denen Fische gehalten werden, durch eine Fußbodenklappe verschlossen, noch heute in südfranzösischen Häusern vorkommen [2]), so werden wir die angenommene Verwendung der merkwürdigen Gruben in den bandkeramischen Häusern nicht unwahrscheinlich finden. Auf keinen Fall ist die höchst unregelmäßige Fläche, wie sie die Ausgrabungen uns vor Augen stellen, der Fußboden des Hauses gewesen. Leute, die einen regelrechten Pfostenbau für ihr Haus errichten, werden in ihm nicht beständig herumstolpern wollen, sondern sich auch einen glatten Holzfußboden zu schaffen wissen. Vielleicht war der Fußboden einen halben oder ganzen Meter über den Erdboden erhoben, so daß man unter ihn wenigstens einkriechen und in dem flachen Keller hantieren konnte [3]). Die Lißdorfer Häuser waren jedes etwa 8:10 m groß. Der Herd lag nach südlicher Seite außerhalb des Hauses, ebenso wie er es auch bei den kleinen Rundhütten immer tut.

Die Gräber

Ein paarmal sind in den wannenförmigen Gruben dieser Häuser Brandgräber zutage gekommen, so bei Frankfurt a. M. und in Diemarden bei Göttingen.

[1]) Buttler u. Haberey: Die bandkeramische Ansiedlung bei Köln-Lindenthal 1936. — C. Schuchhardt, Deutsche Vor- und Frühgeschichte in Bildern 1938 Taf. 22, 23.

[2]) O. Hauser, Der Mensch vor 100000 Jahren (1917), S. 19.

[3]) So hat auch Forrer schon für seine große Hausgrube von Stützheim angenommen.

Diese Brandgräber von besonderer Beschaffenheit bilden eine Besonderheit der westdeutschen Bandkeramik. Sie traten zuerst alle Welt überraschend auf, als das Gelände, das der Erweiterung des Frankfurter Hafens zum Opfer fallen sollte, vorher archäologisch durchforscht wurde und sich dabei eine Reihe schüsselförmiger schwacher Gruben ergab, in denen sich neben wenigen verbrannten Menschenknochen und bandkeramischen Scherben regelmäßig eine Halskette aus kleinen, vom Wasser flach geschliffenen ovalen Steinchen, zum Teil mit Punktverzierung, zuweilen auch nur ein dreieckiger Anhänger fand. Es waren die ersten neolithischen Brandgräber, die man in jenen Gegenden kennenlernte, und auch die Kettchen waren etwas ganz Neues. Sie sind nachher zahlreich auch in der Nachbarschaft bei Butterstadt, Hanau und in Spuren bis Göttingen hin aufgetreten [1]). Dabei zeigte sich schon mehrfach, daß diese kleinen Gräber auch auf dem Boden der Wannengruben neolithischer Häuser vorkamen, und zwar in einer Art, daß die Bestattung vorgenommen sein mußte, während das Haus noch in Benutzung war und blieb. Beispiele für solche Brandbestattung in neolithischen Häusern zeigten sich dann weiter bei Niederurf in Niederhessen, bei Cassel, bei Göttingen, bei Lockwitz in Sachsen.

Körperbestattung im Keller des Hauses hatte die westeuropäische Kultur schon aufgewiesen [2]), ja wir konnten Ähnliches bis in die paläolithische Zeit zurückverfolgen (Mentone). Daß nun die Brandbestattung bei ihrem ersten Auftreten sich in Westdeutschland und vielfach in den Häusern zeigt, ist wohl kein Zufall. Das Rheinland gehört neolithisch zum westeuropäischen Kreise, es hat, wie der Michelsberg, wie Mundolsheim und manche andere Stätten zeigen, schon die Körperbestattung im Hause gekannt. Gerade die Hausbestattung aber legt aus hygienischen Rücksichten den Übergang vom Begraben zum Verbrennen besonders nahe. So war für den Übergang hier eine starke reale Anregung vorhanden, während man im nördlichen und östlichen Deutschland, wo das Bestatten im Hause nicht Sitte war, schwerlich von selbst auf einen solchen Wechsel gekommen wäre.

Daß in der Wormser Gegend für die etwas ältere Periode der reinen Bandkeramik Körperbestattung herrschte, für die Spiralkeramik etwas anders als für die Hinkelsteiner, ist oben schon gesagt worden. Sonderbar erschien bisher und unverständlich, daß bei Heilbronn sowohl wie in Thüringen sich zu den bandkeramischen Siedlungen gar keine Gräber finden wollten. Die zutage tretenden Gräber enthielten immer nur Schnurkeramik. Jetzt werden wir mit G. Wolff die Erklärung wagen dürfen, daß die bandkeramischen Gräber wahrscheinlich dieselben kleinen Brandflecke sein werden und wegen ihrer Unscheinbarkeit bisher bei den Acker- und Forstarbeiten nicht beachtet.

[1]) Prähist. Ztschr. III (1911), Taf. 2—8 (G. Wolff). Schuchhardt, Vorgesch. v. Deutschland[4] 1939, S. 95.

[2]) S. oben S. 67, 69. Spanien. Forrer, Bauformen der Steinzeit (1903), S. 48, Taf. IV. Mundolsheim und Katzental im Oberelsaß: Anzeiger für Elsäss. Altertumskunde, (1912) S. 256f. Michelsberg, Goldberg.

Ausdehnung gegen Osten

Auf ihren Wanderwegen hat die Bandkeramik auch das Oder- und Weichselland stark in Beschlag genommen. Sie ist an beiden Flüssen bis zur Ostsee hinuntergegangen. Im Odergebiet sind besonders aus der Gegend von Pyritz viele

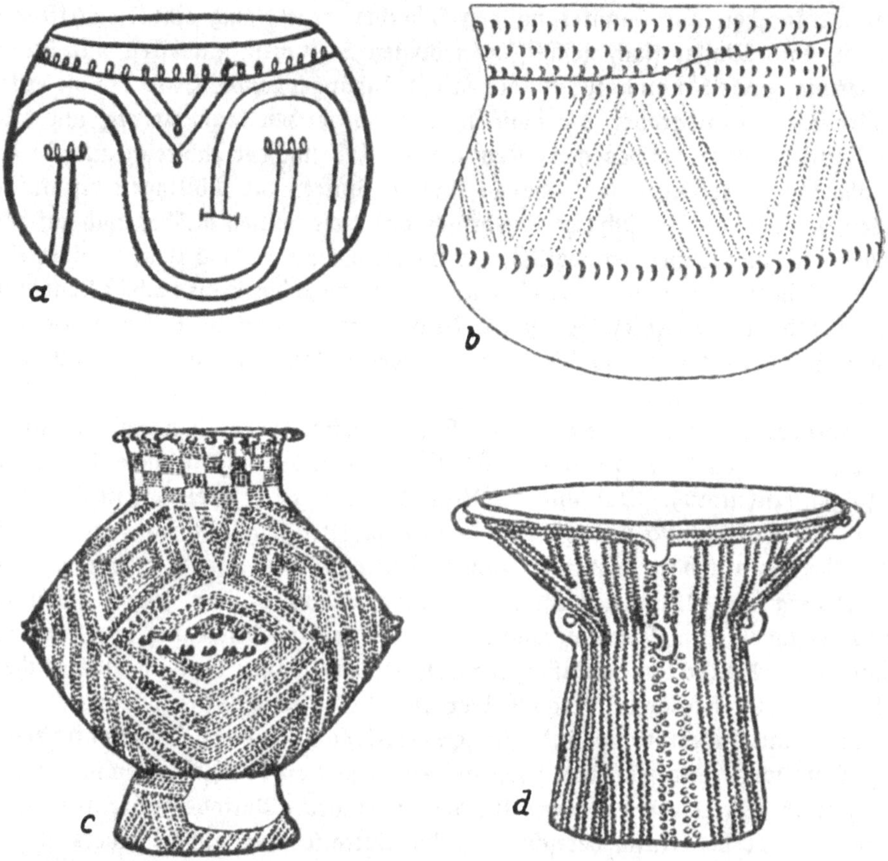

Abb. 93. Spiral- und Stichbandgefäße Abb. 94. a b von der Weichsel, c d von Schlesien (Bschanz) u. Schrepau. Nach La Baume u. Schles. Denkmalpflege.

Stichbandproben ins Stettiner Museum gekommen. An der Weichselmündung bei Kulmsee ist Stichband- wie Spiralstil vertreten, und zwar, wie unsere Abb. 93 a b zeigt, in der ganz einfachen altertümlichen Gefäßform und Verzierung.

In Schlesien erkennen wir bereits eine Fortentwicklung in der Form der Gefäße, wohl nicht ohne Einwirkung anderer Kulturen. Die Amphora von Bschanz, Abb. 93 c, erinnert mit ihrem ausgesprochenen Bauchknick sehr an die nordischen Genossen; der Fuß war im Hinkelsteinstile schon vorhanden (oben Abb. 91 d). Die sehr fein in breiten Stichbändern ausgeführte Verzierung legt

Mäanderfiguren ringsum. Das Gefäß von Schepau (Abb. 93d) zeigt, wenn ich nicht irre, als ältestes Beispiel die nachher so beliebt gewordene Form der „Fruchtschale". Die Schale, hier auch schon in der nordischen straffen Form, ist auf einen hohen zylindrischen Untersatz gestellt. Auch die Schnurösen am oberen Rande

Abb. 94. Steinzeitgefäße von Butmir bei Serajewo. a b ca. 1/3, c ca. 1/5.

und in der Einschnürung hat sie mit dem Norden gemein (Taf. XXIV 7) und nicht minder die in einem Zuge von oben bis unten laufenden Zierbänder; die Amphora daneben hat an ihrer Stelle noch die in der Bandkeramik üblichen einfachen Knubben.

Weiter östlich ist die Bandkeramik dann nach Ungarn eingedrungen, hat gegen die Theißquellen hin, am Bükkgebirge, die sehr fein verzierte „Bükker Kultur" gezeitigt und ist dann mit der Donau gegen Süden durch Pannonien nach Serbien und der Herzegowina gekommen, um sich hier zu stauen und eine neue Blüte zu entwickeln, die uns besonders durch zwei umfassende Ausgrabungen bei Butmir unweit Serajewo und bei Dintscha östlich Belgrad vor Augen tritt.

Butmir ist eine echt bandkeramische Station. Die Häuser haben die unregelmäßigen Bodengruben, wie bei Worms, Eberstadt und Lißdorf: für die Gefäße herrscht eine etwas plattgedrückte Kugelform ohne Hals, aber gewöhnlich mit einem kleinen Standringe (Abb. 94 a, b). Das Gefäß 94 c hat statt des Standringes ein hohes zylindrisches Unterteil, das ursprünglich gewiß ein besonderes Stück war, ein Untersatz, auf den das kugelige Gefäß gestellt wurde, ganz wie wir es auch für die Bschanzer Amphora (Abb. 93 c) anzunehmen haben. An Bschanz erinnert auch die Verzierung dieses Butmir-Gefäßes mit seinen feinen, mehrfach zum Mäander übergehenden Bändern. Sonst herrscht in Butmir durchweg die

Spirale und zwar in vielfacher sorgfältiger Wicklung und von einem Knäuel zum andern fortlaufend (Abb. 94 a, b). Sie erfindet dabei die verschiedensten Muster,

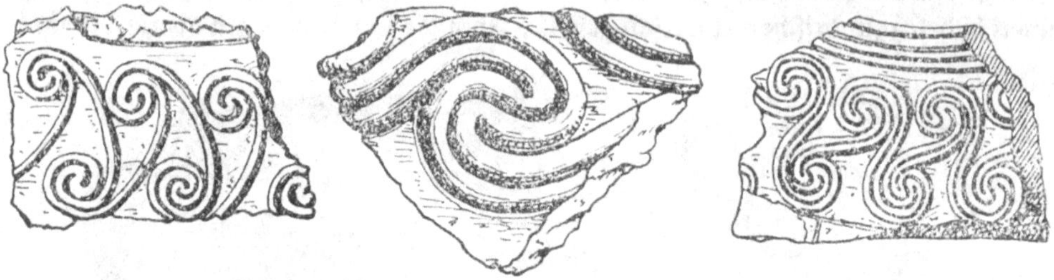

Abb. 95. Butmir, Spiralverzierungen. Nach Hoernes. 1/1.

läßt bald einen, bald zwei Fäden laufen, und begnügt sich nicht mit dem Einritzen, sondern legt gern den Faden plastisch auf (Abb. 95). Es ist ganz klar, daß hier ein Aufnähen von Zierschnüren auf Gewandstücke nachgeahmt wird. Wir stehen mit dieser kunstvollen Übung in Butmir schon dicht vor der vielbewunderten mykenischen Ornamentik aus den goldreichen Schliemannschen Schachtgräbern. Und es besteht sicher auch eine unmittelbare Beziehung zwischen dem Butmirkreise und dem mykenischen. Die hochentwickelte Spiralverzierung ist nicht das einzige Band zwischen den beiden. Im südlichen Serbien, am Ochridasee, sind vor etlichen Jahren fürstliche Schachtgräber gefunden, ganz wie die mykenischen: die Leichen mit goldenen Masken auf den Gesichtern und die Masken von Spiralen umrandet (Taf. XLV). Die Gräber stammen erst aus dem 6. Jahrhundert v. Chr., wir müssen annehmen, daß die Sitte, vornehme Tote so zu bestatten, hier noch lange bestanden hat, als sie in Griechenland durch den Bevölkerungswechsel längst beseitigt war.

Weitgehende Aufklärung über den Verlauf und die Bedeutung der bandkeramischen Kultur in diesen Gegenden haben die 30jährigen Ausgrabungen von Vintscha gebracht, die jetzt in einem vierbändigen Standardwerke von Vassits veröffentlicht sind. Die vorgeschichtliche Siedlung von Vintscha liegt 30 km östlich von Belgrad auf dem hohen Ufer der Donau. Sie hat so lange und lebhaft bestanden, daß ihre Nachlaßschichten 10—11 m tief sind, und sie ist so sorgfältig ausgegraben, daß für jedes Fundstück die Tiefe aufgezeichnet ist. So können wir die Entwicklung verfolgen für die Häuser, die Töpferei und die Idole, die hier zum ersten Male erheblich mitsprechen. Gräber sind leider nur am Rande der Siedlung ganz wenige gefunden; der Friedhof muß in einiger Entfernung gelegen haben.

Die Häuser sind in der 1. und 2. Periode, in der Tiefe von 11—9 und 9—8 m, die für die Bandkeramik bezeichnenden Rund- und Ovalhütten mit den flachen Mulden im Boden. In der 3. Periode, 8—6 m tief, verraten rechteckige Grundrisse mit ebenem Boden den Einbruch nordischer Elemente.

Abb. 96
Scherben aus Schicht I und II von Dintscha. Nach Dassits.

Die Töpferei hat ebenso in den ersten beiden Perioden die bekannten Kürbisformen mit Spiral- oder Zickzackverzierung (Abb. 96). Die Spiralen sind zunächst weit weniger häufig als das Zickzack, die Bänder von beiden sind in gleicher Weise mit Punkten oder Strichelchen gefüllt. Neben dieser üblichsten Gattung stehen einige Sonderformen, die wohl auf eine Verbindung mit dem Mittelmeere weisen: die Schale mit geknickter Wandung und der Stengelbecher (Abb. 97). Sie sind bezeichnenderweise immer unverziert, haben sich nie in den Wirbel der Bandkeramik ziehen lassen. In der 3. Periode zeigt auch die Keramik den nordischen Einfluß. Die eckige Walternienburger und die kuglige Thüringer Amphora treten auf (Abb. 98a, b) und daneben wird die Verbindung mit dem Mittelmeere noch augenfälliger: die Fußvase Abb. 98d ist ganz den kykladischen (Abb. 58 H 2), und der Schnabelkelch (Abb. 98c) mit seinem Oberteil ganz der bekannten goldenen „Saucière" (unten Abb. 164 c) aus dem großen Schatze von Troja ähnlich.

Durch diese neuen Verbindungen hat sich in Vintscha aber die angestammte Spiralkeramik nicht verdrängen lassen. Sie hält sich unbesiegbar durch alle weiteren Perioden hindurch. Abb. 99 a zeigt einen Topf aus Periode IV (6—4 m tief), der sein Spiralband noch sehr ordentlich ins Zentrum hinein und wieder hinausgeleitet hat, und 99 c aus Periode VI, der letzten (2—0 m tief) und schon der bronzezeitlichen „pannonischen Keramik" angehörig, fußt mit seinem ganzen Linienspiel immer noch in der alten Spiralik. Mit der pannonischen Keramik, die in jener Gegend die ganze Bronzezeit füllt, hört die dörfliche Siedlung in Vintscha auf; in der späteren Zeit, bis ins Latène hinein, haben nur noch einzelne Häuser dagestanden. Die Blütezeit hat also von etwa 3000—1000 v. Chr. gedauert.

Neben der Keramik nimmt aber in Vintscha noch eine andere Fundgattung unser Interesse in Anspruch, die sich in der deutschen Spiralkultur immer nur in Spuren zu zeigen pflegt, das sind die „Idole". Wir haben sie in Westeuropa und im Mittelmeere schon nach Form und Bedeutung kennengelernt. In Deutschland sind nur ein paar Bruchstücke in der Spiralkultur von Schlesien mitgefunden, und nicht mehr in Butmir. In Vintscha dagegen hat Vassits mehrere hundert Stück gewonnen und ihnen einen ganzen Band seines Werkes gewidmet.

Die Idole der untersten Schicht (Abb. 100 a) sind noch ganz säulenförmig, den alten Menhiren ähnlich: die Arme kleine Stümpfe, der Kopf kaum angedeutet; und diese urtümlichen Darstellungen setzen sich in den folgenden Perioden neben den entwickelteren noch fort. Auffallend ist die spitze Mütze der Figuren b und c; es ist die Schiffermütze, die Odysseus später in den griechischen Darstellungen immer trägt, und die sich nun als ein Stück Urtracht dieser westbalkanischen Gegenden erweist. Aus Schicht II stammt das Stück Abb. 100 e, bei dem die Arme freilich noch Stümpfe, aber Kopf, Brust und Beine, diese sogar, wie selten, in ganzer Länge, deutlich sind. Die Figur ist nackt, der zurückgebogene Kopf erinnert an manche Kykladenidole. Von der III. Periode an beginnt mit einem Schamgürtel eine dürftige Bekleidung, in der zumeist ein in Längsstrichen angegebenes kurzes Röckchen eine Rolle spielt, über dem eine Jacke, meist nur durch den Halsausschnitt und ein Muster auf dem Rücken angegeben, getragen wird.

Die Vintscha-Figuren sind meist verstümmelt, Abb. 100d stellt aber ein Stück aus Marburg a. d. Drau dar, das vor kurzem in einer spätsteinzeitlichen Siedlung

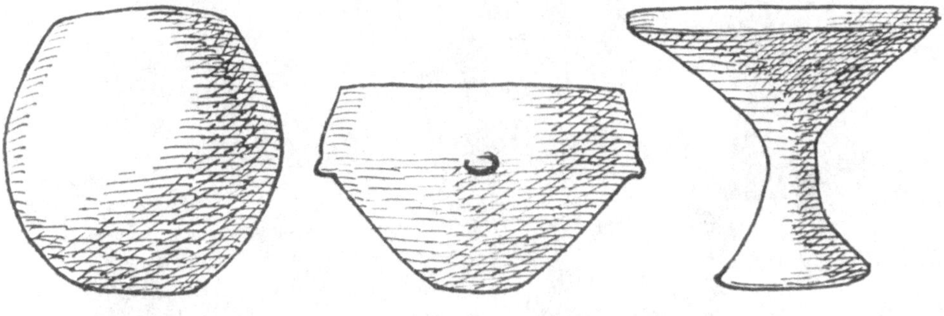

Abb. 97. Keramik aus Vintscha, Schicht I. Nach Vassits.

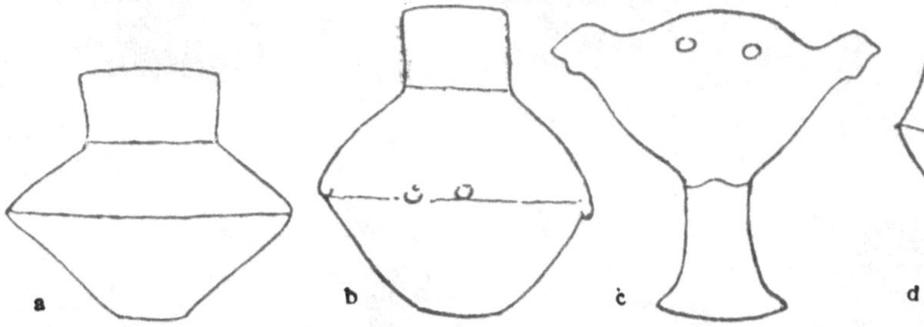

Abb. 98. Gefäße der III. Schicht von Vintscha. Nach Vassits.

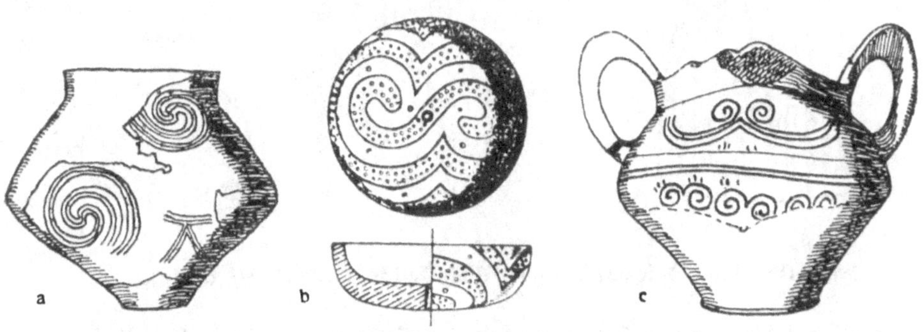

Abb. 99. Gefäße von Vintscha, a b aus der IV., c aus der VI. Schicht. Nach Vassits.

gefunden ist. Die Stümpfe, die Kopf und Arme andeuten, sind etwas bestoßen, die Beine sind nicht etwa abgebrochen, sondern fehlten, wie zumeist, von den Knien ab. Hier ist ganz klar, wie der in langen Strichen dargestellte Rock aufzufassen ist: es ist ein Schnurröckchen, wie sie mehrfach in Jütland in Baumsärgen der ältesten Bronzezeit noch erhalten waren. Dies Röckchen ist aus einem alten

Binsengewande entstanden, das dann in Schnüren nachgeahmt wurde. In der Steiermark tragen Hirten und Jäger heute noch zuweilen einen Binsenmantel als Regenschutz. In der Südsee ist der kurze Binsenrock für Frauen noch ganz

a b c d e f

Abb. 100. Idole aus Vintscha. Nach Vassits. Gr. a b c $^{1}/_{1}$, d e f $^{4}/_{5}$.

üblich (Taf. LI 1), und in Japan tragen ihn vielfach die Fischer über ihrer kurzen Hose: man erkennt ihn oft in Hokusaisbildern.

Bei den Idolen von Jugoslawien ist, wie gesagt, über dem Röckchen eine Jacke angedeutet, und ebenfalls fand sie sich in den Baumsärgen von Jütland. Zu der erstaunlichen Übereinstimmung dieser weit voneinander entfernten Gebiete ist zu bedenken, daß der Norden zur frühen Bronzezeit von der Spiralkultur erobert war.

Unser letztes Idol, eine sitzende Figur (Abb. 100 f), ist besonders gekleidet: vor dem Schoße trägt sie ein viereckiges Läppchen, von den Seiten hintenherum zieht sich das Schnurgehänge; die Beine sind unter den Knien umwickelt. Kopf und Arme und Unterbeine sind abgebrochen, man erkennt, daß die Hände seitwärts vor den Leib gelegt waren.

In Vintscha werden die Idole von Schicht IV (5 m Tiefe) an sehr viel spärlicher, offenbar unter Einwirkung der neuen, aus dem Norden kommenden Volksteile, denen der Idolkult fremd war. Er hat sich aber fortgesetzt in all den Gebieten, die weiterhin von der Bandkeramik besiedelt wurden, in Rumänien, Bulgarien und Griechenland; das kurze Schnurröckchen jedoch findet sich dort nirgend mehr, es ist eine westbalkanische Eigentümlichkeit geblieben.

Die Illyrier

Die Eigenwilligkeit und Stärke, die sich darin ausspricht, zeigt dieses bandkeramische Sondergebiet auch in anderem: in der hochgesteigerten künstlerischen Gestaltung der Spirale, in dem zähen Festhalten an ihr als unvergessenem Schmuckstück, auch in dem vielfachen Beibehalten der alten Bestattungsart und keinem völligen Übergang zum Verbrennen. Und noch erstaunlicher: in der folgenden Hallstattzeit folgt ein neues Aufleben, eine neue vorbildliche Rolle der Spirale. In der Töpferei wie in der Bronzekunst tritt sie eine neue Herrschaft an. Man scheidet schon lange diese östliche Hallstattkunst der Ostmark und Ungarns von der westlichen Süddeutschlands und faßt die beiden auch völkisch verschieden auf: man nennt die westliche keltisch und die östliche illyrisch. Die keltischen Völker: die Taurisker, Skordisker, Bojer haben erst gegen 400 v. Chr. begonnen vom Westen her in das Ostalpengebiet vorzudringen; bis dahin ist dies Gebiet noch so völlig illyrisch gewesen, daß man von den 2500 Gräbern bei Hallstatt (9.—5. Jh. v. Chr.) nur 10 als keltisch gelten läßt.

Zu Beginn der geschichtlichen Zeit heißt nun „Illyrien" das Land von der dalmatischen und albanischen Küste bis über Belgrad und Nisch hinaus; und als Kernland gilt Dardania, genannt nach dem illyrischen Stammheros Dardanos, mit der Hauptstadt Naissus = Nisch. Wenn gerade in diesem Gebiete eine außerordentliche Beharrlichkeit der bandkeramischen Kultur sich gezeigt hat, und trotz Auftretens neuer Anregungen doch keinerlei Zeichen eines völligen Bevölkerungswechsels vorliegt, so ist es eigentlich gegeben, den für die späteren Zeiten gesicherten Volksnamen auch auf die früheren zu übertragen und schon die ersten Bandkeramiker, die hier aufgetreten sind, Illyrier zu nennen.

Es kommt aus dem weiten deutschen Gebiete ein Moment hinzu, daß solches Unterfangen außerordentlich unterstützt. In den Ländern, wo dort die Bandkeramik lange und eindringlich geherrscht hat: in Böhmen-Mähren, an Oder und Weichsel und im ganzen Alpenvorlande, haben sich viele illyrische Städte- und Flußnamen erhalten. Die trefflichen Arbeiten von Rudolf Much, Hans Krahe und Max Vasmer haben sie uns im Laufe der Jahre in wachsender Zahl gebracht[1]). Bei Ptolemäus kommen in Betracht: für Mähren Asanka, Parienna, Singona; für Böhmen und Schlesien Stragona, Nomisterium, Askaukalis. In Süddeutschland hieß der Bodensee noch in römischer Zeit lacus Venetus. Die Veneter gehören schon bei Herodot (I 196) zu den Illyriern. Bis heute aber sind illyrisch die Namen Scharnitzpaß bei Mittenwald nach der alten Ortschaft Scarantia (M. Vasmer), Partenkirchen von Parthanum und der Lech = Licus.

Für den östlichen Teil Süddeutschlands ist längst ausgesprochen, daß manche der Ortsnamen auf -itz in Kärnten und Steiermark nicht slawisch, sondern illyrisch sind, z. B. Fladnitz und Lafnitz und so auch südlich Nürnberg der Flußname Rednitz, für den die alte Form Redantia überliefert ist. An der Donau ist Carnuntum illyrisch. Im Norden schließlich hat M. Vasmer die Netze mit ihrem Nebenfluß der Drawa auf die illyrische Liste gesetzt, sowie die Drewenz an der unteren Weichsel und die Ihna an der unteren Oder.

Als zuerst nur die von Ptolemäus überlieferten Namen erkannt waren, hatte Kossinna sie der Lausitzer Kultur zugeschrieben, die man damals auch gerade in Böhmen und Mähren entstanden dachte. Durch die weite Verbreitung der Namen aber, einerseits bis zur Ostsee — und anderseits in ganz Süddeutschland, ist diese Zuschreibung unmöglich geworden, denn die Lausitzer Kultur hat ein viel engeres Gebiet eingenommen; sie ist an der unteren Weichsel und Oder nur in schwachen Ausläufern zu erkennen und hat Süddeutschland gar nicht erreicht. Es hat keine andere Kultur in Deutschland gegeben, die sich in so weitem Ausmaße mit der Verbreitung der illyrischen Namen decken würde wie die illyrische. Trotzdem viele heute noch an Kossinnas alter Auffassung festhalten — die er selbst, wenn er noch lebte, gewiß längt aufgegeben hätte — muß man sie unbedingt verlassen.

Die Sprachforscher haben das Bedenken, daß die uns überkommenen illyrischen Sprachreste indogermanischen Charakter tragen, während die Bandkeramik doch vorindogermanisch sei. Das ist richtig, aber wenn wir die Bandkeramiker auch für die ganze lange Dauer ihrer Kultur als ein einheitliches Volk betrachten, so erkennen wir doch auf der Mitte ihres Weges, in der Periode III von Vintscha, ihre Indogermanisierung durch die zuströmenden nordischen Elemente. Illyrier waren sie vorher wie nachher, und wer eine Unterscheidung machen will, mag das Volk des ersten Abschnitts „Urillyrier" nennen. Es ist den Bandkeramikern ebenso ergangen wie den Megalithikern: auch diese sind vor und nach dem Einströmen der Thüringer ein und dasselbe Volk gewesen, nur ihre Sprache hatten sie gewandelt und waren so mit eingetreten in den großen Kreis der Völker, die nach und nach demselben Schicksal sich fügten. Den Volkscharakter als Germanen haben nicht erst die Thüringer ihnen gebracht, und deshalb dürfen wir sie auch vorher als solche anerkennen.

[1]) R. Much in Hoops' Reallexikon III S. 393, IV S. 508. Krahe: Balkanillyrische geograph. Namen 1925 und in der Hirt-Festschrift 1936. Vasmer in der Slawischen Zeitschrift Bd. 6. 7. 8.

Achtes Buch

Der nordische Zug zum Balkan

Die Anfänge

Die Megalithleute sind Ackerbauer gewesen. In Walle bei Aurich ist vor 10 Jahren ein gut erhaltener Pflug so tief im Moore gefunden, daß er auf ein Alter von 5000 Jahren geschätzt wird (Abb. 101). Der Ackerbauer ist sehr seßhaft; er verwächst mit seiner Scholle. Nach Zuwanderung der Thüringer war aber ein

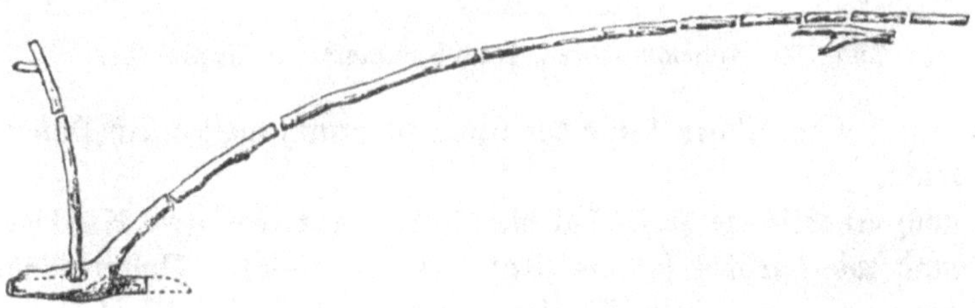

Abb. 101. Pflug von Walle b. Aurich. Nach Jacob-Friesen, Mus. Hannover. Gr. $^1/_{30}$.

neues Leben ins Land gekommen; die Unternehmungslust des beweglichen Volkes eröffnete den Blick ins Weite. So sehen wir denn Schnur- und Megalithkeramik gemeinsam nach Süden und Osten ausgreifen, sich mit den Nachbarkulturen verbinden oder sie verdrängen und hier und da auf weite Wege gehen. Eine Reihe von Nachfolgekulturen der Megalith- und Schnurkeramik entwickeln sich und setzen sich besonders auch mit der Bandkeramik auseinander, denn in deren bisheriges Gebiet stoßen sie im Osten wie im Süden.

Noch ohne Berührung mit der Bandkeramik sind die Kulturen der „Kugelflaschen" und von Walternienburg-Bernburg-Havelland.

Die Kugelflaschenkultur findet sich rechts der Elbe von Thüringen und Sachsen bis zur Ostsee. Hier sind sich Schnurkeramik und Ostmegalithik begegnet und haben sich so miteinander verschmolzen, daß man fragen kann, wer die Grundlage und wer die Vollendung gegeben hat. Ich glaube, das Wesentliche stammt von der Megalithik, in den Formen wie in der Verzierung. Ein Gefäß wie Abb. 102a ist den nordischen Kugelflaschen ähnlicher als den thüringischen. Die Verzierung erinnert technisch oft an die Schnur, aber stilistisch mit ihren ausgesparten Drei- und Vierecken an den Nordosten. Der Eimer Abb. 102b sodann hat in

Thüringen gar kein Vorbild, er stammt von dem Denghooger Ahnen auf Taf. XXIV 7. Auch das breite Feuersteinbeil dieser Kultur ist nordisch. Diese Kugelflaschen und Eimer sind sehr beliebt gewesen mit ihrem zierlichen Schmuck und

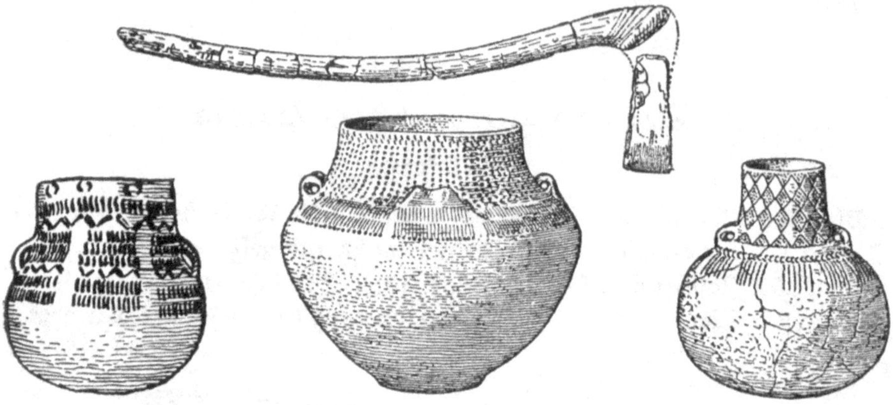

Abb. 102. Kugelamphoren. Nach Schumacher u. Kunkel (b).

finden sich auf der nördlichen Linie der Auswanderung weit durch Polen bis nach Rußland hinein.

Eine noch erheblichere Rolle hat die Walternienburger Kultur gespielt, in Deutschland wie darüber hinaus (Taf. XXVIII 1—6). Walternienburg liegt unweit Magdeburg am rechten Elbufer, am Eingang in die Mark Brandenburg. Es hat aus einem großen Brandgräberfelde viele Tongefäße mit einigen nordischen Steinwerkzeugen geliefert[1]). In den Gefäßen Taf. XXVIII 1. 2. 5. 6 erkennt man sofort die nordischen Vorbilder: den Schulterbecher, die Amphora und die flache Schale. Die eckigen Formen, die Korbflechtverzierung, der derbe Tiefstich, alles ist vom Norden. Die Amphora hat wie dort ihre Schnurösen in der Halsgrube und am Bauche; der Becher hat statt des kleinen dicken einen längeren breiten Bandhenkel erhalten.

Deutlich ist dann der Übergang von Walternienburg zu Bernburg und dem Havellande (Taf. XXVIII 7—12). Die Formen sind vielfach rundlich geworden, so bei dem Henkelkruge 8, der schon zwischen der nordischen Amphora (2) und der späteren lausitzischen vermittelt. Die Verzierung ist im Havellande sehr zierlich, mit einem Hölzchen sind mit Vorliebe kleine Kreuze eingestochen, die dann die Flechtreihen bilden. XXVIII 11 ist eins von den Gefäßen mit hohem Fuß und ohne Boden, die man gemeinhin für Trommeln hält, nach Analogien bei heutigen Völkern in Asien und der Südsee. Ich weiß nicht, ob die ohne Boden nicht einfache Untersätze sind, wie in der bemalten Balkankeramik, und die mit Boden und flacher Schale „Fruchtständer", wie man sie auf Kreta nennt.

[1]) Präh. Ztschr. IV 1912 S. 115 ff. (Götze).

Bei den weiteren Nachfolgekulturen handelt es sich schon um eine Berührung mit der Bandkeramik. Das zeigt sich am deutlichsten in der von Rössen bei Merseburg (Taf. XXIX). Bei ihr ist die ganze Kultur stark bandkeramisch, und nur die

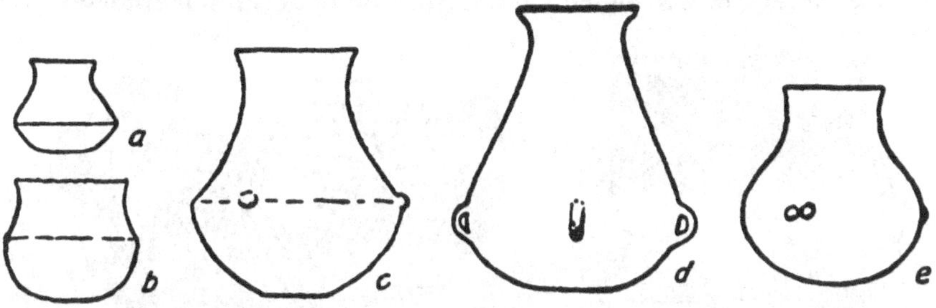

Abb. 103. Gefäße von Rössen b. Merseburg. Mus. Berlin.

Keramik zeigt nordischen Einschlag. In über 80 Gräbern lagen die Leichen alle in Hockerstellung. Die Steingräber sind nach Form und Material alle mittel- oder süddeutsch: kein nordisches Feuersteinbeil ist darunter. Unter den Schmucksachen sind dicke marmorne Armringe und dünne Perlen aus Perlmutter. Unter der Tonware sind ein paar echte spiralkeramische Näpfe. Die Hauptmasse zeigt kugliges Unterteil mit geschweiftem Hals darüber (Abb. 103), eine aus der Bandkeramik entwickelte Form. So sind auch die großen Prunkgefäße geformt, die aber eine dichte Verzierung in Tiefstich tragen. Das ist entschieden ein nordischer Zug. In den jüngsten Gräbern, die schon Brandbestattung haben, treten neuartige Schultervasen auf (XXIX 8), wie sie auch sonst in Thüringen und am Harze vorkommen, und die entschieden von Walternienburg beeinflußt sind. Nach alledem werden wir in der Rössener Kultur noch bandkeramisches Volk zu erkennen haben, das nur wenig vom Norden beeinflußt sich auf dem Rückzuge befindet.

In Ostdeutschland sind die Bandkeramiker noch durchaus die Herren, als der Zusammenstoß erfolgt. Die Megalith- und Schnurkeramiker sind gemeinsam an der Ostsee entlang vorgedrungen. Bei Succase hat Prof. Ehrlich-Elbing kürzlich (1934) 11 rechteckige Pfostenhäuser, darunter mehrere mit Vorhalle, mit viel Schnur- und ein wenig Megalithkeramik aufgedeckt. Die beiden Kulturträger waren also schon so miteinander verschmolzen, daß die Thüringer das nordische Haus angenommen hatten. Von der Weichselmündung aus hat sich dann einerseits zu Lande über das Baltikum, andererseits zur See über Bornholm die „Bootaxtkultur" nach Finnland und Schweden verbreitet. Sie heißt nach der facettierten Axt, die in der Thüringer Kultur vielfach eine Bootform hat (oben Abb. 83 g, h, i), und da zudem die Gefäße ihre Verzierungen vielfach durch Schnureindrücke erhalten haben, möchte man die ganze Kultur für einen Abkömmling der Schnurkeramik halten (Abb. 104). Die Keramik wird aber so völlig von der alten Kürbisform beherrscht und hält sich auch in der Verzierung mit dem höchstbeliebten großen Zickzack so sehr in der Bahn der alten Hinkelsteinnäpfe, daß man notwendig einen starken bandkeramischen Einfluß für die Entstehung dieser Bootaxtkultur annehmen muß. Die Bandkeramik hat zu viele Spuren an der Weichselmündung hinterlassen, als daß eine solche Auffassung bedenklich erscheinen könnte.

Abb. 104. Gefäße der Bootaxtkultur. a aus Finnland, b aus Ostpreußen. Nach Forssander.

Megalith- und Schnurkeramik haben dann von der Küste aus, zunächst noch voneinander getrennt, sich in die Uckermark geschoben und dort in kleinen Blockgräbern und Steinkisten ihre Spuren hinterlassen. Die Oder hinaufgehend haben sie dann aber mehrere Mischkulturen gebildet. Im Noßwitzer Tyus bei Glogau im nördlichen Schlesien erkennt man etwas verändert die thüringische Amphora und den nordischen Trichter- und Schulterbecher (Abb. 105). Weiter südlich im Jordansmühler Typus klingt in dem beutligen Kruge und dem Kelch noch die

Abb. 105. Gefäße des Noßwitzer Typus.

Bandkeramik an (Abb. 106), der Marschwitzer Typus schließlich ist fast reine Oderschnurkeramik. Ernst Wahle deutet in seiner sehr beachtenswerten „Deutschen Vorzeit" (1933 S. 63f.) diese Vorgänge schon sehr richtig, wenn er sagt: „Die späte Donaukultur (die Bandkeramik) ist nicht mehr in der Lage, das Vordringen des nordischen Kreises aufzuhalten, der sich von seinem norddeutschen Ausgangsgebiete her zunächst das östlich angrenzende Tiefland aneignet. In Niederschlesien schlagen diese Wellen an ein von Trägern der Bandkeramik dicht besiedeltes Gebiet. Das Ergebnis ist zunächst eine gegenseitige Beeinflussung; später folgt ihr die

1

2

3

4

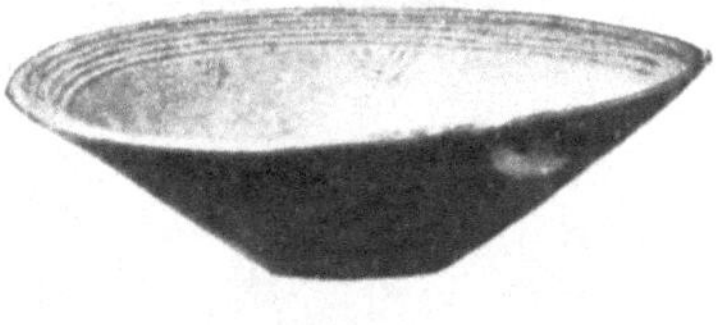

5

6

7

8

9

10

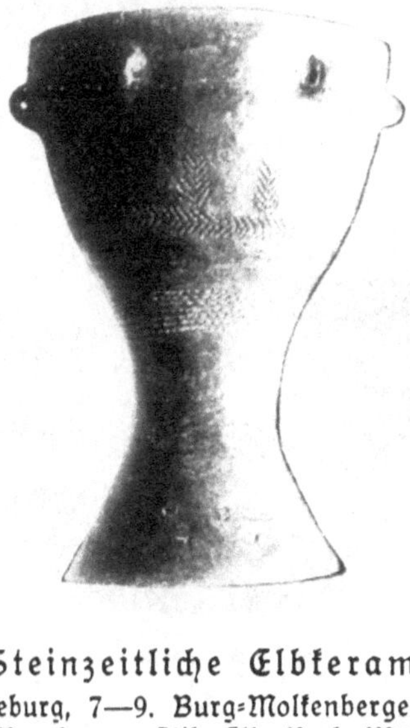

11

12

Steinzeitliche Elbkeramik

1—6. Walternienburg bei Magdeburg, 7—9. Burg-Molkenberger Stil aus Butzow (Brandenburg), 10—12. Bernburger Stil. Alle Berl. Mus. Etwa 1/5.

Tafel XXIX

1

2

3

4

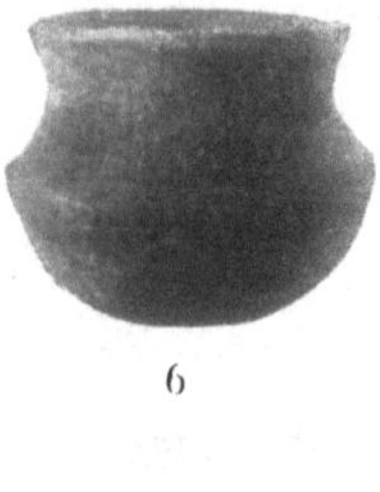

6

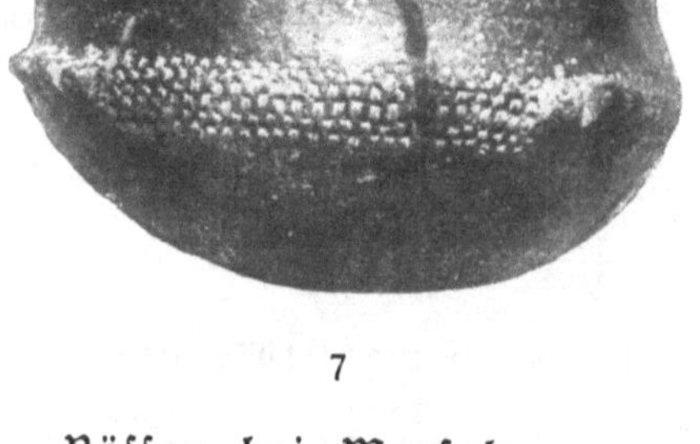

7

8

Rössen bei Merseburg

Berliner Museum. 2. 1/10, die übrigen etwa 1/3.

Unterwerfung des bandkeramischen Kreises unter den nordischen, und zwar sowohl hier und in Südpolen wie in Böhmen, Mähren und Niederösterreich.... das Schwergewicht des nordischen Kreises hat sich infolge dieser großen Aus-

Abb. 106. Gefäße des Jordansmühler Typus.

breitung nach Osten und Südosten aus dem nordwestlichen Teile von Niederdeutschland in den Raum zwischen Elbe und Oder, sowie in das Flußgebiet der Saale verschoben".

Die feste Verbindung, die zwischen Thüringen und dem Norden entstanden war, ist besonders für Mitteldeutschland fruchtbar gewesen. Die beiden Kulturen, die wir hier sich neu gestalten sahen, Walternienburg und Rössen, sind zusammen mit Altthüringen selber diejenigen gewesen, die das so begründete Indogermanentum dann weithin nach dem Osten und Südosten verbreitet haben, ja auf einem gut erkennbaren Wege auch nach dem vorderen Asien hinein. Den vielfältigsten Anhalt dafür bietet uns wie gewöhnlich die Keramik; daß wir von Indogermanentum sprechen dürfen, verdanken wir besonders dem Hause.

Wir haben oben gesehen, daß an Stelle der alten westeuropäischen Rundhütte, die zu Anfang auch in den Meinsdorfer kleinen Kuppelhäusern wie in den ovalen Stangenhäusern bei Frankfurt a. M. ihren Einfluß zeigt, zuerst in Norddeutschland das kräftige rechteckige Pfostenhaus mit steilen Wänden und einem Giebeldach getreten ist, wie sich hier schon in der Steinzeit auch das zweiteilige Haus mit Herdsaal und Vorhalle entwickelt hat und wie dieses dann mit dem nordischen Einfluß, der überhaupt in der Schussenrieder Kultur sich geltend macht, auch hierhergelangt ist. Für den weiteren Weg dieses Hauses fehlen noch vielfach die Marksteine. Bei Vintscha östlich Belgrad sind rechteckige Pfostenhäuser freigelegt. Auch in Erösd im südöstlichen Siebenbürgen, in Südrußland und neuerdings in Cernavoda haben sich zur steinzeitlichen Keramik rechteckige Häuser gefunden. Am markantesten sehen wir die Vorhallenhäuser dann in Thessalien auf den Burgen von Sesklo und Dimini sowie in Troja, Tiryns, Mykene auftreten innerhalb einer Kultur, die ursprünglich durchaus dem Rundhause huldigt.

[1]) Palliardi, Wiener Prähist. Ztschr. I (1914), S. 20.

Mit dieser Feststellung ist der Beweis erbracht für die Hypothese, die Rudolf Henning in seinem Buche „Das deutsche Haus" schon 1887 aufgestellt hatte. Henning fand, daß die Schilderung des Odysseus-Palastes bei Homer zutreffe

Abb. 107. Rössener Stil in Süddeutschland. Nach Schliz, Pr. Ztschr. 1910.

auf das Vorhallenhaus, das im nordischen Kreise noch heute allgemein verbreitet ist und sich bis ins 17. und 16. Jahrhundert zurückverfolgen läßt. Er zog daraus den Schluß, daß diese Hausform altarisch sei und sich vom Norden aus nach der Balkanhalbinsel verbreitet habe.

Die weiteren Anhaltspunkte für einen nordischen Kulturstrom nach Südosten hin liegen in der Keramik. Formen, die für die älteste neolithische Töpferei des Nordens besonders charakteristisch sind, begeben sich auf die Wanderung.

a b c

Abb. 108. Tonbecher a b vom Mondsee, c aus Tordos.

Rössen ist es, dessen Einwirkung uns zunächst deutlich entgegentritt. Wie sich in Süddeutschland vielfach die Neigung zeigt, die starren nordischen Formen des technischen Ornaments ins Pflanzliche und Blumige hinüberzuziehen, wie das senkrechte Fadenbündel auf den Hinkelsteintöpfen zuweilen zu einer Art Tannenbaum wird, das umlaufende Zickzack sich in Großgartach in Festons verwandelt, so ist auch bei den Rössener Bechern an die Stelle der kleinen Bauchknöpfe eine Art Rosette getreten. Ihre Mitte bilden ein paar konzentrische Kreise, außen herum läuft ein Fransensaum So steht die Figur auf einem Becher aus Heidelberg (Abb 107) und so ist sie übernommen auf die Keramik der Pfahlbauten im Atter- und Mondsee (Abb. 108).

Ähnliche Rosetten finden wir auf der Laibacher Pfahlbaukeramik mit Vorliebe verwendet und daneben ein Rahmenwerk, dessen Herkunft sich ebenfalls unschwer feststellen läßt. Ein paar böhmische Gefäße bilden die Vorstufe. In

Laibach schafft die Birnform ebenfalls den Grundtypus (Abb. 109). Zuweilen ist sie zur Amphora ausgewachsen, die dann der thüringischen sehr nahesteht. In die Schnur- und die Megalithkeramik zurück führt vor allem das sehr beliebte

a b c

Abb. 109. Steinzeitgefäße aus Laibach. Nach Hoernes.

breite Vertikalband mit Fransen- oder Zickzacksaum. Es ist schon im Norden das Überbleibsel einer ursprünglich vollständigen Überflechtung des Gefäßes. Die dazwischen verbleibenden Flächen werden durch gerade oder über Eck gestellte Vierecke oder auch Rosetten gefüllt. In diesen Einzelheiten zeigen sich mehrfach

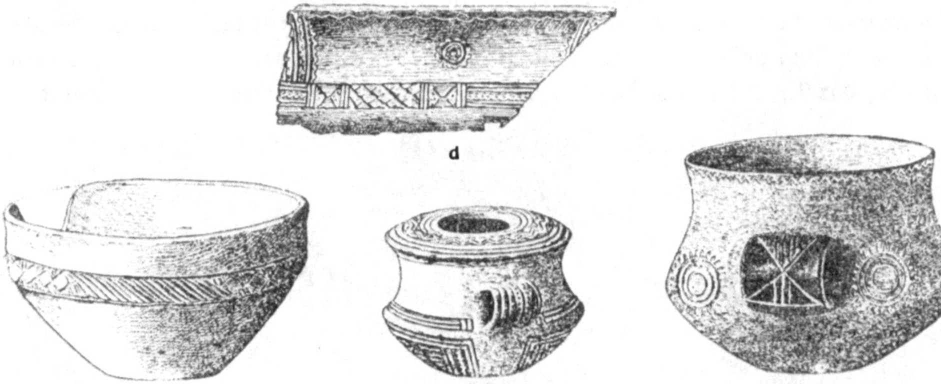

d

a b c

Abb. 110. Slawonische Keramik. Berliner Museum.

neue Motive, aber das Ganze atmet durchaus den großlinigen Stil der nordischen Flechterei und kann kaum von woanders her angeregt sein (Abb. 109). Es sind auch ein paar primitive Menschenfiguren in Laibach vorhanden mit ähnlicher Verzierung; eine mit so klaren Linien um den Hals und vorn herunter, daß wohl eine vorn zu knöpfende Jacke gemeint sein wird. Diese Figuren sind nichts anderes als die „Idole" der bandkeramischen Kultur, die ja hier, wie die vielen illyrischen Namen beweisen, schon als erste geherrscht haben muß.

Als **indogermanisierte Illyrier** werden wir die Mondseer und Laibacher betrachten dürfen.

Weiter östlich finden wir einen ähnlichen Stil, stellenweise in Bosnien und reichlicher in **Slawonien** bei Drava Szarvas (nächst Essegg) und am Vucedol bei Vucovar (Abb. 110). Die Gefäßformen ahmen Rössen mit kugligem Unter-

Abb. 111. Schale und Becher in Klausenburg. Nach Wosinsky.

und geschweiftem Oberteil nach. Sie haben aber in Slawonien eine straffere Wandung und auch eine kleine Standfläche erhalten. Bei einem mehrmals vorkommenden kleinen solchen Gefäß (b) ist auf den Rand ein breiter wagrecht abstehender Ring gelegt, der an sich schon an Korbstruktur erinnert, und außerdem ist noch das Unterteil des Gefäßes ganz mit Korbflechtmotiven bedeckt. Sonst ist

Abb. 112. Tongefäße von Cherson. Nach M. Ebert, Präh. Ztschr. IV, 441.

bei der slavonischen Keramik das Ornament spärlich verwendet; um den Bauchknick zieht sich ein mit Rauten gefülltes Band, der Halsteil wird durch weit auseinanderstehende Vertikalbänder eingeteilt, und in der Mitte zwischen ihnen sitzt eine Raute oder Rosette mit Fransen. Kräftig pflegt der Henkel, die Bernburger Zutat, verziert zu sein mit einem Fischgräten- oder Rautenbande oder einem Rahmen mit Diagonalkreuz darin. Dieses „Sanduhren"-Motiv ist ein Lieblingsstück der slavonischen Keramik. Die Verzierungen sind zum Teil in Furchenstich hergestellt, zum Teil in den Tongrund flach eingeschnitten.

Aus Tordos in Siebenbürgen gibt es einen ausgesprochenen Rössener Becher, wenn er auch einen Henkel erhalten hat und sein Rand schräg abgeschnitten ist, so daß er vorn höher steht als beim Henkel (Abb. 108c). Aus der Scherbenmasse der Museen von Klausenburg, von Straßburg (Nagyenyed), von Hodmezö Vasarhely läßt sich leicht noch eine Fülle gut Rössener Keramik zusammenstellen (Abb. 111) [1]) Als letzte Spuren schnurkeramischen Einflusses aber wird man Gefäße wie die von Abb. 112 aus Cherson in Südrußland gelten lassen dürfen. Die Gefäßformen sind ganz nach den thüringischen gebildet, und die Verzierung hat fast überall reinen Schnurcharakter. Bei Kiew ist auch eine Schale gefunden, ganz im Stile derer von Schönfeld bei Magdeburg.

Der Weg, den hier der Schnur- und Rössener Stil gegangen ist, hat die Weichsel hinauf- und den Dniepr und Dniestr hinuntergeführt. Es ist also schon derselbe Weg gewesen, den später, kurz vor der römischen Zeit, germanische Völkerschübe von der Ostsee zum Schwarzen Meere genommen haben.

Illyrien und Makedonien

Sehr bemerkenswert ist die Rolle, die die Bandkeramik in dieser ganzen Bewegung der nord- und mitteldeutschen Kulturen spielt. Sie ist in Süd- wie in Ostdeutschland arg von ihnen bedrängt worden. In Süddeutschland sind die Rössener sehr kräftig und umfassend vorgegangen. In den Pfahlbauten von Schussenried zeigt es die Keramik und das Haus. Auf dem Goldberge bei Pflaumloch (Nördlingen) stammt die erste Burgbefestigung allem Anschein nach von den Rössenern, und zu ihr gehören auch wieder Rechteckhäuser. Ebenso sehen wir, wie an der ganzen Oder die Bandkeramiker immer mehr unterdrückt und zurückgedrängt wurden.

Die so das Land, das sie lange innegehabt hatten, verließen, konnten sich nur nach dem Osten und Südosten wenden, und hier sehen wir sie deshalb in Nordungarn wie in Pannonien und Illyrien auftreten zu einer Zeit, die ersichtlich ihre erste Stilperiode von Süd- und Ostdeutschland hinter sich hat. Die Bükker Kultur westlich der Theißquellen und die von Vintscha I/II sind beide noch rein bandkeramisch, aber doch schon eine Weiterbildung der alten Art, die eine in subtiler Verfeinerung, die andere in großzügigem Schwung.

Die Schichten von Vintscha zeigen uns aber, wie die Verdrängten auch in ihren neuen Zufluchtsstätten nicht lange in Ruhe gelassen wurden. Die III-Schicht hat schon viele rechteckige Häuser, und ihre Keramik trägt den nordischen Stempel. In Ungarn ist es ebenso: auf die Bükker folgt die Theiß-Kultur, die breit von den Quellen bis zur Mündung der Theiß hinunterzieht und so sehr unsrer Jordansmühler gleicht, daß Buttler diese einfach schon zu ihr rechnet. Die Verwandtschaft geht aber noch weiter nach Deutschland zurück: auch Jungrössen und Münchshöfen

[1]) Wosinsky, Die inkrustierte Keramik der Stein- und Bronzezeit (Berlin 1904), Taf. III—VI.

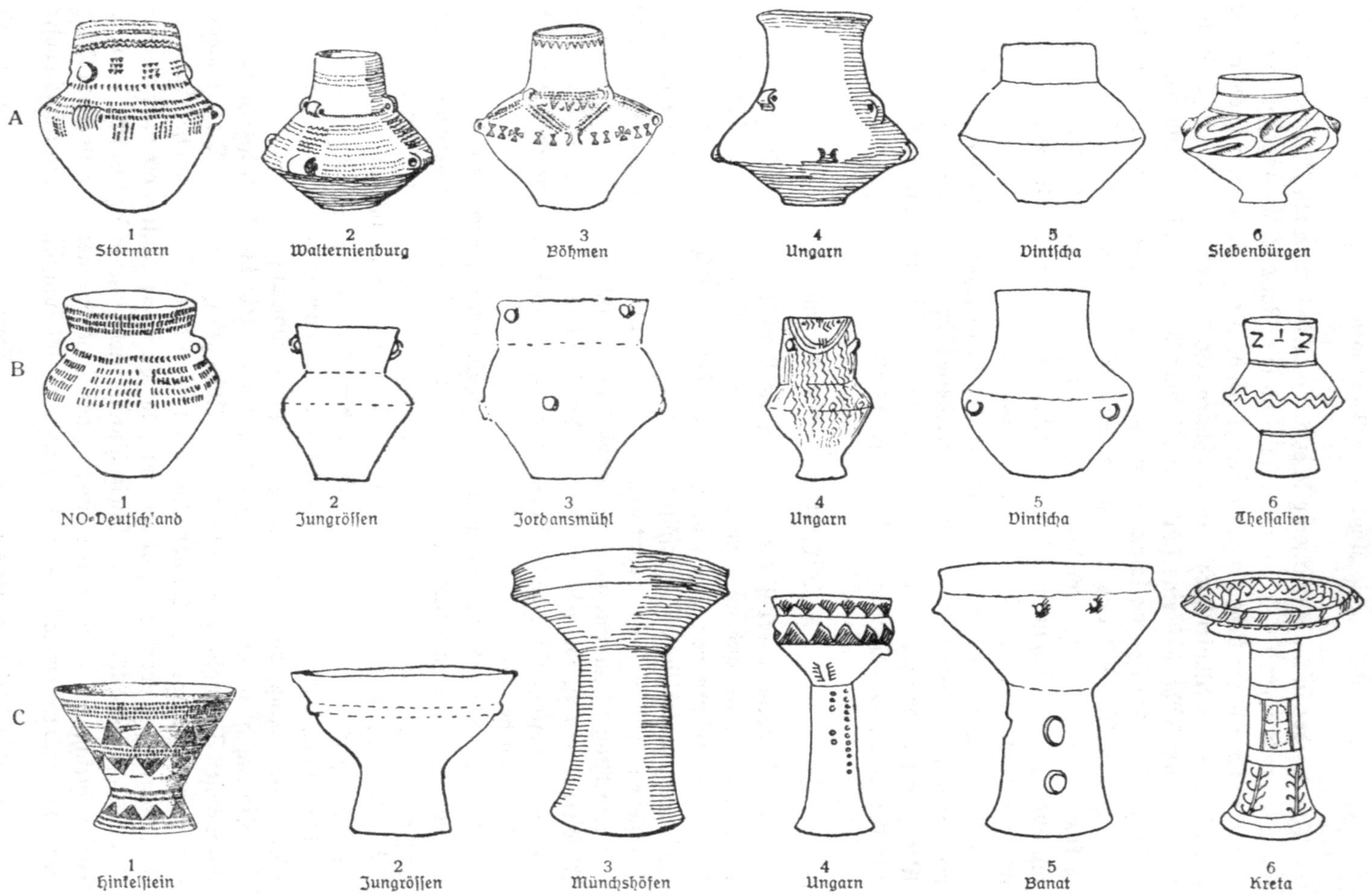

Abb. 113. Stammbaum von Amphora, „Harzbecher" und Fruchtschale.

gehörten schon dazu, und die ganze Neuordnung hat nicht in Ungarn, sondern in Deutschland ihren Anfang genommen.

Ich habe in Abb. 113 für die Formen der Theiß-Kultur, die der deutschen Abstammung besonders verdächtig sind, den Stammbaum zusammengestellt. Zwei davon lassen sich bis in die Megalithkeramik zurückverfolgen, die dritte hatte sich in Süddeutschland schon reich entfaltet, als sie sich auf die Wanderung begab. Am augenfälligsten ist wohl das Verhältnis der Amphora (Abb. 113 A), die nach noch nicht einheitlich gebildeten Vorformen in Holstein und Rügen uns in Walternienburg zuerst ganz straff und eckig entgegentritt und so dann weitergeht durch Böhmen in die Theißkultur und nach Siebenbürgen. Die zweite Form ist die Schulterkruke. Sie tritt zuerst fertig in der Megalithik der Altmark auf, findet sich dann in kleinem Format in Menge am Harz im Bernburger Stile, so daß ich diese kleine Form den „Harzbecher" genannt habe, und läßt sich schließlich in alter Größe über Jungrössen, Jordansmühl in die Theißkultur und bis nach Thessalien verfolgen. Für die dritte Form, die Fußschale, liegt der Anfang wohl in dem Fußbecher vom Hinkelstein, denn es gibt sonst gar keinen Hohlfuß in den alten Kulturen. In der Stichbandkeramik von Ostdeutschland (Abb. 93 d) begegnet dann das erste Stück mit dem hohen zylindrischen Fuße, und nun folgen rasch die verschiedenen Formen der „Trommeln", „Fruchtschalen", „Ständer" von Jungrössen, Münchshöfen, Jordansmühl bis in die Theißkultur und bis nach Kreta (Kamaresware).

Soweit, bis in die Theißkultur und in die III. Schicht von Vintscha können wir die Bandkeramik jetzt fast Schritt für Schritt verfolgen. Für die weitere Entwicklung, die fächerförmig gegen Osten und Süden gegangen ist, sind die Wege noch nicht so geklärt. Die bemalte Keramik zwar sehen wir deutlich von Mähren durch Galizien sich nach der Bukowina, Rumänien und Bulgarien vorschieben und so Thessalien erreichen (Dimini). Aber schon vor ihr hat eine andere Strömung,

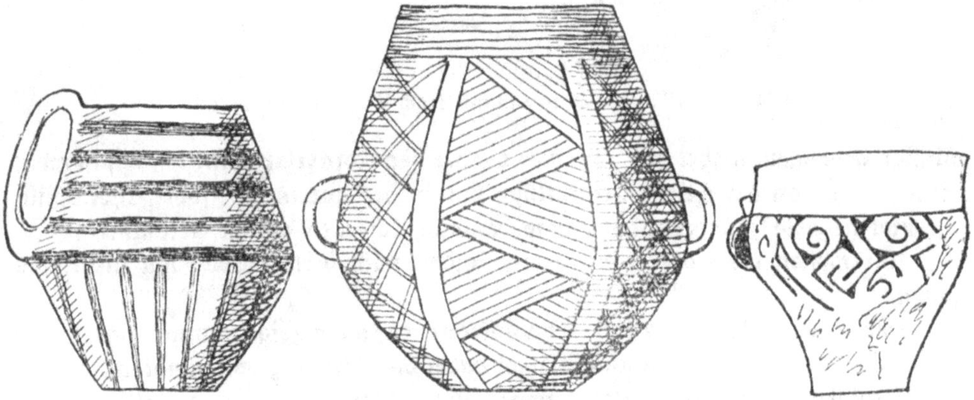

a b c

Abb. 114. Bemalte Keramik der frühen Bronzezeit in Sizilien und Apulien, a b Partanna bei Palermo 1/7, c Molfetta.

die die Malerei noch nicht kannte, wohl von der Donau her aus dem Kreise der slawonischen Kultur, ebenfalls Thessalien erreicht (Sesklo); und drittens ist, und nun wieder als Malkeramik, die Bandkultur über die Adria nach Apulien und

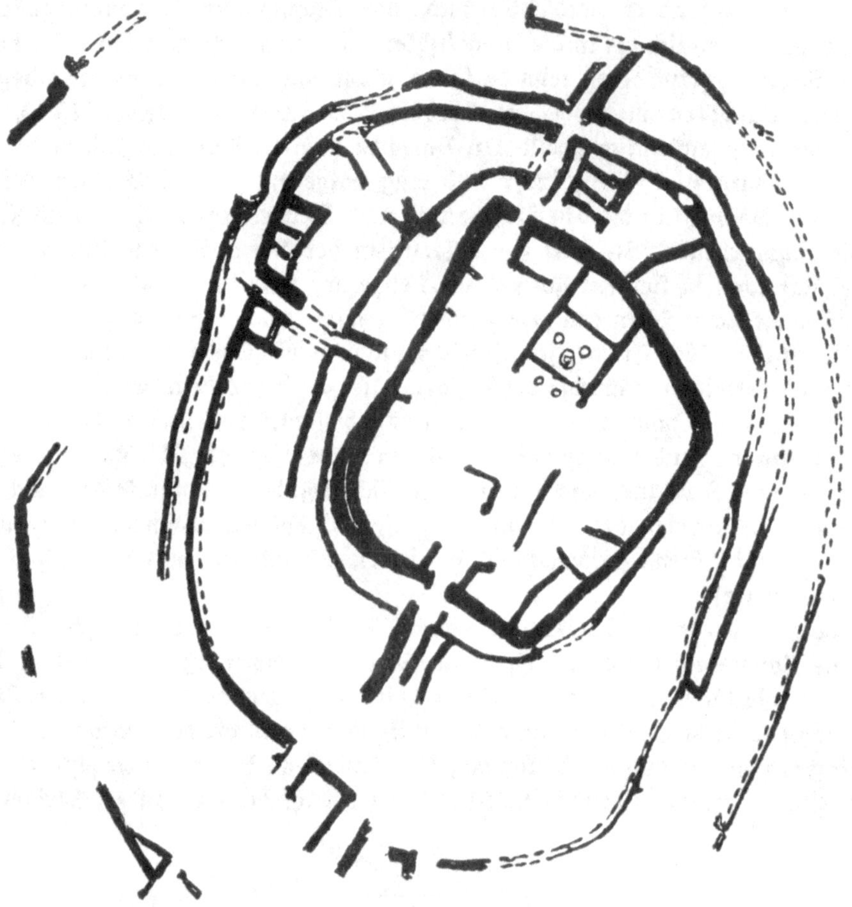

Abb. 115. Plan der Burg Dimini. Nach Tsuntas. Gr. 1:700.

Sizilien gegangen, wobei wir auch hier wieder den Abfahrtspunkt nicht bestimmen können, denn an der östlichen Adriaküste sind bisher nur in der Höhle Choirospilii („Schweinehöhle") auf Leukas einige bemalte Scherben zutage gekommen.

Wir wollen diese drei Linien vom Süden nach dem Norden hin ins Auge fassen.

Der in Apulien und Sizilien auftretende Zweig zeigt mannigfache landschaftliche Verschiedenheiten und spiegelt dabei die Mischung von bandkeramischem mit nordischen Elementen. Das Fäßchen Abb. 114b erinnert an die alte Eiform von Vintscha I (oben Abb. 97a), seine Verzierung ist aber nordisch. Abb. 114a

1 2 3 4

5 6 7 8 9

10

11

Bemalte Steinzeitkeramik

1—10. Cucuteni bei Jassy, 11. Aus Südrußland. Alle, außer 11, Berl. Mus. $^{1}/_{10}$.

Tafel XXXI

1

2

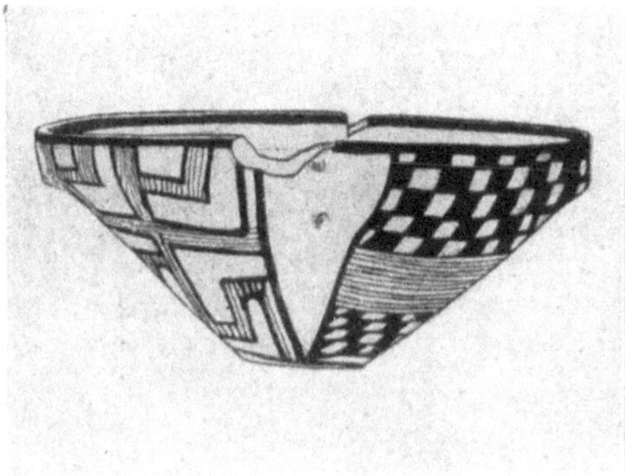

3

4

5

6

Bemalte Tongefäße

1. 2. Aus Sesklo. 3. Aus Dimini. 4. Aus Chaeronea. 5. 6. Aus Anau. Nach Tsuntas und H. Schmidt.

und c stammen von nordischen Formen: a von dem gehenkelten Schulterbecher in Walternienburg (oben Taf. XXVIII 1), c von der Schulterkruke in Jungrössen und Jordansmühl (oben Abb. 113 B 2), die Verzierung des einen ist schnurkeramisch, die des andern aber bandkeramisch mit der Mischung von Spirale und Mäander, wie sie schon im Hinkelstein vorkam (oben Abb. 91 b).

Das Gebiet, das die bemalte Bandkeramik in Italien in Anspruch genommen hat, ist schon lange als illyrisch erkannt worden. Eine Reihe von Ortsnamen sprechen dafür. Eduard Norden hat diese Erkenntnis stark gefördert und dabei — wenn auch noch nicht gedruckt — ausgesprochen, daß auch Horaz nach seinem Namen und dem seines Geburtsortes Venusia in Apulien als Illyrier zu betrachten sei. Es ist heute wohl klar, daß dies Illyriertum auf der bandkeramischen Einwanderung beruht.

Einem weiteren Zweige der Bandkeramik begegnen wir in dem Nachbarlande von Illyrien, in Thessalien. Dort hat 30 km westlich von Volo der griechische Archäologe Chr. Tsuntas vor 50 Jahren mit der Ausgrabung Sesklo und Dimini einen reichen Quell angeschlagen. Als größte Überraschung wirkte in dieser steinzeitlichen Schicht der tadellos erhaltene kleine Mauerring von Dimini mit einem großen Megaron als Hauptgebäude (Abb. 115). Das Haus hat eine flache Vorhalle, in die man, wie die Pfostenlöcher anzeigen, zwischen zwei Säulen eintrat, und den Herd im Saale. Die Einzelfunde sind an beiden Stellen lehrreich und in Dimini dazu sehr zahlreich gewesen. Die älteren Fundschichten von ganz Thessalien teilt man noch heute nach der damaligen Bestimmung von Tsuntas ein in Thessalien I, II und III. Die I., noch der vollen Steinzeit angehörig, hat Sesklo für sich allein. Dimini setzt erst mit der II. ein, der ausgehenden Steinzeit, die III. ist älteste Bronzezeit, „frühhelladisch".

In Sesklo ist in der ersten Periode auffallenderweise noch keine Spirale vorhanden. Die Töpfe zeigen wohl zumeist die kuglige Form der Bandkeramik, aber daneben auch die einer nordwestlichen Einwanderung: der in unserer Tafel XXX 1 gleicht durchaus dem aus dem thüringischen Grabe Taf. XXVII 5, und auf der Burg von Sesklo ist auch ein Stück gefunden, das man geradezu für thüringischen Import hält, nämlich das Oberteil einer kugligen Amphora von plastischen Schnüren umstrickt. Nicht weit von Sesklo hat dazu Lianokladi eine bemalte Amphora geliefert, die in Form und Verzierung ganz und gar thüringisch ist (Abb. 116).

Die wenigen ganzen Töpfe von Sesklo I zeigen bei vielfach rundlicher, kürbishafter Form doch immer die große Zickzackverzierung, mit der Vorliebe für die Fransenbänder. Unser Stück Taf. XXX 1 erinnert damit an Hinkelstein und 2 hat Fransen wie Bernburg und Böhmen. Die Scherben von Sesklo I liefern noch reichliche Beispiele für die aus dem Zickzack hervorgegangenen Treppenmuster (Abb. 117). Da von Sesklo I nicht viele ganze Gefäße vorhanden sind, ist uns auch jede Scherbe wertvoll. Sie zeigen mit ihrer Vorliebe für das Treppenmuster und für kleine Zacken an den Schrägbändern, welche Technik hier als Vorbild gewirkt hat. Wer einen türkischen Teppich, sei er geknüpft oder gewebt (Kelim)

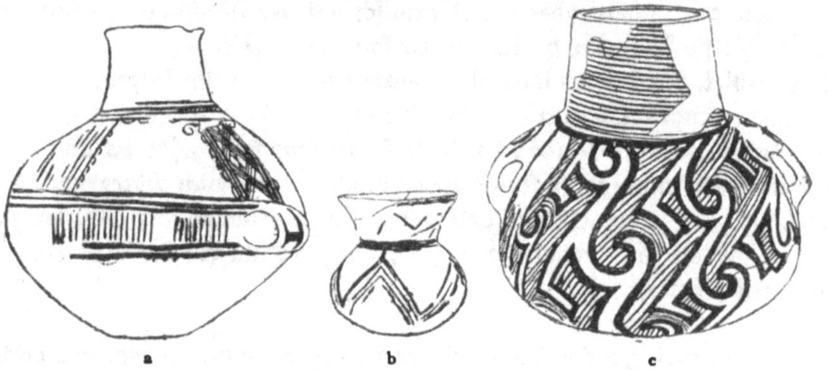

a b c

Abb. 116. Bemalte Steinzeitgefäße aus Thessalien. Nach Wace-Thompson, a, b 1/8, c 1/4.

aufmerksam betrachtet, dem wird auffallen, daß alle Schräglinien treppenförmig ansteigen. Auf jedes schräge Stück folgt ein kleines horizontales, dessen Breite immer der Dicke eines oder zweier Kettenfäden entspricht. So wird jedes Dreieck als eine Stufenpyramide aufgebaut. Das erklärt sich aus der eigenartigen Technik dieser Teppichmacherei (Abb. 117 d). Der Weber ist an den senkrechten

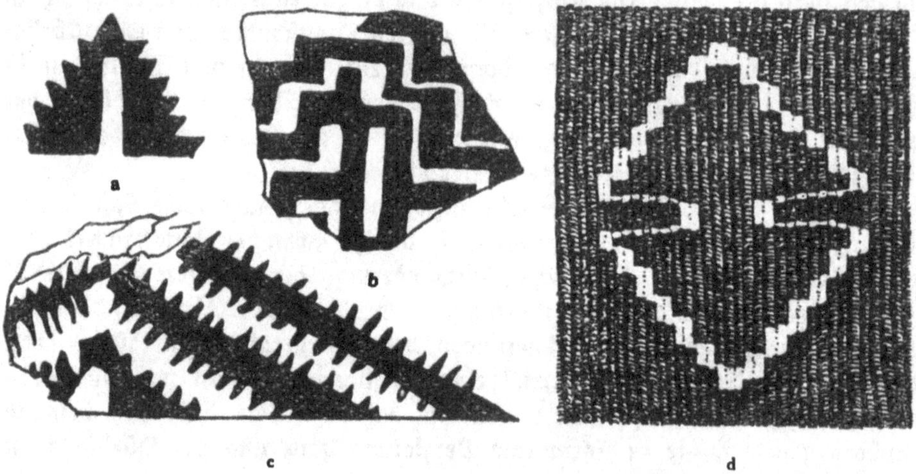

a b c d

Abb. 117. Ornamente a b c von Sesklo-Gefäßen, d von einem türkischen Teppich (Kelim). 1/1.

Kettenfaden gebunden; wenn er die Linie steigen oder fallen lassen will, kann er nicht anders als seine horizontalen Einschlagfäden um ein oder zwei Kettenfäden rücken zu lassen. So wird bei einer Pyramide, deren Basis 12 Kettenfäden umfaßt, die folgende Schicht nur 10 Kettenfäden überdecken, die weiterfolgende 8, und so fort bis für die Spitze noch 2 Fadenbreiten, oder falls man mit einer ungeraden

Zahl begonnen hat, nur 1 Fadenbreite übrig bleibt. Bei dieser Technik bleibt jede Steillinie der Kontur ohne Verbindung mit der andersfarbigen Nachbarschaft, und es entstehen so die merkwürdigen offenen Schlitze, die jedem Betrachter eines

Abb. 118. Thessalische Gefäße von Dimini Nach Tsuntas.

solchen türkischen Gewebes auffallen. Ich gehe wohl nicht fehl, wenn ich die außerordentliche Vorliebe gewisser Töpfereien für die Zackigkeit ihrer Schräglinien auf das Vorbild solcher Kelimweberei zurückführe.

Es gab eine Zeit, wo das „technische Ornament" der wissenschaftlichen Gefäßkunde ganz selbstverständlich erschien. Das ausgezeichnete Buch des großen Dresdener Architekten Gottfried Semper „Der Stil" (1860) hatte aller Welt die Augen dafür geöffnet. Dann kam aber die Zeit, wo das Idealbild des „Kunstwollens" der „reinen Künstlerphantasie" die Augen blendete. Die Wiener Schule mit Alois Riegl an der Spitze verwarf Semper, bei uns schloß Adama van Scheltema sich Riegl an und gewann soviel Beifall, daß er dann auch die stilistischen Artikel in Eberts Reallexikon schreiben durfte. So hat man heute immer noch Mühe, mit den einfachen technischen Ableitungen durchzudringen.

Gerade diese technischen Zusammenhänge charakterisieren Sesklo und alles was vorher und nachher mit ihm zusammenhängt, und das ist recht viel. Der Amerikaner Heurtley hat seit 15 Jahren eifrig in Makedonien geforscht, und angesichts der Fülle des dortigen Materials gesagt, daß der „geometrische Stil", den die dorische Wanderung nachher nach Griechenland gebracht hat, aus jenen Gegenden von Thrakien stammen müsse. Und damit wird er wohl recht haben. Es muß dieser Stil aus dem Kulturstrome von Rössen-Laibach-Slawonien stammen, der in seinem östlichen Weiterlaufe erst in Siebenbürgen (Tordos) die Spirale aufnahm. Der südlicher laufende Zweig hat dies neue Element dann in Thessalien erhalten: das in der II. Periode von Sesklo neben ihm erstandene Dimini zeugt zuerst davon. Aber die Spirale herrscht noch keineswegs unumschränkt, auf den Bechern Abb. 118, von denen der erste ganz die Form des alten „Harzbechers" hat, ist die Spirale in „Rapport" — wie Friedrich Matz sagen würde — mit dem

Mäander, so wie wir es schon im Hinkelstein gefunden haben (oben Abb. 58b). Der böotische Topf (Taf. XXX 4), der auch typisch für den Diministil ist, hat nur den einfachen Ausbau von Dreiecken.

Bandkeramische Zeugen sind dann ferner die vielfachen Anzeichen des Idolkultus. In Dimini sind schon wohlgebildete Figürchen gefunden, zum Teil so fettleibig, daß sie an Laussel und Willendorf erinnern, und aus dem übrigen Thessalien stammen ja die sprechenden kleinen Nachbildungen des Menhirs auf einem Sockel, die wir oben schon besprochen haben (oben Abb. 56). Das sind Zeichen für die alte Verbindung Thessaliens mit dem Mittelmeere, und unter ihnen sind uns besonders wertvoll die kleinen Tonsiegel aus Periode III von Sesklo und Dimini[1]), denn sie geben uns den einzigen Anhalt für eine absolute Datierung. Da sie in Ägypten in der 5. und 6. Dynastie vorkommen, also um 2300 v. Chr., so muß die Steinzeit von Sesklo und Dimini, also Periode I und II, dieser Zeit voraufliegen.

Rumänien

Von Galizien durch Siebenbürgen, die Bukowina, Moldau, Bessarabien bis zur Ukraine, in der Walachei, Dobrudscha und Bulgarien findet sich die hochstehende Kultur der bemalten neolithischen Keramik ausgebreitet, die vielfach noch nach ihrem ersten Hauptfundort Tripolje in der Ukraine bezeichnet wird, die aber im Wesentlichen bandkeramisch ist und auch Thrakien mitumfaßt, dessen großer alter Zeit die homerischen Griechen sich nur noch sagenhaft, aber staunend erinnerten, der Zeit, die Orpheus, den ersten Sänger, hervorgebracht hatte, der mit seiner Kunst die Tiere des Waldes bezähmte und den Unterweltsgott rührte, der Zeit, die Schwerter schmiedete, die es ein Stolz war zu besitzen.

Dilettanten haben begonnen, diese Kultur ans Licht zu bringen. Ossowski in Galizien, Chwoikow in Kiew, am besten Julius Teutsch in Kronstadt. Dann ist Prof. Ernst v. Stern gefolgt, der in Bessarabien und der Ukraine jahrelang gegraben, den neolithischen Charakter der Kultur festgestellt und ihren zeitlichen Vorrang vor Mykene als erster behauptet hat. Nachher haben für das Berliner Museum Hub. Schmidt 1909 und 1910 in Cucuteni bei Jassy und Dr. Träger und ich 1917 in Cernavoda gegraben, bis dann nach dem Weltkriege die Fülle der Gesichte kam.

Die Arbeiten v. Sterns hatten schon ergeben, daß zur Kultur dieser bemalten Keramik Lehmhütten von 4—6 m Länge und 3—5 m Breite gehören, die einen aus Lehm aufgebauten oder als Grube in den Boden getieften Herd enthielten. Wenn er und andere (in Galizien und Südrußland) dann aber ähnliche, große rechteckige Räume, die in verbranntem Zustande aufgefunden wurden, für Gräber hielten, in denen man die Toten beigesetzt hätte, um sie mitsamt dem ganzen

[1]) Man vergleiche die aus China in Abb. 134.

Raume zu Asche zu verbrennen, so ist das ein Irrtum gewesen. Auch diese Räume waren Wohnhäuser, wir haben sie 1917 bei Cernavoda in einer Höhensiedlung ebenso gefunden, und von menschlichen Resten ist in den v. Sternschen und anderen vermeintlichen Grabkammern außer einem beim Brande Verunglückten nie eine Spur gefunden. Zu der bemalten Steinzeitkeramik hat offenbar noch überall Hockerbestattung gehört und die Leichenverbrennung ist also keineswegs von dieser osteuropäischen Ecke ausgegangen[1]).

Die von v. Stern in Petreny (Bessarabien) ausgegrabenen Häuser gehören der 2. Periode dieser bemalten Keramik an — nach der Unterscheidung, die uns Cucuteni gebracht hat—; Cucuteni hat früher begonnen, und wir wollen es deshalb zuerst betrachten[2]). Es handelt sich dort um eine Burg auf einem aus höherem Gelände vorspringenden Felsplateau. Zwei Gräben umziehen es und stammen anscheinend aus verschiedener Zeit. Beide sind Spitzgräben von 3—4 m Tiefe. Der innere, wahrscheinlich ältere, ist schmäler und spitzer als der äußere und war absichtlich zugeworfen mit Steinplatten und gelblicher Erde, der andere enthielt graue Erde und nur wenige Steine. Der Rest eines Steinwalles war nur an einer Stelle des inneren Randes des Innengrabens erhalten, es scheint, daß er im übrigen in diesen Graben hineingeworfen ist. Wir haben also eine Befestigung vor uns, wie wir sie am Rhein auf dem Michelsberge, bei Mayen, Urmitz und Plaidt, in Württemberg auf dem Goldberge kennengelernt haben, und wie sie im unteren Donaugebiete auch auf dem Wietenberge bei Schäßburg und in Monteoru bei Buzau festgestellt ist.

Im inneren Burggraben fand sich eine etwas andere Keramik als im äußeren, wie denn auch auf der Burgfläche sich mehrfach zwei Perioden der Besiedlung mit etwas voneinander abweichendem Inventar erkennen ließen. Die Ausgrabung stieß hier überall auf die Schutthaufen von verbrannten Häusern, die aus Holz und Lehm gebaut gewesen waren. Öfter lagerte über einem unteren Schutthaufen ein oberer, der also jünger war und entsprechend andersartige Funde enthielt. Am deutlichsten spricht in dieser Beziehung die Keramik. Die Gefäße der ersten Periode zeigen des öfteren noch die kugelige Form des Kürbis mit nur geringer Schweifung am Halse (XXXI 1). Unter ihnen sind auch einige Stücke, die noch keine Bemalung haben, sondern nur eingeritzte und geglättete Bänder. Dazu kommen Gefäßuntersätze mit hohem geschweiften Fuß (4), als Zeichen, daß die Gefäße dieser Periode noch vielfach der Standfläche entbehren, schließlich bauchige Töpfe mit Standring, ohne Hals (vgl. Butmir!) (2) und schlankere mit geschweiftem Oberteil (3).

Die Verzierung dieser Gefäße verwendet mit Vorliebe die liegende S-Spirale, daneben sind aber fast immer an ein großes, quer durchlaufendes Band Bogen, Halbovale, Striche oder Punkte gehängt, um den verbleibenden Flächenraum zu

[1]) Prähist. Ztschr. 13/14, 1921/22, S. 168 ff. (Schuchhardt).
[2]) Hub. Schmidt, Cucuteni, Berlin 1932.

füllen. Die Malerei der ersten Periode verwendet drei Farben: Weiß, Rot und Schwarzbraun. Das Zierband wird in Weiß aufgetragen, mit Rot eingefaßt und der Grund schwarz abgedeckt.

Gegenüber der biederplumpen Einfachheit dieser erstperiodischen Gefäße erscheinen die der zweiten Periode fein und zierlich. Die Formen sind elegant

a

b

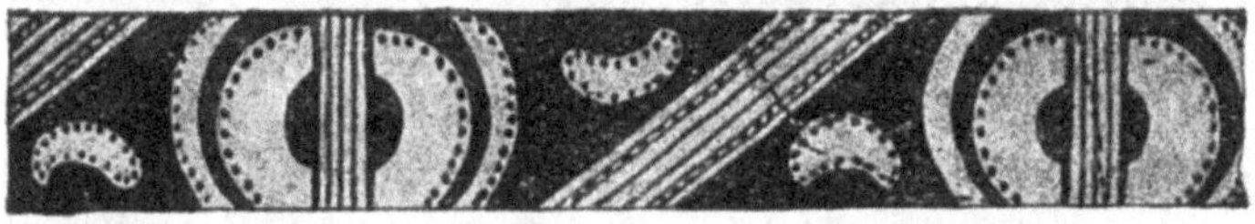

c

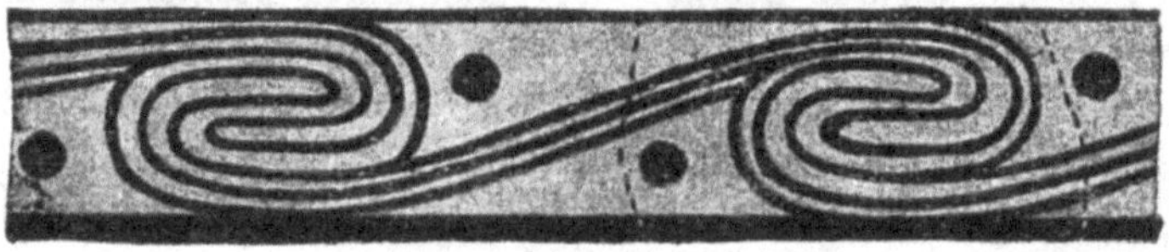

Abb. 119. Ornamentmotive von Cucuteni II.
Nach Hub. Schmidt.

mit Ecken und Schweifungen. Sie haben stark nordischen Einfluß erfahren, wie man an den absetzenden Schultern bei 6 und 8 und dem Auftreten der Schüsseln 7 und 9 erkennt. Die Verzierungen zeigen vielteilige Bänder und an Stelle der Spiralrolle ein mannigfach phantastisch umgestaltetes Auge (Taf. XXXI 10). Die großen Amphoren, wie Abb. 113 A 6, gehen letzten Endes auf die nordische und Walternienburger Amphora zurück.

Unter den Ornamentmotiven von Cucuteni II sind verschiedene, die sich nachher auf andere Kulturen des Südostens vererbt haben (Abb. 119 a—c), so die Schwellbänder in den Spiralköpfen (a), die uns noch spät im skythischen Südrußland wiederbegegnen, die eigenartigen Halbrunde an Vertikalbändern (b), die der Kyanosfries in Tiryns hat, und die großen raumfüllenden Punkte (c), die nach Malta, Kreta, Mykene gegangen sind.

Auch die Maltechnik hat sich in der zweiten Periode sehr geändert. Es wird nur noch die schwarzbraune Farbe verwendet, und zwar um wie bisher den Grund abzudecken und damit die Verzierung in der natürlichen Tonfarbe hervortreten zu lassen. Die Farbe wirkt so glänzend, als ob es Firnis wäre; die Wirkung ist aber nur erreicht dadurch, daß das Gefäß nach der Bemalung mit einem glatten Stein oder Knochen poliert wurde.

Ungemein reich war die Ausbeute an Keramik in Cucuteni und ebenso reich auch an Geräten. Von Feuerstein, der dort selten ist, fanden sich schön gearbeitete Pfeilspitzen und Messerklingen, die geschliffenen Flachbeile dagegen waren aus einem harten Kalkstein und die spärlichen durchlochten Äxte aus verschiedenem

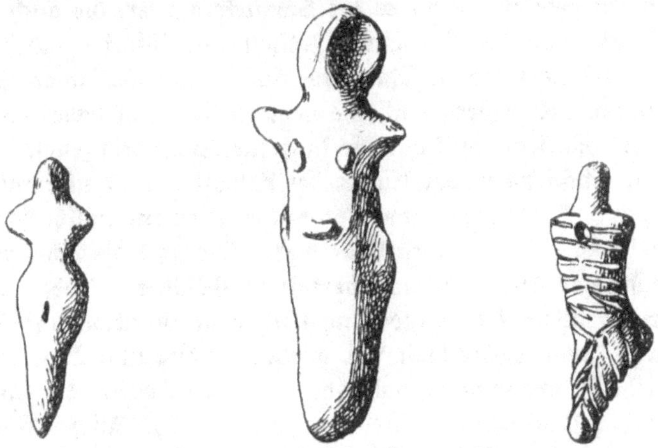

Abb. 120. Idole von Cucuteni. 1/1.

Gestein. Weiter fanden sich Dolche und Pfriemen aus Knochen, Perlen und Anhänger aus Stein, Knochen, Ton.

Die kleinen menschlichen Figuren sind fast alle weiblich (Abb. 120). Die Tracht ist in ihrer Faltung und Verschnürung durch Ritzung oder Bemalung dargestellt. Die Figuren sind selten ganz erhalten. Wo es der Fall ist, sehen wir, daß die Arme nur durch Stümpfe angedeutet sind und die Beine von den Knien ab fast regelmäßig zu einer Spitze zusammengedreht, offenbar um in den Sand oder in einen Untersatz gesteckt zu werden. Die Figuren scheinen den in einen Tonsockel gesteckten Stiften aus Thessalien (oben Abb. 54) zu entsprechen und werden also ebenso wie die kretischen und trojanischen „Idole“ in Ahnennischen der Häuser aufgestellt gewesen sein.

Neben den unendlich vielen Steingeräten sind in Cucuteni auch einige Metallstücke aufgetreten, zur zweiten Periode gehörig. Es sind ein paar Geräte aus reinem Kupfer: ein breitblattiger Dolch mit vier Nietlöchern, ein Flachbeil und eine Lochaxt, ferner ein bronzenes Armband und ein paar eiserne Pfriemen. Die kupfernen Stücke tragen ganz den Charakter der ältesten Metallzeit Mitteleuropas, auch das Bronzearmband hat seine Analogie im Westen. Die eisernen Pfriemen aber, die man für viel später halten sollte, haben neuerdings in frühest metallzeitlichen Gräbern Bulgariens ihre Parallelen erhalten, so daß auch sie der alten Burgkultur von Cucuteni angehören müssen.

Hubert Schmidt hatte schon in Cucuteni Schnurkeramik mitgefunden, und neuerdings ist sie reichhaltiger in einer Kultur von Cucuteni-Charakter bei

Oussatova nächst Odessa aufgetreten, einer Siedlung mit 7—8 Thüringischen Einzelgrabhügeln (Mulde mit Steinen und Erdmantel darüber). G. Rosenberg-Kopenhagen [1]) hat das 1931 benutzt, um die längst begrabene These von der Urheimat der Indogermanen in Südrußland wieder aufleben zu lassen. E. Wahle ist ihm 1932 darin gefolgt, indem er die Schnurkeramiker, die auch nach seiner Meinung in Deutschland die Germanen, Kelten und Illyrier indogermanisiert haben, aus Südrußland kommen läßt. Die Kultur von Oussatova ist aber doch stark bandkeramisch. Rosenberg sagt, die bemalte Keramik habe Cucuteni-Charakter; er schildert die Idolplastik und die kupfernen oder bronzenen Dolchblätter. Da der nordische Einschlag in der Kultur der bemalten Balkankeramik längst erkannt ist, kann das Auftreten von Schnurkeramik in Cucuteni, in Cherson, in Odessa nicht wundernehmen. Schwer vorstellbar wäre aber, wie die Schnurkeramik sich aus dem südrussischen Verbande von bemaltem Geschirr, Idolen, Dolchklingen gelöst und für sich allein die Wanderung nach dem Baltikum und Deutschland angetreten hätte. Man verwechselt hier wieder Anfang und Ende einer langen Entwicklungsreihe, so wie man einmal vom „Jütischen Becher" die ganze Thüringische Verwandtschaft ableiten wollte und von den Lausitzischen Ausläufern in Niederösterreich die ganze Altlausitzische Kultur.

Eine stark von Cucuteni wie von Petreny abweichende Keramik, die schon zu dem besonderen bulgarischen Kreise gehört, fanden Dr. Träger und ich im Herbst 1917 bei Cernavoda in der Dobrudscha [2]). Es war eine Hügelsiedlung, deren Häuser dicht aneinandergeschlossen einen Streifen von 5—6 m Breite und über 30 m Länge bedeckten. Der Baublock bestand aus rechteckigen Lehmhäusern, deren Bauart sowohl die verbrannten Lehmpatzen mit ihren Rohr- und Holzabdrücken wie die Pfostenspuren im Lehmestrich anzeigten. Der Fußboden lag $1^1/_2$ m unter der heutigen Oberfläche. Auf ihm fanden sich Stücke von der dicken Ummantelung der nur 4—6 cm starken Holzständer und sogar ein Stück mit Bogenansatz nach links und rechts als primitives Kapitell einer Holzsäule.

Diese geschlossene Häuserreihe, deren Fußboden $1^1/_2$ m tief lag, war verbrannt, das Rohrdach und die Holz- und Lehmwände waren in die Räume gefallen und hatten alles, was darin war, mit einer halbverziegelten und verschlackten Masse zugedeckt. Die großen Schüsseln, die offenbar an den Wänden gehangen hatten, lagen zerschellt mitten in der Stube. Nur am Rande oder in der Ecke des Zimmers standen gelegentlich kleinere Gefäße, die ganz geblieben waren [3]). Ein Herd war in keinem der Zimmer zu finden.

Unter dieser überall klaren Bauschicht war mehrfach noch eine ältere zu

[1]) G. Rosenberg, Kulturströmungen in Europa zur Steinzeit. Kopenhagen 1931.

[2]) Prähist. Ztschr. 15, 1924 S. 9—27 (Schuchhardt).

[3]) Das war genau der Befund, den man in Bessarabien und Südbulgarien für absichtlich ausgebrannte Grabkammern gehalten hatte.

erkennen, die bis 4 m tief hinunterging und eine etwas andere Keramik lieferte als die obere, nämlich schwarzpolierte unverzierte von slavonischem Charakter, darunter den Rand eines halslosen Topfes ähnlich Butmir (vgl. Abb. 94). Diese Keramik hat sich später an anderen Fundstellen aber doch als gleichzeitig mit der

Abb. 121. Cernavoda. Bemalte Näpfe und Schüsseln. a 1/4, b 1/8, c 1/6.

bemalten herausgestellt[1]). Die obere, verbrannte Schicht war ebenfalls noch steinzeitlich; sie lieferte ein großes Feuersteinbeil, unpoliert, breit- und dicknackig, dazu Harpunen und ein- oder zweischneidige Messer, die noch fast paläolithisch anmuteten; die einzigen Metallspuren waren einige Klümpchen Kupfer oder Bronze. Die Keramik dieser oberen Schicht war die rotweiß bemalte und polierte. Die Hauptform ist eine Schüssel wie unsere Milchsette mit betonter eckiger Schulter. Sie kommt als große Familienschüssel, als handlicher Napf und als ganz kleines Schälchen vor. Die Verzierung zeigt zumeist verderbte Spiralmotive, von denen

[1]) J. Nestor, Schuchhardt-Festschrift 1940 S. 10 ff.

oft nur Halbmonde übrigbleiben, aber es treten auch die in Slawonien so beliebten Rosetten und das Sanduhrenmotiv auf. Die Gefäße sind zuerst mit Rötel gefärbt, dann poliert und mit weißer matter Farbe so bemalt, daß die Zierbänder ausgespart wurden. Die Spiralen usw. erscheinen also rot auf Weiß, nicht wie in

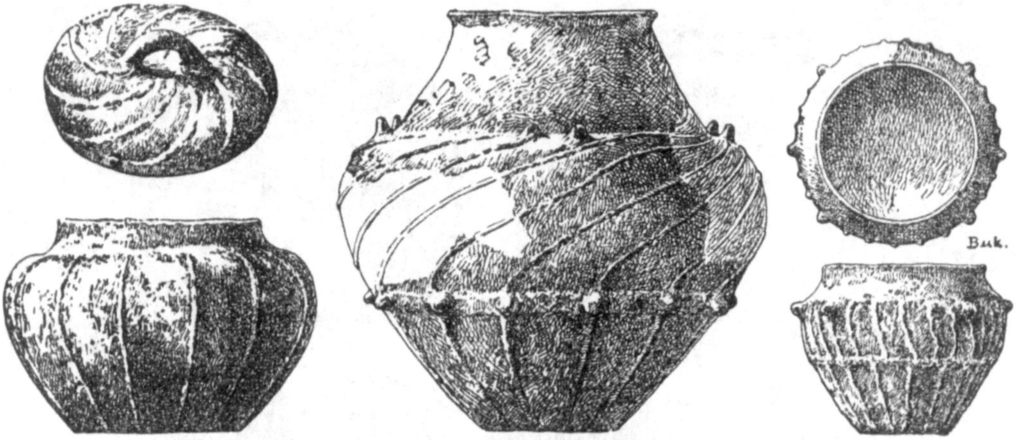

Abb. 122. Cernavoda: Braune, rauhe Ware. 1/8.

Cucuteni I weiß auf Rot. Zuweilen ist mit dem Weiß Graphit verwendet, der gut poliert wie eine Altsilbereinlage wirkt (Abb. 121).

Neben der bemalten Keramik steht eine andere: naturbraun mit aufgelegten, oft schräggedrehten Umschnürungsfäden (Abb. 122). Das größte Stück ist eine Schulteramphora, dazu Töpfe und mehrere Deckel. Diese einfache Keramik fand sich mit der bemalten in denselben Räumen zusammen. Beide Arten kommen auch gemeinsam an den bulgarischen Fundstätten im Gouvernement Schumen und in Ostrumelien vor. Fast alle Formen und Ziermuster von Cernavoda kehren dort wieder, so daß wir rechts der Donau eine geschlossene Kulturprovinz vor uns haben. Sie zeigt gegenüber Cucuteni, das im wesentlichen bandkeramisch ist, etwas mehr nordischen Einschlag: in der Form der Schulterschüssel, der Schulteramphora, auch der Rosetten- und Sanduhrenmotive. In dem weiten Bereich dieser ganzen Donau-Balkan-Kultur finden sich in jeder Landschaft etwas andere Formen und Verzierungen. In bewegten Zeiten, wo Völkerwellen sich vorschieben, sich vielfältig zerteilen, die Teile bald so, bald so mit Einheimischen sich mischen, erklärt sich das leicht. In der letzten Steinzeit an Elbe und Oder war es so, und in der Hallstattzeit der mittleren Donau werden wir es wieder so sehen.

In Bulgarien ist ein Hausmodell mitgefunden, rechteckig mit eingeschnittenen Rundfenstern (Abb. 123a). Dazu tritt dort in Menge der große Kübel (Abb. 123b), der seine Fortsetzung jenseits des Kaspischen Meeres in Anau findet (Taf. XXX 5. 6).

Als Verzierung begegneten in Cernavoda mehrfach Knöpfchen wie Linsen, größer oder kleiner, dichter oder weiter auf dem Gefäße verteilt. Häufiger fanden wir sie 1918 bei Craiova und am hübschesten in Deva auf dem Kruge Abb. 124a. Wir haben hier die steinzeitliche Vorstufe für die Knöpfchen- und Buckelverzierung, die in Malta auf dem verschiedensten Geschirr, sogar Löffeln sich findet und in Kreta auf großen Tonfässern.

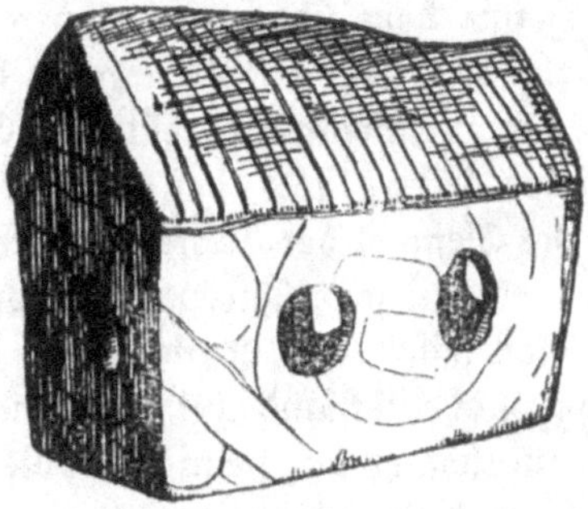
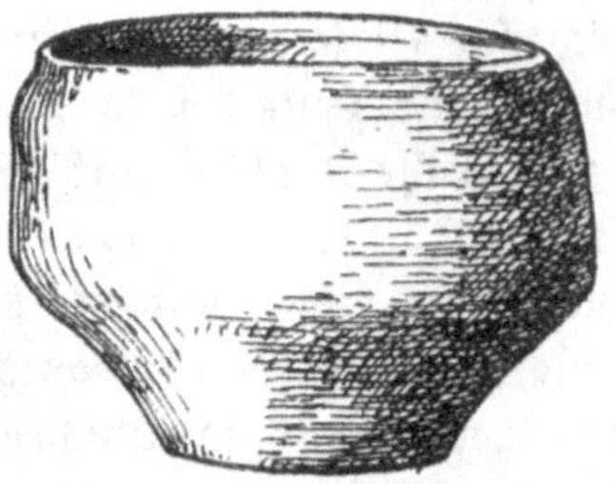

a b

Abb. 123. Bulgarien. a Hausmodell, b Kübel. Nach R. Popoff.

a b

Abb. 124. a Linsen-Krug von Deva, Siebenbürgen.
b Fadenkrug von Kreta, Hagia Triada.

Vergleichen wir diese reich und vielseitig entwickelte untere Donaukultur mit den bandkeramischen Formen an der mittleren Donau, so wirkt sie wie die üppige barocke Ausgestaltung von kleinen, einfachen, naturgemäßen Anfängen. Die eine oder zwei Formen der Mitteldonau-Keramik, das Bomben- und das Birnengefäß, sind in ihrer Reinheit nirgend mehr erhalten. Auch die primitive Einkratzung der Zierbänder kommt nirgend mehr vor; die wenigen kleinen kugeligen Becher mit nicht gemalter Verzierung zeigen ihre Spiralbänder in raffinierter Weise als breite Hohlkehlen eingetieft und besonders poliert. Die weiteren Formen aber, wie die Töpfe, Vasen und Amphoren, die Untersätze und Deckel gehen völlig über den Kunst- und Gedankenkreis der mitteldonauländischen Töpferei hinaus. Und ebenso ist es mit den Verzierungen. Stellen schon die nicht gemalten eine bedeutende Verfeinerung gegenüber der mittleren Donau dar, so sind die gemalten eine phantastische Weiterentwicklung, ein zügelloses Sichausleben jener einfach natürlichen Bildungen. Wer diese ausgewachsene Buntheit von Formen und Linien zum Mutterboden nehmen will für die dürftige Einfachheit in Süddeutschland, der muß sich vorstellen können, daß aus dem überschwenglichen Schmuck einer Barockzimmer-Ausstattung die Stühle und Tische, die tannene Täfelung und die geweißte Decke einer Bauernstube sich zurückentwickelt hätten. Eine derartige Annahme ist heute um so unmöglicher, seit feststeht, daß in Schlesien und Mähren die einfache Bandkeramik das älteste Element der Töpferei überhaupt ist. Wäre sie von der unteren Donau dorthin gelangt, so müßte vorher, vom Mesolithikum aus, schon etwas anderes dagewesen sein. Das ist aber nicht der Fall. So bleibt nichts übrig, als für das östliche Süddeutschland mit Mähren-Böhmen die einfache Bandkeramik als autochthon anzuerkennen und sie nicht als die Tochter, sondern als die Mutter der weiter östlich auftretenden verwandten, aber entwickelteren Stile gelten zu lassen.

Südrußland mit einem Ausläufer nach Asien

Ein reiches Inventar haben die Ausgrabungen Ernst von Sterns in Bessarabien und Südrußland erbracht, wie es der Fall zu sein pflegt, wenn man Wohnstätten aufdeckt, die mit ihrem vollen Zubehör verbrannt und seitdem nicht mehr berührt sind. Massenhaft sind Schalen und Näpfe, zuweilen mit Tierknochen oder Hirse darin, ferner Steinhämmer und -beile aus Feuerstein, Messer und Sägen, Ockerklumpen, tönerne Menschen- und Tierfiguren gefunden.

Diese Fundmasse entspricht durchaus der von Cucuteni oder Cernavoda. Die Keramik zeigt sich aber der von Cucuteni B nächstverwandt, gehört also zu der jüngeren Gruppe der bemalten Gattung. Ich führe nur ein paar Töpfe vor, die etwas Besonderes zeigen und uns weiterleiten. Abb. 125a ist das Oberteil einer Amphora, die mit dem kurzen Halse und den breiten Verschnürungsbändern an Thüringen erinnert. Die Winkel zwischen den Bändern haben eine wie flüssig erscheinende Füllung erhalten. Das ist eine Eigenart, die uns weiter östlich in Anau südlich vom Kaspischen Meere wieder begegnet. Abb. 125c, eine tiefe Schüssel mit vier Knubbenfüßchen, zeigt in der über das ganze Gefäß gehenden Verzierung wohl auch thüringische Art, in der Mitte ist aber das alte Zickzack zum Bogen geworden, und die obere senkrechte Schraffierung endet oben und unten mit einer Einkerbung, der man nicht ansehen kann, was phantasievolle Töpfer nachher in Persien aus ihr gemacht haben. Sie haben sie zu Kopf und Leib eines großen, langhalsigen Vogels gestaltet, so daß wir dann eine dichte Reihe marschierender Flamingos vor uns sehen. Diese „Tierornamentik", die wir damit zum ersten Male in der Kunstgeschichte auftreten sehen, beginnt aber auch schon in dem v. Sternschen Material, sowohl, wo es nordisch-geometrische, als wo es Spiralverzierung verwendet. In Abb. 125 b ist aus dem Motiv der aneinanderhängenden Dreiecke eine wunderliche Menschenfigur geworden. Das obere Drei-

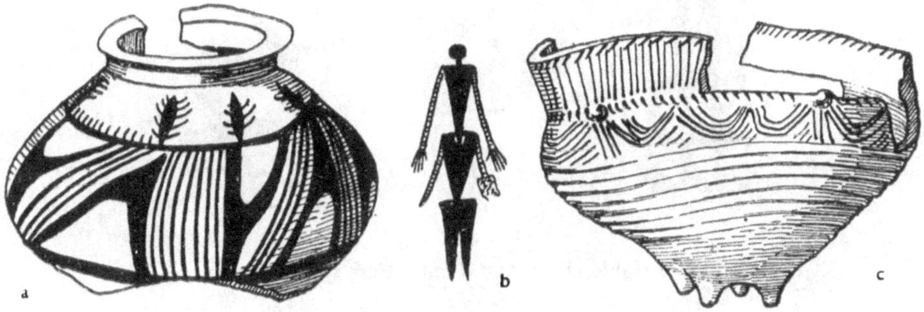

Abb. 125. Gefäßmalerei von Petreny in Bessarabien. Nach v. Stern.

eck hat Kopf und lange Arme erhalten, das untere die Beine; das mittlere hat auch noch einmal Arme und macht damit das Ganze zu einem phantastischen Spiel.

In ähnlicher Weise ist die Spiralik lebendig geworden. Bei der fortlaufenden Volute (Abb. 126a) ist jedesmal aus dem einen Bogen das Hinterteil, aus dem davorliegenden das Vorderteil eines Vierfüßlers geworden, und der Leib folgt der geschwungenen Verbindungslinie. Bei Abb. 126b hatte man nur die auf-

Abb. 126. Schematische Motive und daraus entwickelte Tierornamentik in Petreny.

gereihten Halbbogen als Vorbild und ließ aus ihnen nun einen langhalsigen Tierkopf mit Auge und Ohren hervorschießen.

Der aus Mitteleuropa stammende Zierstil war hier an der Grenze von Asien zu einer Bevölkerung gekommen, der die nüchterne Linienornamentik nicht genügte, die an Lebendiges gewöhnt war, die überall Leben sah und nun auch ihren gewöhnlichsten Hausrat damit geschmückt sehen wollte. An verschiedenen Stellen Vorderasiens bis nach Persien hinein begegnet uns aber nicht bloß dieser Tierstil, sondern es zeigt sich auch in der geometrischen Verzierung der Keramik eine merkwürdige Verwandtschaft mit dem älteren thrakischen Stile von Sesklo.

Bei Anau nächst Aschkabad am Nordrande von Persien, auf der Mitte der Bahnstrecke vom Kaspischen Meere nach Merw, hat 1904 Hubert Schmidt als Teilnehmer an der amerikanischen Pumpelly-Expedition zwei große Kurgane

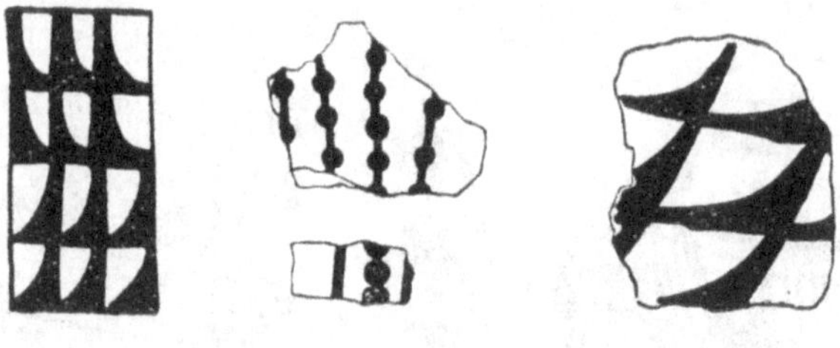

a bc d

Abb. 127. Gefäßscherben von Anau. Nach Hub. Schmidt. 1/3.

aufgegraben mit Gräbern, die im ganzen 4 Kulturschichten übereinander enthielten. Die unterste davon hat bemalte Keramik von der Art der balkanischen, und zwar in Hockergräbern, was schon ein ganz europäisches Zeichen ist. Unter den Gefäßformen dieser Schicht ist die weitaus häufigste ein fast zylindrischer Kessel, der unten rasch sich zu einer ganz schmalen Standfläche zuspitzt (Taf. XXX 5.6). Er erinnert außerordentlich an die Form, die im bulgarischen Gebiet oft mit gefunden wird (Abb. 123 b), und die Übereinstimmung wiegt um so schwerer, als diese Form meines Wissens sonst noch nirgends vorgekommen ist. Daneben stehen verschiedene rundliche Formen, von denen diese und jene der europäischen Bandkeramik verwandt ist. Für die Verzierung mit Dreiecks- oder Schachbrettmustern ist man ebenfalls um europäische Parallelen nicht verlegen. Die Farben sind wie in Europa Rotbraun und Schwarzbraun und zuweilen ein Deckweiß für den Grund.

In der Ornamentik, die Spiralen vermeidet und sich ganz an Flecht- und Schnürmotive hält, ist eine Eigentümlichkeit, die einerseits nach Petreny zurück-, anderseits nach Susa und dem benachbarten Mussian vorausweist, das ist die Neigung der Maler, Winkel, die durch Kreuzung der Linien entstehen, weich auszufüllen, so wie Schneewehen an einer Mauer sich aufwölben (Abb. 127 a und d). Auch diese Besonderheit ist so einzigartig, daß man sie wohl als Leitmotiv benutzen darf. Daneben kommen in Anau öfter Linien vor, die man Knotenstricke nennen darf (Abb. 127 b c), und auch sie, die sonst nirgend anderswo bekannt sind, kehren ebenso in Makedonien wie Mussian wieder.

Susa und Mussian war das sehr ertragreiche Ausgrabungsfeld des Franzosen de Morgan: Bergsiedlungen mit mehreren Kulturschichten übereinander, in der untersten bemalte Keramik mit den ältesten Formen von Kupfer- und Bronzebeilen.

Bei der Keramik staunt man über die außerordentlich deutlichen Beziehungen, die sich auf Schritt und Tritt zu Südrußland, Makedonien und Mitteldeutschland ergeben. Kleine Becher aus Susa und Perssien haben die eckige Form von Walter-

Abb. 128. Gefäße von Susa (a, b) und anderen persischen Fundorten. Nach H. Frankfort.

nienburg (Abb. 128 d) und das Dreieck- und Treppenmuster von Sesklo. Andere haben die zackigen Dreiecke und breiten Bänder (Abb. 128 c, e, f zu oben Abb. 117 u. Taf. XXX 2). In 128 a hat sich die ganz flechttechnische senkrechte Schraffierung des Randes nun in einen Aufmarsch von Flamingos verwandelt; bei dem Becher in Abb. 131 b war die Entwicklung noch auf halbem Wege. Das Kugelfläschchen Abb. 128 b zeigt ganz dieselben Tiergestalten, wie wir sie in Petreny sich entwickeln sahen, und Abb. 128 e auch eine ähnliche Menschenfigur.

Eine tolle Phantasterei bildet die in Abb. 129 zusammengestellte Bilderreihe. In Makedonien kommt ein einfaches Muster von übereinandergestellten Rechtecken vor (Abb. 132). In Persien ist daraus zunächst ein Gebilde geworden, das wie ein Schornstein mit Rauchfahne aussieht. In c sind dann aber die Pfeiler zu Beinen geworden, die Dächer zu einem dreieckigen Tierleibe und die Schornsteine zu Hälsen mit zackiger Mähne. In d hat sich die geschlossene Kette in einzelne tierähnliche Gebilde aufgelöst, das Dach ist aber in einem starken Buckel noch deutlich, auch sind nur drei Beine vorhanden, entsprechend den drei Vertikallinien des alten Pfeilers, und Hals und gabelförmiges Geweih sind noch sehr wenig porträtähnlich. Aber in e tritt uns dann ein säuberlicher Steinbock mit vier Beinen und gutem Kopf und Gehörn entgegen. Bei solch einer Entwicklungsreihe ist es natürlich ganz unmöglich, sich aus dem Steinbock rückwärts den Schornsteingiebel und die Rechteckreihe entstanden zu denken.

Die verschiedensten geometrischen Figuren hat man lebendig werden lassen so in Abb. 130 das einfache Dreieck einmal in einen Blumenkelch und das andere Mal in einen Fasan. Und so löst sich denn auch die alte Streitfrage mit dem

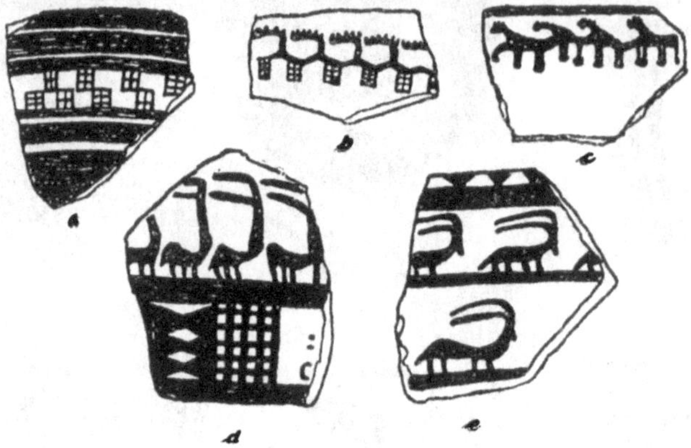

Abb. 129. Ornamente von Mussian.

Steinbock. Wir erkennen in Susa I noch deutlich die ihm zugrunde liegende Form: zwei mit den Spitzen zusammenstoßende Dreiecke mit einem darüber zur Raumfüllung angebrachten Halb- oder Vollkreise, aus dem das Gehörn geworden ist

a b c

Abb. 130. Schalenverzierung von Susa (b) und anderen persischen Fundorten. Nach H. Frankfort.

(Abb. 131 b, a). In Susa II sind das dann sehr wohlgebildete muntere Tiere geworden (d, e), denen man nichts von ihrem merkwürdigen Ursprung mehr anmerkt. Pottier hatte gemeint[1]), daß die Naturform in Susa I zunächst zu einem Liniengebilde erstarrt sei und sich nachher wieder erholt habe. H. Frankfort widersprach dem[2]), weil ein so dem Linearen verhafteter Stil nie zu der vollen Freiheit von Susa II gelangen könne. Er hielt Susa I und Susa II für zwei ganz verschiedene Stile und nahm an, daß, als Susa I in Gefahr gewesen sei, ganz zu

[1]) Mémoires de la Société nationale des Antiquaires de France XIII S. 43.
[2]) Studies on early pottery in the Near East I 1924 S. 43 ff. Archaeology and the Sumerian question S. 65.

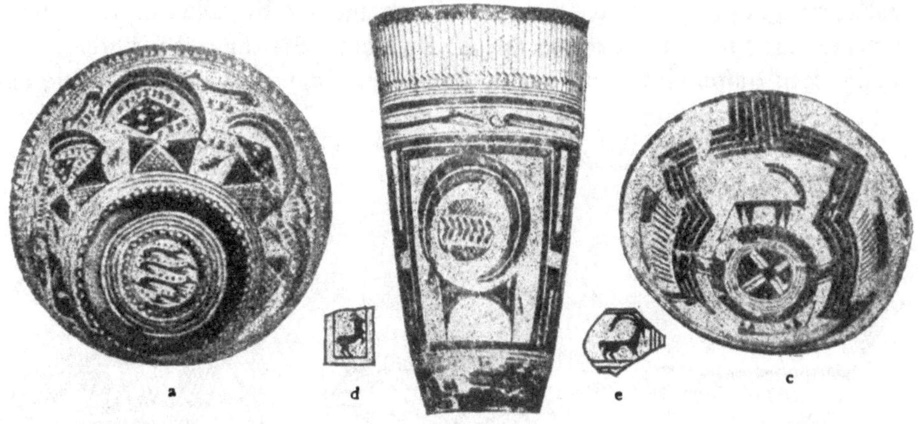

Abb. 131. Schalen und Becher: a b c von Susa I, d e von Susa II. Nach H. Frankfort.

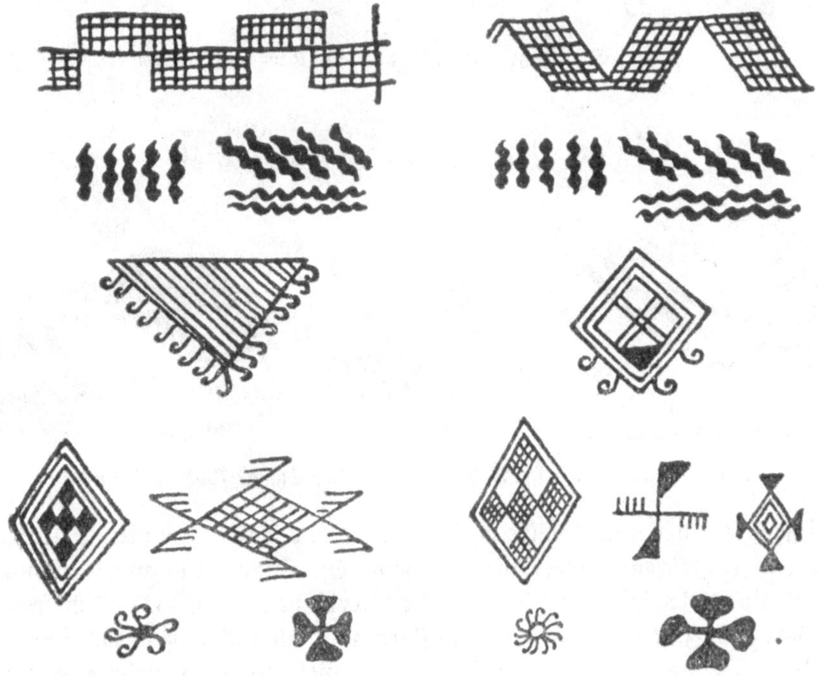

Abb. 132. Gefäßornamente aus Makedonien und Kappadokien. Nach Heurtley. $^1/_1$.

geometrisieren, eine rettende Welle aus Balutschistan gekommen sei und für Susa II die volle Freiheit gebracht habe.

Die Zusammenhänge, die sich mit diesem allen so auffällig von Makedonien über Südrußland, Anau nach Susa und dem weiteren Persien ergeben, müssen eine

Volksbewegung anzeigen, die von Südrußland aus den Kaukasus überstiegen und dann südlich vom Kaspi-See sich ausgebreitet hat. Sie muß aber vorher, gleich südlich vom Kaspi, einen Zweig nach Westen am Schwarzen Meere entlang aus-

Abb. 133. Gefäße aus Kappadokien. Nach H. Frankfort.

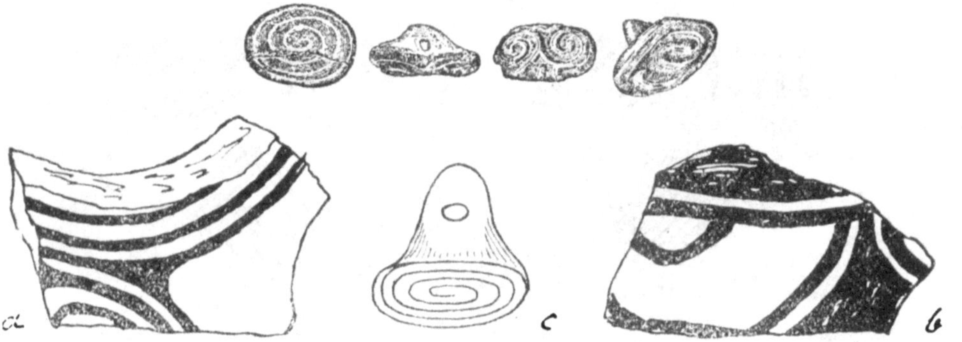

Abb. 134. Knopfsiegel und Tonscherben aus China. Nach H. Schmidt.

geschickt haben, der nun dieselbe Kultur nach Kappadokien brachte. Heurtley hat schon vor 12 Jahren[1]) eine stattliche Zahl von Ornamentmotiven zusammengestellt, die Makedonien mit Kappadokien verbinden (Abb. 132). Ich füge dem drei Gefäße hinzu (Abb. 133), die nach Form und Schmuck ganz dasselbe aussagen. Der Untersatz, der dem einen anhaftet, sagt vielleicht noch mehr aus, denn er scheint auf eine Verbindung einerseits nach Assur und andererseits nach Syrien hinzuweisen. Doch das sind Zukunftsprobleme. Sicher aber ist, daß die archäologisch erkannte Wanderung die Bestätigung bringt für schon vor längerer Zeit aufgestellte Thesen der Sprachforschung. Besonders einleuchtend ist das wohl für Kappadokien. Das dortige Bogasköi ist Chatti, die Hauptstadt des alten Hettiter-

[1]) Brit. School Athens 28. 1926/27.

Abb. 135. Opfertisch und Pagode eines Priestergrabes neben Fa-yü-sze. Nach Börschmann

reiches; die hettitische Sprache ist aber als eine indogermanisierte festgestellt. So werden die Hettiter, die in Bogasköi herrschten, von jener Kulturwanderung betroffen sein.

Für die Hauptlinien der Wanderung nach Persien zu kommen die weiteren Ergebnisse der reichen Bogasköi-Tafeln in Betracht[1]).

Forrer findet zwischen 2500 und 2000 v. Chr. das „Urindische" am Südfuße des Kaukasus. Die Wanderung ist aber viel weiter gegangen, als die indogermanischen Sprachen in Asien reichen. Die Ainos im nördlichen Japan, deren bärtige Männer alle aussehen wie Leo Tolstei, wiesen immer schon auf ein sehr altes Vorschieben von Europäern in diese Gegenden. Die Turfan-Expeditionen von Grünwedel und Lecoq haben uns lebensgroße, blauäugige und rotbärtige Tocharen gebracht. Jetzt hat der schwedische Forscher Anderson in der chinesischen Provinz Honan steinzeitliche Spuren der bemalten Balkankeramik gefunden (Abb. 134). Dazu treten Knopfsiegel und Spiralzeichen wie von Troja und Ägypten. Angesichts dieser merkwürdigen Beziehungen, die Landeskundige heute schon stark zu vermehren wissen, darf man wohl auch an den altmittelländischen Menhir- und Säulenkult denken, wenn man Grabanlagen wie die von Abb. 135 aus China zu sehen bekommt.

---

[1]) E. Forrer, Die acht Sprachen der Bogasköi-Texte. Sitz.-Ber. d. Berl. Akad. 1919, S. 1041 bis 2109, jetzt auch in Eberts Reallex. „Altkleinas. Sprachen" (Joh. Friedrich).

14*

Neuntes Buch

Die Bronzezeit, etwa 1800—800 v. Chr., in Nord- und Mitteleuropa

Kupfer und Zinn

Wenn schon die Steinzeit keineswegs eine Periode des Urschlamms war, des Chaos, das die Alten an den Anfang der Weltentwicklung stellten, wenn wir vielmehr aus einer in reicher Stufenfolge entwickelten und künstlerisch hochstehenden Diluvialkultur drei große Kulturkreise sich lösen sahen, die nach dem den Menschen eingepflanzten Herrschaftstriebe alsbald miteinander zu ringen begannen, jeder nach seiner Kraft und Tüchtigkeit sich durchzusetzen suchten, so ist die Bronzezeit die Periode, wo das Wachstum jener Kulturen schon in das historische Licht einrückt und wo die bleiche Unbenanntheit ihrer Träger rotwangigen Völkernamen Platz zu machen beginnt.

Den Begriff der „Bronzezeit", den die Vorgeschichtsforschung geschaffen hat, und den auch die klassische Archäologie jetzt oft verwendet, tut man gut beizubehalten, weil er wirklich eine festbegrenzte Periode darstellt. Mit dem Aufkommen des Kupfers und seiner alsbaldigen Mischung mit Zinn werden neue Handelsverbindungen geschlossen, und neue Kultur- und Völkerschiebungen beginnen. Ebenso ist es nachher beim Aufkommen des Eisens. Die Völker, die im Besitz der wichtigsten Erzgruben sind, sie zuerst ausbeuten und womöglich die fertigen Fabrikate in den Handel bringen, schwellen mächtig empor und erringen sich leicht die wirtschaftliche Herrschaft über die halbe Welt.

Die Verwendung des neuen Metalls hat sich langsam angebahnt. Es ist nicht richtig, was lange Zeit geglaubt wurde, daß die Bronze fertig nach Europa gebracht sei, nicht richtig auch, daß Cypern die erste und älteste Kupferquelle gewesen sei [1]). Europa besitzt an verschiedenen Stellen reiche Lager dieses Metalls und hat sie auch schon früh selbständig ausgebeutet. In erster Linie stehen Spanien und Ungarn, aber auch die Alpenländer sowie Irland, England und Deutschland kommen in Betracht. Alte Gruben mit Werkzeugen aus Stein und Kupfer sind nachgewiesen in den spanischen Provinzen Alemtejo, Asturien, Cordoba und

[1]) Vgl. für dies und das Folgende M. Much, Die Kupferzeit in Europa. Jena 1893.

Huelva, bei Killarney in Irland, bei Burns im englischen Westmoreland und besonders eingehend auf dem Mitterberge im Salzkammergute. Hier konnte ein großes Bergwerk, das einst von seinen Besitzern verrammelt und ersäuft worden war, wieder aufgedeckt werden mit seinen Schächten und Stollen, seinen Hau- und Schmelzplätzen, seinen Werkzeugen, die den ganzen Betrieb uns wieder vor Augen führen. Mit großen kupfernen Picken, wie Bolzen geformt, ist das Gestein von den Wänden abgeschlagen, mit schweren steinernen Schlägeln sind die groben Klötze auseinandergehauen, die Stücke dann auf Unterlagblöcken mit Handkieseln weiter verkleinert, das Grus zwischen Mahlsteinen zerrieben und dann schließlich geröstet und geschmolzen. Auch die Schmelztiegel und die hölzernen Schöpflöffel sind vorhanden, wie zuletzt die Gußformen aus Ton oder Stein. Solche Funde beweisen, daß alles vom Anfang bis zum Ende an Ort und Stelle gemacht wurde. Die oberösterreichischen Pfahlbausiedlungen im Atter- und Mondsee, die neben steinernen schon viele kupferne Werkzeuge führen, sind vom Mitterberge aus versorgt worden. Aber ebenso haben wir uns in den anderen Gegenden, wo Kupfergruben waren, den Betrieb zu denken; die vielfältig vorhandenen Gußformen geben allemal den Beweis dafür.

Es ist nun keineswegs gleich die Bronze, d. h. eine Mischung von etwa 90% Kupfer mit 10% Zinn, was uns in den Erzeugnissen der neuen Zeit entgegentritt, sondern zunächst reines Kupfer. Und die Metallwerkzeuge erscheinen keineswegs gleich in neuen Formen, sondern führen zunächst die der voraufgegangenen Steinzeit fort. Gerade diejenigen aber, die den Steinwerkzeugen noch ganz direkt nachgebildet sind, pflegen aus Kupfer zu sein; so am häufigsten das Flachbeil, das in ganz Europa herrscht (Abb. 26 f.), als Nachbildung des undurchlochten steinernen Gebrauchsbeils oder Meißels; so in Spanien der Dolchstab (Abb. 26g), kopiert nach der dort üblichen geschäfteten breiten Steinklinge [1]); so in anderen Gegenden die Hammeraxt (Abb. 138a). Diese breite spanische Klinge, als einfacher Dolch oder als Dolchstab verwendet, zeigt mit ihrer Verbreitung im Mittelmeere sowie auch in West- und Mitteleuropa den Bereich der iberischen Handelsherrschaft. In Ungarn haben sich ganz früh schon besondere Axtformen herausgebildet, die auch zunächst aus reinem Kupfer bestehend, sich über Deutschland bis nach Frankreich hinein und stark auf der Balkanhalbinsel bemerkbar machen (Abb. 136).

An all diesen Werkzeugen kann man den langsamen Übergang vom Kupfer zur Bronze verfolgen. In England wie in Mecklenburg gibt es Flachbeile, die 1 bis $1^1/_2$% Zinn enthalten, die großen aus dem trojanischen Schatze haben 3—5%, zwei aus Mykene sind schon aus der üblichen Bronze (Schliemann S. 350). Die Dolchstäbe sind in Spanien selbst noch alle aus reinem Kupfer, in England und Irland zum Teil aus Kupfer, zum Teil aus zinnarmer Bronze, in Deutschland aus Bronze. In Spanien haben sie auch noch eine ganz einfache, einheitliche Form,

[1]) Hub. Schmidt in der Festschrift für Montelius (Stockholm 1913).

erst auf ihrer Wanderung werden sie verschieden. Das beweist deutlich, daß Spanien ihre Heimat ist; es gibt aber auch einen Hinweis auf die Erfindung der Bronze. Der Zusatz von Zinn macht das Kupfer heller und härter, er verleiht ihm

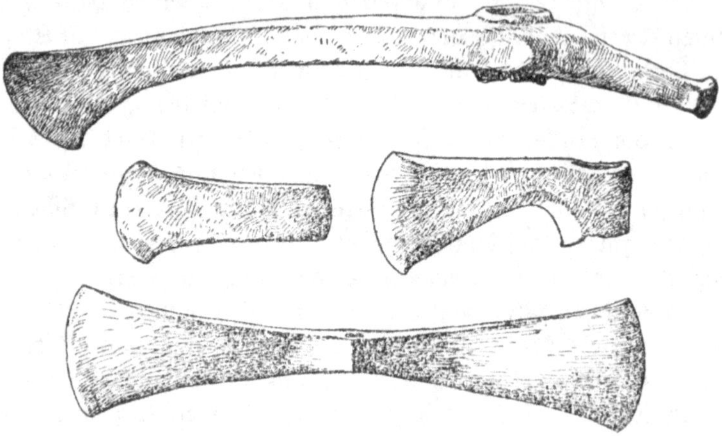

Abb. 136. Älteste ungarische Beilformen. Berliner Museum.

erst die richtige Brauchbarkeit für Werkzeuge und Waffen und eine leuchtende schöne Farbe für Schmucksachen. Die Mischung war also von erheblicher Bedeutung. In Spanien scheint sie aber nicht aufgekommen zu sein. Hier waren noch in den Siretschen Ausgrabungen nicht bloß die Dolchstäbe, sondern auch alle Beile, Meißel, Pfriemen, Pfeilspitzen aus Kupfer und nur von den Dolchen 40% aus Bronze. Mit Bestimmtheit läßt sich nicht sagen, wo und wie die Bronze erfunden ist. Nach E. Forrer [1]) hat Vorderasien in der ersten Zeit das Zinn aus der Gegend des Persischen Golfes bezogen, nachher erst von den Zinninseln des Westens. In Europa gibt es nur eine Stelle, wo Kupfer und Zinn zusammen gefunden werden, das ist Cornwall. Dort enthält ein und dasselbe Erz 26—30% Kupfer und 26—29% Zinn. Wahrscheinlich sind, besonders nach der Wanderung des Dolchstabes von Spanien über England nach Deutschland, in dem zinnreichen England auch die ersten Versuche, das Kupfer mit ihm zu mischen, gemacht worden. Wie aber der Wechsel vom Stein zum Kupfer sich nicht plötzlich, mit neuen Formen, durch ein neues Volk vollzogen hat, so auch der vom Kupfer zur Bronze nicht. Die Mischung mit Zinn steigert sich sehr allmählich, bis sie den Satz von 10% erreicht, der dann für das ganze weitere Altertum die Regel bleibt. Die Formen der Bronzen setzen die kupfernen ohne neuen Ehrgeiz fort, und neben ihnen gehen lange Zeit noch Steinwerkzeuge, wie Messer, Sägen und Pfeilspitzen einher. Dafür ist Troja II das klassische Beispiel.

Bei der getreuen Gefolgschaft, die die ältere Metallkultur der voraufgegangenen steinwerklichen leistet, bleiben auch die kardinalen Unterschiede, die sich vor-

[1]) Antrittsvorlesung, Berlin, Mai 1925, ungedruckt.

her schon zwischen den großen Gebieten Europas zeigten, im wesentlichen bestehen. Westeuropa, Nordeuropa und Mitteleuropa bilden nach wie vor je einen besonderen Kreis. Die Schiebungen, die schon in der Steinzeit stattgefunden haben: der Donaukeramik nach Mittel- und Ostdeutschland und dem unteren Rhein, des nordischen Stils nach Süditalien und ans Ägäische Meer, machen sich natürlich geltend. Es entsteht bald eine friedliche Vereinigung des Einheimischen mit dem Fremden, eine Mischung verschiedener Dinge zu einem neuen Bilde, bald auch ein Kampf, der zur Verdrängung des einen durch das andere führt. Besonders interessant gestaltet sich dieser Vorgang im Südosten, wo der kühle nordische Strom das warme Mittelmeer erreicht und dessen Gestade so weit abzudämpfen vermag, daß der Boden für das Hellenentum bereitet wird.

Der Norden

Die Bronzezeit des Nordens führt ihren Namen mit besonderem Recht und Nachdruck. In ihr ist die Bronze die große Herrscherin. Die Häuser bieten nicht viel Neues gegenüber der Steinzeit, die Gräber zeigen wohl eine mannigfaltige Fortentwicklung, sind aber nicht so imposant wie die steinzeitlichen, die Keramik versagt zunächst für eine Weile völlig. So scheint die ganze Kraft dieser Periode sich dem neuen glänzenden und gegenüber dem Steine so viel willfährigeren Materiale zugewandt zu haben, um aus ihm an Waffen und Schmucksachen das Originellste und Köstlichste zu fertigen, was es nur je geliefert hat.

Ein Hauptreiz dieser frühen Bronzekunst des Nordens liegt in der überraschenden Ehrlichkeit, mit der die frühere Herstellung der Stücke in anderem Material und die ihm entsprechende Verzierung wiedergegeben wird, oder wie auch in der jetzigen Herstellung die technischen Einzelheiten in ihrer sauberen Arbeit sich zum Ornament gestalten. Dadurch kommt ein ganz bestimmter, nicht gesuchter, sondern natürlich erwachsener Stil in diese Bronzen, ein echter Stil im besten Sinne des Wortes. Denn Stilus ist der Schreibgriffel und in übertragener Bedeutung die Art, wie der Griffel geführt wird, so wie heute die Schreibfeder zu einem höheren Sinne gelangt ist, wenn wir von einer gewandten, einer eleganten oder auch einer plumpen Feder sprechen.

Die schönen Bronzen haben von Anfang her, wo man sie als Ausbeute der großen Grabhügel in unseren norddeutschen Ebenen kennengelernt hatte, eine starke Anziehungskraft ausgeübt und zur rücksichtslosen Durchwühlung dieser kleinen Schatzkammern geführt.

Die Grabhügel sind die durch die Thüringische Einwanderung in den Norden gebrachten: mit Grabmulde, Steinpackung und Erdmantel (s. oben Abb. 90), die sich nun weitausgreifend die Alleinherrschaft errungen haben. Nur tritt in der Bronzezeit ein Wandel ein dadurch, daß allmählich an Stelle der Körperbestattung die Leichenverbrennung aufkommt. Sie ist, wie wir sahen, erwachsen in demjenigen

Kreise, in dem der Glaube an ein Fortleben nach dem Tode sich am stärksten ausspricht, und in dem auch eine Bestattung oder wenigstens Teilbestattung im Hause üblich war. Die Hügel der Bronzezeit enthalten zunächst noch unverbrannte

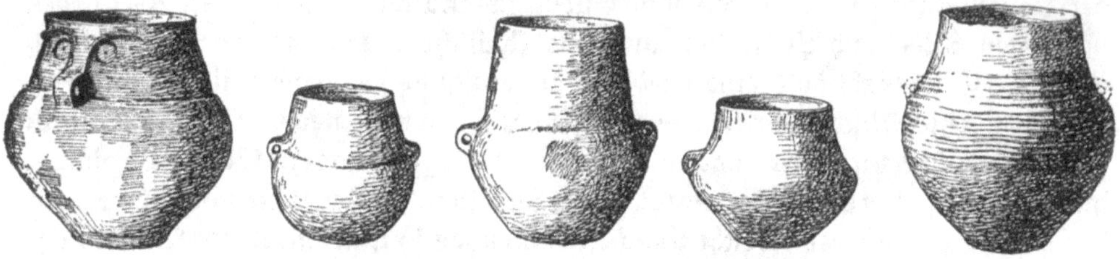

Abb. 137. Gefäße der jüngeren Bronzezeit aus Dithmarschen. Berliner Mus. 1/8.

Körper, in eine Stein- oder Holzkiste oder auch einen Baumsarg gebettet. Auch als dann die Leichenverbrennung beginnt, ändert sich der Innenbau des Grabhügels nicht gleich. Die Kiste bleibt so groß, als ob sie eine gestreckte Leiche aufnehmen sollte. Erst nach und nach schrumpft sie dem geringeren Raumbedürfnis entsprechend zusammen.

Jeder Hügel scheint einer Sippe gehört zu haben. Nachbestattungen sind in seinem Mantel häufig vorgenommen. Die verbrannten Menschenreste sind meist in einer Urne, zuweilen ohne sie beigesetzt; in letzterem Falle waren sie wahrscheinlich in einen Leinen- oder Lederbeutel getan. Gesammelt wurden sie vom Scheiterhaufen wohl regelmäßig in einen solchen Beutel; an Bronzeeimern der römischen Zeit, die als Urnen benutzt sind, kleben zuweilen noch die Zipfel des Leintuches.

Von Häusern der Bronzezeit ist im eigentlichen nordischen Kreise bisher gar nichts bekannt geworden, die seines Anhanggebietes, der Lausitz, sollen uns nachher besonders beschäftigen.

Auch Keramik lernen wir aus der älteren Bronzezeit nur sehr spärlich kennen. Es sind rohe rundliche Näpfe und Töpfe ohne Verzierung und in ihrer Form mehr an die alte westeuropäische als an die Megalithkeramik gemahnend [1]). Die besten Gefäße dieser Periode, die sich in jütischen Eichensärgen gefunden haben, sind hölzerne Näpfe, Schöpflöffel, Schachteln. Es scheint fast, als ob diese Zeit vielfach auf tönerne Gefäße verzichtet und sich mit hölzernen beholfen habe, die natürlich nur unter sehr ungewöhnlichen Verhältnissen erhalten bleiben können. In der jüngeren Bronzezeit vermehrt sich die Keramik ein wenig (Abb. 137); sie erinnert dann vielfach noch an die alten Schulterformen und zeigt zuweilen auch den Einfluß des Lausitzer Stils, der sich über Mecklenburg nach Schleswig-Holstein und über ganz Dänemark geltend macht.

Um so reichhaltiger steht uns die Ausstattung mit Bronzegerät vor Augen, und nach dem Auftreten der Formen und ihrer Entwicklung können wir hier eine

[1]) W. Splieth, Inventar der Bronzealterfunde, Kiel 1900, Taf. II u. V.

ganze Abfolge von Perioden unterscheiden, auch durch Verknüpfung verschiedener mit den Erscheinungen südlicher Kultur eine gewisse Zeitbestimmung gewinnen. Montelius hat seinen Ruhm damit begründet, daß er (1873) die nordische Bronze-

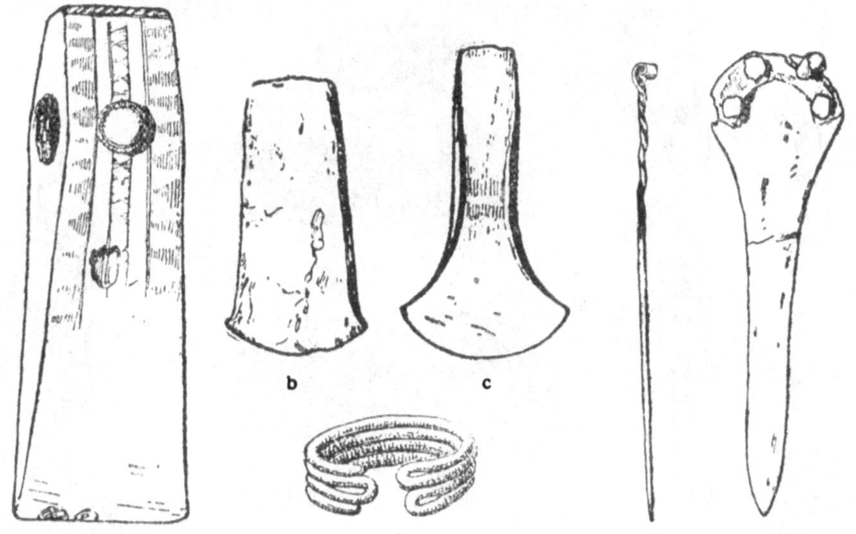

Abb. 138. Erste Periode der nordischen Bronzezeit. Nach Splieth.

zeit in einen älteren und jüngeren Abschnitt und jeden von diesen wieder in drei Perioden einteilte, so daß wir ihrer sechs zählen. Die letzte fällt zwar schon völlig in die Eisenzeit, und Montelius hat sie daher selbst nachher aus der Bronzezeit gestrichen. Die fünf übrigbleibenden aber haben sich durchaus bewährt, so daß ihr Urheber sie mit Recht im wesentlichen auch auf andere Länder: England, Frankreich, Italien hat übertragen können. Der Widerspruch, den Montelius in archäologischen Kreisen findet, bezieht sich nicht auf die Abfolge seiner Perioden, sondern auf die Datierung, die er ihnen zu geben versucht hat, also nicht auf seine relative, sondern auf seine absolute Chronologie. Er hat in der Mitte und gegen das Ende seiner Perioden südliches Material, das er zur Zeitbestimmung verwandte, zu alt angenommen; die fortschreitende Forschung im Mittelmeere hat das mehr und mehr korrigiert.

Montelius bemißt seine Perioden durchschnittlich auf 200 Jahre, nur die erste einschließlich der Kupferzeit doppelt so lang. So erhalten wir folgende Zahlen: I 2000—1600, II 1600—1400, III 1400—1200, IV 1200—1000, V 1000—800 v. Chr.

Ich kann hier nur einen Überblick über das Wesentliche geben, habe aber doch die Abbildungen periodenweise geordnet, und zwar nicht streng mit den Montelius-schen Formen, die zum Teil Skandinavien eigentümlich und anderswo selten sind, sondern mit den geläufigeren norddeutschen, nach der Art, wie Splieth-Kiel es schon 1900 getan hat.

In der ersten Periode sehen wir, wie im Süden, noch manche Steinwerk-

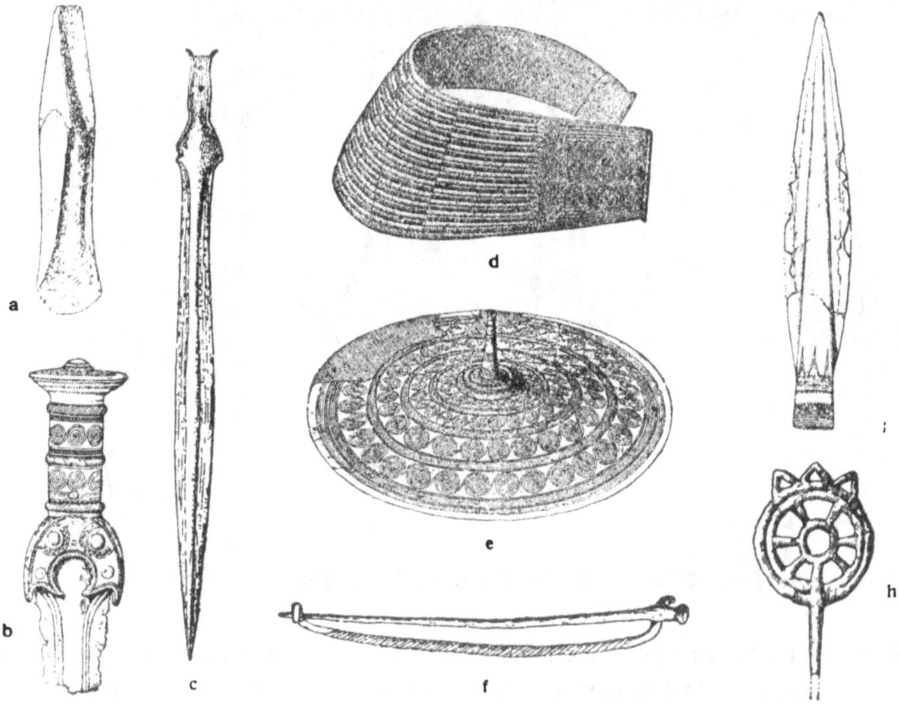

Abb. 139. Zweite Periode der nordischen Bronzezeit.

zeuge weiterlaufen: Lanzenspitzen, Pfeilspitzen, Messer; auch allerhand Schmuck wie Perlen, Anhänger und Knöpfe sind noch aus Stein. Auch ist die Bronze nicht gleich in ihrer klassischen Mischung von 90% Kupfer und 10% Zinn da, sondern es beginnt das reine Kupfer und die Zinnzutat wächst erst allmählich. Als einfachste Form entwickelt sich das Flachbeil ganz aus seinem Feuersteinvorgänger, erst nach und nach erhält es eine breitere geschwungene Schneide und hochstehende Ränder zur leichteren Schäftung (138b, c). Daneben ist spärlich die schwere Lochaxt vertreten (138a). Der Dolch ist ohne Griffzunge mit großköpfigen Nieten am Griff befestigt (138e). In ganz wenigen Exemplaren zeigt sich auch schon das Schwert, und es hat gelegentlich auch schon eine Griffzunge. Ein Importstück aus Spanien, das dann im Norden nachgeahmt wird, ist der Dolchstab (Abb. 26g). Er und das einfache Flachbeil (138b) geben die erste Anknüpfung nach dem Süden und stellen diese erste nordische Bronzeperiode gleich mit El Argar in Spanien und Troja II, also der Zeit um 2000 v. Chr. Als Schmucksachen hat die erste Periode Hals- und Armringe und Gewandnadeln mit einer Öse oder einer Durchbohrung am Kopfe zur Einknüpfung eines Fadens (138d), die „Noppenringe" haben eine rückläufige Führung, so daß sich Noppen an den Enden bilden (118 f.).

Erst in der zweiten Periode (Abb. 139) treten bronzene Lanzenspitzen auf

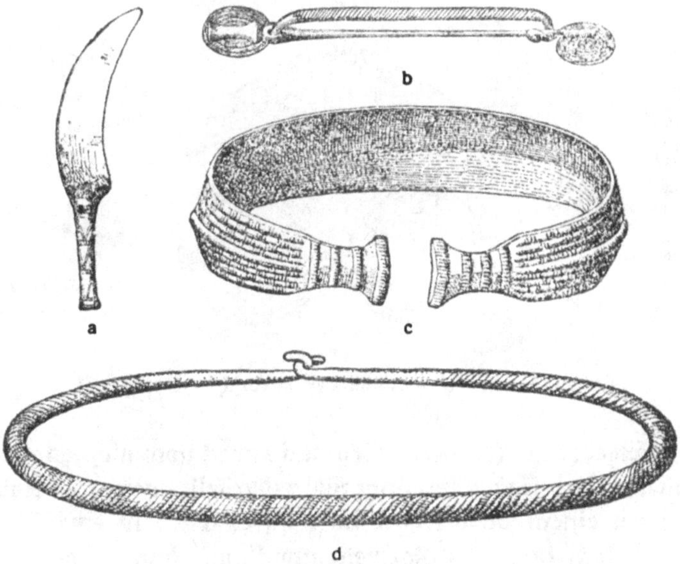

Abb. 140. Dritte Periode der nordischen Bronzezeit.

mit einer Schafttülle im ganzen Blatte entlang, und es kommen ferner hinzu Halskragen, Manschetten, Gürtelplatten und große Radnadeln. Die kleinen Gewandnadeln mit Öse oder Loch am Kopfe sind aber nun Fibeln geworden; statt des Zeugfadens ist ein metallener durch das Loch gezogen, der mit seinem unteren Ende die Nadelspitze umfaßt (139 f). Ebenso haben die Äxte sich fortentwickelt, sie haben in der Mitte Absätze und Lappen erhalten (139 a), um fester am Schafte zu sitzen. Das Schwert ist allgemein geworden. Über Halskragen und Gürtelplatte (139d, e) soll gleich noch ausführlicher gesprochen werden.

In der dritten Periode (Abb. 140) kommen geschweifte Messer auf und stabförmige Hals- und Armbänder, deren Verzierung noch die alte Zeugwicklung erkennen läßt. Bei den Dolchen und Schwertern werden die Griffe jetzt immer gleich mitgegossen.

In der vierten Periode (Abb. 141) herrschen die Lappenaxt (a) und die Tüllenaxt, dazu breite hohle Armbänder (e) und Spiralen aus Doppeldraht, die hauptsächlich Haarschmuck gewesen sind. Die „Hannoversche Fibel" zeigt als Bügel ein rhombisches Band zwischen den Spiralen (c); bei der „Brillenfibel" (d) sind die Spiralen zu runden Scheiben geworden. Die Pinzette zum Haarabkneifen (b) ersetzt noch das Rasiermesser. Diese Periode zeigt schon einige Beziehungen zur Urnenfelderkultur Süddeutschlands.

Die fünfte Periode (Abb. 142) entspricht völlig der ersten Hälfte der Hallstattzeit. Die Schwerter und Messer, die Hals- und Armringe, die großen Nadeln, die Buckel, die Ketten sind ihr mannigfach verwandt. Dem Norden eigentümlich

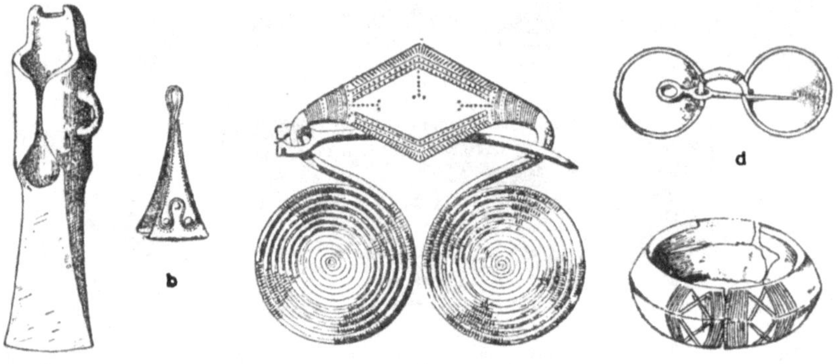

Abb. 141. Vierte Periode der nordischen Bronzezeit.

sind große „Hängebecken" (e), deren Gebrauchszweck noch nicht ganz aufgeklärt ist. Auf den Rasiermessern finden sich öfter Schiffsdarstellungen, und Abb. 142 f zeigt einen Mann mit einem Paddelruder im Schiffe. 142 i ist eine Mohnkopfnadel.

Sehr interessant ist es, die Formenentwicklung einiger Gattungen durch die Perioden hindurch zu verfolgen und zu sehen, wie auch die Ornamentik mit der Zweckbestimmung Hand in Hand geht. Die Fibel, die Sicherheitsnadel, wie wir heute sagen, ist dadurch entstanden, daß der gewöhnlichen Nadel am Kopfe ein Faden angefügt wurde, den man, nachdem die Nadel durch das Gewand gesteckt war, wieder um ihren Fuß schlang. So wurde es der Nadel unmöglich gemacht, aus dem Gewande herauszurutschen. In der ersten Periode sehen wir die Nadel auf dieser ursprünglichen Stufe nur mit der Vorrichtung zum Durchziehen des Fadens an ihrem Kopfe (138 d). In der zweiten Periode ist der Faden aus vergänglichen Stoffen ersetzt durch einen Bronzefaden, der unten mit einem Haken die Nadelspitze umfaßt (139 f). Einmal ist dieser Faden gedreht, so daß er völlig als ein geflochtener erscheint, ein andermal weitet er sich zu einem Bande und zeigt dann als Verzierung eine Saumnaht. In der dritten Periode wird der Nadelkopf, damit man ihn bequemer fassen kann, verlängert und erhält zwei kleine Querstangen, der Faden läuft oben wie unten in eine Spirale aus, die sich zu einer Scheibe zusammendreht (140 b). In der vierten Periode sehen wir in der „Hannoverschen Fibel" die Spiralscheiben vergrößert und zugleich die Bandform in der Mitte des Fadens wieder aufgenommen (141 c). Das Band ist als Rhombus gestaltet, hat eine aus der alten Naht entstandene reichere Saumverzierung, eine Mittelfüllung von Kreisen oder Kreuzstrichen und ist an seinen Enden, wo der Faden zur Spirale abgeht, weithin mit Querlinien belegt: das ist die alte Abnähung, die das hier zusammengelegte und zum Faden gerollte Band festigen sollte. Am

Saume wie hier in den spitzen Ecken laufen Zickzackmotive mit unter, die nicht durch das wirkliche Nähen entstanden, sondern nachher durch die Phantasie hinzugefügt sind, aber in der ganzen Anordnung gibt es kaum ein Zierstück, das so deut-

Abb. 142. Fünfte Periode der nordischen Bronzezeit.

lich das alte technische Ornament an der Stirn trüge. Die von dem gerollten Bande gebildeten Spiralen sind auf vier Seiten vom Rande nach dem Innern zu mit feinen Strichelchen überlegt. Auch hier liegt entschieden der Gedanke zugrunde, daß die Spirale durch Übernähung zusammengehalten werden sollte, gleichviel ob das im ursprünglichen Stoffe wirklich geschehen ist oder nicht. Die Übernähung ist wohlbedacht keilförmig, nach außen sich erweiternd angelegt, weil die äußeren Ringe der Spirale mehr gesichert werden mußten als die inneren.

Bei dieser hannoverschen Fibel ist die Nadel selbst ganz die alte geblieben, sie endigt oben einfach in eine Öse. Weiter östlich zwischen Elbe und Oder dagegen und bis nach Ungarn hinein hat sich die schon in Periode III vorliegende Form dahin ausgebildet, daß der Kopf der Nadel mit seinen zwei Querbalken und ebenso die Spiralscheiben stark, zuweilen bis ins Riesenhafte vergrößert wurden. Auf der anderen Seite ist in Norddeutschland auch eine Form entstanden, die die Spiralen ganz aufgibt und an ihre Stelle gewölbte Scheiben setzt, die sie mit einem kurzen, aber hochgeschwungenen Bügel verbindet; das ist die sogenannte „Scheiben-" oder „Brillenfibel" (141 d).

Abb. 143. Baumsarg mit Frauenbestattung aus Jütland.

Für die Erklärung der weiteren, zur Tracht gehörenden Bronzegeräte sind die jütischen Eichensärge sehr lehrreich gewesen (Abb. 143). In ihnen hatte die Gerbsäure des moorigen Bodens sogar die Gewandung noch wohl erhalten. Der Mann trug eine halbkuglige Wollkappe (Abb. 144 c), einen gegürteten Kittel und darüber einen Mantel (Sagum), an den Füßen geschnürte Schuhe. Gerüstet ist er mit Lanze, Dolch und zuweilen Schwert. Die Kappe ist das Vorbild der ältesten Helme geworden, die also nur eine Überziehung der alten Kopfbedeckung mit Bronzeblech vorstellen (s. unten Taf. XLVI 2); Kittel, Mantel und Schuhe haben sich ziemlich in derselben Form noch bis in späte Zeit erhalten. Der Mantel ist offenbar durch die „Dorische Wanderung" nach Griechenland gekommen; er ist nachher als Chlamys ganz allgemein im Gebrauch. Auf Taf. XXXIII haben wir zu den drei Trachtenfiguren auch zwei antike Darstellungen der griechischen und germanischen Manteltracht gefügt. Die Frauen tragen einen Rock, der über den Hüften gefaltet und von einem Gürtel gehalten wird, am Oberkörper eine Jacke mit kurzen Ärmeln, über dem Haar ein Netz aus Leinenfäden (144 a). Die Gewandstücke bestehen alle aus einem dicken groben Wollstoff. Der Gürtel der Frau ist in derber Gobelinweberei, bei der über einem dicken Kettenfaden sich feinere Seitenfäden lagern, hergestellt und endigt in Quasten (144 b). Die Frau trägt an Bronzegegenständen einen breiten Halskragen, an den Unterarmen große Spiralen und vor dem Leibe eine mächtige runde Gürtelplatte mit Mitteldorn. Im Gürtel hat sie einen Dolch (143). Sie ist also ebenfalls zum Kampfe gerüstet, und es macht den Eindruck, als ob die übrigen Bronzestücke, die sie trägt, ursprünglich weniger zum Schmucke als vielmehr zum Schutze bestimmt gewesen wären. Der Oberarmring des Mannes kommt mit derselben Bedeutung noch hinzu. Fast alle diese Stücke sitzen an Körperstellen, die auch heute noch bei studentischen Mensuren besonders bandagiert werden: Hals, Achsel, Handgelenk. Wir haben eine solche Schutztracht schon kennengelernt in dem Gürtel der Aurignac-Leute und der ältesten Ägypter und finden ähnliche wieder bei den Faustkämpfern der Hallstattzeit, die bei völliger Nacktheit doch einen Bauch- oder Brustgürtel und einen Oberarmring tragen [1]).

Der breite Hals- und Armschmuck und die große Gürtelplatte treten hier in den Eichensärgen, in der zweiten Periode der Bronzezeit, zum ersten Male

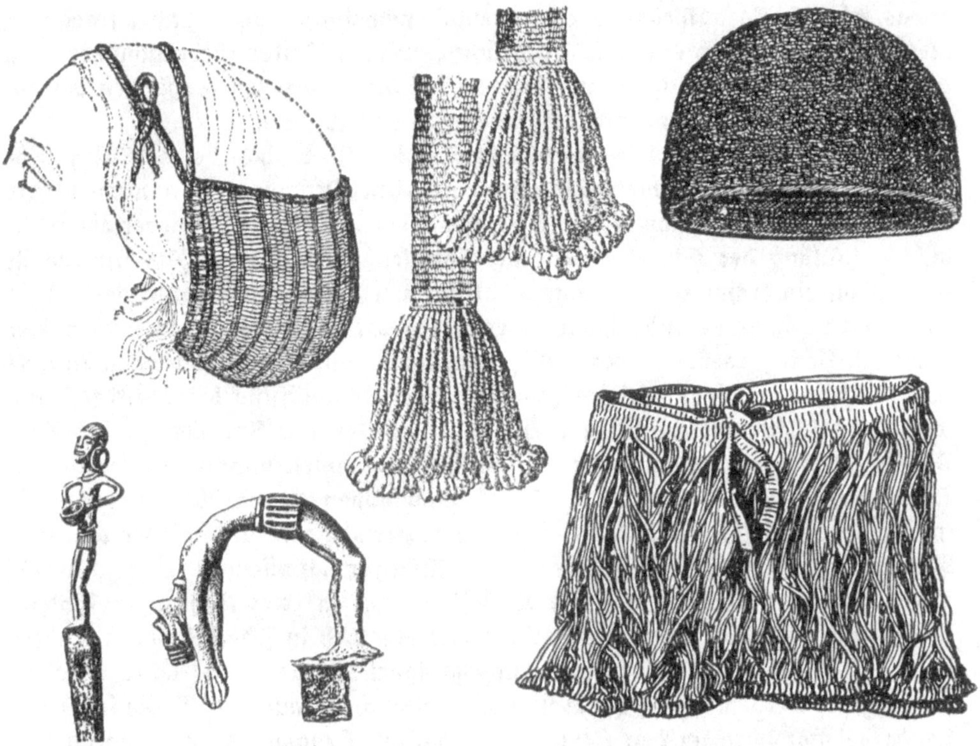

a b c d e

Abb. 144. Aus jütischen Eichensärgen: a Haarnetz, b Gürtelquaste, c Wollkappe, d, e Schnurröckchen. Nach S. Müller und Broholm.

auf. Daher können wir an ihnen wieder deutlich erkennen, was für Gebilde in anderem, vergänglichem Stoff ihnen voraufgegangen sind. Ein Blick auf den Frauengürtel (144 c) zeigt, daß die meisten Halskragen und Manschetten — die häufig an die Stelle der Spiralen treten — ebensolche grobgewebten Stücke nachahmen. Der Kettenfaden mit den darüberliegenden feinen Fäden ist deutlich wiedergegeben, ja es soll zuweilen anscheinend auch Mehrfarbigkeit angedeutet werden, wenn für eine gewisse Strecke die Nebenfäden angegeben sind, für die folgende nicht (139 d, 140 c). Die sich verjüngenden Enden der Halskragen sind öfter in ähnlicher Weise querüber abgenäht wie das mittlere Band-

[1]) Auf dem Bronzeeimer von Watsch, Schuchhardt, Vorgeschichte von Deutschland [4] S. 203.

stück der „hannoverschen Fibel" (Abb. 141c), und die verbleibende letzte Fläche ist dann gewöhnlich mit Spiralen gefüllt.

Die breiteren oder schmäleren Manschetten sind ganz in derselben Weise als derbe Zeugstücke behandelt und an ihren Enden zu einem dicken Saume abgenäht. Es kann kein Zweifel sein, daß die Ornamentik bei diesen Hals- und Armbändern nicht bloß mit einem struktiven Gedanken spielt, sondern daß sie etwas wirklich Voraufgegangenes getreulich nachahmt. Hals- und Armbänder aus Zeug sind ja auch etwas so Natürliches, zu allen Zeiten Gebräuchliches, daß es nicht zu verwundern ist, wenn sie schon vor den bronzenen vorhanden waren. Im Gegenteil, es wäre merkwürdig, wenn es anders wäre.

Erhalten wir hier wieder ein Beispiel, wie früher schon bei der Megalithkeramik, für den Wirklichkeitssinn der nordischen Ornamentik, so werden wir ihn auch, wenn irgend möglich, anerkennen wollen bei der immer wiederkehrenden dichten Füllung der Gürtelplatten mit Spiralen (Abb. 139 e). Die Spirale ist selbst schon ein technisches Ornament. Von außen nach innen konstruiert ist sie ein höchst kunstreiches und schwer zu erklärendes Motiv, von innen nach außen entwickelt sie sich aber ganz von selbst, sobald man eine Schnur um einen Mittelpunkt auf flacher Ebene laufen läßt. Will man ein Stoffstück besonders fest und widerstandsfähig machen, so ist nichts besser als es mit Spiralen zu bedecken. Die Arbeit fördert rascher, wenn man die Schnur doppelt nimmt, die Öse in den Mittelpunkt legt und die beiden Fäden nach außen herumführt, dann erhält man ganz von selbst die Spirale, die in den Kreis hinein und wieder aus ihm herausläuft (Abb. 145). Ein gewebtes Stoffstück für sich allein ist leicht zu durchstoßen oder zu zerhauen, weil die Webefäden nur in zwei Richtungen laufen; bedeckt mit wirbelnden Schnüren aber findet ein Hieb in jeder Richtung Widerstand. Deshalb ist eine Spiralbedeckung geeignet für Teile, die leicht gestoßen oder gezerrt werden. Noch heute sind die malerischen Jacken der Leute im Alten Lande bei Hamburg an den Ärmelenden und am Brustsaume ganz ähnlich mit Spiralschnüren bedeckt wie die Gürtelplatten der alten Nordländer.

Es kommt vor, daß man selbst mit einer Doppelspirale sich nicht begnügt hat, daß noch zwei weitere Fäden eingelegt sind, die sich erst bei ihrer Ausmündung bemerkbar machen. Dergleichen ist nicht für Bronze erfunden. Es hat nur Sinn, wenn es in verschiedenfarbigen Zeugschnüren gebildet wird. Auch die einfache Spirale stammt schon nicht aus der Bronzetechnik. In Draht ist sie schlecht herzustellen, wird sie immer knickig, in Zeichnung ist sie aber überhaupt unbequem zu gestalten; daher ist im Metallstil immer nach einiger Zeit an Stelle der Spirale das System der konzentrischen Kreise getreten, so auch im Norden, wo wir diesen Wechsel sowohl bei den Gürtelplatten wie bei den Halskragen sich vollziehen sehen.

Sehr getreues technisches Ornament finden wir zuweilen auch an den Griffen der Dolche und Schwerter. Schon die Griffe der steinzeitlichen Flint-

1

2

3

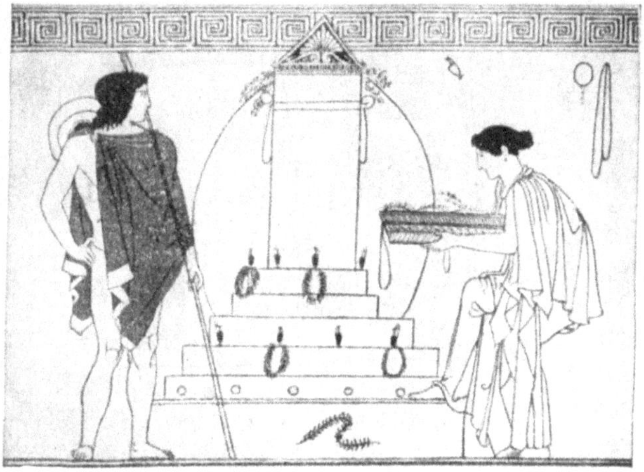

4

5

1. 2. 3. Tracht von Mann, Frau und Mädchen nach den jütischen Gräbern. Nach Schlabow. 4. Die Chlamys der Griechen. 5. Fellmantel der Germanen.

Tafel XXXIII

1. Felsbild von Litsleby, Tanum. Nach O. Almgren.

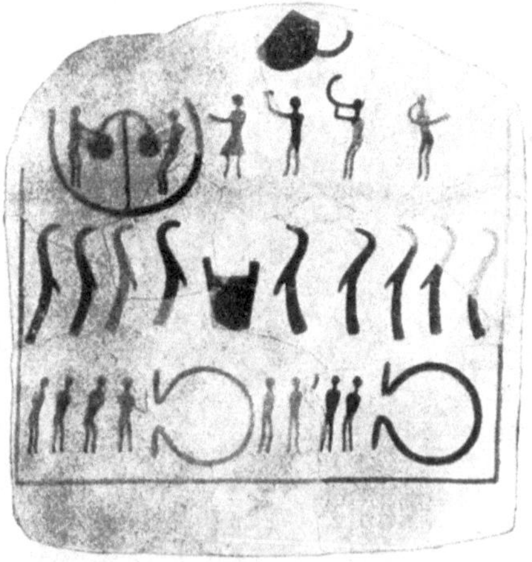

2. Kivikstein 8. Kulthandlung.
Nach O. Almgren.

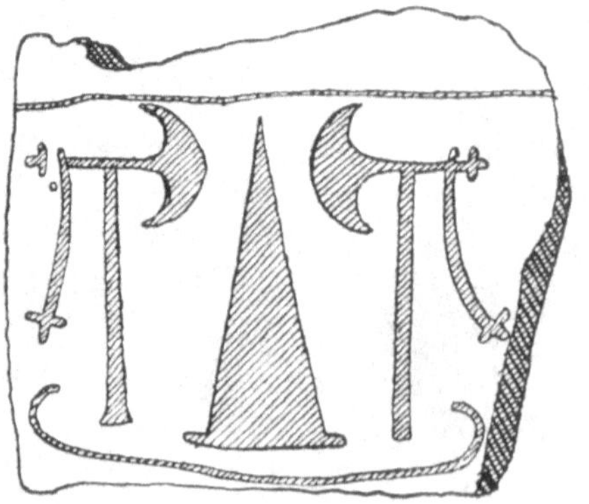

3. Kivikstein 1. Obelisk und Beile.
Nach O. Almgren.

dolche müssen mit Leder oder Bast umwickelt gewesen sein. Das Motiv setzt sich dann naturgemäß bei den bronzenen fort, und zwar ist meist eine gewebte Unterlage dargestellt, die von diesen Querbändern überlagert wird.

Die nordische Spiralverzierung hat man natürlich viel mit der mykenischen verglichen und gefragt, ob und wie die beiden miteinander zusammenhängen.

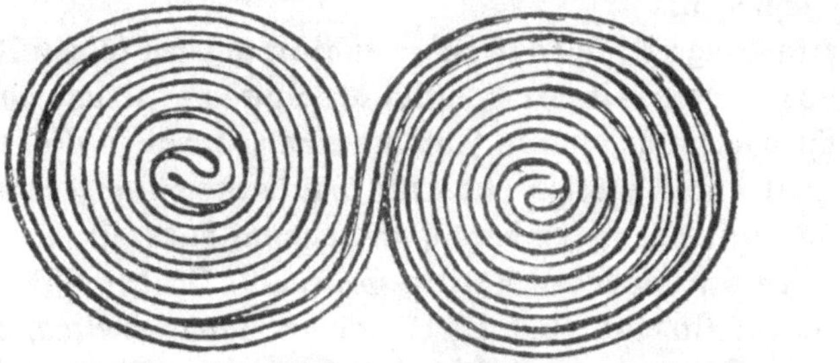

Abb. 145. Goldene Doppelspirale aus Schlesien. Nach Seger, 1/1.

Sophus Müller wollte die ganze nordische von der mykenischen ableiten und mußte sie daher um etwa 500 Jahre jünger annehmen, als sie in Wirklichkeit ist: um 1200 statt 1700 v. Chr. In Deutschland hat man vielfach die Spirale als reine und schöne Erfindung des Nordens ansehen wollen. Die Lösung dieser Fragen liegt in Mitteleuropa. Die Bandkeramik verwendet die Spirale schon in der Steinzeit; in Butmir bei Serajewo (Abb. 94, 95) ist das Geschlinge sogar schon bis zu all den Finessen ausgebildet, die auf den mykenischen Goldsachen die Welt in Erstaunen gesetzt haben. Von da ist ohne Zweifel der Strom ins Mittelmeer gegangen, der Mykene befruchtet hat. Ebenso, und zwar nach der noch einfachen Linienführung schon früher, muß aus dem bandkeramischen Kreise die Anregung nach dem Norden gekommen sein; was um so leichter zu erklären ist, als ja die Bandkeramik selbst ganz Thüringen bis zum Harz und ins Braunschweigische erobert hatte.

Je mehr, seit Böhlaus tiefgreifender Behandlung der Frage[1]), die Erkenntnis an Boden gewinnt, daß die weltweite Verbreitung der Spiralverzierung doch nur den einen Ursprungsherd an der mittleren Donau hat, um so seltener wird das Kopfschütteln werden über die Folgerungen, die wir über die Ausbreitung der Bandkeramik nach dem Norden noch ziehen möchten. In jütischen Baumsärgen, wie dem von Abb. 142, ist nun schon mehrfach der kurze weibliche Schnurrock der bandkeramischen Idole von Abb. 100 d festgestellt. In einem Falle, bei Egtved war er sogar noch vollständig erhalten (Abb. 144 e). Die knapp bis zu den Knien reichenden Schnüre sind an einem langen Bunde befestigt, der zweimal um den Leib geschlungen wurde und damit einen ziemlich dichten Behang ergab. Daß dieses merkwürdige Kleidungsstück auf ein altes Binsenröckchen zurückgehen muß, ist oben (S. 178) schon gesagt worden, und daß es ohne ein langes Untergewand

[1]) Prähist. Zeitschrift XIX. 1928 S. 54—98 m. 16 Abb. u. 17 Tafeln.

— das man zunächst dazu vermutete — getragen wurde, zeigen mehrere figürlich gestaltete bronzene Kästchenhenkel und Messergriffe aus Dänemark (Abb. 144 d). Ein Grabfund aus Mühltal bei Gauting zeigt, daß das Röckchen oben am Gurt und unten an den Schnurenden mit bronzenen Knöpfen ausgestattet war, und die Leiche von Abb. 143 läßt für ihre zwei Reihen von Bronzeklunkern auf dieselbe Bestimmung schließen.

Dies merkwürdige Röckchen ist sicher nicht in unserm kühlen Norden erfunden worden, und da es gerade in der Hochflut der Spiralverzierung dort auftritt, wird es auch mit ihr dorthin gekommen sein und eine zeitweilige Mode für die jugendliche Weiblichkeit und weiterhin etwa für Gauklerinnen abgegeben haben. Dies „illyrische Röckchen", wie ich es daraufhin genannt habe, ist nun aber heute noch im Fernen Osten und Südosten stark in Gebrauch. In der Südsee tragen es die Frauen mit allem Anstand (Taf. LI 1) und in Japan vielfach auch die Fischer über ihrer kurzen Hose, wie die Holzschnitte Hokusais in Menge zeigen.

Die nordischen Felsbilder

Die Westküste von Norwegen sowie der Bohuslän genannte anschließende Teil der schwedischen Küste bis Göteborg sind für Westeuropa viel zugänglicher als das innere Deutschland und konnten infolgedessen viel leichter und reicher von dorther beeinflußt werden. Das beredteste Beispiel dafür sind die vielseitigen Felsbilder jener Küstenstriche, die im nordischen Kreise einzig dastehen. Mit ihren Schiffen, Fahrern, Reitern, auch großen bewaffneten Einzelfiguren geben sie uns Einblicke in Leben und Kultur erheblich früher Zeiten. Die Fragen, weshalb man sie eingemeißelt hat, ob rein in spielendem Bildtrieb oder als Dokumente bestimmter Begebenheiten und welcher genaueren Zeit die einzelnen angehören, wollten sich lange nicht klären. Jetzt hat ein schönes Buch Oskar Almgrens, des Hauptschülers von Oskar Montelius, eine Reihe von festen Punkten geschaffen [1]). Die Bilder beginnen in der Steinzeit mit der Darstellung einzelner jagdbarer Tiere, gehen dann mit Axt-, Schwert- und Schiffsbildern durch die Perioden der Bronzezeit und werden am zahlreichsten in der frühen Eisenzeit mit unzähligen Schiffen, sowie daneben einzelnen Reitern, Fahrern, Pflügern und Bewaffneten.

Mehrfach hat sich gezeigt, daß die Bilder in der Nähe von Kultplätzen angebracht sind, so daß es scheint, als ob man im wesentlichen Erinnerungen an große Feste habe festhalten wollen. Dabei tritt die berechtigte Frage auf, ob sich in etwaigen Kultszenen Götterbilder erkennen lassen und ob die Germanen überhaupt Götterbilder verehrt haben. Die Antwort lautet: es ist möglich, daß mit den großen isolierten Gestalten, wie der auf Taf. XXXII 1 ihren Speer schwingenden, Götter gemeint sind, aber Kultbilder in Heiligtümern werden damit immer

[1]) O. Almgren: Nordische Felszeichnungen als religiöse Urkunden, Frankfurt a. M. 1934.

noch nicht bewiesen. Almgren kommt zu dem Schlußergebnis, „daß die Göttergestalten der Felszeichnungen keine beständigen Kultbilder, sondern teils zufällige Prozessionsgruppen, teils dramatische oder bloß gedachte Götterepiphanien wiedergeben" — also dasselbe wie im Mittelmeere etwa die Erscheinung der Berggöttin zwischen den Löwen (unten Abb. 183b).

Eine Kulthandlung wie die auf dem Wandsteine des berühmten Kivik-Grabes (auf Taf. XXXII 2) dargestellte enthält auch durchaus kein Götterbild. Oben rechts werden Luren geblasen, links wird anscheinend Feuer gequirlt, wobei die obere Querstange des Bohrers mit großen Gewichten (Sandsäcken?) beschwert ist. Die Szene ist von einem Kreise umgrenzt. In der Mittelreihe stehen langbekleidete Frauen um den Bottich mit Opferblut. Die beiden Szenen der unteren Reihe sind noch ungedeutet; links scheinen drei Gefesselte von einem Schwertmanne in einen Kreis geführt zu werden.

Ein uns aus West- und Südeuropa wohlbekanntes Kultstück tritt aber auch in den nordischen Bildern auf: der Menhir. Auf einem andern Wandsteine des Kivik-Grabes steht ein regelrechter Obelisk zwischen zwei auf Stangen oder Pfähle gehängten Beilen (Taf. XXXII 3). Das Bild erinnert an die kretischen Obelisken mit dem Doppelbeil auf ihrer Spitze (oben Taf. XX) und an den illyrischen Wagen mit dem Menhir (unten Abb. 200). Es erinnert aber auch an die sächsische Irmensul, die noch zur Zeit Karls d. Gr. als hochragender Baumstamm nichts anderes ist als der Seelenthron der unsichtbaren Gottheit. So behält Tacitus vollkommen recht, wenn er sagt (Germ. 9): die Germanen hatten keine Götterbilder, sie hielten es unter der Würde der Himmlischen, sie in Tempelwände einzuschließen und verehrten in Andacht das Unvorstellbare.

In dem Nerthus-Wagen, von dessen weiter Umfahrt durchs Land und schließlicher Waschung im See Tacitus erzählt, kann höchstens ein Menhir gestanden haben, aber vielleicht auch der nicht einmal. Wo man je ein Götterbild hergestellt hat, ist es immer geschehen, um den Menschen einen lebendigen Eindruck von der himmlischen Macht einzuprägen. Niemals wird man ein Götterbild verhängt durch's Land fahren; der Nerthus-Wagen aber war ein vehiculum veste contectum; attingere uni sacerdoti concessum (Germ. 40).

Ein einziges wirkliches Kultstück ist aus dem nordischen Altertum auf uns gekommen, das ist der Sonnenwagen von Trundholm in Dänemark: ein Pferd, das eine große goldplattierte Sonnenscheibe zieht, das Ganze auf sechs Räder gestellt (Abb. 146). Ähnliche Goldscheiben sind in Schleswig-Holstein und bei Aurich gefunden, Darstellungen des Pferdes mit einem großen Rund dahinter finden sich in Felsen wie auf Tongefäßen eingeritzt [1]): die Kultform muß also sehr verbreitet gewesen sein, und sie zeigt, daß man im Norden weit entfernt war von einer Vermenschlichung des Sonnengottes wie etwa des griechischen Helios. Und ebenso war es mit etwaigen anderen

[1]) E. Sprockhoff in der Festschrift für H. Seger 1934.

Gottheiten nicht bloß bis auf die Zeiten des Tacitus, sondern bis auf die Karls d. Gr., der bei den Sachsen nur eine Irmensul zu stürzen hatte: truncum ligni in altum erectum sub divo colebant [1]).

Was auf den Felsbildern in der größten Menge auftritt, war bisher auch dem meisten Zweifel unterworfen: das lange schlittenförmige Gebilde mit glattem

Abb. 146. Sonnenwagen. 1/6 nach S. Müller.

Unterbau und parallelem Abschluß darüber. Sollten es wirklich Schiffe sein, wie man zumeist annahm und nicht doch vielleicht Schlitten, denen sie viel ähnlicher sehen? August Köster, unser großer archäologischer Schiffskenner, hat die Frage gelöst [2]). Es sind weder Schlitten noch richtige Schiffe, sondern Flöße mit einem tafelförmigen Aufsatz, auf dem die fahrenden Leute sich trocknen Fußes aufhalten können (Abb. 147 abc). Daß es so etwas gegeben hat, würde man kaum glauben, wenn nicht Homer das Floß, das Odysseus sich für seine Abfahrt von Kalypso baut, Stück für Stück so beschriebe, wie jene nordischen Fahrzeuge dargestellt sind (Od. 5, 234—261). Odysseus geht in den Wald, um sich das nötige Holz zu schlagen, und bevorzugt dabei die abgestorbenen Stämme (5, 240), weil sie, wie wir von Köster lernen, bei ihrer völligen Trockenheit 40% mehr Tragkraft haben als die frischen. Zwanzig Bäume fällt er, behaut sie und fügt sie zusammen. Den Boden macht er so groß wie bei einem breiten Lastschiffe. Dann (5, 252 f.) [3])

[1]) Rud. v. Fulda in der Translatio S. Alexandri.

[2]) A. Köster, Studien zur Geschichte der antiken Schiffahrt. Klio Beiheft 32, 1934.

[3]) Od 5, 252 ff. ἴκρια δὲ στήσας, ἀραρὼν θαμέσι σταμίνεσσιν, ποίει· ἀτὰρ μακρῇσιν ἐπηγκενιδέσσιν τελεύτα. ἐν δ' ἱστὸν ποίει καὶ ἐπίκριον ἄρμενον αὐτῷ. Statt ἱστός wird zuweilen auch ἴκριον für den Mastbaum gesagt; daraus erklärt sich die Bezeichnung ἐπίκριον für den Querbaum, die „Rahe".

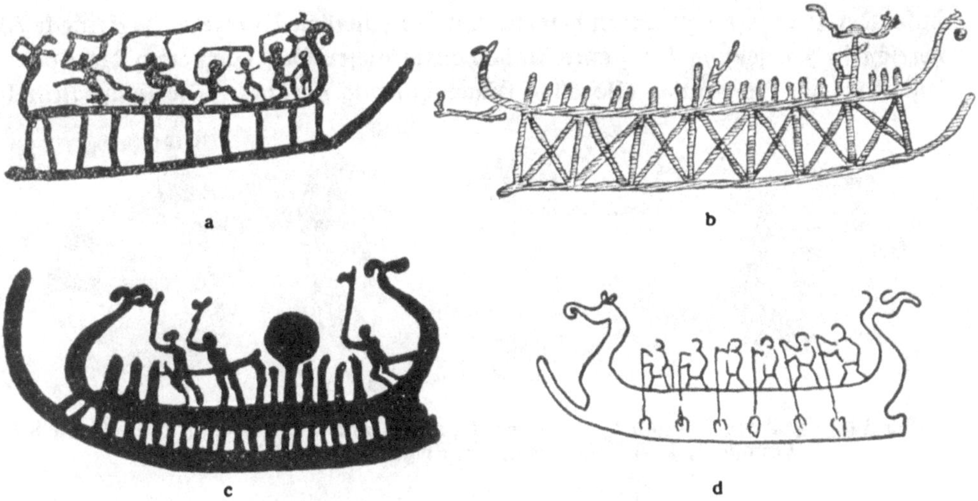

Abb. 147. Nordische Schiffsbilder. Nach A. Köster.

setzt er die Pfähle (ikria), festigt sie mit Streben (stamines) und legt die langen Bretter (epegkenides) darauf. Schließlich setzt er den Mastbaum (histos), bringt den Querbaum an und schneidert sich das Segel.

Die Beschreibung erklärt in der Tat völlig alle Einzelheiten der nordischen Darstellungen: die Pfähle mit ihren schrägen Streben und die Plattform, auf der wir immer wieder die Schiffsleute hantieren und auch in heftigem Kampfe sich betätigen sehen. Dies Schiff ist entschieden das alte Fahrzeug des Nordens, im Mittelmeere sind ursprünglich von Ägypten und Kleinasien her die Hohlformen aus Fellen oder Schilf oder Papyrusbündeln zu Hause gewesen (unten Abb. 187). Das nordische Floß hat erst die „dorische Wanderung" gebracht. Und daß es auch auf offener See wohl brauchbar war, zeigt gerade die Fahrt des Odysseus: siebzehn Tage ist er ohne Havarie unterwegs gewesen, und das Unheil kam erst durch das furchtbare Wetter, das der feindliche Poseidon hervorrief. Odysseus segelt aber, während die nordischen Schiffe das Segel noch nicht kennen (vgl. auch Abb. 142f. und Taf. XXXII 1). Ganz selten findet sich unter den Felszeichnungen auch einmal das Hohlschiff des Südens, wie Abb. 147d es zeigt; das hat man eben später im Austausch übernommen.

Süddeutschland

Auch in Süddeutschland ist die Form des **Wohnbaues** der Bronzezeit vielfach in Dunkel gehüllt. Zunächst scheinen die Arten der voraufgegangenen Periode sich fortgesetzt zu haben, besonders in den Seesiedlungen, die oft noch bis in die Hallstattzeit bewohnt gewesen sind. Reicher beobachtet sind die Grabanlagen, und nach ihrer Verschiedenheit pflegt man in Süddeutschland auch die Hauptstufen der Bronzezeit zu unterscheiden. In der „ältesten Bronzezeit" (Reinecke A) herrscht in Fortsetzung der steinzeitlichen Sitte dieser Gegenden noch die Hockerbestattung im Flachgrabe, also ohne Hügelschüttung darüber. Die lange Mittel-

Abb. 148. Früheste Bronzezeit. Adlerberg-Typus: 1 und 4 Griesheim, Klein-Gerau b. Darmstadt; 2, 3 Heidesheim, Kr. Bingen. Nach Behrens. 1/4.

stufe der Bronzezeit dagegen ist die „Hügelgräberzeit", nach der Entwicklung der Gerätformen in eine ältere, mittlere und jüngere Periode zerfallend (Reinecke B, C, D), die zusammen den nordischen Bronzeperioden II und III von Montelius entsprechen. Die Montelius-Perioden IV und V werden in Süddeutschland als Urnenfelderzeit und volle Hallstattzeit bezeichnet, die den allgemeinen Gebrauch des Eisens heraufführt [1]). Die Hügel sind angelegt wie die nordischen auch, mit größeren Grabkisten aus Holz von kleinen Steinen umpackt und einfacheren Nachbestattungen. Fast immer sind die Leichen als Skelette bestattet. Die ganze Ausstattung zeigt eine Fortentwicklung aus der ältesten Bronzezeit. Ein starker Wandel tritt erst ein in der „Urnenfelderzeit" (Reinecke E), indem sich offenbar ein neuer Kulturstrom mit Flachgräbern und Leichenbrand in die Haupttäler Süddeutschlands einschiebt und eine neuartige Keramik mit harten, eckigen Formen mitbringt. Diese neue Strömung ist aber offenbar von der alten Bevölkerung aufgesogen worden, denn die dann folgende Hallstattkultur ignoriert ihren Hausrat und baut weiter auf der Grundlage der alten Hügelgräberzeit.

Am anschaulichsten spiegelt sich die Entwicklung während der ganzen Bronzezeit in der Keramik. In der letzten Steinzeit hatte die auf der Bandkeramik beruhende süddeutsche Kultur starke Einflüsse vom Westen und Norden her erfahren. Die westeuropäische „Pfahlbau"-Keramik war vom Rheine her mehr und mehr vorgedrungen, so daß wir sie schon in Württemberg sich fest einwurzeln sehen (Goldberg). Vom Norden her dringt gleichzeitig der Rössener Stil und die Schnurkeramik vor und vermischt sich mit dem Einheimischen, in Großgartach mit der Bandkeramik, in Schussenried mit der Pfahlbaukeramik. Was nun aus der ältesten Bronzezeit uns entgegentritt — es ist bisher nicht viel — zeigt naturgemäß den Nachklang dieser verschiedenen Einflüsse. Es überwiegt noch das

[1]) P. Reinecke im Anthrop. Korrbl. 1902, S. 18.

Einheimische, das einerseits den Mondseeformen und -verzierungen nahetritt (Abb. 148, 1, 4), anderseits Erinnerungen pflegt an die Zonenbecher Westdeutschlands und die Schnurkeramik von Thüringen (148, 2). Im nördlichen

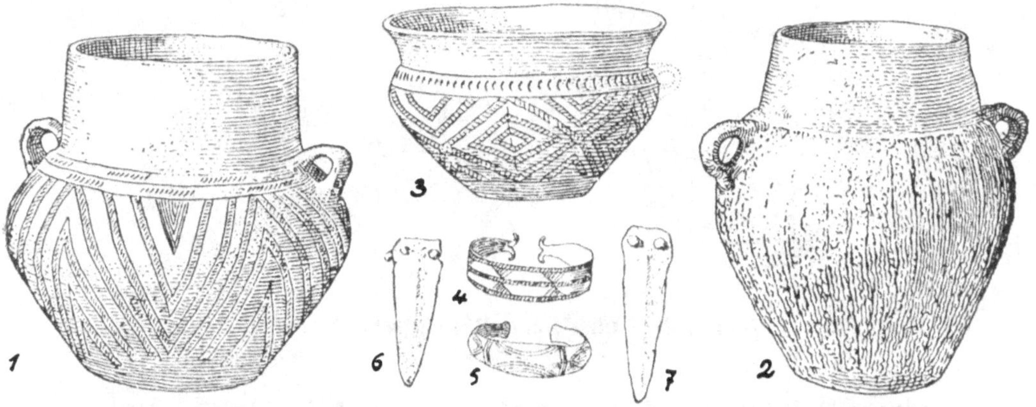

Abb. 149. Mittlere Bronzezeit. Hügelgräber der Oberpfalz. Nach Behrens. 1/4.

Bayern (Oberpfalz) begegnen weiter die gestrichelten Zickzackbänder, die Schlesien (Bschanz) schon hatte und die aus der Stichkeramik stammen (149, 1, 3). Die Hügelgräberzeit führt einen völligen Sieg des westeuropäischen Stiles herauf. Man kann sich keine besseren Abbilder eines zugeschnürten Beutels denken, als es die großen bauchigen Gefäße mit engem nach oben trichterförmig ausladenden Halse sind, die nun schon in großer Zahl in den Museen von Stuttgart und Tübingen stehen (150). Ihre Verwandtschaft mit den Canosa-Vasen Apuliens ist augenfällig und erklärt sich einfach durch die Verbreitung des westeuropäischen Stiles sowohl an der Donau wie im Mittelmeere entlang. Bauchige Kannen mit geraderem Halse (150, 1) haben ihr Gegenstück auf dem Michelsberge (oben Abb. 22 i), gehenkelte Schalen (2) das ihre in der Westschweiz; einfache Kugelabschnitte als Näpfe zeigen, wie der primitive alte Kürbisstil immer noch nicht ausstirbt.

Verziert sind die Gefäße meist mit umlaufenden Bandmustern in Kerbschnitt oder zu seiner Nachahmung erfundener Einstempelung (150, 1). Auch hier sind Muster wie Technik westeuropäisch. Schon bei spanischen Amphoren zeigte sich der Anfang, und auch in Großgartach war der Kerbschnitt bereits zu bemerken. Zu voller Blüte ist diese Ziertechnik aber in der mittleren Bronzezeit in Württemberg gekommen. Ausgestrahlt ist sie einerseits gegen Westen nach dem Elsaß und bis Südfrankreich hinein, anderseits den Rhein hinunter ins Westfälische (Dortmund, Haltern). Überall dort ist sie aber bald verblichen. Nur in Süddeutschland hat sie sich noch stark in die Hallstattkultur fortgeerbt. Zuweilen haben die Gefäße große runde Buckel auf der Schulter (150, 2, 3), die aus der Spiralverzierung zu stammen scheinen.

Die nun folgende Urnenfelder-Keramik trägt nordischen Einfluß an der Stirn (Taf. XLHI 1—4). Ihr Hauptstück, die eckige Amphora, erinnert an Walternienburg, und die häufigen Buckel an ihrem Bauchknick, von Halbbogen

2

1 3

Abb. 150. Mittlere Bronzezeit. Hügelgräber Rheinhessens (1) und Württembergs (2, 3). Nach Behrens. $^1/_4$.

umzogen, sind lausitzisch. Es kommen auch vielfach kleine Gefäße: Kännchen, Tassen, Becher vor, besonders am oberen Main, die man direkt als lausitzisch angesprochen hat (Nürnberg). Man ist versucht, dem starken Einfluß, der von dorther gekommen ist, auch den plötzlichen Übergang zur Leichenverbrennung, die ja in der Lausitz schon lange herrschte, zuzuschreiben. Trotzdem braucht diese Einströmung nicht eine Volkswanderung, sondern nur ein Kulturaustausch gewesen zu sein, denn auch in der Lausitz zeigen sich zu derselben Zeit starke Anklänge an süddeutsches Wesen: in den Hallstattformen der Billendorfer Keramik (Taf. XXXVI 11), in Schlangen- und Schlingbügel-Fibeln (Taf. XLVI 3), in den Goldschalen von Eberswalde (Taf. XXXVII).

Die Bronzen des süddeutschen Kreises weichen vielfach von den nordischen ab. Die reiche Spiralverzierung ist hier unbekannt. Die „hannoversche Fibel" hat wohl einige Verwandte, aber mit bloß spielerisch hingeworfenem Schmuck. Das sinnvolle „technische Ornament" ist eben durchaus ein Sonderbesitz des Nordens.

In Süddeutschland ist deutlich zu erkennen, wie von zwei Seiten her das neue Metall ins Land gekommen ist. Der Westen hat es von der Rhone und weiterher von Spanien erhalten, der Osten auf dem Donauwege, wahrscheinlich von Ungarn. Es ist während der ersten Periode nur in die Haupttäler gelangt und hat sich erst nachher allgemein verbreitet. Zu Anfang gibt es noch kein Schwert, keine bronzene Pfeil- und Lanzenspitze. Die letzteren sind noch aus Stein. Das Schwert entwickelt sich aus dem Dolche, der dann selbst mehr und mehr zurücktritt und schließlich ganz durch das einschneidige Messer ersetzt wird. Wie im Norden geht dem Rasiermesser die Pinzette voran, mit der man die Gesichtshaare so gut es ging abkniff. Sehr vielfältig sind die Formen der Nadeln in bezug auf ihre Kopfbildung. Aus der „Rollennadel" entwickelt sich die „Schlei-

Hockergrab der „Aunjetitzer Kultur“ vom Landhaus bei Halberstadt.
Nach A. Götze. 1908.

Tafel XXXV

1

2

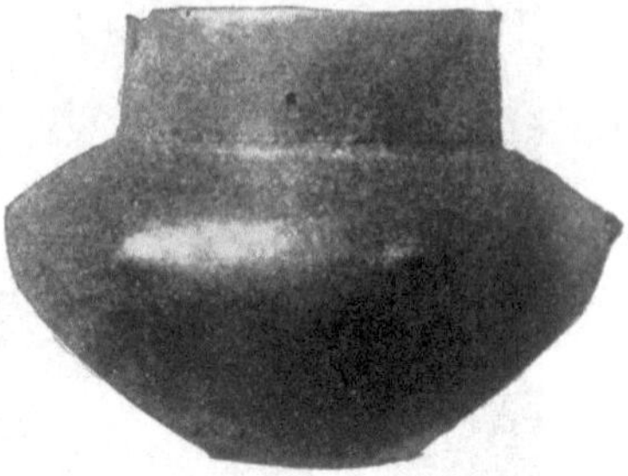
3

4

5

6

7

8

Bronzezeit-Keramik aus Schlesien und Ungarn

1. 2. 3. Vorlausitzische Gefäße, Mus. Breslau, 1. 3. Jordansmühl 1/7, 2. Pansdorf 1/9, 4. 5. Wattina bei Werschetz, Südungarn, 6—8. Stuhlweißenburg, Berl. Mus., 1/4.

fennadel", daneben steht die „Nadel mit durchlochtem Kugelkopf" (Abb. 155 b) und die „Ösenkopfnadel" (Abb. 152 r.), alle vorgerichtet einen Faden einzuknüpfen. Auch Nadeln mit verkehrt konischem, mit keulenförmigem Kopfe gibt es, mit stehender und mit liegender Scheibe. Die Fibel tritt erst in der späteren Bronzezeit auf, und zwar in zweierlei Form: die zweiteilige nordische Bügelfibel, die sich aus der Nadel mit eingeknöpftem Faden entwickelt hat, und die einteilige, bei der die Federkraft einer Spirale die Nadel sichert. Wie die erste Art im Norden, so ist die zweite im mitteleuropäischen Kreise oder im Süden erfunden.

Sicheln treten in der Hügelgräberzeit auf, und zwar zuerst mit einem Knopfe, dann mit einem Loche zur Befestigung versehen. Die ersten Helme und Schilde von Bronze kommen erst in der letzten Bronzezeit, der Helm halbkuglig, offenbar als Blechüberzug der immer schon getragenen Wollkappe (s. oben Abb. 144 c), der Schild mäßig groß und rund, entsprechend der kleinen mykenischen Form, mit reicher Buckelverzierung.

Der Osten bis Ungarn

Der Kampf zwischen den vordringenden Germanen und den langsam weichenden Bandkeramikern, der in den Steinzeitkulturen von Rössen sich in Thüringen und Württemberg (Gr. Gartach), von Noßwitz, Jordansmühl und Mar|chwitz in Schlesien kundtat, kennzeichnet sich auch noch bronzezeitlich in mehreren Kulturen von Ostdeutschland über Böhmen, Mähren nach Ungarn hinein: hierher ist die süd- und ostdeutsche Bandkeramik offenbar abgedrängt worden.

In dem Kreise von Thüringen, Schlesien, Böhmen und Mähren findet sich in der frühen Bronzezeit die eigenartige Kultur, die man nach einem böhmischen Fundorte die „Aunjetitzer" nennt. Sie führt regelmäßig Hockergräber. In der Keramik sind die beuteligen Krüge und Becher wie Abb. 151 a b d e noch ungemein verwandt den alten birnförmigen der Spiralkeramik (oben Abb. 91 b). Der scharfe Bauchknick, den dieser Stil schon in Rössen erhielt und der dann in Gr. Gartach herrscht, tritt nun auch bei dem sehr beliebten niedrigen Aunjetitzer Becher auf, der seinen breiten Henkel offenbar Bernburg verdankt (Abb. 151 c).

An Metallsachen hat Aunjetitz den ganz kleinen dreieckigen Dolch der Kupferzeit Spaniens und Italiens, als Leitform die „Ösenkopfnadel" — auch Säbelnadel genannt — und meist aus Gold bestehende Schleifen- oder Noppenringe, bei denen der doppelt genommene Draht auf seinem Spirallauf in der Mitte umwendet, eine Schleife oder Noppe bildet, um dem Ringe auf der einen Seite eine breitere Schaufläche zu verleihen (oben Abb. 138 f). Unsere Abb. 152 zeigt die charakteristischen Aunjetitzer Goldsachen aus dem Helmsdorfer Fürstengrabe:

ein einfaches massives Armband, zwei Säbelnadeln, ein Röllchen und zwei Hängespiralen, wie sie auf dem Balkan zu Hause sind und bis Troja sich gefunden haben;

Abb. 151. Aunjetitzer Gefäße. Berl. Museum. 1/6.

wir werden sie als illyrisch betrachten dürfen, wie wohl überhaupt die ganze Aunjetitzer Kultur.

Das meiste verweist bei dieser Kultur auf südlichen Ursprung: die Hockerbestattung, die Beutelform und die Ornamentlosigkeit der Gefäße, die kleinen Dolchmesser, die Goldspiralen. Es zeigt sich z. B. in Mähren auch eine nahe Verwandtschaft mit dem Glockenbecherkreise, manche Gefäßformen sind beiden gemeinsam.

Die Aunjetitzer Kultur bedeckt in Thüringen ziemlich genau das Gebiet wie vorher die illyrische Bandkeramik, sie reicht bis an den Nordharz. Die schönste Ösenkopfnadel, ein großes goldenes Exemplar, stammt aus dem Hügel von Leubingen bei Sömmerda, mehrere Hockergräber mit den charakteristischen Henkeltöpfen und auch einem Becher sind in der Nähe von Halberstadt, beim „Landhause“, gefunden (Taf. XXXIV).

Weit reicher ist das Bild, das sich mit der „Pannonischen Keramik“ entrollt, die, glaub' ich, ihren Namen mit Recht führt, denn das sehr umfangreiche Material, das das Berliner Museum aus Brandgräbern der Gegend von Stuhlweißenburg besitzt, ist ganz einheitlich im Stil, und zwar dem Pfahlbaustil, während weiter donauabwärts in Südungarn bei Werschetz schon andere Einflüsse, schnurkeramische und nordische neben bandkeramischen sich einmischen. Die Keramik drängt sich weiter östlich in Serbien, Bulgarien und Rumänien stark hervor, und ihr Nachklang ist noch deutlich zu spüren in der „kimmerischen“ Gattung von Troja VII.

In Pannonien ist sie in ihrer Vielseitigkeit und munteren Erfindungsfreude sehr ansprechend. Die Amphoren XXXV 4 und 5 sind, wie man auf den ersten Blick sieht, nur wenig abgewandelte Nachahmungen von Walternienburg und Thüringen, und die durch Schnürung bald so bald so umgestalteten Kugelformen von XXXV 6—8 stammen ohne Frage aus der Bandkeramik. Die Gestaltungs- und Verzierungslust ist unbezähmbar. Jede Form tritt in unzähligen Varianten auf, von dem einfach geschnürten Sack, der nur ein paar dicke Ösen am Bauche hat, geht es zu feinen Vasen mit gedrücktem oder schlankerem Körper, mit rasch und glatt sich entfaltendem oder mit länger ausgezogenem und kropfig ausbuchtendem Halse. Die Henkel sitzen bei den Töpfen als einfache, dicke Ösen am Bauche oder an der Schulter. Bei den Krügen überspannen sie zuerst als breite Bänder nur den Zwickel zwischen Bauch und Halspartie — wie vorher in Württemberg —, allmählich greifen sie aber von der Schulter bis an den oberen Rand.

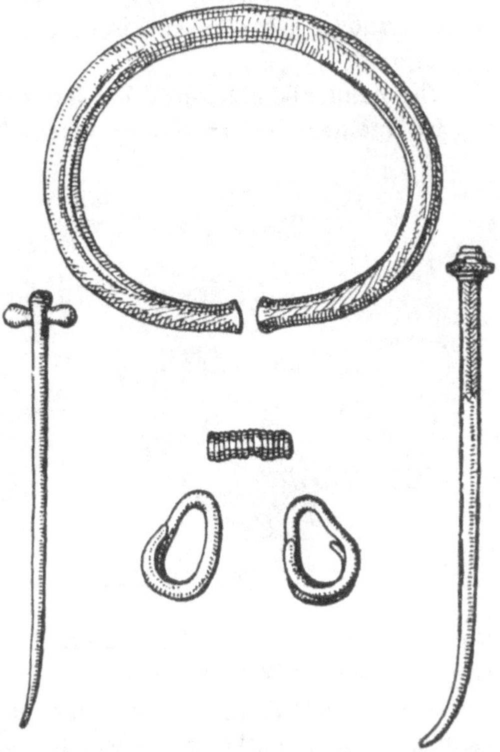

Abb. 152. Goldsachen aus dem Helmsdorfer Fürstengrabe. Mus. Eisleben.

Ähnlich reich und munter betätigt sich die Verzierung. Oft ist ihr bandkeramischer Charakter noch ganz deutlich, so in den Spiralen der Deckel von Abb. 153. Die rhombische Figur mit den Eckspiralen (Abb. 153 b) zeigt außerdem ein Motiv, das zunächst nach Mykene weitergegangen ist (unten Abb. 176 e) und sich schließlich noch in der Hallstattkultur findet (unten Abb. 195 b). Sonst hat die Verzierung meist tektonischen Charakter, indem sie in durchgehenden Horizontal- und verbindenden Vertikallinien oder -bändern den Bau des Gefäßes deutlich macht. Aber vielfach blüht sie aus, nicht bloß in Dreiecks-, Fischgräten-, Rautenmustern, sondern auch in Bogen und Spiralen. Die Enden der Linien kräuseln sich mit Vorliebe, so daß vielseitig tändelnde Gehänge entstehen. Es ist ein richtiges Rokoko-Getriebe, das sich da abspielt. Die ganze Verzierung wirkt um so lebhafter, als ihre kräftig eingeritzten Linien, mit weißer Kalkmasse gefüllt, sich von dem grauschwarzen Gefäßgrunde stark abheben. Gewiß, es liegt ein nordischer Schleier über dieser Kultur, die Schnur- und Megalithkeramik hat ihn gewoben, aber der Körper unter dem Schleier hat südliches Leben: er ist illyrisch, ein Kind der Bandkeramik und zugleich Ahne von Hallstatt; nichts zeigt uns so deutlich die Blutsverwandtschaft dieser beiden weit getrennten Lebensgeister als das Mittelglied der pannonischen Kultur.

Die pannonische Keramik wird auf Urnenfriedhöfen und nur gelegentlich auch bei Hockerleichen gefunden. Zugehörige Metallsachen sind bisher sehr spärlich. Ein paar derbe bronzene Spiralarmringe und einige Nadeln mit durchbohrtem Kopfe pflegen die einzige Ausbeute von einem halben Hundert Gräber zu sein, und sie geben leider kein genaueres Datum, da ihre Art sich durch lange Zeit erstreckt.

Die pannonische Keramik hat sich vom großen Donauknie weit durch Südungarn und nach Serbien hineingezogen. In Serbien ist auch eine große plastische

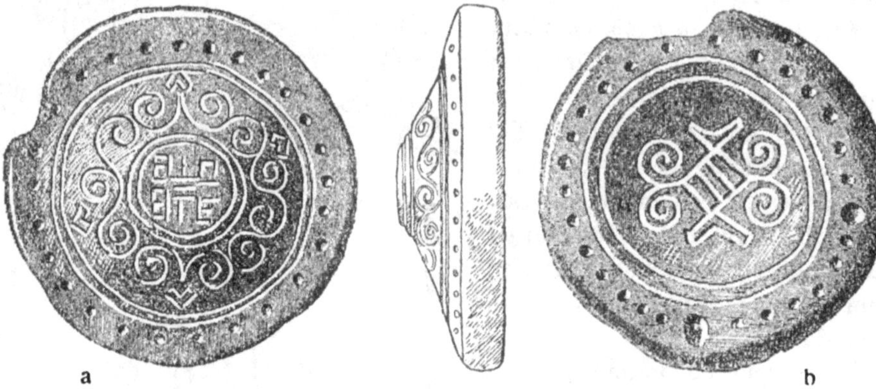

a b

Abb. 153. Pannonische Deckel. Nach Hoernes.

Figur in ihrem Stile verziert aufgetreten, die berühmte Frau von Klicevac[1]). Sehr merkwürdig ist die Formverwandtschaft zwischen den Kropfhalsgefäßen von Pannonien und Villanova. Sie entsprechen einander durchaus und sind auch von ziemlich gleicher stattlicher Größe. Da diese Bildung sonst nirgend in der Welt vorkommt, wird eine Beeinflussung der einen Gegend durch die andere anzunehmen sein. Früher wollte man ohne weiteres Italien als das Mutterland ansprechen. Nachdem aber manches darauf hinweist, daß schon die Terramarenkultur von jenseits der Alpen gebracht ist, und nachdem auch das Hauptornament der Villanova-Urnen, der Mäander, den man früher allein im griechischen Dipylonstile suchen konnte, seine Urheimat an der mittleren Donau enthüllt hat, wird man für den Kropfhals der Villanova-Urnen (unten Abb. 199b) um so williger nach derselben Donaugegend zurückblicken.

---

[1]) Ebert Reallex. Bd. VI Taf. 2.

Zehntes Buch

Die Lausitzer Kultur

Im östlichen Germanien, mit dem Mittelpunkte der Mark Brandenburg und insonderheit der Lausitz herrscht bronzezeitlich eine Kultur von kraftvoller Eigenart. Alles, was wir in der Keramik des Nordens in dieser Zeit vermissen an Leben, Bewegung und Schönheit, hat sich hier im Osten entfaltet. Und gerade über diese Gegenden haben wir aus dem Altertum auch besonders eingehende und interessante Nachrichten. Tacitus erzählt in einer Reihe von Kapiteln seiner Germania von den suebischen Völkern, die zwischen Elbe und Weichsel wohnen. Die Semnonen — die in der Mark und Lausitz anzusetzen sind —, sagt er, seien der älteste und edelste Stamm unter den Sueben. Sie säßen seit unvordenklichen Zeiten in ihrem Lande, von ihnen seien alle anderen ausgegangen und abhängig. Er spricht weiter von der eigentümlichen Haartracht dieser Sueben, daß sie alles Haar über einem Ohre zusammenraffen und dort knoten, und schildert schließlich die grausam-feierlichen Bräuche bei dem Jahresfeste, das alle zusammengehörigen Völker feiern im heiligen Haine der Semnonen, als der Wiege des ganzen Stammes, wo der Weltenlenker throne (Germania 38 und 39).

Bei so gewichtigen Hinweisen ist es kein Wunder, daß man bei jeder Grabung in der Mark und in der Lausitz darauf aus war, die alte Kultur jener Semnonen wiederzufinden. Wie viele Ringwälle sind nicht für den Festplatz im heiligen Hain der Semnonen angesprochen worden, wie viele Topfscherben und wie viele Holzkohle und Tierknochen mußten nicht als die Überreste der feierlichen Opfer des großen Jahresfestes gelten!

Aber die eifrige Suche hat sich gelohnt. Es ist ein so reiches Material der alten Urnenfelder zutage gefördert wie kaum in einer anderen Provinz, und der Unterschied zwischen dem alten vorslavischen und dem späteren slavischen Kulturgut steht schon seit Rudolf Virchows Zeiten vollkommen fest.

Ein paar Bedenken traten im Laufe der Zeit noch auf gegen die Zuteilung der alten Lausitzer Kultur an die Semnonen. Sie war auf Burgen mit Schlackenwällen aufgetreten, und die Schlackenwälle, glaubte man, seien keltisch. Aber die Schlackenwälle gehören überhaupt nicht einem bestimmten einzelnen Volke an, sondern treten überall da auf, wo eine Burg- oder Palastmauer aus Holz und schmelzbarem Gestein (Basalt) gebaut und dann verbrannt ist. Nachher wollten einige Gelehrte die Lausitzer Buckelkeramik von der trojanischen Buckelkeramik ableiten, aber es ergab sich, daß diese trojanische aus Thrakien stammt und erst dem 8. Jahrhundert angehört, während die lausitzische schon im 13. Jahrhundert vorhanden war. Heute ist noch stark verbreitet die Auffassung, daß die Lausitzer Kultur illyrisch sei. Durch die illyrischen Namen in Böhmen und Schlesien war man auf diesen Gedanken geführt. Dem mußte die Stilverschiedenheit sich fügen. Man meinte, das Illyrische könne hier im Norden ganz anders ausgesehen haben als vorher und nachher im eigentlichen Illyrien. Wenn man sich mehr und mehr überzeugen wird, daß im eigentlichen Illyrien der Hallstattstil des 7. Jahrhunderts im Grunde noch derselbe ist wie der der über 1000 Jahre älteren Bandkeramik, dann kommt vielleicht der besinnliche Umschwung. Vorläufig sollte man wenigstens die Grundlagen der Frage anerkennen, die da sind. Erstens: die Lausitzer Kultur hat sich in der Mark und der Lausitz entwickelt; hier allein finden sich ihre ältesten Formen, erst nachher ist sie nach allen Richtungen ausgestrahlt. Zweitens: in der Mark und der Lausitz ist bisher kein illyrischer Name nachgewiesen und auch bisher keine bandkeramische Scherbe gefunden. Drittens: die Mark ist das Hauptkolonisationsgebiet von Walternienburg und seinen Nachfolgekulturen gewesen, und auf Walternienburg weisen in erster Linie auch die Lausitzer Gefäßformen zurück. Viertens und fünftens: das Haus und das Grab: die Lausitzer kennen nicht mehr die illyrische Wohngrube, sondern haben ausschließlich das rechteckige Pfostenhaus, vielfach mit Vorhalle (Megaron), und sie haben völlig die Brandbestattung durchgeführt, während auch das Spätestillyrische immer noch mit Wohngruben und Hockergräbern durchsetzt ist.

Die Keramik

Die Lausitzer Keramik ist das Schönste, was die lange Bronzezeit in Mittel- und Norddeutschland hervorgebracht hat. Wir können in ihr verschiedene Entwicklungsstufen erkennen, eine ältere, mittlere und jüngere. Die ältere Stufe ist die eigentliche Buckelkeramik. Sie verfügt nur erst über einen beschränkten Kreis von Formen und noch beschränkteren von Verzierungen. Eine spitzbauchige Amphora mit hohem, fast steilem Halse und ein hoher Krug mit oben etwas ausladendem Halse und großem Bandhenkel sind die beiden Hauptformen (Taf. XXXVI 1, 2 und 4, 6). Die einzige Verzierung besteht in eigenartigen, wie einer Frauenbrust nachgeahmten Buckeln, wie sie ähnlich auch schon auf den süddeutschen Amphoren der 2. Bronzezeit (Abb. 150, 2, 3) sich finden. In der Lausitz werden sie aber vielfach im Kreis oder Halbkreis von Rillen umzogen.

Diese Buckel sind nun das einzige, was die Lausitzer wirklich von den Illyriern übernommen haben. Wir sehen sie dort im Mittelpunkte der Spirale, im „Spiralauge", entstehen. Abb. 154 b zeigt ein solches Beispiel, und bei der in der

Form ganz walternienburgischen Amphora aus der böhmischen Steinzeit (Abb. 154 a) sehen wir zwischen Stichbandverzierung schon Buckel an den Stellen, wo in Walternienburg noch Henkel saßen; in der bemalten Keramik von Siebenbürgen aber sind sie zuweilen schon ganz lausitzisch (Abb. 154c). Einzig nach diesem Buckel-

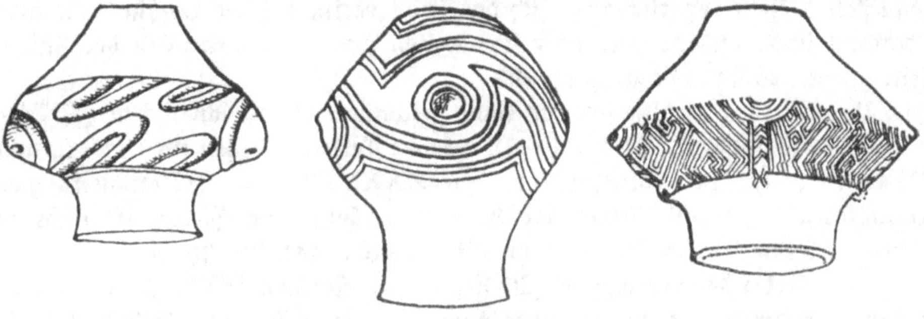

a Böhmen b Mähren c Siebenbürgen

Abb. 154. Ursprung des Lausitzer Zierbuckels in der Bandkeramik.
Nach Ebert, Böhlau, Schroller.

motiv darf man nun doch nicht die ganze Keramik bestimmen wollen. Die Freude am Verzieren überhaupt, die wir in der Bronzezeit des Nordens wie auch bei den Aunjetitzern vermissen, können die Lausitzer zur Genüge bei den zwischen ihnen und den Walternienburgern stehenden havelländischen Töpfern gelernt haben (s. Taf. XXVII).

Etwas später erst als die Buckel kommen die großen Horizontalrillen auf, die von jeher als Hauptcharakteristikum der Lausitzer Keramik gegolten haben, aber auch schon in Walternienburg vorkamen. Auch die Gefäßformen verschleifen ihr originelles Aussehen, aus der steilhalsigen Amphora wird die weitmundige Terrine (XXXVI 5), der Krughals ladet nicht mehr aus, der Bandhenkel verkürzt sich (XXXVI 6). Häufig haben Krüge und Becher jetzt auch schräggerichtete Kanneluren. Es treten große Schalen auf, deren Rand entweder dieselbe Schrägkannelierung oder eine feine Facettenprofilierung hat, alles Motive der Korbflechterei.

Die jüngere Lausitzer Keramik wird hauptsächlich nach den drei Fundorten Aurith, Göritz und Billendorf, die ersten beiden in der Nähe von Frankfurt a. O., das letztere im Kreise Sorau, benannt. Aurith ist noch eine echte Tochter der Lausitz. Die alten Formen klingen überall nach. Die Farbe ist dieselbe rotbraune geblieben. In der Verzierung ist der alte Buckel noch wohl zu erkennen, wenn er auch meist in eine Vertiefung sich umgekehrt hat oder durch einen eingekratzten Kreis mit Punkt in der Mitte angedeutet wird (XXXVI 3). Manche neue Formen oder solche, die bisher selten waren, treten hervor, so der zylindrische Becher. Die Ornamentik hat eine Vorliebe für Punktreihen, die wie Perlenketten anmutig wirken. Sehr gern wird die umlaufende Verzierung bei den Henkeln wie ein Band hinaufgezogen (XXXVI 10). Überhaupt ist diese Aurither Keramik zierlich und niedlich gegenüber dem alten strengen Charakter.

Mit Göritz und Billendorf rücken wir schon weiter ab vom eigentlichen Lausitzer Stile und gegen den schlesischen hin, der halbwegs auf anderer Grundlage steht. Rein äußerlich zeigt sich das schon darin, daß die Gefäße nicht mehr rotbraun sind, sondern grau oder schwärzlich, wie es in Gegenden der Fall zu sein pflegt, wo Graphit zu Hause ist.

Die Göritzer Gefäße sind am Halse geschnürt, wie die schlesischen (XXXVI 12) und pannonischen (XXXV 6—8). Große Terrinen stehen im Vordergrunde (XXXVI 8, 9). Die beutelförmigen, wie XXXVI 7, sind eine Verschleifung der Walternienburger und Altlausitzer Amphora. In ihrem Zierat vermischt die Göritzer Keramik breite Kanneluren mit Ritzlinien und Punktreihen.

Der Billendorfer Typus hält sich in den Formen leidlich an die Lausitz, wenn auch der Hals oben oft etwas ausbiegt. Er bietet eine Fülle von Kleingeschirr: Becher, Tassen, Krügelchen, Büchsen, zweiteilige Näpfe, Untersätze, Kinderklappern. Die Verzierung, stets flott und flüchtig in Rillen eingetieft, wiederholt eintönig ein Zickzack oder ähnliche gängigste Flechtmuster auf der Schulter (XXXVI 11).

Im Westteile von Schlesien hat ursprünglich die echte Lausitzer Keramik von der Buckelperiode an geherrscht. Nachher ist ein Sondertypus erwachsen, der einige Lausitzer Formen noch mitführt, im wesentlichen aber auf den geschnürten Beuteln beruht. Die Gefäße sind alle glänzend schwarz und haben vielfach hornartig emporstehende Buckel (XXXVI 12).

Die Abstammung dieser Lausitzer Keramik ist heute wohl klar. Wir sahen vorhin, wie Megalith- und Schnurkeramik sich von der Ostsee her nach der Uckermark und der Mark sowie die Oder hinauf nach Schlesien vorschoben. Walternienburg auf der einen, Noßwitz usw. auf der anderen Seite, bezeichnen ihren Weg. Die Ausläufer von Walternienburg treten als Havelländer Typus mitten in der Mark bei Butzow auf, und haben sich deutliche Übergänge zur Lausitz mitgefunden, man vergleiche die Kanne XXVIII 8 mit der Amphora XXXVI 2. Eine ebensolche Amphora ist auch aus Schlesien bekannt, und vor allem sind dort bereits gegen 70 Gefäße gefunden, die einerseits deutlichste Abkömmlinge der Noßwitzer bzw. norddeutschen und anderseits klare Vorstufen der Lausitzer Amphora sind (XXXV 1, 3). Die schlesische Kanne Taf. XXXV 2 entspricht der Lausitzischen Taf. XXXVI 4[1]). Sie haben auch schon Buckel, die aber nichts zu tun haben mit den großen Lausitzer Zierbuckeln. Es sind einfache Knubben, die die Umschnürung halten sollten; schon in der Stichbandkeramik bilden sie die Knotenpunkte für die entsprechende Verzierung (oben Abb. 91 f), sind dabei zuweilen als Ösen durchbohrt und gehen dann auch in die Spiralkeramik über (Abb. 91 b). Bis in die Blüte der Lausitzer

[1]) Wie v. Richthofen diese Gefäße für aunjetitzisch halten kann, ist mir unverständlich (v. R., Die ältere Bronzezeit in Schlesien 1926 und Mannus Erg.-Heft IV 1928).

Tafel XXXVI

1

2

3

4

5

6

7

8

9

10

11

12

Lausitzer Keramik

1—6. Älterer und mittlerer Lausitzer Stil, 7—9. Görlitzer Stil, 10. 11. Billendorfer, 12. Schlesischer Stil. Alle Berl. Museum. Etwa $^1/_5$.

Tafel XXXVII

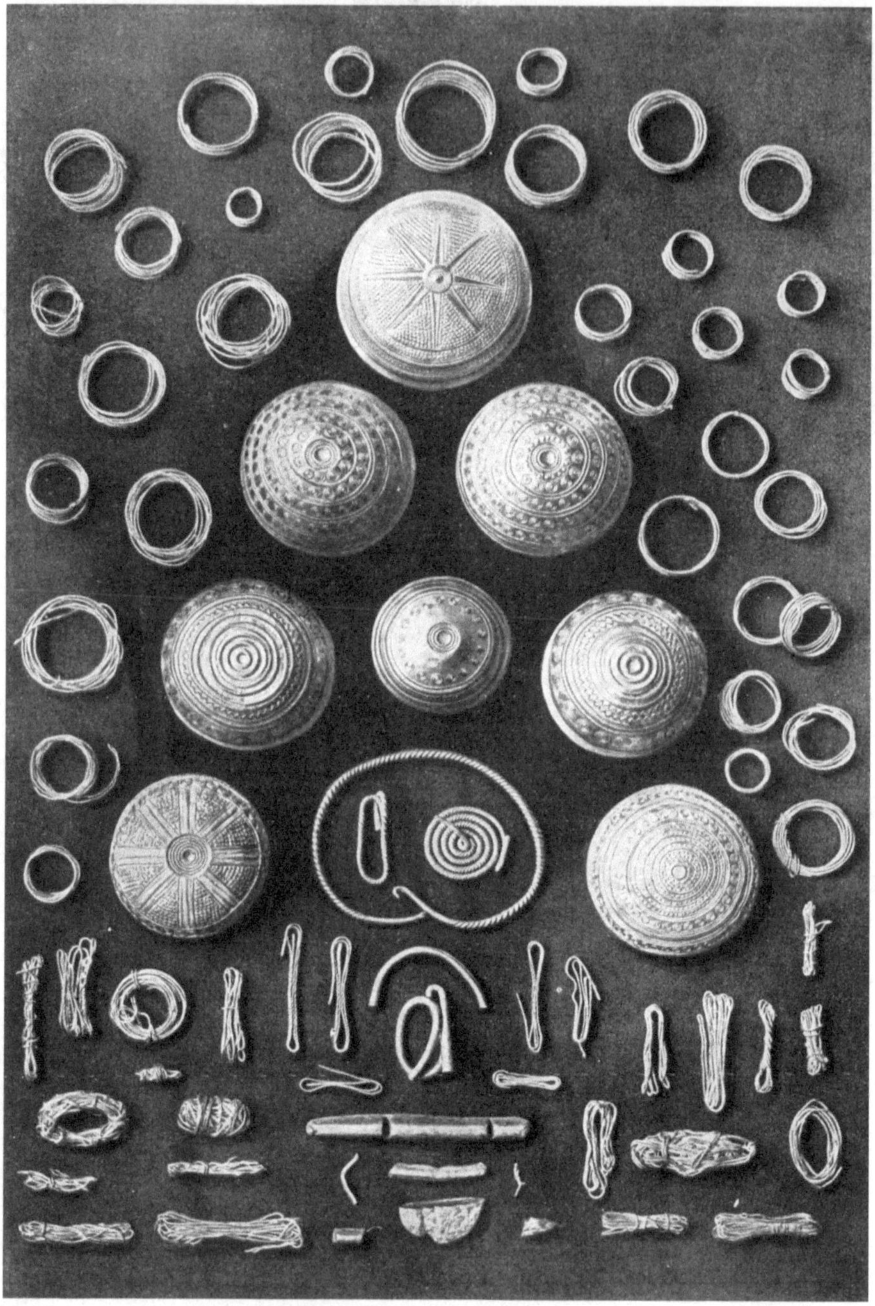

Der Goldfund vom Messingwerk bei Eberswalde. Mai 1913.
Berl. Mus. 1/4.

Kultur sind diese primitiven Buckel aber gar nicht gelangt. So bleibt kein Zweifel, daß die Lausitzer Keramik in allem Wesentlichen eine Tochter des Nordens ist, die Vollendung jener schlesischen und märkischen Bestrebungen, die Bandkeramik aus dem Lande zu treiben.

Was die Verbreitung der Lausitzer Keramik betrifft, so zeigt ihre erste Stufe, die Buckelkeramik, ihre Wiege an. Sie findet sich in der Mark, besonders in der Lausitz und ein wenig nach Böhmen und Schlesien hinein, in Thüringen und im Norden gegen die Ostsee hin aber noch gar nicht. Erst in der zweiten Periode, mit den weicheren Formen und den Horizontalriefen, beginnt die große Ausdehnung. Westlich bis zum Harz, nördlich bis an die Ostsee nach Pommern, Mecklenburg und Schleswig-Holstein, östlich weit nach Polen hin (Lodz) ist der Lausitzer Stil gegangen.

Gegen Süden begegnen uns die Einflüsse der Lausitz aus der mittleren Periode am Main von Bamberg bis nach Würzburg und Darmstadt. Die jüngste Phase dringt dann weiter, nach Österreich hinein. Auf den Urnenfriedhöfen von Stillfried und Wies sind Töpfe mit Vertikalriefen an der rundlichen Schulter, wie sie in Aurith oder in Schlesien vorkommen, an der Tagesordnung. Es ist dort die Hallstattkultur, die diese Einflüsse erfahren hat, und sie hat ihrerseits die Lausitzer Kultur nicht minder beeinflußt. In Schlesien gibt es gleichzeitig mit den oben besprochenen schwarzen Hornbuckelgefäßen eine ganze Gattung bemalter Keramik, die hallstättisch ist; sie zieht sich in Spuren auch bis in das Göritzer Gebiet hinein. Schließlich werden sogar Bronzegefäße aus dem Hallstattkreise in der Lausitz in Ton nachgeahmt.

Gräber, Metall, Burgen

Die Kenntnis der schönen Lausitzer Gefäße verdanken wir den Gräberfeldern; in Siedlungen und Burgen werden immer nur Scherben gefunden. Die Gräber pflegt man durchweg als Flachgräber zu bezeichnen. Es ist aber sicher, daß sie vielfach nur als solche erscheinen und in Wirklichkeit wenigstens in der Frühperiode Hügelgräber gewesen sind. Wo ein Gräberfeld z. B. heute zu einem Teile im Acker oder in der Wiese liegt, zum andern aber noch in alter Heide oder im Walde, da haben die Gräber dort ihren Hügel eingebüßt, hier ihn aber erhalten [1]).

Die Gräber enthalten schon vom Beginn der Lausitzer Kultur an verbrannte Leichen. Das ist nicht zu verwundern, da auch die steinzeitliche Keramik von Walternienburg und die meiste märkische (Brandenburg, Satzkorn bei Nedlitz) aus Brandbestattungen zu stammen scheint. In einer großen doppelkonischen Urne pflegen die Knochen gebettet zu sein, und um sie herum stehen die Beigefäße. Häufig steht die ganze Beisetzung frei in einer Vertiefung des gewachsenen

[1]) Ztschr. f. Ethn., Verhandlungen 1881, 337 ff. (Behla).

Bodens, wobei freilich eine Holzumhegung vergangen sein dürfte, oft auch ist sie oder wenigstens die Urne mit Steinen umpackt gewesen. Bei vornehmen Gräbern, wie dem sogenannten Königsgrabe von Seddin (Priegnitz), war unter einer riesigen Hügelschüttung — der Hügel hatte ca. 70 m Durchmesser und 11 m Höhe — eine rundliche Kammer mit einer Kuppel aus vorkragenden Dachplatten errichtet. Das findet sich hier des öftern [1]) und ist nicht nordische Übung. Gerade das Seddiner Grab ließ auch an seinem Inhalte starken südlichen Einfluß erkennen. Die große Tonurne enthielt als zweite Kapsel ein italisches Bronzegefäß, in dem die Knochen lagen (Taf. XLVI 1). Dabei lagen mehrere bronzene Trinkschalen desselben Kunststils und ein Antennenschwert aus dem Hallstattkreise. Der ganze Hügel mit seinen riesigen Abmessungen entspricht dem, was wir in der süddeutschen Hallstattkultur ständig antreffen, und ebenso entsprechen die Bronzebeigaben nur der dortigen Sitte. Denn so sehr reiche, überreiche Beigaben an Tongeschirr zum Kulturbilde der Lausitz gehören, so sehr auch eine völlige Armut an Metall. Kaum daß einmal eine Gewandnadel, ein Pinzette, eine Sichel sich in der Urne findet; fast immer sind ausschließlich Tongefäße vorhanden. Es war offenbar nicht Sitte, die kostbaren Metallgeräte durch Mitgabe an den Toten den Lebenden zu entziehen. Wo sie sich ausnahmsweise einmal finden, bieten sie dann aber willkommene Gelegenheit, die mit ihnen zusammenliegende Keramik zu datieren. Im Seddiner Grabe befand sich ein Tongefäß mit den allerüblichsten großen Horizontalriefelungen des jüngeren Lausitzer Stils. Das wird nun durch die italischen Bronzegefäße (Villanova) und das Antennenschwert in das 8. oder 7. Jahrhundert v. Chr. verwiesen.

Man hat früher zuweilen annehmen wollen, daß die Lausitzer Kultur kein oder nur wenig Metall gehabt habe. Daß es nicht richtig ist, zeigen die zahlreichen sogenannten Depotfunde, die die Mark und das nördlich bis zur Ostsee anschließende Gebiet geliefert hat. Gegen hundert besitzt allein das Berliner staatliche Museum. Die Depots mögen hier und da als Opfergabe an die Gottheit oder als Ausstattung, die jemand sich für das Jenseits sichern wollte, vergraben sein, in den meisten Fällen sind sie der Hausbesitz an Metallgerät und Schmuck. Das Haus oder die Siedlung ist, da die Funde immer durch Zufall aus der Erde kommen, nur von dem laienhaften Finder nicht beachtet worden. Wo hinterher noch regelrecht nachgegraben werden konnte, hat sich das Verhältnis gewöhnlich herausgestellt (Pfaueninsel, Vettersfelde, Eberswalde).

Die Depotfunde lassen uns nun erkennen, wie das Metallinventar der Lausitzer Kultur im wesentlichen nordisch ist, daneben aber allerhand Stücke aus dem Osten, aus dem reichen Kupferlande Ungarn, aufgenommen hat und gegen Schluß der Bronzezeit mehr und mehr dem hallstättischen Einflusse verfällt. Nordisch sind die Halskragen, die vielfach vorhanden sind, gewöhnlich in dem bekannten

[1]) Ztschr. für Ethnolog., Verhandlungen 1891, 262 ff. Hügelgräber zu Kehrberg, Ostpriegnitz.

gerippten Stoffmuster gehalten; nordisch ist die große Gürtelplatte von Heegermühle, ganz dicht mit Spiralen belegt, und nordisch sind die großen Armspiralen, ganz denen aus den jütischen Eichensärgen entsprechend; nordisch schließlich auch

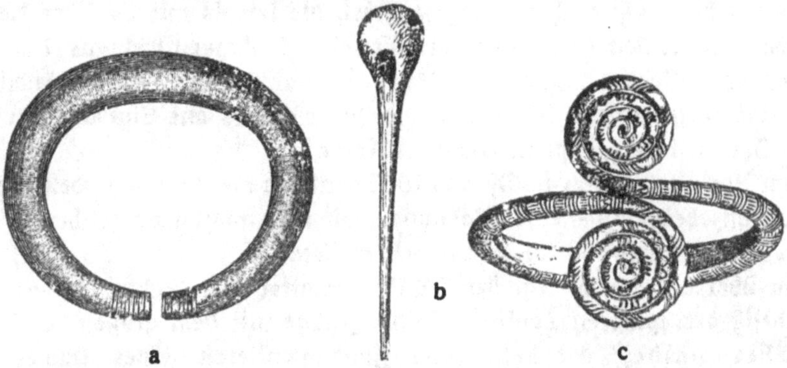

Abb. 155. Ostdeutsche Bronzen. a, c Armbänder, b Kugelkopfnadel. Nach Seger. ¹/₃.

die vielen schlanken Dolche und Schwerter in dem prachtvollen Funde von Spandau, den der alte Kaiser dem Berliner Museum geschenkt hat, und die einfachen Bügel- und Brillenfibeln (Heegermühle, Oranienburg).

Der ungarische Import dagegen macht sich schon in der ältesten Bronzezeit in den teils schweren, teils zierlich ausgestalteten Hammerbeilen bemerkbar. Er dürfte auch zu erkennen sein in den Nadeln mit durchbohrtem Kugelkopfe und den massiv rundstäbigen Arm- und Beinringen mit verjüngten Enden (Abb. 155a, b). Die Ringe dieser Form sind häufig in einem feinen Flecht- oder Webemuster verziert, mit dem das breite Band mit langen spitzen Dreiecken zu den Seiten ein in der steinzeitlichen Keramik des Nordens und Thüringens sehr beliebtes Motiv wiederholt (Rossenthin, Krendorf). Weiter gehören hierher die Arm- oder Beinbergen mit großen Spiralscheiben (Abb. 155c), die mächtigen Doppelspiralfibeln mit zwei- oder dreisprossiger Nadel[1]), die langen Bandspiralen mit Spiralscheiben an ihren Enden. In der jüngeren Bronzezeit kommen vielfach ungarische Schwerter mit stark ausladender Klinge vor, gelegentlich auch der Griff eines Rhoneschwertes (Wurchow) (Abb. 142k). Auf eine merkwürdige Berührung mit Osteuropa weist der Goldfund von Vettersfelde, Pferde- und Männerschmuck, der aus dem skythischen Kreise stammt.

In der letzten Bronzezeit wuchern die Hallstattformen mehr und mehr. Die kleinen Deichseln von fahrbaren Kesseln, mit Vögeln besetzt, treten auf (Heegermühle), die Tutulusknöpfe von Gürteln (Sommerfeld) und die kleineren und größeren Buckel vom Pferdegeschirr (Schwachenwalde), Halsschmuck mit Klapperblechen (Babow, Kreis Kottbus) und Messer mit geschwungener Klinge (Schwachenwalde).

[1]) H. Seger, Anthr. Korr.-Bl. 1906, 126.

Mit Aurither und Billendorfer Geschirr zusammen wird zuweilen eine spindelförmige Bronzenadel oder auch eine mit Vasenkopf oder eine schlangenhalsige mit Schalenknauf [1]) gefunden, die beide ebenfalls in die jüngere Hallstattzeit gehören, und eben dahin weist auch die einzige Fibel, die jemals mit Lausitzer Keramik, und zwar mit Billendorfer, gefunden ist, eine Schlangenfibel aus Datten bei Pförten, Kreis Sorau. Eine Fibel dieser Art stammt von Hallstatt selbst, und andere sind mehrfach aus Süddeutschland, so besonders aus Sigmaringen [2]), bekannt. Ihr Ursprung liegt im Hallstatt-Kreise.

Von Nord und Süd, von Ost und West deckt das metallarme ostdeutsche Land seinen Bronzebedarf; — eine Mahnung, daß man nicht nach solchen Wandergeräten eine Nationalität soll bestimmen wollen.

Am überraschendsten trat der Hallstattcharakter und zugleich der vornehme Metallbesitz der späteren Lausitzer Kultur zutage mit dem großen Goldfund von Eberswalde, der 1913 beim Fundamentieren eines Hauses beim Messingwerke auftrat und von Herrn Aron Hirsch dem Kaiser geschenkt wurde (Taf. XXXVII). Nur wenige hundert Meter entfernt war bei Heegermühle schon 1882 ein großer Bronzefund gemacht worden, von dem verschiedene Stücke, wie die große Gürtelplatte, die Wagendeichseln, die Bügelfibel vorhin schon erwähnt wurden. An der Stelle hat, wie verschiedene weitere Anzeichen ergaben, sicher eine Siedlung gelegen. Zwei Bäche münden hier, der eine vom Norden, der andere vom Süden, in den alten Finowfluß und haben ein für die Gegend selten weites Wiesengelände geschaffen. Damit ist für eine Zeit, deren Wirtschaft noch wesentlich auf Viehzucht gestellt war, die Vorbedingung zu einem gedeihlichen Menschendasein gegeben. Wenig westlich von der Stelle liegen an den Ufern der alten Finow die Dörfer Schöpfurth und Steinfurth als Beweis, daß hier eine alte Straße den Fluß überschritt. Die Siedlung beim Messingwerke befand sich also keineswegs in der Wildnis, sondern war mit der großen Welt verbunden.

Die Zusammensetzung des Eberswalder Goldfundes läßt uns einen vollen Blick tun in den Hochstand der Lebenshaltung eines Großen jener Lausitzer Kultur. Der Fund enthält acht reichverzierte goldene Trinkschalen, ein gebrauchtes und ein noch nicht fertig hergestelltes gedrehtes Halsband, viele ausrangierte Armbänder, gegen 30 brauchbare und ebensoviele verbrauchte und zu „Paketen", wie die Goldarbeiter sagen, zusammengewickelte Drahtspiralen, schließlich mehrere Stücke Rohgold, nämlich einen ganzen Barren, ein paar Bruchstücke von solchen und einen „Schmelzkönig", d. h. den rundlichen Bodensatz eines Schmelztiegels. Die Goldschalen sind ganz im Hallstattstile verziert mit Verwendung von Punzen und Rädchen. Die Spiralen sind alle zu eng für den Arm und zu weit für den

[1]) Ethn. Ztschr., Verhandlungen 1881, S. 431.

[2]) Lindenschmit, Die Altertümer von Sigmaringen, Taf. XIII 10, 11, XVIII 9, XIX 4, XXIV 3, XXXVIII 6.

Finger. Sie können nur im Haare getragen sein, so wie die in El Argar und wie es überhaupt im alten Mittelmeere üblich war. Das Wandbild einer Frau in Tiryns stellt uns vor Augen, wie die losen vom Kopfe herabfallenden Schöpfe an verschiedenen Stellen durch Bänder zusammengehalten wurden. Bei Homer haben der Troer Euphorbos und der Karer Amphimachos offenbar noch ähnlichen Haarschmuck; die Griechen, die sie sehen, finden das weibisch, sie kennen dergleichen für Männer nicht mehr (Il. 2, 872; 17, 52). Im ostdeutschen Kreise hat aber solcher Haarschmuck sich sehr lange erhalten. Die Spiralen werden in Gold und in Bronze bis an die Ostseeküsten gefunden. Sophus Müller hat beobachtet, daß in Frauengräbern immer zwei, in Männergräbern eine Spirale vorkommen. Wird man dabei nicht an die Haartracht der Sueben erinnert, die Tacitus so stark hervorhebt, und an sein Wort: principes et ornatiorem habent? (Vgl. den Sueben auf Taf. XLVIII).

Mit Homer verknüpfen sich übrigens auch die Goldschalen. In der Odyssee wird bei allen Gastmälern im Hause des Odysseus, des Nestor, des Menelaos, der Phäaken immer nur aus goldenen Schalen getrunken, nur zweimal in dem ganzen Gedichte kommt ein anderes Trinkgeschirr vor: der brave Sauhirt und der plumpe Kyklop haben jeder einen Holznapf. Es muß nicht schlecht bestellt gewesen sein im damaligen Ostgermanien, wenn die Großen an der Finow lebten wie die Achäer in ihren Palästen und Burgen. Und der Fund von Eberswalde steht in diesem Kreise keineswegs allein. Ähnliche Goldschalen sind einzeln oder paarweise vielfach in Norddeutschland gefunden, bei Halle, bei Hannover, bei Stralsund, in Schleswig-Holstein; in Dänemark aber gelegentlich sogar elf in einem Kessel. Der Kessel gehört in solchem Falle zu den Schalen, er ist das Mischgefäß, der Krater, der auf der Tafel steht und deshalb so häufig mit schönen Bildern geschmückt ist. Auf einer Situla von Kuffarn in Österreich ist dargestellt, wie ein Mann behaglich mit einer Trinkschale in der Hand dasitzt und sich aus einer Situla, wie die Kuffarner selbst ist, einschenken läßt.

Die Goldschalen des Lausitzer Kreises gehören in das 8. oder 7. Jahrhundert v. Chr., in die Blüte und erste große Ausbreitung der Hallstätter Kultur, die wir ohne Bedenken für die Illyrier in Anspruch nehmen dürfen. Man hat in dieser Zeit fast den Eindruck, als ob Ostdeutschland ihrem Aufschwung noch einmal wieder erliegen wird. Daß das nicht geschehen ist, verdankt es einem politischen Sichaufraffen, das wir archäologisch gut erkennen können, nämlich im Burgenbau. Die zahlreichen „Ringwälle", die nach ihren Funden bis in die Lausitzer Zeit zurückgehen, sind nicht, wie früher zumeist angenommen wurde, Sonnenheiligtümer gewesen (Abb. 156). Ihr Wall zeigt beim Durchgraben die Spuren einer alten Holz-Erdmauer mit steilen verplankten Wänden zu beiden Seiten und mit wohlangelegten Toren; und in der Festung finden sich die Spuren unzähliger Häuser mit einem reichlichen Nachlaß an Keramik. Der einzige gut erhaltene Grundriß auf der Römerschanze war der eines großen

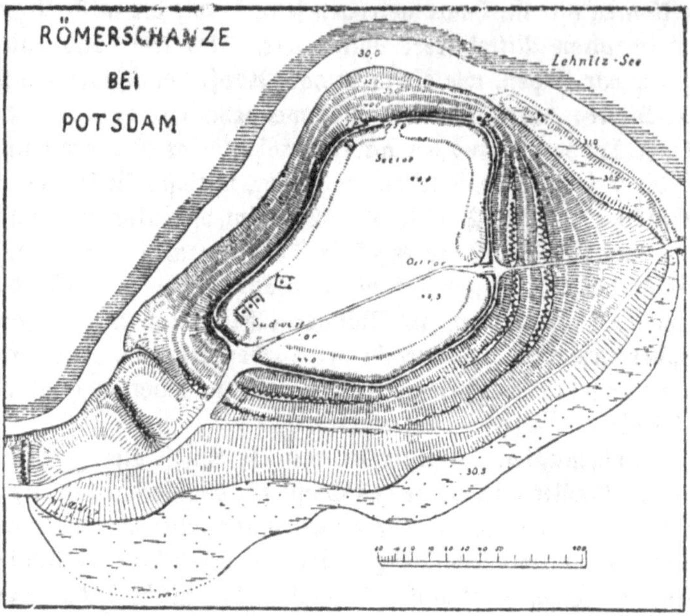

Abb. 156. Römerschanze bei Potsdam. Plan 1:4400.

rechteckigen Vorhallenhauses von etwa 13 m Länge und 6,50 m Breite (Abb. 158a). Die Maße ergeben, wie überhaupt auf der Burg, eine runde Fußzahl, den Fuß zu rund 32,5 cm gerechnet. Das Haus ist 20′ breit und 40′ lang. Das von den beiden Haupttoren der Burg bisher freigelegte Osttor ist ebenfalls 20′ weit. Die Wallmauer ist 10′ dick, und die Wallpfosten stehen an den Fronten 5′ voneinander.

Die Keramik reicht auf den Burgen von der mittleren bis zur letzten Lausitzer Zeit. Im nördlichen und mittleren Gebiete, wo die Burgen sehr spärlich liegen, scheinen sie früher angelegt zu sein als im südlichen, wo sie sich drängen. Im Norden kennen wir nur den „heiligen Stadtberg" bei Schöningen südlich Stettin, sowie Burg Basedow b. Malchin und die Burg im Oberuckersee, im mittleren hauptsächlich Römerschanze mit viel Göritzer und Lossow mit Aurither Keramik. Im Süden ist die Topfware von Starzeddel kaum mehr Lausitzisch zu

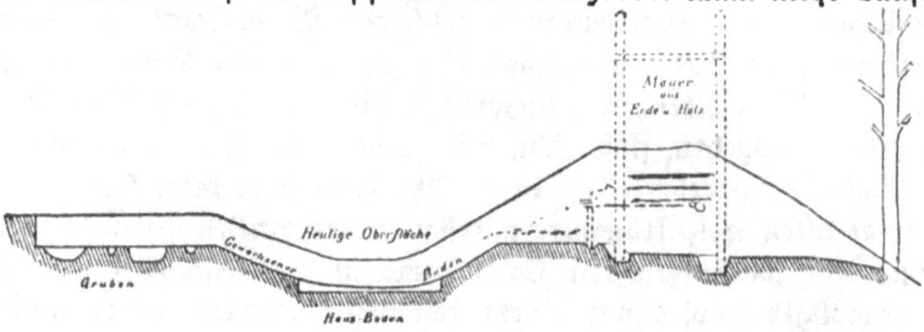

Abb. 157. Römerschanze bei Potsdam. Wallschnitt 1 : 300.

nennen. Das vom Nordwesten und Norden her vorgedrungene Volk hatte für die Sicherung seines Gebietes hauptsächlich im Süden gegen die weggedrängten Bandkeramiker zu sorgen.

In der Mitte des ganzen Gebietes aber scheint sich in dem mächtigen Ringwall von Lossow am hohen Oderufer südlich Frankfurt das bei den Semnonen gelegene

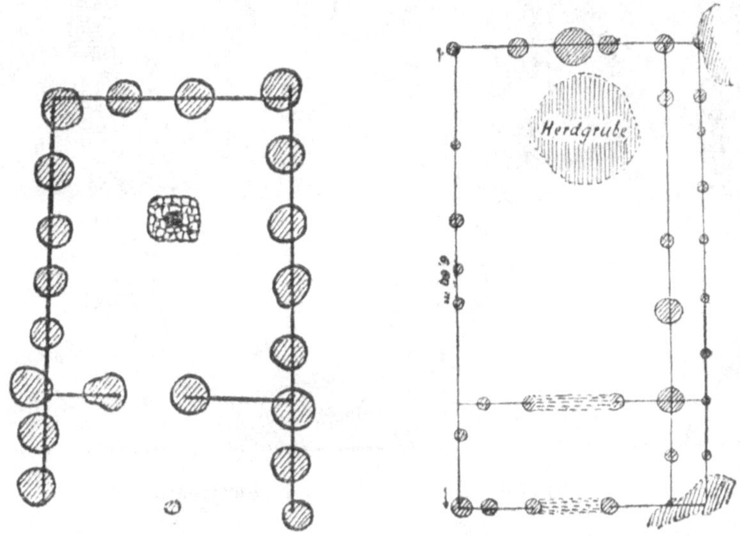

a b

Abb. 158. Hausgrundrisse von der Römerschanze bei Potsdam und von Buch bei Berlin, a 1:200 und b 1:100.

Bundesheiligtum der Sueben wiedergefunden zu haben, von dem Tacitus erzählt. Daß wir es in einem Ringwall zu erwarten haben, ist gegeben durch die Beschreibung, die Dionys von Halikarnaß (IV 15) von den Gauburgen des Servius Tullius gibt: sie sind Zufluchtstätten für die Landbewohner, in ihnen sitzt ein Vogt, der die Listen führt, die Steuern erhebt und das Kriegsaufgebot erläßt; und in ihnen ist vor allem auch das Heiligtum, bei dem die Bevölkerung ihre großen Feste feiert. Im Lossower Ringwall sind tiefe zylinderförmige Opfergruben gefunden mit Tier- und Menschenresten darin, wie es sie sonst noch nirgends gibt und in solcher Zahl, daß es ursprünglich 4—500 gewesen sein müssen. Die Grabung, 1926—29 ausgeführt, ist noch nicht veröffentlicht [1]).

Der ganze Bauplan einer solchen Volksburg ist bisher nur einmal festgestellt, nämlich bei dem „Baalshebbel" [2]) von Starzeddel südlich Guben (Abb. 159). Die Burg ist ein Oval von nur 100 m Länge und kann nur kurze Zeit bestanden haben, denn die Hausgrundrisse zeigen keinerlei Umbau. Die Häuser, sehr groß, mehrfach 18 : 11 m und alle mit Herd, stehen im Kreise um einen Mittelplatz,

[1]) Plan bei Schuchhardt, Vorgesch. v. Dtschld., 1939, S. 165.
[2]) „Baalshebbel" ist wohl = Palzhebbel d. i. Pfalzhebbel (Burghügel).

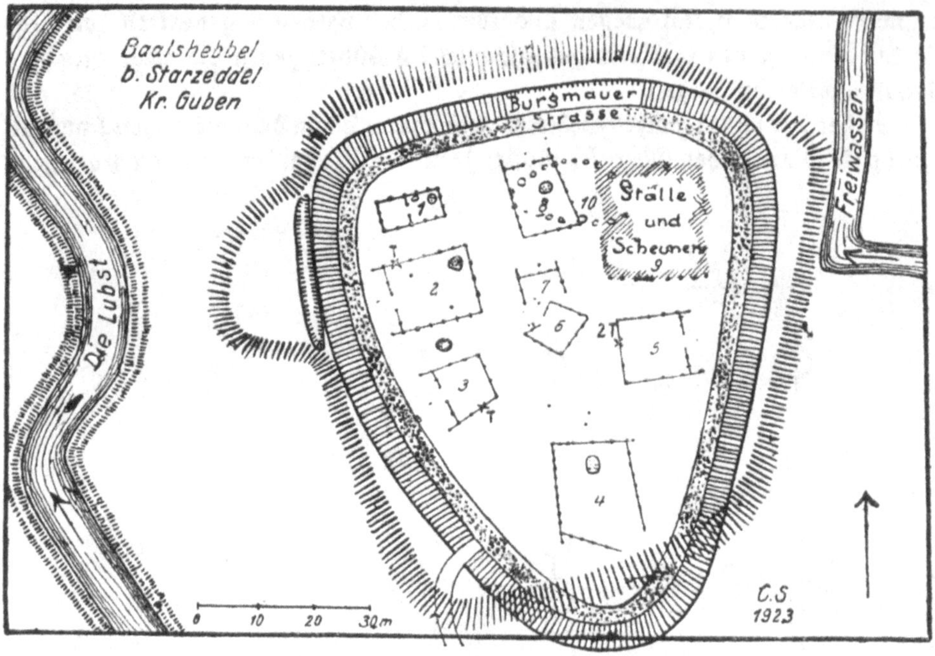

Abb. 159. Der Baalshebbel b. Starzeddel.

auf dem ein kleiner herdloser Bau einmal verändert und nur halb erhalten ist. Wir haben offenbar eine Genossenschaftsburg vor uns mit dem Gemeinschaftshaus in der Mitte, das altgermanische Vorspiel zu den Burgen Heinrichs I., der anbefahl, es sollten immer neun milites agrarii sich zusammen eine Burg bauen. Diese Burgen haben die Slaven dann nachgeahmt mit ihren Rundwällen sowohl wie den Rundlingsdörfern: in beiden stehen ebenfalls die Häuser immer im Kreise um einen offenen Mittelplatz.

In ihrem Grundriß zeigen aber die Häuser von Starzeddel dieselbe Megaronform und auch denselben Bau mit Pfostenlöchern wie das erstgefundene von der Römerschanze, und ebenso tun es die unzähligen seither hinzugekommenen von Burgen und Siedlungen, soweit die Lausitzer Kultur nur reicht (Abb. 158). Das ist ein neues starkes Beweisstück für den germanischen Charakter dieser Kultur. Die Illyrier haben ihre kleinen runden oder ovalen Hausgruben nie ganz aufgegeben, sie sind in ihren alten Gebieten auf dem Balkan bis heute noch nicht ausgestorben, wie Buttler 1932 festgestellt hat. Das Megaron aber in seinem schweren Pfostenbau sehen wir zur Stein- und frühesten Bronzezeit in der Lüneburger Heide, in der Mark, in Westpreußen beginnen und dann in der Lausitzer Kultur weitausgreifend eine Alleinherrschaft entfalten wie nirgend und niemals sonst. Man mag nun in dieser und jener Lausitzer Eigenart illyrischen Einschlag erkennen, etwa in der Buntheit der keramischen Formenwelt, deren Buckel aus altem Spiralerinnern stammen könnten, oder mehr noch im Eberswalder Golde und manchem Bronzestück, — unmöglich will es mir doch erscheinen, daß die Illyrier sich so völlig gewandelt haben sollten, um einheitlich den nordischen Hausbau zu üben. Ihr Dasein verdankt die These vom Illyriertum der Lausitzer allein den illyrischen Namen — das sollte man nicht vergessen! Wenn die Namen sich jetzt aber durch die alte Bandkeramik erklären und gerade im Kernlande der Lausitzer Kultur ebenso fehlen wie die Bandkeramik selbst, wird die Lausitzer Kultur von dem illyrischen Verdachte frei und muß uns erscheinen als die sieghafte Ausblüte der vom Westen und Norden gekommenen germanischen Vorstöße, die nun für tausend Jahre ihre Herrschaft über Ostdeutschland errichteten.

Elftes Buch

Griechenland nebst Troja

Als die beiden Kulturströme, die von früh an den großen Dualismus von Europa darstellen, der westliche sich im Mittelmeere entlang verbreitende, und der nördliche durch Ungarn und die Balkanländer vorbrechende, Griechenland und sein Inselmeer erreichen und sich hier verschmelzen, vollzieht sich das größte und stolzeste Kulturgeschehnis in der langen, vielbewegten Geschichte unseres Erdteils. Denn die nun folgende Entwicklung von anderthalbtausend Jahren hat das Menschentum zu einer Geistesblüte geführt von unvergänglicher Kraft und Schönheit. Es ist, als ob nach einer weisen Vorsehung in jenen beiden Strömungen die verschiedenen Kräfte des Menschen sich erst getrennt entwickeln sollten, um dann vereint in langem Ringen, in Anpassung und Ausgleich die allgemeingültige Krone zu erringen.

Der Mittelmeerstrom ist zuerst dagewesen. Die Griechen der klassischen Zeit wußten das noch. Ihre Überlieferung spricht von den Pelasgern als der Urbevölkerung und von Karern und Lelegern auf den Inseln. Thukydides sagt (I 8), zu seiner Zeit, als die Athener Delos einnahmen, habe sich dort über die Hälfte der alten Gräber als karisch erwiesen, man habe das erkennen können an der Waffenbeigabe und der ganzen Art, wie die Karer heute noch bestatten. Dabei weiß die Überlieferung aber zugleich, daß die Pelasger nicht vernichtet oder völlig vertrieben wurden, sondern daß man sich mit ihnen vermischte und vielerlei, auch recht wichtige Dinge von ihnen aufnahm wie die Götterkulte des Dionysos, des Hermes, der Kabiren.

Die Pelasger, Karer und Leleger, das wird von Homer an immer betont, sprachen eine ungriechische, barbarische Sprache. Die Griechen konnten das in später Zeit noch wissen, denn an einigen vor dem Weltgetriebe geschützten Stellen hatte sich die alte Sprache erhalten, so auf Lemnos.

Wir können heute das Urteil der Griechen über den Abstand dieser alten Völker von ihnen vollauf verstehen. Alle sprachlichen Reste, die aus der alten Mittelmeerkultur vorhanden sind: der Iberer, Ligurer, Etrusker, Kreter, Pelasger, Lemnier sind für uns heute noch Bücher mit sieben Siegeln. Sie haben offenbar mit den indogermanischen Sprachen, zu denen das Griechische wie das Germanische gehört, nichts oder sehr wenig zu tun, sind also vorindogermanisch. Von manchen, wie den Etruskern, Kretern, haben wir umfangreiche Texte, von anderen, wie den Iberern, Ligurern, Pelasgern, im wesentlichen nur Ortsnamen. Aber auch diese geben wertvolle Einblicke und Verknüpfungen. Namen wie Hymettos, Lyrnessos, Parnassos, Halikarnassos, ebenso wie die auf -νθος: Korinthos, Olynthos, Akonthos, Tiryns (Gen. Tirynthos) sind immer schon als einer gemeinsamen griechisch-kleinasiatischen Unterschicht angehörig betrachtet worden, wobei sich dann ergibt, daß auch Appellativa wie ἀσάμινθος „die Badewanne" und πλίνθος „der Lehmziegel" vorgriechische, pelasgische Bezeichnungen sind von Gegenständen, die die Nordländer in Tiryns und Troja erst kennenlernten. Nord- und Südägäis stimmen überein in den Namensendungen auf -mno: auf Lesbos Methymna, Lepethymnos, auf Kreta Sedamnos, Rhithymnos, Mathymna, Larymna, Kalymna.

Der Sprachkreis erweitert sich gegen Westen, unser Blick fällt auf Namen und Wörter wie Volumnier, Clitumnus, calumnia, columna; wenn wir hören, daß die alte attische Tetrapolis (Marathon, Oinoe, Trikorynthos und Probalinthos), die Hyttenia, ihren Namen von dem im Etruskischen erhaltenen Zahlworte hud = vier gehabt hat und daß das homerisch-aiolische ὀπυίω, att. ὀπύω „nehme zur Frau" sich aus dem Etruskischen puia = „Frau" erklärt [1]). Auf Lemnos ist vor 30 Jahren eine vorgriechische Inschrift gefunden, in der mehrere Wörter mit dem Etruskischen übereinstimmen. Auch zu Kreta hat das Etruskische Beziehung (Cortona = Gortyn) und vielfach zum Hettitischen. Es ist offenbar dem Pelasgisch-Karischen verwandt gewesen.

Wie steht es aber um die nordischen Zuströme?

Hier kommt die Sprachforschung noch weit stärker als im Mittelmeere der archäologischen Beobachtung zu Hilfe, freilich erst die jüngere, die mit der Auffassung der indogermanischen Entwicklung von Asien her, wie sie im ganzen 19. Jahrhundert bestand, entschlossen gebrochen hat. Die Arbeiten von Forschern wie Paul Kretschmer, Wilhelm Streitberg haben schon zu mancher schlagenden Übereinstimmung mit dem, was wir archäologisch beobachten konnten, geführt. Kretschmer [2]) stellt fest, daß ganz Nord- und Mitteleuropa von indogermanischen Sprachen erfüllt sei, der Süden dagegen nichtindogermanisch sei: Iberisch, Etruskisch, Sikulisch (S. 43). Als ältest indogermanisches Gebiet erscheint ihm Mitteleuropa und die russisch-sibirische Steppe (S. 71), als engst zusammengehörig Germanisch, Keltisch, Italisch und Griechisch (S. 155); sie stimmen in den Gutturalen zusammen als westliche Gruppe gegenüber einer östlichen, die Slawisch, Litauisch, Albanisch, Thrakisch, Phrygisch, Arisch umfaßt (S. 103). Das Italische leitet Kretschmer von jenseits der Alpen aus dem Keltischen ab; zwischen Italisch und Keltisch beständen viel engere Beziehungen als zwischen Italisch und Griechisch;

[1]) P. Kretschmer in Gercke-Nordens Einleitung in die Altertumswissenschaft [a], S. 526.
[2]) Einleitung zur Geschichte der griechischen Sprache 1896.

die Hypothese einer gräkoitalischen Ursprache sei aufzugeben (S. 154). Die Messapier in Kalabrien aber seien von Albanien herübergekommen (S. 263); Messapisch und Aiolisch-Thessalisch gehen vielfach zusammen (S. 278) — ganz wie in der steinzeitlichen bemalten Keramik! Die Annahme, daß die Griechen einst weiter nördlich Wohnsitze gehabt haben, sagt Kretschmer, ist zwar nur eine Hypothese, aber eine notwendige, nicht zu umgehende (S. 153). Die Makedonier sind ein den Griechen nahe verwandtes Volk, Dorer und Makedonier werden bei Herodot (V 56) gleichgesetzt (S. 284 ff.). Dagegen sind die Völker von Epirus, Akarnanien, Aitolien ungriechisch (Thukyd. III 94: ἀγνωστότατοι γλῶσσαν); nur Dodona liegt in der ἀρχαία Ἑλλάς (S. 254).

Die Osseten im Kaukasus (Koban) sind indogermanisch, ebenso noch weiter östlich die Arier, die hauptsächlich mit dem Italisch-Keltischen übereinstimmen. Es müsse in vorgeschichtlicher Zeit ein westindogermanischer Stamm durch Auswanderung nach dem äußersten Osten des indogermanischen Gebiets verschlagen und in den dortigen Völkern aufgegangen sein (S. 142). Die Skythen dagegen sind Iranier und bezeichnen einen späteren Vorstoß vom Osten her (S. 161). Sehr deutlich zeige sich das Überströmen indogermanischer Völker von der unteren Donau nach Kleinasien. Zu den ältesten Einwanderern gehören hier die Troer (S. 182), dazu kommen die Phryger, Myser und Bithynier (S. 172).' Überall vermittelt das Phrygische (einschließlich des Altarmenischen) zwischen dem Griechischen und Arischen (S. 169).

Zu diesen schon bald 50 Jahre alten Äußerungen P. Kretschmers kommen seine neuesten in Gercke-Nordens Handbuche. Ein paar Bezeichnungen landläufiger Dinge haben sich im Norden in vollständigerer Form erhalten als bei den Griechen und Römern und sprechen somit dafür, daß im Norden der Ausgangspunkt dieser Sprachbewegung gewesen ist. Das lateinische luna (Mond) ist altpreußisch lauxnos „Gestirne", Praenest. „losna". Ferner ist das griechische ἥλιος (Sonne) im Gotischen sauil, was zusammen mit helios auf eine Grundform, savelios, deutet.

Eines der augenfälligsten Beispiele für den Zusammenstoß des Nördlichen und Südlichen in der Ägäis möge den Schluß machen: die zweierlei Bezeichnungen für „Burg" in Eigennamen wie in Appellativen. Pergamos ist offenbar das indogermanische Wort dafür; so heißt nicht bloß die Burg des Attalos in dem seit lange indogermanisierten Mysien, sondern bei Homer auch die Burg des Priamos. Pelasgisch aber ist die Burg, die Hauptfeste des Landes, „Larisa", so in der Argolis, so in Thessalien, so auf Lesbos und in der Äolis nördlich von Smyrna. Lar heißt etruskisch „der Herr", Larisa also Herrensitz, „Herrenhausen". Ebenso stehen appellativ gegeneinander, wie Kretschmer kürzlich gezeigt hat [1]), πύργος und τύρσις; πύργος ist germanisches Lehnwort von „Burg"; das Schiffslager vor

[1]) Glotta 22. 1933. S. 100 ff.

Troja, wie eine nordische Volksburg gestaltet, nennt Homer πύργος oder πύργοι. Τύρσις aber, lateinisch turris, ist der altmittelländische Wohnturm (oben Abb. 72), das „Schloß"; Kronos thront als Herrscher auf den seligen Inseln in einer τύρσις.

Von der Topographie und Archäologie aus wird manches zur Aufhellung des Pelasgischen geschehen können. Wenn man an den verschiedenen Same (Kephallenia), Samos, Samothrake vorbeifährt, sagt man sich vor diesen mächtigen Felsen, der Name müsse etwas wie „Block" oder „Klotz" bedeuten; und richtig steht bei Strabo, Samos heißt in der alten Sprache „Berg". Daidalos, der älteste Bildner, wird heißen nach dem pelasgischen Worte dais, Fackel, Feuer, er ist als erster Toreut der „Feuerwerker". Auf dieser Bahn folgt dann aber δαίμων als „Feuergeist", „göttlicher Funke". Man möchte fortfahren, aber die gestrengen Sprachforscher werden hier schon von Irrlichtern sprechen.

Besondere Beachtung verdient das Verhältnis des Illyrischen zu Griechenland. Die bekannten pelasgischen Namensendungen haben in Dalmatien: Lissa, Cissa, Gissa; in Epirus: Assos, Molossos; in Dardanien: Naissos. Dem Namen der westgriechischen Insel Korkyra (Korfu) entspricht der Flußname Korkyras in Pannonien, und der Name der dalmatischen Insel Melite kehrt auf Korkyra im Meliteion oros wieder. Die Böoter haben ihren Namen vom Boion-Gebirge in Nordepirus, außerdem gibt es einen Gaunamen Boioi am Ochrida-See. Von den drei dorischen Phylen: Hylleis, Dymanes und Pamphyloi sind die Hylleis ein illyrischer Stamm [1]). In allen Landschaften finden sich illyrische Namen: in Attika die Demen Lakiadai, Paionidai, Melite; in der Argolis: Asine, Mideia; in Lakonien: Messapea, Karystos; in Arkadien der Ladon-Fluß; in Achaia: die Quelle Sybaris; auf Euböa die Städte Karystos, Dystos, Geraistos, Iristos; auf Kreta: Kadiston, der Berg Tetyros, der Bach Messapios [2]).

Die „pelasgische" Unterschicht

Mit dem Namen „Pelasger" haben die Griechen nicht den Volksstamm einer bestimmten Gegend bezeichnet, sondern ganz allgemein die alte Unterschicht der Bevölkerung, die sie bei ihrer Einwanderung in den verschiedensten Gegenden vorgefunden hatten. Daher ist der Streit, der früher lange geführt ist, wo das Stammland der Pelasger gewesen sei und ob es Pelasger als Volk überhaupt gegeben habe, müßig. Wenn man die Bezeichnung richtig versteht, muß man die Pelasger durchaus gelten lassen [3]). War aus der Sprache schon zu entnehmen, daß die Indogermanisierung Griechenlands sich auf einer alten fremdartigen Grundlage vollzogen hat, von der manches später immer noch durchscheint, so ist uns in der materiellen Kultur, die die Ausgrabungen seit Schliemanns Zeiten

[1]) Ed. Norden, Altgermanien 1934 S. 268.
[2]) Dies alles und noch mehr in Jokls Artikel „Illyrien" bei Ebert (Reallex. VI S. 36 fg.)
[3]) Ed. Norden, Altgermanien 1934 S. 250.

ans Licht gebracht haben, ein weit genaueres Bild erstanden. Wir lernen da jene alte Unterschicht selbst kennen, sehen ihre Verwandtschaft mit dem übrigen alten Mittelmeere, und wir unterscheiden dann weiter zwei verschiedene Einströmungen, die Jahrhunderte von einander getrennt, vom Norden gekommen sind und sehr verschieden gewirkt haben. Die erste, in mehreren Wellen des 3. Jahrtausends v. Chr., die „achäische", hat das nordische Megaronhaus mitgebracht, aber auch viel aus dem bandkeramischen Kreise, durch den sie nun schon stark auf den Süden vorbereitet war. Sie hat die Grundlage für die Mykenische Kultur geschaffen, in deren Verlaufe aber wesentliche mittelländische Elemente mit zur Geltung gekommen sind. Später, um 1200, ist dann mit der „dorischen Wanderung" ein neuer nordischer Einstrom erfolgt, der nicht durch bandkeramisches Land gegangen war. Er hat den nordischen Charakter viel stärker und rücksichtsloser durchgesetzt als der erste, hat die voraufgegangene Kultur zertreten, statt sie fortzusetzen. Gegen 600 Jahre hat diese Periode gedauert, dann sind im 7. Jahrhundert v. Chr. auf allen Gebieten, im Leben, in der Kunst, im Jenseitsleben die alten Quellen des Landes, die verschüttet waren, wieder aufgebrochen, und aus diesem Wiederaufleben hat sich das klassische Griechentum gestaltet.

Die homerischen Lieder sind in ihrer jetzigen Gestalt Kinder der zweiten Einwanderungsperiode, der stark nordischen; die Ilias ist im 9., die Odyssee erst im 6. Jahrhundert fertig geworden. Aber ihr Stoff ist die voraufgegangene griechische Heldenzeit, die große Mykenische Periode. Daraus ergibt sich eine gewisse Zwiespältigkeit. Sagen und gewiß auch fertige Lieder aus der früheren Periode lagen vor und erlaubten vielfach getreue Darstellung des längst Vergangenen. Aber das eigentliche Leben, die vielen kleinen Alltäglichkeiten, der Handel und Wandel werden aus der neuen Zeit heraus geschildert. So kommt es, daß wir bei Homer bald das Eine, bald das ganz Andere unserer Ausgrabungen bestätigt finden können.

In die alte, kurz gesagt „pelasgische" Unterschicht können wir bisher nur wenige Blicke tun. Zu oft ist sie durch die wertvollen späteren Schichten des Mykenischen und klassisch Griechischen überdeckt, die man natürlich nicht beseitigen mag. In Tiryns haben Dragendorff und Karo aber kurz vor dem Kriege auf freien Flächen des Palastes ein paar tiefe Einstiche gemacht und etwa 2 m unter der Schliemannschen Schicht einen riesigen Rundbau gefunden. Er hat 26½ m Durchmesser und liegt genau in der Mitte der Burg (Abb. 160). Damit ist zweierlei klar: daß es ein großer runder Wohnturm war nach Art der Nuragen von Sizilien, und daß auch die Burg schon in jener Frühzeit mit offenbar starker Mauer, wie es sie ebenfalls in Spanien und Sardinien gab, bestanden hat. Einfache runde Wohnhäuser haben sich auch in der ältesten Schicht von Orchomenos ergeben, und die zugehörige Keramik entspricht in Tiryns wie in Orchomenos der der Kykladen und von Troja II, nur daß in Orchomenos wie überhaupt in ganz Mittelgriechen-

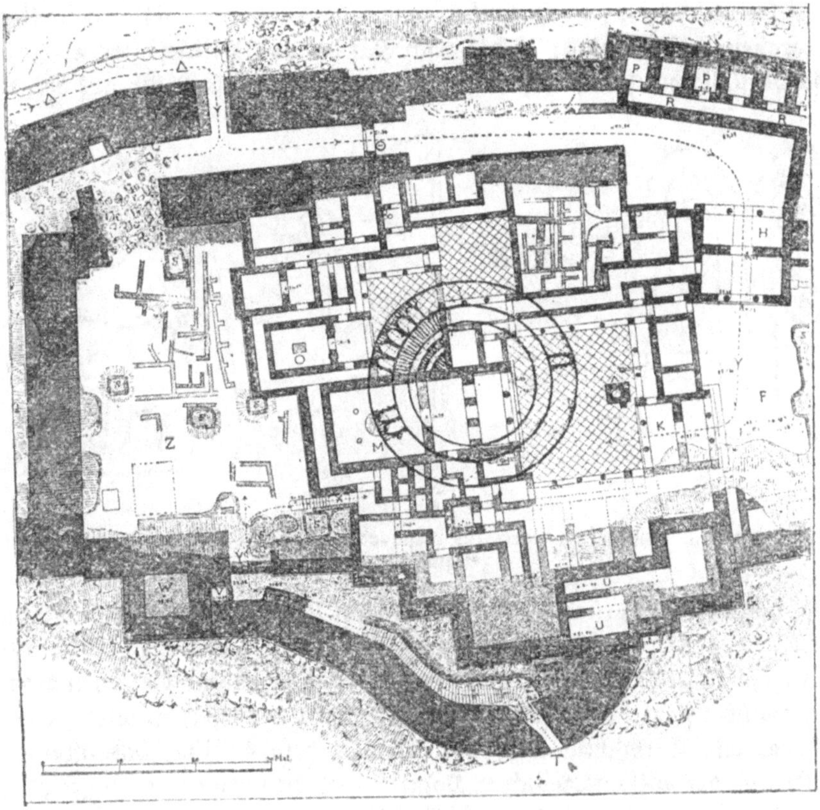

Abb. 160. Die Burg von Tiryns mit dem großen Rundbau in der Unterschicht. Norden ist links. 1:1000.

land dann bald auch die bemalte Balkan- und Thessalische Keramik Eingang gefunden hat.

Bei Homer ist einmal eine Erinnerung an einen pelasgischen Rundbau nicht zu verkennen. Auf dem Hofe des Odysseus gibt es noch eine alte Tholos. Sie liegt dicht an der Hofmauer. Zu dem Winkel zwischen beiden treibt Telemachos die ungetreuen Mägde zusammen und hängt sie dann an einem Seile auf, das er um den Pfeiler in der Tholos schlingt (Od. 22. 457ff.). Dieser Bau hatte also noch die alte Mittelstütze der westeuropäischen Kuppelhäuser (s. oben Abb. 30). Er war offenbar ein Vorratsraum; für solche nebensächlichen Gebäude pflegen alte Formen sich am längsten zu erhalten[1]).

Zwei Dinge, die bei Homer auftreten, lassen sich als westeuropäisch bzw. altmittelländisch erweisen: ein Schild und ein Beil.

[1]) Auf einer Wagenfahrt von der Stadt Algier nach Süden zu den ersten Kabylendörfern sah ich vor einigen Jahren, wie die Leute dort zwar in rechteckigen Hütten wohnen, daneben aber Rundhütten mit einem oben aus dem Kegeldache herausragenden Holzpfosten haben.

Bei Homer tragen manche Helden, wie Aias, Sarpedon, Hektor den altertümlichen großen Schild (sakos) [1]), der noch Panzer und Beinschienen erspart, den man schwerfällig vor sich herschiebt und der den Hektor, als er ihn auf den Rücken

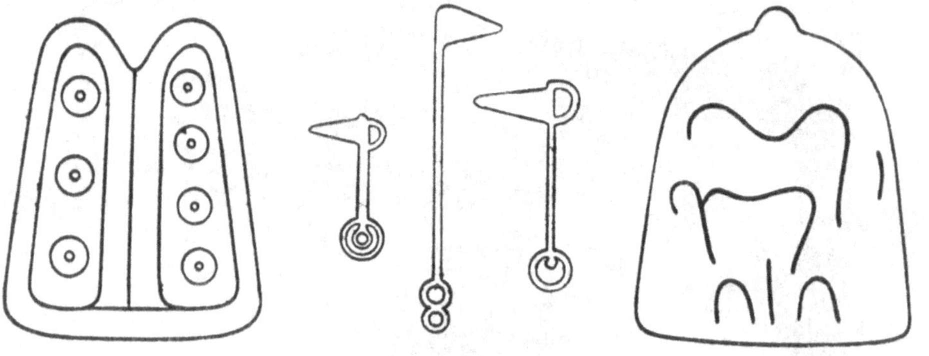

Abb. 161. a und c Schildzeichnungen aus westeurop. Gräbern, b Äxte von ligurischen Felszeichnungen.

gehängt hat, um sich zurückzuziehen, mit seinem Rande an Nacken und Fußknöchel schlägt (Il. 6. 177). Es ist der mykenische Schild, wie wir ihm in der Löwenjagd auf der Dolchklinge (unten Abb. 181) und auf Goldringen und Gemmen begegnen. Ihm gegenüber steht der jüngere kleine Rundschild, der erst spätmykenisch auftritt.

Dieser alte Turmschild entspricht offenbar dem Gebilde, das öfter an den Wandsteinen der westeuropäischen Dolmen und Kuppelgräber eingeritzt ist als symbolische Mitgabe ins Jenseits (Abb. 161a und c).

Die Beilform aber, die in ligurischen Felszeichnungen häufig ist (Abb. 161b), kann uns den Meisterschuß des Odysseus kurz vor dem Freiermorde endlich klar veranschaulichen. Zwölf der großen, zum Baumfällen benutzten Äxte (pelekys) hatte Telemachos in einer rasch gezogenen Estrichfurche aufgestellt; durch ihre Löcher sollte der Schuß gehen (Od. 21. 120 ff.). Die alte Auffassung, daß es sich um die bloßen Klingen und ihre Stiellöcher handle, ist aufzugeben: dann wäre keine Furche nötig gewesen, und Odysseus hätte auch durch die dicht über dem Boden befindlichen Löcher nicht „vom Stuhle aus" schießen können (Od. 21. 420). Bei den ligurischen Äxten hat man die Wahl, ob man die halbrunden Ösen am Klingenkopfe oder die Ringe am Stielende [2]) als Schußlöcher ansprechen will. Ich denke die Kopflöcher kommen kaum in Betracht. Telemachos wird die Äxte mit ihren schweren Klingen nach unten gestellt haben, dann genügt einfaches Häufeln, um sie fest und gerade zu stellen, während er sonst die Stiele sehr tief hätte einbohren müssen.

[1]) φέρων σάκος ἠύτε πύργον Il. 7. 219; 17, 128.

[2]) Die Ösen wie die Ringe dienen zum Aufhängen. Il. 13. 611 hängt eine Streitaxt unter dem Schilde.

Homers zwiespältige Äußerungen über das Leben nach dem Tode erklären sich so, daß er in Odysseus' Hadesfahrt die düstere Auffassung seiner eigenen Zeit ausführlich schildert, in einigen sonstigen Andeutungen aber die hoffnungsvollere Zuversicht der alten Mittelmeerperiode wiedergibt. Die steht in Beziehung zu dem Glauben, der schon früh in Ägypten aufgekommen war, daß den Königen ein besseres Los vorbehalten sei als den gewöhnlichen Sterblichen: sie brauchten nicht in das Grabesdunkel hinab, sondern würden hinauf zu den Sternen entrückt, und jeder Stern da droben bedeute die Seele eines hervorragenden Menschen. Im pelasgischen Mittelmeere ist nicht der Himmel das Ziel der Verklärten, wohl aber ein „seliges Gefilde" oder die „Inseln der Seligen". In der Odyssee 4. 561 ff. sagt Proteus, der weissagende Meergott:

> Nicht steht dir es bevor, erhabener Fürst Menelaos,
> Im roßweidenden Argos den Tod und das Schicksal zu leiden;
> Nein, fernab zur Elysischen Flur, zu den Grenzen der Erde,
> Senden die Götter Dich einst, die unsterblichen; wo Rhadamanthys
> Wohnet, der blonde, und leichtestes Leben den Menschen beschert ist.

„Diese Verse lassen einen Blick tun in ein Reich, von dem die homerischen Gedichte sonst keinerlei Kunde geben", hat schon Erwin Rohde erkannt [1]) und er sah auch, daß sich in dieser Auffassung ein alter Glaube ausspreche, der im homerischen Griechenland verschwunden, aber im klassischen wieder durchgebrochen war [2]). Rudolf Malten hat dann hinzugefügt [3]), daß schon die Namen Elysion und Rhadamanthys eine vorgriechische Kulturschicht anzeigen.

Die Verse mit der Weissagung an Menelaos stammen vom Dichter der Telemachie, dem große Stücke der Odyssee angehören, und ein paar ähnliche Auslassungen finden sich in entsprechenden Stücken. Kalypso will den Odysseus „unsterblich und unalternd für alle Zeit" machen, um ihn ganz an sich zu fesseln [4]). Die Begleiter des Odysseus rufen bei ihrer Weiterfahrt dreimal die Seelen ihrer bei den Kikonen gefallenen Gefährten, um sie mit in die Heimat zu bringen (Od. 9, 65). Die Seelen der erschlagenen Freier führt Hermes als flatternde Fledermäuse nach der Asphodeloswiese (Od. 23, 6 ff.); und bei der Bestattung des Patroklos sollen die geschlachteten zwölf Trojaner als dienende Geister die Seele des Helden ins Jenseits begleiten.

Troja

Die Burg Troja liegt am kleinasiatischen Ufer der Dardanellen, nicht weit von der heutigen türkischen Festung Kum Kaleh, als mächtiger Königssitz mit dem fruchtbaren Hinterlande der Skamanderebene und am Eingang der Meeresstraße,

[1]) E. Rohde, Psyche [2] S. 69.
[2]) Ebenda S. 158.
[3]) Arch. Jahrb 28. 1913.
[4]) Od. 5 135 f. 209 f.; 23, 335 f.

die zu den reichen Kornländern der unteren Donau und Südrußlands führt. Sie hat zu den Zeiten der Pelasger-Karer-Leleger offenbar die führende Rolle im Inselmeere gespielt, und wenn dem trojanischen Kriege überhaupt eine tatsächliche Begebenheit innewohnt — was man am Ende nicht unmöglich zu finden braucht —, so kann es nur die sein, daß der neue Seebund, der unter mykenischem Szepter sich im Archipel gebildet hatte, die Macht des unbequemen älteren Troja brach und sich selbst dadurch neue große Entwicklungsmöglichkeiten schuf. Die Hauptschicht von Troja, die zweite von unten, die in drei Bauperioden eine lange Blüte gehabt hat (2500—2000 v. Chr.), die großen Paläste enthält und die vielen Schatzfunde geliefert hat, ist durch einen allgemeinen Zerstörungsbrand zugrunde gegangen. Er war so katastrophal, daß die 5 m dick aus Holz und Lehm gebaute Burgmauer mit verbrannt ist, die Schätze aus den Häusern nicht gerettet sind und die Stätte weiterhin für Jahrhunderte nur zu dürftiger dörflicher Siedlung benutzt wurde (Schicht 3, 4 und 5). Erst die 6. Periode entspricht zeitlich der mykenischen Kultur (1400—1200 v. Chr.). Nun ist die Burg mit neuen Mauern und neuen großen Wohngebäuden versehen, und von da an bleibt der Burgcharakter ununterbrochen erhalten. Die 7. Stufe ist die frühgriechische, die 8. die hellenistische, die 9. die römische.

Wer sind die Leute gewesen, die an diesem für die alte Welt bedeutsamen Punkte sich zuerst herrschend eingerichtet haben? Wir kannten bisher gerade von der I. Schicht recht wenig, da nur der von Schliemann zu Beginn seiner Grabungen lang über den Hügel gezogene, große Nordsüdgraben bis auf den Felsen hinuntergetrieben war. Jetzt haben aber die Amerikaner bei ihren neuen Grabungen unter Blegen (1934—1937) diesen Graben erweitert, und außerdem haben wir für die Keramik von Troja I in den letzten Zeiten sehr viel neues Vergleichsmaterial vom Balkan erhalten. Der Hauptfund von Blegen ist ein tadelloses Megaron, das er dem Plane nach an der Nordspitze des Hauptbaues der II. Stadt, in Wirklichkeit tief unter ihm freigelegt hat (Abb. 163). Es mißt 12½:4 m und ist im Fundament aus Bruchsteinen hergestellt. Die Tonware von Troja I ist grau oder bräunlich — ganz im Gegensatz zu der leuchtend roten der II. Stadt — und beschränkt sich in ihren Formen noch auf die drei Grundelemente der Hauswirtschaft: Kochtopf, Eßnapf und Trinkbecher oder -Schale (Taf. XXXVIII). Der Kochtopf ist uns neben etwa 200 Bruchstücken nur in zwei ganzen Exemplaren erhalten, die als Urnen mit Menschenasche tief unten auf dem Felsen zutage kamen. Der Eßnapf ist eine tiefe Schüssel mit rundlich oder eckig eingebogenem Rande; davon sind neben wenigen ganzen Stücken über 1000 Bruchstücke vorhanden. Der Becher schließlich, das interessanteste der Gefäße, ist eine flache Schale mit weitem hohlen Fuße, der meist kleine Fensterchen hat. Dieser Becher kommt schon in Troja II durchaus nicht mehr vor, und ich wage deshalb die Vermutung, daß es Homers so oft genanntes depas amphikypellon ist, der „doppelhohlige Becher“, von κύπη „Höhlung“ (= lat. cupa, franz. coupe).

Eine Verzierung tritt eigentlich nur an den Schalenrändern (Abb. 162) auf und zwar als Zickzackband eingekratzt oder zwischen Einkratzungen ausgespart; in ein paar Fällen ist diese Verzierung in weißer Farbe einem schwarzpolierten Gefäße aufgemalt.

Diese Kultur von Troja I verweist nun in allem auf die Balkanwelt, wie sie in den letzten Jahrzehnten uns klar geworden ist. Schon die kleine Burg mit dem

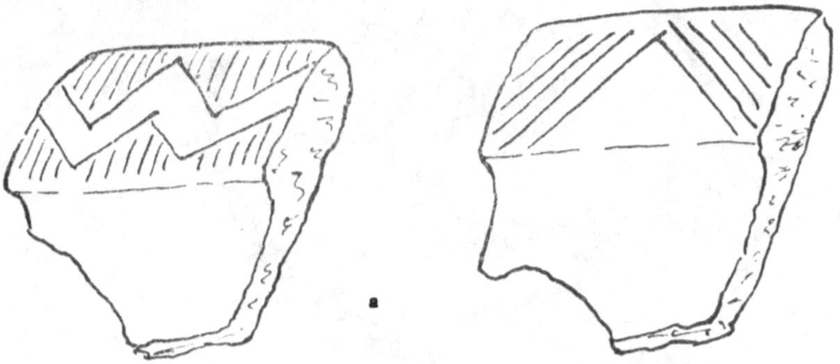

Abb. 162. Troja I. Verdickte Schalenränder mit Flechtverzierung. 2/3.

Megaron hat ihr genaues Vorbild in Sesklo und Dimini. Der große eiförmige Topf, der Napf mit dem Eckrande, der hohe Hohlfuß begegneten uns in der Theißkultur, in Illyrien, in Makedonien. Schon Schliemann hatte betont, daß er genau dieselbe Tonware wie in Troja gegenüber auf dem Europäischen Ufer in dem sog. Protesilaoshügel gefunden habe, und Hubert Schmidt hatte die Makedonischen Tumuli herangezogen. Es kann heute kein Zweifel mehr sein: dieselbe Welle, die ohne Spirale auftretend, von Rössen her über Laibach und Slawonien gekommen und dann über Makedonien und Südrußland bis nach Asien hineingeflutet ist, hat auch die ersten kühnen Siedler nach Troja gebracht. Wir werden später sehen, ob wir sie noch genauer bestimmen können.

In eine ganz andere Welt kommen wir in Troja II.

Wir haben in Troja die erste Burg am Gestade des griechischen Meeres vor uns; und zwar ist es eine kleine Herrenburg, in der 1. und 2. Periode nur von 40—45 m Kreisdurchmesser, mit nicht mehr Raum, als sie unsere mittelalterlichen Dynastienburgen zu bieten pflegen. Die Burg der 2. Schicht ist gas große Troja mit seiner 5 m dicken Burgmauer und den allbekannten Palästen. Die Bauperioden der zweiten Burg zeigen sich besonders an der Burgmauer (Abb. 163). In der 1. Periode springen ihre Tore als mächtige viereckige Bastionen vor, durch die ein schmaler Fahrweg wie ein Höhlengang lang emporsteigt. Schliemann dachte hierbei an das Skäische Tor Homers, auf dem die Frauen und Greise sich versammeln, um den Ausgang des Kampfes zu sehen. Die 2. Periode behält diese Torblöcke nur wenig umgebaut noch bei. Erst die dritte vermauert sie und legt an anderer Stelle die Kammertore an, mit Vorhalle vorn und hinten und einer

Kammer in der Mitte, die nachher für die mykenische Zeit charakteristisch sind und durch das ganze Griechentum hindurch als Propyla, Eingänge zu Festplätzen, ihre Rolle gespielt haben. Und diese Tore springen nicht mehr nach außen vor, sondern weit nach innen hinein.

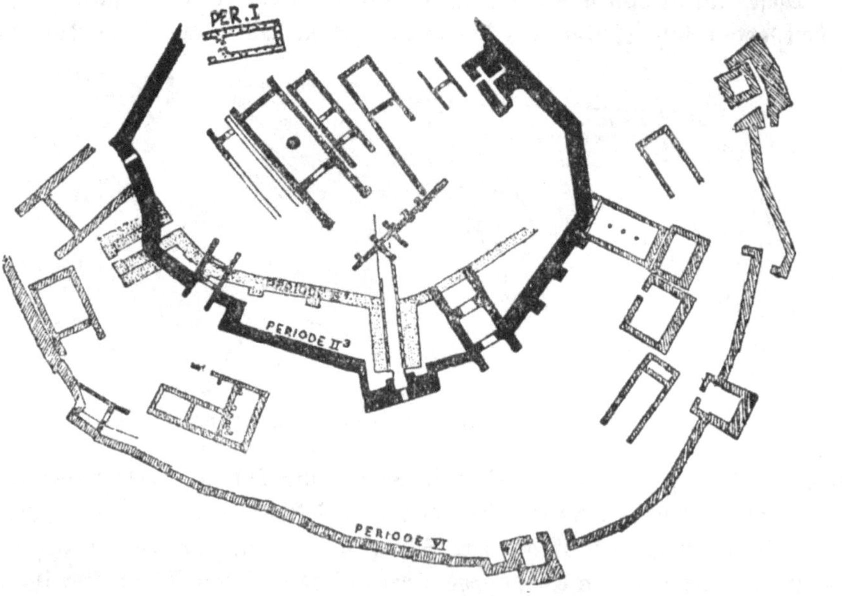

Abb. 163. II. und VI. Burg von Troja mit Megaron der I (oben PER. I). Nach Dörpfeld und Blegen. 1 : 2000.

Der Palast und seine Nebengebäude sind uns nur aus der 3. Periode der zweiten Burg bekannt, naturgemäß, da das Letzte am besten oder allein erhalten zu sein pflegt. Von der 1. und 2. Periode ist nur zu erkennen, daß ihre Anlagen innerhalb friedlicher Entwicklung umgebaut oder abgerissen worden sind. In der 3. Periode liegt in der Mitte der Burg ein 10 : 30 m großer rechteckiger Bau mit einer Vorhalle von 10 : 10 m in der Front und einem Saale von 10 : 20 m, in dessen Mitte der Herd steht. An das Haupthaus schließt sich links und rechts ein schmäleres dreiteiliges Gebäude. Das trojanische Megaron ist noch ohne Säulen, während es in Thessalien solche schon gab und in Tiryns und Mykene außer zweien in der Front noch vier um den Herd stehen. Das mahnt dazu, gerade dem trojanischen Bau keine zu starke Belastung durch das Dach zuzutrauen, also eher an ein Giebeldach als an ein flaches Dach zu denken. Ein Giebeldach nehmen wir ja auch für das nordische Haus unbedingt an; es wird also Grundriß und Aufbau dieses Hauses in Troja übernommen worden sein.

Für den Wandbau in Troja ist noch folgendes zu beachten. In der Periode II² ist der Aufgang des großen SW-Tores flankiert mit Pfosten, die im Abstande von ³/₄ m voneinander halb in die Wand eingelassen sind, um diese zu halten und die Decke zu tragen. Ferner sind die Anten des Palastes der Periode II[3] mit dichtgestellten viereckigen Pfosten verkleidet. Das sind, wie es scheint, die einzigen Stellen, wo hochstrebende Hölzer verwandt sind. Sonst hat man das Holz in den Wänden immer nur eingelagert, einen Rost aus ihm gebildet, der

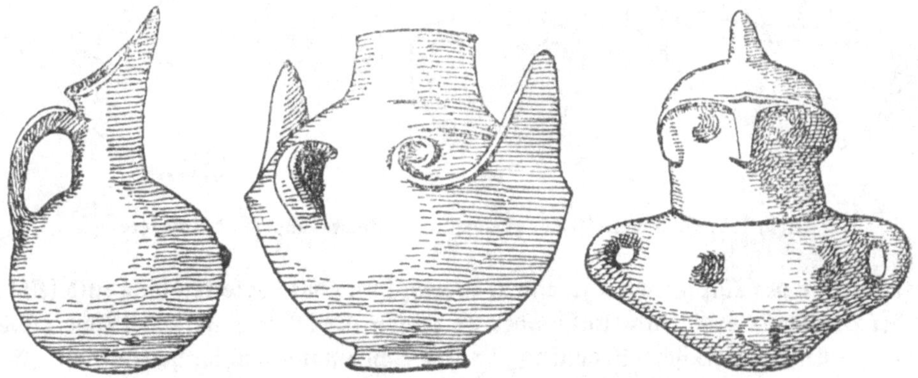

Abb. 164. Tongefäße von Troja II. Nach Hub. Schmidt.

das Stein- und Lehmmaterial zusammenhält. Solche Mauern müssen, um tragfähig zu sein, sehr dick gebaut werden. Einen ganzen Meter messen die des Palastes. Diese Bauart ist aber nicht nördlichen, sondern südlichen Charakters. Im Norden haben wir überall, in Siebenbürgen, in der Dobrudscha, in Norddeutschland die aufstrebenden Pfosten. Sie werden durch Flechtwerk verbunden, und die so geschaffene Wand erhält dicken Lehmverstrich. Die dicke Mauer aus lagerndem Material ist für den mittelländischen Bau mit gewölbtem Dache erfunden. Wir sehen also, daß in Troja II trotz des nordischen Grundrisses und einer hier und da vorkommenden Pfostenverkleidung doch die südliche Übung der lagerhaften Mauer des „Blockbaus" durchweg die Herrschaft hat. Daraus erklärt sich wohl auch, daß die Säulen völlig fehlen.

Gräber sind auf der Burg von Troja außer den in Kochtöpfen bestatteten Kinderleichen nicht gefunden. Aber in der Nachbarschaft, im Hanai Tepe, hat sich in einer Schicht, deren Keramik mit Troja I parallel geht, eine Nekropole ergeben, die zumeist Hockerleichen enthielt. In dieser Schicht herrscht also noch die altmittelländische Bestattungsart.

Neben diesen Bauten erhält Troja II sein Gepräge in erster Linie von seiner schönen, leuchtend roten Keramik und den reichen Schatzfunden. Der Gefäßform liegt noch unmittelbar der Flaschenkürbis zugrunde. Aus seiner kugligen Form ist der Vorratstopf, Napf, die Flasche und der Krug entstanden, und gern wird der Ausguß lang gelassen und schräg abgeschnitten, so daß er schnabelförmig erscheint. So entsteht die Schnabelkanne (Abb. 164 a) und die Schnabeltasse, von der das Goldexemplar aus dem großen Schatze das schönste Beispiel bietet (Abb.

165 c). Dieser Stil ist, wie sich immer mehr gezeigt hat, auf Kreta und in Kleinasien entstanden. Verzierung findet sich auf der roten Keramik gar nicht, wohl aber zeigt sich vielfach die spielende Lust das Gefäß als Lebewesen zu gestalten:

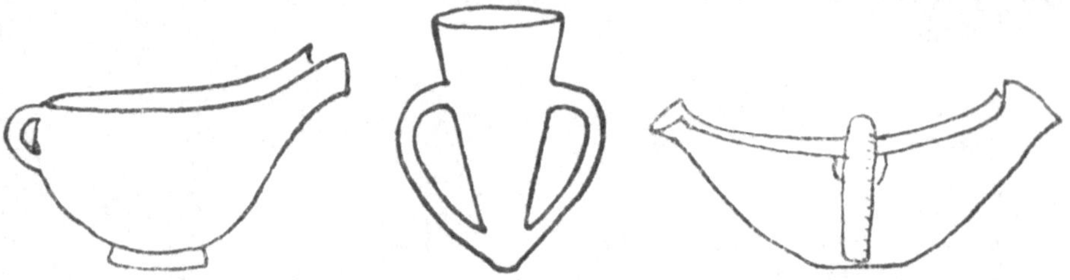

Abb. 165. Schnabeltasse, doppelhenkliger Becher und Gold-Saucière.

der Ausguß des Napfes wird zu einem Tierkopf und das Unterteil lang und leibig. Oder die Kruke erhält am Halse oder an seinem Deckel Gesicht und Mütze (Abb. 164 c). Eine symbolische Bedeutung, an die Schliemann dachte, haben diese „Gesichtsvasen" nicht, sie sind ein reines Spiel, wie unsere „Bartmannskrüge".

Schon mitten in Troja II, und zwar in seiner 2. Periode, tritt die Töpferscheibe auf. Eine grobe Gattung von gelben Tellern, Tassen und Kannen zeigt die deutlichen Drehlinien. Da die Töpferscheibe in West- und Nordeuropa auf viele Jahrhunderte, ja im Norden noch rund zwei Jahrtausende nach Troja II unbekannt bleibt, kann ihre Einführung nur an der kleinasiatischen Küste entlang, also wohl von Ägypten her erfolgt sein.

In Troja II kommen auch die Knopfsiegel vor, die es auch in Sesklo gab, und die durch Ägypten (VI. Dynastie) auf die Zeit von 2500 v. Chr. bestimmt werden. Fremde Einsprengungen finden sich sonst in der Troja II-Keramik nur sehr wenige, wie etwa die Gesichtsverzierung, die ihre Vorstufe an der Donau hat: in Vintscha sind zahlreiche Gefäßstücke gefunden, die schon Augen und Vogelnase zeigen; oder der Charakter der Gefäße von Abb. 166, die zu der bekannten thüringischen Form von Becher und Amphora auch die entsprechende reiche Umschnürungsverzierung haben. Dagegen ist sehr auffallend, daß die bemalte Keramik, die sich in den Jahrhunderten von Troja II an den gegenüberliegenden Gestaden von Thrakien und Skythien so reich entwickelt hat, gar nicht auf das Inselmeer und nach Troja gelangt ist. Das ist das deutlichste Zeichen für den geschlossen kleinasiatisch-ägäischen Charakter dieser Troja-Schicht.

Von besonderer Bedeutung sind die Schatzfunde. Von A bis S zählen sie im Museum, es sind also ihrer 18. Dazu gehören nach dem äußeren Befunde sieben sicher zur zweiten Ansiedlung (A, G, J, K, L, N, Q), und die anderen unterscheiden sich in ihrer Zusammensetzung auch nicht von ihnen. Als Hausschätze bringen sie uns ein wundervoll lebendiges Bild von dem, was Homer über die Schatzkammern in den Palästen erzählt. Bei Odysseus verwaltet Eurykleia diesen wichtigen Raum. Darin stehen Truhen mit Gewändern und Decken, und daneben Eßvorräte, wie Öl, Wein und dergleichen. Menelaos holt den silbernen Mischkessel, den er dem Telemachos als Gastgeschenk verehren will,

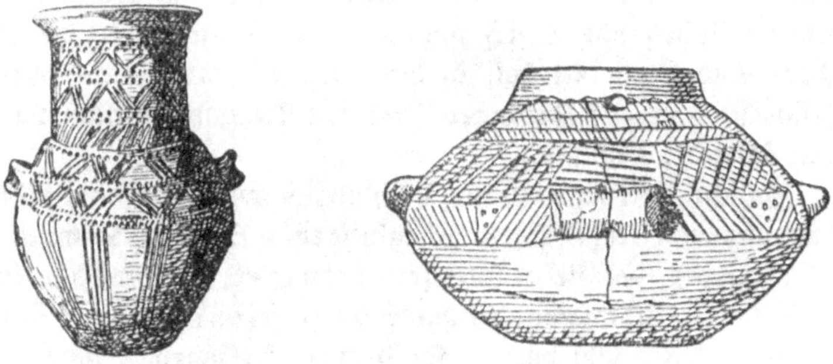

a b

Abb. 166. Amphoren von Troja II.

aus seiner Schatzkammer, und Priamos die reichen Gaben, mit denen er bei Achilleus die Freigabe der Leiche seines Sohnes zu erreichen hofft. Wie nun bei Homer sowohl Rohmaterial wie gebrauchsfertige Sachen in den Schatzkammern lagern, so sind auch die trojanischen Schätze aus Rohmaterial, Halbfabrikaten und völlig fertigen, ja schon vielfach gebrauchten Stücken zusammengesetzt. Das Rohmaterial besteht in Barren und Schmelzkönigen (Schliemann, Ilios, S. 542, 5 50), Halbfabrikate finden sich im Großen Schatze A in Gestalt von vielgelochten und gekerbten Stangen, die zu Perlen zerschnitten werden sollten (ebenda S. 550 und 553), und von Hunderten kleiner Ösen, die zu Gliedern von Fuchsschwanzketten bestimmt waren (ebenda S. 554 Nr. 894—897). In Fülle treten die gebrauchsfertigen Stücke auf: kupferne Beile und Dolche, silberne und goldene Gefäße, goldene Schmucksachen, als da sind Kopfgehänge, Ohrringe, Armbänder, Nadeln. Wie sorgfältig diese Sachen aufbewahrt wurden, zeigt folgende kleine Beobachtung. Mehrfach fiel in den Gefäßen, die die Goldsachen enthielten, ein feines weißliches Pulver auf. Als Otto Olshausen es chemisch untersuchte, ergab sich, daß es wahrscheinlich der Überrest ist von feinem Leder [1]), aus dem man sich also Futterale für das glänzende Geschirr denken darf.

Ganz eigenartig und stilistisch interessant sind die Kopfgehänge aus dem Großen Schatze. Sie erinnern daran, daß wir uns noch in der allerersten Metallzeit befinden, die Schmucksachen der voraufgegangenen Periode aus anderem, vergänglichen Materiale nachzuahmen pflegt. Das eine der Gehänge will offenbare Schnüre darstellen, die aus Leinen oder Wollfäden bestanden haben müssen und in Knötchen und Quasten endigten; das andere hat sich Häkelarbeit mit Luftmaschen zum Muster genommen. Es fehlt noch jede Andeutung eines vegetabilischen Motivs, alles ist technisches Ornament.

[1]) Ztschr. f. Ethnol. 1887 S. 348 f.

Diese Kopfgehänge hatten bisher nirgend ihresgleichen, bis vor einigen Jahren ein ganz entsprechendes Stück aus Bronze sich im Museum zu Ankona fand (unten Abb. 199). Es ist erheblich jünger, stammt erst aus der Villanovazeit, also etwa dem 8. Jahrhundert v. Chr., ist aber von höchstem Werte als ein neuer Beweis, wieviele Jahrhunderte sich manche Eigentümlichkeiten, die der Balkan einst nach dem Osten geliefert hat, in der alten Heimat selbst erhalten haben; denn zweifellos stammt das Ankonaer Stück wie die ganze Villanovakultur von der illyrischen Seite des Balkans.

In eine ähnliche Betrachtung, nur noch etwas weitergreifend, führt uns ein anderes Stück aus den trojanischen Schatzfunden. Bei der Schmucknadel Taf. XXXIX 2 fragt jeder, der sie aufmerksam betrachtet: wie sind die Leute dazu gekommen, die kleinen Kännchen auf das Stück zu setzen? Und die Antwort war immer ein Achselzucken. Jetzt hat der Fund eines kretischen T.nidols die etwas umweghafte Erklärung angebahnt. Ich will sie so kurz wie möglich geben. Das Idol hat drei kleine Kolben, die Mohnknöpfe sind (und zwar Gartenmohn, nicht wilder), im Haare stecken. Der Mohn ist das Symbol der Fruchtbarkeit und damit der Schmuck der alten Göttermutter[1]). Die sitzende weibliche Gestalt auf dem großen Goldring von Mykene (Abb. 183a) hält ein Mohnbüschel in der Hand: es ist die große Mutter, der zwei Frauen verehrend sich nahen. Schmucknadeln mit dem Mohnbüschel sind aus dem Hallstattkreise viel erhalten, sie sind offenbar von jungen Frauen gern getragen worden (Taf. XXXIX 5, 6 auch oben Abb. 142i), und zwar wiederum besonders im altillyrischen Kreise: die Gabelnadel, wie Taf. XXXIX 6, ist eine Eigentümlichkeit der Herzegowina. Ein solches Mohnbüschel aber ist offenbar in unsrer trojanischen Nadel zu der merkwürdigen Kännchenreihe umgestaltet worden und zwar nach illyrischem Vorbilde: die kastenartige Basis, auf der die Kännchen stehen, findet sich genau so wieder auf einer Nadel aus der Herzegowina (Taf. XXXIX 4). So weit war die Kultur von Troja II schon in abwegiger Phantasie über die alte Heimat dieser Dinge hinausgeschritten!

Auch weitere Einzelheiten der Trojakultur lenken den Blick zurück nach dem Westen. In den Hunderten von kleinen Steinidolen findet sich noch die allereinfachste Form des Stiftes auf einem Sockel, der breite Pfeiler mit Armstümpfen, und in Menge die kykladische Baßgeigenform. Nur in einem Exemplar ist die volle Menschenfigur vorhanden, eine nackte Frau mit langen Locken. Die alten Beziehungen zum Westen zeigen ferner mehrere knöcherne Buckelstäbe, die vielleicht Polierstäbe sind und ihre einzigen Gegenstücke auf Sizilien haben, und schließlich erinnern die Silberpokale aus dem großen Schatze außerordentlich an den geschweiften Becher, der von Westeuropa bis Sizilien herrscht (Taf. XL oben).

Für die Datierung der zweiten Burg von Troja haben wir einigen Anhalt. Viele Fundstücke, wie die Schnurösengefäße und die kyprischen Dolche, verbinden

---

[1]) Preller, Griech. Mythologie⁴ S. 766.

Keramik von Troja I

Keramik von Troja I: Becher, Schalen und Töpfe. Nach Photo der Berl. Mus.

Tafel XXXIX

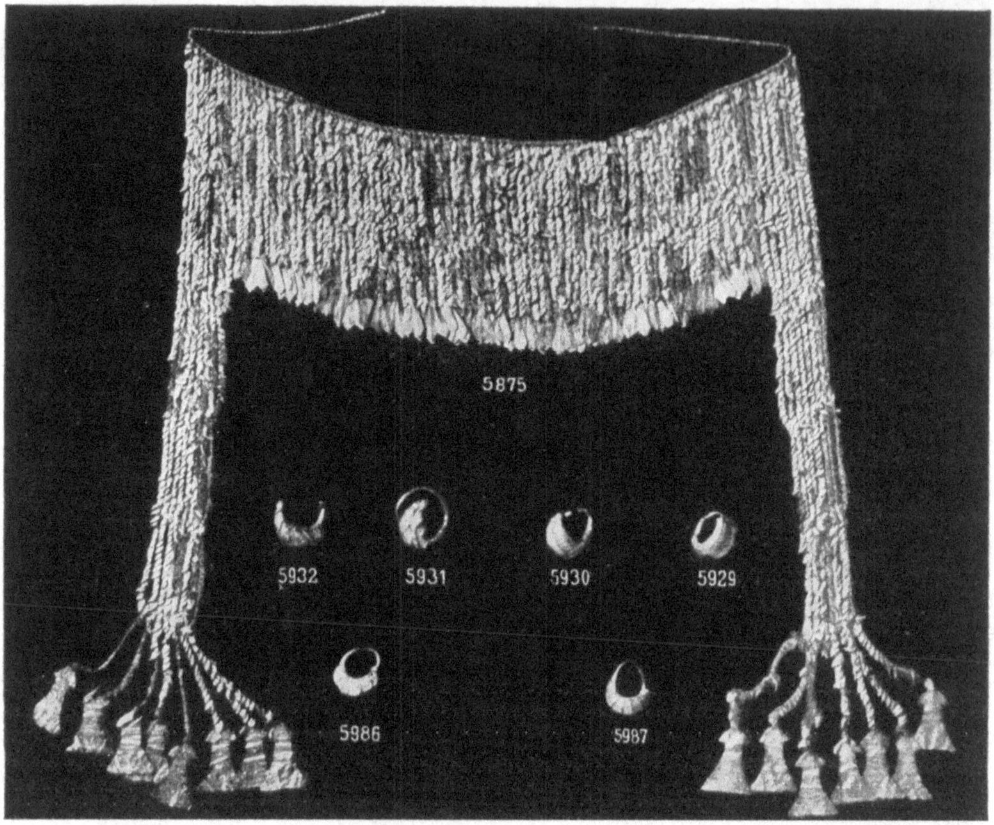

1

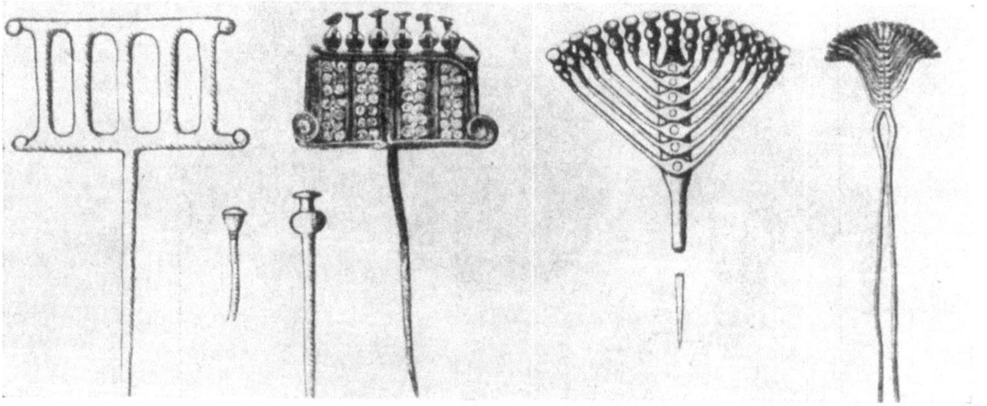

a b c d e f

2

1. Goldener Kopfschmuck aus Troja II. Mus. Berlin. Etwa $^1/_3$. 2. Schmucknadeln: a aus Crvena in der Lokva Herzogowina, b c d aus Troja, e f Mohnkopfnadeln aus Schlesien und der Herzogowina.

sie mit der frühen Kykladenzeit, die der kretischen Kamares-Malerei (um 1900 v. Chr.) voraufliegt. Einige unscheinbare Stücke, Knopfsiegel mit Verzierungen [1]), die man früher für Inschriften halten wollte, führen aber den Faden über Kreta in bestimmt datierte Schichten von Ägypten. Sie sind in Kreta in den Schichten gefunden, die Evans als 3. frühminoische und 1. mittelminoische bezeichnet, und in Ägypten in Schichten der VI. Dynastie, d. i. (nach Ed. Meyer) der Zeit um 2500 v. Chr. Auch die hochrote Keramik, die Troja mit Ägypten gemein hat, wird hier in das 3. Jahrtausend gesetzt. So kommen wir für Troja II mit seinen drei Bauperioden rund auf die Zeit von 2500—2000 oder 1800 und die folgenden Siedlungen III—V, die sich noch mit der Kamares-Malerei berühren und bis zum Mykenischen reichen, würden rund von 2000 oder 1800—1500 anzusetzen sein.

Troja III—V sind offene Siedlungen mit ärmlichen Häusern aus dünnen Mauern. Was an Inventar diesen Perioden zuzuweisen ist, läßt sich von dem Troja II angehörigen nicht klar abscheiden. Es ist nur zu vermuten, daß gewisse keramische Eigentümlichkeiten hierher gehören, die sich von dem sichern Gut der zweiten Burg entfernen und überleiten zum Mykenischen. Dahin gehören die spärlichen Stücke mit Spiralverzierung. Sie haben ihre elegante Vorstufe auf Axtknäufen der Zeit um 1700 v. Chr. in Ungarn [2]), also in demselben illyrischen Kreise, der auch für die großen Kopfgehänge von Troja anzunehmen ist, seit wir das entsprechende Stück von Ancona kennen (unten Abb. 199). Weiter gehört dahin ein zierlicher Untersatz, mit rehbraunem Urfirnis überstrichen, und einige Schalen mit einem roten Kreuz in derben Pinselstrichen eingemalt.

Erst die VI. Schicht (vgl. Abb. 163), bei Schliemanns letzten Ausgrabungen 1890 angeschnitten und nach Schliemanns Tode (26. Dezember 1890) von Dörpfeld, so weit sie erhalten war, freigelegt, ist wieder eine feste Burg. Sie hat über den Schichten II—V aus deren Schutt ein neues, beträchtlich erweitertes Planum hergestellt und ihren Mauerkranz in weitem Gürtel außerhalb des der zweiten Burg gezogen. Ihre ganze Mittelpartie ist aber nicht mehr vorhanden, weil in diesem Teile die spätere Bebauung, die griechische und besonders die römische, so tief hinuntergegriffen hat, daß die mykenische Schicht zerstört wurde. Deshalb hat auch Schliemann die VI. Schicht nicht gefunden, sondern erst Dörpfeld bei den erweiterten Ausgrabungen nach 1890. Sie enthält eine neue Burgmauer aus schöngehauenen Quadern, große Häuser, zum Teil von ausgesprochenem Megaron-Typus, davon eines mit drei Säulen in der Mitte der Längsachse, und an Kleinfunden ein zwar spärliches, aber sehr bezeichnendes Hausinventar der späteren mykenischen Zeit: Tassen, Becher, Trichter und Bügelkannen von feingelblichem Tone mit flüchtig aufgemalten Spiralen oder Andeutung von Gewächsen, einen Elfenbeinkamm, auch ein paar Goldfunde mit Rosetten und

[1]) Schliemann, Ilios, S. 626, Nr. 1212 ff.
[2]) Ebert, Reallex. unter „Gaura" Bd. IV. 1 Taf. 94.

dergleichen. Hier und da ist in dieser Schicht VI ein Gebäude verbrannt, aber im ganzen ist sie von den Nachfolgern übernommen worden.

Der mykenische Stil, den wir in Troja finden, ist nicht frühmykenisch, er ist jünger als die Schachtgräber von Mykene, die in das 16. Jahrhundert gehören. Man wird ihn in das 15. und 14. Jahrhundert zu setzen haben.

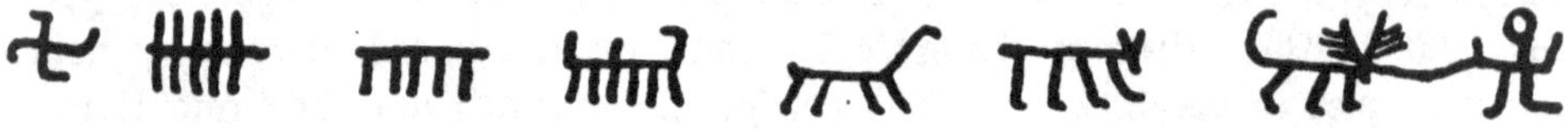

Abb. 167. Entstehung der Tierornamentik nach Motiven auf Spinnwirteln. 1/1.

In der VI. und zu Beginn der VII. Schicht blüht die einheimische graue Ware in ausgezeichneter Technik, dünnwandig, scharf gedreht und fein poliert. Sie ist vielfach mit Wellenlinien verziert (XL 2 e), die sich auf ihr auch im Kaukasus wiederfinden — das erste Auftreten des für die Slawen in Norddeutschland 2000 Jahre später so bezeichnenden Ornamentstücks! — und sie hat die starke Neigung, jeden Knopf und Henkelvorsprung in einen Tierkopf zu verwandeln (XL 2 b, d). In den früheren Perioden von Troja waren ja auch schon öfter Gefäße zu Tiergestalten geworden oder Nasen hatten Menschengesichter erhalten. Das volle Spiel der Tierornamentik entfaltet sich aber erst auf den Spinnwirteln. Bei ihnen ist man wegen ihrer Kleinheit nicht immer sicher, aus welcher Schicht sie stammen. Interessant ist aber zu sehen, wie ganz in der Weise von Susa aus reinen Flechtmotiven die lebendigen Wesen entstehen: aus Kammustern Vierfüßler, besonders Hirsche, aus dem Hakenkreuz ein Menschlein, und wie dann beide gelegentlich zusammen gruppiert werden, so daß der Hakenkreuzler den Hirsch an der Strippe hält (Abb. 167).

In der VII. Schicht tritt eine ganz neue Keramik auf, die mit ihren Buckeln und Riefen und hohen und spitzen Henkeln und ihrer derben Mache aus allem bisher Dagewesenen herausfällt. Es ist diejenige, die man wegen der Buckel für die Mutter der Lausitzer Keramik hat halten wollen. In der Tat sind die Buckel der späten schlesischen Keramik des 8. Jahrhunderts verwandt. Die trojanische Gattung ist zusammengekommen aus der „Pannonischen" und der gerieften ungarischen „Schulterkeramik" (Taf. XXXVI 8). Hubert Schmidt hat aber mit Unrecht diese Keramik einem Einbruch der Kimmerier, der für das 8. Jahrhundert überliefert ist, zugeschrieben, denn dieser Einbruch hat die Troas gar nicht erreicht.

Troja im Licht der Geschichte

Was wir aus den Ruinen von Troja als einem großen schriftlosen Denkmal ablesen können, ist heute recht vieles, denn es macht uns manches lebendig, was bei Homer nur noch in matten Andeutungen erhalten, jetzt Farbe und Bewegung erhält. Die I. Burg ist um 3000 v. Chr. angelegt von Einwanderern, die aus Thrakien und Illyrien gekommen sein müssen. Sie hatte festländischen europäischen Charakter. Die II. Burg aber ist die Kultur der Küsten und der Inseln des

Ägäischen Meeres. Sie streift den Saum von Thessalien, Böotien, Attika und umfaßt im Süden noch Kreta und Cypern. Dies Gebiet deckt sich aber durchaus mit dem durch die vorgriechischen Namen Halikarnassos, Olynthos, Methymna in Anspruch genommenen. Es sind also die Pelasger, Karer und Leleger, die wir als die Träger dieser Kulturen von Troja II, den Kykladen und dem frühen Kreta in Anspruch zu nehmen haben. Der starke Umschwung, der sich von Troja I auf Troja II vollzieht, wird somit durch einen Wechsel, der eine andere Bevölkerungsschicht, nämlich die einheimische, zur Herrschaft brachte, zu erklären sein. Und hier ist es, wo Homer einsetzt und seine Andeutungen uns jetzt Geschichte erraten lassen. Homer hat für das Heer, das Troja verteidigt, die ständige Formel Τρῶες καὶ Δάρδανοι ἠδ' ἐπίκουροι „die Troer, Dardaner und Hilfsvölker". Wie kommen die Dardaner in die Troas? Dardanien ist ein altes Kernland von Illyrien, Dardania liegt südlich des Belgrader Donauzuges, mit der Hauptstadt Naissos, dem heutigen Nisch. Sein Stammheros Dardanos mit der Gattin Bateia ist der Sage nach durch den Balkan nach Troja gelangt und hat dort an der Küste die Stadt Dardania gegründet. Das stimmt merkwürdig zu unserm heutigen Wissen von dem Ursprung des ältesten Troja, dessen Keramik auf Illyrien und Thrakien, dessen kleine Herrenburg mit dem Megaron auf Thessalien zurückdeutet. Und der Herrschaftsumschwung von Troja I auf Troja II: bei Homer besteht eine Spannung zwischen Hektor, dem Führer der Troer, und Aeneas, dem Führer der Dardaner. Aeneas beteiligt sich nur ungern am Kampfe, er fühlt sich zurückgesetzt, von Priamos „nicht genug geehrt" (Il. 13. 459ff.). Man sieht nicht recht, worauf sein Anspruch beruht, denn im Kampfe mit den besten griechischen Helden versagt er. Aber die alten trojafreundlichen Götter stehen auf seiner Seite, Aphrodite und Apollon retten ihn vor Diomedes und Poseidon vor Achill (Il. 5. 344). Achill verrät in dieser Szene, was Hektor bedrückt und was er erstrebt: daß er nicht selber Troja beherrscht und daß er den Priamos entthronen möchte (Il.20. 178ff.),

> Wie? so weit, Aeneas, hervor aus der Menge dich wagend
> Nahest Du? Ob dir das Herz mit mir zu kämpfen gebietet,
> Weil du hoffst zu beherrschen die gaulbezähmenden Troer
> Künftig in Priamos' Reich?

Und Poseidon rechtfertigt vor der Götterversammlung seine Rettung des Aeneas damit, daß der Sproß von Dardanos, Zeus liebstem Sohne, erhalten werden müsse und daß dem Aeneas künftig die Herrschaft über Troja gebühre (20. 303ff.).

> Daß nicht samenlos das Geschlecht hinschwind' und der Name
> Dardanos, den der Kronid' aus allen Söhnen sich auskor,
> Welche von ihm aufwuchsen und sterblichen Menschentöchtern.
> Denn des Priamos' Stamm ist schon verhaßt dem Kronion;
> Jetzo soll Aeneas' Gewalt obherrschen den Troern,
> Und die Söhne der Söhn', in künftigen Tagen erzeuget.

Also die Abstammung von Dardanos ist Aeneas' gewichtigste Eigenschaft. Wie stehts damit? Homer gibt (Il. 20. 215—240) die Stammbäume von Hektor und Aeneas. Er läßt sie gemeinsam beginnen mit Zeus-Dardanos-Erichthonios-Tros, dann gabelt sich die Linie unter den Brüdern Assarakos und Ilos: von dem einen stammen weiterhin Kapys-Anchises-Aeneas, von dem andern Laomedon-Priamos-Hektor. Ludolf Malten hat in einem großen Aufsatze „Aineias"[1]) diese homerische Fassung etwas zurechtgerückt. Er sagt: bei der scharfen Zweiteilung der Bevölkerung in Troer und Dardaner können deren Ahnherren unmöglich auf eine Linie zurückgehen, und außerdem steht Erichthonios, wo immer er in einem Stammbaum auftritt, an der ersten Stelle. Es muß also auf der einen Seite heißen: und auf der anderen:

Zeus	Erichthonios
Dardanos	Tros
Assarakos	Ilos
Kapys	Laomedon
Anchises	Priamos
Aeneas	Hektor

Dann haben wir aber auf der einen Seite — wie Malten im einzelnen nachweist — thrakische und illyrische Namen und auf der anderen neben den zwei griechischen Erichthonios und Hektor nur unbestimmbare, also wohl kleinasiatische.

Ist das nicht die völlige Erklärung für unsern archäologischen Befund von Troja I und Troja II? Die Dardaner, die Homer als zweites Volk der Troas kennt, sind dereinst unter ihrem Stammheros, dem illyrischen Dardanos, ins Land gekommen, haben Troja gegründet und es Jahrhunderte lang beherrscht. Dann hat die einheimische Bevölkerung der Troer ihre Dynastie gestürzt, und Aeneas, der letzte Sproß des Dardanos, und selbst noch Sohn der Landesgöttin, muß hinter Hektor zurückstehen. Der Wunsch des Poseidon, daß sein Geschlecht doch wieder zur Herrschaft kommen möge, scheint aber erfüllt worden zu sein: nach Strabo hat es bis in die römische Zeit in der Troas bestanden.

Die Frage, wer Troja II zerstört hat, ob es wirklich, wie Schliemann annahm, Agamemnon an der Spitze eines achäischen Bundes gewesen sein kann, wird sich erst nach einem Einblick in die Entstehung und den Charakter der Mykenischen Kultur, das ist eben die jener Achäer, erörtern lassen.

Mykene. Die griechische Heldenzeit.

Die nordischen Einströmungen, die wir durch Ungarn nach dem Balkan und bis nach Asien hinein verfolgen konnten, haben in ihrer Fortsetzung in Griechenland so belebend gewirkt, daß hier die erste große Kultur- und Kunstperiode er-

[1]) Archiv für Religionsgeschichte 1931, S. 33ff.

stehen konnte, genannt nach ihrem Mittelpunkte, dem strahlenden Herrschersitz von Mykene und verherrlicht von Homer als die griechische Heldenzeit.

Diese Mykenische Kultur ist aber nicht, wie man früher wohl dachte, mehr oder weniger fertig nach Griechenland gebracht worden, sondern sie hat sich aus dem in Thessalien bereits Vorhandenen in langsamer Südbewegung fortentwickelt. Von Seskl-Dimini aus können wir in den Stationen vom böotischen Orchomenos, dem attischen Eutresis, dem korinthischen Korakou diese Fortbewegung und Entwicklung verfolgen. Wir verdanken dabei den Ausgräbern und Bearbeitern dieser Stätten, Tsuntas für Seskl-Dimini, Bulle und Kunze für Orchomenos, Blegen für Eutresis und Korakou eine Chronologie für den ganzen Zeitraum vom Ende der Steinzeit bis zum Ende der Mykenischen Kultur, von 2500—1200 v. Chr.

Sehr willkommen ist dabei, daß man sich an die für Ägypten und Kreta schon bestehende Periodenteilung angeschlossen hat und so in grob gerundeten Zahlen ein gleichmäßiges Schema für Ägypten, Kreta, Griechenland mit den Inseln und Troja geboten werden kann. In der nachfolgenden Tabelle bedeutet

AR, MR, NR: Altes, Mittleres und Neues Reich von Ägypten,
FM, MM und SM: Früh-, Mittel- und Spät-Minoisch auf Kreta,
FH, MH und SH: Früh-, Mittel- und Spät-Helladisch in Griechenland.

Ägypten 1. u. 2. Dyn. u. Troja I: vor 2500 v. Chr.
AR, FM, FH, Troja II: 2500—2000.
MR, MM, MH Troja III—V: 2000—1600 (Montelius I),
NR, SM, SH, Troja VI: 1600—1200 Mykene (Mont. II u. III).

Der ausgehenden Steinzeit und dem Beginn des Frühhelladischen gehörten noch an die beiden ersten Perioden von Seskl und Dimini. Dann beginnt die Bewegung von dort gegen Süden, und auf ihrem Gange sehen wir schon die Frühformen des Mykenischen sich entwickeln. Das alte eiförmige, faßartige Vorratsgefäß, das wir schon von Vintscha her verfolgen können, begegnet mit sehr einfachem Schmuck in Orchomenos und dann reich spiralig verziert auf Kreta (oben Abb. 68 c). Besonders deutlich spricht der „Minysche Becher", der in den Gräbern von Seskl auftrat, auf dem weiteren Wege; er ist in Mykene dann in den Schachtgräbern in mehrfacher Abwandlung wiederzuerkennen, so in der großen Alabastervase aus dem 4. Schachtgrabe (Abb. 172b). Ferner ist die Mattmalerei von Thessalien her nach Mykene mitgegangen; ganz in der einfachen tektonischen Bemalung treten noch ein paar Gefäße in den Schachtgräbern auf (Abb. 173).

So beginnt um 1800 das Mykenische schon entschieden seine Eigenentwicklung, und um 1700 muß der Stil der Schachtgräber im wesentlichen fertig gewesen sein. Man nimmt jetzt an, daß um diese Zeit auch die Schachtgräber selbst bereits beginnen.

Damit kommen wir aber schon nahe an die Zeit hinauf, zu der Troja zugrunde gegangen sein muß, und die Mykenier können die Hauptrolle bei diesem Ereignisse gespielt haben, längst bevor sie mit vollentwickelter Kultur auf ihren Königshöfen von Mykene und Sparta saßen. Die Unternehmung gegen Troja II ist ohne Zweifel vom Westgestade des Inselmeeres ausgegangen. Troja II gehörte zu der ungriechischen Gruppe der Pelasger, Karer, Leleger. Gegen deren Seeräuberwesen, sagt Thukydides, schritt Minos von Kreta ein und stellte geordnete Zustände im Inselmeere her. Zum Reiche des Minos gehörten aber auch die griechischen Küsten. Athen hat den bekannten schimpflichen Jungfrauentribut nach Kreta zahlen müssen, den Theseus ablöste. Auch die erste Kultur in Mykene zeigt sich besonders in den bildlichen Darstellungen und in der Ornamentik stark im Banne von Kreta. So wäre wohl denkbar, daß die Mykenier längst vor ihrer Hochblüte und noch verteilt bis nach Thessalien hinauf, als die Hauptschwertführer des Minos den Trojafeldzug gemacht hätten; die Kreter selbst waren nach der Ilias ja auch daran beteiligt. Wie sehr die Mykenier noch bei ihrem Einrücken nach Griechenland mit der Seeräuberei zu rechnen hatten, zeigt die Anlage ihrer ersten Hauptburgen: Orchomenos, Theben, Athen, Tiryns, Mykene, sie sind alle zu ihrer Sicherung ein gutes Stück vom Meere zurückgezogen. Auch im Nachklang der mykenischen Periode bei Homer meldet sich der Seeraub noch in starken Tönen: Eumaios und Eurykleia waren von Seeräubern aus Königshäusern geraubt, und der ganze, große Krieg soll ja durch den Raub der Helena hervorgerufen sein.

Daß die ungriechische Kultur der Zeit von Troja II durch die nordisch gestählte neue Bevölkerungsschicht auf dem Balkan überwunden wurde, steht außer Zweifel. Die Unternehmungslust dieser neuen Volksmischung hat ihren westlichen Teil über die Adria nach Apulien, Sizilien, Malta und Kreta geführt, wie soll der östliche an dem, was unter Minos im Inselmeere geschah, unbeteiligt gewesen sein? Die Sage weiß von mancherlei Zügen zu berichten, die als Vorspiel zu der trojanischen Großunternehmung erscheinen und in erster Linie von Thessalien, wo Sesklo und Dimini dicht beim Meerbusen von Volo liegen, ausgegangen sind. Wer wird heute bei Jasons Argonautenzuge nach Kolchis nicht an die Ausbreitung der bemalten Keramik und Tierornamentik über den Kaukasus hinaus denken? Auch Herakles soll schon einen Zug nach Troja gemacht haben, zusammen mit Telamon, dem Vater des Ajax, Peleus und Theseus, wobei er auf dem Hin- und Rückwege Paros und Thasos befriedete. Den Übergriff der westlichen Küste an die östliche bezeugt dann auch die Geschichte der Auge, deren Sohn Telephos die Herrschaft über das Pergamenische Land gewinnt. Schließlich hat Achill, der als Führer der Minyer wieder Thessalier ist, während des langen Troja-Krieges Vieles in der näheren und weiteren Umgebung unterworfen: die Inseln Lesbos und Tenedos, die Städte Lyrnessos, Pedasos, Theben, letzteres die Vaterstadt der Andromache.

Alle diese Dinge haben dann ihren Abschluß gefunden in der Sage vom Trojanischen Kriege. Die Sänger an den Mykenischen Königshöfen haben ihn in ihren

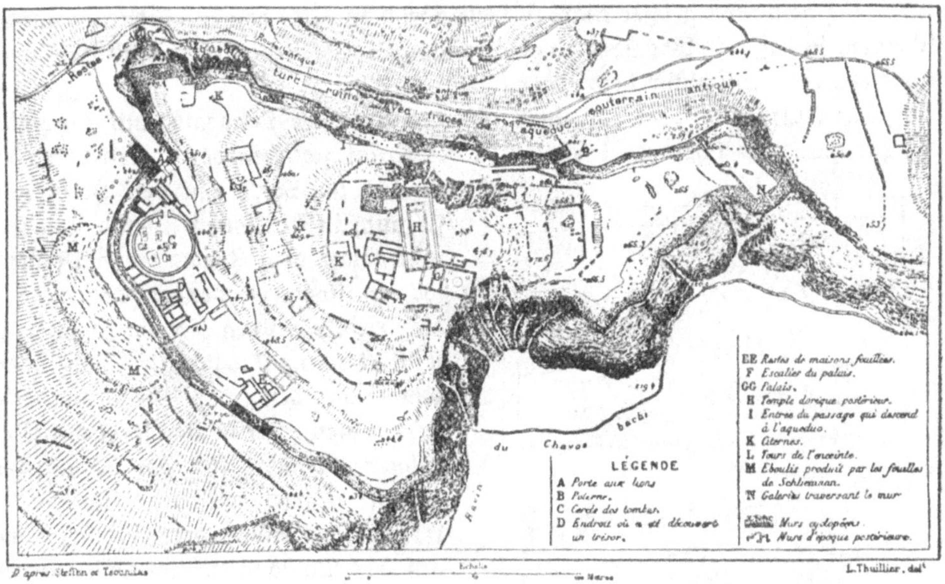

Abb. 168. Burgplan von Mykene. 1:3600.

Liedern gesungen, und die späteren Griechen haben diese erste Großtat ihrer fernen Vorfahren zu ihrem Nationalepos gestaltet.

Es war immer unbehaglich und unbefriedigend, daß man sich denken sollte, die Mykenier hätten Troja VI, das sie in ihrer Blütezeit selbst gegründet hatten, nachher auch selbst wieder zerstört, und die Griechen hätten nachher diese wunderliche Tat als den ruhmvollen Anfang ihrer Geschichte betrachtet. Nach der Aufklärung der ganzen Umwelt zur Zeit von Troja II aber erhält nun Schliemann recht für seine gesunde Auffassung, daß die auffallendste Schicht der ganzen Ausgrabung, die mächtig gebaute, goldreiche Burg, die durch einen furchtbaren Zerstörungsbrand zugrunde gegangen und dann Jahrhunderte lang unberührt liegen geblieben ist, die in Sage und Lied verherrlichte gewesen sein muß.

Nach diesen Frühtaten der Mykenier fassen wir nun die Blüte ihrer Kultur an der durch die ergiebigsten Ausgrabungen erschlossenen Stätte, dem Königssitze von Mykene ins Auge.

In Mykene haben die mächtigen kyklopischen Mauern und das berühmte Löwentor mit dem Relief der wappenartigen Darstellung von zwei eine Kultsäule flankierenden Löwen immer freigelegen. Schliemann hat dann 1878 die ersten Ausgrabungen gemacht und das unerhörte Glück gehabt, die goldreichen Gräber einer frühen ganzen Dynastie zu finden. Nachher haben die Griechen und die Engländer besonders das Bauliche aufgeklärt und dabei mitten auf der Höhe der Burg die Reste des Palastes festgestellt. In dem Bilde, das sich in dem allen entrollt, lassen sich heute mit großer Klarheit viele nordische Züge von den südlichen unterscheiden, so daß wir hier über einen Brennpunkt der europäischen Kulturentwicklung wichtige Aufschlüsse bekommen.

Das Auffallendste ist, wie in Troja, das nordische Langhaus mit Vorhalle. Es hat hier aber schon zwei Säulen in der Front zwischen den Anten und vier Säulen im Saale um den Herd, wie sie auch in Thessalien (Sesklo und Dimini) nach dem Ausweis von Pfostenlöchern schon verwendet waren. Sie dienten als Stützen für die Zugbalken, nicht etwa als Träger eines basilikalen Oberbaus; denn das Megaron hatte sicher einen offenen Dachstuhl mit Giebeldach darüber. Wo bei Homer der Angriff gegen die Freier sich vorbereitet, fliegt Athena wie eine Schwalbe auf den Dachbalken, um von da der kommenden Szene zuzuschauen (Od. 22. 239). Die Hausmodelle der bemalten Balkankeramik zeigen ja auch das Giebeldach (oben Abb. 123), und es wäre nicht einzusehen, woher der spätere griechische Tempel es haben sollte, wenn das mykenische Megaron, aus dem er sich in allem entwickelt hat, es nicht gehabt hätte.

Abb. 169. Grabstele aus Mykene.
Nach G. Karo.

Im ganzen zeigt sich aber in Tiryns für das Megaron, wie diese Hausform viel weniger geeignet ist für ein großzügiges Wohnen als das mittelländische Hofhaus. Während man in Kreta um den Hof herum das Hufeisen von Wohnräumen nach Belieben ausgestalten, bei Vergrößerung des Hofes immer mehr Zellen gestaffelt mit Lichtschachten dazwischen anlegen kann, baut man in Tiryns, so wie vorher schon in Troja, ein Megaron neben das andere und hat Mühe, durch Nebenräume und Korridore dem weiteren Bedürfnis und der Verbindung zu helfen. Das nordische Haus ist das eines einfachen Gutsherrn, der kretische Palast ist aus der langen Übung verwöhnter Herrscher erwachsen. Ähnlich scheidet sich Nord- und Südcharakter bei der Burg. Wo der neue Herr schon eine Burg vorfand, wie in Tiryns (oben Abb. 160), setzte er sich in diese kleine Herren-

1

2

3

Trojanische Gefäße

1. Troja II: Silberhumpen (Mischkrüge und Goldbecher). $^{1}/_{6}$. 2. Troja VI: Graue Keramik. $^{1}/_{4}$.
3. Troja VII: Buckelkeramik. $^{1}/_{6}$. Alle im Berl. Mus.

Tafel XLI

Goldene Maske aus dem 4. Schachtgrabe von Mykene.
Nach G. Karo.

burg; wo er aber eine neue anlegte, wie in Mykene, baute er sie ganz groß, als nordische Volksburg, in der die Bewohner der weiten Umgegend in Zeiten der Not mit Platz finden konnten (Abb. 168). In Tiryns haben die sehr dicken Burgmauern auch auf einigen Strecken Kasematten, die in falschem Gewölbe oben spitzbogig geschlossen sind, wie die Räume in den sardinischen Nuragen. Dergleichen fehlt in Mykene völlig.

Das Interessanteste in Mykene sind die Schachtgräber. Sie sind das Älteste, was die mykenische Kultur bisher geliefert hat und zeigen doch schon einen ganz fertigen Stil. Es ist einer der größten Glücksfälle der Wissenschaft, daß uns das Frühmykenische gleich in einer zeitlich ganz geschlossenen Masse und in einem Reichtum an Material und Motiven, wie ihn kaum ein anderer Fund der Welt wieder vor Augen führt, beschert wurde. Schliemanns Weltruhm wäre schon wohlbegründet, wenn er nur den trojanischen und den mykenischen Goldschatz zutage gefördert hätte.

Die Gräber haben ursprünglich außerhalb der Burg gelegen, am felsigen Berghang eingeschachtet. Erst bei einer Erneuerung der Befestigung sind sie durch einen vom Löwentore ausgehenden Mauerbogen mit einbezogen, und nun ist auch erst die ebene Fläche über ihnen angelegt und mit einer runden Einfassung umzogen worden.

Dies Verhältnis läßt uns gleich an einem Beispiel erkennen, wie die „Mykenier" ursprünglich waren und wie sie dann wurden. Die in den Gräbern gefundenen Masken zeigen bärtige Gesichter mit Ausrasierung einzelner Teile; die Stelen aber, die etwa 100 Jahre später im Gräberrund errichtet wurden und die Kriegs- und Jagdtaten der Verstorbenen darstellen (Abb. 169), zeigen sie alle bartlos. Im Mittelmeere herrschte, wie Kreta und Ägypten dartun, allgemein das Rasiermesser. Die neuen Herren waren bärtig aus ihrer nordischen Heimat gekommen, hatten sich dann aber bald der südlichen Sitte anbequemt. Aus dieser südlichen Sitte haben sie dann auch schon die runde Umhegung für ihre neu hergerichtete Grabstätte genommen, die nichts anderes ist als der Cromlech von Westeuropa.

Fünf große Gräber, jedes mit 2—4 Leichen, lagen auf diesem kleinen runden Friedhofe, ein sechstes außerhalb daneben. Sie waren verschlossen gewesen durch Steinplatten, die vom Rande her auf einen in der Mitte lang übergelegten Balken griffen. So waren sie für eine Neubestattung leicht zu öffnen gewesen. Als der Balken verfaulte, waren die Platten in das Grab gefallen; Schliemann fand sie schräg an den Wänden stehend.

Die Gräber waren überreich ausgestattet mit Frauenschmuck und Männerausrüstung, alles, was zur Tracht gehörte, in Gold, die Gefäße von Gold oder Silber; die Tonware war spärlich. Die Frauen trugen breite Goldbänder als hohen kronenähnlichen Kopfschmuck (Taf. XLI) und große Brustgehänge. Mehrere hundert runde Goldscheiben fanden sich mit Spiralen, Palmwedeln, Schmetterlingen ver-

Abb. 170. Altärchen und Frauenidole aus dem 3. Schachtgrabe von Mykene. Nach H. Schliemann. Fast 1/1.

ziert; mit ihnen war der untere Teil des Frauenrockes in mehreren Reihen ringsum besetzt (Abb. 170a), wie es sich auch in der bandkeramischen Kultur von Süd- und Norddeutschland gefunden hat (oben S. 226). Wahrscheinlich war auch

Abb. 171. Entwicklung des „Minyschen" Bechers.

das kleine bauliche Gebilde, das gewöhnlich Tempelchen genannt wird, ein frommer Frauenschmuck (Abb. 170b). Einen Tempel kann es nicht wohl vorstellen, weil es Tempel in der Mykenischen Kultur noch gar nicht gab, — ebensowenig wie vorher in Kreta — wohl aber einen Altar mit hohem Aufsatz in der Mitte; auf jeden der drei Teile liegen die gehörnten Feuerböcke und die Vögel, die darauf sitzen sind die Tauben der Aphrodite, — hier wohl noch allgemeiner der Großen Mutter Es sind dieselben Vögel, die nachher in der Hallstattkultur so viel auf Kult- und Schmuckgeräten begegnen. Die besonders würdige Maske mit Vollbart lag auf einer merkwürdig gut erhaltenen Leiche, welche Schliemann gern für Agamemnon halten wollte. Einer der Männer trug auch eine große, dicht mit Spiralen verzierte Brustplatte. Unter den Gefäßen waren ein paar silberne Schnabelkannen das meiste waren goldene Trinkgefäße, teils Fußbecher, teils tassenförmige mit flachem Boden. Die Waffen bestanden in Langschwertern und — dem Erstaunlichsten an Kunstfertigkeit: breiten Dolchen mit lebendigsten Darstellungen au

Abb. 172. Nachwirkung des Minyschen Bechers in Mykene. a Ton, b Alabaster, c Silber. Nach G. Karo.

verschiedenen Metallen eingelegt. Darüber soll nachher noch besonders gesprochen werden.

Diese Begräbnisstätte gibt uns nun gleich deutliche Hinweise auf die Mischung aus nördlichen und südlichen Elementen, die sich in der Mykenischen Kultur vollzogen hat. Der Minysche Becher, der in Thessalien die mittelhelladische Zeit repräsentiert, spielt auch hier noch seine Rolle. Seinen Stammbaum kann er vom thessalischen Sesklo über Serbien, Ungarn, Böhmen bis in den Hinkelsteinstil von Worms zurückführen (Abb. 171). In Mykene kommt er auch in Ton noch in seiner einfachen alten Form vor (Abb. 172a), aber deutlich zeigt sich sein Einfluß auch in dem ganz vornehmen Gefäß aus Alabaster und dem sehr schönen Silberbecher mit dem Schmuck einer Blumenschale im Rande (Abb. 172b, c). Ferner ist die Mattmalerei, die in Thessalien ebenfalls zu den Eigentümlichkeiten des Mittelhelladischen gezählt wird, auch in Mykene noch in einigen kleinen Stücken vertreten (Abb. 173), die sich in ihrer einfachen, man möchte sagen bäurischen Form, mit

Abb 173. Tongefäße mit Mattmalerei aus dem 3. Schachtgrabe von Mykene. Nach G. Karo. Etwa $1/2$.

Abb. 174. Schnurkeramische (a c) und mykenische (b d) Amphoren.

der nüchternen Zickzackverzierung in dieser höfischen Umgebung sehr bescheiden ausnehmen. Den schlagendsten Beweis aber für den Zusammenhang mit dem Norden liefern ein paar Amphoren, eine der hohen und die andere der gedrückten Form (Abb. 174), die beide ersichtlich aus thüringischer Wurzel stammen (vgl. Abb. 174a und c). Die hohe Amphora 174 b hat ganz auffallend dieselbe Form, dieselbe Umschnürungsverzierung und an derselben Stelle die Henkel wie ihr thüringisches Vorbild, aber bezeichnenderweise belebt sie schon ein phantastisches Seetier.

Als weitere Dinge, die nach dem Norden weisen, sind zunächst zu nennen die schönen großen Bernsteinperlen der Schachtgräber. Schliemann hat sie auf ihren Gehalt an Bernsteinsäure untersuchen lassen und das Ergebnis erhalten, daß sie mit ihren $7^1/_2\,^0/_0$ von der Nordsee stammen müssen, denn der sonst in Betracht kommende sizilische Bernstein hat nur $2^1/_2\,^0/_0$ Säure. Aus den Schachtgräbern sind auch ein paar schwere Hängespiralen vorhanden (Abb. 175), wie sie ähnlich schon in Troja vorkamen, und die in Ungarn und dem Aunjetitzer Kreise ihre Heimat haben (oben Abb. 152). Sodann liegt ein Schwert aus Mykene vor, das unbedingt nordisch ist, ein breites Griffzungenschwert (Abb.

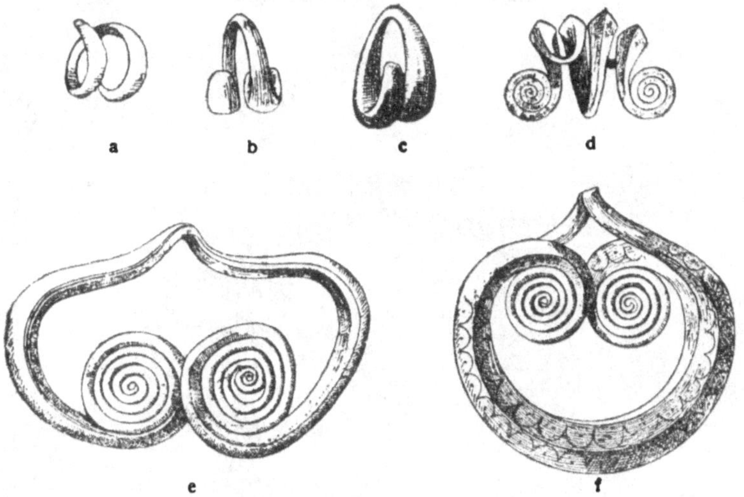

Abb. 175. Goldene Hängespiralen aus Troja (a), Ungarn (b, c), dem Kaukasus (d) und Mykene (e, f). Nach Hubert Schmidt. $^1/_1$.

176 b) von der Art der in Ägypten gefundenen mit den Königsnamen. Homer muß wohl diese Schwertform meinen, wenn er hier und da von einem Krieger rühmt, daß er ein thrakisches Schwert besitze (Il. 23. 560 f., 807 f.).

Die ersten Fibeln, die wir im Mittelmeere überhaupt kennen lernen, sind in Mykene gefunden und haben die Form eines Violinbogens (Abb. 176 c). Vorher gab es nur einfache Nadeln. Die Fibel ist im Norden erfunden als eine Nadel mit einem Drahtfaden in ihrer Öse. Demgegenüber bedeutet die neue südliche Form einen Fortschritt: sie besteht aus einem Stück, und in Folge einer Spiralbiegung an seiner Wurzel federt der Faden beim Erfassen der Spitze.

Schließlich ist wohl zu beachten, daß in Kreta sich eine eigene Schrift — Bilderschrift sowohl wie Kursive — der Palastherren gefunden hat, daß aber auf den mykenischen Burgen dergleichen völlig fehlt; das einzige was hier an Schrift auftritt, sind einige Hieroglyphen auf ägyptischen Importstücken. Es ist wohl kein Zweifel, daß auch in dieser Besonderheit sich ein nordisches Element der mykenischen Kultur ausspricht. Die zugewanderten Herren der achäischen Burgen waren Analphabeten. Sie haben auch während des ganzen Verlaufs ihrer Herrschaft keine Schrift angenommen. Ihre Sprache ist also nicht aufgeschrieben und damit für uns völlig verloren.

Nur zum Teil mitgebracht haben die neuen Herren sodann die Spiralornamentik, die in berauschendem Rhythmus und Reichtum die Goldsachen der Gräber

Abb. 176. a Kretisches Schwert von den Kykladen. $^1/_4$. b Nordisches Schwert gef. bei Mykene. $^1/_4$. c Bügelnadel gef. bei Mykene. $^1/_2$. d Bronzebecher von Tiryns. e Goldplattierter Holzknopf aus dem IV. Schachtgrabe. $^1/_1$.

und auch der Stelen über ihnen erfüllt. Manche meinen, daß die Mykenier dies Ornament überhaupt erst im Süden durch die Kreter kennengelernt hätten, aber das ist zu weit gegangen. Es müssen Teile ihres Volkes doch aus dem Lande stammen, in dem noch in späteren Zeiten die Sitte der Totenmasken bestand, und das ist der westliche Balkan. In Trebenischte am Ochrida-See, auf der Grenze von Albanien und Jugoslawien, werden seit einigen Jahren Gräber ausgegraben, die, ganz wie die mykenischen Schachte angelegt, Goldmasken als Abbilder der Toten enthalten. Die Gräber gehören in das 6. Jahrhundert v. Chr. und die ursprüngliche Auffassung, mykenische Sitte habe noch in so später Zeit bis hierher gewirkt, ist durch Fabricius und Pernice unter allgemeiner Zustimmung dahin berichtigt worden, daß in einem der Heimatländer der mykenischen Kultur, in dem hohen weltfremden Berglande von Ochrid bei vornehmen Geschlechtern die alte Übung noch fortbestanden hat, als Mykene und die mykenische Kultur längst versunken und vergessen waren. Ochrid liegt im Kernlande des alten Illyrien, und viel weiter nördlich, aber immer auch noch in Illyrien, hat sich in Fürstengräbern von Kl. Glein bei Graz dieselbe Erscheinung gezeigt wie in Mykene: Masken und Handschuhe, wenn auch hier nicht aus Gold sondern aus Bronze [1]).

Aus demselben illyrischen Gebiete finden sich sodann Spiralrhomben (Abb. 153 b u. 195 b), die ganz die hierneben abgebildete Form aus dem Mykenischen Schachtgrabe ergeben (Abb. 176 e); und kürzlich ist in Tiryns ein Becher mit einem Vogel auf dem Rande gefunden (Abb. 176 d), bei dem man an den bekannten Mischkessel aus Hallstatt mit dem Pferd auf dem Rande erinnert wird (unten Abb. 196).

Bei dieser starken Verbundenheit Mykenes mit dem bandkeramischen wie noch dem hallstättischen Illyrien wird man daran denken, daß eine Hauptgestalt der homerischen Lieder, Odysseus, ein illyrischer König war. Er herrschte auf den jonischen Inseln und in Epirus. Das alte Illyrien reichte aber über diese Gebiete noch nach Akarnanien und Ätolien bis zum Korinthischen Golf. Unterscheidet sich nicht auch Odysseus wesentlich von den ganz aufs Heldische gestellten Iliasfiguren Agamemnon, Achill und Aias mit seinem überlegsamen Sinn und ruhigen Blut? Die Odyssee ist rein die Geschichte seiner Abenteuer und seines Ruhms, des Vielgewandten und Charmanten. Alles ist Seefahrt, alles spielt im westlichen Mittelmeere, alles ist Klugheit des täglichen Lebens, alles ist offenbar illyrische Weise und Sage.

Wir hörten schon, daß die illyrische Sprache starken Anteil hat am Urgriechischen, wir werden uns also nicht zu scheuen brauchen, auch den Einfluß in der Spiralornamentik und der Maskensitte illyrisch zu nennen.

---

[1]) Abgebildet bei Schuchhardt, Vorgesch. v. Deutschland [4]1939 S. 200.

Der starke Einschlag der Illyrier hat offenbar bewirkt, daß die Mykenier sich so rasch und so vielseitig in das Mittelmeerwesen eingewöhnt haben. Wir sahen es in den kleinen Einzelheiten der täglichen Gebrauchsstücke, sehen es an dem Be-

Abb. 177. Tongefäße aus den mykenischen Schachtgräbern. a c Grab VI, 1/8; b, Grab III, 1/3.

triebe der Kunst und sehen es in den Gedankenregionen des Totenkults und Jenseitglaubens.

Schon in den Schachtgräbern sind die Schnabelkanne (Abb. 177 a) und die gedrückt kuglige kleine Amphora (Abb. 177 b) der Kykladen in mehreren Exemplaren vorhanden, und die birnförmigen Amphoren und Kannen mit engem

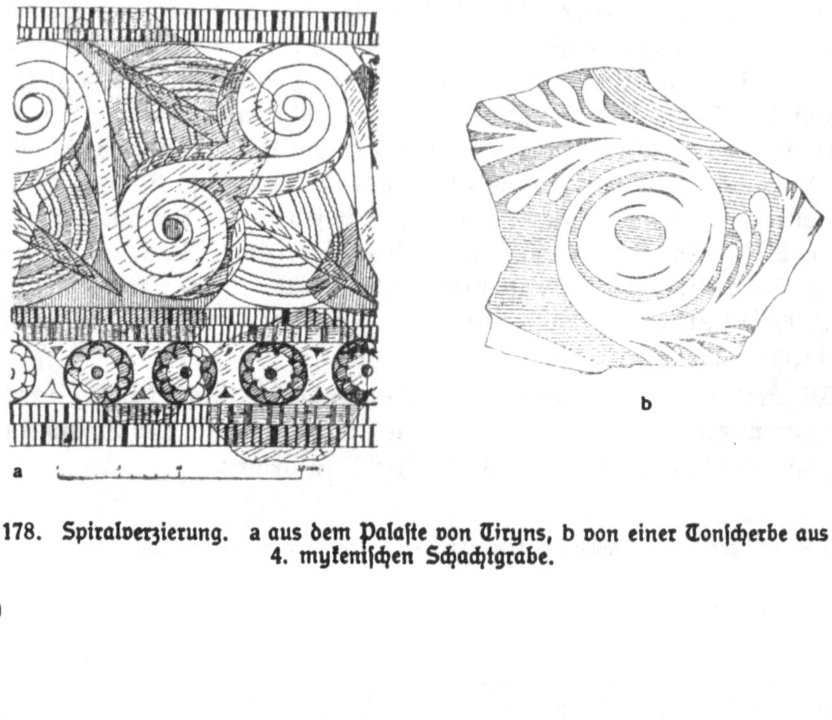

Abb. 178. Spiralverzierung. a aus dem Palaste von Tiryns, b von einer Tonscherbe aus dem 4. mykenischen Schachtgrabe.

Halse, die hier zuerst auftreten (Abb. 177 c) und später im Mykenischen so beliebt geworden sind, dürften auch über Kreta aus dem westeuropäischen Stile stammen.

Für die Ornamentik ist interessant zu sehen, wie wieder die Bildfreudigkeit des Südens auf den Nordländer großen Eindruck gemacht und seine Liniengebilde umgestaltet hat. Sie blühen aus wie die Spiralen in Malta und Kreta und die geraden Linien in Susa und Mussian. Das monumentale Beispiel ist die Alabasterdecke der Grabkammer zu Orchomenos mit ihren Spiralen, aus deren Zwickeln Palmwedel hervorwachsen, und eine ganz entsprechende Wandmalerei im Tirynther Palaste (Abb. 178 a). Im Rahmen einer Grabstele wird die Spirale zu einer sprossenden Ranke [1]), auf einer Tonscherbe zu einer Art Alge (Abb. 178 b). Auf der kleinen Vase Abb. 177 b ist die Spirale selbst schon aufgegeben, ihr großes rundes Auge ist mit einem Palmwedel gefüllt, und die Führungslinie geht abwechselnd oben und unten um diese Augen herum, ganz wie gelegentlich im Cucuteni-Stile. In den Zwickeln zwischen dieser Linie und den Augen sind große runde Punkte angebracht, die wir auch schon von Cernavoda und Cucuteni her kennen (oben Abb. 119 c).

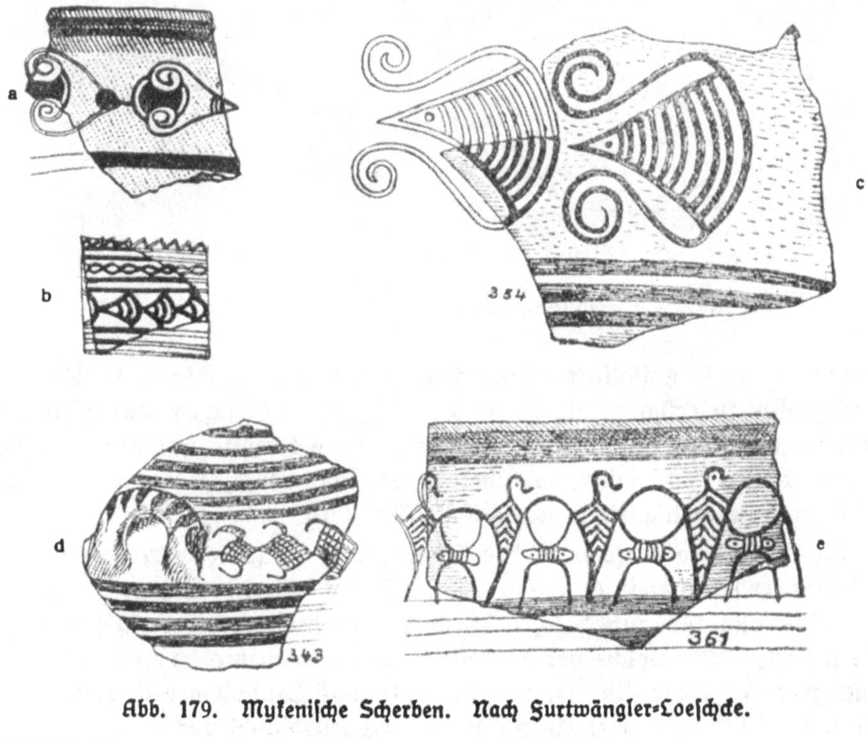

Abb. 179. Mykenische Scherben. Nach Furtwängler-Loeschcke.

[1]) Schuchhardt, Schliemanns Ausgrabungen^{2} 1891 S. 205.

In der geradlinigen Ornamentik spielten das Rauten- und das Dreiecksband eine große Rolle, und auch sie werden lebendig gemacht, indem sie Köpfe erhalten und anscheinend zu laufen beginnen (Abb. 179 a—e). In ähnlicher Weise scheinen

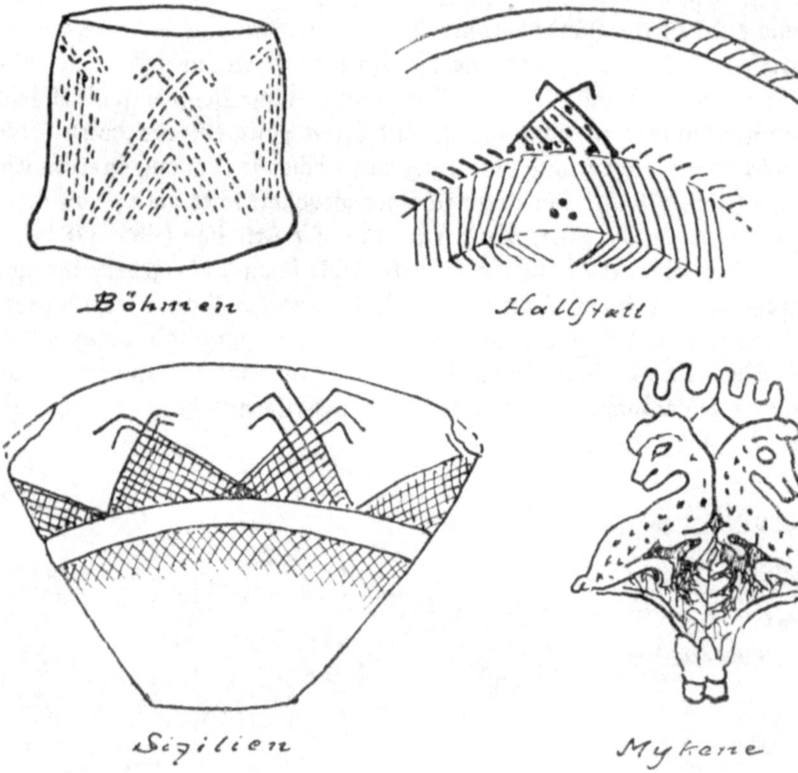

Abb. 180. Dreieckmotive von der Steinzeit bis Hallstatt.

mir aber die in so auffallender Dreiecksform gestalteten goldenen Zierbleche der Schachtgräber zu erklären, die Tiere, bald Hirsche, bald Katzen giebelförmig gelagert zeigen. Sie erwachsen aus dem alten Dreiecksmotiv mit den oben übereinander kreuzenden Linien, das schon in der Schnurkeramik und dann auch in Sizilien und im Hallstattkreise vorkommt (Abb. 180).

Die Waffen haben schon in den Schachtgräbern durchweg kretische Formen. Die Schwerter setzen breit an und laufen mit starker Mittelrippe ganz spitz zu (Abb. 176 a), sind also rein zum Stechen bestimmt, wie man auch aus einigen Kampfbildern sieht. Die Dolche haben breite Klinge und mehrere von denen in den Schachtgräbern zeigen eine wunderbar kunstreiche Tauschierarbeit, eine Löwenjagd (unten Abb. 181), oder Enten, die im Papyrusdickicht von Katzen überrascht werden. Die Darstellung ist durch die Verwendung von Gold, Silber und Kupfer farbig gestaltet. Das Gold verstand man außerdem zu färben — wie heute in Japan — so daß es zuweilen ganz rötlich auftritt. Eine Ente, die von einer Katze gepackt wird, hat einen roten Blutfleck am Halse.

Es ist das eine Technik, die nur in dieser frühmykenischen Zeit der Schachtgräber geübt worden ist. Außer in ihnen ist sie nur noch an einem Schwerte aus Thera [1]) und an einem Dolche aus dem Grabe der Aahotep in Ägypten gefunden. In der Folgezeit muß sie völlig abhanden gekommen sein. Im Dipylonstile sind die Verzierungen in das Metall eingraviert, bei den phönikischen Arbeiten sind sie in Relief getrieben.

Bei dem hohen Alter dieser Technik — um 1500 v. Chr. — ist um so erstaunlicher, daß sie bei Homer noch in die Erscheinung tritt, in einem Stück allerdings, das man immer schon als besonders alt angesehen hat, nämlich der Beschreibung des Achilleus-Schildes. Es heißt da (Il. 18, 561 ff.):

Drauf auch ein Rebengefilde von schwellendem Weine belastet
Bildet' er schön aus Gold, doch schwärzlich glänzten die Trauben:
Und es standen die Pfähle gereiht aus lauterem Silber.
Rings dann zog er den Graben aus dunkeler Bläue des Stahles,
Samt dem Gehege von Zinn.

Dann ist von einem Ackerfelde die Rede, auf dem gepflügt wird (548 f.):

Aber es dunkelte hinten das Land, und Geackertem ähnlich
Schien es, obgleich von Gold; so wunderbar hatt' er's bereitet;

und von einer Herde hochhauptiger Rinder (574):

Einige waren aus Golde geformt, aus Zinne die andern.

Schließlich wird der Reigentanz von Jünglingen und Jungfrauen beschrieben:

Jegliche Tänzerin schmückt' ein lieblicher Kranz, und den Tänzern
Hingen goldene Dolche zur Seit' an silbernen Riemen.

Wie wir uns die Anordnung der ganzen Schildbilder zu denken haben, wird ebenfalls nur durch mykenische Funde klar. Homer beginnt seine Beschreibung:

Auf ihm schuf er die Erd' und das wogende Meer und den Himmel,
Auch den vollen Mond und die rastlos laufende Sonne.

Dann folgen die Bilder zweier Städte, der einen im Frieden mit hochzeitlichem Aufzuge und einer Gerichtssitzung, der anderen im Kriege mit Greisen und Weibern auf den Mauern und einem unter Führung von Ares und Athena heranrückenden Heere. Weiter die Jahreszeiten: Feldbestellung, Kornernte, Weinlese; dann eine Viehherde und ein Reigentanz und zum Abschluß des Ganzen der Okeanos.

[1]) Mém. de la Soc. des antiquaires du Nord 1878—83 pl. VIII p. 234.

Man hat sich nun immer vorgestellt, den Mittelpunkt der Darstellung hätten die Himmelskörper gebildet und das übrige sei in konzentrischen Bändern darum herumgelaufen, so wie es bei phönikischen Silberschalen der Fall ist. Aber solche rundlaufenden Bilder gibt es in der mykenischen Kunst noch gar nicht. Runde oder ovale Flächen werden in gerader Linie durchgeteilt, wenn sie mehr als ein Bild aufnehmen sollen [1]). Und der Achilleusschild ist gar kein Rundschild, sondern ein Sakos, ein Turmschild [2]) gewesen (Abb. 161 und 181). Wie wir in Wirklichkeit die von Homer beschriebenen Bilder uns auf der Fläche zu denken haben, das deuten zwei Beispiele aus dem mykenischen Kunstkreise an: das Bruchstück eines Silberreliefs, das eine Stadtbelagerung als Hochbild auf breiter Fläche entwickelt zeigt, und der bekannte große Goldring, auf dem die Sonne, der Mond und „das wogende Meer" oben in der Luft über der menschlichen Begebenheit schweben (Abb. 183 a). Die Übereinstimmung mit der homerischen Schilderung ist ganz augenfällig.

Dies eine wichtige Stück, die Schildbeschreibung, könnte schon genügen, um zu zeigen, daß Teile der homerischen Dichtung die mykenische Kultur noch gekannt haben. Die Beziehungen gehen aber noch weiter. Der Goldreichtum bei Homer entspricht ganz dem der mykenischen Schachtgräber. In der Odyssee wird, wie oben schon gesagt, bei allen Gelagen: im Hause des Odysseus, bei Nestor, bei Menelaos, bei den Phäaken, stets aus goldenen Bechern getrunken, und nur der grobe Kyklop und der brave Sauhirt haben jeder einen hölzernen Trinknapf (Kissybion).

Es muß auffallen, daß Homer außerordentlich viel Tier- und Pflanzenzierat erwähnt. Goldene und silberne Hunde hüten die Tür am Palaste des Alkinoos. Jünglinge stehen als Fackelhalter auf Basen, Hephaistos wird sogar von goldenen Jungfrauen gestützt und geleitet. Goldene Tauben saßen auf dem Becher des Nestor. Am Wehrgehenk des Herakles (Od. 11, 611) sah man

> Bären und Eber voll Wut und grimmig funkelnde Löwen,
> Treffen und blutige Schlachten und Niederlagen und Morde.

Odysseus nestelte sein Gewand mit einer goldenen Fibel (Od. 19, 227):

> „die vorn gezieret mit Bildwerk.
> Zwischen den Vorderklauen des gierig blickenden Hundes
> Zappelt ein fleckiges Rehchen; und alle sah'n mit Bewundrung,
> Wie aus Golde gebildet der Hund an der Gurgel das Rehkalb
> Hielt, und das ringende Reh zu entflieh'n mit den Füßen sich mühte."

Am Panzer des Agamemnon waren Streifen aus verschiedenem Metall (Il. 11, 26):

> „Auch drei bläuliche Drachen erhoben sich gegen den Hals ihm,
> Beiderseits voll Glanz wie Regenbogen . . ."

---

1) Z. B. Ephemeris 1904, S. 20. Brit. School Athens 1904, S. 56.
2) φέρων σάκος ἠΰτε πύργον Il. 7. 219; 17. 128.

Das alles ist nicht nordisch, sondern ganz und gar kretisch-mykenisch. Und noch mehr: die Art, wie Homer die ihm vor Augen stehenden Kunstwerke schildert, entspricht so sehr dem Charakter der mykenischen Kunst, daß sie den vielen, die Schriftliches leichter lesen als Bildliches, diesen Charakter erst ganz zum Bewußtsein bringen werden. Brunns feinem Kunstgefühl ist es zuerst aufgegangen, daß die orientalischen Schildereien, die assyrischen und die phönikischen, nur eine Bilderschrift seien, eine einfache Aufreihung von Tatsachen, gegenüber den lebendigen, von Empfindung und Leidenschaft durchglühten Darstellungen der Mykenier. Er hat sicher recht. Aber nicht anders als die assyrisch-phönikische verhält sich die Dipylonkunst mit ihren eintönigen Ringelreihen, Aufbahrungen, Wagenzügen, und die Dipylonpoesie, wie etwa Hesiods Theogonie, zur mykenischen Kunst. Werfen wir nur einen Blick auf die in winzigen Figuren dargestellte Löwenjagd der mykenischen Dolchklinge (Abb. 181). Ein ganzes Drama entrollt sich auf dem schmalen Streifen. Fünf Männer sind gegen drei Löwen in den Kampf getreten. Der erste Mann ist eben gefallen, sein Schild sinkt ihm nach. Ein zweiter und dritter Mann treten mit höchster Kraftanstrengung, mit weitausholender Lanze in die Bresche. Der erste hält seinen Schild vor, der zweite hat ihn noch umgehängt. Zwei Löwen ergreifen daraufhin die Flucht, der erste stürzt unbesinnlich gestreckten Laufes ab, der andere sieht sich noch einmal um. Der dritte, schon verwundete Löwe nimmt den neuen Kampf auf. Über den gefallenen Gegner hinweg springt er die kämpfenden Männer an. Aber er wird ihrer nicht Herr werden. Hinter den ersten beiden pirscht sich vorsichtig schon ein dritter heran und ein vierter im Hintergrunde steht hoch und wurfbereit.

Richtiger würde man wohl statt „im Hintergrunde" sagen „daneben", denn was auf der Bildfläche notgedrungen hintereinander auftritt, ist in Wirklichkeit nebeneinander gedacht, im Halbkreise um die Löwen herum. So erläutert Homer solche Szenen und fügt all das hinzu, was in der temperamentvollen Darstellung gewissermaßen zwischen den Zeilen zu lesen ist. Man nehme aus der Schildbeschreibung welche Szene man wolle, z. B. das Gericht (Il. 18, 497—508):

> Auch war dort auf dem Markte gedrängt des Volkes Versammlung:
> Denn zwei Männer zankten und haderten wegen der Sühnung
> Um den erschlagenen Mann. Es beteuert der eine dem Volke,
> Alles hab' er bezahlt; doch der andre leugnet die Zahlung.
> Jeder drang, den Streit durch des Kundigen Zeugnis zu enden.
> Diesem schrien und jenem begünstigend eifrige Helfer;
> Doch Herolde bezähmten die Schreienden. Aber die Greise
> Saßen umher im heiligen Kreis' auf gehauenen Steinen;
> Und in die Hände den Stab dumpf rufender Herolde nehmend,
> Standen sie auf nacheinander, und redeten wechselnd ihr Urteil.

Solche homerischen Schilderungen sind echt mykenische Kunst. Sie sind nicht trockene Historie, sondern Dramen voll Saft und Blut. Und diese Kunst ist nicht im Orient gewachsen, sondern durchaus im alten Mittelmeere. Sie hat ihre Vorläufer

Abb. 181. Dolchklinge mit Löwenjagd aus dem 4. Schachtgrabe von Mykene. Gr. 23 cm

in der blühenden empfindungsreichen Wandmalerei und Plastik von Knossos, einen Ausläufer in den feinsinnigen Gestaltungen unter Amenophis IV. und ihre frühen Wurzeln in den paläolithischen Tier- und Menschengestalten von Westeuropa, die erst eben mit dramatischer Gruppierung beginnen, aber auch schon als Einzelbilder groß und reich sind wie die Natur selbst.

Waren die Mykenier schon in der Schachtgräberzeit so weit in den Geist des Südens eingedrungen, daß sie sich mit derartiger Kunst umgaben, so sehen wir sie bald auch auf dem Gebiete des Totenkultes, des Jenseitglaubens und der Götterverehrung neue Wege wandeln. Das beredteste Stück dafür sind die großen Tholen, die Kuppelgräber, die sie zu bauen anfangen. Damit wird das, was in Spanien verheißungsvoll begonnen hatte und in Frankreich und Irland etwas schwächer nachgeahmt war, nun zur höchsten Vollendung gebracht. Das „Atreusgrab" in Mykene und das Kuppelgrab von Orchomenos, die wahrscheinlich beide denselben Baumeister gehabt haben, sind die erstaunlichsten und schönsten von allen. Es ist unmöglich mit Wilamowitz [1]) noch zu glauben, daß die Mykenier diese Bauform aus dem Norden mitgebracht hätten. Sie ist dort nie und nirgend nachzuweisen, hat im Süden aber nicht bloß in den Gräbern von Spanien und dem Nordwesten, sondern auch in den Nuragen von Sardinien und dem großen Rundbau von Tiryns ihre klaren Vorstufen.

Die Tholen von Mykene sind wie die älteren im Westen mit bienenkorbförmiger Kuppel in „falschem Gewölbe" unterirdisch angelegt und mit einem langen, von wohlgefügten Quaderwänden flankierten Zugange versehen (Abb. 182). Wie in Spanien die Romeral-Tholos schon einen Nebenraum für das eigentliche Grab hatte (oben Abb. 35), so haben auch das Atreusgrab in Mykene und die Tholos in Orchomenos neben dem großen Rund-

[1]) Glaube der Hellenen 1929 S. 60 und öfter.

die kleine, hier viereckige Grabkammer. Das ist der letzte Rest der Sitte, die einst zahlreiche solche Kammern um den Hauptraum legte, in Sardinien, auf Malta, in Etrurien (oben Abb. 47. 73).

Die Front der königlichen Tholen in Mykene pflegt reich gegliedert zu sein. Über dem Türsturz ist regelmäßig das Entlastungsdreieck ausgespart, das mit einer

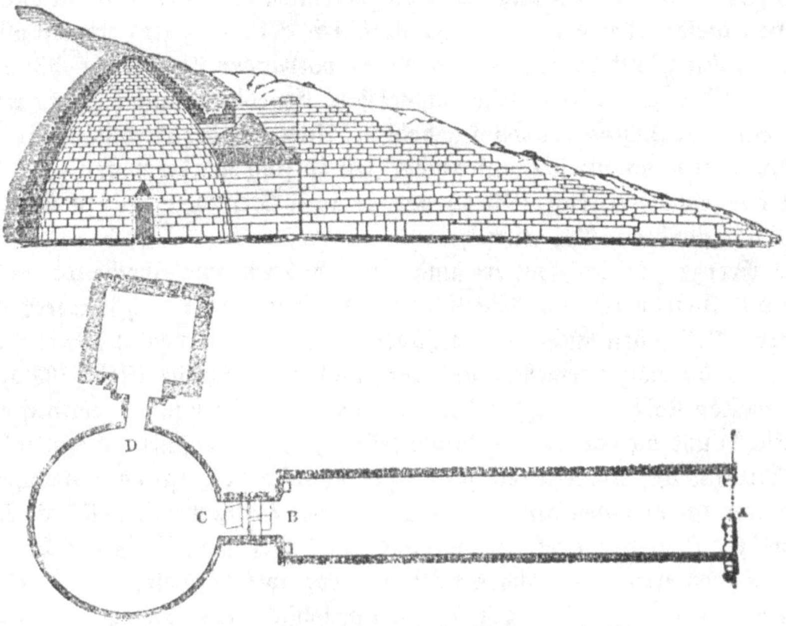

Abb. 182. Sog. Atreusgrab in Mykene. 1:600.

großen Steinplatte geschlossen wird. Derselben Erscheinung begegnen wir beim Löwentore der Burg, wo die dreieckige Platte die von Löwen flankierte Säule zeigt. In dieser Konstruktion liegt eine Erinnerung an die alte allgemein übliche Zuwölbung jeder Öffnung mit vorkragenden Platten. Auch die Entlastungsplatte selbst haben wir ja schon in Sardinien angetroffen (oben Abb. 52). Umgekehrt scheint mir aber links und rechts von der Tür eine Erinnerung an nordische Bauweise aufzutreten. Da wächst je eine Halbsäule aus der Wand heraus. Sie ist mit großem Zickzack verziert, hat ein starkes Wulstkapitell und hilft den Türsturz tragen. Es sind die στῆλαι προβλῆτες, die sich vorwölbenden Pfeiler, von denen Homer bei der Mauer des griechischen Schiffslagers spricht und die bei dem nordischen Pfostenbau mit Lehmwänden ganz von selbst entstehen.

Der Unterschied zwischen diesen weiträumigen prunkhaften Gebäuden und den alten engen Schachtgräbern ist sehr stark, nicht bloß im Äußeren sondern auch in der Bedeutung. Im Norden gab es ja keinen ständigen Totenkult. Der Verstorbene war so weit entrückt, daß er nicht mehr erreichbar, kein direkter Verkehr mit ihm möglich war. Im Süden konnte die Seele jederzeit auf ihre alte Welt zurückkehren, auf dem Menhir am Grabe sitzen und die ihr zugedachten Ehrungen und Opfer entgegennehmen (oben Taf. XX). Jetzt haben die Mykenier sich dieser freudvolleren Auffassung angeschlossen, schaffen für den Toten das große Gehäuse und haben ständigen Zutritt zu ihm. Flugs treten nun auch die „Idole" auf, die der Norden nicht kannte und die uns zuerst bei den Bandkeramikern, also den schon halb südlichen Illyriern begegneten. Es ist — wohl zu beachten! — keines von diesen Idolen in den Schachtgräbern gefunden, sie stammen alle erst aus der Siedlung, und es ist auch kein Grund vorhanden sie eher für Götter- als für Ahnenbilder zu halten. Eine schwedische Expedition unter Prof. Persson hat vor ein paar Jahren das Glück gehabt bei Midea in der Argolis noch ein unberührtes Felsengrab aus spätmykenischer Zeit zu finden. Da waren zwei Grabmulden ausgeschachtet, entsprechend gab es zwei Steinidole und in der Mitte des Raumes stand ein Opfertisch [1]).

Die Grenze zwischen Götter- und Ahnenbildern, wie überhaupt zwischen Götter- und Ahnenverehrung, läßt sich in dieser frühen Zeit noch schwerer ziehen als später. Neben den massenhaften „Idolen" gibt es nur wenige sichere Göttergestalten, so die lanzenbewehrte auf dem großen Goldringe (Abb. 183 a) und einer bemalten Tafel von Mykene [2]), eine nackte männliche mit Speer auf einem Inselsteine [3]) und die von Löwen flankierte Berggöttin ebenfalls auf einem Inselsteine (Abb. 183 b). Im letzteren Falle erscheint auf dem Berge oder Steinhaufen, der zu Zeiten des bildlosen Kultes für sich allein das Heiligtum darstellt, die Göttin in lebendiger Menschengestalt, in den anderen Fällen steht sie in der Luft oder auf der ebenen Erde. Daraus erklärt sich, daß wir in diesen Göttergestalten niemals ein starres totes Bild vor uns haben, sondern eine bewegliche lebendige Erscheinung. Auf dem Mykenischen Goldringe (Abb. 183a) wollte ich früher eher die Verehrung einer verklärten Verstorbenen als eine Götteranbetung sehen. Der sehr familiäre Verkehr der Gruppe schien dafür besser zu passen; aber das inzwischen erkannte Mohnbüschel in der Hand der Sitzenden entscheidet jetzt die Frage: die Sitzende ist die Große Mutter. Wir haben darüber schon im Trojakapitel gesprochen (oben S. 264). Die Lufterscheinungen des Doppelbeils und der Gewappneten (Zeus und Athena) bezeichnen meines Erachtens die heilige Stätte, an der sich die Verehrung vollzieht. Ganz oben aber sind die Sonne, der Mond und das Meer dargestellt, so wie es in der Ilias auch für den Schild des Achill als erstes erwähnt wird (Il. 18. 483f.):

> Auf ihm schuf er die Erd' und das wogende Meer und den Himmel,
> Auch den vollen Mond und die rastlos laufende Sonne.

Noch in vielen Dingen ließe sich zeigen, wie sehr die Mykenier in die wonnige Wärme des alten Mittelmeeres eingetaucht sind. Von Ägypten und Asien haben

---

[1]) Archiv für Religionswissenschaft 27 S. 385 ff.
[2]) Schuchhardt, Schliemanns Ausgrabungen² S. 326.
[3]) Archiv f. Religionswissenschaft 1904 S. 144.

sie sehr wenig übernommen, nur ein paar Spuren zeigen sich. Von Kreta haben sie sich offenbar zunächst die Künstler geholt, um ihre Paläste zu schmücken und all die kleineren Wünsche der steigenden Lebensauffassung zu befriedigen. Aber

a b

Abb. 183. a Großer Goldring aus dem VI. Schachtgrabe. b Siegelabdruck aus Knossos. Beide in doppelter Größe. Nach Evans.

dann haben sie selbst das Werkzeug in die Hand genommen, um das eigene Fühlen und Wollen um so deutlicher auszusprechen. Und in der Tat stellt sich so im ganzen die mykenische Kunst als sehr energisch und männlich der weichlichen kretischen gegenüber. Die mykenische strafft sich in Jagd und Krieg, in Männertaten, die kretische schwelgt behaglich in Wohlleben und Spiel und Weiberverehrung. So ist die mykenische Kunst der Ausdruck eines jungen hochstrebenden Volkes, das seiner Kräfte sich immer mehr bewußt wird und dem wir gerne die weltgeschichtlichen Erfolge glauben, die ihre Sagen berichten und ihre Kulturgüter in ihrer weiten Verbreitung beweisen.

Ausgebreitet hat sich die mykenische Kultur vom griechischen Festlande aus weit stärker nach Südosten hin als nach Westen. Schon an der Westküste von Griechenland ist sie spärlich. Das Dörpfeldsche Alt-Pylos ist dort ein Hauptstützpunkt, daneben stehen Siedlungen auf Kephalonia, Korfu, Leukas. Importstücke gehen bis Sizilien. Nach Osten dagegen zieht sie sich über die ganzen Inseln an die kleinasiatische Küste (Troja, Pitane, Milet), nach Cypern und Palästina. Die Philister sind hier offenbar ein von Kreta gekommenes Volk mit mykenischer Kultur gewesen. Sie sind die Pulesata der ägyptischen Inschriften, die aus dem Kefti-Lande stammen, dem Kaphtor der Bibel (Jeremias 47. 4). Ihre Keramik von Geser ist eine entartet mykenische, ebenso die Rüstung Goliaths, Beinschienen und Helm, sowie seine Neigung zum Einzelkampfe, die den Juden ebenso schreckenerregend ungewohnt ist, wie sie der der homerischen Helden entspricht.

Wie steht es schließlich um die homerische Geographie? Was ist da Wahrheit und was Dichtung? Daß das Troja-Ilion der Lieder von Schliemann wiedergefunden ist, sollte heute nicht mehr bezweifelt werden. Der stark befestigte, goldreiche Königssitz am Mäander, in der Nähe des Hellespont und im Angesichte von Tenedos ist eben diese Stätte, die später immer noch Ilion hieß. Ein Dichter erfindet Handlungen und verknüpft willkürlich Geschehnisse, aber wenn er eine Örtlichkeit mit ihrem wirklichen Namen nennt, schildert er sie auch so, daß seine nachprüfenden Hörer und Leser sie anerkennen können; denn der Dichter will, daß man ihm glaube, und er möchte erreichen, daß man aus der Glaubhaftigkeit der Umwelt, die er bietet, auch Vertrauen zu seiner Handlung fasse. Wenn aber diese Handlung ein Jahrtausend zurückliegt, wie bei der Zerstörung Trojas oder dem Burgundenschicksal des Nibelungenliedes, kann es kommen, daß sich im Laufe der Zeit die Handlung ausgestaltet und auf andere Örtlichkeiten verschoben hat. Der Weg, den die Nibelungen ziehen von Worms nach Passau und von da die Donau hinunter über Melk und Pöchlarn und gegen Wien, ist die echte alte Straße, aber ist dies wirklich der Todesweg der Burgunder gewesen? Und wie steht es mit der wirklichen Rolle von Xanten und Worms im Siegfriedschicksal? So können wir auch in den homerischen Schilderungen hier und da erkennen, daß die besungenen Geschehnisse in einer früheren Sagenform an etwas anderem Orte angesetzt waren.

Alfred Brückner hat darauf aufmerksam gemacht[1]), daß das Schiffslager der Griechen vor Troja nicht nördlich an der Mündung des Skamander gelegen haben werde, sondern südwestlich von Troja am offenen Meere in der Besika-Bucht mit der Insel Tenedos als Rückendeckung. Der Flußkampf der Ilias läßt dies Verhältnis noch erkennen. Achill muß den Skamander überqueren, um Troja zu erreichen, und als er in ihm zu ertrinken droht, ruft Hera den Hephaistos auf, daß er einen mächtigen Brand entfache; den will sie dann vermittelst des West- und Südwindes gegen Troja blasen, daß er den Troern Gesicht und Rüstung verbrenne (Il. 21, 331 ff.). Eine Reihe anderer Momente kommt hinzu. Bei der reißenden Strömung der Dardanellen hat es an der Skamandermündung nie einen Hafen gegeben. Die Troer sind auch mit dem gegenüberliegenden Thrakien in ständiger Verbindung; Rhesos ist mit seinen herrlichen Rossen erst frisch von dort gekommen. Die Griechen aber stützen sich auf Tenedos, und Poseidon, der ihnen zu Hilfe kommt, stellt in der tiefen Meeresbucht zwischen Imbros und Tenedos seine Rosse ein.

Die Eigenschaften, die in der Odyssee dem Wohnsitze des Odysseus zugeschrieben werden, kommen nicht auf einer Insel zusammen; sie müssen im langen Verlaufe der Textentstehung von verschiedenen Inseln genommen sein. Die Lage von Ithaka, wie Odysseus selbst sie bei den Phäaken schildert (Od. 9. 21 ff.), weist auf Korfu. „Ich wohne auf Ithaka," sagt er, „am prächtigen, waldigen Neriton. Viele Inseln liegen da im Haufen dicht beieinander, Dulichion und Same und das waldreiche Zakynthos; die meine aber liegt küstennah am weitesten gegen Abend, — die anderen fernab gegen Morgen und Mittag."

[1]) Arch. Anz. 1912 S. 617 ff. 1925 S. 236 ff.

Zakynthos ist natürlich Zante; Same, Od. 4. 845 „das schroffe Samos" genannt, muß schon seines Namens wegen (nach Strabo = „Berg") Kephallonia sein, das sich wie Samothrake steilfelsig 1600 m hoch erhebt. Ist dann mit Dulichion Leukas gemeint, so sind von den zusammenliegenden Inseln die drei großen genannt: Leukas, Kephallonia und Zante, und zwar mit Korfu dann in der genauen Reihenfolge von Norden nach Süden. Das kleine Ithaka und die ganz kleinen Echinaden bleiben unerwähnt. Das weit „gegen Abend" (πρὸς ζόφον) vorgeschobene „Ithaka" aber muß somit Korfu sein.

Es ist auch gewiß das Natürliche, wenn der Beherrscher dieser ganzen Gruppe der jonischen Inseln und des gegenüberliegenden Festlandes auf der größten und rauhsten der Inseln, dem stolzen Korfu wohnt. Erst später muß sich dann die Auffassung verschoben und aus einem uns nicht erkennbaren Grunde das kleine Ithaka in den Vordergrund gebracht haben, denn in den jüngeren Stücken der Odyssee treten ganz unverkennbare Eigentümlichkeiten des jetzigen Ithaka auf. So schon die Nachbarschaft von Samos mit dem Inselchen Asteris — heute Deukalion — zwischen beiden (4. 845); dann die Phorkysbucht zwischen Zangenfelsen und darüber die Webstuhlgrotte der Nymphen — eine Stalaktitenhöhle — (13. 96 ff.); und im bergigen Süden der Koraxfelsen mit der Quelle, wo Eumaios haust (14. 1 ff., 398 ff., 407 ff.) [1]).

Liegen hier nur verschiedene Sagenformen und Textstufen vor, oder hat der Schwerpunkt dieses westlichen, ursprünglich wohl illyrischen Reiches sich vom Norden her, von der üppigsten, zur Herrschaft vorbestimmten Insel allmählich gen Süden zum Griechentum vorgeschoben? Umfassendere Ausgrabungen auf den verschiedenen Inseln können darüber vielleicht einmal Aufklärung bringen. Bisher haben die Grabungen auf Leukas fast nur vormykenische Kultur ergeben [2]): in der Choirospilia-Höhle Keramik von der Stein- bis zur mykenischen Zeit und in den Dörpfeldschen Rundhügeln frühhelladische Funde. Zur Zeit Homers konnte „Ithaka" längst aus verschiedenen Inseln zusammengewachsen sein; das alte Reich des Odysseus lag weit zurück in traumhafter Erinnerung.

Eine ähnliche Verschiebung scheint aber mit dem Phäakenlande eingetreten zu sein. Die meisten Ansprüche hat sich Korfu erobert mit der steinernen Barke vor der Einfahrt und den zwei Häfen, die Odysseus beim Hinaufsteigen zum Alkinoos-Palaste sieht. Aber wenn andererseits Odysseus von der Kalypso-Insel „fern im Weltenmeere", also wohl immer gegen Nordosten fahrend, in 17 Tagen das Phäakenland erreicht, muß damit die spanische Westküste gemeint sein, die an der Guadalquivirmündung auch ganz dem bei Homer beschriebenen Felscharakter entspricht. In diesem Falle könnte man sich den Wechsel sehr wohl erklären: vor der dorischen Wanderung hatte Griechenland noch so weite Beziehungen nach dem Westen hin, daß es sich die fabelhaften Länder jenseits der

[1]) Schuchhardt, Schliemanns Ausgrabungen im Kap. „Ithaka".

[2]) Karo bei Ebert Reallex. unter „Leukas" VII S. 286 Taf. 201 A.

Säulen des Herkules denken konnte. Nachher aber, in der „nordischen Periode" war der Gesichtskreis so enge geworden, daß das beneidete phäakische Wunderland sich auf die entfernteste und üppigste Westinsel, nach Korfu zurückzog, das nun ja auch nicht mehr Ithaka war.

Nordische Periode — Dipylon-Kultur

Die mykenische Kultur ist in Griechenland abgelöst worden von einem geometrischen, auf Flecht- und Webemotiven begründeten Stil, der nach dem ersten Hauptfundort, einem großen Friedhof vor dem zum Piräus weisenden Athenischen Doppeltore, dem Dipylon, genannt wird. Alexander Conze hat als erster die Verwandtschaft dieses Stils mit dem nordeuropäischen erkannt und ihn als die älteste Ausprägung des Ariertums angesprochen. Gegen die vielerlei Bedenken, die dagegen im Laufe eines halben Jahrhunderts vorgebracht sind, ist seine Auffassung doch immer wieder an die Oberfläche gekommen. Es scheint in der Tat, daß nach der ersten nordischen Zuwanderung, die in der gleichmäßigen Mischung von Griechen und Pelasgern die „Achäer" der mykenischen Kultur hervorbrachte, etwa 1200 v. Chr. ein neuer Nordstrom gekommen ist, der nun die Gräkisierung des Landes vollendete. Achtzig Jahre nach der Eroberung von Troja, erzählt die griechische Legende, seien die Dorer, die Herakliden, nach Griechenland gekommen. Herodot (I 56) will wissen, daß sie zuerst in Makedonien, Südepirus und Thessalien gesessen und sich dann nach dem Peloponnes geschoben hätten. Vor den Toren Athens sollen sie zwar von Kodrus, der dabei sein Leben verlor, zurückgeschlagen sein, so daß Attika ein jonischer Staat blieb, aber im Peloponnes hätten sie mit Sparta als Vorort ihre Herrschaft aufgerichtet.

Diese Überlieferung stimmt nicht übel zu dem allgemeinen Charakter der Dipylonkultur. Es läßt sich zwar keine bestimmte Gegend auf dem Balkan oder weiter nordwestlich nachweisen, von wo die Kultur fertig nach Griechenland gewandert wäre. Sie tritt auch in Griechenland selbst gar nicht in einheitlicher Fertigkeit auf, sondern in starker landschaftlicher Verschiedenheit, in Böotien anders als in Attika und in Troja anders als auf den Inseln. Sie hat also unterwegs und an ihren neuen Plätzen sich immer noch fortgebildet. Aber überall lassen sich Grundzüge erkennen, die nach dem Norden weisen. Unter den Gefäßen des Berliner Museums z. B., die aus Attika stammen, ist Abb. 184 b mit dem zylindrischen Hals und dem Bandhenkel direkt eine schnurkeramische Kanne, wie sie sich besonders nach Ungarn hinein verbreitet hat. Die Amphoren haben im Prinzip dieselbe Form, nur höher gezogen und mit zwei Henkeln; ein bombenförmiger Kessel, der häufig ist, kommt ebenso häufig in der Hallstattkultur vor und ist altes Donaugut von der Bandkeramik, besonders Butmir her (oben Abb. 95 a, b).

In der Verzierung fehlt die ganze phantastische Welt von Meerwesen und Pflanzen des mykenischen Kreises. Es herrscht das textile Element, und die zuweilen auftretenden Darstellungen aus dem Leben, wie Aufbahren und Abfahren der Leiche, Reigentanzen und Wettfahren ordnen sich linear ganz in diesen Stil ein. Der Mäander drängt sich meist in großen Linien vor, daneben stehen dichter oder lockerer vielfältige andere Flechtmotive, manche so gestaltet, daß

a b

Abb. 184. Dipylonkultur: a Hausmodell aus Argos. $^1/_7$. b Kanne aus Attika. $^1/_8$.

einem der Gedanke kommt, es möchten Dipylonstil und Susastil aus einer gemeinsamen Wurzel stammen.

An die Susa-Menschen erinnern auch die Gestalten auf den Dipylonvasen mit ihrem dreieckigen Oberkörper. Solche Formen entstehen in der Webe- und Flechttechnik ganz von selbst, ebenso wie die strenge Zoneneinteilung und die geflissentliche Füllung des ganzen Raumes, der horror vacui, der in alle leeren Flächen Streumuster wie Kreise, Hakenkreuze, Zickzackgruppen setzt (Abb. 184).

Der ganze Stil dieser Dipylongefäße steht zu dem voraufgegangenen mykenischen in ganz demselben Gegensatz wie schon in der Steinzeit der Megalithstil zu dem bandkeramischen. Der eine ging von einer alten Technik aus, die den Aufbau des Gefäßes aller Verzierung zugrunde legte, der andere fand das fertige Gefäß, den Kürbis vor und konnte ihn ohne Schranken und Rahmen in beliebigem Spiele schmücken.

Mit Dipylonornamenten bemalte Scherben sind vor zwei Jahren im Athenischen Museum zu einem wertvollen Hausmodell zusammengesetzt worden (Abb. 184 a) [1]). Es hat eine flache Vorhalle mit 2 Säulen in der Front, rechteckigen Hauptsaal mit kleinen dreieckigen Fenstern und einen hohen, steilen Giebel mit dickem runden Firstbalken. Es ist ein echtes Megaron, und der Giebel, der hier für ein solches wiederum bewiesen wird, ist so steil, als wenn er ganz

[1]) Kurt Müller in den Ath. Mitt. 48. 1923.

frisch herkäme aus den Gegenden, wo man mit dem Schneeschub zu rechnen hat. Die kleinen Fenster des Modells sind uns ebenfalls eine willkommene Belehrung; kleine runde waren schon einmal bei einem bulgarischen Hausmodell — das aber

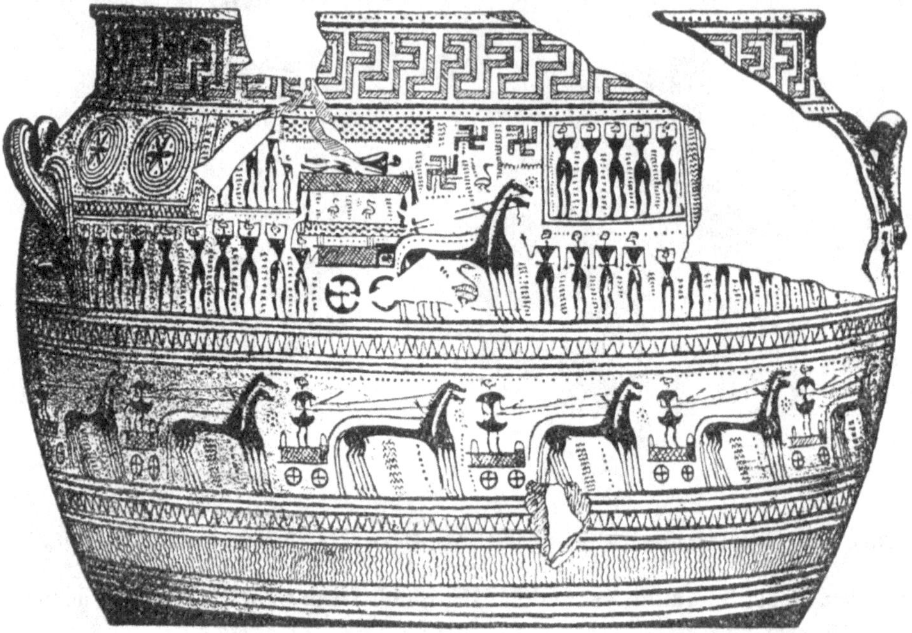

Abb. 185. Große Dipylonvase. Bestattung.

keine Vorhalle hat — zwischen der bemalten Steinzeitkeramik aufgetreten (oben Abb. 123a).

Manchmal setzen sich mykenische Formen im Dipylonkreise fort, hier und da so stark, daß man gemeint hat, der neue Stil bedeute gar keine neue Einwanderung, sondern habe sich ganz friedlich und allmählich aus dem voraufgegangenen entwickelt. Dagegen spricht vornehmlich die neue Feststellung Th. Wiegands auf dem Boden von Milet. Der alte Kern der dortigen Kolonie liegt, durch mykenisches Kulturgut bestimmt, an der Theaterbucht. Auf einem Hügel südlich der Stadt, dem Kalabak-Tepe, aber haben sich die neuen Dipylon-Ankömmlinge niedergelassen und von da aus die Gewalt an sich zu reißen gesucht. Sie waren also neue und feindliche Leute, und so wird es durchweg auch in Griechenland gewesen sein. Allmählich hat der dorische Stil als Mode der Zeit sich überall durchgesetzt, so daß auch Attika, trotzdem es nach Bevölkerung und Sprache jonisch blieb, ihn angenommen hat, — ein Gegenstück zur Annahme der Villanova-Kultur durch die autochthonen Etrusker!

In dieser dorischen Dipylonzeit sind die Homerischen Epen zu ihrer endgültigen Gestalt gelangt und die Verhältnisse der Zeit sind in ihnen vielfach zu erkennen. Mit der alten festen Sicherheit im Inselmeere, die die Kreter und nachher die Mykenier gewährleistet hatten, war es vorbei. Die neuen Herren kamen aus dem Binnenlande und sind lange Zeit nicht aufs Meer gegangen. Der Seeraub machte sich wieder breit, Eumaios und Eurykleia sind durch ihn aus ihren guten Häusern in den fremden niederen Dienst verschleppt. Und die vornehmen Geräte und Schmucksachen werden nicht mehr von Kreta nach Mykene oder von Spanien nach Troja gebracht, sondern von den Phönikern nach Griechenland und nach Italien. Homer kennt natürlich nicht den befestigten Palast wie auf Kreta, den es ja auch in Griechenland nicht gegeben hat; aber er kennt auch die kleine Herrenburg nicht mehr, wie Troja und Tiryns sie darstellen. Er schildert einerseits einfache Gutshöfe und anderseits Königssitze in Burgen, die schon befestigte Städte sind. Auf einem Gutshofe wohnen Odysseus und Kirke. Als Odysseus nach Hause kommt, findet er seinen alten Hund auf dem Miste, der herausgeschafft ist aus den Ställen der Rinder und Maultiere. Und als Odysseus' Gefährten zu Kirke hineinwollen, klopfen sie am Hoftore und hören dabei schon den Gesang der Huldin aus ihrem Gemache. Das ist jedesmal der alte Gutshof. In Stadtburgen dagegen wohnen Priamos und Alkinoos. Troja hat viel Volk und weite Gassen, in denen Prozessionen zur Athena ziehen. In Alkinoos' Feste ist der Markt der Phäaken und man muß den Weg wissen, um zum Palaste zu finden. Dort sitzt im nordischen Megaron Nausikaas Mutter „am glänzenden Feuer des Herdes an die Säule gelehnt". Die große Mauer, welche diese ganze Stadt umzieht, „weit und hoch, mit Pfosten gebaut, ein Wunder zu schauen" ist in solcher Bauart für den Süden ganz unerhört. Die Bauart kehrt aber wieder beim Schiffslager der Griechen vor Troja und wird dort durch die Ereignisse des Sturmes der Trojaner auf die griechische Befestigung vielfältig beleuchtet. Trotzdem hat sie sich bei alten und neuen Erklärern der richtigen Auffassung bis heute völlig entzogen. Erst unsere norddeutschen Ausgrabungen in der altgermanischen „Römerschanze" bei Potsdam (oben Abb. 157) und den Römerkastellen von Haltern a. d. Lippe haben das Bild ermöglicht, das W. Andrae nun auf meine Bitte von dem Sturm auf das Schiffslager entworfen hat (Abb. 186).

Die Bestandteile der Befestigung sind bei Homer Graben, Pfosten und Wall. Der Graben hat natürlich außen vor dem Walle gelegen, und zwischen Graben und Wall muß ein breiter ebener Gürtel sich hingezogen haben, denn in dem Abenteuer mit Dolon heißt es, daß hier die Hundertschaften der Griechen als Nachtwachen lagerten. Wo aber haben die Pfosten gestanden? Diese Frage hat die verschiedensten Antworten gefunden, und alle waren sie falsch. Die Einen meinten: in der Mitte des Grabens, den man sich dann als Spitzgraben dachte; die Andern: an den Wänden des Sohlgrabens, um sie zu stützen; die Dritten: auf der Krone des Walles. An das einzig Richtige, daß die Pfähle (σκόλοπες) die Pfosten einer Holzfront des Walles gewesen sind, dachte niemand, einmal weil der Homertext selbst in Verwirrung gekommen ist durch ein paar spätere Einschiebsel, die die Pfähle mit dem Graben in Verbindung bringen (7, 435—441; 9, 350; 12, 63f.), zum andern weil bei uns niemand ein Bild von einem mit Holz gebauten Walle hatte.

Im alten Text schlägt der greise Nestor einfach vor, „einen hohen Wall mit tiefem Graben anzulegen zum Schutze für das Achäerheer und die Schiffe". Der

Abb. 186. Sturm auf das Schiffslager. Nach W. Andrae.

Graben wird dann nachher des öfteren ohne Schwierigkeit durchschritten. Zu Beginn des Dolon-Abenteuers gehen die Achäerfürsten durch den Graben ins Freie (10, 304f.), und am Schluß derselben Affäre führt Odysseus die Rosse des Rhesos durch den Graben ins Lager (10. 654). Der Ansturm der Trojaner vollzieht sich nachher in der Weise, daß fünf Sturmkolonnen den Graben ohne Aufenthalt überschreiten und dann erst vor der Mauer in Kampf geraten (12, 84ff.). Was hier aber das Haupthindernis ist, malen am eindrucksvollsten die Verse 12. 258 bis 260: „Sie reißen die Zinnen und Brustwehren ab und wuchten an den vorspringenden Pfosten, die die Achäer zuerst in die Erde gesetzt haben als Halter des Walles." Die στῆλαι προβλῆτες, die „sich vorwerfenden, vorwölbenden Pfosten" sind das Bezeichnende jeder dieser hölzernen Wallmauern, denn hinter ihnen zieht sich die Flecht- oder Bohlenwand hin.

Die auffallend breite Berme des Schiffslagers findet ebenfalls nur in Deutschland ihresgleichen: die großen steinzeitlichen Befestigungen im Rheingebiete: bei Urmitz, bei Mayen, bei Plaidt haben sie ebenso.

Es kann keinem Zweifel unterliegen, daß Homer in diesem Schiffslager eine große nordische Burg, eine Volksburg in der ganzen Eigenart ihrer Befestigung schildert, und daß die Griechen mit diesem nordischen Stück auch seinen nordischen Namen übernommen haben, wurde oben (S. 252) schon erwähnt: Homer nennt die Befestigung πύργος oder gelegentlich auch πύργοι, d. i., wie P. Kretschmer gezeigt hat, unser urgermanisches Wort „Burg".

Ein vortreffliches Gegenstück zu der nordischen Burg bei den homerischen Griechen bildet nun aber das nordische Schiff, nachdem Aug. Köster uns in den unzähligen schwedischen Felszeichnungen das Floß des Odysseus erkennen gelehrt hat. Zu dem, was oben darüber schon gesagt ist (S. 228f.), bleibt nur hinzuzufügen, daß auch die bildende Kunst der homerischen Zeit uns durchweg diesen Typus des Etagenfloßes vor Augen führt. Im voraufgegangenen Mykeniertum herrscht noch völlig das Hohlboot, wie es in Ägypten und Vorderasien durch die Herstellung aus Papyrusbündeln oder aus Häuten entstanden war (Abb. 187); auf den Dipylonvasen aber tritt uns nun das nordische Etagenfloß entgegen, auf dessen Plattform, den Ikria der Griechen, die Ruderer sitzen und die Kämpfer sich betätigen (Abb. 188).

Ein weiteres nordisches Stück, das sich bei Homer von der voraufgegangenen mykenischen wie pelasgischen Zeit stark abhebt, ist das für Patroklos nur angedeutete, für Hektor am Schlusse der Ilias genau beschriebene Hügelgrab. Es ist das alte Thüringer Grab, das sich gegen Ende der Steinzeit den Norden erobert hat und dann in immer weiterer Ausbreitung von 1500—1200 v. Chr. die führende Form in Mitteleuropa geworden ist. Überall begegnet wieder die einfache Mulde im Boden, überdeckt zunächst mit einer Feldsteinpackung und darüber dem Erdmantel (oben Abb. 90). Genau so läßt Homer die Trojaner das Grab des Hektor bereiten. Nachdem der Scheiterhaufen gelöscht und die Knochen herausgelesen sind, heißt es (Il. 24. 794):

Abb. 187. Mykenisches Schiff auf einem Siegelstein. Nach A. Köster.

Jetzo legeten sie das Gebein in ein goldenes Kästlein,
Und umhüllten es wohl mit purpurnen, weichen Gewanden;
Senkten sodann es hinab in die hohle Gruft, und darüber
Häuften sie dicht geordnet gewaltige Steine des Feldes;
Schütteten eilend das Mal, und ringsum stellten sie Späher,
Daß nicht zuvor anstürmten die helmumschienten Achaier.
Als sie das Mal geschüttet, enteilten sie. Jetzt von Neuem
Gingen sie nach dem Gebrauch und feierten stattlichen Festschmaus
Dort in Priamos' Hause, des gottbeseligten Herrschers.
Also bestatteten jene den Leib des reisigen Hektors.

An dieser Schilderung interessiert uns aber nicht bloß die Form des Grabes, sondern auch das Verhalten der Bestattenden. Sie gehen, als sie den Erdmantel fertig geschaufelt haben, einfach nach Hause zum Mahle. Sie haben den Toten nicht ausgestattet, ihm nichts Besonderes mitgegeben; sie bringen auch kein Opfer am Grabe und treffen keine Vorrichtungen für künftige Feste und Spiele zu Ehren

Abb. 188. Schiff von einer Dipylonvase. Nach A. Köster.

des Verstorbenen. Sie gehen nach Haus, ihre Pflicht ist getan; der Tote ist fern, sehr fern, sie werden nie mehr eine Beziehung zu ihm haben.

Bei der Bestattung des Patroklos spielen noch einige Züge aus altmittelländischer Zeit herein: die geschlachteten Trojaner, die den Toten begleiten, die Wettspiele, die ihn erfreuen sollen; die verwendeten Honigtöpfe deuten zurück auf die Zeit der Leichenkonservierung. Aber von weiterem, künftigen Verkehr mit dem Abgeschiedenen ist auch hier nicht die Rede.

Wilamowitz hat immer stark betont: bei Homer gibt's keinen Gräberkult. Nichts kann sein Wort mehr bestätigen als Hektors Bestattung. Diese Grabbehandlung steht in krassem Gegensatze zu den fabelhaften Aufwendungen, die man früher mit den Tholosbauten, mit den Steinalleen, mit den Cromlechs für den Seelenkult gemacht hatte. Die Auffassung vom Schicksal des Verstorbenen im Jenseits hatte sich durch die zweite nordische Einwanderung völlig geändert. Bei uns wird in den steinzeitlichen Megalithgräbern wie in den folgenden Hügelgräbern den Verstorbenen wohl eine Wegzehrung mitgegeben und eine dürftige Ausstattung für die anspruchslose Unterwelt; aber man kommt nicht zurück, um durch Spiel und Tanz die die Sonne mitgenießende Seele zu erfreuen. An unsern Gräbern steht niemals ein Menhir, kein Festplatz ist daneben angelegt und keine Steinallee geleitet die Besucher hin.

So einfach, so bar allen Seelenkultes wie die homerische Beschreibung, sind auch in Wirklichkeit die Gräber dieser Zeit in Griechenland, die vielen vom Dipylon in Athen und sonst bis nach Kleinasien hinein. Die Auffassung dieser ganzen Zeit hat Homer zu dem düsteren Unterweltsbilde gestaltet, das sich entrollt, als Odysseus die Seele des Teiresias befragen und dabei auch seine Mutter sehen will. Keine Rede davon, daß man die Seelen dieser Großen und Lieben auf die Oberwelt rufen könnte. Odysseus muß selbst den furchtbaren Weg zum Hades hinab, muß ein Blutopfer bringen, um die Schatten so weit zu beleben, daß sie Bewußtsein erhalten und reden können. Was sie dann sagen, zeigt ihr kraftlos schwebendes, hauchförmiges Dasein, ohne Freude, ohne Hoffnung.

Ich glaube, es kann kein Zweifel sein, daß Homer mit dieser Schilderung die Auffassung, die unsern nordischen Gräbern zugrunde liegt, zum Bilde gestaltet hat. Und wir dürfen ihm dankbar sein. Es ist das einzige Mal, wo diesen stummen Denkmälern Worte verliehen werden. Auch die Religionsstifter und -Lehrer verraten ja nur wenig, wie man sich das Jenseits vorzustellen habe. Das Christentum erhält durch die Bibel nur Andeutungen. Die anschaulichen Bilder schaffen nachher die großen Künstler, wie Fra Angelico, Orcagna, Michelangelo. Und so hat es für das Nordisch-Griechische Homer getan. Möglich, daß der Grieche dabei das Nordische etwas zu saft- und kraftlos dargestellt hat, daß man bei uns sich das Jenseits, wenn auch für ewig abgetrennt, so doch als eine leidliche Acker- und Viehwirtschaft vorstellte, — Tatsache bleibt jedenfalls, daß grade in unserm nordischen Kreise die Leichenverbrennung aufgekommen ist, schon gegen Ende der Steinzeit um 2000 v. Chr., während man im südlichen Kreise, überall wo der Glaube an ein Fortleben der Seele bestand, auf möglichste Erhaltung der leiblichen Reste bedacht war.

Wiederaufleben des Mittelländischen

Im 7. Jahrhundert v. Chr. vollzog sich in Griechenland ein großer allgemeiner Umschwung auf wirtschaftlichem und politischem, künstlerischem und geistigem Gebiete. In der Kunst wich die steife Geometrie der lebendigen Natur von Pflanzen und Tieren, und wie damit an die Übung früherer Zeiten wieder angeknüpft wurde, so geschah es auch im Kultus und in der nun erstehenden Philosophie.

Das Wiederaufleben altmittelländischer Züge kam einmal aus griechischem Boden selbst, wo in den Mysterien der alte Glaube sich verkapselt durch die dürre Dipylonzeit hindurchgerettet hatte, zum andern aber aus den neuen Kolonien der Griechen an der Kleinasiatischen Küste und in Unteritalien und Sizilien, wo vielfach alte Übung und alter Glaube noch lebendig war.

Wie sehr der Unsterblichkeitsglaube in den Mysterien wurzelt, hat uns Wilamowitz gelehrt: „die Weihen sind es, die nach Pindaros die Seligkeit verleihen, die Weihen von Eleusis. Die μυστικοὶ λόγοι und μυστικὰ δρώμενα von Eleusis geben dem Gläubigen die Überzeugung, daß der Geweihte im Jenseits den Göttern selige Reigen tanzt, während der nicht Geweihte sich in Strömen Kotes wälzt und in das durchlöcherte Faß schöpft. Voraussetzung ist die individuelle Unsterblichkeit der Seele“ [1]).

---

[1]) v. Wilamowitz, Homer. Untersuchungen 1889 S. 208. Die Quellen bei Sam Wide in Gercke-Nordens Einleitung [2] S. 181.

Die Dipylonkultur hatte über See bei weitem nicht so ausgegriffen wie die mykenische; so war im Osten wie im Westen viel Altes unberührt geblieben.

Es ist gewiß kein Zufall, daß gerade an der kleinasiatischen Küste sich die Menhirform für den Götterkult am längsten gehalten hat: im pamphylischen

Abb. 189. Kultbilder von vorderasiatischen Münzen (h von einer Gemme).
a—d für Artemis in Perge (Pamphylien); e für Elegabal in Emesa (Syrien); f Erdgöttin in Julia Gordus; g für Dindymana (?) in Sardes, mit Mond, Sonne, Mohn und Ähre; h ähnlich auf Gemme.

Perge für Artemis, im lydischen Julia Gordus und dem karischen Jasos für die Stadtgöttinnen, ähnlich in Sardes und in Tarsos, im syrischen Emesa schließlich noch für den Kaiser Elagabal. Da sieht man, wie aus dem gerundeten oder kegelförmigen Steinblock einmal eine einfache Frauenbüste geworden ist (Abb. 189c, d), ein andermal ein verhülltes Sitzbild (f, g) und wie sich so auch die eigenartige Erscheinung der Ephesischen Artemis erklärt (h). In Kleinasien tritt uns auch der alte Menhirgebrauch für das Grab am deutlichsten entgegen. Die phrygischen und lykischen Grabtürme und das ähnliche Monument des Maussolos in Halikarnaß sind zu feinen Kunstformen erblühte Menhirs. Wie das Grab jetzt wieder als der Sitz der Seele des Abgeschiedenen empfunden wird, zeigt sich in Äschylos' Persern. Da wird in der Not des Krieges, nach dem Zusammenbruch von Xerxes' großem Heereszuge, in Susa der Geist des alten Darius beschworen, um zu helfen und zu retten. Dreifach ertönt der Ruf: Komm, steige herauf, erscheine *auf der Spitze deines hohen Hügels!* Aus dem mittelländischen Menhir ist auch die griechische Grabstele erwachsen, im Norden ist dergleichen nicht üblich. Die Sirenen als Erscheinungsformen des Verstorbenen, die so oft in ihrer Spitze dargestellt sind, bezeugen die alte Bedeutung nach der bei Äschylos hervortretenden Auffassung. Wieder sind es aber kleinasiatische Denkmäler, die uns über das Schicksal

Tafel XLII

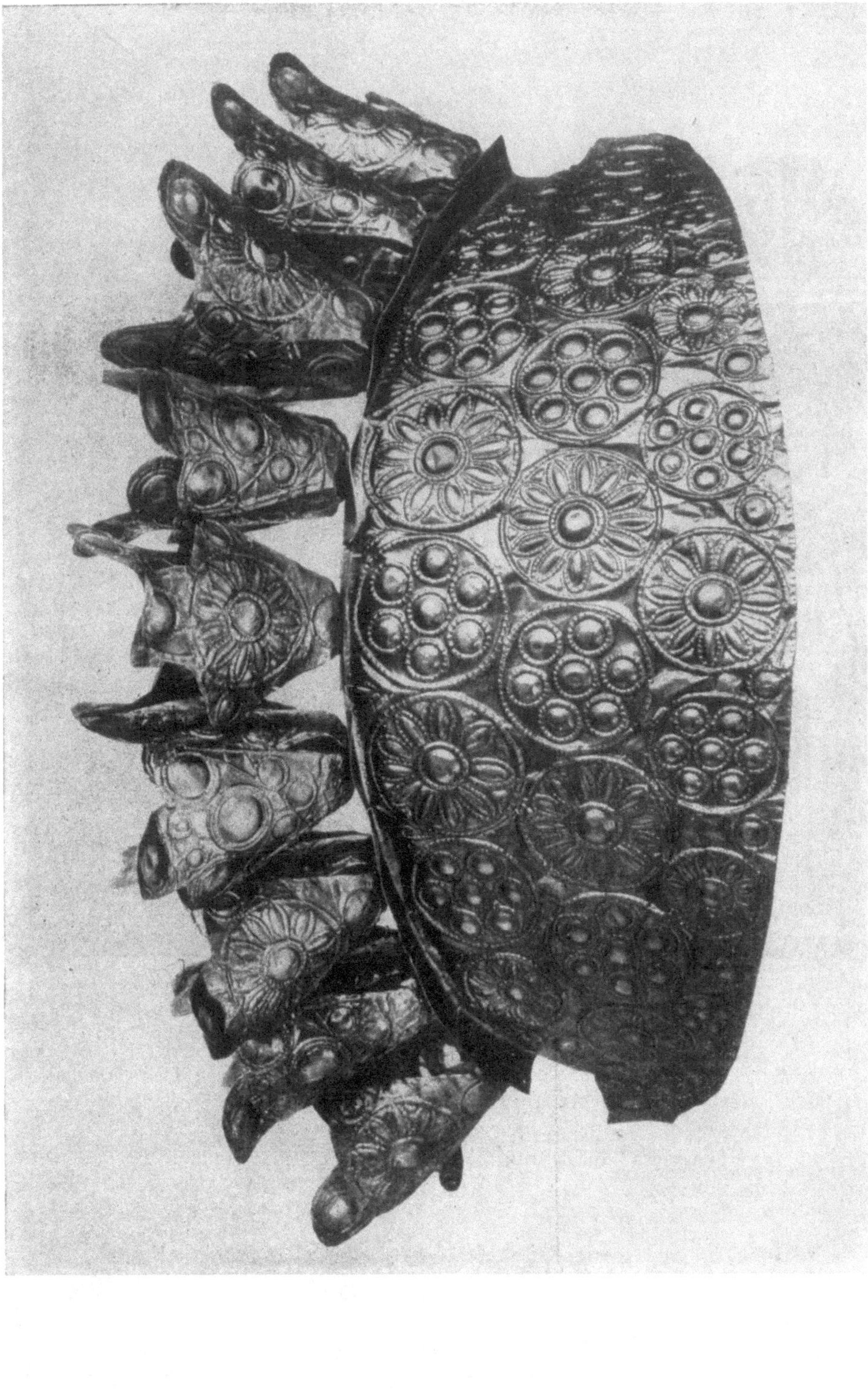

Goldkrone aus dem 3. Schachtgrabe von Mykene. Nach G. Karo.

Griechische Grabfiguren

Opferndes Mädchen und thronende Frau. Beide Berlin.

der Seele nach dem Tode des Menschen anschaulich aufklären. Auf dem sogenannten Harpyien-Monument von Xanthos in Karien sind auf dem Reliefsfriese eines turmartigen Grabbaues thronende Gestalten dargestellt, Männer und

Abb. 190. Totenverehrung. Grabreliefs vom sog. Harpyien-Monument in Xanthos.

Frauen, denen mehrere Heranschreitende Gaben bringen (Abb. 190). Die frühere Auffassung, daß es sich um Gottheiten handle, ist heute aufgegeben[1]). Es sind ebenso wie in den anderen derartigen Darstellungen am Rande des Mittelmeeres, in Ägypten, Hettitien, die Verstorbenen, die von den Hinterbliebenen verehrt werden. Hinter ihnen erscheinen merkwürdige Flügelwesen mit Eikörper und Menschenkopf, die kleine Menschenpuppen, die Seelen der Verstorbenen, durch die Luft emportragen. Einmal hockt ein solches Seelchen noch zusammengekauert auf der Erde und wartet auf seine Beförderung. Von Jonien sind die philosophischen Lehren von der Unsterblichkeit ausgegangen (Pythagoras), von da hat die Darstellung der Verstorbenen als gottähnlich Thronender sich wieder verbreitet. Auf den griechischen Grabreliefs, die in unendlicher Fülle und Schön-

[1]) Nur in dem konservativen Londoner Museum sprechen die alten Etiketten an den Originalen noch von fünf Unterweltsgottheiten.

heit uns vor Augen stehen, läßt sich nachher die interessante Entwicklung verfolgen. Zuerst sitzen die Verstorbenen für sich allein ganz feierlich da, die Hinterbliebenen treten, zuweilen sogar als kleine Figuren gestaltet, rein huldigend vor ihnen auf. Dann greift die Verklärte schon ein Kind, ihr Kleinstes und Liebstes, aus der Schar heraus, nimmt es auf den Schoß und liebkost es (Leukothea-Relief). Zuletzt verschmilzt sie immer mehr mit der vor ihr stehenden Familie, gibt dem Manne die Hand und läßt sich von den anderen umringen, erhebt sich wohl auch halb von ihrem Sitze, in lebhafter Freude über den lieben Besuch. So schildern in hundertfältiger Abwechslung die attischen Grabreliefs immer wieder den Besuch der Hinterbliebenen bei dem verklärten Familienmitgliede. In echt griechischer Weise wird die Szene dabei so menschlich, daß man von den zwei verschiedenen Welten, denen die Beteiligten angehören, nichts mehr spürt. Daher ist sie denn zumeist angesehen als eine Wiedergabe des schönen Zusammenlebens der Familie hier auf Erden oder auch als ihre glückliche Wiedervereinigung im Jenseits. Und ebenso wird die hoheitsvolle Darstellung der einzelnen verklärten Persönlichkeiten bis heute vielfach mißverstanden, indem man sie nicht für eine Verstorbene, sondern für eine Göttin hält. Noch einer der jüngsten großen Erwerbungen des Alten Museums zu Berlin, der schönen thronenden Frau aus parischem Marmor, ist dies Schicksal widerfahren. Es scheint, daß man zuweilen weit zurückblicken muß auf die vorgeschichtliche Entwicklung im Mittelmeere, um für die Deutung eines klassisch-griechischen Bildwerks den richtigen Fingerzeig zu erhalten. Im Ahnenkult liegt der Angelpunkt für die Lösung dieser Schwierigkeiten. Er pflegt der klassischen Archäologie nur im pompejanischen Hause flüchtig und unklar zu begegnen und im übrigen als nicht vorhanden betrachtet zu werden. Erinnert man sich aber, wie schon im Paläolithikum Männer und Frauen in feierlicher Haltung dargestellt werden, wie dann im Neolithikum der Menhir am Grabe und die Andeutung einer Menschenfigur im Vorraum des Grabes entschieden Kultobjekte sind, wie in der frühen Metallzeit die Gräber von Malta Kultnischen mit Pfeilern und daneben ganz realistische Menschenbilder enthalten, wie in Kreta uns das Totenopfer vor solchen Pfeilern und Bildern malerisch anschaulich vor Augen gestellt wird und wie in Ägypten und Hettitien vom 3. Jahrtausend an immer wieder die Verehrung der Verstorbenen durch die Hinterbliebenen die Grabsteine füllt, so wäre es höchst sonderbar, wenn in der Zeit der großen Einwirkung von Jonien auf Griechenland hierher nichts Ähnliches gebracht sein sollte. In der Tat hat das Heroon, die Kultstätte für den verklärten Verstorbenen, damals eine ganz bestimmte Form angenommen. Ein Naiskos, ein baldachinartiges Tempelchen, bei dem vier dünne Säulen ein flaches Giebeldach tragen, bildet die Schutzhülle für ein Rundbild, das meist sitzend, zuweilen auch stehend die gottähnlich gewordene Persönlichkeit darstellt. Auf vielen Grabvasen sehen wir diesen kleinen Bau gemalt und dazu Männer und Frauen, die herantreten, um Opfergaben zu bringen oder auch mit dem als lebendig betrachteten Bilde sich zu unterhalten[1]). Zuweilen sind die Heroa statt freistehender Bauten nur einfache Wandnischen gewesen; diese Form deuten viele Grabreliefs mit Einzeldarstellung des Verstorbenen oder Begrüßungsszenen an.

Die Berliner „Göttin" (Taf. XLIV 2), die für all diese Fragen ein gutes Beispiel ist, zeigt nun durch ihre Erhaltung, daß sie nie in einem Tempel gestanden hat, sondern im Freien unter einem kleinen Schutzbau sich befunden haben muß. Sie ist von den Füßen bis fast zu den Knien hinauf stark verwittert. Der Regen hat diese Teile ungehindert getroffen. Auf dem Schoße nimmt die Verwitterung nach hinten zu ab, und an Brust und Gesicht ist sie kaum mehr zu bemerken. Dagegen ist die Nase, der Haarkranz und das Diadem wieder von ihr betroffen. Die Seiten des Thrones, auf dem die Gestalt sitzt, sind sehr wenig korrodiert und die Rückseite gar nicht, so daß hier die fein umrissene Palmettenverzierung noch deutlich zu erkennen ist.

Irgend etwas, was auf eine Göttin deutete, ist an der schönen Frau nicht zu bemerken. Die Bohrlöcher im Haarkranze werden einen Bronzeschmuck gehalten haben, wie er auch für sterbliche Weiber üblich war[2]). Die hoheitsvolle Haltung aber beweist ebenfalls keine Gottheit. Sie entspricht ganz den sitzenden Figuren vom heiligen Wege bei Milet und besonders denen vom Harpyien-Monument von Xanthos (Abb. 190). Eine von diesen gleicht völlig unserm Rundbilde, nämlich die rechtssitzende. Sie hat denselben Thron, denselben Fußschemel und ganz dieselbe Haltung. Der linke Arm ist fast wagerecht vorgestreckt, die Hand hält einen Granatapfel, der rechte ist ein wenig erhoben, um eine Blume vor die Nase zu bringen. Genau dieselben Armmotive zeigt das Berliner Bild, dem leider die Hände fehlen. Wir werden sie uns also ähnlich ergänzen dürfen, vielleicht auch mit einer Trinkschale in der Hand, wie die andere der beiden Frauen in Xanthos sie hält. Der Vergleich mit den Figuren von Xanthos ist berechtigt und bestimmend, denn das Berliner Werk, wenn es auch wahrscheinlich in Unteritalien aufgestellt war, stammt doch von einem jonischen Künstler und aus derselben Zeit wie das xanthische Grabmal aus dem Anfang des 5. Jh. v. Chr.

Deutlicher noch als solch eine Einzelfigur sprechen die Gruppenbilder der sogenannten Heroenreliefs und der Totenmahle vom Leben nach dem Tode. Der Heros zu Pferde oder mit dem Pferd am Zügel ist immer der Abgeschiedene. Das Pferd ist ursprünglich die Erscheinungsform des Toten, so wie es auch die Schlange ist. Erst allmählich werden die Tiere mit der Gestalt in lebendige Beziehung gesetzt: der Mann besteigt oder führt sein Pferd, die Frau läßt die Schlange sich um ihre Arme ringeln. Die sogenannten „Schlangengöttinnen" von Knossos werden aus einer Ahnennische stammen, wo sie verehrt wurden.

Auf den Totenmahlreliefs wird dem Verstorbenen von den Hinterbliebenen ein Mahl ausgerichtet. Die Schlange nimmt meist schon mit daran teil. Der Ver-

[1]) Athen. Mitt. 1911, S. 127.
[2]) Vgl. die Frauengestalten von der athenischen Burg.

klärte auf der Kline am Speisetische genießt und spendet zugleich den Göttern. Diese sind immer mindestens im Geiste zu Gaste geladen, und zuweilen folgen sie der Einladung auch ganz persönlich, so wie auf dem allbekannten Neapeler Relief Dionysos mit seinen Begleitern, als ein Dichter sein Totenmahl hält [1]).

Anders als in solcher ganz einfachen Weise vermag ich im ganzen Rahmen des mittelländischen Totenkultes diese Steine nicht aufzufassen, so viel anderes auch über sie geschrieben ist. Trifft meine Auffassung aber das Richtige, so werden wir auch viele Einzelfiguren auf Grabreliefs oder in Rundplastik, die sich anschicken ein Opfer zu bringen, und deshalb gemeinhin für Priester und Priesterinnen gehalten werden, für Abgeschiedene, Verklärte ansehen müssen, die im Jenseits ihre erste Pflicht erfüllen. Der Kalbträger von der athenischen Akropolis ist kein Hermes, sondern ein Mann, der sein Kalb zum Opfer bringen will. Die mancherlei Frauen und Mädchen, die eine Taube, eine Statuette, ein Weihrauchkästchen in der Hand haben, sind ebenso aufzufassen. Ihr wehmütig gesenktes Haupt verrät deutlich den ernsten Schritt, den sie tun wollen (Taf. XLIV). Vielleicht ist dann auch der Lyseas auf der bekannten bemalten Stele, mit Kantharos in der einen, Ährenbündel in der anderen Hand, nicht im priesterlichen Ehrenamte, das er einmal bekleidet haben würde, dargestellt, sondern als Verklärter, der opfern will.

---

[1]) Springer-Wolters[12] 1923, S. 406.

Zwölftes Buch

Die Eisenzeit

Man hat gelegentlich gesagt, Südrußland sei das östlichste der Mittelmeerländer. Das ist für sehr alte Zeit gewiß richtig. Es hat die Hockergräber mit Rötelbeigabe, und die Kaukasussprachen scheinen dem Baskischen urverwandt zu sein. Aber nachher sind die weiten fruchtbaren Ebenen vom Dniepr bis zum Kaukasus Durchzugsland und Kolonialland gewesen für begehrliche Völker, sei es aus Mitteleuropa, wie die Band- und Schnurkeramiker, sei es aus Transkaukasien, wie die Skythen, oder aus Zentral- oder Vorderasien, wie die Hunnen, Avaren, Kumanen, Bulgaren. Immer wurden dann die bisherigen Ansiedler zum guten Teile beiseite, in den Kaukasus, gefegt, um Platz zu schaffen für die neuen — ähnlich wie es in Südengland gegangen ist, wo auch nacheinander die Iberer, Kelten, Sachsen, Normannen, Dänen als Herren auftraten und die unbequemen Vorbesitzer seitwärts in die Berge drückten.

Im Kaukasus hat sich infolgedessen immer allerhand Altertümliches erhalten zu Zeiten, wo anderwärts längst andersartige Kulturen blühen. Beziehungen zum bandkeramischen Kreise treten auf, zu Troja und Mykene; dann aber setzt im Gegensatz zu der alteuropäischen Westost-Entwicklung ein Rückstrom ein, der von Südrußland aus die Donau hinauf unablässig die Länder bis Mittel- und Westeuropa hin befruchtet. Am leichtesten ist es zu erkennen an der Tierornamentik, die wir steinzeitlich in Petreny (Bessarabien) beginnen sahen (oben Abb. 126). Sie scheint wie ein unausrottbarer Ansteckungsstoff am südrussischen Boden zu haften, der jedes neu einziehende Volk wieder befällt und von ihm weitergetragen wird. Zur Kolchis-Zeit hat es die Trojaner und Mykenier gepackt, nachher hat es auf die Hallstattkultur gegriffen und von da nach Italien hinein (Falisker); dann sind die Skythen ganz verseucht worden und haben vieles an den Frühlatène-Strom, der die Donau hinaufgeht, mitgegeben. Schließlich sind die Goten, die aus Ostpreußen bald nach Christi Geburt an das Schwarze Meer kamen, dort völlig versunken in die Nachklänge des griechisch-skythischen Stils. Sie haben ihn in neuer Art auf die Grundlage von Bandgeschlingen gestellt und bei ihren weiten westlichen Wanderungen über fast ganz Europa verbreitet, besonders nach Skandinavien hin, wo er bis ins Mittelalter das Charakteristikum der Wikingerkunst abgibt.

So reihen sich in der Folgezeit die Hauptstile in Europa aneinander und bilden eine einheitliche Linie, die sich freilich in den einzelnen Ländern immer auf viel Altheimisches auflegt.

Kaukasus

Die Zeit liegt noch nicht sehr fern, wo die „Kaukasische Rasse" als Grundtypus des europäischen Menschen angesehen wurde. Die Anthropologie wandelte in den Fußtapfen der Sprachforschung und glaubte die Bewohner unseres Erdteils vom Osten gekommen. Noch im Banne dieser Auffassung sind die ersten Ausgräber, der Franzose Chantre und der Deutsche Rudolf Virchow, mit großen Erwartungen in die Hochtäler des Kaukasus gezogen. Ihnen beiden verdanken wir die umfassenden archäologischen Aufklärungen über jene Gegend, Rudolf Virchow im besonderen die reiche Kaukasus-Sammlung des Berliner Museums. Chantre und Virchow haben beide — letzterer bei Gelegenheit des Tifliser Kongresses 1881 — am Nordhang des Kaukasus bei Koban am Kasbek gegraben, andere, wie die in Tiflis wohnhaften Fr. Bayern und E. Rösler und dann als Ingenieure des Siemensschen Kupferwerkes von Kedabeg W. Belck und E. Carthaus am Südhang des Gebirges. Das ist wohl zu unterscheiden. Der Nordkaukasus hat mehr Beziehungen zu Südrußland und Ungarn, der Südkaukasus, dessen Küstenstrich Kolchis ist, mehr zu Kleinasien und dem Mittelmeere.

In Koban handelte sich's um Hockergräber mit reicher Bronzeausstattung, aber fast ohne Keramik. Ein Grabbefund Chantres mag das Inventar veranschaulichen. Am Kopfe trug die Frau zwei große „Rudernadeln", um den Hals eine Kette von roten Achatperlen, auf der Brust eine große Bogenfibel und mehrere kleinere Fibeln, an den Unterarmen Spiralstulpen konisch sich verengend, um den Leib einen Gürtel, offenbar aus Leder, dessen Verschlußstücke, Haken und Öse, erhalten sind; neben der Brust liegt rechts eine Hängespirale als Tierkopf gestaltet, links ein Napf und ein Kännchen aus Bronze. Die Armspiralen und die Hängespiralen — von denen oben Abb. 175d schon eine abgebildet ist — sind dem Kaukasus aus Ungarn zugekommen, die Hockerbestattung wird ebenfalls daher stammen. Bemerkenswert sind in dieser Koban-Kultur ferner die breiten Verschlußleisten von Ledergürteln mit Mäander- oder Spiralmustern, oft auch mit Tierfiguren verziert und zwar schon in einer Emailtechnik, indem der Grund um das Ornament oder das Tier ausgehoben und mit einer farbigen Masse gefüllt ist. Es ist das erste Vorkommen dieser Technik, die dann im Latène und Römischen sich fortsetzt (Abb. 191c).

Am Südkaukasus herrscht das „Amazonenbeil" an Stelle des geschweiften, das Beil, das auf griechischen Vasenbildern die Amazonen führen und das in Bogasköi die große Königsfigur am Tore geschultert hat. Es ist in Originalstücken bisher nirgend als hier im Südkaukasus gefunden (Abb. 191a, b). Daneben stehen sehr breite und lange Schwerter, nicht spitz, sondern rundlich endigend, also keine

Stich-, sondern eine Hiebwaffe (g). Die Dolche sind schlank. Schwerter und Dolche haben schöne Knäufe, entweder aus Holz mit durchbrochener Bronzehülse überzogen oder in eingelegter Arbeit aus farbigen Steinchen zwischen Bronzestäbchen,

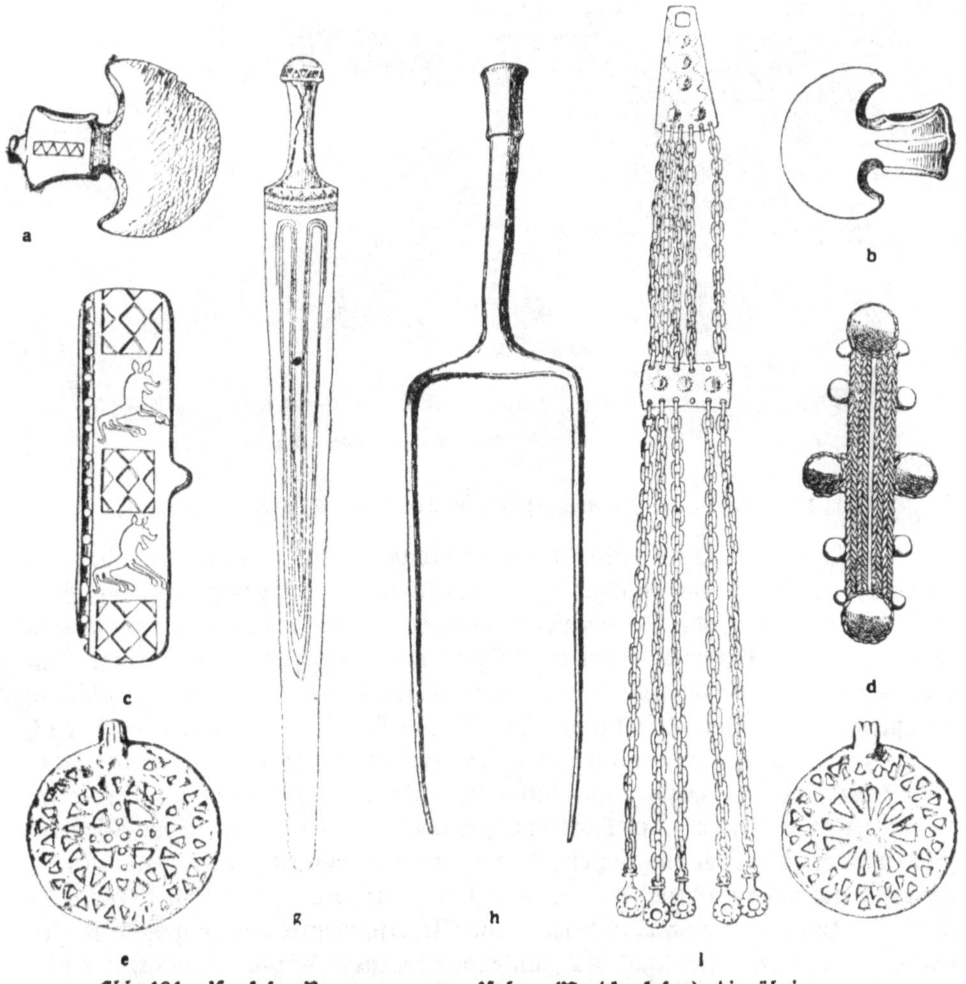

Abb. 191. Kaukasus-Bronzen. c von Koban (Nordkaukasus), die übrigen von Kedabeg (Südkaukasus). Berl. Mus. a b $1/_5$, c—f $1/_3$, g—i $1/_6$.

wie in Ägypten. Paarweise treten auf große Ringe mit Schlangenwindung durch die Mitte und durchbrochene runde Zierplatten mit geometrischen Mustern (e f). Öfter begegnet das Strickornament, das an Hettitien anknüpft und sich später bis zu den Slawen in Norddeutschland fortgesetzt hat (d). Ebensolange und weithin sind die großen Gehänge zu verfolgen (i), die im Kaukasus am Gürtel getragen wurden. Ein besonderes Stück ist die große Gabel (h), offenbar eine Waffe. In Sendschirli (Nordsyrien), also bei den Hettitern, kommt sie zur selben Zeit in Eisen vor, und ein dreizackiges eisernes Exemplar (tridente) ist in Vetulonia (Etrurien) in einem Villanova-Grabe gefunden. So weit ist sie vom Osten nach dem Westen gegangen.

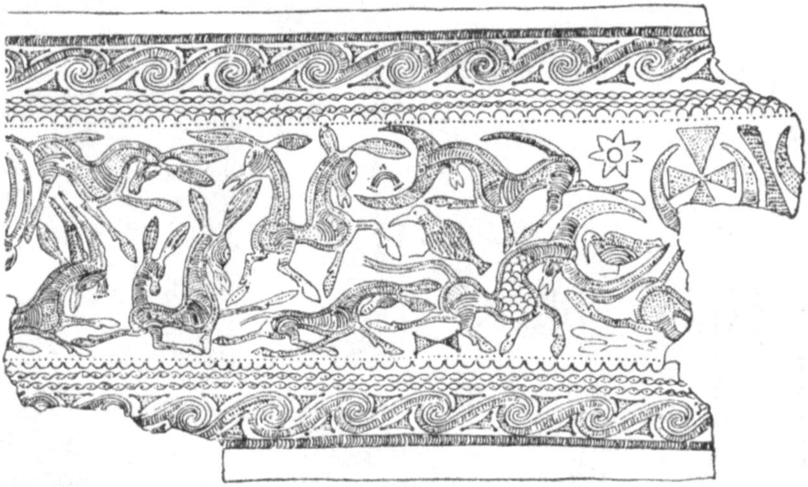

Abb. 192. Stück eines Bronzegürtels von Kedabeg. Nach R. Virchow. 1/2.

Die für den Kaukasus charakteristischen breiten Gürtel sind im Süden des Gebirges oft aus Bronze und in Gravierung und Punzung reich geschmückt (Abb. 192). Reihen von Hirschen oder Ochsen ziehen entlang, Fabeltiere aus Vierfüßlerleibern mit Vogel-Greif-Köpfen wirbeln mit Vögeln und Menschen durcheinander. Zuweilen wächst die Schwanzquaste zu einem neuen Kopfe aus. Der Spiral- oder Schuppenrahmen hat mykenische Einflüsse. Die Tierdarstellung geht nach Saum und Innenfüllung auf eine Aufnäharbeit aus Zeug oder Leder oder auf Stickerei zurück. Diese „Applikationstechnik" bei Tierfiguren ist nachher im Hallstatt und Latène bis ins Slawische hin noch kenntlich. Auf einem Schwerte sind ein paar Vierfüßler eingraviert, die wie die alten von Petreny (oben Abb. 126) ersichtlich aus zwei Halbkreisen erwachsen sind. Auch diese Form ist späteren hallstättischen Bildungen noch verblieben. Die Tierornamentik zeigt sich dann weiter darin, wie das Ornamentstück des „laufenden Hundes" Köpfe bekommt, wie aus einem tropfenförmigen Gehänge ein Vogel geworden ist und aus der gebogenen Parierstange des Dolches zwei Köpfe.

Das breite Hiebschwert des Kaukasus, das ebenso zu dem mykenischen wie zu dem nordischen schmalen Stichschwert in Gegensatz steht, setzt sich nun aber fort: durch Hallstatt, Latène zu den Römern, Franken und Wikingern, während die Griechen das kurze Stichschwert behalten haben.

Ein halbmondförmiger Gürtelhaken mit Tiergesicht aus dem Kaukasus hat in der Berliner Sammlung sein genaues Gegenstück in einem römischen.

Keramik haben wir in Berlin nur vom Südkaukasus. Das erste, was in die

Augen fällt, ist, daß die „graue Ware" von Troja VI (Taf. XL) hier unverkennbar stark vertreten ist in ähnlichen bauchigen Formen, scharf gedreht und fein poliert und vielfach verziert mit der Wellenlinie (Abb. 193). Dies Wellenorna-

a b c

Abb. 193. Tongefäße aus Samthawro bei Tiflis. 1/8.

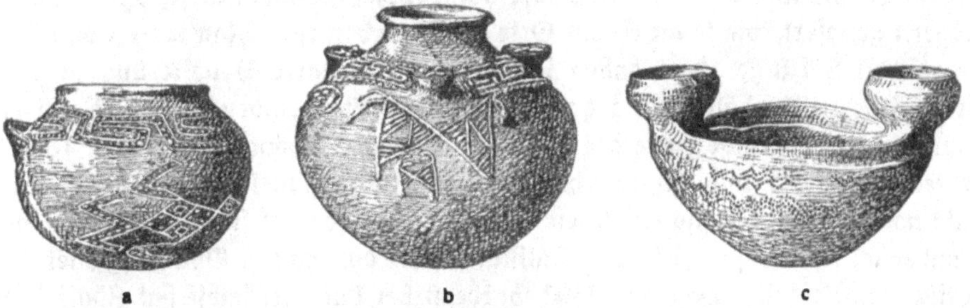

a b c

Abb. 194. Tongefäße von Elisabethpol (Südkaukasus). 1/8.

ment ist offenbar auch nie ausgestorben. Wir haben es gefunden auf der Keramik des 4. Jahrhunderts am letzten der römischen Dobrudscha-Wälle, dann zieht es auf avarischen Töpfen, die schon als Vorstufe der slawischen wirken, durch Ungarn und Süddeutschland und herrscht, wie allbekannt, vom 9. Jahrhundert an im ostdeutschen Slawenbereiche. Es gehört wohl ursprünglich den Avaren, die unter Attila mit nach dem Westen zogen.

In der grauen Keramik von Samthawro bei Tiflis, die Fr. Bayern Virchow geschenkt hat, finden sich mittelgroße Kannen, die ganz mit solchen von Troja VI übereinstimmen (Abb. 193c), dann bombenförmige Gefäße wie im Dipylon- und Hallstattstil und größere schlankhalsige Kannen, die schon ganz an Latène-Formen gemahnen (Abb. 193a). Die eigenartigen Knöpfe mit glatter Oberfläche (Abb. 194b) kommen ebenso später in der Hallstatt-(Villanova-)Zeit Oberitaliens vor.

Eine besondere Gattung sind die weiß inkrustierten kürbisförmigen Näpfe aus der Gegend von Elisabethpol (Abb. 194). Auf ihnen sehen wir aus dem Sanduhrenmotiv durch Anfügung von Kopf und Schwanz ein Tier entstehen (b) und aus aufeinanderstehenden Dreiecken mit abzweigenden Zickzackbändern einen grotesken Menschen (a liegend, mit Kopf nach rechts) — ganz wie in Susa-Mussian mehr als tausend Jahre früher. Der Napf c trägt auf seinem Rande ein paar kleinere Gefäße, ganz wie es später im Hallstattkreise vorkommt (Taf. XLIII 6).

Im ganzen zeigt diese Kaukasuskultur das Bild einer Stauwelle, die auf östlicher Grundlage indogermanisches Gepräge von Troja und Mykene her erhalten hat und so nach Überschreitung des Kaukasus im Begriff ist nach Asien vorzudringen. Sie haben dort in der Tat nachher die chinesische Tierornamentik hervorgerufen. Zugleich sehen wir, wie aus diesem Staubecken Rückströme die Donau hinauf nach Mitteleuropa gegangen, von da auch nach Italien eingedrungen sind und oft Jahrhunderte lang fortgewirkt haben.

Hallstatt und Illyrien

Den Stil im Donaukreise von etwa 800—500 v. Chr., den man bisher nach Hallstatt nannte, kann man heute getrost illyrisch nennen. Das Städtchen Hallstatt im Salzkammergute hat im Laufe der Jahrzehnte wohl die größte Zahl von Gräbern geliefert, die je an einem Orte ausgegraben ist. Man spricht von 2500. Die reichen Salzlager dort haben lange Zeit eine starke Bevölkerung in guten wirtschaftlichen Verhältnissen gehalten. In der ersten eindrucksvollen Veröffentlichung über die Funde hatte der verdiente Wiener Archäologe v. Sacken 1868 sie für keltisch erklärt und insonderheit den Tauriskern zugeschrieben, deren Name heute noch in den Taurischen Alpen fortlebt. Nachher hat sich aber immer mehr herausgestellt, daß zur Zeit der Hallstattkultur das ganze Ostalpengebiet noch illyrisch gewesen ist. Von den 2500 Gräbern bei Hallstatt selbst hat Adolf Mahr bei einer großen Nachprüfung nur 10 als keltisch gelten lassen können, alle anderen sind illyrisch [1]). Und Walter Schmid in Graz hat diese Erkenntnis dann auf ganz Noricum — die Länder Kärnten, Steiermark, Niederösterreich — erweitert. Die Einbrüche der keltischen Völker, der Taurisker, Skordisker, Bojer usw. haben erst mit dem großen Aufschwellen des Keltentums aus Südwestdeutschland um 400 v. Chr. begonnen, und in manchen Gebieten, wie im mittleren Steiermark, hat sich der illyrische Stil noch bis in die römische Zeit gehalten [2]).

Dieser illyrische Stil der Hallstattzeit geht zurück bis auf die steinzeitliche Bandkeramik und ist dadurch manchen mykenischen Elementen so außerordentlich verwandt. Wir haben oben schon gesehen, daß die erste Einwanderung nach Griechenland, der die mykenische Kultur verdankt wird, mancherlei aus Illyrien mitgebracht hatte: die Spiralornamentik, die Schachtgrabanlage, die Ausstattung der Leichen mit goldenen Masken und Handschuhen; ja auch nach Troja hatte die vom Balkan gekommene Einwanderung schon Illyrisches gebracht: die Spiralen und die großen Kopfgehänge, von denen wir gleich weiter hören werden. Wenn jetzt die Hallstattkultur als illyrisch erwiesen ist, so müssen damit auch die ihr ver-

[1]) Mitt. Prähist. Komm. Wien II S. 328.

[2]) Bericht der Röm. Germ. Komm. Frankfurt a. M. 15. 1923/24 S. 192.

wandten Elemente in Mykene und Troja, ebenso wie die ihren Urboden bildende Bandkeramik als illyrisch angesehen werden.

Zunächst in die Augen fallen die Spiralverzierungen wie Abb. 195 a b, die

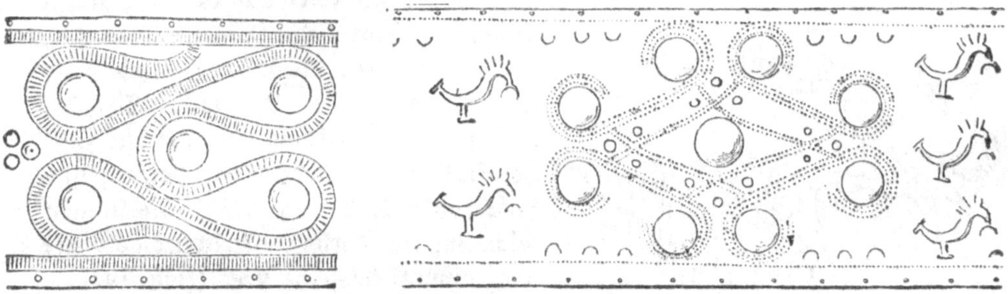

Abb. 195. Hallstattornamente von Gürteln. Nach v. Sacken. ²/₃.

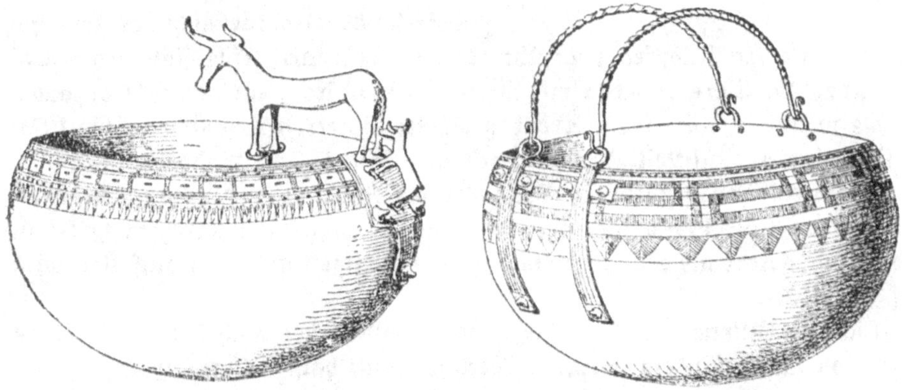

Abb. 196. Zwei Bombenkessel von Hallstatt. Nach v. Sacken. ¹/₆.

ganz pannonischen und mykenischen Stücken entsprechen (oben Abb. 176 e). Dann weisen die Bombenkessel von Hallstatt (Abb. 196) zurück auf die alte in der steinzeitlichen Bandkeramik allgemein herrschende Form. Bei einem tritt auch vom Henkel her ein Pferd genau nach innen vor wie auf dem Tirynther Becher der Vogel (oben Abb. 176 d). Von den Goldmasken aus Trebenischte am Ochrida-See zeigt Taf. XLV die besterhaltene. Sie ist ungeschickter gemacht als die mykenischen, die Nase mußte aus einem besonderen Stück angesetzt werden. Das Gesicht hat den archaisch-griechischen Stil des 6. Jahrhunderts mit den vorquellenden Augen. Es ist von einem Flechtbande rings umgeben, dem Nachfolger von Spiralbändern, wie sie die mykenischen Stelen umgeben, — aber ebenso auch die Stelen von Novilara in Picenum, und damit kommen wir an die Westküste der Adria und erfahren, daß hierher ein starker illyrischer Einstrom erfolgt ist, zunächst in das picenische Gebiet zwischen Rimini und Ancona, aber dann auch nach Inneritalien hinein, bis Etrurien und zum Faliskerlande. Derschiedenes Alte kommt hier zusammen. Ed. Norden hat für Picenum ein „pelasgisches“ Volk, die Asili, scharfsinnig erschlossen und fragt, ob nicht die bisher rätselhafte Sprache der Novilara-Inschriften ihm angehören können [1]).

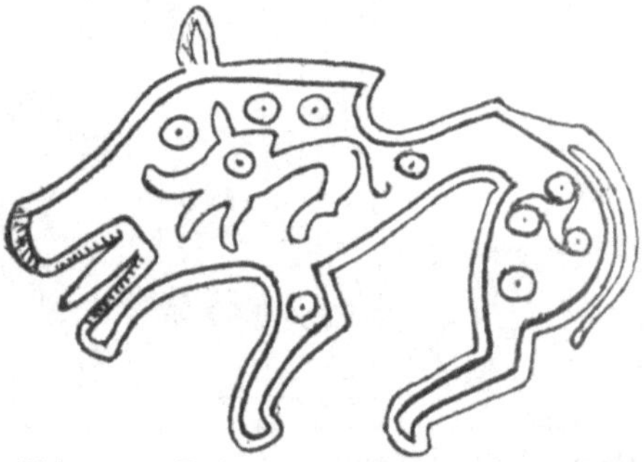

Abb. 197. Goldplattierte Fibel von Dolja Dolina. Berl. Mus. ²/₃.

Die große Fibel aus dem illyrischen Südungarn von Dolja Dolina ist weit nach dem Osten mit Mythischem und noch Älterem verknüpft. Das wilde Tier hat noch ganz die Haltung wie die aus zwei Halbkreisen entstandenen von Petreny und Susa (oben Abb. 126. 128). Die Innenzeichnung wiederholt merkwürdigerweise noch einmal dasselbe Tier (Abb. 197).

Zum Kaukasus zurück deuten Erscheinungen wie die von Abb. 198 aus dem Faliskerlande. Könnte nicht das Tongefäß mit seinen flachen Knöpfen hoch über den Henkeln aus Tiflis stammen? Und sehen nicht die Tiere daneben mit ihrem zweiten Kopf an der Schwanzquaste aus, als wenn sie von einem Kedabeg-Gürtel kopiert wären (oben Abb. 192)? Sie sind aber aus Mittelitalien und erst aus dem 7. Jahrhundert.

Im picenischen Gebiete, in Belmonte bei Ancona, ist das große bronzene Kopfgehänge (Abb. 199) gefunden, das jedem, der Schliemanns trojanische Schatzfunde kennt, sofort als ein Gegenstück zu den dortigen goldenen auffallen wird. (Taf. XXXIX).

Auch die Villanova-Kultur, die vom Nordosten her nach Italien hereingekommen ist und besonders Etrurien überschwemmt hat, ist stark illyrisch gefärbt. Die „Villanova-Urne“, die als das Hauptgrabgefäß auftritt, stammt mit ihrer Neigung zum Kropfhalse ganz ersichtlich aus Pannonien. Man vergleiche das italische Stück (Abb. 199 b) mit dem pannonisch-illyrischen auf Taf. XXXV 7.

Erst wenn man diese Zusammenhänge des Hallstättisch-Illyrischen mit dem Mykenischen und letzten Endes dem Altbandkeramischen erkannt hat, entwirren sich aus dem Durcheinandergehen der verschiedenen Einflüsse in der Bronzezeit die Altes mit Jungem verbindenden Züge im Hallstättischen. Die Gräber in Hallstatt selbst sind der nord-ostdeutschen Sitte des Verbrennens und Hügelerrichtens nicht gefolgt, sondern der alten bandkeramischen treu geblieben. Es sind Schachtgräber ohne Hügel darüber und sie enthalten fast ausschließlich Körperbestattungen. Wo aber der nordische Einfluß gewirkt hat, wie in Baden und Württemberg und auch in Teilen von Österreich, sind die Toten vielfach verbrannt und auch in stattlichen Holzkammern unter riesigen Hügeln geborgen. Und da haben auch die Häuser vielfach die nordische Art angenommen als Pfostenbauten wie bei den Lausitzern. Aber im Grundriß folgen sie gern der südlichen Sitte des

[1]) Ed. Norden, Altgermanien 1934 S. 232 ff.

2

1

3

4

5

7

6 8 9

Hallstatt-Keramik

1—4. Hallstatt I: Urnenfelder mit Lausitzer Einfluß. Nach Reinecke. $^1/_4$. 5. Hallstatt II: Gündlinger Stufe. $^1/_6$. 6. Hallstatt III: Salemer Stufe. $^1/_6$. 7—9. Hallstatt IV: Ungarische Hallstatt-Typen. $^1/_5$.

Tafel XLV

Goldene Maske aus einem Grabe bei Trebenischte (Ochrida). Nach Dulič.

Hofhauses in Hufeisenform, so in der Wasserburg Buchau (oben Abb. 29) und so auf dem Goldberge bei Nördlingen.

Die Hallstattzeit bringt die erste allgemeine Verwendung des Eisens, und

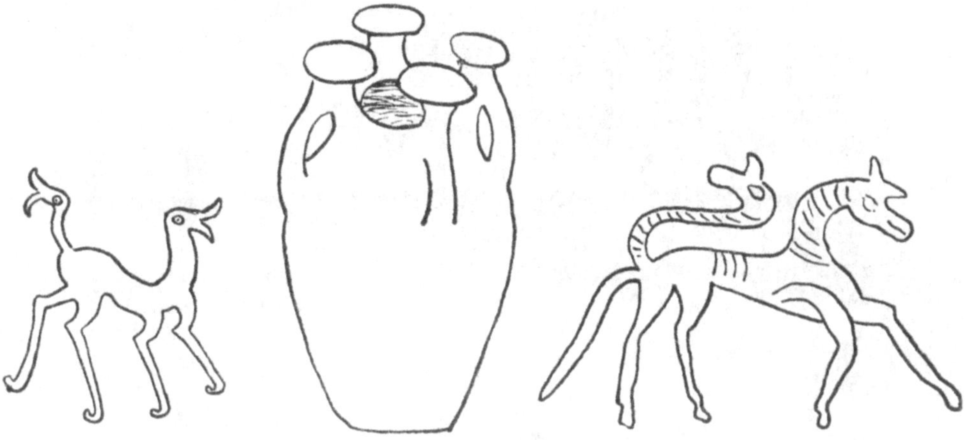

a b c

Abb. 198. Gefäß und eingeritzte Tierfiguren, a b von Alfidena in Samnium, c von Capena.

zwar zunächst für Waffen. Große Schwerter mit breiter oder auch geschweifter Klinge sind an der Tagesordnung. Auch Lanzenspitzen werden aus Eisen hergestellt. Für Gerät und Schmuck, wie Messer, Nadeln, Hals- und Armringe, Gürtel, bleibt aber noch die Bronze.

Man rechnete früher die Hallstattkultur von 1200—500 v. Chr. und teilte sie in vier Perioden. Heute beläßt man die ersten beiden davon, die „Urnenfelderkultur" (1200—1000) und „Gündlinger Stufe" (1000—800) lieber noch bei der Bronzezeit, den Montelius-Perioden IV und V, und gewinnt damit für die verbleibenden beiden Hallstatt-Perioden von 800—500 einen einheitlicheren Stil. Den Urnenfeldern ist noch die voraufgegangene Bandkeramik und Hügelgräberkultur anzumerken bei starkem Einschlag des Lausitzer Stils (Taf. XLIII 1—4). Die Gündlinger Stufe in Südbaden, dem Elsaß und der Pfalz hat diese Stufe übersprungen und setzt im wesentlichen die alten Pfahlbauformen fort (Taf. XLIII 5). Die Urnenfelderleute werden wir als indogermanisierte Illyrier, die Gündlinger als Kelten anzusehen haben.

In der eigentlichen Hallstattkultur treten nun auch in Süddeutschland die Formen auf den Plan, die im Osten, in Österreich und Ungarn sich schon lange verbreitet haben und dort aus altem steinzeitlichen Gut erwachsen sind: die Schulteramphora der kannelierten Keramik und der einfache kragenlose, halbkugelige Napf. Sie verbreiten sich als „Salemer Typus" (Bodensee) mit reicher

Bemalung (XLIII) in Süddeutschland und gewinnen dann im Junghallstättischen als „Koberstadter Typus" auch das Rheinland.

Kaum irgendwo ist das Immer-wieder-Ausschlagen einer alten Wurzel so

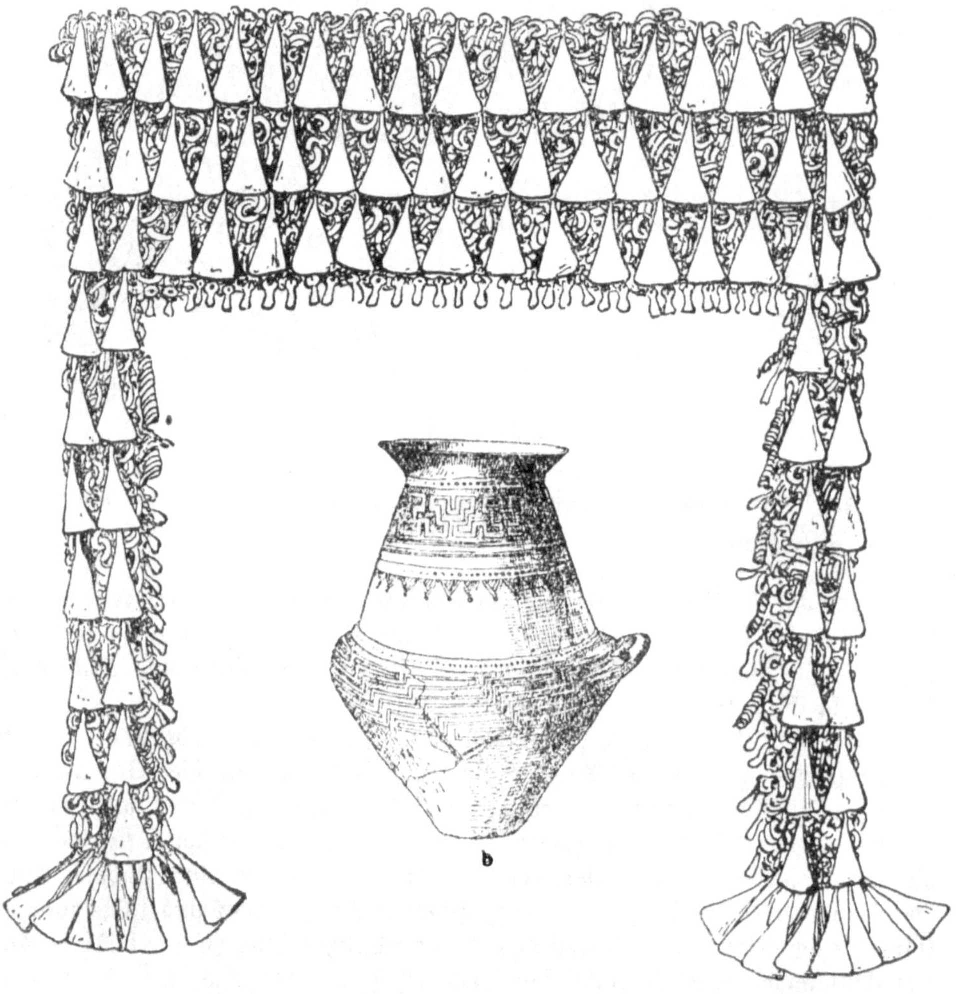

Abb. 199. a. Bronzener Kopfschmuck von Belmonte b. Ancona. b Villanova-Urne.

deutlich wie im Hallstattstile. In Ungarn tritt auch die Spirale in Relief, zuweilen auf Buckeln, noch wieder auf. Gelegentlich sitzen dabei kleine Töpfchen dem großen Topf auf der Schulter (XLVI), ganz wie es vorher auch im Kaukasus vorkommt (Abb. 194c). In den Verzierungen aber versteigt sich dieser Kreis schon zu ganzen Bildern aus dem täglichen Leben, wir befinden uns also wohl in der Nähe des Ausgangspunktes der Dipylonkultur.

Wagen werden von Pferden gezogen und von Männern geleitet (Abb. 200); auf dem Wagen steht eine Art Menhir. Vielleicht handelt es sich um einen gottesdienstlichen Festzug; man wird an den Umzug des Nerthus-Wagens bei

Abb. 200. Wagen und Reiter auf Gefäß aus Oedenburg. Nach Hoernes. 1/1.

Tacitus erinnert. Oder es erscheint eine Reihe von Frauen (Abb. 201), die in verschiedener Art weben und sticken. Die eine spinnt mit einer herabhängenden Handspindel, die andere arbeitet an einem Webstuhl, von dem die Fäden in ein unteres Geschoß hinabgehen — Webegewichte sind oft in Gruben gefunden. Eine dritte scheint die Leier zu schlagen, nach der zwei weitere tanzen. Die Figuren sind ganz textil gehalten. Ihre Körper gestalten sich drei- oder viereckig, die Arme und Beine halten sich möglichst an die Richtungen, in denen die Fäden laufen. Auch dieser geometrische Stil der Figurenzeichnung entspricht ganz dem Dipylonstil.

Es ist sehr merkwürdig, daß die beiden Arten des Hallstattstils, die spiralige und die geometrische, im wesentlichen nur die Stilarten fortsetzen, die schon steinzeitlich in diesen selben Gegenden geherrscht haben, die Hinkelstein- und die Bandkeramik. Wenn in der dazwischenliegenden Bronzezeit die Fäden vielfach für unser Auge verschwinden, so werden sie an entlegenen Stellen oder auch auf vergänglichen Stoffen, wie Kleidern, Leder, Holz, sich fortgesetzt haben, um nachher wieder allgemein sichtbar aufzutreten.

Der Hallstattstil hat sich stark nach Frankreich und Spanien hin verbreitet. Von Burgund [1]) nach der Marne [2]) hin können wir seine Schwerter, Bronzebecken, Zisten und charakteristischen Tonscherben verfolgen und vom Juradistrikt über den Tarn nach den Pyrenäen [3]). In Spanien waren echte Hallstattsachen bisher besonders aus Andalusien bekannt, bis vor einigen Jahren vom Marquis de Ceralbo große Nekropolen mit mehreren tausend Gräbern der Hallstatt- und Latène-Zeit in der Provinz Guadalajara (Kastilien) aufgedeckt wurden. Es stellen diese Hallstattfunde in Frankreich und Spanien etwas ganz Neues gegen

[1]) Déchelette II 2, S. 642.
[2]) Ebd. S. 646.
[3]) Ebd. S. 653—675.

das bisher in langem Zuge dort entwickelte Einheimische dar, eine erste vom Osten ausgegangene große Eroberung, die wir als die keltische erkennen können. Und damit werden diese Gebiete auch nun erst indogermanisiert.

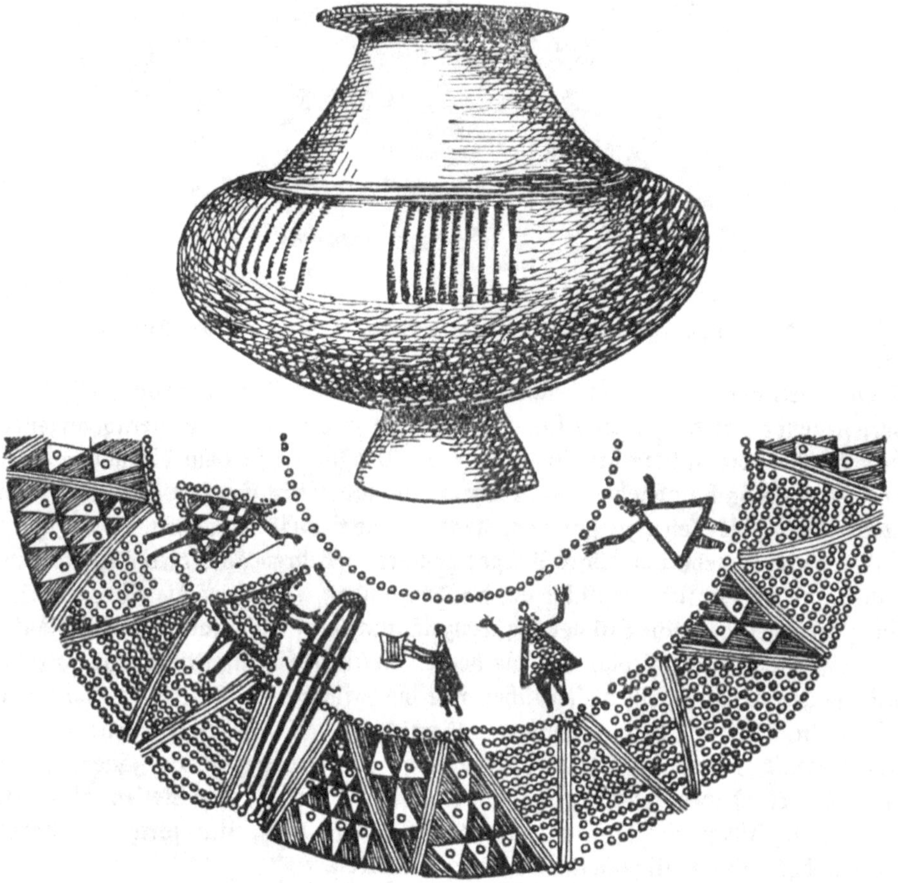

Abb. 201. Amphora von Oedenburg. Von einer andern: Spinnende, webende, tanzende Frauen. Nach Hoernes.

Der Norden

Die Zeit um 700 v. Chr. muß gradezu eine Weltenwende gewesen sein. Wie in Griechenland die große Kolonisation einsetzte, die den sturen Dipylonleuten anderes Leben und Bewegung gab und ihnen sogar frohe Hoffnungen für das Leben nach dem Tod erweckte; wie im Donauraume das Illyriertum neu erwachte, sich in Form brachte, östliches Gut aufnahm und es nach Westen weiter trug; wie aus Südwestdeutschland die Kelten nach Frankreich aufbrachen, von da nach Spanien und England gingen und diese Länder endlich indogemanisierten, — so ist nun auch der Norden, der so lange ruhig seine eigene Bahn gegangen war, von dem allgemeinen wirbelnden Tanze erfaßt worden und hat in auffallender Weise mitgetan.

In der nordwestdeutschen Keramik zeigen sich einerseits hallstättische, andererseits lausitzische Einflüsse. In der Lausitz erstehen überall Burgen zum Schutze der Gaue in den unruhigen Zeiten. Am einschneidendsten aber ist, daß mit dem Süden, dem Hallstattkreise und Italien, ein Handel angebahnt wird, der das Land mit den schönsten Bronzewaren überschwemmt und ersichtlich auch ganz neues, gewichtiges Gedankengut mitbringt.

Die große italische Bronze-Urne auf Taf. XLVI stammt aus dem „Königsgrabe" von Seddin in der Mark. Sie enthielt eine Lausitzische Tonurne der Zeit um 700 v. Chr., und in dieser lagen erst die verbrannten Knochen. Das ganze Grab aber war ein aus großen Steinen aufgebautes Kuppelgrab, in das man heute noch durch einen engen Eingang hineingehen kann, — eine ganz einzigartige Erscheinung in unseren Gegenden, die von Süden her angeregt sein muß. Auf derselben Tafel ist 2 ein italischer Helm derselben Zeit, der bei Stettin vor 30 Jahren aus der Oder ausgebaggert ist, und 3 ist eine Schlingbügelfibel aus der Mark, die ebenfalls südlicher Import die ganze Spiralfreudigkeit des Donaukreises zur Schau trägt. Der Eberswalder Goldfund zeigt mit seinen acht Trinkschalen völlig den illyrischen Stil in der Punztechnik der Punkte und Buckel wie in der Anordnung der Kreise und Sterne. Hergestellt können die Stücke sehr wohl in dem herrschaftlichen Hause ihrer Fundstelle sein, denn es war Rohgold mit in dem Schatze, und die Verzierung ist nicht so sorgsam und fein ausgeführt wie auf sicheren Importstücken, z. B. einem Goldbecher aus Werder im Berliner Museum.

Es ist eben nicht bei der einfachen Entgegennahme der Stücke aus dem Süden geblieben, man hat die eigene Arbeit in diese Richtung eingestellt, man hat die eigene Auffassung nach dem neu Kennengelernten gemodelt. Und so ist denn auch ein Wandel in der Bestattung eingetreten, sowohl der Form wie der Idee nach.

Die Germanen hatten, wie oben schon dargelegt (s. S. 299), nicht denselben Unsterblichkeitsglauben mit dem dazugehörigen Gräberkult wie die West- und Südeuropäer. Und doch gibt es bei uns, wenn auch nur im nordöstlichen Deutschland, nicht wenige Steinkreise z. T. mit Menhiren, denen man ihre Verwandtschaft mit dem Westen und Süden nicht abstreiten kann. Seit Stonehenge die Phantasie unserer Zeit immer mehr beschäftigte, als Sonnentempel und astronomische Beobachtungsstätte, hat man auch unsern Steinkreisen immer zuversichtlicher dieselbe Bedeutung zugetraut, hat durch Messungen und Sternberechnungen diese Auffassung zu beweisen und sogar die Zeit der Anlage solcher Plätze zu bestimmen gesucht. Einen großen Gutshof, Haus Gierke unweit Detmold, wollte man nach den Linien seiner fünfeckigen Umwallung und Ummauerung auf die Zeit von 1850 v. Chr. datieren und als eine Pflanzstätte junger Astronomen, gewissermaßen eine Druidenschule ansehen[1]). Aber zwei Urkunden des Detmolder Archivs zeigten alsbald, daß der Hof, so wie er heute dasteht, mit den Gebäuden, den Gemüsefeldern, dem Wäldchen, dem Fischteich darin und der großen kostspieligen Umhegung im Jahre 1696 n. Chr. angelegt ist[2]), und Ausgrabungen von H. Reinerth haben dann erwiesen, daß auch darunter keine Druidenschule gelegen hat; was diese besonders beglaubigen sollte, der große „Beobachtungshügel" entpuppte sich als ein moderner Kehrichthaufen mit einer lippischen Münze des 17. Jahrhunderts auf seinem Grunde. Auch für die Externsteine haben mehrjährige Ausgrabungen die heute sehr verbreitete Annahme eines altgermanischen Heiligtums nicht bestätigt. Sie haben ihren kultischen Charakter erst im 11. Jahrhundert durch die Abdinghofer Mönche erhalten, die hier die drei Hauptheiligtümer von Jerusalem, das Grab, die Höhle (in der Reste vom Kreuze gefunden wurden) und die Kreuzigung darstellen sollten.

Stonehenge, der König der Steinkreise, ist durch die endlich erfolgten Ausgrabungen als eine große Grabstätte erwiesen, und auch in unsern Steinkreisen ist, wo immer nur gegraben wurde, regelmäßig die Urne oder auch mehrere, ja viele Urnen gefunden worden. In Börnicke bei Nauen hat A. Götze 1915 und 1916 auf einer mit 20 oder 30 Steinkreisen bedeckten Fläche über 500 Urnen gehoben. Die sonst selten erhaltenen Steinkreise waren hier durch eine zeitig darüber gewehte starke Düne geschützt worden.

Die Grabungen bei uns haben aber überall überraschenderweise gezeigt, daß die deutschen Steinkreise keineswegs der frühen Zeit von 2000—1500 v. Chr. wie im Westen angehören, sondern erst der frühen Eisenzeit von etwa 600 bis Christi Geburt. Die Kreise bei Odri nahe Danzig mit ihren Menhirs, die alle Welt für steinzeitlich hielt, gehören sogar erst in die Römerzeit.

In dieser späten Zeit war in Westeuropa die alte Kultur durch die Keltеneinwanderung längst völlig überdeckt und erloschen. Unsere Steinkreise können also unmöglich von dorther übertragen sein. Wo waren denn aber sonst in jener Spätzeit Steinkreise noch lebendig? Antwort: nur in Oberitalien, insbesondere in Etrurien. Und das ist nun die Gegend, aus der immer schon zwei andere auffallende Stücke unserer frühzeitlichen Kultur hergeleitet wurden: die Hausurnen und die Gesichtsurnen (Abb. 202). Sie sind in Italien mit den Steinkreisen zusammen beheimatet, und sie finden sich auch in Deutschland in denselben Gebieten mit ihnen zusammen. Montelius hat schon vor Jahrzehnten gesagt, die Haus- und Gesichtsurnen seien im Gefolge des großen Handelsverkehrs mit Italien zu uns gekommen und fänden sich deshalb besonders in den Landstrichen, wo die italischen Händler als Gegengabe den Bernstein holen wollten. Die Auffassung von Kossinna und einigen seiner Anhänger, die Haus- und Gesichtsurnen seien germanische Erfindung und hätten sich von Jütland aus verbreitet, ist noch

[1]) Forschungen und Fortschritte 1927 S. 89 (Riem).
[2]) Mannus 1928 S. 232—236. 240.

jüngst von dem Dänen Rosenberg widerlegt worden [1]): die jütländischen Exemplare sind die letzten, nicht die ersten ihrer Gattung. Ganz abwegig ist die neueste Auffassung von La Baume, die Urnen hätten ihre Gesichtszeichen erhalten, um den bösen Blick abzuwehren, der dem Verstorbenen auf seinem Wege zur Unterwelt und dort selbst schaden könnte. Der böse Blick kann, wie jeder Blick, nur im Lichte wirken, im Dunkel ist er machtlos. Das wußten auch die alten Germanen und meinten es sogar vom Götterblick. In der sog. älteren Edda stehen zwei Geschichten, wo einmal der Gott Thor dem Unhold Alwis, das andere Mal der Held Atli der Unholdin Hrimgerd nächtlicher Weile begegnen, sie mit

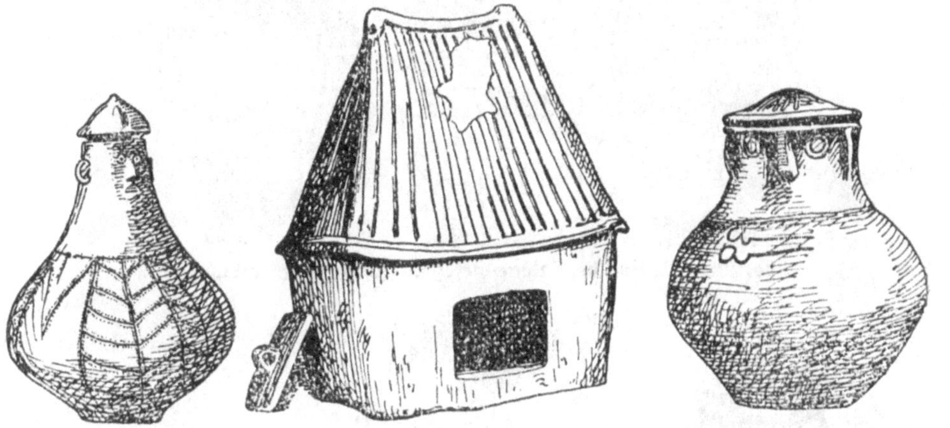

b a c

Abb. 202. a Hausurne von Aschersleben. 1/7. b c Gesichtsurnen aus Westpreußen. 1/6.

listigem Gespräche bis zum Morgengrauen aufhalten und dann durch ihren Blick auf einen Schlag töten.

So muß es bleiben bei der Entlehnung der Hausurnen, Gesichtsurnen und Steinkreise aus Oberitalien. Man will wie dort jetzt auch den Verstorbenen in einem Häuschen wohnen lassen, man verkörpert ihn sich in der halbmenschengestaltigen Urne. Ja, man gibt ihm jetzt sogar kleine Figuren mit in's Grab, offenbar Abbilder seiner selbst, die aus einem Gefäße opfern und ihm damit den Eintritt in's Jenseits und sein Schicksal dort erleichtern sollen, — alles ganz wie im Süden. Man vergleiche die Sardische Figur oben Abb. 51 b.

Wer sich etwa scheut, bloßen Handelsbeziehungen einen Einfluß auf das Gefühlsleben des Volkes zuzutrauen, derart, daß sogar althergebrachte Kultformen verändert werden, der möge bedenken, daß ganz Ähnliches im 17. und 18. Jahrhundert durch den Handel mit China hervorgerufen wurde. Es ist damals nicht bloß chinesisches Porzellan und chinesische Seide nach Europa gekommen und nicht bloß in Bauten, Tapeten, Möbeln die Chinoiserie gepflegt

---

[1]) Mémoires des antiqu. du Nord 1933/34.

worden, sondern es hat auch unsere abendländische Philosophie einen starken Einfluß von jenem fernen Kulturland her erfahren[1]).

Latène

In Süddeutschland setzt in den folgenden Jahrhunderten (500—Christi Geburt) die Hallstattkultur sich fort in landschaftlich so oder so abgewandelten

Abb. 203. Rheinische Latène-Gefäße. Nach Schumacher. 1/8.

Abb. 204. Englische Latène-Gefäße. Nach Read, Kat. des Brit. Museums. 1/8.

Formen, die aber in wesentlichen Eigentümlichkeiten zusammenstimmen und nach der ersten großen Fundstelle Latène am Neuenburger See ihren Namen führen. Es ist mit der Latène-Kultur, wie wir es schon mit verschiedenen anderen erfahren haben: die Blütezeit zeigt bald diesen, bald jenen fremden Einfluß, aber die Wurzel ist bodenständig. In den Gräbern finden wir durchweg die Körperbestattung der Hallstattzeit, die Burgen und Häuser führen ebenfalls die Gewohnheiten dieser Vorgängerin weiter. Die Keramik folgt in Süd- und Mitteldeutschland der bauchigen Krugform von Hallstatt und entwickelt bald eine ins Breite gezogene, aber von oben her plattgedrückte Flasche, bald einen

[1]) Forsch. u. Fortschr. 1932 S. 367.

1

2

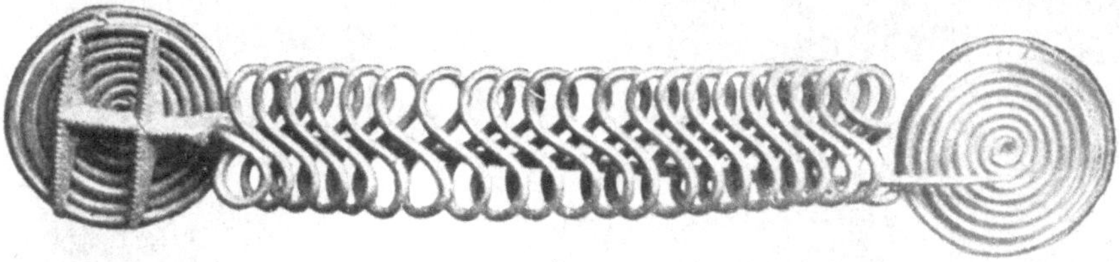

3

4

5

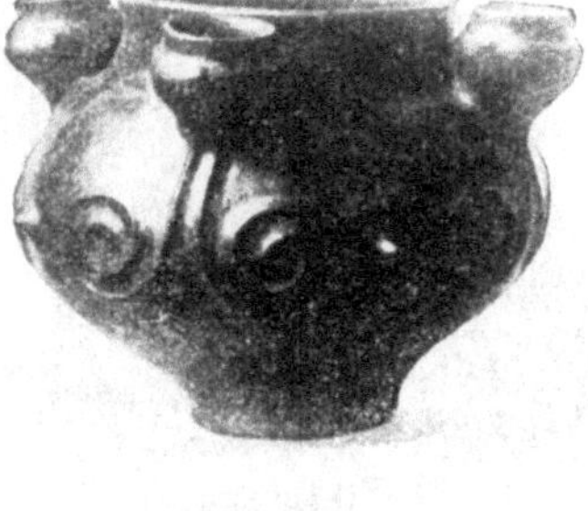

6 7 8

Villanova und Hallstatt

1. Bronzene Villanova-Urne aus dem Königsgrabe von Seddin. Märk. Mus. 1/6. 2. Villanova-Helm, gefunden in der unteren Oder. Berl. Mus. 1/4. 3. Schlingbügelfibel aus der Mark. Berl. Mus. 1/2. 4—8. Tongefäße und Bronzeeimer aus Krain. 1/7.

Tafel XLVII

Skythische Silberbleche des 4. Jahrh. v. Chr. aus dem Funde von Craiova, Rumänien. Berl. Museum. 1/1.

schlanken, nur wenig ausbuchtenden Becher. In Frankreich, wo an der Marne und Aisne früh eine reiche Latène-Kultur erblüht ist, hat der Bronzeeimer mit eckiger Schulter, die Situla, ein ähnliches Tongefäß hervorgerufen, das in allen Größen auftritt. Die Verzierung der Keramik bleibt ebenfalls bei den Hallstat-

a b c

Abb. 205. Bronzekanne von Waldalgesheim, 1/5, und Stein von St. Goar. 1/20.

motiven, indem sie in vereinfachter Bemalung bald die geometrische Art fortsetzt (Abb. 203), bald in blumigen Gebilden die zugrunde liegenden alten Spiralen deutlich erkennen läßt (Abb. 204).

Auch bei dem Metallschmuck geht der Zwiespalt der Hallstattzeit weiter, der sich in die Schlagworte Textil oder Spirale fassen läßt. Die gewöhnlichen Arm- und Halsringe bleiben bei den alten Flecht- und Webemotiven, die vornehmeren aber, wie besonders eine Reihe von Goldfunden, zeigen ein ganz neues eigenartiges Schmuckwerk, das von der unteren Donau kommend alte Spiralführung zu phantastisch geschwellten Bandmustern oder gar an das Tierreich anklingenden Gebilden wunderlich und anmutig zugleich gestaltet hat.

In zweien der Hauptfunde dieser Art, von Kl.-Aspergle in Württemberg und Waldalgesheim a. d. Nahe, haben sich originale griechische Sachen mitgefunden, in Kl.-Aspergle eine schwarzfigurige Trinkschale, in Waldalgesheim ein bronzener Eimer. Bei der Trinkschale hat bezeichnenderweise die einfache griechische Bemalung den prunkliebenden Latène-Leuten nicht genügt. Sie haben noch einen Kranz aus Goldblech aufgelegt, bei dem S-förmige Bänder, die in der Mitte anschwellen, sich von einem großen runden Punkte zum anderen schlingen. Die Punkte sind offenbar alte Spiralaugen. Ganz dasselbe Ziermuster kehrt wieder in Waldalgesheim an einer Bronzekanne, die sich durch plump angesetzten Henkel und Ausgußröhre als einheimisches Stück verrät (Abb. 205 a b), und findet sich auch auf einem kleinen Steinpfeiler aus St. Goar (205 c), wo es seinen spiraligen Ursprung noch deutlicher zeigt; es hat besondere Pflege

Abb. 206. Bronzehalsring aus dem Dept. Aube, 1/2. In der Mitte Ziermuster von einer runden Goldplatte aus Auvers, Seine et Oise, 2/3. Beide im Brit. Mus.

und noch allerhand Abwandlungen gefunden in England (Aylesford) und wird dort Trompetenmuster (trumpet pattern) genannt.

Zuweilen werden in grotesker Weise Menschen- oder Tierköpfe mit diesem Zierwerk verbunden. Wie auf dem Steine von St. Goar der Menschenkopf offenbar an die Stelle eines alten Spiralkopfes getreten ist, aus dem die großen fischblasenförmigen Bänder sich nach oben hin entwickeln, so knotet sich leicht auch das Ende eines Fibelbügels zu solch einem Kopfe zusammen, oder auf Hals- und Armringen entstehen ähnliche Formen (Abb. 206). Es ist die Fortsetzung des Spielwerks, das hallstättisch schon in den Schlangenkopf-Spiralen und den Gesichtsurnen auftrat. Bei den Späthallstattfibeln biegt das Fußende gewöhnlich etwas nach der Höhe des Bügels zurück und ist mit ein paar Knöpfchen verziert. Aus diesen Knöpfchen entwickeln sich Augen, und so entsteht ein Tierkopf. Abb. 207 zeigt gegenüber einer Hallstattfibel ein Latène-Stück, bei dem das Bügelende zu einem Widderkopfe geworden ist, außerdem auf dem Bügel eine ganze Menschenfigur und am anderen Ende noch ein Menschenkopf angebracht ist.

Das klassische Land für solche „Tierornamentik", die groteske Umbildung eines leblosen Teiles zu etwas Animalischem, ist in dieser Zeit das skythische

Südrußland. Der Goldfund von Vettersfelde in der Lausitz aus der Zeit um 500 v. Chr. ist dafür schon ein sprechender Beleg [1]. Die Schwanzenden des großen Fisches rollen sich um und bilden zwei Widderköpfe; auf dem Körper des Fisches sind zwischen den Schuppen ganze Szenen sich tummelnder Meerwesen dar-

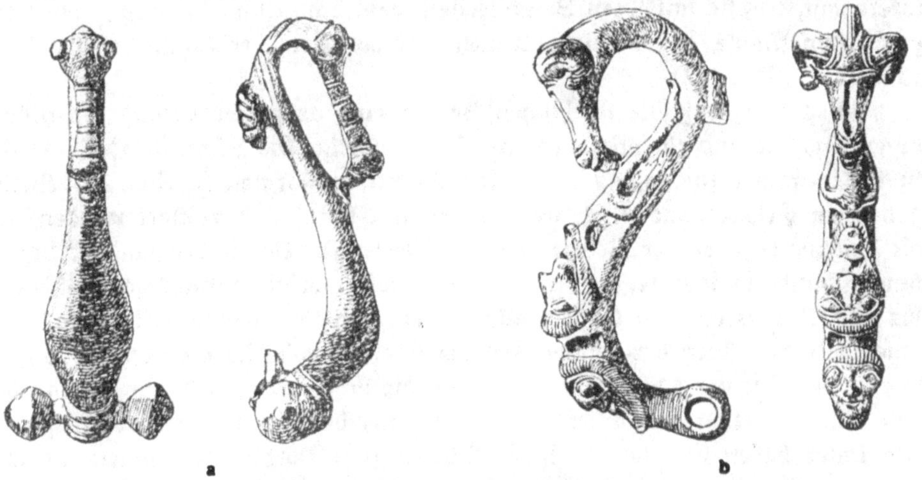

a b

Abb. 207. a Hallstattfibel von Pottenstein (Oberfranken); b Frühlatène-Fibel von Niederschönhausen b. Berlin. 3/4.

gestellt. Ähnliche Gebilde begegnen uns bei den Skythen auf Schritt und Tritt. Die Mähnenhaare eines Löwen werden zu Schlangen, die kurzen Parierstangen der Dolche zu Tierköpfen, die beliebte S-Spirale zu einem laufenden Hunde mit umgewandtem Kopfe. Deshalb wenden die Tiere in diesem Stil so gern den Kopf um, weil sie aus jener Spirale entstanden sind. Aber vielfach wird die völlige Animalisierung nicht erreicht oder gar nicht einmal erstrebt, sondern es bleibt bei der bloßen Belebung eines Linienspiels. Wie da aus ursprünglichen Bändern stufenweise ein Tierkopf wird, zeigen vortrefflich ein paar Stücke aus einem Silberfunde von Craiova (Taf. XLVII). Der „Wirbel" aus Voluten, die von einem Mittelpunkt ausgehen, ist ein sehr altes Motiv; es ist schon in Troja auf einen Büchsendeckel gemalt und dann in Ungarn usw. auf Schwertknäufe graviert. Das erste der Craiova-Stücke (3) zeigt noch einfache, in ihrer Mitte anschwellende Bänder mit Fransen jederseits. An der Spitze rollen sie sich um und tragen hier wie eine Blüte ein Volutengebilde. Auf Nr. 4 ist aus dem Volutengebilde infolge des großen runden Auges — das in Wirklichkeit ein Nietkopf ist — schon etwas Tierkopfähnliches geworden; das vom Mittelpunkt ausgehende breite Band hat die Fransen auch nur noch an einer Seite, so daß sie wie eine Mähne erscheinen. In Nr. 5 sind die Voluten zu einem delphinartigen Maule geworden und die Ringelung über dem Auge — das aber seine

[1]) Schuchhardt, Vorgesch. v. Deutschland⁴ 1939 S. 232.

21*

Nietform behalten hat — zu Ohren. Nr. 6 endlich führt uns sehr annehmbare Hundsköpfe vor; Auge und Hals haben natürliche Form gewonnen, das Ohr sitzt richtig, nur der Unterkiefer verrät in seiner leichten Umrollung immer noch die Entstehung aus der alten Volute. Die beiden Tiere Taf. XLVII 1, 2 sind dadurch interessant, daß sie mit ihren Bauchstreifen, dem Saum um den Kopf, dem breit geöffneten Maule, den kralligen Klauen auf die Tiere der Kaukasus-Gürtel zurückweisen (Abb. 192).

Ich glaube, daß die skythischen Sachen eine große Bedeutung für unsere donauländische und rheinische Latène-Kunst haben. Die Schwellbänder, die sich in dieser immer finden, auch bei klassisch-antiken Formen (s. Abb. 206 Mitte) gab es in Griechenland nicht, sie sind erst in Südrußland gebildet worden, wo die Neigung dazu seit der Steinzeit bestand (Petreny). Von Südrußland die Donau hinauf läuft ein sehr reger Verkehr. Wir sehen original-skythische Goldsachen bis nach Vettersfelde bei Guben, also mitten nach Deutschland vordringen. Auf einer dakischen Burg der Latène-Zeit bei Craiova habe ich eine attische Vasenscherbe der Zeit um 420 v. Chr. gefunden, die sicher nicht direkt von Athen über den Balkan dorthin gekommen ist, sondern aus dem hellenisierten Südrußland. Die Daker haben sich makedonische Münzen zum Vorbild genommen für ihre eigenen. Im Lager der Helvetier in der Schweiz fand Cäsar Aufgebotslisten in griechischer Sprache, und auf dem Oppidum Bibracte sind Namen in griechischen Buchstaben auf Gefäße eingeritzt worden. All dieser griechische Einfluß ist sicher nicht über den Balkan aus Griechenland, sondern aus dem griechisch-skythischen Südrußland gekommen und zugleich damit die Tierornamentik.

Wie stark das Hallstatterbe sich gegen Norden hin verbreitet, zeigt am anschaulichsten die schwarze Tonflasche aus einem Grabfunde von Matzhausen in der Oberpfalz. Auf ihrer Schulter ist ein Fries von Tieren eingraviert, Hirschen, Hasen, Hunden, Gänsen, die ganz an den eines Bronzedeckels aus Hallstatt und weiterhin an rhodische Vasenbilder erinnern. Aber wohl zu bemerken sind es hier lauter einheimische Tiere, es fehlen die geflügelten Vierfüßler und auch die wilden mit Tier- oder Menschengliedern im Maule. Am meisten Eingang aus der Latène-Kultur haben im Norden die Schmucksachen gefunden, die Halsbänder mit trompetenförmigem Ende, die Armbänder, die aufgereihte Perlen nachahmen, die Fibeln mit flachem, aber langem Bügel. An den Fibeln hauptsächlich sind die verschiedenen Perioden der Latène-Zeit leicht zu erkennen. Zuerst ist der Bügel noch stark gewölbt, man erkennt die Entwicklung aus der hallstättischen Bogenfibel, und sein Ende ist nur wenig zum Rücken aufgebogen; dann wird er flacher und das Ende kehrt etwa bis zu seiner Mitte zurück, wird auch gern durch einen oder zwei Knöpfe oder Perlen an ihm befestigt; schließlich läuft der Bügel der Nadel nahezu parallel und sein Ende kehrt fast den ganzen Weg noch einmal zurück. Das sind die drei Perioden, die wir nach O. Tischler (Königsberg † 1891) als früh-, mittel- und spätlatène bezeichnen.

Die Latène-Leute haben sich, auch hier immer auf der Hallstattgrundlage weiterbauend, sehr stark im Waffenschmieden betätigt. Lange Eisenschwerter und schwere Hiebmesser, breite, wie ganz schlanke Lanzenspitzen, Helme, Brustpanzer und langovale Schilde bezeichnen ihre Sitze und ihre stolzen Eroberungswege. Nach Italien hinein über Ancona gegen Rom hin und östlich über Europa hinaus gar bis Pergamon können wir sie verfolgen. Die Trophäen aus seinem Galliersiege an den Kaikosquellen hat König Attalos auf den Balustradenreliefs der Athenahalle dargestellt und darunter die unverkennbaren gallischen Schilde, Helme und tierköpfigen Feldzeichen. Darin zeigt sich aufs deutlichste, daß wir in den Trägern der Latène-Kultur die keltischen Gallier zu sehen haben, die 389 v. Chr. vor Rom erschienen, hundert Jahre später vor dem delphischen Apollotempel und wieder gute hundert Jahre darauf an den Pforten des Pergamenischen Reiches.

Ganz Süd- und Mitteldeutschland gehört schließlich dieser Kultur und diesem Volke. Nach Norddeutschland sind aber nur die leichtwandernden Metallstücke von ihm gedrungen; die Keramik behält ihre alten Grundzüge und zeigt damit, daß kein Bevölkerungswechsel stattgefunden hat.

Eine ähnliche, ethnologisch wichtige Beobachtung läßt sich in Nordwestdeutschland machen. Die einfache, aus den Bronzezeitformen erwachsene Keramik, wie sie aus Urnenfriedhöfen der Gegend von Limmer bei Hannover, von Harpstedt und Nienburg an der Weser reichlich vorhanden ist, schiebt sich durch Westfalen an den Rhein vor, wo wir sie bei Duisburg und Köln von der Späthallstattzeit an in flachen Hügelgräbern auftreten sehen. Wohl mit Recht will man hierin das erste Vordringen der Germanen an den Rhein erkennen [1]) und darf damit wohl auch den Kranz von keltischen Burgen in Beziehung bringen, der etwas weiter südlich das Sieger Land mit seinen wertvollen Erzgruben, die natürlich den Kelten ans Herz gewachsen waren, gegen die gefährlichen neuen Feinde schützen sollte.

Römische Kaiserzeit

Die Latène-Periode pflegt man bis Christi Geburt zu rechnen, aber die Einflüsse ihrer Kultur reichen in Wirklichkeit viel weiter. Sie sind in den keltischen Provinzen des Römischen Reiches noch jahrhundertelang in Geltung geblieben und haben noch die Grundlage abgegeben für die sich bildenden Neukulturen der frühgermanischen Stämme der Franken, Alemannen und Bajuwaren. Von provinzialrömischer Kunst spricht man daher im Gegensatz zur klassisch-römischen. In Rom und noch mehr in Neapel und seiner reichen Umgebung, dem alten griechischen Kolonisationsgebiete in Italien, ist der elegante griechische Stil völlig zur Herrschaft gekommen. Graecia capta ferum victorem cepit. Die

[1]) Schumacher, Prähist. Ztschr. VI, 1914, S. 101.

Wandmalereien in den Kaiserpalästen des Palatin wie in den Häusern der kampanischen Landstadt Pompeji haben die ganze Anmut, die reiche Ideen- und Farbenwelt des hellenistischen Griechenland. Die Bronzearbeiten der unermüdlichen Werkstätten von Capua („Campana supellex"), deren Erzeugnisse durch die in der Stadt nachweisbaren Fabrikantennamen (P. Cipi Polibi usw.) beglaubigt sind, lassen sich in dem feinen Schwung ihrer Formen, dem Geschmack und der Sauberkeit ihres spärlichen Schmuckes leicht unterscheiden von den entsprechenden Arbeiten nördlich der Alpen. Ein wohlorganisierter Handel hat sie in den ersten anderthalb Jahrhunderten nach Christi Geburt über den Brenner weit nach dem Norden und über Aquileja an die Donau und diese hinunter vertrieben, bis der Markomannenkrieg diese Verbindungsfäden zerriß und nun ein neues Fabrikationszentrum am Niederrhein, wahrscheinlich Gressenich, sich auftat, um unsere Gegenden zu versorgen. So stammen in dem römischen Tafelgeschirr des Hildesheimer Silberschatzes die meisten Stücke aus einer italischen Fabrik der augustischen Zeit, der große Humpen mit dem Tierfries aber wahrscheinlich schon aus einer gallischen. Eine italische Nachahmung hellenistischer Ware von Samos und Pergamon ist das feine, leuchtend rote Tongeschirr, die terra sigillata. Arretinische Ware hieß sie in Italien, weil sie in Arezzo hergestellt wurde. Bald gründen die Fabrikanten aber Tochterfabriken in Spanien und in Gallien. Wir sehen ihre Namen dort auf Geschirr auftauchen, das andere Formen und andere Farbe annimmt. In Anlagen wie den großen Römerlagern bei Haltern an der Lippe, die zeitlich eng umgrenzt sind — sie wurden von Drusus 11 v. Chr. gegründet und unter Tiberius 16 n. Chr. zerstört —, läßt sich all solche Entwicklung gut verfolgen.

Aber selbst in den römischen Provinzen an der Donau und am Rhein ist das Klassisch-Römische für die einheimische Bevölkerung zunächst wenig vorbildlich gewesen und im freien Germanien hat es gar nicht gewirkt. Man hat die vornehmen Importstücke willig aufgenommen und gern benutzt, aber nachgeahmt hat man sie nicht, ebensowenig wie etwa der römische Mauerbau oder die römische Hausanlage bei den Germanen Eingang gefunden hätte. So entwickelt sich eigentlich in jeder Gegend die Keramik auf der bisherigen Bahn weiter, in Frankreich und Süddeutschland in den Latène-Formen, in Nord- und Ostdeutschland in den Nachklängen des Lausitzer Stils. Nur eine neue Form tritt hier auf, die man gern als römisch bezeichnet, das ist die „schwarze Situla" mit Mäanderverzierung auf der Schulter (Taf. XLVIII 2—4). Sie muß irgendwie aus einer alten Hallstattwurzel stammen, sie erinnert mit ihrer eckigen Schulter und dem in starker Schweifung eingezogenen Unterteil sehr an die Hallstattsitula, die auf der Trinkszene von Kuffarn als Mischkessel erscheint, oder an das typische Gefäß von der Marne. Diese schwarze Consitula ist im 1. Jahrhundert v. Chr., wie es scheint, in Böhmen entstanden und hat sich von da elbabwärts verbreitet. In Darzau, Kreis Salzwedel, bevölkert sie einen großen Urnenfriedhof und ist dann stark nach Mecklenburg hineingegangen, westlich stellenweise bis an die Weser vorgedrungen (Quelkhorn bei Bremen). In der Mark findet sie sich nur spärlich, hauptsächlich bei Küstrin, häufiger aber wieder an der unteren Weichsel (Rondsen bei Graudenz) und östlich bis nach Polen hinein (Mlawa), aber immer begleitet von den Formen, die in den Gegenden schon von lang her einheimisch waren, in Polen z. B. von den braunen rauhen Gefäßen aus der Gesichtsurnenzeit. Die schwarzen Situlen stellen einen Fremdstil dar, der für einige Zeit bei den Vornehmen an Elbe und Oder Mode geworden ist, ähnlich wie das Rokoko in Deutschland; eine neue Einwanderung bezeichnet er nicht.

Goten — Franken — Wikinger

Auffallende Schmucksachen, in ihrer Eigenart sehr anziehend, erfüllen in der frühgermanischen Zeit Europa. Es sind Bronze- und Goldsachen mit Flechtbändern oder sonstigen Bandschlingungen verziert und mit leuchtend dunkelroten Almandinen besetzt, die Bandgeschlinge oft in groteske Tierandeutungen auswachsend. Solch Geräte und Schmuck findet sich an der unteren Donau, von Italien durch Deutschland bis Skandinavien, in Frankreich und Spanien, überall, wo frühgermanische Stämme gesessen haben oder gewandert sind. Wo und wie sie zu diesen Dingen, zu diesem Stile gekommen sind, wissen wir heute recht wohl. Die Goten, die als äußerste der Germanen an der Ostsee saßen, also etwa in West- und Ostpreußen, sind in der mittleren Kaiserzeit die Düna hinauf und den Dniestr hinunter nach Südrußland gezogen und haben sich dort ein stattliches Reich gegründet. Wir erfahren, daß sie um 215 die Provinz Dakien von der nördlichen Karpathengrenze her bestürmen, 238 fallen ihnen die großen Städte Olbia und Tyras am Schwarzen Meere zu, 251 schlagen sie den Kaiser Decius am Sumpfsee Halmyris in Klein-Skythien, d. i. in der Dobrudscha, und besetzen darauf die Krim, 336 nehmen sie auch Cherson und Pantikapaion ein. 375 aber werfen sich die Hunnen von Asien her auf die Ostgoten und mit diesen weiter auf die Westgoten und damit kommt die Völkerwanderung in Gang. 378 wird Kaiser Valens bei Adrianopel besiegt, 395 durchzieht Alarich der Westgote schon Makedonien, Griechenland, Illyrien, 410 ist er in Rom. Sein Nachfolger Athaulf, der Honorius' Schwester Placidia geheiratet hatte, führt 412 die Westgoten nach Gallien und gründet dort das langdauernde Reich mit der Hauptstadt Toulouse.

Das Merkwürdigste ist nun, daß bei diesem Auszuge aus Südrußland das Germanentum in ganz neuem Gewande erscheint. Nichts von dem, was sie aus ihrer alten Ostseeheimat etwa haben mitbringen können, ist zu bemerken. Die ganze Ausstattung ist am Schwarzen Meere neu beschafft. Bandgeschlinge sind freilich früher schon einmal germanische Übung gewesen, aber erstens ist das lange her, es war in der Bronzezeit, und zweitens sahen sie ganz anders aus. Es waren Spiralgebilde und was aus ihnen hervorgeht. Jetzt aber herrscht das Flechtband als Hauptmotiv, und das ist dem nördlichen Germanentum ebenso grundfremd, wie es den östlichen Völkern, Trojanern, Hettitern und danach Joniern altvertraut ist. Die Verzierung mit schönen Steinen haben die Germanen ebenfalls erst in Südrußland kennengelernt. Sie findet sich dort schon mit rein hellenistisch-römi-

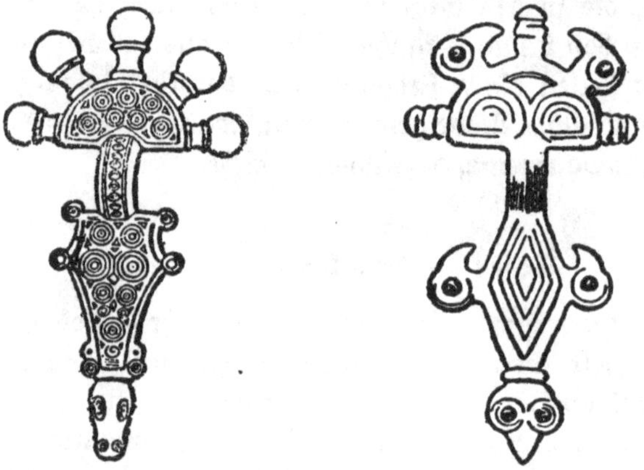

Abb. 208. Sprossenfibeln von Kertsch. 1/2.

schen Motiven zusammen. Und was sonst noch die südrussischen Goten hervorkehren: das Diadem, der hohe mitraförmige Helm, die großen Prunkfibeln, die breiten, steingeschmückten Fingerringe, nichts erinnert an ihre alte Heimat, alles ist aus der römischen Kultur übernommen. Eine besondere Bewandtnis hat es mit der Tierornamentik. Sie ist in den römischen Arbeiten nicht vorhanden, und man hat deshalb gerade sie als eine originale germanische Erfindung ansprechen wollen, als ein Zeichen, wie dieses Volk von Natur getrieben werde, überall Lebendiges zu sehen und auch die einfachste Ornamentik ins Organische hinaufzuheben. Nichts ist falscher als das. Es gibt kein Volk, das von Hause aus so am rein technischen Ornament hängt, aller Verwendung von Pflanzen-, Tier- und Menschenformen abhold ist, wie das germanische. Die verschwindend spärlichen Beispiele, wo in der Steinzeit einmal die zwei Anfaßbogen einer Schale zu Augen gemacht wurden oder ein Kammknopf zu einer Tierfigur, zählen nicht. In der späten Bronzezeit haben sich aber die Bandenden von Spiralen in Schlangen- oder Vogelköpfe verwandelt nur unter dem Einfluß der Hallstatt- und italischen Importstücke, die dergleichen reichlich aufwiesen. Den einfachen Anfang dieser gotischen Tierornamentik in Südrußland zeigt der Vergleich von ein paar „Sprossenfibeln" wie den nebenstehenden (Abb. 208). Bei der ersten rührt sich noch keinerlei organisches Leben. Als dann aber kleine Steinchen in die rundlichen Vorsprünge kommen, werden diese Steinchen als Augen aufgefaßt und das ganze Rund bekommt einen Schnabel. Ebenso geschieht es in der Mitte des Bügels. Auch sein ovales Endstück hat zwei Steinchen erhalten, die einem schon wild entgegenglotzen, und nachher tritt auch dieses Stück regelmäßig als Tier- oder Menschenkopf auf.

Römische Kaiserzeit

Betender Suebe, Bronze, Frankreich. 1/1. Schwarze Tongefäße mit Rädchenverzierung. Berl. Museum. 1/8.

Tafel XLIX

Sächsische Tonurnen des 4.—5. Jahrh. n. Chr. Mus. Hannover. 1/6.

Die Germanen haben in Südrußland kaum etwas von der realistischen Darstellung der importierten Antike, wohl aber mit großer Vorliebe die einheimisch-skythische Animalisierung des Linienornaments angenommen. Für sie bleibt

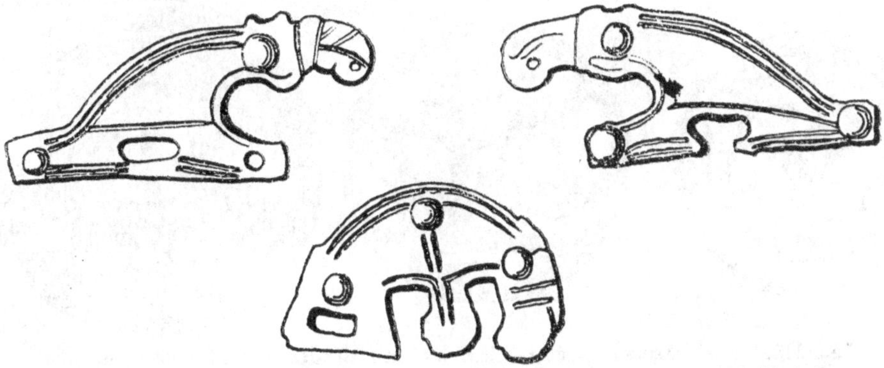

Abb. 209. Bronzezierat von Kästchen (?) aus Süddeutschland. Berl. Mus. 1/1.

das Band immer Band und erhält nur einige Andeutungen eines lebenden Wesens: Augen, Schnabel, Krallen, Schwanz. Die Germanen bleiben durchaus bei ihrer alten Liebe für das einfache Linienspiel und bringen die Bänder und Schnüre nur ihrem Herzen um so näher, indem sie ihnen den Charakter lebender Wesen andichten. Es ist, als ob jemand seinen nächsten Haus- und Kriegsrat, sein Schwert, seinen Helm, seinen Mantel als seine treuesten Freunde bezeichnen würde — „schier dreißig Jahre bist du alt" — und nun ein Zeichner solchen Stücken Augen, Arme und dergleichen verleihen wollte. Die Stücke bleiben dabei durchaus, was sie sind, sie werden nur in ihrem Wesen gehoben. Deshalb ist gar nicht daran zu denken, daß die tierischen Bänder der Germanen etwa die verdorbenen Nachahmungen von römischen wirklichen Tiervorlagen wären, und es ist auch müßig, den Schlingungen im einzelnen nachzugehen, um die gänzlich verrenkten Gestalten der einzelnen Tiere herauszubekommen. Das sollten gar keine Tiere sein; das Linienspiel als solches, sein tolles und doch rhythmisches Durcheinander erfreute das germanische Auge. So sind die Knäufe und Bügel von Abb. 209 zu verstehen, die an die Gestalten von Vögeln erinnern, und so der Vierer- und Achterwirbel in Abb. 210, dessen skythische Entwicklungsreihe wir vorhin besprochen haben (Taf. XLVII).

Unter diesem Gesichtspunkte ist die Tierornamentik in der Tat eine einzigartige, originale Leistung der Germanen, die niemand ihnen vor- oder nachgemacht hat und die sie besonders im hohen Norden zu großer Blüte gebracht und noch bis in die romanische Zeit fortgeführt haben.

Zu den wichtigsten Funden des frühgotischen Stils gehört der Goldschatz von Pietroassa bei Buzau in Rumänien: ein paar Goldschalen mit massiven Leoparden als Henkeln, eine runde Servierschüssel, mehrere riesenhafte Adlerfibeln, ein

Halsband mit Runeninschrift u. a. enthaltend; er hat wahrscheinlich dem König Athanarich († 381), der in jener Gegend geherrscht hat, angehört [1]). In Weimar sind seit 20 Jahren eine Reihe von fränkischen Gräbern mit almandinbesetzten

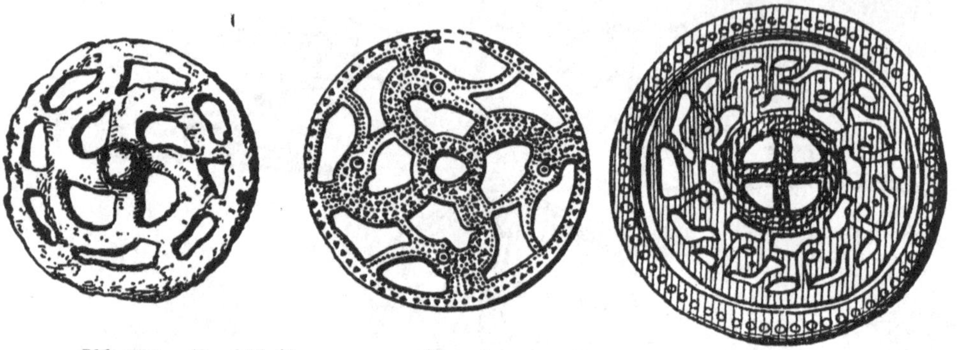

Abb. 210. Rundscheiben. a von Eisen, b c von Bronze aus Süddeutschland. Berl. Mus. 1/2.

Goldsachen unter dem Straßenpflaster aufgedeckt, die nach der Inschrift BASENAE auf einem silbernen Löffel aus der Zeit der Königin Basena, der Gemahlin Bisinos, stammen. Da diese Königin später den Franken Childerich geheiratet hat, durch den sie Chlodwigs Mutter wurde, lassen sich die Weimarer Gräber in die Mitte des 5. Jahrhunderts datieren [2]). Sehr reiche merovingische Grabfelder sind in Nordfrankreich zutage gekommen in der Gegend von Soissons, St. Quentin, Péronne. In Tournay ist das Grab Childerichs († 481) geöffnet und ihm ein schönes Schwert nebst Skramasax, goldene Fibeln und der Siegelring mit der Inschrift CHILDERICI REGIS entnommen worden [3]). Die Keramik dieser Zeit ist nicht vielseitig. Überall begegnet ein grauer oder schwarzer doppelkonischer Napf mit eingestempelten Verzierungen. Die Formen der langhalsigen Kannen sowohl wie der doppelkonischen Näpfe und Tassen zeigen immer noch die Nachwirkung des Latène-Stils vom Rhein und Main.

Als besondere Merkwürdigkeit hat sich in Spanien ein westgotischer Königspalast erhalten, der in den Hauptzügen dem Saale des Nibelungenliedes, in dem der letzte Kampf der Burgunden stattfindet, entspricht. Es ist ein Langhaus mit Fenstern nur an den Schmalseiten, Türen aber je in der Mitte der Langseiten mit vorgelegten Freitreppen. Das Gebäude ist erhalten dadurch, daß es im Mittelalter zur Kirche St. Maria de Naranco umgebaut wurde (Abb. 211).

In Nordwestdeutschland haben sich die Sachsen gegenüber der gotisch-fränkischen Kultur sehr zurückhaltend benommen. Man findet wohl hier und da ein Schwert oder eine Bronzefibel der neuen Form in ihren Gräbern, aber niemals Goldsachen. Die Sachsen waren damals wohl das konservativste Volk in Deutsch-

[1]) Schuchhardt, Vorgesch. v. Deutschland[4] 1939 S. 310.
[2]) Ebenda S. 310. [3]) Ebenda S. 323 f.

land. Sie haben ihre Hügelgräber bis auf Karl den Großen fortgeführt, der ihnen bei Todesstrafe verbieten mußte, sie weiter zu benutzen. Und doch sind sie politisch mächtig und sehr rührig gewesen. Ihre kühnen Eroberungszüge würden

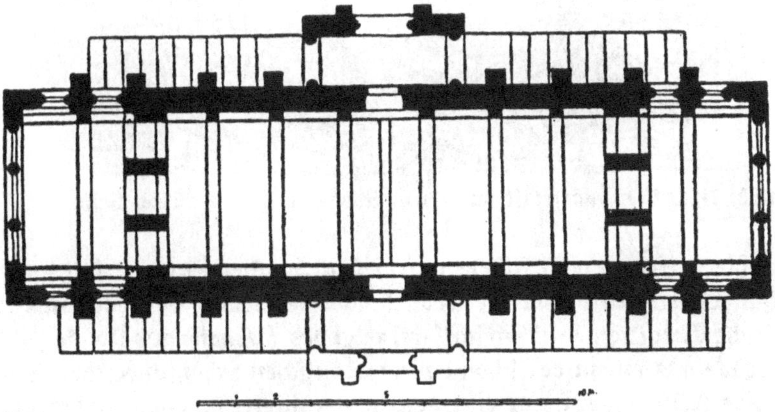

Abb. 211. Westgotischer Palast St. Maria de Naranco bei Oviedo. 1 : 200.

wir, wenn sie nicht auch historisch bekannt wären, an der sächsischen Keramik verfolgen können (Taf. XLIX). Es herrscht ein bauchiger Topf mit einer Buckelverzierung, die oft noch an Altlausitzer Muster erinnert. Ganz dieselben Gefäße sehen wir nun sporadisch auftreten schon im 3. Jahrhundert n. Chr. in Thüringen bei Eisleben, Jena, Weimar, in größerer Menge aber in Westfriesland, auf einem bestimmten Strich an der Südwestküste von Norwegen und besonders reichlich auf den ersten angelsächsischen Friedhöfen in England. Kein Zweifel, daß diese Verbreitung auch eine kriegerische Wanderung des Volkes anzeigt. Die Sachsen haben die Küsten von Friesland und Norwegen erobert, und die Sachsenurnen in England lassen sich durch die mitgefundenen Metallsachen auf das 5. Jahrhundert bestimmen, also gerade in die Zeit, in der auch nach unseren geschichtlichen Quellen das Britenland von den Angeln und Sachsen in Besitz genommen wurde.

Aus dieser Zeit hat sich ein prächtiges Boot erhalten. Im Nydamer Moor ist es, vollgefüllt mit Waffen, also offenbar als ein Siegesopfer versenkt. 1863 ausgegraben war es schon nach Kopenhagen verbracht worden, als eine besondere Abmachung in den Friedensbedingungen mit Dänemark es nach Kiel zurückführte. Es ist ein schlank und elegant gebautes Schiff von 75 Fuß Länge bei $10^1/_2$ Fuß größter Breite mit 15 Ruderbänken ausgestattet [1]). Die Planken, die Bänke, die Dollen, das Steuer, alles ist so wohl erhalten, daß eine völlige Wiederherstellung möglich war. Damit haben wir eins von den Fahrzeugen vor Augen, mit denen es unseren Vorfahren im 5. Jahrhundert gelang, England zu erobern.

Die Wikinger haben ihren Namen von den Wieks, den „Buchtsiedlungen"

[1]) Schuchhardt, Vorgesch. v. Deutschland[4] 1939 S. 302.

an der Küste von Bohuslän. Sie entwickeln die gotisch-fränkische Kultur im Norden weiter. Ihr Schmuckmetall ist meist Silber wie bei den Slawen. Sie prunken mit großen „Schildkrottfibeln", haben Schwerter und Lanzenspitzen mit Silber und

Abb. 212. Tierornamentik auf einem Stück aus Upsala. Nach Salin. 1/1.

Gold tauschiert, tragen noch Fibeln auf beiden Schultern und verbinden sie mit großen Hängeketten weit über die Brust hinab. Wie auch bei ihnen die gotische und fränkische Tierornamentik sich fortsetzt, zeigt das Zierband aus Upsala (Abb. 212) und die Stücke aus einem der schönsten norddeutschen Schatzfunde, dem von Hiddensoe. Aus 9 Anhängern war eine goldene Brustkette gereiht. Die Grundform der einzelnen Glieder ist das gleicharmige Kreuz, mehrere Male aneinander gesetzt. Die in Fäden und Körnchen (Filigran) hergestellten Zierbänder lassen überall Gesichter überraschend hervorblicken.

Die in Deutschland seltenen Wikingergräber (bei Buxtehude, bei Schleswig, auf Amrum) zeigen den Toten verbrannt und auf dem Brandplatze selbst mit einem flachen Hügel überdeckt. Björkö am Mälarsee westlich Stockholm, das alte Birka, war ein Hauptort der Wikinger und gibt mit Burg, Stadt und großem Gräberfelde ein klassisches Bild von ihrer Siedlungsart.

Südlich Schleswig wird die große umwallte Handelsstadt der Wikinger, Haithabu, nach früheren Voruntersuchungen durch das Kieler Museum jetzt planmäßig ausgegraben. Werkstätten zur Herstellung von Gläsern, Bronzen und Knochenkämmen waren dort schon erkannt. Jetzt fallen die meist quadratischen Holzhäuser auf, und man hofft die älteste Kirche des Nordens wieder zu finden, die der hlg. Ansgarius „in Schleswig" gebaut hat. Schleswig war der deutsche, Haithabu der nordische Name für die Stadt, das hat Prof. Schwantes kürzlich erwiesen.

Auch dem berühmten alten Vineta (eigentlich Jumne, Jumneta) hat man 1934 begonnen seinen Sagenschleier zu lüften. Prof. A. Hofmeister hatte gezeigt, daß es in der Stadt Wollin zu erkennen sei. Auch hier haben wir eine Doppelnamigkeit: Julin-Wollin sagten die Slawen, Jumne-Jomsborg die Nordländer; ebenso ist es bei Stettin-Burstaborg und Cammin-Steinsborg. Das Bild, das die Gründungssage der Jomsborg erkennen läßt, mit dem ausgeschlemmten Hafen in der Mitte der Siedlung paßt auf Wollin: ein sumpfiges Moor liegt hier zwischen der Altstadt und dem ganz mit alten Scherben durchsetzten Silberberge. Die eigentliche Jomsborg, die Wikingerfeste, scheint nach den bisherigen Grabungen auf der Stelle der Altstadt[1]) hoch über der weiten slawischen Siedlung gethront zu haben[2]).

Slawen

Schließlich noch ein Wort über die Slawen.

Die Slawen schleichen sich mit einer ganz fremden Kultur in Ostdeutschland ein, einer Kultur, die in allem auf Südosteuropa zurückweist. Ihre Keramik unterscheidet sich so sehr von der hergebrachten germanischen, daß man jede Scherbe leicht erkennen kann. Sie hat eine rauhe, körnige Oberfläche, während die germanische fein geglättet ist. Die Gefäße sind eimerförmig wie die frührömischen Bronzesitulen mit rundlicher Schulter, es ist die uralte Form, die schon die kleinen trojanischen Silbervasen hatten und nachher die bemalten Tonvasen des kretischen Palaststils (oben Abb. 177c). Die Verzierungen sind gitterförmiges Flechtwerk oder Wellenlinien auf der Schulter, später im 10. und 11. Jahrhundert, wo die Gefäße auf der Drehscheibe hergestellt werden, horizontale Riefelungen. Eine Vorstufe für diese Keramik scheint sich auf einem Friedhofe der römischen Zeit bei Reichenhall gefunden zu haben: dieselben rauhen Gefäße von Eimerform mit Wellenverzierung. Auch historische Quellen sprechen dafür, daß ein Teil unserer Slawen aus jenen südöstlichen Gegenden gekommen ist. Die Serben und Sorben werden gleichgesetzt.

Im Herbst 1917 habe ich in der Dobrudscha in den Kastellen des spätesten der drei sogenannten Trajanswälle, des erst im 4. Jahrhundert n. Chr. angelegten, in Menge eine Keramik gefunden, die unserer slawischen ganz außerordentlich verwandt ist: dieselbe rauhe Oberfläche, harte Wand, starkes Umbiegen des Randes, eingekratzte Flechtverzierungen, häufiges Wellenband, alles stimmt überein. Das gibt uns einen neuen Anhalt dafür, daß die Slawen, die zu uns kamen, mit Balkankultur durchtränkt gewesen sein müssen. Die rauhen Töpfe mit Wellenlinien sind von dort zuerst durch die Avaren im Hunnenzuge zu uns gelangt.

Die Slawen kommen mit der Gewohnheit, ihre Toten zu verbrennen. Erst allmählich gehen sie zur Bestattung über. Ihre Häuser sind stark in den Boden versenkt, ihre Burgen, die überaus zahlreich auftreten, kleine Rundwälle mit einer Etagenmauer aus Erde und Holz, d. h. die eigentliche hohe Mauer hat vor sich eine Terrasse, durch die der Graben und damit der Feind weit abgehalten werden soll.

Es ist das eine Anlage, die mit dem Aufkommen der Belagerungsgeschütze entstanden ist und sich ähnlich in jenen Zeiten auch bei fränkischen und sächsischen Befestigungen beobachten läßt. Den Sachsen haben die Slawen ersichtlich ihre ganzen Rundwälle nachgeahmt, denn nur im Grenzlande gegen sie finden sie

---

[1]) A. Hofmeister, Der Kampf um die Ostsee vom 9. bis 12. Jh., Greifswald 1931.
[2]) Prähist. Ztschr. 23. 1932 S. 142 ff. (Schuchhardt).

sich (s. oben S. 248). Sonst setzt die slawische Kultur gegen den Westen scharf ab und hat ihre Hauptbeziehungen nach dem Osten. Neben Eisen ist Silber ihr Hauptmetall. Große, wie Stricke geflochtene silberne Halsringe sind an der Tages-

Skythisch 4. Jh. v. Chr. — Slawisch 11. Jh. n. Chr.

Abb. 213. Skythischer und slawischer Tierkopf. 1/1.

ordnung. Silber wird als Tauschmittel verwendet, indem Schmucksachen und arabische Münzen kleingehackt werden. Ein sehr merkwürdiger silberner Depotfund ist aus Driesen in der Neumark 1908 in das Berliner Museum gekommen (Taf. L). Außer Halsringen und großen Brustketten finden sich darin mehrere silberne Täschchen, vielleicht für Reliquien, mit phantastischen Flügeltieren, auch einem Paar Rehen wappenartig symmetrisch gruppiert, mit den Hälsen an einen in der Mitte stehenden Baum gebunden, ein ganz mykenisch anmutendes Motiv, und die Tiere mit einem Kopf (Abb. 213 b), der aus dem skythischen Silberstück von Craiova (Taf. XLVII 4) kopiert zu sein scheint. Eine Münze des Corveyer Abtes Saracho von Rosdorf (1056—1071) datiert den Fund in das 11. Jahrhundert.

Im Jahre 1921 habe ich das Glück gehabt, mit Robert Koldewey zusammen in dem bekannten großen Ringwall von Arkona auf Rügen den Grundriß des slawischen Tempels wiederzufinden. Er entspricht durchaus der Beschreibung des Saxo Grammaticus, der als Sekretär des Bischofs Absalom im Jahre 1168 die Eroberung des Platzes durch Waldemar von Dänemark mitgemacht hat. Der Grundriß — eine breite und dicke Steinpackung — zeigt einen quadratischen Bau von 20 × 20 m. Im Innern fanden wir auch die Fundamente der 4 großen Holzsäulen, die mit Vorhängen versehen das Allerheiligste bildeten und zwischen denen das große Holzbild des Swantewit stand. Eine 1 m tiefe Fundamentgrube mit 3 Findlingen darin zeigte uns den Platz dieses Standbildes.

Der Tempel stand auf der äußersten heute erhaltenen Ostspitze des Burgplatzes, davor gegen Westen lag ein großer freier Festplatz und dann am Walle entlang ein breiter Gürtel von Häusern (Abb. 214).

Die quadratische Form des Baues weicht völlig ab von germanischen Tempeln — die es freilich nur in der allerletzten Heidenzeit (Island) gegeben hat, — ebenso wie von römischen und griechischen. Sie stimmt aber merkwürdig überein, samt ihren 4 Säulen, mit keltischen Tempeln am Rhein, in Nordfrankreich und in Süddeutschland [1]). Keltisch erhalten wir auch die einzigen Analogien zu der Beschrei-

[1]) Schuchhardt, Vorgesch. v. Deutschland⁴ 1939 S. 289 ff.

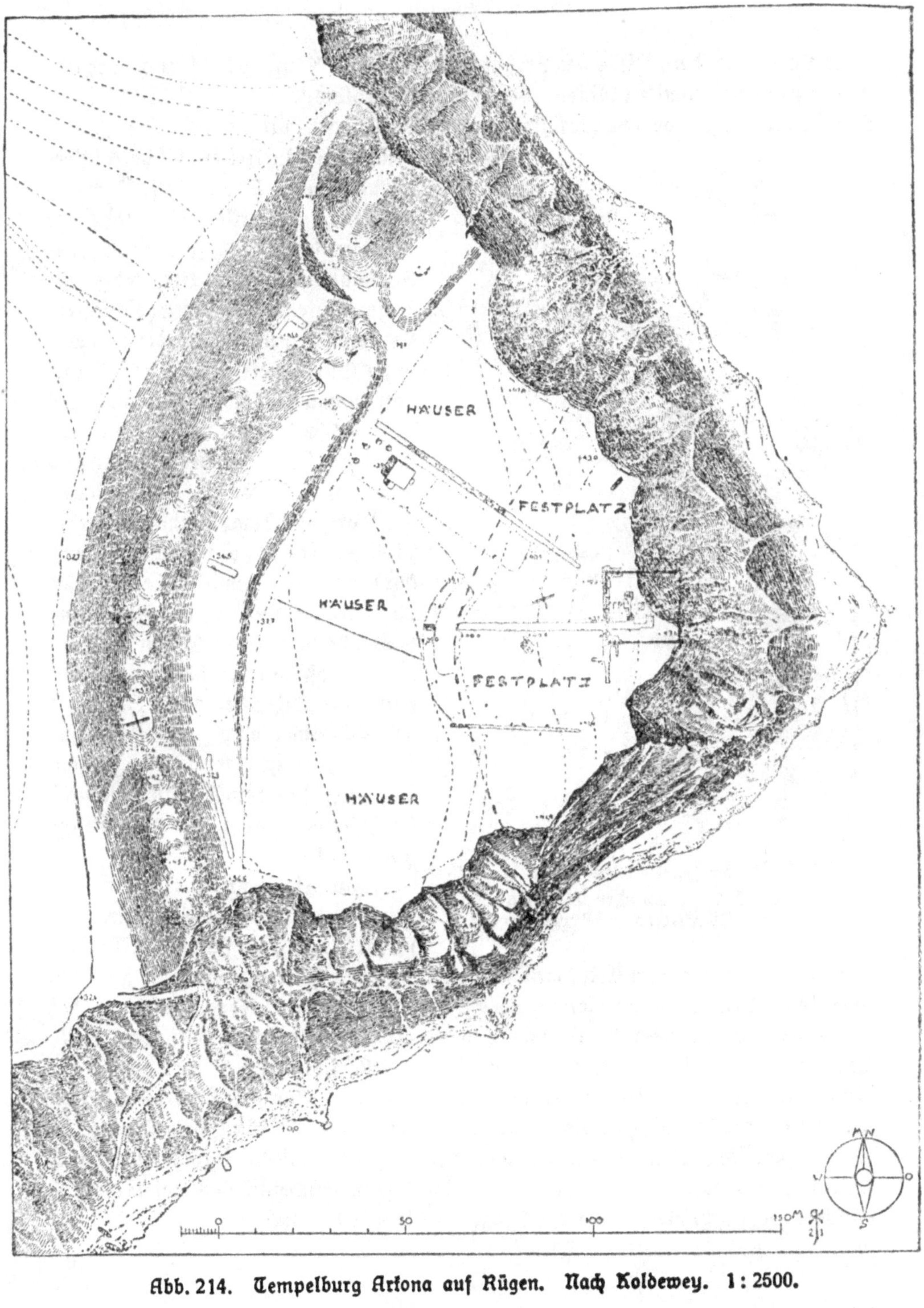

Abb. 214. Tempelburg Arkona auf Rügen. Nach Koldewey. 1 : 2500.

bung Saxos von dem Bilde des Swantewit. Er hat 4 Köpfe gehabt, um nach den 4 Himmelsrichtungen zu blicken, und von anderen slawischen Kultbildern in Garz, Stettin wird ähnliche Vielköpfigkeit berichtet. Wieder nur im keltischen Frankreich treten in Reliefs solche Göttergestalten auf. Wie ist diese Übereinstimmung zu erklären? Daß die Slawen direkt aus Frankreich oder Süddeutschland die Anregung erhalten hätten, ist ganz ausgeschlossen. Es bleibt nur übrig, daß die gemeinsame Quelle, die der Latène-Kultur von Donau und Rhein so mancherlei geliefert hat und aus der auch die slawische Kultur zu ihrem besten Teil geflossen ist, — daß Südrußland den quadratischen Tempel und die mehrköpfigen Götter gehabt hätte. Wenn dort einmal skythische Heiligtümer aufgegraben werden, können sie uns vielleicht diese Überraschung bringen.

Abb. 215. Slawischer Grabstein in Altenkirchen a. Rügen.

Große Ausgrabungen in Oppeln, die unter der alten Burg auf der Oderinsel eine große slawische Siedlung freigelegt haben, zeigen, daß auch das gewöhnliche slawische Wohnhaus zumeist die quadratische Form hatte.

Für ein Bild des Swantewit wird eine männliche Relieffigur mit spitzer Mütze, dem slawischen Taillenrock und einem riesigen Trinkhorn in den Händen gehalten (Abb. 215), weil das Swantewit-Bild auch ein solches Trinkhorn gehabt hat. Aber die Figur hat nur einen Kopf, und sie ist wie eine Reihe von ähnlichen kein Götterbild, sondern das Grabbild eines Verstorbenen. Merkwürdig ist aber, daß auf diesen das Trinkhorn die nie fehlende Beigabe ist. Man wird an die ältesten süd- und westeuropäischen Ahnenbilder erinnert: an die römischen Laren, die auch immer das Rhyton führen und gar an die uralten Damen aus dem Paläolithikum von Laussel. So knüpfen die letzten Erscheinungen unserer europäischen Vorgeschichte zu weitem Ringe an die ältesten an.

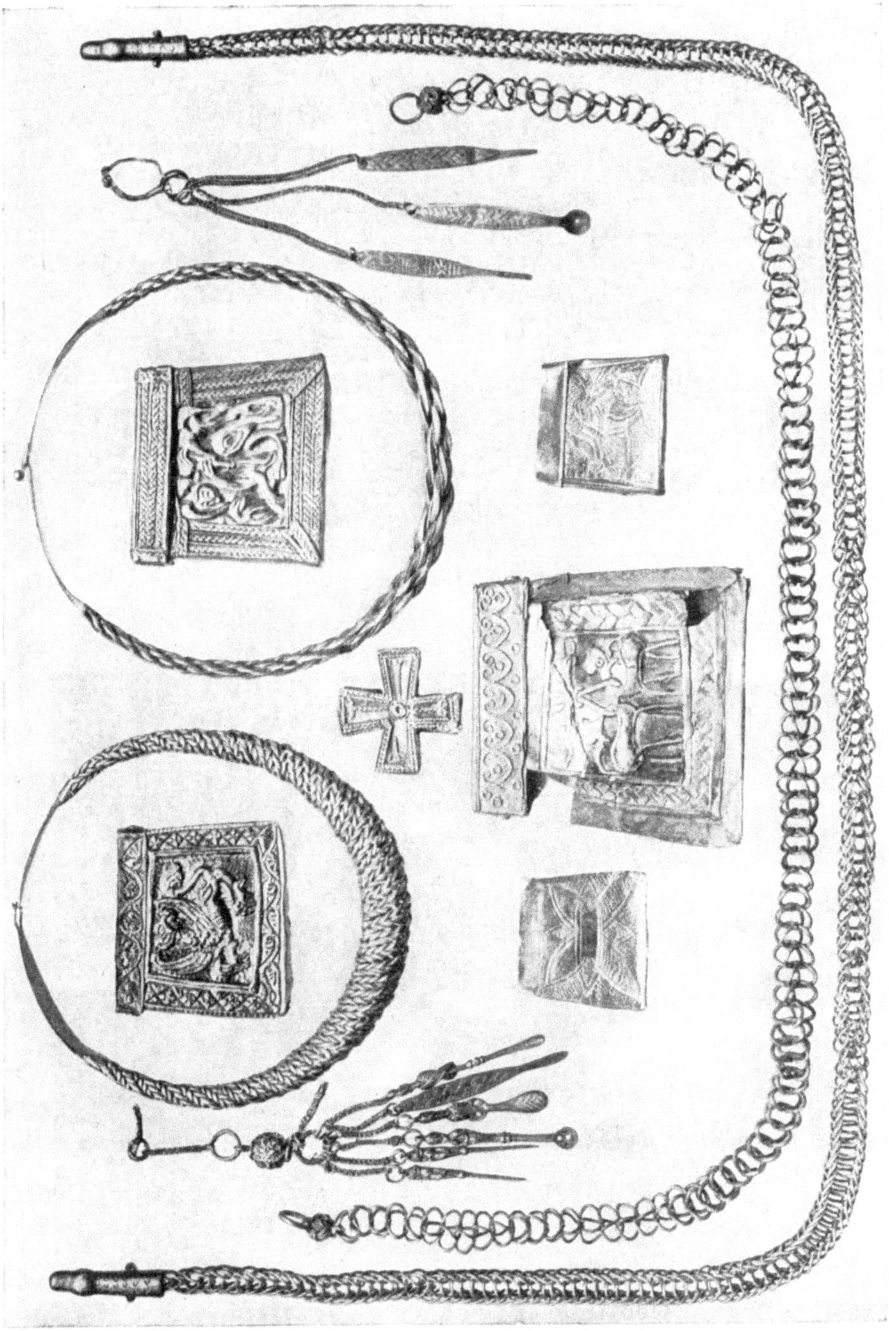

Slawischer Silberschatz aus Driesen, Kr. Friedberg. 11. Jahrh. Berl. Museum. 1/2.

Exotische Bilder zum Vergleich

1. Frauen auf Palau (Carolinen) im kurzen Baströckchen bringen neuen Ankömmlingen Essen. Nach Augustin Krämer.
2. Eine Töpferin in Bali (Kamerun) knetet kürbisförmige Schalen. Nach H. Ankermann.

Dreizehntes Buch

Gesamtbild

Kulturen

Überschaut man das ganze Gebiet von Alteuropa und überlegt die alte Hauptteilung in indogermanisch und nichtindogermanisch, so wird man inne, daß das Indogermanentum durchaus erwachsen ist in dem nordeuropäischen Teile, der bis an die letzte Eiszeit heran unbesiedelt geblieben war. Besiedelt wurde er dann naturgemäß von den Nachbarländern aus, also westlich vom Rheine, südlich von Thüringen und östlich von Zentralrußland her. Die Siedler müssen eine Auslese von unternehmungsfreudigen, tatkräftigen, findigen Menschen gewesen sein, um sich in den unwirtlichen neuen Verhältnissen ein leidliches Leben aufzubauen. Den Ethnologen verdanken wir Berichte von Menschengruppen, die vor noch nicht langer Zeit in neue sibirische Distrikte vorgedrungen sind, um sich dort einzurichten. Ihr erstes Augenmerk ist immer gewesen, an gutes und sicheres Wasser zu kommen, das weitere dann, das dort Wildwachsende für die Ernährung auszuproben und Vorräte für den Winter zu sammeln. Zwischendurch mußte noch das nötige Gerät und Geschirr für alle Betätigung hergestellt werden. Solch vielfältige Aufgaben, bei denen es ums Leben geht, erziehen ein besonderes Geschlecht. Wir sahen, wie unsere jungen Nordländer unter dem neuen Zwange allem Anschein nach die Erfinder der Töpferei geworden sind, und wie sie auch im Hausbau mit Langholz und im Grabbau mit Riesensteinen alsbald neue Wege beschritten haben. Kein Wunder, wenn dann, als die Bevölkerung wuchs und die eigene Scholle schmäler wurde, aus der ins Freie strebenden Jugend sich viele zusammentaten, um in lockender Weite ein entsprechendes Dasein zu suchen. Zu solchem Aufbruch wird besonders die starke Zuwanderung der Steinzeit gedrängt haben. Sie hat die Verschmelzung herbeigeführt, von der ab wir von Indogermanen sprechen; den Namen Germanen dürfen wir, glaub ich, schon dem vorherigen einfachen Megalithvolke zubilligen; für die Thüringer haben wir keinen alten Namen.

Das große Gebiet des übrigen Europa aber, in das die Indogermanen erst gegen Osten und Süden und schließlich auch gegen Westen vorgingen, hatte bis dahin schon eine lange Kulturentwicklung hinter sich. Ganz im Westen, in Spanien und Südfrankreich sehen wir sie beginnen und in der letzten Eiszeit eine Höhe erreichen, die einzig dasteht. Die feinen Werkzeuge und die plastischen und malerischen Kunstwerke dieser Gegend sind im Mittelmeere und dem fürs frühe Altertum immer höchstgeschätzten Ägypten nicht zu finden. Die Ägyptologen sagen heute selbst, daß die paläolithische Kultur des Nillandes in ihren verschiedenen Stufen so sehr dem altpaläolithischen Chelléen, Acheuléen, Moustérien und dem jungpaläolithischen Capsien von Spanien und Frankreich gleiche, daß sie entschieden von dort gebracht sein müsse, und zwar an der Nordafrikanischen Küste entlang, da die Inseln des Mittelmeeres damals außer Sizilien noch unbewohnt waren. So muß das Paläolithikum von Spanien und Frankreich auch schon eine große Ausbreitungskraft besessen haben. Unsere Gegenden hat es ebenfalls kolonisiert. Den weiblichen Reliefiguren von Laussel im Périgord ist die „Venus von Willendorf" ganz erstaunlich verwandt, und ähnlicher kleiner „Steinidole", wenn auch nicht von jener künstlerischen Qualität, hat Herr Absalon in Mähren ein volles Dutzend gefunden.

Es muß, — das sehen wir durch die ganze Steinzeit hindurch und bis in die Bronzezeit hinein — ein sehr reger Verkehr in dem weiten nichtindogermanischen Gebiete bestanden haben, der hier schon eine ähnliche Annäherung und Angleichung der Völker aneinander bewirkt hat, wie sie nachher die Nordländer durch die Indogermanisierung erreicht haben. Vielleicht hat auch eine Urverwandtschaft dieser Völker zugrunde gelegen und das vielfache Zusammengehen erleichtert. Die Theorie des italienischen Anthropologen Sergi war, daß die erste Bevölkerung Europas von Nordafrika in drei Gruppen herübergekommen sei: im Westen die Iberer über die damals noch stehende Landbrücke bei Gibraltar, in der Mitte die Ligurer über die ebenfalls noch erhaltene Landverbindung Tunis—Sizilien, und im Osten die Pelasger von Ägypten über Kreta. Erstaunlich ist es, wieviel von den landläufigen Eigentümlichkeiten des Mittelmeeres sich im Paläolithikum des Westens schon vorgebildet findet: die runde Hütte, die Hockerbestattung mit Rötelbeigabe, die Darstellung der Verstorbenen in demütiger, anscheinend betender Haltung. Nach dem Kürbis scheinen hochentwickelte Flecht- und Lederarbeiten die Form geliefert zu haben für die im Neolithikum aufkommenden Tongefäße, und mit Staunen sehen wir eine spielende Ornamentik schon die Spirale verwenden und Flechtmotive in lebendige Zweige verwandeln (oben Abb. 9). Zuweilen vollzieht sich mitten auf ihrem Wege eine Umwandlung, eine Vervollkommnung. So besonders mit dem Hause. Wohl sehen wir den einfachen Rundbau bis nach Tiryns, nach Orchomenos wirken, aber auf Sardinien beginnen doch schon die verschiedenen Gruppierungen, zunächst in beliebiger Anordnung. Auf Melos tritt das erste Beispiel im Hufeisen um einen Hof gelegter Rundräume auf, und dieser Typus erweist sich dann außerordentlich fruchtbar. Er hat zu den großen Palästen von Kreta, von Bogasköi geführt und in dem Atriumhause von Pompeji bis zum späten Altertum fortgelebt.

Nächstdem ist der Grabbau das Bemerkenswerteste. Daß er die runde Form des Hauses und sein Gewölbedach nachahmt, ist nur natürlich, aber wie die mykenischen Tholen mit ihrem langen Zugang und ihren gelegentlichen Nebenkammern ihre genauen Vorbilder haben in Portugal sowohl wie in Irland, ist doch überraschend. Und auch der offene Rundplatz mit Schachtgräbern und Stelen darüber, der in Mykene so lange als Unikum erschien, hat eine Menge Analogien im englischen Stonehenge und ähnlichen Anlagen.

Die Keramik spricht dieselbe klare Sprache. Auch hier laufen die Beziehungen von Spanien bis Ägypten. Zugrunde liegt als Erstes überall der Kürbis, der zunächst offenbar von Flecht- und Lederarbeiten abgelöst wurde. Einen engeren Verkehr scheint unter sich das Gebiet von Spanien bis Sizilien gehabt zu haben und ebenso das folgende von Sizilien über Kreta nach Ägypten.

Bei diesem Zusammengehen und der wahrscheinlichen Urverwandtschaft der Mittelmeervölker kann es nicht wundernehmen, wenn auch die Sprachen vielfache Beziehungen untereinander haben, so das Kleinasiatische über Kreta, Etrurien bis zu den Basken, das Etruskische nach Spanien, wie nach Attika und Kreta, das Illyrische in der ganzen Adria entlang. Es ist unnötig, wegen solcher Zusammenhänge gleich an die Umsiedlung eines ganzen Volkes zu denken.

Als die „Nordischen", — wie wir die Verschmelzung der Thüringer und Megalithleute einfach zu nennen pflegen, — sich anschickten, in diese ungeheure Masse der mittel- und südeuropäischen Völker einzubrechen, war ihr Gebiet von diesen in großem Bogen vollständig umschlossen. Von der Weichselmündung durch Thüringen bis zum Niederrhein zog sich der feste, breite Ring der Bandkeramiker. Er hatte durch den Druck seines Immer-enger-Werdens die Explosion offenbar selbst ausgelöst. Sehr kraftvoll gingen aber die Bedrängten vor, in zwei großen Unternehmungen. Die Thüringer besetzten das Odergebiet (Oder-Schnurkeramik) und rückten dann, von den Megalithikern unterstützt, an die Ostsee zur Weichselmündung (Succase b. Elbing), um von da an der Weichsel und Oder hinauf die Bandkeramik immer mehr zu unterdrücken oder abzudrängen (Jordansmühl, Marschwitz, Noßwitz).

Die Megalithiker waren ihrerseits inzwischen ins nördliche Thüringen gedrungen, hatten dort die Bandkultur zur Rössener umgestaltet und drangen so geformt nun in breiter, bis zum Rheine reichender Front nach Süden vor. Sehr bald beherrschen sie in Süddeutschland das ganze Gebiet vom Elsaß über Württemberg (Gr. Gartach) bis zum Atter- und Mondsee in den Bayerischen Alpen. Diese beiden ersten Ströme bilden dann weiterhin jeder gewissermaßen das Rückgrat für den Weitermarsch gegen Osten, wobei die aus jedem herauswachsenden Rippen nach den Seiten hin die Einzelunternehmungen darstellen. So ist der nördliche Strom durch Polen und Rußland bis zum Schwarzen Meere gelangt, eine Nebenlinie von ihm hat durch Böhmen, Mähren und Galizien die bemalte Keramik entwickelt und mit ihr Rumänien und Bulgarien gewonnen. Die südliche Rössener

Linie hat die Ostalpen über Laibach durchschritten und dann durch Ungarn Makedonien und Thessalien gewonnen (Sesklo-Dimini).

Diese Züge, besonders der südliche, haben viele Bandkeramiker mit sich geführt (Theißkultur), die nun schon indogermanisiert waren (bemalte Keramik), sie haben aber auch viele noch nicht indogermanisierte vor sich hergetrieben, die nun in Illyrien sich eine neue Heimat gründeten und von da aus nachher zur See nach Apulien, Sizilien, Malta und Kreta weiter ausgriffen.

In Makedonien und Thessalien hat sich aus diesen neuen Verhältnissen das Mittelhelladische gestaltet, und aus ihm weiter nach Süden zu die große Mykenische Kultur, die schließlich das ganze Inselmeer mit Troja an der Spitze bezwingen sollte. Ein letzter Nachstrom um 1200 v. Chr. hat von Makedonien aus mit der Dorischen Wanderung die Indogermanisierung Griechenlands vollendet.

In der Auffassung des Altertums sind die Träger der mykenischen Kultur die „Achäer", die Leute der dorischen Wanderung die „Griechen" gewesen.

Aus denselben dereinst von Mittel- und Norddeutschland ausgegangenen Strömungen ist dann auch Italien und Westeuropa indogermanisiert worden: Italien von Pannonien aus, wohl wesentlich durch Illyrier, Frankreich und Spanien erst gegen 600 v. Chr. durch die Kelten von Südwestdeutschland aus.

Im Laufe der Jahrhunderte ist dann aber das Altmittelländische durch die nordische Oberschicht wieder stark durchwachsen. Italien hatte entschieden keine so starke Beeinflussung erfahren wie Griechenland; Etrurien hatte dort starken Widerstand geleistet. Im Götter- und Seelenglauben spürt man dort besonders viel von alten Auffassungen. In Griechenland zeigt die Hochkultur in Philosophie, Poesie und Kunst eine klassische Zügelung des angeborenen wogenden Gefühls. Nietzsche hat die beiden Bestandteile, die darin enthalten sind, charakterisiert durch die Bezeichnung dionysisch und apollinisch. Dionysisch ist das Schwärmende, Schäumende, die ausgelassene Lust und die ungebändigte Grausamkeit des alten Mittelmeeres, apollinisch das Hochgestimmte, klug Erwägende und gerecht Entscheidende des Nordens. Die Griechen haben die Gegensätze, die da aufeinanderprallten, selbst erkannt und sie bewußt versöhnt. Bei Äschylus werden die wilden Erinyen gezähmt und in Eumeniden, „die Wohlgesinnten", verwandelt, und noch großartiger stellt Goethe uns die Versöhnung vor Augen, wenn Iphigenie als griechische Priesterin den barbarischen König zur Gnade bewegt.

Rassen

Man sollte meinen, und viele tun es, daß man Völkerwanderungen, wie wir sie von Mittel- und Süddeutschland nach dem Osten hin annehmen, am leichtesten müsse erkennen und kontrollieren können an den körperlichen Überresten der Inhaber jener wandernden Kultur. Aber damit geht es ähnlich wie mit den sprachlichen Überresten oder noch schlechter. Einmal sind aus der betreffenden

Zeit oft nur sehr spärliche Menschenreste vorhanden — aus der bemalten Bandkeramik bisher gar keine! — zum anderen, wo sie vorhanden sind, zeigen sie häufig starke Rassenmischung. Denn die hat schon früh überall eingesetzt.

Was wir vom paläolithischen Menschen wissen, ist immer noch sehr lückenhaft. In Europa scheint der Neandertaler die langen Perioden des Acheuléen und Moustérien hindurch allein das Feld zu beherrschen. Wir kennen ihn aus Frankreich und Belgien, aus dem Rheinlande, wo das Neandertal bei Düsseldorf dem ersten Funde 1856 den Namen gegeben hat, aus Ehringsdorf bei Weimar, aus Krapina bei Agram. Man hat ihn immer gern aus Afrika herleiten wollen, von wo die Tiere seiner Gesellschaft sicher stammen, und tatsächlich ist bei Broken Hill in Rhodesia 1921 auch ein ganz neandertalhafter Schädel gefunden worden[1]). Von Afrika aus wird also wohl die Neandertalrasse über Gibraltar nach Europa gekommen sein. Die asiatischen Schädel von Java und Peking sind ersichtlich Vorstufen des Neandertalers. Vielleicht ist Asien die Urheimat des Menschengeschlechts und Afrika-Europa sind die nächsten Etappen gewesen.

Den Neandertaler scheint die letzte Eiszeit vertrieben oder vernichtet zu haben. Einige Nachklänge erinnern noch an ihn in den Schädeln von Gibraltar und von Predmost in Mähren; aber die Herrschaft haben im jüngeren Paläolithikum die schlanken großen Leute von Cromagnon und Aurignac mit dem schmalen Kopfe, der hohen Stirn und dem steilen Unterkiefer, — ohne Frage die Urväter des heutigen Europäers. Sie stehen auch in der Begabung und Betätigung eine erstaunliche Stufe höher als der Neandertaler; ihre verfeinerten Werkzeuge, ihr Körperschmuck, ihre Malerei und Plastik, die übersinnliche Ideen erkennen lassen, zeigen auf einmal den wirklichen Menschen. Mit Recht nennt man den Neandertaler den Homo primigenius, den „Urmenschen" und Aurignac und Cromagnon den ersten Homo sapiens.

Wie erklärt sich dieser plötzliche Wechsel von einer geologischen Stufe zur andern? Der erste Gedanke galt — nach alter schlechter Sitte — einer Einwanderung aus Asien, trotzdem dort außer den drei ganz frühen Schädeln noch gar kein paläolithisches Menschenmaterial vorliegt. H. Weinert[2]) dagegen betrachtet den Neandertaler, neben dem es gleichzeitig anscheinend nichts anderes in Europa gab, als den Stammvater aller folgenden Erscheinungen.

Reck[3]) und Leaky hatten geglaubt, mit einem bei Oldoway in Ostafrika von ihnen gefundenen ausgesprochenen Aurignac-Schädel die Abstammung dieser Rasse aus Afrika beweisen zu können. Es hat sich aber herausgestellt, daß dieses Skelett eine späte Einbettung in die alten Chelléen- und Acheuléen-Schichten gewesen ist, so daß es leider nichts beweist.

---

[1]) Der Rhodesia-Schädel und die weiterhin erwähnten sind abgebildet in Eberts Reallex. Bd. V Taf. 108—128.

[2]) H. Weinert, Ursprung der Menschheit 1932 S. 261—270.

[3]) H. Reck in den Forsch. u. Fortschr. 1932 S. 235 f.

Solange die Anthropologen und Zoologen daran festhalten, daß das Menschengeschlecht monophyl sei, an einer bestimmten Stelle der Erde aus einer Wurzel hervorgegangen, so lange müssen die Rassen und Arten, die wir unterscheiden, rein durch die verschiedene Umwelt: durch verschiedenes Klima und verschiedene Lebensbedingungen hervorgerufen sein. Es gibt aber einige, die sagen, eine in ihrer Formung so weit vorgeschrittene Rasse wie der Neandertaler könne nicht mehr zu einer andersartigen Form überspringen, sie müßten beide eine weit zurückliegende gemeinsame Wurzel haben; und da noch andere Formen bald nach jenen beiden erkennbar würden, solle man besser nicht von einem „Stamm" und „Stammbaume" des Menschengeschlechtes sprechen, sondern sich dessen Ent-

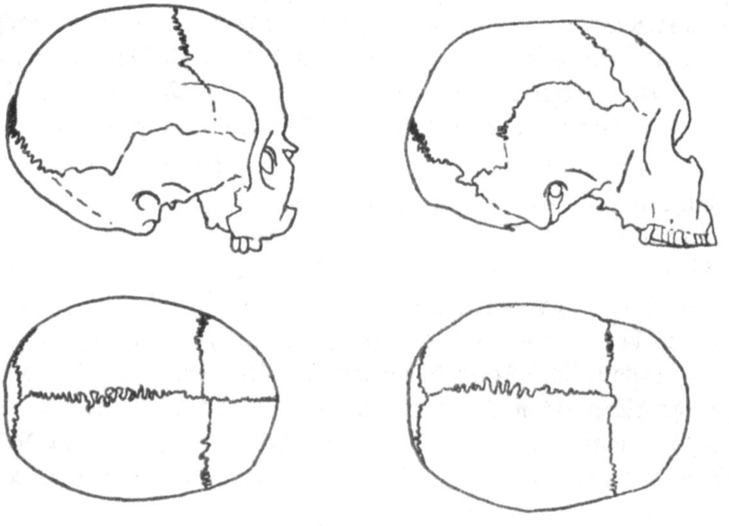

a b

Abb. 216.
a Mittelländischer Schädel von El Argar, Spanien; b Megalithschädel von Rimbeck b. Scherfede. Beide im Berliner Museum.

stehung eher als einen „Busch" vorstellen, der aus breitgelagerter Wurzel gleich in einer Reihe von Trieben emporschieße[1]).

Die Form des Oldoway-Menschen ist in Afrika aber doch in verschiedenen Abarten nachweisbar, in Ostafrika sowohl wie in Südafrika. So eingewandert kann sie in Europa mehrere nahe beieinander liegende „Rassen" hervorgerufen haben, im Süden und Westen die „mittelländische", (auch „westische" genannt), im Norden die beiden Formen: einmal von Cromagnon mit dem viereckigen Gesicht (früher zuweilen „dalisch", von Dalarne in Norwegen, jetzt mehr „fälisch" von Westfalen genannt), und zum andern die von Aurignac, von der die speziell „nordische" mit dem schmalen, hohen Gesichte stammt.

[1]) Westenhöfer, Das Problem der Menschwerdung in der „Medizin. Welt". Berlin 1934.

Altmittelländische Schädel sind außerordentlich spärlich erhalten, und kaum irgendwo ist einer veröffentlicht (die von Sergi, Schliz und Günther abgebildeten sind rezent). Wo aber einmal einer vorlag, hat noch kein ernsthafter Anthropologe ihn von einem nordischen Megalithschädel mit Sicherheit zu unterscheiden gewagt. Der in Abb. 216a dargestellte, den ich jetzt habe photographieren und zeichnen lassen, ist einer von mehreren, die das Berliner Staatl. Museum für Vor- und Frühgeschichte aus den Siretschen Ausgrabungen in El Argar (Ostspanien) erhalten hat, zusammen mit den der Periode von Troja II (um 2000 v. Chr.) gleichzeitigen Kulturfunden (s. oben Taf. XII 1—6). Vergleicht man diesen Schädel

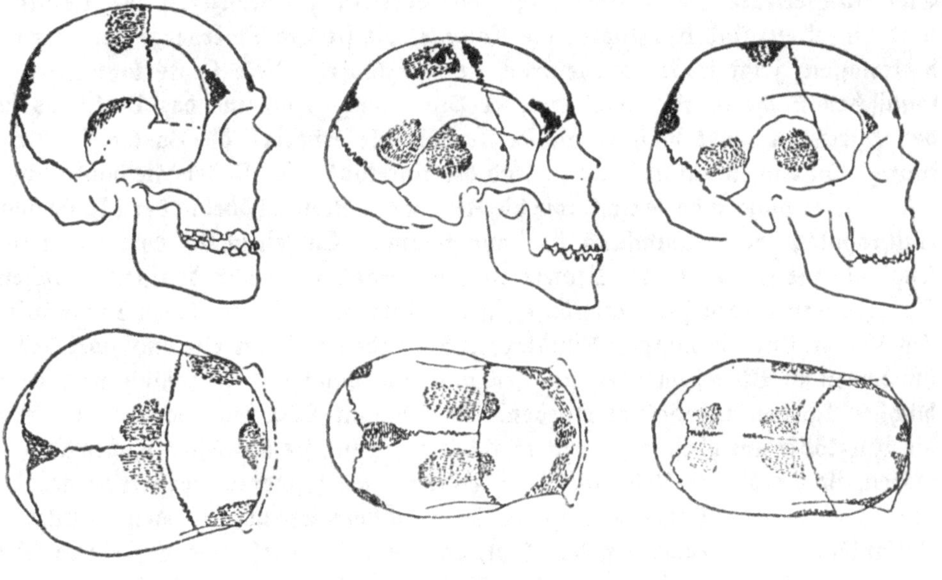

a b c

Abb. 217. Steinzeitschädel aus Deutschland.
a Rundkopf von Plau in Mecklenburg. b Megalithkopf von Ostorf b. Schwerin. c Schnurkeramischer Kopf aus Böhmen. Alle nach Schliz.

mit einem Megalithschädel wie dem aus der großen Rimbecker Steinkiste in Abb. 216b, so unterscheidet er sich von ihm nur durch die reinere Bogenlinie des Umrisses. Er ist ebenso lang und ebenso breit wie jener, aber er hat nicht die kleinen Einbiegungen über den Augen und nicht die von da nach hinten ein Stück weit geradlinig laufende Kontur. Die alte Bevölkerung des Mittelmeeres hat also schon vor allen indogermanischen Einwanderungen einen ebenso schmalen und hohen Kopf gehabt wie wir, und man darf deshalb nicht, wie es heute oft geschieht, Reihen von antiken Büsten aufstellen und die Köpfe der berühmtesten griechischen Männer für nordisch erklären.

Neben den aus der Aurignac-Familie stammenden Menschenformen macht sich nun aber in Europa und besonders in West- und Mitteleuropa schon früh eine Form bemerkbar, die so stark vom Neandertaler sowohl wie vom Cromagnon und dem „Nordischen" abweicht, daß man sie immer einer besonderen Einwanderung zugeschrieben hat. Das ist der Kurzkopf, die „alpine Rasse" (Abb. 217a). Einige möchten sie, wie schon erwähnt, aus Asien herleiten wegen der Verwandtschaft mit den heutigen Mongolen. Alte Schädel der Art liegen aber aus Asien bisher nicht vor. Sie liegen in diesem Falle auch aus Afrika bisher nicht vor. Die Länder, in denen die Kurzköpfe sich in Europa frühest verbreitet finden, deuten doch wieder eher auf eine Einwanderung aus Afrika als aus Asien. Die Glockenbecherleute, die im Übergange von der Stein- zur Bronzezeit über Deutschland hinreiten, sind Kurzköpfe: die Kolonie, die sie am Adlerberge bei Worms hinterlassen, zeigt lauter ausgesprochene Kurzköpfe. Diese Leute kommen mit spanischen Bechern, also wohl aus der Pyrenäengegend, und das Volk, das in den Pyrenäen heute noch an älteste Verhältnisse erinnert, die Basken, ist kurzköpfig. In den Alpen und um sie sind die Kurzköpfe die ältesten, sie haben aber früher ganz Bayern beherrscht, wie die Reihen der alten Schädel in der Münchener Anthropologischen Sammlung in imponierender Einheitlichkeit dartun. Nach England sind sie erst in der Bronzezeit hinübergekommen: in den steinzeitlichen Langgräbern finden sich Langköpfe, in den folgenden Rundgräbern Rundköpfe. Im Norden sind die Lappen Rundköpfe. Sie haben noch vor ein und zwei Jahrhunderten in Mittelschweden gesessen und sind dann erst allmählich nach dem höchsten Norden abgedrängt worden. In Ost- und Südosteuropa aber, wo wir die Kurzköpfe am ehesten zu erwarten hätten, wenn sie aus Asien eingewandert wären, ist die alpine Rasse mit dem gedrungenen schweren Körperbau gerade nicht vorhanden. Die dinarische Rasse in Österreich und in den westlichen Balkanländern hat zwar den Kurzkopf, aber mit Adlernase und auf einem sehr hohen schlanken Körper; sie sind den Alpinen vielleicht verwandt aber doch von früh her ein anderer Stamm.

So werden die Kurzköpfe wohl auch aus Afrika gekommen sein, vielleicht schon früher als die Aurignac-Leute, denn es scheint, daß sie in den Alpen, wie in den Pyrenäen, vor der unternehmenderen schlanken Rasse in die eisfrei gewordenen Gebirge zurückgewichen sind. In Norddeutschland finden sich Kurzköpfe in früher Zeit noch selten. Der von Plau in Mecklenburg (Abb. 217a) ist berühmt wegen seiner ausgesprochenen Form mit dem noch kinnlosen Unterkiefer. Er hat den erstaunlichen Längen-Breiten-Index von 86,6, das heißt: die Breite beträgt 86,6% der Länge.

Megalithschädel sind in Norddeutschland wie auch in Dänemark und Schweden sehr viele gefunden (Abb. 217b); sie haben durchweg die Form des schon besprochenen von Rimbeck (Abb. 216b), auch die Rössener Schädel sind so, und der L.-Br.-Index ist 72—75. Erheblich schmäler sind die Köpfe der Thüringischen

Schnurkeramik (Abb. 217c) mit dem Index 65—70, die sich dann in den Norden gedrängt und offenbar stark an der Schaffung der heute als eigentlich „nordische Rasse" betrachteten Form mitgewirkt haben.

Der Megalithschädel ist die eigentliche alte Cromagnonform, die in Westfalen, im mittleren und südlichen Hannover und in Hessen bis heute verblieben ist. Eugen Fischer hat kürzlich (1934) Gelegenheit gehabt, aus hessischen Gegenden eine Menge Schädel der Megalith-, der Bronze- und der Völkerwanderungszeit zu bearbeiten und das erstaunliche Gleichbleiben der Form festzustellen. So zeigt uns nun auch die Anthropologie die uralten Wurzeln dieser deutschen Bevölkerung.

In Süddeutschland lassen die schlanken schmalköpfigen Alemannen uns zurückschließen auf die ostelbischen Sueben (Semnonen), aus denen sie stammen, und deren Herkunft weiter zurückweist auf Mittel- und Norddeutschland.

So stoßen in Deutschland eigentlich alle europäischen Rassen zusammen. Den Mittel- und Schwerpunkt bildet Cromagnon mit ihren Abarten in der schlankeren „nordischen" und der rundlich untersetzten „baltischen", in der man Zuschuß aus unbekanntem Osten vermutet. Am Rhein ist das dunkle Haar wohl ein Nachklang vom Mittelländisch-Westischen, denn die Kelten waren blond wie wir, und auch in Irland ist das auffallende Schwarz gewiß nicht keltisch, sondern viel, viel älter. Die „Alpinen" schließlich, nach ihrer Begabung heute von manchen Anthropologen stark hinter den „nordischen" Lieblingskindern zurückgesetzt, haben sich in ihrer zuverlässigen Beharrlichkeit immer mehr Boden erobert, so daß wir ihnen schon überall in Deutschland begegnen.

So interessant es ist, für ein Volk die verschiedenen Menschenarten, aus denen es zusammengewachsen ist, in der geschichtlichen Entwicklung aufzuzeigen, so verkehrt wäre es, Trennungen nach alter Nichtzusammengehörigkeit wieder aufleben zu lassen. Es hat längst die eine Art von der andern gelernt, jede hat in ihrer Art ihre Vorzüge, und nach diesen Vorzügen sollte man sich die Arbeit in der großen Aufgabe der Verwaltung und Vorwärtsbringung des Ganzen brüderlich teilen.

Völker

Unter Rasse verstehen wir die körperliche Beschaffenheit, unter Volk die kulturelle, insbesondere sprachliche Gemeinschaft, unter Staat die politische Geschlossenheit einer größeren Menschengruppe. Wir haben gesehen, wie im Norden beim Rückzuge der Gletscher von verschiedenen Seiten her die Zuwanderung erfolgt, sich aber allmählich eine einheitliche Kultur gestaltet und in ihr nun verschiedene Schädelformen nebeneinanderstehen. Ebenso ist es am Nordfuße der Alpen gegangen. Verschieden gestaltete Menschen haben sich durcheinandergeschoben, und in ihrer nachher leidlich einheitlichen Kultur mühen sich die Anthropologen bis heute, die eigentlich keltische Schädelform herauszufinden. Um derartiges zu verstehen, braucht man nur auf verwandte heutige Bildungen zu blicken. Nordamerika hat dieselbe vielfältige Zuwanderung erfahren und sich schon nach hundert Jahren zu einer einheitlichen Kultur verschmolzen.

Drei Dinge sind es, die zur Schaffung einer Volkskultur zusammenwirken: die menschliche Veranlagung, die natürlichen Verhältnisse des Heimatlandes und die Schicksale im Verkehre mit anderen Völkern, mit anderen Worten: die eigene Natur und die Erziehung einmal durch den Boden und zum anderen durch die menschliche Umgebung. Einheitliche Sitten und einheitliche Sprache werden durch staatliche Gemeinschaft immer am meisten gefördert werden. Heute wird die Volksgemeinschaft etwas zu einseitig nach der Sprache beurteilt. Die Friesen haben erst in neuerer Zeit ihr eigenes Idiom aufgegeben und das niedersächsische Platt angenommen; aber sie sind körperlich und kulturell doch immer noch als Friesen zu erkennen. Im Elsaß ist die französische Sprache, wieder unter staatlicher Einwirkung, lange Zeit herrschend gewesen, aber das Volk ist in seiner Leibesbeschaffenheit und in seinen Sitten alemannisch geblieben. Die Sprache wechselt am leichtesten, die Kultur, d. h. die Tracht, das Gerät, die Haus- und Grabanlage, der Götterglaube, halten sich viel zäher. Daher gibt die Archäologie eigentlich festere Anhaltspunkte für die Geschichte eines Volkes als die Sprache.

In Europa haben sich am kraftvollsten betätigt und insbesondere eine gewisse Vereinheitlichung des ganzen Erdteils, seine „Indogermanisierung", herbeigeführt die drei großen Völker der Germanen, Illyrier und Kelten. Bei den Germanen und Illyriern beginnt ihre Hochkultur und ihr Ausdehnungsdrang schon in so früher Zeit, daß wir ihren Namen für diese erste Betätigung aus ihren späteren Verhältnissen zurückerschließen müssen. Wir können es aber mit ziemlicher Sicherheit tun. Für Nordwestdeutschland zweifelt niemand, daß die Sachsen Wittekinds noch die unverfälschten Nachkommen sind der Steinzeitleute, die die großen Megalithgräber erbaut haben. Von Urzeiten her sind aus westeuropäischer Einwanderung und thüringischem Zuzug im Norden die Germanen entstanden und haben dann in dieser Vermischung ihre Völkerzüge gemacht. Die Berechtigung, von einer nordischen Periode bei den frühen Griechen zu sprechen, gibt augenfällig das germanische Lehnwort für ihre Volksburg: πύργος = Burg.

Für die Illyrier wird ihr Name erst sicher zur Hallstattzeit. Aber die Hallstattkultur ist so unverkennbar die Tochter der alten Bandkeramik, daß wir auch diese schon illyrisch nennen dürfen, und die Verwandtschaft der Bandkeramik mit dem Mykenischen zeigt dann, wie die Illyrier mit den Germanen zusammen den ersten starken Einfluß von Mittel- und Nordeuropa nach Griechenland gebracht haben.

Die Kelten haben länger gebraucht für die Entwicklung zu einem einheitlichen und unternehmungsfähigen Volke. Auf dem Gebiete der alten Pfahlbauer, das dann von Nordischem beeinflußt und von einer Hügelgräber- und Urnenfelderzeit weiter gemodelt wurde, sind sie erst in geschichtlicher Zeit festgeschlossen und ausdehnungsbedürftig aufgetreten, um nun ihre großen Züge nach dem Westen und dem Osten auszuführen.

Mit dieser unserer archäologischen Grundlage gewinnen wir ein etwas anderes und vor allem ein bestimmteres Bild von der Indogermanisierung Europas, als es früher gezeichnet oder vermutet wurde. An eine Heimat der Indogermanen in Zentralasien kann ein für allemal nicht mehr gedacht werden. Wenn alle reale Kultur zur Stein- und Bronzezeit von Mittel- und Nordeuropa nach dem Osten geflutet ist, kann die Sprache allein nicht gegen den Strom geschwommen sein. Auch Südrußland oder Ungarn kommt aus demselben Grunde nicht in Betracht. Diese Länder haben in jenen frühen Zeiten noch gar keine eigene und einheitliche Kultur gehabt, und auch später sind sie lange immer Durchzugsgebiete gewesen.

Die Vereinheitlichung, die wir Indogermanisierung nennen, beginnt ohne Frage mit den Zügen, die die zu Germanen verschmolzenen Megalithleute und Thüringer nach Ost- und Süddeutschland unternehmen und dann unter starker Beteiligung der Illyrier auch nach der Balkanhalbinsel und hinüber nach Vorderasien ausdehnen. Mehrere solche Züge sind auf verschiedenen Wegen dorthin gegangen. Nachher, als in Südwestdeutschland sich noch ein drittes großes Volk, die Kelten, entwickelt hatte, haben diese besonders Italien und Westeuropa in die Indogermanisierung einbezogen.

Für alle diese Verhältnisse lehrt die archäologische Betrachtung, daß die Ausbreitung nach dieser oder jener Richtung nicht in *einem* langen Zuge erfolgt, daß nicht etwa *ein* bestimmtes Volk vom Nordmeere bis nach Troja oder Mykene wandert, daß die Entwicklung öfter Halt macht, ihre Kräfte sammelt und einen neuen Kulturherd bildet, von dem dann wiederum eine Wirkung nach verschiedenen Richtungen ausgeht. Die Germanen und Illyrier stehen da, wie die Gruppe einer Eiche und Buche in weiter Landschaft. Je nach dem Winde werfen sie ihren Samen bald nach dem Westen, bald nach dem Süden, bald nach dem Osten. Neue Bäume wachsen dort auf, bequemen sich der Umwelt an und streuen dann ihren Samen abermals weiter, bis das ganze Land von ihnen durchsetzt ist. Aber die alte Vegetation des Landes wird sich dabei immer noch geltend machen, und so werden die Gesichter dieser Länder bei einer allgemeinen Familienähnlichkeit doch immer ihre individuellen Züge haben.

Wörterverzeichnis

Von Engelbert Hertel, Charlottenburg

23*

Kolibri 360 GmbH
Ferdinand-Jühlke-Straße 7
99095 Erfurt, Deutschland
produktsicherheit@kolibri360.de